Jansen, Wanat
Bewegt Euch. Selber!

Bleiben Sie auf dem Laufenden!

Hanser Newsletter informieren Sie regelmäßig über neue Bücher und Termine aus den verschiedenen Bereichen der Technik. Profitieren Sie auch von Gewinnspielen und exklusiven Leseproben. Gleich anmelden unter
www.hanser-fachbuch.de/newsletter

Stephan A. Jansen
Martha Wanat

Bewegt Euch. Selber!

Wie wir unsere Mobilität für gesunde und klimaneutrale Städte
neu erfinden können

Die Autoren:
Stephan A. Jansen
Martha Wanat

Alle in diesem Buch enthaltenen Informationen wurden nach bestem Wissen zusammengestellt und mit Sorgfalt getestet. Dennoch sind Fehler nicht ganz auszuschließen. Aus diesem Grund sind die im vorliegenden Buch enthaltenen Informationen mit keiner Verpflichtung oder Garantie irgendeiner Art verbunden. Autoren und Verlag übernehmen infolgedessen keine Verantwortung und werden keine daraus folgende oder sonstige Haftung übernehmen, die auf irgendeine Weise aus der Benutzung dieser Informationen – oder Teilen davon – entsteht, auch nicht für die Verletzung von Patentrechten, die daraus resultieren können.
Ebenso wenig übernehmen Autor und Verlag die Gewähr dafür, dass die beschriebenen Verfahren usw. frei von Schutzrechten Dritter sind. Die Wiedergabe von Gebrauchsnamen, Handelsnamen, Warenbezeichnungen usw. in diesem Werk berechtigt also auch ohne besondere Kennzeichnung nicht zu der Annahme, dass solche Namen im Sinne der Warenzeichen- und Markenschutz-Gesetzgebung als frei zu betrachten wären und daher von jedermann benützt werden dürften.

Bibliografische Information der deutschen Nationalbibliothek:
Die Deutsche Nationalbibliothek verzeichnet diese Publikation in der Deutschen Nationalbibliografie; detaillierte bibliografische Daten sind im Internet unter http://dnb.d-nb.de abrufbar.

Dieses Werk ist urheberrechtlich geschützt.
Alle Rechte, auch die der Übersetzung, des Nachdruckes und der Vervielfältigung des Buches, oder Teilen daraus, vorbehalten. Kein Teil des Werkes darf ohne schriftliche Genehmigung des Verlages in irgendeiner Form (Fotokopie, Mikrofilm oder ein anderes Verfahren), auch nicht für Zwecke der Unterrichtsgestaltung, reproduziert oder unter Verwendung elektronischer Systeme verarbeitet, vervielfältigt oder verbreitet werden.

© 2022 Carl Hanser Verlag München
www.hanser-fachbuch.de
Lektorat: Dipl.-Ing.Volker Herzberg
Herstellung: Melanie Zinsler
Titelmotiv: © shutterstock.com/Daria Doroshchuk; MOND Mobility New Designs. Illustration: Andrea Wong
Coverkonzept: Marc Müller-Bremer, www.rebranding.de, München
Coverrealisation: Max Kostopoulos
Satz: Eberl & Koesel Studio, Altusried-Krugzell
Druck und Bindung: CPI books GmbH, Leck
Printed in Germany

Print-ISBN: 978-3-446-46973-0
E-Book-ISBN: 978-3-446-47352-2
ePub-ISBN: 978-3-446-47522-9

Allen beweglichen, eigensinnigen, ausdauernden Menschen,
die Städte lieben, herausfordern und fördern.
Dieses Buch soll ihnen *Rückenwind* auf ihrem Weg zu einer
gesünderen, lebenswerteren, sozial gerechteren und schöneren Welt sein.

Inhalt

Die Autoren XV

1 **ZUFAHRT Warum dieses Buch?**
   Über die Lustreise zur (sozialen) Bewegung 1
1.1 „Moralisierte Mobilität" 3
   1.1.1 Zeitenwenden der Mobilitätswenden 3
   1.1.2 Parkdruck und StVO-Ultras 4
   1.1.3 Moralisierung als „Freiheitsneid": Tesla, Testosteron und Testarossa 4
   1.1.4 Moralisierung als polarisierende Abwärtsspirale 5
1.2 Gesellschaftliche An-Treiber der Antriebs-Wende 5
   1.2.1 Klimawende: Verrechtlichung des Klimas vor allem im Verkehr 7
   1.2.2 Immobilienwende: bewegende Standorte 16
   1.2.3 Arbeitswende: neue, digitale, mobilitätsvermeidende Arbeit 19
   1.2.4 Digitalwenden: künstlerische Intelligenz und künstliche Dummheit 21
   1.2.5 Zivilgesellschaftswende: wenn Bürger begehren – zur verkehrten Verkehrs-Politik 27
1.3 Corona Mobility Shift: Schlägt das Pandemische Pendel(n) um? 32
   1.3.1 Pandemien: Mobilität und Mortalität 32
   1.3.2 Corona-Studien: Verhaltenswende der Mobilitätswende? 35
   1.3.3 Pulscheck: post-pandemische Potenziale des Pendelns – mittel- und langfristig 36
1.4 Zufahrt zur Lernreise: Was wird im Buch ausgeliefert? 46

2	**ZUFAHRT BEWEGUNGSMELDER „STÄDTE"** Problemauslöser, Lösungslabore und Lösungsprobleme – Geschichten urbaner Mobilität	**47**
2.1	Vororte der Diskussion – Ausschnitte aus Stadtgesprächen über Städte	47
	2.1.1 Städte – zwischen Globalisierung und Nationalismus	48
	2.1.2 Magnetische Metropolen: „Mikrokosmen der Makrostrukturen"	49
	2.1.3 Zwischenfazit: Wichtig ist auf dem Platz! – Politische Zielkonflikte nur in Städten lösbar	52
2.2	Aktuelle Geschichten der Metropolen und ihrer Mobilität	53
	2.2.1 Chartas von Athen bis Leipzig: Zentrum. Trabanten. Polyzentrismus. Dorf?	53
	2.2.2 Die Stadt als Entscheidung. Die Welt als Scheibe – das „3F-Modell" vs. das „3T-Modell"	54
	2.2.3 Die Migrationsstadt: Arrival Cities und soziale Mobilität	56
	2.2.4 Die digitale Stadt: „Sidewalk Labs" und „digitale Seidenstraße"..	57
	2.2.5 Die gesunde Stadt: Aktivierend, entspannt, eherettend	62
	2.2.6 Die klimaneutrale Stadt: „Missionen" für „Morgenstädte"	66
	2.2.7 Die menschengerechte Stadt: Was nach der Auto-Biografie der Stadt kommt	68
	2.2.8 Die kollaborative Stadt: Städtepartnerschaften 5.0	69
2.3	Zwischenfazit: Die Stadt der sozial-ökologischen Mobilisierung	71
2.4	Urbane Mobilität: „Liberté, égalité, mobilité!"	72
	2.4.1 Urbane Mobilität in Zahlen: Statistiken zur Statik	73
	2.4.2 Urbane Mobilität und Platzbedarfe: Die Menge in der Enge – fahrender und ruhender Verkehr	78
	2.4.3 Urbane Mobilität und Zeit: das Tempo der Stadt	83
	2.4.4 Urbane Mobilität und Kosten: Kognitions- und Kalkulationsprobleme	87
	2.4.5 Urbane Mobilität und Lärm: der Sound der Stadt	90
	2.4.6 Urbane Mobilität und Milieu-Zugehörigkeiten	96
	2.4.7 Urbane Mobilität und Teilhabe: Demografie und Armut	100
	2.4.8 Urbane Logistik: Eile in der letzten Meile	103
	2.4.9 Infrastruktur: Bau schafft Stau. Schlauer Rückbau schafft Flüsse	106

2.5	Zwischenfazit: Urbaner Verkehr und Infrastruktur! Bewegt Euch! Wieder!	115
2.6	Fazit zum „Bewegungsmelder Stadt": Brutaler Besteckkasten der Bewegung oder Ampel?	116

3 ANTRIEBSSCHWÄCHE
Warum die Mobilitätswirtschaft in Deutschland mehr Bewegung benötigt ... 119

3.1	Mediales zum Motorschaden – und die Reaktionen	119
	3.1.1 Und die Politik? Husten. Wir haben ein Problem!	120
	3.1.2 Und die Mediennutzer? Mehr Autos	122
	3.1.3 Und die Industrie? Die Post ging ab … nun „IAA Mobility"	122
	3.1.4 Und die Digitalwirtschaft? „German Blechbieger"!	125
	3.1.5 Und die Wissenschaft? Feminismus und Aktivismus für „Good Science" und „Bad Bank der Mobilität"	127
	3.1.6 Und die NGOs? Wanderpredigten, Beratung und Gesetze von unten	129
3.2	Ökosystem Auto: Was machen Tankstellen und Parkhäuser jetzt so?	133
	3.2.1 Tankstellen der Zukunft: Hochfliegende Fantasien	133
	3.2.2 Waschstraßen: Schaumige Ideen	134
	3.2.3 Parkhäuser: heller Hort der Heiligtümer	135
3.3	Radwirtschaft: hätte, hätte Lieferkette und B2B	136
	3.3.1 Geschichte der Erfindung des Fahrrads – und die so möglichen Erfindungen: Vororte und Feminismus	136
	3.3.2 Rad-Nutzungsverhalten	137
	3.3.3 Rad-Infrastruktur und Sicherheit	140
	3.3.4 Rad-Wirtschaft: elektrisierender Erfolg auf allen Ebenen	141
	3.3.5 Rad-B2B-Fähigkeit: hoher Professionalisierungsbedarf	144
	3.3.6 Rad-Politik: öffentliche Stellung und Förderung	148
	3.3.7 Rad-Investments durch „Bike-Banker": Rasantes und riskantes Finanz- und Akquisitionsinteresse	149
3.4	ÖPNV: einzige Lösung – mit Rad und Fuß. Kostenlos oder königlich?	150
	3.4.1 Mehr Stolz: Untergrund-Bewegung oder ÖPNV für Eliten?	152
	3.4.2 Mehr günstiger! Bezahlmodelle: Luxemburg oder Luxus?	152
	3.4.3 Mehr Komfort, Takt, Daten, Qualität	155

		3.4.4 Mehr Gesundheit im ÖPNV. Sonst ungesunde Städte	156
		3.4.5 Mehr Flexibilität? Waggon-Design und Lieferzeiten	157
		3.4.6 Mehr Investitionen: Wie viel durch wen?	158
		3.4.7 Personenbeförderungsgesetz: mehr Wettbewerb auf wenig Nachfrage?	160
	3.5	Neue (Mikro-)Mobilität: Geschäftsmodelle ohne Gewinn – aber Stausteigerung?	161
		3.5.1 Carsharing 2.0: Nächste Welle „Corporate Carsharing"	162
		3.5.2 Ride Hailing: mehr Stau und Emission	163
		3.5.3 Mobilitäts-Abos: Beyond Leasing	163
		3.5.4 Moped-Sharing: rollert noch selten	164
		3.5.5 E-Bikes: Vorradler wirklich Vorreiter?	164
	3.6	FAZIT: Eigenantrieb aus Eigeninteresse	165
4		**VERKEHRSÜBUNGSPLATZ** Warum die Mobilitätswirtschaft sieben Gleichzeitigkeiten leisten muss und warum Autos und Start-ups noch nicht wirklich fliegen	**167**
	4.1	Das SU-IT-CASE Modell: die Gleichzeitigkeit sieben beschleunigender Trends	167
	4.2	Sustainability: die Nachhaltigkeit der Nachhaltigkeit	169
		4.2.1 EU-Programm Fit for 55	170
		4.2.2 Deutschlands Luftreinhaltung, das Klimaschutzgesetz und seine Novelle	171
		4.2.3 Trendprognose: Es wird nachhaltiger als gedacht!	172
	4.3	Urbanisation: die Stadt als Regulierer, Partner, Kunde	172
		4.3.1 Verlagerungswirkungen veränderter Mobilitätskonzepte im Personenverkehr	173
		4.3.2 Trendprognose: Die Stadt wird regulativer, kooperativer – fördernder und fordernder!	173
	4.4	IT: Plattform und Legitimität	174
		4.4.1 Plattform-Ökonomie der Mobilität: horizontal und Kreuznetze ..	174
		4.4.2 Koalitionsvertrag: Mobilitäts Daten Marktplatz – Open Data ...	175
		4.4.3 Stadtentwicklung durch Datenentwicklung: Plattformen für Wegeleitung	175

	4.4.4 Schubser ins Gute: Preisgewinnende App DB Rad+ vergibt Prämien für Klimaschonende	176
	4.4.5 Legitimität: EU-weiter bzw. deutscher Plattform-Ansatz	176
	4.4.6 Regulierung: vom E-Scooter-Verbot auf Bürgersteigen bis zum Verbot von Börsengängen	177
	4.4.7 Trendprognose: Es wird digitaler, offener, lässiger und legitimierter – durch Plattformen!	177
4.5	Connectivity: intermodale Intelligenz als „Mobilitäts-Roaming"	178
	4.5.1 Mobility as a Service: Mobilitätskonzepte und -budgets	179
	4.5.2 Renaissance des Anrufsammeltaxis: echt Disko	180
	4.5.3 Mobilitätsbudget und Mobilitätsflatrate	181
	4.5.4 Digitale und intermodale Personen- und Lieferverkehre: die nächsten Bordsteinschwalben und weitere forsche Projekte	184
	4.5.5 Trendprognose: Die Mobilität wird dienstleistiger, öffentlicher, intermodaler und kantiger!	185
4.6	Autonomes Fahren: Lösung oder Auto-Hypnose?	186
	4.6.1 Überraschender Treiber: warum das Auto nicht der Gewinner ist	186
	4.6.2 Differenzierungen des Autonomen: Levels und Robots	187
	4.6.3 Gesetzgebung 2017 und 2021	189
	4.6.4 Kleine und große Lieferverkehre: Delivery Bots und Platooning	189
	4.6.5 Über Kritik, über Ethik, Überzuversicht	191
	4.6.6 Trendprognose: Autonom kommt nie – in Städten. Entweder Strafrecht für Kinder oder für ÖPNV	192
4.7	Sharing und Social Transport: geteilte Freude – geteiltes Leid?	192
	4.7.1 Autistisches Fahren: Deutsche sind einsam – unterwegs	193
	4.7.2 Geschäftsmodelle im Sharing 2.0	195
	4.7.3 Exkurs über Abgedrehtes bzw. Unterirdisches: Flugtaxi und Hyperloops	197
	4.7.4 Trendprognose: Sharing	200
4.8	Electrification: spannungsreiches Motoren-Methadon	200
	4.8.1 Wie alles begann: Kurzgeschichte der Kurzschlüsse der E-Mobilität	202
	4.8.2 Nachhaltigkeit nachhaltig zu Ende gedacht	203

	4.8.3	Arbeitsmarktkonsequenz: weniger, anders, innovativer	208
	4.8.4	Infrastruktur: der limitierende Faktor	209
	4.8.5	Elektrifizierung des ÖPNV: Hebel der öffentlichen Hand	210
	4.8.6	Trendprognose: Hochspannung bei Energiewende statt Hochstapelei bei Produktentwicklung	211
4.9	FAZIT: Verkehrsübungsplätze sind nicht für Antriebswende, sondern für Verhaltenswende	211

5 BEWEGENDE STANDORTE
Die Pioniere neuer urbaner Mobilität ... 213

5.1	Das Momentum der Neu-Erfindung und -Erzählung	213
	5.1.1	Neue Narrative nachhaltiger Städte	214
	5.1.2	Die Wirksamkeit einer Einheit der Differenz	215
5.2	„Bürgermeisterinnen statt Bund": ein Reiseführer neuer urbaner Mobilität	216
	5.2.1	Amsterdam: Kollaborative, ganzheitliche Stadtentwicklung	217
	5.2.2	Barcelona: quadratisch, praktisch, grün	223
	5.2.3	Berlin: Flexibilisierung der urbanen Mobilität ist gelb	227
	5.2.4	Europas emissionsfreie Experimentier-Zonen: eine Auswahl	235
	5.2.5	Paris: bold moves statt Großstadtromantik	239
	5.2.6	Von Asien bis Amerika – von Alibaba bis Alphabet: Legitimationsprobleme smarter Städte	243
	5.2.7	Thüringen: Gesunde Mobilität. Mobile Gesundheit. Was sich die Stadt vom Dorf abschauen kann	246
	5.2.8	Wien: von der Neubau-Oase bis zur Seestadt	248
5.3	Gestaltungsinstrumente einer kollaborativen Stadtentwicklung der Selbstbewegung	256
	5.3.1	Im Netz der Mobilität: digitale und analoge Infrastrukturen	257
	5.3.2	Mobilitätsstationen: Multifunktionalität und -modalität auf kleinem Raum	262
	5.3.3	Das Pendeln der Lüfte: Seilbahnen als klimafreundliche Lückenschließer	269
	5.3.4	Die Stadt der kurzen Wege: mehr Mobilität bei weniger Verkehr	271
	5.3.5	Arbeitgeber: Wie sie unsere Städte gestalten (können)	274

	5.3.6	Alle Konzepte auf einen Blick: ein komplexitätsorientierter Sortierungsvorschlag	280
5.4	\multicolumn{2}{l}{Zusammenfassender Ausblick: soziale Innovationen der Kollaboration ....}	281

6 GEISTIGE BEWEGLICHKEIT
Über die Ökosysteme sozialer Innovation 283

6.1	Unser Modell: das „Glücks-Rad der urbanen Mobilität"	284
	6.1.1 Die Straße: gesellschaftspolitische Trends	285
	6.1.2 Der regulatorische Mantel: global bis lokal	286
	6.1.3 Das Felgenband der Digitalisierung: Mobility Data	286
	6.1.4 Felge und Ventil: die Akteure der Verhaltenswende	287
	6.1.5 Die Nabe: das Individuum und sein Eigenantrieb	287
	6.1.6 Die Speichen: politik- und akteursübergreifende Maßnahmen – mit Katzenaugen	288
6.2	Begriff und Bedeutung sozialer Innovation	289
	6.2.1 Soziale Innovationen: Ideengeschichte einer neuen Geschichte der Ideen	290
	6.2.2 Methoden der sozialen Innovation im Vergleich der Innovationstypologie	291
	6.2.3 Das Dreieck der Zwischen-Innovationen	292
6.3	Intersektorale Innovationen: zwischen Staat, Markt und Zivilgesellschaft	294
	6.3.1 Bundes-, Landes- und Stadtpolitik: städtische Selbstbestimmtheiten und deren Agoren	294
	6.3.2 Bundespolitik und Arbeitgeber: Mobilitätsbudgets statt Pendlerpauschalen und Dienstwagen	295
	6.3.3 Unternehmen und Stadt: Verantwortung für Raum-Fahrt	297
	6.3.4 Immobilienentwicklung und Stadt: Mobilität und Immobilität von Beginn an zusammendenken	298
	6.3.5 Zivilgesellschaft und Stadt: Urbanismus von unten	300
6.4	Interdisziplinäre Innovationen: zwischen Wissenschaften und Praxis	303
	6.4.1 Prototypisierung: Pro-Test statt Protest	304
	6.4.2 Transdisziplinäre Labore der Stadtentwicklung	305

	6.4.3 Gesunde Städte und soziale Innovationen: interdisziplinäre Forschungszentren mit Praxis	307
	6.4.4 Urbane Hoffnungsträger: Kunst und Kultur	311
	6.4.5 Die Architektur des Sozialen: Stadt zwischen Management und Laissez-faire	313
6.5	Intermodale Innovationen: zwischen Verkehrsmitteln	316
6.6	Mobilität zwischen Wohnen, Arbeiten und Leben	318
	6.6.1 Öffentlicher Gesellschafts-Raum: Agora statt Parkplätze	318
	6.6.2 Das Ökosystem Stadt: von Biotopen und Stadtfarmen	320
	6.6.3 Systemische (Ergebnis-)Offenheit: Überlegenheit der Selbststeuerung statt Technokratie	321
	6.6.4 Verhaltenswende durch Selbstbewegung	321
	6.6.5 Mobilitätswende ist jetzt. Konkreter geht es nicht	322
	6.6.6 Urbanismus von allen Seiten: Warum uns die Stadt bewegt und wir sie	323
7	**Manifest der urbanen Mobilität für gesunde und klimaneutrale Städte**	**325**
Danksagung		329
Endnoten		331
Index		347

Die Autoren

Martha Marisa Wanat (* 17.11.1989) ist politische Unternehmerin, Sängerin und geschäftsführende Gesellschafterin der „Gesellschaft für urbane Mobilität BICICLI" sowie der Mobilitätsberatung „MOND – Mobility New Designs". Das Unternehmen wurde u.a. mit dem Deutschen Fahrradpreis, dem Future Mobility Award des Tagesspiegels und dem Innovationspreis des Deutschen Handels ausgezeichnet.

Sie studierte Wirtschafts-, Politik- und Kulturwissenschaften an der Zeppelin Universität, an der sie während Ihres Studiums auch als studentische Mitarbeiterin in der „Stabsabteilung für Universitätsinnovationen" beschäftigt war.

Durch die Zusammenarbeit im Rahmen der Initiative „Stadtmanufaktur Berlin", eines transdisziplinären Forschungsformats zwischen Wissenschaft und Praxis zur Lösung von komplexen urbanen Herausforderungen, ist sie eng mit der Technischen Universität Berlin verbunden.

Zudem ist sie Nachhaltigkeitsbotschafterin und politische Beraterin des „Netzwerks Unternehmensverantwortung" der IHK Berlin, das für wertegeleitetes Wirtschaften steht, welches ökonomische Leistungsfähigkeit, soziale Verantwortung und die Regenerationsfähigkeit der Umwelt miteinander in Einklang bringen will. Darüber hinaus engagiert sie sich bei der Graswurzelbewegung „Brand New Bundestag" für eine neue Generation progressiver Politiker*innen im deutschen Bundestag

Stephan A. Jansen (* 12. Juni 1971) ist Stiftungsgastprofessor für Urbane Innovation – Mobilität, Gesundheit und Digitalisierung – an der Universität der Künste Berlin, Professor für Management, Innovation & Finanzen sowie Direktor des „Center for Philanthropy & Civil Society PhiCS" an der Karlshochschule in Karlsruhe. Er wurde zudem als Gründungskoordinator des gemeinsam mit der Charité und den Berliner Universitäten gegründeten „Digital Urban Center for Health & Aging (DUCAH)" an das „Alexander von Humboldt-Institut für Internet & Gesellschaft" berufen.

Er hatte in den vergangenen 20 Jahren zahlreiche Mandate in der Beratung inne, u. a. als Mitglied des „Innovationsdialoges" der Bundeskanzlerin sowie als Mitglied der „Forschungsunion" des Bundesministeriums für Bildung und Forschung oder als Mitglied in persönlichen Beiräten wie von Vizekanzler a. D. Peer Steinbrück. Er ist Gründungspräsident der Zeppelin Universität in Friedrichshafen, seit 1999 Gastforscher an der Stanford University sowie Autor bei dem Wirtschaftsmagazin „brand eins".

Er ist co-geschäftsführender Gesellschafter der „Gesellschaft für urbane Mobilität BICICLI" und ihrer Mobilitätsberatung MOND – und meditierender Langstreckenrennradler.

1

ZUFAHRT
Warum dieses Buch?

Über die Lustreise zur (sozialen) Bewegung

Unsere Zeiten sind zweifelsohne bewegend. Aber werden wir bewegt oder bewegen wir uns selbst?

Wir wollen Sie mit diesem Buch dazu bewegen, sich vom Beifahrersitz der Diskussion „Zukunft der Mobilität" ans Steuer zu begeben – und das vor allem in den Städten, die mit ihren Bürgerinnen, Unternehmen sowie den wissenschaftlichen und künstlerischen Institutionen etwas gemeinsam voranbringen; eine soziale Bewegung für mehr Lebensqualität, Gesundheit und soziale Gerechtigkeit.

Aus zwei Gründen:

1. Mobilität ist mehr als Verkehr. Mobilität hat sich wissenschaftlich und gesellschaftlich von der rein physischen Fortbewegung wieder in die schon zu früheren Zeiten geführten philosophischen und soziologischen Diskurse bewegt: Räumliche Mobilität bedeutet eine *geographische Bewegungserweiterung*. Soziale Mobilität hingegen meint die *biographische Bewusstseinserweiterung*, also das soziale Aufstiegsversprechen durch Bildung als persönliche Entwicklungschance. Nun spüren wir vor allem im urbanen Raum Mobilisierungen bei uns gesamtgesellschaftlich betreffenden Themen, die zu einer wachsenden *sozialen Bewegung* im vorpolitischen Raum der Veränderung werden.

   Dass Mobilität so viele Bilder und positive Assoziationen weckt, ist aber nicht nur der Wissenschaft, der Philosophie, sondern auch den Künsten zu verdanken. Maler, Architektinnen, Literatinnen und Dichter haben Mobilität in der besonderen Fähigkeit beschrieben, uns innerlich zu bewegen. Vom Flaneur bei Charles Baudelaire oder Walter Benjamin, bei Jules Vernes U-Boot „Nautilus" dessen Kapitän Nemo sich selbst das Motto „Mobilis in mobile" gab, über die Pariser Streifzüge der Dadaisten bis hin zu Marcel Duchamps „Akt, eine Treppe herabsteigend" avancierte das befreiende, schöpferische oder auch rebellische Sich-Fortbewegen zum Signum einer sich wandelnden Gesellschaft.[1]

2. Städte sind die Stätten des Stresses, des Klimawandels, der Pandemien, aber eben seit ihrer Gründung auch die Orte der Salutogenese, also der ganzheitlichen Gesundheit, und der Innovation und Transformation für das, was wir Fort-Schritt nennen. Städte verdichten Probleme der Gesellschaft – und sind zugleich Lösungslabore dieser Probleme. Diese besondere Eigenschaft der Stadt als gleichzeitige Problemauslöser wie Problemlöser bewegt wiederum die Wissenschaft, die Künste und auch

das Politische, Zivilgesellschaftliche wie Unternehmerische dahingehend, *in* den Städten *mit* den Städten die urbanen Herausforderungen zu lösen. Städte sind in diesem Sinne ein *Perpetuum mobile;* sie energetisieren sich aus der von ihnen selbst erzeugten Energie.

Und schon vor Corona war mit dem neuen Jahrhundert alles im diskursiven Fluss der Mobilität: Autonomes Fahren oder Auto-Korrektur? Pferdestärken oder Drahtesel? Flug-Scham oder Zug-Stolz? Luft-Taxi oder Fuß-Pils? Stadt- oder Landflucht? Feinstaub oder durch Lärm taub? Elektrisierend oder regenerativ? Infrastruktur vorab oder nutzungsabhängig bereitstellen? Dekarbonisierung oder Digitalisierung? Technologische oder soziale Innovation? Sharing oder Caring? Erste oder letzte Meile? Öffentlicher Nahverkehr oder privater, ruhender Verkehr?

Und dann die sozialen wie gesamtgesellschaftlichen Fragen: Regulierung oder Volksentscheide? Urbanismus von oben oder unten? Mobilitätswende oder Verhaltenswende? Oder sollte man ein „und" dort setzen, wo wir ein „oder" gesetzt haben, weil es die Ambivalenz unserer Zeit betont?

Kurzum: Wie wollen wir uns bewegen? Was und wer beeinflusst unser individuelles wie kollektives Mobilitätsverhalten? Warum sind Arbeits-, Freizeit- und Wohnkontexte für eine gelingende Mobilität entscheidend? Wie können wir bewegende Standorte selbst mitentwickeln? Was wollen wir dafür als (Stadt-)Gesellschaft gemeinsam bewegen und auf unsere Straßen und Bürgersteige bringen? Wer muss dazu mit wem kollaborieren und in welcher Form? Welche Rolle spielt der analoge Raum, welche der digitale? Und: Wie sieht eine bedarfsgerechte und klimaneutrale Mobilität konkret aus?

Wir möchten Sie mit diesem Buch auf eine rasante Lern-Reise der Freude an der aktiven, physischen wie mentalen und emotionalen Bewegung einladen; voll des Optimismus aus den verschiedenen Perspektiven der Wissenschaft, der Politikberatung, des Unternehmertums, des Ehrenamts und vor allem vielen beispielhaften Projekten, die wir beforschen, begleiten und beobachten dürfen.

Wir wollen mobilisieren zu einer Mobilität in leisen, luftigen, lebenswerten, also gesunden, sicheren und damit lässigen Städten – jenseits von Ideologie und Moralisierung, aber auch jenseits von notwendigen Technologien wie notwendigen Verboten.

Begleiten Sie uns bei dieser Erfahrung, in der Sie einiges an Renaissance erleben wie Neuland betreten werden.

Denn Sie kennen es von Ihrem Navi, wenn es auch nicht mehr weiter weiß:

„Die Route wird neu berechnet!"

1.1 „Moralisierte Mobilität"

„Sind Autos das neue Fleisch?"
Schaufenster des BICICLI Cycling Concept Store
Berlin, S-Bahnhof Friedrichstraße

Verkehr ist irgendwie immer verkehrt. Zu langsam, zu schnell, zu viel, zu wenig, zu laut oder unerhört. Straßenkämpfe finden auch in den Medien, bei Lobbygruppen und der Internationalen Automobil-Ausstellung statt. Die Zivilgesellschaft übt den zivilen Ungehorsam – von *Fridays for Future* über *Greenpeace* und *Sand im Getriebe* bis *Extinction Rebellion*. Und unsere These: Es wird eng; es wird noch enger in den Städten. Die Reibung steigt. Der Klimawandel und die Ungerechtigkeiten einer autogerechten Stadtentwicklung heizen die Verteilungskonflikte an.

Nun könnte man vereinfacht sagen, die Geschichte der „Moralisierung der Mobilität" ist noch nicht so lang, weil wir Mobilität als Menschenrecht und Freiheit schätzen, als eine durch Immanuel Kant philosophisch grundierte aufklärerische Erfahrbarkeit von Welt ansehen und schlicht als kindliche Freude bis ins hohe Alter sehr ernst nehmen – gerade in Deutschland.

1.1.1 Zeitenwenden der Mobilitätswenden

Dann kam der 18. September 2015: Die teilstaatliche Volkswagen AG macht eine illegale Abschalteinrichtung in der Motorsteuerung ihrer Dieselfahrzeuge öffentlich (**Dieselskandal**). Dies betraf viele weitere Automobilhersteller. Die steuerlich privilegierte Erzählung des „Clean Diesel" löste sich in gröberen und feinen Staub auf.

Etwas später, am 27. Februar 2018, kam das Urteil des Bundesverwaltungsgerichtes in Leipzig auf die Klage der *Deutschen Umwelthilfe (DUH)*: **Fahrverbote für Dieselfahrzeuge** sind grundsätzlich erlaubt (BVerwG 7 C 26.16 und BVerwG 7 C 30.17). Überraschend war das wohl nur für die Automobilunternehmen, denn das Recht auf saubere Luft existierte nicht nur in Deutschland, sondern auch in der EU: Knapp 40 Prozent der Stickstoffdioxid-Emissionen kommen aus dem Verkehrssektor und 72,5 Prozent dieser Emissionen wiederum kommen im Stadtverkehr vom Diesel-Pkw, gefolgt von leichten Nutzfahrzeugen mit 11 Prozent.[2]

Die Moralisierung der Mobilität fand auf allen Kanälen statt: Im August 2017 trafen die ersten vor allem aus China und Singapur kommenden **Leihräder-Systeme** wie OBike, MoBike oder Ofo auf zunächst etwas naiv anmutende Stadtverwaltungen und dann auf klare Bürgerschaftskritik. „Bike Fishing" wurde Trendsportart an Flüssen auf Facebook, Kunstprojekte aus nicht mehr nutzbaren, klimaschädlichen und wertlosen Rädern wurden in hochwertigen Printmagazinen gewürdigt.

Am 15. Juni 2019 trafen die **E-Scooter** als bekannteste Gattung der Elektrokleinstfahrzeuge auf den Gehsteigen und Fahrradwegen ein – mit meist umwerfendem Erfolg. Dies auch bei den Unfallstatistiken aufgrund der Rücksichts- und Helmlosigkeit sowie der dafür nicht vorhandenen Wege- und Parkinfrastruktur. Das produzierende China hat deswegen die E-Scooter erst gar nicht als straßenzugelassenes Verkehrsmittel vorgesehen. Das „Scooter-Fishing" hingegen ist kein Trend, sondern ein Taucher-Drama: Über 500 E-Scooter mit auslaufenden Batterien wurden allein in Köln geborgen. Erkannt wurde auch, dass der Personenkilometer bei E-Scootern höhere Emissionen aufweist als bei Dieselomnibussen und dass es sich bei ihrer Nutzung oftmals lediglich um touristische Fußersatzverkehre mit einer Länge von gerade einmal zwei Kilometern handelt. Lediglich private E-Scooter ohne Sharing haben hier eine bessere Bilanz aufgewiesen, wie das Forschungsteam um Daniel Reck und Kay Axhausen vom Institut für Verkehrsplanung und Transportsysteme (IVT) der ETH Zürich auf Basis von 65 000 Fahrten belegte.[3]

Mit dem Angriffskrieg von Putin ergibt sich aus der nochmals dringlicheren Energiewende heraus die nächste damit verbundene Moralisierung: Kongo, Kobalt, Kinderarbeit! Gemeint sind natürlich Elektroautos im Individualbesitz mit ihren sozialen und ökologischen Problemen der Produktion mit CO_2- und Wasserbilanzen, auch im Karosseriebau, pro Personenkilometer.[4]

1.1.2 Parkdruck und StVO-Ultras

Nun haben wir es mit dem Wortungetüm „**Mikromobilitätsmüll**" zu tun. Städte konzessionieren langsam den von Einzelhändlern und Gastronomen schon immer teuer bezahlten öffentlichen Raum auch für die lange Zeit überfinanzierten und unterrentierlichen (E-)Bike-, E-Scooter- und E-Roller-Sharinganbieter, die ja oft mehr Stadtmöblierung als Stadtmobilisierung bieten. Zum Thema bewegliche Stadtmöblierung passt auch der Fall in Mannheim aus dem Jahr 2021, der das Ordnungsamt mit der Frage konfrontierte, ob ein „bepflanzter Fahrradanhänger", das sogenannte Beet-Mobil, einem Auto bei „Parkdruck" den Parkplatz wegnehmen darf.[5]

Intermodale Konflikte sind Konflikte zwischen den Verkehrsmitteln und ihren Nutzern: Während die einen SUV-Rambos sind und die anderen Kampfradler, sehen sich manche Stadtbewohner gar als „StVO-Ultras", die alles genau vom anderen so umgesetzt sehen wollen, wie es eben in der Straßenverkehrsordnung steht.

1.1.3 Moralisierung als „Freiheitsneid": Tesla, Testosteron und Testarossa

Überall lauert der Neid und Frust: Der Plug-in-Hybrid für Reiche und seine Förderung, das schicke Elektroauto mit weiterhin dürftigen Recycling-Erfolgen der Batterien, der zu günstige Anwohnerparkausweis bis hin zum lärmenden und zu verbietenden Rollkoffer in Venedig.

Eine besonders sportliche bzw. sportwagenorientierte Einschätzung brachte der WELT-Chefredakteur Ulf Poschardt den TAZ-Leserinnen zur Kenntnis: „Die Moralisierung von Mobilität bedient hier vor allem den Freiheitsneid jener, die in ihren Autos, die sie hassen, anderen gerne deren Glück tilgen wollen."[6] Teslas seien öde und Elektromotoren besser für Waschmaschinen geeignet. Da ahnten nicht nur weltläufige TAZ-Leserinnen, warum Testosteron und Testarossa – so Poschardts meist in der Werkstatt weilendes Ferrari-Modell – so eng beieinander und gleichzeitig so fern der Realität liegen.

1.1.4 Moralisierung als polarisierende Abwärtsspirale

Und das passt: Denn Moralisierung tritt für Soziologinnen genau dann ein, wenn derzeit nicht lösbare oder noch nicht vollständig erkannte bzw. verstandene Dilemmata auftreten und Macht- und Interessenkonflikte in die normativ-kommunikative Sphäre der polarisierenden Achtung und Missachtung verlagert werden. Während die Ethik die gutmeinende Aufwärtsspirale des Verhaltens in die Penthäuser der Gesellschaft befährt, rollt die Moralisierung die schlechtmeinende Abwärtsspirale in die Untergeschosse runter – und genau da sind die Verkehrsmittel ja auch meist anzutreffen.

Im Erdgeschoss allerdings werden wir in den nächsten Jahrzehnten etwas mehr bodenständige Nüchternheit erfahren müssen, denn in den Städten gibt es neben dem Hang zur Moralisierung auch ein starkes neues Bedürfnis nach einer höheren Qualität der eigenen Stadt-Erfahrung; und sei es die romantische Vorstellung eines öffentlichen Raums, in dem Kinder ohne Testosteron und Testarossa wieder wie früher selbst zum Turnunterricht radeln dürfen und Großeltern mit Rollator und langsamem Langhaardackel sich wieder auf dem Bürgersteig (und nicht nur dort) wohlfühlen, weil ihnen kein umgefallener E-Scooter den Weg versperrt.

Und für alle, die sich noch am Auto und den Mobilitätsritualen festklammern, hatte das Magazin SPIEGEL am 16. Juli 2021 während der Flutkatastrophe in Ahrweiler noch den verstörenden Rat parat:

> „Ihr Auto ist nicht so wichtig wie Ihr Leben …"
>
> Einsatzleiter des Technischen Hilfswerks Ahrweiler

1.2 Gesellschaftliche An-Treiber der Antriebs-Wende

Unser Leben ändert sich. Und dies auf mehreren Ebenen klimatisch – ökologisch und sozial. Denn neben heißeren Sommern und fataleren Regenfällen verändert sich das soziale Klima, wie wir an den französischen Gelbwesten und den deutschen Gewerkschaften erkennen können. Die Angst vor politischen Kipppunkten zwischen Arbeitsmarkt-, Verkehrs-, Industrie- und Klimaschutzpolitik schürt insbesondere in Deutschland einen öffentlichen Diskurs – mit ordentlichem Tempolimit, also zu gebremst mit Blick auf die schnellen Handlungsbedarfe.

Lassen Sie uns ausgewählte Treiber der Mobilitätswende – nicht als Zukunftsforscherin, sondern als Gegenwartsdiagnostiker – aufzeigen, die anmuten wie eine Einbahnstraße, was im Kontext eines politisch-polarisierenden Begriffs wie der Mobilitätswende ja überaus anregend sein kann.

Künste als Vordenker

Die Frage ist doch oft: Was war zuerst? Henne oder Ei? Die Kirche oder die Autobahn? Das Londoner Architekten-Kollektiv *Assemble* von 18 Architekten, Designerinnen und Künstlern gewann 2015 überraschend den hoch begehrten *Turner Prize* – für Architekten wahrlich keine Normalität. Denn das Kollektiv beantwortete die Frage „Kirche oder Autobahn" folgendermaßen:[7]

Bild 1.1 „Barockkirche" unter einer Autobahn – Wer war zuerst da?

Unter zwei Autobahnen hatte Assemble eine neue Barockkirche so eng eingepasst, dass es wirkte, als sei die Kirche zuerst dagewesen und nicht die Autobahn. Wie sonst nur zur weihnachtlichen Eucharistie kam es zu Staus vor und in der Kirche, denn über 40 000 Besucherinnen kamen (vornehmlich radelnd) in den neun Wochen des Projekts zu Theater, Film und Kunst – und aßen und tranken feierlich unter den Feinstaubwolken. Der Turner Prize würdigte u. a. dieses Projekt „Folly for a Flyover" in Hackney Wick (Ost-London) aus dem Jahr 2012 und viele weitere Projekte für urbane Schönheit und neue öffentliche Plätze, die eine lebendigere, attraktivere und preiswertere Urbanität an den vermeintlich unpassendsten Orten schufen.

Besonders schön ist auch die folgende Idee dazu, was man mit stillgelegten Tankstellen anstellen kann: Durch glitzernde Vorhänge werden sie zu Kinos umfunktioniert – nicht nur für Roadmovies geeignet.

Veränderte Antriebe – Antrieb zur Veränderung

Wenn die Künste lustvoll kritisch anfangen, dann wird es gesellschaftlich bald ernst. Und wir erkennen verschiedene sehr ernste Treiber einer neuen urbanen Mobilität, die doch mehr ist, als der Bundesverkehrsminister a. D. Andreas Scheuer (CSU) als „Antriebswende" mit verengtem Blick auf die Elektro-Individualmobilität so fehldeutete wie das ministerielle Formulierungsdefizit psychologisch rettbar gewesen ist. Denn in der Tat geht es um die ganz grundlegende Frage: „Was treibt *uns* an?"

1.2.1 Klimawende: Verrechtlichung des Klimas vor allem im Verkehr

In Karlsruhe ist nicht nur Ruhe. Da wird es auch mal lauter als man denkt. Und das als mehrfache ADFC-Fahrradstadt[8]. Die Entscheidung des dort ansässigen Bundesverfassungsgerichtes vom 24. März 2021 war hingegen so laut, dass es selbst die ungeborenen Generationen schon hören konnten:

> „Als **intertemporale Freiheitssicherung** schützen die Grundrechte [...] hier vor einer umfassenden Freiheitsgefährdung durch einseitige Verlagerung der durch Art. 20a GG aufgegebenen Treibhausgasminderungslast in die Zukunft. Der Gesetzgeber hätte Vorkehrungen zur Gewährleistung eines freiheitsschonenden Übergangs in die Klimaneutralität treffen müssen, an denen es bislang fehlt."[9]

Klingt sperrig, ist aber konkret: Die aktuellen Generationen müssen ihre Freiheiten beschränken, sodass die nächsten Generationen in ihren Freiheiten nicht noch stärker beschränkt sind. Wir dürfen also nicht immer schieben, schieben, schieben. Wir müssen einfach handeln. Jetzt. Diese epochale Entscheidung der Verrechtlichung des Klimaschutzes ist auch deswegen so besonders, weil sich die gescholtene Regierung als Verursacherin der unzureichenden Gesetzgebung für die Schelte geradezu bedankte.

EU: Nachhaltigkeitspolitik des Reportings

Die EU hat mit ihrer Nachhaltigkeitspolitik eine vielschichtige Reporting-Realität eingeführt, die neben den Finanzinstituten nun auch alle Unternehmen ab 250 Mitarbeitern erreicht – unabhängig davon, ob sie am Kapitalmarkt sind.[10] Die Nichtbeachtung führt zu Strafen und Abstrafungen am Kapitalmarkt.

Europäische Nachhaltigkeitspolitik	Resultierende Gesetze	Pflichten für Unternehmen	Verpflichtend für	ab/seit
Accounting Directive	Corporate Sustainability Reporting Directive	Erweiterung des Adressatenkreises durch die Non-Financial Reporting Directive (NFRD) und der Berichtsinhalte verpflichtende Prüfung	Unternehmen, Banken, Versicherungen	seit 2017, Neuauflage 2021
	EU Sustainability Reporting Standards	Europäische Standards für die nichtfinanzielle Berichterstattung mit doppelter Materialität als Grundlage, maschinenlesbares Format		vrst. ab 2023
Action Plan for Financing Sustainable Growth	Low Carbon Benchmarks Regulations	Klimabenchmark-Klassifikationen und ESG-Anforderungen für Benchmarks	Finanzakteure	ab 2020
	Sustainability-related Disclosures Regulation	Darstellung ökologischer und sozialer Merkmale des Portfolios und Due Diligence-Policies	Finanzakteure	ab 2021
	Taxonomy	Darstellung des Anteils ökologischer und sozialer Umsätze und Investitionen	Unternehmen, Finanzinstitute	ab 2022 ab 2021
Due Diligence Directive or Regulation	Human Rights Due Diligence	Haftungs- & Durchsetzungsmechanismen und Zugang zu Rechtshilfe für Opfer von unternehmerischem Missbrauch, Reporting der Prozesse und ihrer Ergebnisse	Unternehmen, Finanzinstitute	Ankündigung für 2021
	Environment Due Diligence	(noch nicht bekannt)		

Bild 1.2 Gesetze und Pflichten für Regulatoriken und Reporting-Pflichten im Bereich der Nachhaltigkeit (EU)

Good COP, bad COP? Wichtig ist auf der Straße!

Nach der 26. Conference of Parties (COP), bei der sich die Unterzeichner des 1994 geschlossenen Rahmenübereinkommens der Vereinten Nationen über Klimaänderungen (UNFCCC) – immerhin 196 Länder und die EU – wieder trafen, wurde irgendwie deutlich: Es braucht mehr COPs – mehr Durchsetzungskraft für den Durchbruch. Und in Deutschland ist das sehr deutlich, wo die „Cops" nach Statistik und Forderung des Umweltbundesamts[11] seit 1990 auch stehen müssten – am besten auf der Straße!

Wir können uns die Stadtwerke mit Klima-Karmapunkten – bei all ihren Energie-, Abfall- und Abwasser-Erfolgen – vorstellen. Und die Verkehrspolitik können wir uns gar nicht vorstellen – bei all ihrer Erfolglosigkeit. Wenn Deutschland insgesamt in knapp 30 Jahren gut 35 Prozent Treibhausgase eingespart hat, dann ist der Verkehr der einzige Sektor, der sogar noch zugelegt hat.

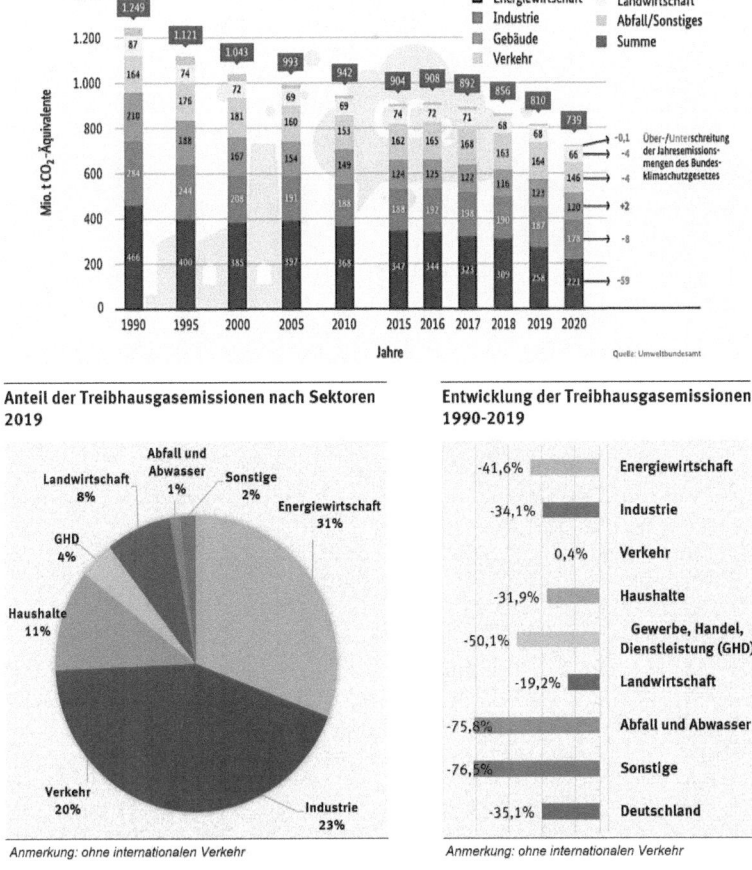

Bild 1.3 Anteil der Treibhausgasemissionen von 1990 bis 2019 nach Sektoren

Konsequenzen der Karlsruher Klimaschutzgesetz-Novelle (KSG)

Die Einbahnstraße der Reduktion von emissionsbelasteter Mobilität ist bei steigender Mobilität atemberaubend und wird mit einer Zahl und einer Relation überdeutlich:

Wir brauchen bis 2024 eine Reduktion von 85 Mio. Tonnen CO_2-Äquivalenten – also eine Absenkung auf die Hälfte von 2020.[12]

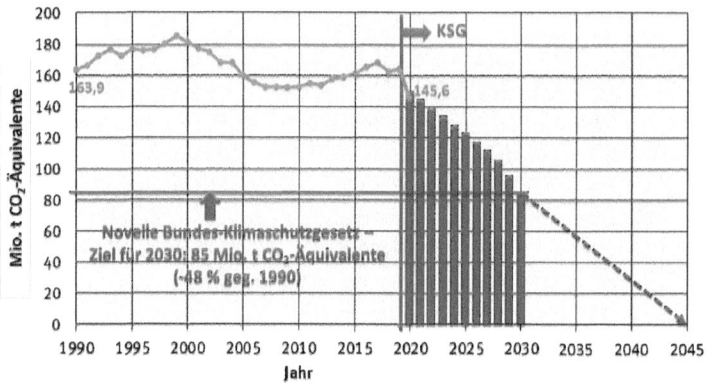

Quelle: Umweltbundesamt, Bundesregierung

Bild 1.4 Entwicklung der Treibhausgasemissionen des Verkehrs in Deutschland 1990–2019, Vorjahresschätzung 2020 sowie Ziele nach Klimaschutzgesetz

Soziale und asoziale Kosten: Wahre Preise der Mobilität

Ronald Coase hat 1991 den Nobelpreis für Wirtschaftswissenschaften unter anderem für seinen 1960 erschienenen Beitrag zum „Problem der Sozialen Kosten" erhalten. Darin geht es um die Tragödie der übernutzten Allmende: Wenn die Gemeindewiese für alle Kühe des Dorfs kostenlos ist, sind zu viele Kühe da, die sich selbst die Wiese für alle langsam wegfressen. Diese Tragödie der Selbstzerstörung hat im planetaren Kapitalismus – ohne Einpreisung der sozialen Kosten – nun die Gemeindewiese globalisiert. Im „Mobilitätsatlas 2019" der Heinrich-Böll-Stiftung wurde das so berechnet (siehe Bild 1.5).[13]

Die Moral von der Geschicht? Wir haben die realen Kosten nicht. Wir haben wie bei Verkehrsunfällen das Bruttolandsprodukt zwar gesteigert – aber das Verursacherprinzip vergessen. Das ist der eigentliche Unfall des Verkehrs. Nun beginnen die ersten Internalisierungen der externen Klimakosten. Die CO_2-Steuer ist erst der Anfang, denn Wasser, Böden und seltene Erden folgen.

Erstes Zwischenfazit: Die klimaneutrale Stadt bewegt sich anders

Wir müssen beim Verkehr für das Klima eben keine „PS" auf die Straße bringen und nicht weiter „Gas geben".

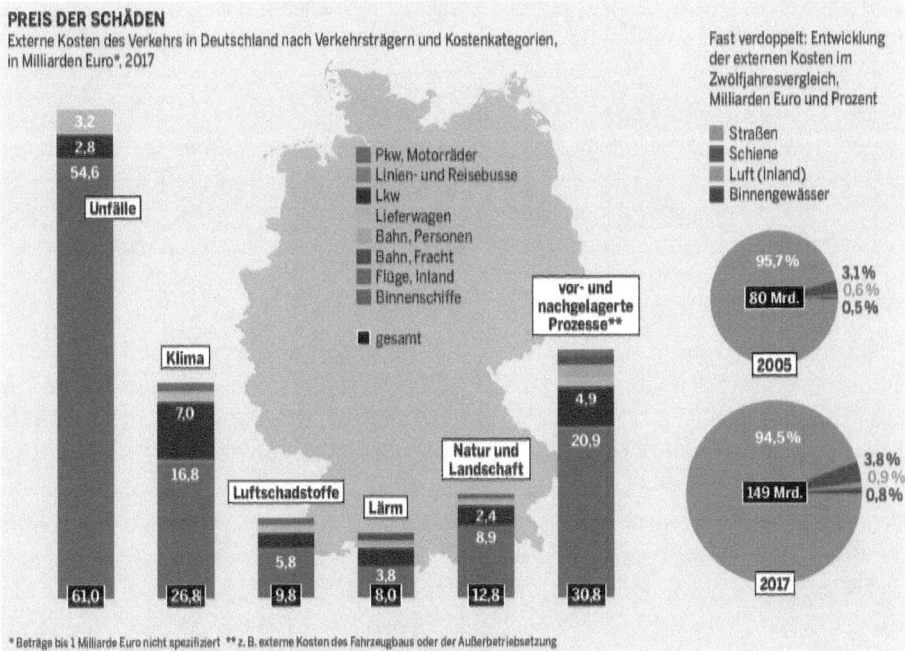

Bild 1.5 Kosten der durch Verkehr verursachten Schäden

Virales Wachstum: Infektionen bei implodierender Infrastruktur

Lassen Sie sich zwei Geschichten des Wachstums von Städten, der Mobilität und der Pandemien erzählen:

Marx' Mobilität: Der frühere Chefredakteur der linksliberalen „Rheinischen Zeitung" in Köln, politischer Aktivist und gescheiterter Revolutionär von 1848, Karl Marx, kam ein Jahr später nach London – zunächst nach Chelsea und später Soho –, um genau dort den „Maschinenraum der Moderne" vor Ort zu analysieren. Wo auch sonst, wenn nicht in der weltweit am stärksten wachsenden Kapitale der ein neues westliches Zeitalter einläutenden zweiten Hälfte des 19. Jahrhunderts? London wuchs von 2,3 Millionen Einwohnerinnen und Einwohnern im Jahr 1850 auf 8,9 Millionen im Jahre 1950. Alles musste aufgrund dieser Vervierfachung mitwachsen oder überhaupt erfunden und dann noch finanziert werden: die erste weltweite Untergrundbahn mit täglich zehntausenden Passagieren, der Pendelverkehr der Dampfer auf der Themse, die straßenüberspannenden Eisenbahnviadukte und die vielzähligen Pferdeomnibus-Flotten, die immer entferntere Quartiere und neu entstehende Vororte erschließen mussten.

Was war passiert? Eine Entwicklung von Web-Stühlen zu Web-Shops der Textilwirtschaft à la Zalando und AboutYou. Zwischen 1769 und 1800 entstanden allein in Mittelengland mehr als 100 neue Baumwollspinnereien. Das waren keine selbstständigen Produzenten mehr, sondern abhängige Lohnarbeiter. Das war kein eigenes Tempo mehr, sondern ein Takt der ratternden Spinnmaschinen. Es gab keine 35-Stunden-Woche, sondern 13 Stunden sechs Tage lang. Fünf Personen teilen sich ein Bett, Spekulanten ziehen dichtstehende, lichtnehmende Häuserkomplexe hoch. Fließendes Wasser, Kanalisation, Toiletten – all das gibt es nicht.

Und immer, wenn was wächst, wachsen Epidemien, so auch in London z. B. die Cholera im Jahr 1831. Virales Wachstum war immer das Ziel des Kapitalismus und Viruswachstum die Folge.

Kochs Cholera: Robert Koch kam im Sommer 1892 nach Hamburg: Durchfall in der Hafenstadt. Ende August bestätigte Koch den Ausbruch von Cholera – und ließ alle Schulen schließen. Die Folge: Eine radikale Umgestaltung der Stadt, neue Gesetze, das mittelalterliche Gängeviertel wurde nahezu plattgemacht. Städte sind eine ökonomische Erfolgs- und Wachstumsgeschichte ohnegleichen – und genau dieses Wachstum ließ seit jeher die Epidemien und Infektionen entstehen. Der Grund: Infrastrukturen für Hygiene wuchsen langsamer als Einwohnerzahlen. Infrastruktur steuert Infektion.

Städte waren seit jeher bewegende Begegnungszentren – vor allem im Handel, später im Tourismus. Diese Mobilität führte in Europa zwischen 1346 und 1353 zur Pest mit geschätzt 25 Millionen Todesopfern; ein Drittel der damaligen Bevölkerung. Das war nicht der erste, aber der lauteste Startschuss für den Umbau von Stadt- und Sozialsystemen, wie wir sie heute kennen.

Robert Kochs Zeiten waren wahrlich turbulent: Die Russische Grippe hatte im Jahr 1890 bereits ca. eine Million Opfer gefordert, die Pest im chinesischen Yunnan verbreitete sich wenig später bis nach Indien und die USA (ca. 12 Millionen Tote). An der Spanischen Grippe starben dann 1918 bis 1920 ca. 50 Millionen Menschen.

Den 700 Jahren urbaner Pandemie-Geschichte ist eines gemein: Auf jede Seuche folgte eine neue Stadtplanung für mehr Hygiene und für mehr Kontrolle. Die *Smart City* ist nur eine aktuelle Version dieser Entwicklung. Die Corona-Pandemie war dabei noch eine vergleichsweise milde Form, die es uns ermöglichte, uns draußen zu begegnen und schnell geimpft, wenn nicht die Erkrankung, so doch die Folgen sehr abzuschwächen. Aber Corona wird in unserer Mobilitätsgesellschaft nachhaltige Folgen haben.

Was wir aus der Geschichte wissen, ist, dass Pandemiemanagement das Management einer Demobilisierung ist, also der Vermeidung von Mobilität und somit Kontakten.

Medizinische Städte: Musils klinische Analyse

Wir können eine Dominanz der medizinischen Sicht auf Städte und die Bewegungen und Begegnungen in ihnen erkennen. Die Architekturtheoretikerin Beatriz Colomina hat dies 2019 in ihrem Buch „X-Ray Architectures" nachgezeichnet: Es startete beim Röntgen und dem Kampf gegen Lungenkrankheiten und beschreibt die aktuellen Wärmebildkameras und Überwachungstechniken, die in Smart Cities nicht nur in China und Kalifornien sehr wache Kontrollfantasien auslösen – in der Mobilitäts- und Kontaktnachverfolgung. Autokratische Staaten und wirkungsvollere Geheimdienste sehen sich beim Pandemiemanagement überlegen und Europa muss einen eigenen, humanistischeren Weg finden.

Colominas These: Moderne Architektur des 20. und 21. Jahrhunderts ist vor allem eine medizinische Seuchenbekämpfung mit Obsession zur Durchlüftung, Besonnung, Hygiene und weißen Wänden.

In Musils „Mann ohne Eigenschaften" kann man es schon so lesen: „Der moderne Mensch wird in der Klinik geboren und stirbt in der Klinik; also soll er auch wie in einer Klinik wohnen" – und leben.

Hysterie der Großstädter: Auto-Aggressionen

Der Psychiater, Neurologe und Radfahrer Mazda Adli hat in seinem eindrucksvollen Buch mit dem Titel „Stress and the City" 2017 eine Emotionsforschung von Städten vorgelegt – mit einer paradoxen Erkenntnis: Städte machen uns krank und sind gleichzeitig gut für uns. Die Hysterie und das Geistesleben insbesondere der Großstädter waren schon früh in der Soziologie, der Psychologie und Kulturwissenschaft ein zentrales Thema (vgl. Kapitel 2).

Wir können den Stress von Städten vor allem durch drei Treiber beschreiben:

- das Tempo der Stadt,
- die Tonlage der Stadt und
- die territoriale Verdichtung der Stadt.

Im Kapitel 2 werden wir darauf eingehen, da bei allen drei Treibern die Art der Mobilität entscheidend ist.

Eine britische Studie analysierte das Stressniveau von Autofahrern in der Rushhour: Der Anspannungszustand eines Pendlers ist höher als bei einem Kampfjetpiloten im Flug oder bei Polizeieinsatzkräften während der Eindämmung gewalttätiger Ausschreitungen.[14]

Der städtische Lärm wiederum wird im Vergleich zur schmutzigen Luft immer noch unterschätzt, obwohl er beinahe dieselben Krankheitsrisiken für sich beanspruchen kann. Laut einer Umfrage des Umweltbundesamtes fühlen sich in Deutschland drei Viertel aller Bürgerinnen und Bürger in ihrem Wohnumfeld durch den Straßenverkehrslärm belästigt. Dies trifft insbesondere einkommensschwache Haushalte an Hauptstraßen überproportional. 10,89 Millionen Deutsche fühlen sich durch Verkehrslärm in der Nachtruhe gestört.[15] Wir kommen im Kapitel 2 und 5 ausführlicher dazu.

Die Nachverdichtung wird im Zuge des Klimawandels so zwingend (die Versiegelung und Infrastrukturnutzung ist in nachverdichteten Städten am besten) wie zermürbend – und Nachbarschaftsstreits bekommen als territoriale Nahkämpfe neue Qualitäten. Denn Enge erzeugt Konflikte.

Hitze der Städte: Wir müssen cooler werden

Wenn sich die Erde erhitzt, dann kochen die Städte. In der Forschung sprechen wir von dem *„urban heat island effect (UHI)"*, also dem städtischen Wärmeinseleffekt.

Bezogen auf die Entwicklungen der Vergangenheit bedeutet das: Während es seit den 1980er-Jahren im globalen Durchschnitt pro Jahrzehnt knapp 0,2 Grad Celsius wärmer wurde, waren es in den Städten wie Paris, Moskau oder Houston mehr als 0,8 Grad pro Dekade – das ist vier Mal so schnell.[16] Hitze ist 25-mal tödlicher als der Verkehr, der die Hitze erzeugt.

Während sich Skandinavien auf die Weinernte vorbereitet und der höhere Zuckergehalt im Wein einer der süßeren Indikatoren für den Klimawandel ist, wird es in den Weinbergen Deutschlands gefährlicher, wie wir auch durch die Flutkatastrophen lernen müssen. Ein Autorenteam stellte für den „The Lancet Countdown on health and climate change"[17] die Todesfälle im Zusammenhang mit Hitze zusammen: Im vergleichsweise kleinen

Deutschland sind wir Weltmarktführer. In 2018 waren es bei über 65-Jährigen rund 20 200 Todesfälle im Zusammenhang mit Hitze. Lediglich die zwei bevölkerungsreichsten Länder der Welt mit je rund 1,4 Milliarden Einwohnern lagen absolut noch höher; China mit 62 000 und Indien mit 31 000 Hitzetoten.

Mit Blick auf die Mittelwerte der Vorjahre ist der Wert für Deutschland eine deutliche Steigerung: In den Jahren 2014 bis 2018 habe die Zahl der Hitzetoten nach dieser Methode hierzulande im Schnitt bei 12 080 pro Jahr gelegen – 3640 Hitzetote mehr als im Durchschnitt der Jahre 2000 bis 2004. Große Städte erhitzten sich mitunter noch stärker als die Werte, mit denen die Modellrechnungen arbeiten – insbesondere in den tropischen Nächten. Hinzu kommt das Risiko, dass durch Hitze neue Infektionen auftauchen, wie europäische Tropenkrankheiten z. B. durch bestimmte Mückenarten. Diese Weltkarte zeigt die Notwendigkeit einer Betrachtung der Klimafolgenforschung und der klaren Bedarfe an klimaschützender wie gleichermaßen kühlender Stadt- und Verkehrsplanung (vgl. Kapitel 5 „Bewegende Standorte")[18]. Wie werden wir uns bewegen, wenn es draußen über 40 Grad hat?

Spoiler: Klimaanlagen in Autos sind nicht die Lösung!

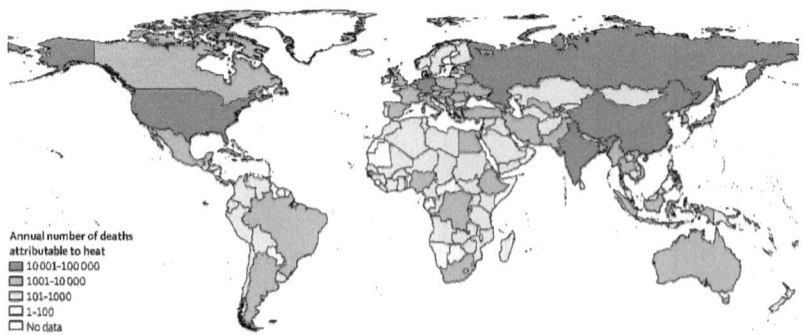

Bild 1.6 Jährliche Zahl der Hitzetoten weltweit

Es liegt was in der Luft: der Tod

Luft ist Leben. Wir atmen täglich etwa 10 000 Liter ein. Neben Sauerstoff auch Viren, Bakterien und Schadstoffe; auch des Verkehrs. Letztere können Erkrankungen der Atemwege wie Bronchitis oder Asthma, Allergien, Herz-Kreislauf-Beschwerden und Herzinfarkte auslösen oder zumindest verstärken.

Alle EU-Mitgliedstaaten sind deswegen dazu verpflichtet, im Falle von Überschreitungen der Luftqualitätsgrenzwerte nach Gemeinschaftsrecht Luftreinhalte- und Aktionspläne aufzustellen. Die Rahmenrichtlinie zur Einhaltung der Luftqualitätsgrenzwerte sieht zwei Konzepte vor:

1. Ein Verfahren, um Gebiete zu identifizieren, in denen ein Grenzwert voraussichtlich nicht eingehalten werden kann. Nach deutschem Recht sind die zuständigen Behörden verpflichtet, *vor* dem Eintreten der Grenzwerte in den betroffenen Gebieten Luftreinhaltepläne zu erstellen.

2. Die verantwortlichen Behörden müssen Aktionspläne erarbeiten, falls *nach* dem Erreichen der Schadstoffgrenzwerte die Gefahr besteht, dass diese überschritten

werden. Dabei können Städte und Gemeinden auch Maßnahmen der Stadt- und Regionalplanung einsetzen; wie die Ausweisung von „Umweltzonen", den Bau von Umgehungsstraßen, die Ausschreibung von umweltgerechten ÖPNV-Verkehrsmitteln oder die Einrichtung von Stadtlogistik-Zentren. Den rechtlichen Rahmen für die deutsche Luftreinhaltepolitik gibt die 2008 beschlossene EU-Richtlinie 2008/50/EG über Luftqualität und saubere Luft in Europa vor. 2010 wurde die Richtlinie in deutsches Recht übertragen.

Laut WHO gehört die Luftverschmutzung weltweit zu den größten Gefahren für die Gesundheit. Jährlich sterben 8,8 Millionen Menschen vorzeitig an den Folgen schlechter Luft, in Europa sind es 800 000. In Deutschland sind allein 13 000 vorzeitige Todesfälle pro Jahr auf Feinstaub und Ozon aus dem Verkehr zurückzuführen. Die „Burden of Disease Study" der Fachzeitschrift *The Lancet* mit anderem methodischen Ansatz sieht weltweit 4,2 Millionen vorzeitige Todesfälle pro Jahr wegen Luftverschmutzung und in der EU allein 630 000 vorzeitige Todesfälle.[19] In den Industrienationen erkrankt bereits jedes zehnte Kind an Asthma.

Die Europäische Gemeinschaft hatte schon 1970 die ersten einheitlichen Abgasvorschriften für Autos in Kraft treten lassen. 22 Jahre später wurden die sogenannten Euro-Normen eingeführt, um kontinuierlich die Verbesserung der Technik der neuen Fahrzeugmodelle herbeizuregulieren – und dann begann die Umgehung der Normierung durch Manipulierung.

Schließlich kam Corona als Katalysator dieses Klassiker-Themas: Ein Autorinnenteam des Departments der Biostatistik der *Harvard T.H. Chan School of Public Health* in Boston legte am 5. April 2020 eine erste Studie über den Zusammenhang von Luftverschmutzung und Covid-19-Folgen vor: „Die Resultate deuten darauf hin, dass Langzeit-Exposition mit Luftschadstoffen die Anfälligkeit für die schwersten Covid-19-Folgen erhöht."[20] Das erscheint angesichts der vom Virus stark betroffenen und gleichsam verkehrsbelasteten Regionen wie der Lombardei, New York oder Paris plausibel.

Der französische Präsident Emmanuel Macron hatte in einem bemerkenswerten Interview in der Financial Times am 16. April 2020 dazu gesagt:

> *„Wenn wir aus dieser Krise herauskommen, werden es die Menschen nicht mehr akzeptieren, schmutzige Luft zu atmen. Die Bürger würden sagen: ‚Ich stimme den Entscheidungen der Gesellschaften nicht mehr zu, wo ich solche Luft atmen muss, wo mein Baby deswegen Bronchitis bekommt. Erinnert Euch doch, Ihr habt für dieses Covid-Ding alles gestoppt, aber jetzt wollt Ihr, dass ich wieder schlechte Luft atme."*

Zwischenfazit: die gesunde Stadt als soziale (Selbst-)Bewegung

Pandemie-resiliente Infrastrukturen, stressvermeidende, luftreinhaltende und abkühlende Stadtentwicklung für die urbane Gesundheit sind die Gassenhauer seit Jahrzehnten – nicht nur freitags. Aber es braucht bei sozialen Bewegungen eben zu Beginn das Momentum der Mobilisierung der Massen. Und dieses Momentum setzt auf die Vorarbeit auf. So wurde 1984 in Toronto die *„Healthy Cities Movement"* begründet und nachfolgend das *„European Healthy Cities Project"*, dem sich in 20 Jahren über 1300 Städte aus 29 europäischen Staaten anschlossen. Die Weltgesundheitsorganisation definiert es so: „Eine gesunde Stadt ist eine Stadt, die kontinuierlich ihre physische und soziale Umgebung verbessert und diejenigen kommunalen Ressourcen erweitert, welche die Bewohner in die Lage versetzen, sich gegenseitig in allen Lebensbereichen sowie in der Entwicklung zu ihrem höchsten Potenzial zu unterstützen."[21]

Wir müssen uns bewegen; und zwar selbst. Denn nur gemeinsam senken wir Stress, Schmutz und Hitze effektiv. Dafür benötigen wir bewegende, also aktivierende Städte (siehe Kapitel 2 und 5).

1.2.2 Immobilienwende: bewegende Standorte

„Die Zukunft muss sowieso städtisch sein, sonst bekommen wir schon wegen der Masse an Menschen, die künftig auf dieser Erde leben, eine Zersiedlung, die niemand haben will. Auch weil eine Folge davon ein gigantisches Verkehrs- und Emissionsproblem wäre."

Friedrich von Borries[22], Architekt und Professor für Designtheorie an der Hochschule für bildende Künste in Hamburg

Die Akademie der Künste Berlin hat im Jahr 2020 eingeladen; zur Ausstellung und Konferenz *„urbainable – stadthaltig"*, also ein Wortmischungsversuch der nachhaltigen Urbanität. Bei einer Veranstaltung von Architektinnen und Architekten mit dem Sozialpsychologen Harald Welzer und den Studierenden gab es einen interessanten interdisziplinären wie intergenerativen Dialog bezogen auf die von uns gestellte Frage, wie eine Immobilie als mobilitätsinduzierendes Ökosystem in Planung und Studium vorkäme. Das Ergebnis: gar nicht.

Aber: Man müsse mehr zusammendenken und zusammen denken – die Gewerbe- und Wohnwirtschaft denke aber nicht zusammen mit der Mobilitätswirtschaft und auch an den Universitäten passiere das nicht.

Damit kommt der nächste Wechsel: Von der Umstellung der *„Beeindruckungsarchitektur"* der vergangenen Jahrzehnte zur *„Beteiligungsarchitektur"*, von der Neubau- zur *„Reduce/Reuse/Recycle-Ressource-Architektur"* (so das Motto des Deutschen Pavillons der 13. Internationalen Architekturausstellung *La Biennale di Venezia 2012* von Generalkommissar Muck Petzet)[23] ebenso wie von der grandiosen Aussicht zur achtsamen Umsicht und dem, was ein Gebäude alles auslöst – an Energie, Schäden, Nutzen und eben auch Verkehren. Immobilien sind verdichtete Mobilitätsinduzierer.

Magnetismus der Metropole: Wo leben wir und wo bewegen wir uns eigentlich hin?

Im Jahr 2050 werden nach einer Prognose der Vereinten Nationen durch das *Department of Economic and Social Affairs (DESA)* rund 68,7 Prozent der Menschen auf der Welt in Städten leben – und 83,7 Prozent der Gesamtbevölkerung Europas. Aktuell leben in Europa bereits ca. drei Viertel in Städten. Die wirkliche Dynamik ist aber asiatisch und afrikanisch. Metropolen werden mächtiger, magnetischer und nur manchmal auch magischer. Bereits heute lebt weltweit mehr als die Hälfte der Weltbevölkerung auf zwei Prozent der Erdoberfläche.[24]

Merkmal	Afrika	Asien	Europa	Lateinamerika und Karibik	Nordamerika	Ozeanien	Weltweit
2050	58,9%	66,2%	83,7%	87,8%	89%	72,1%	68,4%
2045	56,2%	63,9%	82,2%	86,9%	88%	71,1%	66,4%
2040	53,6%	61,6%	80,6%	85,8%	86,9%	70,2%	64,5%
2035	50,9%	59,2%	79%	84,7%	85,8%	69,4%	62,5%
2030	48,4%	56,7%	77,5%	83,6%	84,7%	68,9%	60,4%
2025	45,9%	54%	76,1%	82,4%	83,6%	68,5%	58,3%
2020	43,5%	51,1%	74,9%	81,2%	82,6%	68,2%	56,2%
2018	42,5%	49,9%	74,5%	80,7%	82,6%	68,2%	55,3%

Bild 1.7 Entwicklung der Verstädterung mit der Prognose bis 2050

Und in Deutschland? Bei uns leben 36 Prozent in Städten, 41 Prozent in direkten Vororten und kleineren Städten und nur 23 Prozent im sogenannten ländlichen Raum.[25]

Schon vor Corona gab es die ungelebte Sehnsucht bei der Frage: „Wo würden Sie gern leben?" Nur 13 Prozent in der Stadt, 26 Prozent am Stadtrand bzw. in Vororten sowie 27 Prozent in Kleinstädten und immerhin 34 auf dem Dorf. Und dann stiegen folgerichtig die Preise in der vergleichsweise unbesiedelten Uckermark und sonstigen Regionen, die bis dahin nur Kabarettistinnen für Provinz-Possen dienten.

Nachhaltigkeit: Wink mit dem Holzpfahl gegen Betonköpfe

China habe nach Angaben der *Washington Post* in drei Jahren mehr Beton verbaut als die USA in einem Jahrhundert, nämlich 6,6 Milliarden Tonnen.[26] Eine Tonne Beton produziert 200 000 Luftballons CO_2, wie wir sie zu Geburtstagsfeiern aufpusten. Das Berliner Stadtschloss brauchte 200 000 Tonnen Beton – also 40 Milliarden Geburtstagsluftballons.

Nun also Holzhochhäuser, *Cradle-to-Cradle* (also Nachhaltigkeit von der Wiege über die Bahre zurück in die nächste Wiege), *Green Building*, *Hortitecture* (bewaldete Architekturen)[27]. Grün ist das neue Grau!

Sogar beim *Bauhaus* – also der von der EU gewünschten grünen Revitalisierung der Design- und Architektur-Schule. Der gleichnamige Baumarkt pflanzt aber auch gerade marketingorientiert Bäume und verkauft weiter das alte Zeug.

So werden vertikal bewaldete Hochhäuser wie der *Bosco Verticale* des Mailänder Architekten Stefano Boeri oder das Düsseldorfer Büro- und Shoppingcenter Breuninger von Christoph Ingenhoven komplett mit grünem Pelz aus Hainbuchenschösslingen überzogen. Rotterdam hat 233 Millionen Euro in sieben Bauprojekte investiert, die die Stadt natürlicher und klimafreundlicher gestalten sollen. Das Stadtmarketing geht global: Chicago, die Geburtsstadt des Hochhauses, rühmt sich damit, dass 70 Prozent ihrer Bürogebäude energieeffizient sind. Und Singapur unternimmt nichts unterhalb seines Anspruchs der „ökologischsten Metropole der ganzen Welt".

Der kluge Journalist Harald Willenbrock analysierte die grünen Riesen tiefer: „Viele der vermeintlichen Vorzeigebauten müssen mit hohem Aufwand am Leben erhalten werden.

Die 20 000 Sträucher und 800 Bäume für Stefano Boeris Wolkenkratzer-Wald etwa mussten eigens gezüchtet und windkanalgetestet werden, um der anspruchsvollen Hochhauswitterung standzuhalten. Ein Jahr brauchten Arbeiter, um die Pflanzen mit Kränen an ihren Platz zu hieven. Seitdem werden sie von drei Gärtnern gepflegt, die sich auf Balkone und Loggien abseilen müssen. Extrakosten pro Mieter und Monat: 1500 Euro.

Der *Bosco Verticale*, Instagram-kompatibel und preisgekrönt, ist in Wirklichkeit ein Edelforst für Besserverdiener."[28]

Mobilität kommt vor Immobilität: Verkehrung der Verhältnisse

Auch bei weiteren Projekten wird schnell deutlich, dass der Nachhall der Nachhaltigkeit ausbleiben könnte, da neben den Fahrstühlen nachhaltige Mobilitätskonzepte für diese Nachverdichtung fehlen.

Als „Gesellschaft für Urbane Mobilität BICICLI" und Mobilitätsberatung MOND wurden wir oft nachher konsultiert, wie man vorher die Gesamtbilanz einer Immobilie mit den Pendler-, Kundinnen- und Lieferverkehren denkt.

Kluge Immobilienentwicklung denkt standortspezifische Mobilität mit ihren Verkehren von Anfang an mit. Kluge Stadtentwicklung lässt ab vom Stellplatzschlüssel für Kraftfahrzeuge als Anforderung und dreht es um: autoarme bzw. autofreie Mobilitätskonzepte als Anforderung für Baugenehmigungen von Gebäuden ohne Untergeschosse, da gerade diese unterirdische Klimabilanzen aufweisen.

Kluge Arbeitgeber wagen mehr als nur Dienstwagen. Bei neuen Headquartern und Niederlassungs- oder Filialgründungen können kosten- und CO_2-sparende Mobilitätsbudgets mit Dienstrad-Programmen und dazugehöriger Infrastruktur sowie Incentives ein neues Pendelverhalten bewirken. Und ein Konzept der letzten industriellen Revolutionen kommt zurück: Werkswohnungen, die Pendlermobilität ganz vermeiden (vgl. Kapitel 2, 5 und 6).

Kluge Ansiedlungen, auch von Elektroautofabriken, müssen wirtschafts- und verkehrspolitisch demzufolge auch vorher mitdenken, wie man zur Fabrik kommt, wenn es dafür keine ausreichende Infrastruktur gibt, und man lässt die nutznießenden Firmen auch mitfinanzieren – ob Straße oder umgelegte Bahnhöfe.

Zwischenfazit: Alternativlose Nachverdichtung erzeugt alternative Verkehrskonzepte

Der Gebäudesektor hat nach dem Mobilitätssektor den zweitstärksten CO_2-Reduktionsbedarf. Zur urbanen Nachverdichtung und dem Zersiedlungsverbot gibt es wenig wissenschaftlichen Einwand. Neubau-Moratorien, die Revitalisierung von ungenutzter urbaner wie dörflicher Infrastruktur und hohe Anforderungen an die Nachhaltigkeit im Bauen sind nun politische Forderungen. Viele Städte haben sich aufgemacht und denken sich selbst neu – und zwar mit Blick auf die Aneignungsqualität durch ihre Bewohnenden und die Mobilitätsvermeidung für eine höhere Selbst-Beweglichkeit.

1.2.3 Arbeitswende: neue, digitale, mobilitätsvermeidende Arbeit

New Work: die alte Frage nach der Sinnhaftigkeit

Einer der älteren Witze der Arbeit ist der der „New Work". Alle wollen sie, denn wer will schon so arbeiten wie bisher? Viele versuchen es, aber nicht alle haben sich die Sozialdimension – neben der Raum- und Zeitdimension – aus den Konzept-Ursprüngen von New Work aus den 1970er-Jahren 50 Jahre später genauer erarbeitet.

Das vom österreichisch-US-amerikanischen Sozialphilosophen und Anthropologen Frithjof Bergmann unter dem Begriff New Work eingeführte Konzept zeichnet sich durch die Umkehr des Prinzips der Lohnarbeit aus. Konkret: Der Mensch darf der Arbeit als Zweck kein bloßes Mittel sein. Seit der industriellen Revolution bestand der Zweck von Arbeit darin, eine bestimmte Aufgabe zu erfüllen. Das Mittel war der arbeitende Mensch, der damit gewissermaßen als bloßes Werkzeug fungierte – und daher sinnvollerweise von Maschinen, Robotern und Algorithmen ersetzt werden sollte. Wir nennen es Automatisierung, was durchaus als humanistische Haltung verstanden werden kann.

Bergmann drehte dieses Verhältnis um: New Work, die neue Arbeit, soll nun das Mittel sein, mit dem sich der Mensch als freies Individuum verwirklichen kann – für eine sinnstiftende Funktion der Arbeit, Freiheit und Selbstständigkeit. New Work wäre dann die Arbeit, die ein Mensch wirklich will, und damit verbunden, wo er hinwill; wo die Arbeit eine inhaltliche und soziale Heimat darstellt. Die Purpose-Debatte kam aus den Beratungen und der Generation Y auf: Wofür arbeite ich, wenn es Geld nicht (allein) ist? Dann kam Corona – und damit eine Menge an Überraschungen. Und das Homeoffice und die Frage nach dem Sinn von Pendelverkehr induzierenden Präsenzpflichten und mobilitätserzeugenden Meetings.

Old Work: Beidseitige Kündigungen nehmen neuerdings zu

Das Naheliegende war die Entlassung: Im Frühjahr 2020 gab es in den USA Tage, an denen eine Million Menschen ihren Arbeitsplatz verloren haben. Allein im März und April 2020 summierte sich dies auf rund 20 Millionen Entlassungen. Auch jetzt gibt es noch fünf Millionen Beschäftigte weniger im Vergleich zu Vor-Corona-Zeiten. Ebenso naheliegend, dass die Motivation der aktuell Beschäftigten zum Verbleib bei ihrer Arbeit hoch sein müsste. Genau das Gegenteil können wir anderthalb Jahre nach dem ersten Lockdown sehen: Im August 2021 kündigten 4,3 Millionen Amerikaner selbst ihre Festanstellung; das sind knapp drei Prozent aller Beschäftigten im Land und die höchste Quote seit Einführung der Statistik. Binnen fünf Monaten gaben damit fast 20 Millionen Menschen ihren bisherigen Job selbst auf. Aktive Kündigungsquoten von Arbeitnehmern zwischen ein und zwei Prozent sind üblich. Seit Herbst 2020 liegen die Werte deutlich über der einst üblichen Spanne, berechnete die „Süddeutsche Zeitung" im Oktober.[29] Das amerikanische Szenario kann uns auf dem derzeit noch stabilen deutschen Arbeitsmarkt tatsächlich auch blühen.

Die arbeitspsychologische Vermutung: Im Penthouse des Arbeitsmarktes weht die Sinnfrage. Im Homeoffice haben einige gemerkt, dass die demaskierte Arbeit, also zu Hause und ohne physische Interaktion, inhaltlich doch sehr langweilig wurde. Arbeitnehmende fragen in den Unternehmen und in einem um das Soziale, Reisen, Konferenzen, Kooperationen sinnlich beraubten Job nach der Essenz der eigenen Arbeit. Denn was bleibt, wenn alles fehlt, was unsere Interaktion ausgemacht hat? Dieser Rest wird nun oft als sinnentleert wahrgenommen – scharf gestellt in Zoom.[30] Wir nennen das transaktionale Führung und transaktionale Arbeit: klare, bestellbare Leistungen. Ohne Chichi, ohne Kaffeeklatsch und ohne Raucherpause. Will kaum einer.

Home Sweet Homeoffice

Für ein kleines Klientel kam mit Corona das lange erstrittene Recht auf das mobilitätsvermeidende Homeoffice mit seinen Videokonferenzen über Nacht. Vor dem ersten Lockdown waren es vier Prozent von 6200 befragten Erwerbstätigen bzw. Arbeitssuchenden – so die Analyse der Hans-Böckler-Stiftung. Beim ersten Lockdown im April 2020 waren es dann 27 Prozent – was auch einmalig auf der Straße erkennbar war.

Aber ist das ein Trend oder Elitenphänomen von distanz-dienstleistenden Branchen? Unklar.

1. *„Lockdown Light" im November 2020:* starker Rückgang vom April auf 14 Prozent, also nur noch zehn Prozentpunkte mehr als vor Corona.
2. *Stellenausschreibung:* 1,5 Prozent aller Stellenausschreibungen suchen reine Homeoffice-Beschäftigte.
3. *Geschlecht:* Homeoffice und mobiles Arbeiten ist männlich, so der DGB in seinem DGB-Index „Gute Arbeit".
4. *Position:* Führungskräfte und Bürojobs sind deutlich überrepräsentiert.
5. *Hauptvorteil*: Ersparnis von einer „Menge Zeit, weil der Weg zur Arbeit wegfällt", so die DAK-Krankenkasse im Mai 2020.
6. *Umzugswünsche:* 39 Prozent würden durch das Homeoffice nun gern im Grünen wohnen – und ein Prozent sind motiviert für die Einrichtung eines eigenen Arbeitszimmers, so der IT-Verband Bitcom im November 2020.

Diese Studien finden auch bei einer Erhebung des Wirtschaftsprüfungs- und Beratungsunternehmens EY einen Widerhall: 81 Prozent der Befragten wollten nicht mehr an allen Wochentagen im Büro arbeiten. 38 Prozent bevorzugen wöchentlich drei bis vier Tage und nochmals 36 Prozent ein bis zwei Tage beim Arbeitgeber. Nur sieben Prozent gaben an, ausschließlich von zu Hause aus arbeiten zu wollen.

20- bis 30-Jährige – also die Berufseinsteiger – suchen ihre Berufung nicht mehr im Büro der Firma. Insgesamt 84 Prozent aller Befragten glauben, dass sie im Jahr 2030 vollkommen ortsunabhängig arbeiten können. Dass es dann keine Firmengebäude mehr gibt, kann sich die Hälfte vorstellen. Und auch hier: Für den Fall, dass der Arbeitsort wirklich keine Rolle mehr spielt, erwägt ein Teil, von der Stadt aufs Land zu ziehen (29 Prozent). Aber mehr pendeln wollen 65 Prozent der Deutschen nicht, wie das Karriereportal *Monster* bei 5078 Befragten schon früh herausfand.[31]

Spannend ist auch, wie uns nationale Wirtschaftsstrukturen und deren Digitalisierung zeigen, wer wie wo arbeitet und sich bewegen muss: Deutschland ist in jedem Bereich unteres Mittelfeld – was einem Auto- und Maschinenbauer-Land angemessen erscheinen mag –, aber nicht zwingend zukunftsfähig:[32]

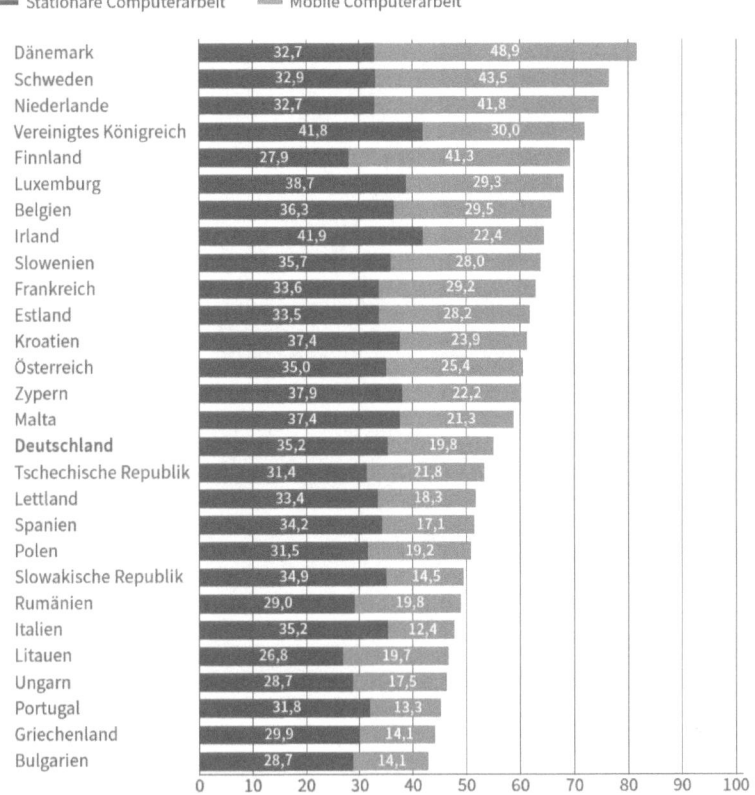

Bild 1.8 Anteil mobiler und stationärer Computerarbeiter in verschiedenen Ländern Europas 2015

Zwischenfazit: neue Arbeit und neuer Stadt-Land-Verkehrsfluss

Damit zeigt sich, dass New Work und New Mobility zusammengehören – und Digitalisierbarkeit von Arbeitsprozessen und sinnstiftende Kreativität von Arbeitsinhalten durch Digitalisierung eine zentrale Rolle bei der Zukunft von Stadt, Land und Verkehrsfluss darstellen.

1.2.4 Digitalwenden: künstlerische Intelligenz und künstliche Dummheit

Digitalisierung ist spätestens seit den 1990er-Jahren die Hypnose-Vokabel auch in der Mobilität. So wurden fliegende Autos 1917 erstmals als Prototyp entwickelt und uns in den Science Fictions der 1950er fortwährend versprochen. Die Geschichte des autonomen Fahrens begann auch bereits gegen Ende des Zweiten Weltkriegs – mit der Entwicklung des ersten Fahrassistenten durch den blinden Ingenieur Ralph Teetor.

Digitalisierung begeistert Private-Equity-Finanzierer, ermöglicht möglicherweise ewige, weil nie realisierbare Träume des autonomen Fahrens, schafft stationslose Sharing-Angebote (free floating) mit orchestrierenden Mobilitäts-Plattformen (siehe Kapitel 3 „Antriebsschwäche" und Kapitel 4 „Verkehrsübungsplatz"). Diese Plattformen versuchen aktuell vor allem privat und eben auch etwas platt Formen der Mobilität zu orchestrieren, die der öffentliche Nahverkehr legitimiert und besser entwickeln könnte und müsste (siehe dazu die Diskussion in Kapitel 4 und die Beispiele in Kapitel 5). Diese Entwicklungen, die in den USA und Asien schon sehr dominant sind, sollten uns als Europäer darüber informieren, dass wir noch einiges bewegen müssen, um kluge, sozial-digitale Innovationen zur Mobilitätsvermeidung und -optimierung und für Digitalisierung und Datenräume zu entwickeln – für das Klima, die Senkung der sozialen, betrieblichen und privaten Kosten sowie die Infrastrukturentlastung. All dies wird in den folgenden Kapiteln ausgeführt.

Was die Mobilitätsbranche in den 20er-Jahren des 21. Jahrhunderts wirklich zu bewegen scheint, sind nicht Städte oder Verkehrsmittel, sondern die Daten, die man in ihnen und durch sie gewinnt.

Die Digitalisierung der Mobilität hat mehrere Dimensionen, die wir in den Kapiteln 3 und vor allem 4 ausführen werden. Hier wollen wir nur einige der Geschichten und Treiber thematisieren, die uns aufzeigen, dass Digitalisierung eine Lösung sein kann, die neue Probleme erzeugt. Also Lösungsprobleme, d. h. zukünftige Probleme, die es nur wegen der aktuellen Lösungen gibt.

Künstlerische Intelligenz der Mobilität

Beginnen wir wieder mit den Künsten, die uns eben meist früher als Wissenschaft, Technologie und Politik über das Neue informieren. Zwei Geschichten zur „künstlichen Intelligenz" aus der künstlerischen Praxis – und was Google jeweils damit zu tun hat.

1. **Digital global reisen mit Terravision:** An der Universität der Künste ging es los; auf der *Ars Electronica*, dem Festival für elektronische Kunst im österreichischen Linz, wurde es konkreter. Das war Ende der 1980er-Jahre, also zu der Zeit, in der die Deutsche Telekom noch davon ausging, dass das Internet eine Spielerei bleiben würde, die sich allenfalls an Universitäten durchsetzen würde.

   Die einfache Idee: Die Welt sollte digital und gut designt bereisbar sein – am Computer. Die komplexen Konsequenzen der Erfindung dessen, was wir heute als *Google Earth* kennen, beschäftigten sowohl Gerichte als auch Netflix – mit einer Miniserie zum Patentrechtsstreit zwischen den Erfindern von *Terravision* und *Google*.

   Die maßgeblich beteiligten vier Künstler von *Terravision* waren zwei Entwickler und zwei Gestalter der auch heute noch erfolgreichen Berliner *Designagentur Art+Com*: Neben dem 2021 verstorbenen Medienkünstler Joachim Sauter und dem Künstler Gerd Grüneis sind das die Entwickler und Programmierer Pavel Mayer und Axel Schmidt. Schmidt gründete 2000 sein eigenes Start-up, heute *Here Technologies*, und entwickelt damit gerade die Infrastruktur für autonom fahrende Autos unter anderem für Mercedes, BMW und Audi.

   Schmidt lernte Sauter und Mayer Ende der Achtziger bei der *Ars Electronica* kennen. Im Kontext des Chaos Computer Clubs wurde direkt nach der Wende das leerstehende WMF-Haus an der Leipziger Straße in Berlin für das Kunstprojekt bezogen. Eine manuell steuerbare Kugel im Sinne des Globus bildete ein damals innovatives User Interface für das „Reisen" in weit entfernte Regionen mittels Satellitenbildern: „Alles begann ganz harmlos an der Schnittstelle zwischen Kunst und Computertechnologie", sagte Schmidt dem SPIEGEL. Der physische Globus ließ den virtuellen Globus stufenlos herunterzoomen bis auf einzelne Straßenzüge. Einen konkreten Geschäftsplan hatten die Künstler nicht, dafür hatten ihn aber andere; wie das Unternehmen Silicon Graphics und später eben Google, die es imitierten. Damals wie heute wissen wir nicht annähernd, wie mächtig *Google Earth* und die Produkt-Schwester *Google Maps* sind, wenn es um das Plattformgeschäft im „Ökosystem Mobilität, Konsum, Logistik etc." geht.

Axel Schmidt erzählte, dass er einem sehr begeisterten Silicon-Graphics-Entwickler viel erklärte und diesem schließlich sogar das eigene System installierte. Genau dieser Entwickler, so der Vorwurf vor Gericht, gründete dann seine eigene Firma mit dem Namen *Keyhole*. Sie wurde 2004 von Google gekauft. Aus Keyhole wurde zunächst *Earth Viewer* und nach der Übernahme Google Earth.

Art+Com zog im Jahr 2014 schließlich wegen Patentverletzung gegen Google vor Gericht. Die Rechte am Terravision-Algorithmus waren bereits 18 Jahre vorher gesichert worden – also auch acht Jahre vor der Übernahme von Google. Zunächst stand außergerichtlich der Kauf einer Lizenz im Raum. Das Interesse bei Google war indes überschaubar. Die Klage scheiterte 2017, missen möchte der Entwickler die unbeschwerte Zeit in den 90er-Jahren allerdings nicht, erklärt er weiter. Der Zwang zur Kommerzialisierung und das ständige Bewerten und Vergleichen gehe ihm heute auf die Nerven: „Wenn man kreativ tätig sein will und neue Sachen erfinden, dann ist das ein Killer."

2. **Digitale Verkehrsberuhigung durch Phantomstaus:** In einem kleinen Bollerwagen des Berliner Künstlers Simon Weckert befinden sich 99 Smartphones – alle aktiv mit einer App navigierend: Google Maps. Das Ziel der Kunstaktion ist ein „Google Maps Hack". Die in einem schmalen Bollerwagen simulierten 99 Autos führen dazu, dass sich die Straße, in der Weckert seinen Bollerwagen hinter sich herzieht, auf der digitalen Karte von Google Maps tiefrot einfärbt und alle anderen Nutzerinnen in Berlin-Mitte umleitet. Die so binnen weniger Minuten verkehrsberuhigte Straße hat der Künstler sorgsam gewählt: Es ist die Ebertbrücke über die Spree – vor der Zentrale von Google Deutschland.

Diese Aktion verdeutlicht uns, dass wir über künstliche, simulierte Realitäten ebenso sprechen sollten wie über die Macht virtueller Karten und klügere Alternativen zu Google.

Die Geschichte von Falk-Plänen und dem Nachfolger-Sohn Alexander Falk, der das Familienunternehmen an Bertelsmann ohne Digitalstrategie verkaufte und mit den Verkaufserlösen als Digitalunternehmer sich in das Gefängnis manövrierte, ist eine der Geschichten über Veränderung von Kognition und Beweglichkeit von medienwechselnden Märkten. Denn Falk brauchte keiner mehr – weil alle von dem Navigationsgerät *TomTom* so überrascht waren. Und heute? Was ist denn eigentlich TomTom in Zeiten von Google Maps? Eine Menge – mit 4500 Mitarbeitern und über 700 Millionen Euro Umsatz.

Machtfragen im kartografischen Diskurs müssen neu formuliert werden: waren es früher staatliche und militärische Zwecke, sind es heute vordergründig wirtschaftliche Interessen. Google nutzt – anders als Künstler und Geografinnen – die Karten, um neue Märkte zu erschließen, Daten zu sammeln und von den Online-Plattformen zu profitieren, die auf Google Maps basieren, wie z. B. lieferando, tinder oder AirBnB.

Künstliche Dummheit: Re-Routing bei Nachverdichtung des Verkehrs

Zu Navigationssystemen lässt sich eine Menge forschen und finden: Zunächst scheinen sie eine Lösung für eine wachsende Stadt auf gleichbleibender Infrastruktur zu sein. Konkret: Ausweichstraßen auffüllen, bis auch da Stau ist. Nachverdichtung von Wohnraum erzeugt Nachverdichtung im Verkehr. Bei proportional steigender Autodichte erzeugt das unausweichlich Stau. Auch beim Tetris-Spiel ist irgendwann Schluss mit dem effizienten Wegsortieren – insbesondere wenn die Geschwindigkeit steigt.

Diese Reibungspunkte zwischen Technologie und Stadtstruktur sind Konflikte, die aus der Funktion des „Re-Routings" entstehen: So wird stellenweise noch mehr Stau erzeugt als zuvor, da Ausweichstraßen oft nicht für ein höheres Verkehrsaufkommen geeignet sind. Die Verkehrsplanerin würde dann Autofahrenden empfehlen, einen Stau auszusitzen, statt die Alternativroute zu nehmen. Aber wir können virtuellen Karten mit ihren Vorschlägen an zeitsparenden Alternativrouten nicht widerstehen. Schauen Sie mal selbst: Zeitgemäße Taxifahrer haben daher mindestens drei konkurrierende Systeme am Armaturenbrett installiert – das Hersteller-System, das Taxi-System und ein Handy.

Digitale Verkehrsflusssteuerung

Viele Touristen glauben ja, dass Wiener sich auf Fiakern durch ihre zauberhafte Stadt kutschieren lassen. Richtig „leiwand" geht es in Wien aber digital zu – mit der App *Trafficpilot*. Über den zentralen Verkehrsrechner werden die Ampelschaltungen als Indikator für die Geschwindigkeitskorridore einer grünen Welle kommuniziert. In Düsseldorf, Hamburg und Salzburg werden ähnliche Tools eingesetzt, da man statt Stop-and-go ja auch entspannt auf der Welle surfen kann. Audi überträgt diese Daten in den Bordcomputer für die Fahrenden und ermöglicht so die Anpassung für eine grüne Welle. Dies wird in Kooperation mit dem Wiener Telematikkonzern Kapsch angeboten. So auf der Welle surfende Autos sparen etwa 15 Prozent am Kraftstoffverbrauch. Selbst die berüchtigten illegalen Autorennen machen so mehr Spaß – ganz ohne Boxenstopps. Aber gerade die Boxen an Ampeln wie die „getunten" Geräusche bei der Anfahrt sind natürlich die ungehörige Beeindruckungskommunikation, die wir bei Elektrofahrzeugen im Sounddesign wieder simulieren müssen.

Die Hoffnungen an diese Apps sind groß; nicht weniger als eine Halbierung der Staus soll sich so erreichen lassen, wenn man den Stau antizipierend umleitet.

Für einen sich selbst bewegenden und eh immer pünktlich ankommenden Städter ist das immer wieder beeindruckend, dass man nicht die Halbierung der stauerzeugenden Verkehrsmittel im Blick hat, sondern die effizientere Verteilung der weiter wachsenden Fahrzeugzahl auf die Ausweichstraßen, auf denen man bisher noch entspannt Radfahren oder Rollern konnte. Das führt paradoxerweise eben zu dem Gefühl: Da geht noch was, denn wenn es leerer wird, fahre ich weiter mit dem stauerzeugenden Fahrzeug.

Da kommen dann neue Instrumente ins Spiel, wie beispielsweise die dynamische Bepreisung der Infrastrukturnutzung auf Datenbasis. So werden statische *City-Mauten* in das dynamische Preismodell überführt, das wir von Tankstellen schon kennen: Wenn alle was brauchen, wird es teurer.

Das ist klug, denn dann kann man sich im Stau nicht nur über den Stau, sondern über den deswegen gerade steigenden Preis der Nutzung der soeben durch den Stau nicht befahrbaren Straße ärgern.

Die Weltgesundheitsorganisation WHO ärgert sich auch: Anlässlich der Globalen Verkehrssicherheitswoche forderte sie am 17. Mai 2021 in Genf ein globales Tempolimit von 30 km/h innerorts als Normalfall. Tempolimits jenseits der 30 bräuchten eine Begründung. Auch wenn ein Tempolimit in Städten bei 30 km/h viele Freunde bis zum Städtetag hat – die Straßenverkehrsordnung des Bundes sieht es für Kommunen noch genau umgekehrt vor: Die Absenkung der Regelgeschwindigkeit auf einen Wert unterhalb von 50 km/h, die man selbst ohne Staus nur bei Kavaliersstarts mühsam bis zur nächsten Ampel erreicht, muss begründet werden (vgl. zum „Tempo der Stadt" Kapitel 2 und die Initiativen im Kapitel 5).

Es ist zu voll in unseren Städten. Zu viele unterschiedliche Verkehrsmittel von zu vielen Menschen sind auf einer dafür nicht vorgesehenen bzw. auf der bereits bestehenden Infrastruktur unterwegs. So ist die achtsame Angleichung von Rad-, Roller-, Mofa- und Autoverkehren nicht basierend auf Ampeldaten von Autos, sondern auf denen von Radfahrerinnen vorzunehmen. Autofahrer wundern sich nicht selten hupend, wenn ein Radler wieder entspannt bei Rot über die Ampel fahren kann – ohne zu sterben – und immer schneller ist. Radfahrende Geschwindigkeit kann die urbane Richtgeschwindigkeit werden – und alle anderen werden auch schneller. Daher hat Hamburg in seinem Modellversuch die Radfahrgeschwindigkeitsdaten für die grüne Welle als Referenz genommen: „Moin moin selbstbewegte Zukunft!"

Mehr Ruhe für den ruhenden Verkehr: Parkplatzsuche

Die Parkplatzsuche ist mittlerweile zu einem gut gepflegten, täglichen Ritual in unseren Städten geworden: immer pünktlich zum Feierabend, wenn man dasselbe Auto immer wieder dieselben Runden um die in zweiter Reihe vollgeparkten Wohnblöcke drehen sieht. Das ist kein Nischen-Problem, wie man das bei Parknischen annehmen könnte: Jedes dritte Auto, das in der Großstadt unterwegs ist, fährt nur herum, weil sein Fahrer oder seine Fahrerin nicht mehr fahren möchte – und eine Lücke sucht. 560 Millionen Stunden im Jahr seien die Deutschen allein mit dem Aufspüren von Stellplätzen beschäftigt.[33]

Carsharinganbieter wissen darum, weil ihre Fahrzeuge ja auch im öffentlichen Raum verparkt werden müssen – und zwar zusätzlich zu den ohnehin bestehenden privaten Pkws. Die Nutzerinnen wiederum zahlen für den Parkplatzsuchverkehr und müssen an schlechten Tagen die letzte Meile doch noch selbst laufen. So muss man sich die Not von Anbietern wie *ParkNow* (nun Mercedes mit BMW) vorstellen, die eine Lösung für ihre Lösung – nämlich das Teilen von Autos – entwickelten: Nun scannen Autos – vorzugsweise übernehmen das die viel fahrenden und selten parkenden Taxis – die Umgebung nach freien Parkplätzen ab, um dann die Prognosewahrscheinlichkeit anzugeben, ob die

Parkplätze noch frei sind, wenn man bei ihnen wieder im Suchverkehr vorbeikommt. Nur Laufen wäre schöner ...

Mobility as a Service: intermodale Verkehre durch Plattformen

Einer der wesentlichen Treiber des Digitalen in der Mobilität ist das Verständnis der Mobilität nicht mehr als bewegendes Material, sondern als Service.

Der Begriff *Mobility as a Service* (MaaS) war in den letzten Jahren der Konferenz- und Finanzierungsrunden-Schlager schlechthin. Denn er versprach, dass die Zeiten vorbei seien, in denen man sich um sein Mobilitätsmaterial kümmern und auch noch samstags vor Autowaschstraßen bei der Auto-Massage meditieren musste.

Es geht also um Plattformen, die alle Verkehrsmittel im Sharing, den öffentlichen Nahverkehr und – noch etwas sparsamer – den selbstbewegenden Verkehr anbieten. Viele Anbieter wollen diesen Mobilitätsmarkt in Amazon-Manier beherrschen. Wenn es Apps von vergleichenden Analysen mit Blick auf Zeit, Emission und Kosten und Buchungen gibt, die intermodale, also verkehrsmittelübergreifende Mobilität ermöglichen, dann hat man wieder vergleichsweise arbeitsloses Einkommen als türstehender Plattformbetreiber.

Zwischenfazit: Digitalisierung zur Vermeidung statt zur „Nachverdichtung von Verkehr"

Beeindruckungskommunikation gehört zur Digitalisierung seit jeher dazu. Also auch hier im Bereich der Mobilität: 50 Prozent weniger Staus, 15 Prozent weniger Kraftstoff, 40 Millionen Tonnen weniger CO_2 allein in Deutschland – allein durch Verkehrsflusssteuerung. 560 Millionen Stunden weniger Parkplatzsuchen und Plattformen, die einem alle Mobilität flexibel minuten- oder kilometergerecht anbieten.

All das könnte Eindruck machen. Aber nur, wenn man sich nicht selbst bewegt: Auf Strecken von bis zu 7,9 Kilometer ist man mit dem privaten E-Bike und bei Strecken von bis zu 5,5 Kilometer auf dem normalen Rad immer schneller als mit allen anderen Verkehrsmitteln – und wenn man den Weg kennt, kann das Auge die Weite suchen und nicht immer auf Displays schauen. Diese Vergleichsgeschwindigkeiten hat die Meta-Studie des Umweltbundesamtes ergeben. Da 50 Prozent der urbanen Verkehre ohnehin unter fünf Kilometer sind, könnten Städte tatsächlich auch ohne viel Digitalisierung ihre Verkehrsprobleme selbst lösen; vorausgesetzt, sie schaffen die dazu benötigte aktivierende und sichere Wegeinfrastruktur. Also Selbstbewegung!

Der kluge Architektur- und Stadt-Beobachter Hanno Rauterberg hat die vom ebenfalls sehr klugen Philosophen Byung-Chul Han vorgetragene Auffassung des „Zerfalls vom öffentlichen Raum durch Digitalisierung" auf das Lässigste und Zivilgesellschaftlichste widerlegt.[34]

In Rauterbergs Analyse über das urbane Leben in der Digitalmoderne wird ausgeführt, dass die Homeoffice-Digital-Nomaden schon vor Corona ein Bedürfnis hatten, sich im öffentlichen Raum selbst körperlich zu erfahren. Durch die Digitalisierung gäbe es den Wunsch nach einer gesteigerten körperlichen Präsenz und Bewegung, ob Rad-Pendeln, Outdoor-Sport, Geocaching und Nacktgrillen im Park. Sichtbar würde das durch die höheren Anmeldequoten bei Marathons, Skateboard- und Fahrradrennen oder im Parkour: Alles Selbsterfahrung durch Selbstbewegung, weil wir es im digitalen Raum sonst nicht mehr aushalten würden. Und im Sinne des stadtdurchspringenden Parkours als ein Urbanismus von unten; alle räumlichen und politischen Hindernisse überwindend. Und genau da wenden wir uns nun hin.

1.2.5 Zivilgesellschaftswende: wenn Bürger begehren – zur verkehrten Verkehrs-Politik

Soziale Bewegungen testen die Beweglichkeit von Städten; künstlerisch, kämpferisch oder gesetzgeberisch.

„Über die Pflicht zum Ungehorsam gegen den Staat" ist Aktivistinnen und Aktivisten das, was Tick, Trick und Track das Entenhausener Pfadfinder-Handbuch von Fähnlein Fieselschweif oder was dem sich im Jahr 1968 begründenden und so bezeichneten *Silicon Valley* der „*Whole Earth Catalouge*" war: ein Navigationssystem, das der kalifornischen Ideengeschichte und Ideologie ihren Weg bahnte.

Das 1849 erstmals abgedruckte Essay zur Ungehorsamspflicht wurde von Henry David Thoreau verfasst und lautete zunächst „The Resistance to Civil Government". 170 Jahre später wurde wieder deutlich: Ziviler Ungehorsam wird durch das fehlende politische Hören auf die Wissenschaft und die noch gehorsame Zivilgesellschaft in den nächsten Jahrzehnten stärker zunehmen. Demonstrationen der letzten Jahre sind nur der Vorgeschmack einer neuen Entwicklung des Protests. Die Stadt wird hier die entscheidende Rolle spielen, denn die Verdichtung von Unterschieden, die eine Stadt dem Soziologen Georg Simmel zufolge ausmacht, könnte die Toleranz, Ignoranz und Gleichgültigkeit, die im seelischen Leben der Großstädter damit einhergeht, kippen lassen: in eine Dramatisierung der unüberwindlichen Gegensätze.

Der Selbermacher-Urbanismus: LQC

Hanno Rauterbergs kulturoptimistische Schrift „Wir sind die Stadt!" sieht einen aufkeimenden Urbanismus von unten. In der Stadt, so scheint es, lässt sich die Zukunft noch gewinnen. Sie bietet den Platz für Wut, Protest und politischen Gestaltungswillen. Sie wird zum Labor für alle, die nicht länger an die großen Erzählungen und Utopien glauben, dafür aber daran, dass sich die Gegenwart zum Besseren verändern lässt. Stadt wird zum Brennpunkt eines erhofften Aufbruchs. Und dies ist im Zeitalter der algorithmisierten Robotik einmal mehr in der Sozialfigur der Künstler und Künstlerinnen erkennbar: Die Anhänger der sogenannten Rekreativität setzen auf „Recycling, Reenactment, Reproduktion", und das in einer Mischung aus „Reprise, Remix, Ripping, Remake". Sie setzen also auf die Außenseite des Trivialmodus „Shoppen" – also auf experimentelles Selbermachen und Samplen.

Und diesem auch als LQC-Urbanismus - lighter, quicker, cheaper - bezeichneten unternehmerischen Ansatz im Sinne eines „Urbanismus von unten" steht der „Urbanismus von oben" z. B. asiatischer Smart Cities gegenüber: nicht nur brutalistische Stadtplanung von oben, sondern Überwachung durch Dauerbeobachtung mittels Kameras. Und sei es zur Verkehrsüberwachung ...

Kritische Masse von Zebrastreifen-Malern

„Alarm ist immer" ist nicht nur eine Zivilgesellschaftsbeobachtung, sondern auch die nüchterne Analyse von dauerhaften Feinstaubalarmen, auf die mit Einfuhrverboten zunächst für Dieselfahrzeuge älterer Baujahre reagiert wurde. Aber: „Kunst ist ebenfalls immer". Es gibt viele künstlerische Initiativen, etwa für eine „lebenswerte Ortsmitte", für „autofreie Kieze", für die „Umnutzung von Parkplätzen" und für temporäre Spielstraßen.

Wir können nur auf einige der vielen bewegenden Initiativen hinweisen, die die Sehnsucht nach einer humor- wie sinnvollen Verkehrswende aufzeigen:

1. **Die Fahrraddemo „Critical Mass"** – mit ihrer Tochter, der „Kidical Mass" – fand erstmals 1992 in den hügeligen Straßen von San Francisco statt.[35] Heute fahren weltweit Menschen bei Protestradtouren unter diesem Namen mit. In Berlin gibt es jährliche Sternfahrten für saubere Luft mit bis zu 100 000 Teilnehmenden und Faltrad-Wettfahrten in die Bestenlisten der AVUS, der legendären „Automobil-Verkehrs- und Übungsstraße", das heutige nördliche Teilstück der A115.

Bild 1.9 Fahrraddemo „Critical Mass"

2. **Der Park(ing) Day** ist ein von einem Designbüro 2005 erfundener, nun internaional jährlich begangener Aktionstag zur Re-Urbanisierung von Innenstädten: In der Regel am dritten Freitag des Septembers werden Parkplätze im öffentlichen Straßenraum modellhaft kurzfristig umgewidmet und einer anderen Nutzung wie der als grüne Oase bzw. Pflanzinsel, als Gastronomie- und Sitzfläche, Fahrradabstellfläche usw. zugeführt. Hunderte von Städen arbeiten an der Metamorphose von Parkplatzflächen in Parkflächen (im Notfall auch mit Münzeinwurf für einen ganzen Tag!). Denn für einen Tag werden Parkplätze mit Rollrasen, Gartenbank, Blumen in Kübeln ausgestattet und Lizenzen für diese Mikroparks vergeben.[36]

Bild 1.10 So können urbane Räume gestaltet werden – wenn man es will und zulässt

3. Seit Jahren dienen weiterhin die sogenannten „**Crosswalks**" (selbstgesprühte Zebrastreifen auf gefährlichen Straßen) und das „**Wayfinding**" (das Aufstellen von selbst gemachten Verkehrsschildern) ebenso wie Geocashing (die GPS-Schnitzeljagd) und zahlreiche Mobilitäts-Apps mit Echtzeitdaten als Frühwarnsysteme für die Verkehrsplanung und könnten für mehr Sicherheit sorgen, wenn sie genutzt würden.

Kunst hilft hier Politik. So können soziale Innovationen durch soziale Bewegungen entstehen.

Derzeit gibt es in Deutschland 360 unterschiedliche Verkehrsschilder, die in der unvorstellbaren Anzahl von 20 Millionen am Straßenrand stehen – im Schnitt alle 28 Meter eines. Dies kann als Überregulierung interpretiert werden, woraus einige Initiativen wie die Architektenkammer Bedarfe an „unregulierten Shared Spaces" schlussfolgern. Die Experimente starten: Wo Schilder abmontiert und Ampeln ausgeschaltet werden, wo die Straßen so gestaltet sind, dass niemand mehr recht zu sagen weiß, wie sich eigentlich wer zu bewegen hat, sinken die Unfallzahlen, manchmal drastisch. Paradox: Unsicherheit macht das Fahren sicherer, weil achtsamer. Wie auch eine Intervention zum Queren von Straßen in *Seattle Capitol Hill*.[37]

Bild 1.11 Intervention zum Queren von Straßen in *Seattle Capitol Hill*

Recht auf Stadt: vom Protest zum Recht

Urbanismus-Forscherinnen und Stadt-Soziologen haben aktuell wieder etwas ausgemacht, was schon eine lange Tradition hat: das „Recht auf Stadt" als Anspruch, der erstmals 1968 vom französischen Soziologen und Philosophen Henri Lefebvre in seinem gleichnamigen Buch formuliert wurde. Der Anspruch steht auch für einen *„Urbanismus von unten"* durch Volksentscheide darüber, wie die eigene Nachbarschaft sich entwickeln solle.

Wie aus einer sozialen Bewegung ein Gesetz werden kann, zeigte der sogenannte *„Volksentscheid Fahrrad"* in Berlin auf beeindruckende Weise. Denn er gab den entscheidenden Anstoß zum bundesweit ersten Mobilitätsgesetz. Vom Abgeordnetenhaus 2018 verabschiedet, hat die rot-rot-grüne Landesregierung die Ziele und den Forderungskatalog des Volksentscheides weitgehend übernommen und um Maßnahmen in anderen Bereichen der Mobilität, zum Beispiel beim öffentlichen Personennahverkehr, erweitert. Der Stadtstaat muss nun bis 2025 100 000 Fahrradstellplätze und 100 Kilometer Radschnellverbindungen bauen. 50 Millionen Euro jährlich sollen in den kommenden Jahren in den Ausbau der Radinfrastruktur fließen. Und dies in einem Land, in dem bisher nur die Investitionen in den automobilen Verkehr berücksichtigt wurden. Das Referendum über den Gesetzentwurf, die letzte Stufe des Volksentscheides, wurde durch die direkte Gesetzgebung hinfällig.

Die Organisation *Changing Cities* hat sich als unabhängige Bewegung für eine bessere Stadt aus diesem Erfolg etabliert! Sie setzt sich für lebenswerte Städte, sicheres Radfahren und emissionsarme Mobilität ein und will als „klare Stimme der Zivilgesellschaft positive Politik machen".

Und das zeigt Wirkung, wie die aktiven Volksinitiativen 2017 bis 2019 und die Critical-Mass-Fahrten in Deutschland aufzeigen:[38]

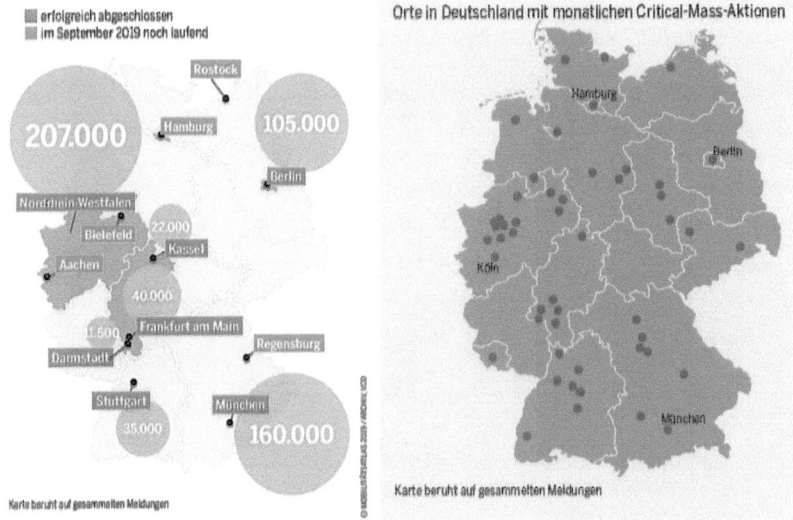

Bild 1.12 Critical Mass Aktionen in Deutschland

Genese von Generalisierung: Generationen denken doch anders, als man denkt

Die Forsa hat eine Umfrage zum Mobilitätsverhalten für die „Initiative Deutschland – Land der Ideen" zum Deutschen Mobilitätspreis im August 2020 durchgeführt. Wer glaubt, dass die Jugendaktivisten wenigstens freitags auf den SUV-Shuttle der Eltern verzichten wollen, wird hier eines Besseren belehrt: 35 Prozent der Menschen wollen zwar generationsübergreifend mehr Rad fahren, aber immerhin noch immer 21 Prozent wollen mehr Auto fahren als bisher. Jüngere Menschen wollen dazu mehr Auto (nicht zwingend das eigene) als Rad fahren und haben lediglich Befürchtungen, dass die Daten, die von den Navigationsgeräten gesammelt werden, unsachgemäß oder missbräuchlich verwendet werden können.

Zwischenfazit: Soziale Bewegungen bewegen die Mobilitätswende

Künste und konstruktive Initiativen zeigen den Weg: Die Zivilgesellschaft organisiert sich eine geselligere Stadt. Kommunale Politik könnte auf diese Initiativen, auf Bürgerräte und andere Partizipationsformate setzen. Und dies wollen wir in den Kapiteln 5 und 6 tiefer ausführen.

1.3 Corona Mobility Shift: Schlägt das Pandemische Pendel(n) um?

1.3.1 Pandemien: Mobilität und Mortalität

Pandemien und Mobilität sind auf das Engste verknüpft; und dies wechselseitig: Einerseits war der erste Lockdown im Frühjahr 2020 die radikalste Demobilisierung einer Weltgesellschaft. Andererseits hat die über-mobilisierte Weltgesellschaft – wie nun einige Forschungen nahelegen – eine verstärkende Wirkung nicht nur auf die Verbreitung, sondern auch auf die Entstehung von Pandemien und somit indirekt auf die Mortalitätsrate.

Wichtiger als Nachsorge wird nun die Vorsorge – insbesondere im urbanen Mobilitätssystem, da fossile Individual-Mobilität in urbanen Zentren die Pandemieanfälligkeit steigert. Wie Städte und Unternehmen die kommunale und betriebliche Verkehrswende organisieren, kann mit zahlreichen Studien zu Veränderungsbedarfen und Beispielen illustriert werden. Allen Corona-Mobilitätsstudien, ob Mobilfunk-, Verkehrs- oder Parkplatzdaten, ist gemein, dass die Mobilität in Deutschland während des Lockdowns im Frühjahr 2020 um 40 Prozent einbrach. Tiefenanalysen lohnen sich – denn beflügelnde Hoffnungen sind ebenso da wie ernüchternd-erdende Realitäten.

Der erste Lockdown: Lernkurve mit Wendehammer

Es wurde viel von einer Änderung des Mobilitätsverhaltens in Zeiten einer Pandemie hin zur Selbst-Bewegung (Rad und Fußverkehr) gesprochen. Das „Lob des Gehens", so der Titel des zunehmend gelesenen Buches von David le Breton, wie auch die in Kassel 1976 erfundene Promenadologie als Spaziergangswissenschaft waren mediale Beglückungen für die Homeoffice-Eliten im Frühjahr. Ebenso war es die Muße, sich mal wieder ohne Pendel-Bedarf zu bewegen.

1.3 Corona Mobility Shift: Schlägt das Pandemische Pendel(n) um?

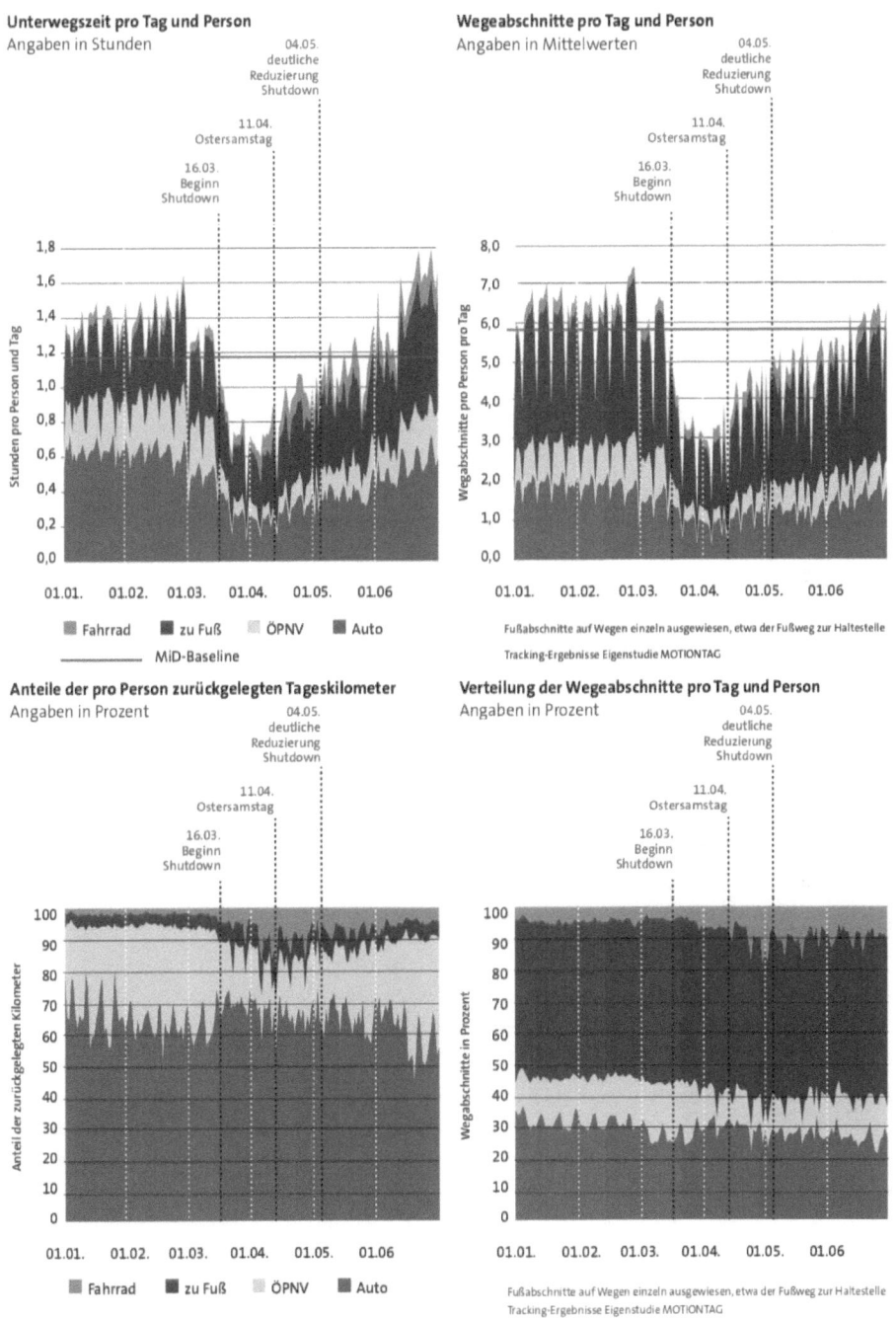

Bild 1.13 Analyse zur Mobilitätsverhaltensänderung der ersten sieben Monate 2020[39]

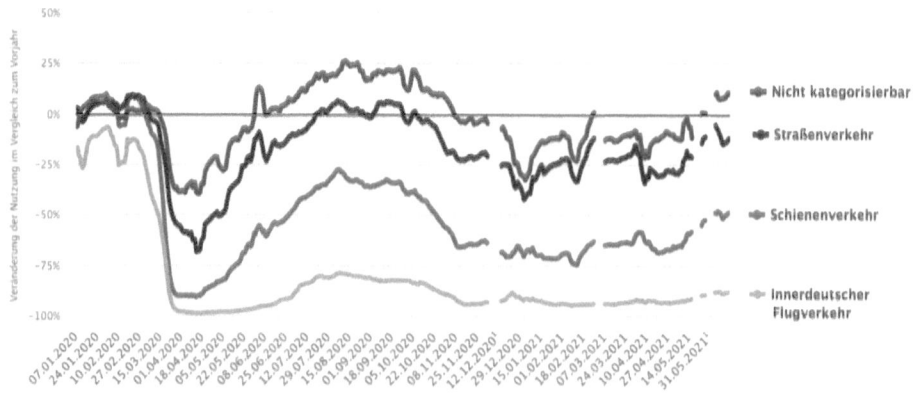

Bild 1.14 Mobilitätsdaten von Verkehren über 50 Kilometer basierend auf Mobilfunkdaten[40]

Das Fahrrad war einige Wochen das wichtigste Verkehrsmittel – wie der Spiegel, der damalige Bundesgesundheitsminister Spahn und die Radwirtschaft gleichzeitig zumindest kurz jubelten. Dann kamen Lieferkettenprobleme bei den kettenangetriebenen Vehikeln und dem nachgefragten Gebrauchtmarkt. Der globale Plattform-Trödler Ebay präsentierte die besten Suchanfragen aus 2020: das Fahrrad mit einer Zunahme von 32 Prozent zum Vorjahr. Und bei E-Bikes? Zuwachs von 60 Prozent.

Das Auto kam ebenfalls stärker zurück, als es zuvor war. Beim ersten Lockdown gab es die vollkommen neue Erfahrung einer sehr stillen, einer gespenstisch leeren und deutlich luftigeren Stadt. Die Mobilität sank um gut 40 Prozent, der ÖPNV wie Fernverkehr war nahezu leer. Dafür nahmen Spaziergänge in öffentlichen Parks und Radtouren in nähere Umkreise deutlich zu. Die Stadt bzw. der Stadtteil wurde als Naherholungsgebiet und als Nahversorgungszentrum getestet – mit sehr gemischten Ergebnissen. Die lückenhafte Radverkehrsinfrastruktur wurde dort erfahrbar, wo man noch vor wenigen Wochen aus der Perspektive des stärkeren Autos die Radlerin auf die schlechten und zu entwidmenden Radwege zurückschimpfte.

Die lässigeren weiteren Lockdowns: War was?
Mehr Mobilität, mehr Müll, mehr Autos

Bei den späteren Lockdowns waren diese Effekte nahezu verschwunden. Spaziergänge nahmen ab, die Bevölkerung durch Bewegungslosigkeit eher zu.[41] Das Rad blieb der Gewinner, das Auto – in vielen Städten als Reservemobilität bis dahin kaum mehr genutzt – wurde reaktiviert. Mülleimer in Parkanlagen waren von den Takeaway-Dinnern mit Bekannten auf Parkbänken überfüllt, deren geringe Anzahl man früher, eiligen Schrittes, nie wahrgenommen hatte. Wälder waren im Winter voll. Anlieferfahrzeuge für Pflanzen und Möbel für das gar nicht mehr so traute Heim auch – und gleichzeitig kam die Erkenntnis: Wir brauchen mehr Parks und Plätze als noch mehr Parkplätze. Wir brauchen mehr Aufenthaltsqualität. Wir brauchen mehr Bänke, Mülleimer, mehr Outdoor-Kultur, mehr Außengastronomie, mehr Outdoor-Handel, wir brauchen mehr Sport- und Spielplätze.

Kurz: Wir brauchen mehr öffentlichen Raum, den wir uns aneignen können, in dem wir uns begegnen können. Nur stehen in diesem Raum gerade zu viele Autos.

1.3.2 Corona-Studien: Verhaltenswende der Mobilitätswende?

„Ich bin nämlich eigentlich ganz anders,
aber ich komme nur so selten dazu."

Ödön von Horváth

Werden wir die Pandemie als Anlass nutzen, bestimmtes wünschenswertes Verhalten beizubehalten, zu dem die Krise uns gezwungen hat? Dazu gab es zwei einsichtsvolle Studien, die eindeutig belegten: Die Einsicht ist noch nicht ganz da.

1. **Fraunhofer-Institut für System- und Innovationsforschung (ISI):** Das ISI ist der Frage nach der Verhaltenswende hinsichtlich der Mobilität von Großstädtern nachgegangen. In zwei repräsentativen Befragungen im August 2020 und April 2021 sammelten die Forscherinnen Einschätzungen dazu, ob Änderungen des Mobilitätsverhaltens auch über die Pandemie hinaus zu erwarten sind, etwa indem Wege besser gebündelt, Dinge zu Fuß oder mit dem Fahrrad erledigt werden oder weiterhin auf Fernreisen verzichtet wird.[42] Das Ergebnis der Wissenschaftler um Johannes Is: Rund zwei Drittel der 2020 und 2021 Befragten wollten ihre arbeitsbezogene Mobilität nach der Pandemie im Vergleich zum vorpandemischen Niveau nicht ändern. Zumindest in Bezug auf den Tourismus war das 2020 noch anders, viele der Befragten planten eine Reduzierung weiterer Reisen. 2021 hat sich das wieder gedreht: Die Umfrage ergab, dass sogar mit einem Anstieg des privaten Reisens gerechnet wird. Die Gruppe derjenigen, die nach der Pandemie mehr fliegen wollen als vorher, ist mittlerweile größer als diejenige der Flugzeugvermeider.

    Mit anderen Worten: Es sieht so aus, als wäre bald alles wieder wie zuvor. Und 38 Prozent gaben an, dass sie mehr unterwegs sein werden, weil Mobilität sie glücklich mache.

2. **„Digital Auto Report" der Strategieberatung von PwC:** Auch hier gab es auf den ersten Blick Veränderungsbereitschaft bei der Mobilität für das Klima: Sieben von zehn Menschen in Deutschland seien bereit, ihr persönliches Mobilitätsverhalten zu verändern, um CO_2-Emissionen einzusparen. 1000 Menschen aller Einkommensschichten wurden befragt – sowie etliche weitere in anderen europäischen Staaten, in den USA und in China; mit sehr unterschiedlichen Ergebnissen. In China etwa wollen fast alle Befragten (97 Prozent) persönlich zur CO_2-Minderung beitragen, in den USA hingegen nur jeder Zweite. So viel zur sozialen Erwünschtheit, also zum Beantworten im Sinne dessen, was Interviewer von einer Person gesellschaftlich erwarten, als Generalproblem dieser Studien.

    Deutschland ist vorne dabei – beim Anspruch. Knapp die Hälfte will kürzere Distanzen vermehrt zu Fuß oder mit dem Rad zurücklegen, ein Viertel nimmt sich einen Komplettverzicht auf Kurzstreckenflüge vor. Das wurde vom Umweltbundesamt ähnlich analysiert: Immerhin jeder zweite Deutsche sieht das klimaschonende Verhalten beim Verkehr.

Neben den 48 Millionen Autos in Deutschland tun sich die öffentlichen Verkehrsmittel in der Pandemie nochmals schwer – extrem schwer: Nur sieben Prozent der Deutschen wollen auch nach der Corona-Pandemie verstärkt auf Öffentliche umsteigen. 53 Prozent wollen Bus und Bahn weniger nutzen oder nutzen sie gar nicht. Größtes Hindernis bei der Nutzung von Rad- wie Carsharing: zu hoch angenommene Preise bei einer zu gering wahrgenommenen Verfügbarkeit über die tatsächlichen privaten wie sozialen Kosten des Autos vgl. Kapitel 2.

1.3.3 Pulscheck: post-pandemische Potenziale des Pendelns – mittel- und langfristig

Verkehr und Sicherheitsgefühl hängen seit der Erfindung von Verkehrsmitteln zusammen. 1969, also in den unruhigen Zeiten der Studierendenbewegung, wurde der Deutsche Verkehrssicherheitsrat gegründet; 15 Jahre vor der Gurtpflicht für den Auto-Rücksitz 1984. Es wurde im Grundsatz immer alles sicherer – bis auf rechtsabbiegende Lkws für Radelnde vielleicht.

Nun kam mit der Pandemie eine erste flächendeckende Sicherheitsthematik in der die Pandemie verbreitenden Mobilität auf: Infektions- statt Unfallverdacht.

Das Mobility Institute Berlin hat 2020 eine Risikoprofilanalyse zur Diskussion gestellt:[43]

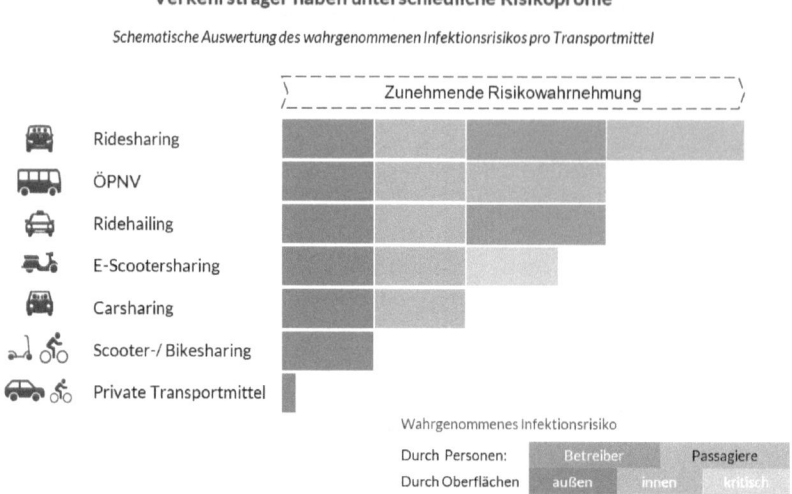

Bild 1.15 Schematische Auswertung des wahrgenommenen Infektionsrisikos pro Transportmittel

Es erfolgt ein laufender Pulscheck während der welligen Pandemieerfahrungen; ohne Vollständigkeit, aber zum vollständigen Infragestellen von Infrastrukturen, Incentives (auch steuerlichen) und den bisherigen Investitionsschwerpunkten.

ÖPNV: der Nah-Verkehr im Modus der sozialen Distanz

Der öffentliche Nahverkehr – gerade am Kipppunkt zur Unausweichlichkeit der Klimawende – wurde zurückgeworfen wie nie zuvor. Rückgänge von bis zu 90 Prozent im ersten Lockdown bei einer Homeoffice-Quote von nicht mal 30 Prozent sprechen eine klare Sprache: back to car. Und für manche seit langem: back to bike. Aber wer fährt?

Zwei Drittel der ÖPNV-Wege werden von Personen zurückgelegt, in deren Haushalt kein Auto zur Verfügung steht oder bewusst auf dieses verzichtet wird. Jeder zehnte Befragte gibt an, aktuell den ÖPNV grundsätzlich zu meiden und stattdessen lieber auf Wege zu verzichten. 20 Prozent fahren nun lieber Rad als auf Bus oder Bahn zu setzen.[44]

Spannend für die datenbasierte Risikosoziologin und den Real-Abenteurer ist die Divergenz zwischen tatsächlichem Infektionsrisiko und „gefühltem Infektionsrisiko durch Nutzung des ÖPNV". Das Verhalten der Verkehrsbetriebe und deren Beiträge zum Sicherheitsgefühl sind eine dritte Dimension, die riskant sein könnte, wenn die Nutzerschaft so vernachlässigt wird wie bisher. So nachvollziehbar das Unsicherheitsgefühl im ÖPNV ist, so dringlich braucht es den öffentlichen Nahverkehr; in besserer, sauberer, emissionsärmerer und schnellerer Form.

Der ÖPNV als einziges massenmobilisierendes Rückgrat urbaner Mobilität des 21. Jahrhunderts braucht – im Umweltverbund neben der Selbstbewegung – gerade jetzt eine sichtbare Transformation und damit Wertschätzung. Die Schätzung des Wertes hat das Umweltbundesamt für den ÖPNV mit Blick auf die Regionalisierungsmittel für die Regierung vorgenommen: Es brauche mehr Gelder für das Gemeindeverkehrsfinanzierungsgesetz (GVFG), um das ohnehin schon angenommene und politisch wegen der verrechtlichten Klimaschutzanforderungen schwer erhoffte Wachstum des ÖPNV zu realisieren.

Der zusätzliche Finanzbedarf? 11 bis 15 Mrd. Euro pro Jahr.[45] Klingt für manche viel; doch an anderer Stelle werden diese Mittel zum Beispiel durch den Abbau klimaschädlicher Subventionen entspannt frei.

Wofür? Angebotserweiterung, multimodale Angebote, einfache und flexible Preisgestaltung, das Vorantreiben der Digitalisierung und die Transformation hin zu agilen Organisationsstrukturen – und eventuell ein einfach etwas überzeugenderes Waggon-Design für die Radmitnahme, das sperrige Gepäck oder die Distanz beim Arbeiten.

Die Deutsche Bahn hat im Sommer 2020 ein Monatsabo für das Homeoffice ausprobiert. Keine schlechte Idee, und das zeigt, dass wir zeitlich und räumlich keine trivialen Angebote mehr brauchen können: „Das Homeoffice gehört zunehmend zum Arbeitsalltag", so DB-Fernverkehrschef Michael Peterson.

„Viele fahren nicht mehr jeden Tag zu ihrem Arbeitsplatz, sondern arbeiten einen oder zwei Tage pro Woche von zuhause aus. Diese Kunden brauchen Flexibilität, und diese bieten wir mit dem 20-Fahrten-Ticket. Die Arbeitswelt entwickelt sich – und wir halten Schritt. Das 20-Fahrten-Ticket schließt eine Lücke in den Bahn-Angeboten zwischen Wochen-, Monatskarte und Jahreskarte BahnCard 100."

Das neue Angebot richtet sich also an Neu-Pendler, die im Zuge der Corona-Pandemie nun häufiger Homeoffice machen, aber trotzdem gelegentlich zu Kundenterminen oder ins Office müssen. Es wirkt wie ein Experiment, da das Angebot immer nur für ein Jahr gilt und verlängert wird – wie die Pandemie-Politik auch.

Sharing: Der die Städte überrollende Erfolg blieb aus – dann auch die Nutzer

Wie hat sich die sogenannte Sharing Mobility entwickelt während der Pandemie?

Das nüchterne Ergebnis für die mit hohem Risiko-Kapital überfinanzierten und unternutzten Anbieter: Das Nutzungswahrscheinlichkeit wurde überschätzt – nicht nur während Corona. Es liegt keine Pandemiefähigkeit der Geschäftsmodelle vor, die vor allem auf Touristen abzielte. Der Befund könnte sein, dass die Anbieter nicht an, sondern mit Corona versterben – bzw. sich als Ertragsschwache untereinander zusammenkaufen. Am Ende ist es wie im TIER-Reich – um den Finanzen wie seine E-Scooter immer wieder einsammelnden Aufkäufer beim Namen zu nennen: *Survival of the Fittest*.

Im ersten Lockdown haben alle E-Scooter-, E-Moped- und E-Car-Sharinganbieter und Rufbusse Kurzarbeit angemeldet und bis auf wenige den Betrieb ganz eingestellt.

Der Unterschied zwischen Verkäufern und Verleihern von Mobilitätsmitteln wurde erstmals deutlich: Verleiher, die schon vorweg mit einem profitablen Geschäftsmodell gerungen haben, haben keinen nachholenden Konsum, während Autos und auch Räder später – ob Kontaktsperre oder Gehaltseinbußen durch Kurzarbeit – diesen aufweisen.

Solange ein Ansteckungsrisiko besteht, meiden viele Menschen nicht nur die öffentlichen Verkehrsmittel, sondern auch Sharing-Dienste. Seien es Autos, E-Scooter oder Shuttle-Busse. Die hygienischen Maßnahmen wurden nach eigenen Angaben der Anbieter intensiviert, aber alle Sharing- und Ridepooling-Anbieter hatten mit rückläufigen Buchungen zu kämpfen. Der Treiber war der Rückgang des Tourismus, da für einige Sharing-Angebote dies die Haupt-Zielgruppe war. Viele pausieren ihre Dienste, andere setzen auf Alternativangebote.

Ein Überblick (eigene Zusammenstellung):[46]

- **E-Tretroller:** Sie waren aus dem Stadtbild nahezu verschwunden, was viele der neuen Spaziergänger durchaus wohlwollend zur Kenntnis nahmen. US-Anbieter Lime hat in fast allen europäischen Städten die E-Tretroller pausiert. Uber (Jump) und Bird (Circ) verleihen vorübergehend ebenfalls nicht mehr. Das schwedische Voi reduzierte seine Flotte und empfahl Handschuhe bei der Nutzung. Nur TIER bot hierzulande überhaupt noch an, näherte sich wirtschaftlich aber nach eigenen Angaben der „Schmerzgrenze" an. 60 Prozent der TIER-Mitarbeiter waren zeitweilig in Kurzarbeit.

- **E-Mopeds:** Der Berliner Anbieter Emmy setzt verstärkt auf Helmhygiene und bietet weiterhin an –nach eigenen Angaben mit einem Rückgang von 50 Prozent. Auch hier stand Kurzarbeit an und bei Wegfall der touristischen Sommersaisons wurde es existenziell. Das Modell von Bosch – Coup – wurde – Sie ahnen es – an TIER verkauft. Ein kommerzieller Erfolg vor der Pandemie ist nicht der Grund gewesen, wie Bosch in einer denkwürdigen Presseerklärung zur Einstellung kommunizierte. In Hamburg wird von einem Anstieg der Fahrtzeiten für vorrangig Freizeitverkehre berichtet. Gewinne sind das nicht.

- **Bike-/E-Bike-Sharing:** Viele Anbieter der ersten Welle sind wieder verschwunden oder wurden aufgekauft. Dabei war Radfahren die Mobilität der Pandemie. Das Leipziger Unternehmen Nextbike, welches neben Call-A-Bike von der Deutschen-Bahn-Tochter DB Connect größter Anbieter in über 80 deutschen Städten ist, verzeichnete im Vergleich zum Vorjahr ein Wachstum seiner Nutzerschaft um 50 Prozent. Gewinne gab es wie bisher keine, dafür eine neue Flatrate mit dem Titel „BeatCorona", bei dem Nutzer drei Monate lang jede Fahrt bis zu 60 Minuten kostenlos unternehmen. Nun wurde auch Nextbike von – Achtung, wieder dem finanzfitten Überlebenden – TIER bzw. den dahinterstehenden Investoren übernommen.

- **Ride-Pooling:** Moia stellt sein Angebot in Hamburg und Hannover vorübergehend ein – der Rückgang der Nachfrage war im Lockdown zu stark. Kurzarbeit für die 900 Beschäftigten wurde beantragt. Der Pooling-Fahrdienst Clevershuttle (finanziert u. a. von der Deutsche Bahn AG) hat zunächst in einigen Städten Kurzarbeit beantragt und dann den Betrieb in Berlin, Dresden und München nun endgültig eingestellt, nachdem im Jahr zuvor bereits Stuttgart, Hamburg und Frankfurt nicht mehr bedient wurden. In der Flotte solle das London Cab vom Hersteller LEVC verstärkt zum Einsatz kommen – da es über eine Glas-Trennscheibe zwischen Fahrer und Fahrgast verfüge.

- **Rufbusse:** Der Berliner On-Demand-Rufbus Berlkönig hatte bis zum 19. April 2020 den Betrieb eingestellt und bot kostenlose Fahrten ausschließlich für medizinisches und pflegerisches Personal.

- **Carsharing:** Hier gab es offenbar mehr Zuversicht und viel Parkraum außerhalb von Innenstädten. Der kilometerbasierte Car-Sharer Miles blieb bei sinkender Nachfrage weiterhin mit 2000 Fahrzeugen auf den Straßen. Bei den fusionierten Pionieren von Share Now (BMWs DriveNow & Daimlers Car2Go) lief der Betrieb weiter. So blieb auch die Volkswagen-Tochter WeShare mit voller Flotte am Straßenrand. Betrachtet man das Jahr 2020 in Gänze, so sei die Gesamtzahl der Nutzer im stationsbasierten und stationslosen Sharing trotz teilweise erheblicher Buchungs- und Umsatzrückgänge um 25,5 Prozent auf 2 874 400 registrierte Kundinnen gestiegen. Die Zahl der Anbieter, verfügbaren Orte sowie der Flottenbestand blieben im Jahr 2020 konstant. In insgesamt 855 Städten und Gemeinden finden sich die insgesamt 26 220 mietbaren Fahrzeuge, so der Bundesverband CarSharing.

Dienstwagen: die Distanz zwischen staatlicher Verkaufsförderung und Klimaschutz

Das Dienstwagenprivileg ist die Distanz-Regel der deutschen ministeriellen Politiken untereinander: Während zwar alle wissen, dass es eine heimische wie klimaschädigende Industriepolitik im Sinne einer Verkaufshilfe über Steuerprivilegierung ist, gibt es zwischen den Parteien durchaus grünes Licht für die Abschaffung, während andere wiederum bei Gelb steuersubventioniert weiterfahren wollen. Mehr als 60 Prozent aller Neuzulassungen in Deutschland sind gewerblich; also Fuhrparks für betriebliche Zwecke und Dienstwagen für Besserverdienende.

Fast die Hälfte aller privat genutzten Dienstwagen gehört den einkommensstärksten 20 Prozent der Haushalte. Die niedrige Besteuerung spart Geld bei Besserverdienenden. Personen mit niedrigem Einkommen haben dagegen nur sehr selten einen Dienstwagen und profitieren nicht von den Regelungen.

Viele Unternehmen stellen ihren Mitarbeitenden zudem Tankkarten zur Verfügung – auch für private Fahrten. Diese „Flatrate" führt zur Übernutzung des Autos und zur Unternutzung des ÖPNV oder der Bahn sowie der Selbstbewegung. Durchschnittlich fahren Dienstwagen 30 000 Kilometer im Jahr, knapp 18 000 Kilometer mehr als Privatwagen.[47]

Interessant sind zudem die Gespräche mit Fuhrparkmanagern, die während der Pandemie sahen, dass gerade die Besserverdienenden besser im Homeoffice blieben und die deutlich geringeren Kilometerlaufleistungen als im Leasing vorgesehen Vertragsanpassungen erforderlich machten.

Dienstrad: gleiches Modell der provisionsbasierten Leasing-Logik

Das Dienstrad-Leasing läuft – anders als beim Dienstwagen – meist nicht zusätzlich zum Gehalt, sondern als Brutto-Entgeltumwandlung vom Bestandslohn. Es wurde wesentlich von einem Plattform-Anbieter lobbyiert – im Sinne der Gleichstellung zum Auto, aber in der gleichen Logik des 20. Jahrhunderts: Es werden Mobilitätsmittel gefördert und nicht die emissionsfreien Verkehre. So ist auch hier eine provisionsbasierte Vermittlungsbranche entstanden, die Fahrradhändlern und Werkstätten Zusatzgeschäft verspricht, aber im Grundsatz auch Zusatzarbeit bei z. T. Margenabführungen eines nicht sonderlich margenintensiven Saisongeschäfts mit Liquiditäts-, Lieferketten- und Vororder-Herausforderungen. So besteht eine Ambivalenz im Markt; auch weil die Logik des Durchtauschens des Autos nach drei Jahren nun auch insbesondere auf E-Bikes im Leasing durchschlagen könnte, was nicht die Kreislaufwirtschaft darstellt, die sich eine inhärent nachhaltige Wirtschaftsbranche wünschen kann – auch, wenn es Wachstum verspricht. Aus der eigenen Erfahrung wissen wir klar: Corona hat die Diensträder vor allem als private Sporträder und Reise-E-Bikes nochmals akzentuiert, aber die wirklich entscheidende Pendlermobilität ist das eben nicht.

Zu der Anzahl von Diensträdern gibt es keine validen Schätzungen, aber der sich aus den Anbietern heraus neu begründete Verband hat für 2020 ca. 340 000 Räder kommuniziert. Gemessen an den gut 73 Millionen deutschen Rädern im Bestand ist das überschaubar im Verhältnis zu der mit dem Dienstrad verbundenen Bürokratie für Arbeitgeber und Provisionszahlungen an die Plattformen – kein halbes Prozent.

Miet-Abo-Rad: Bike as a Service – blaue Reifen, rote Zahlen

Kaufen und Leasen hat für den Mietrad-Abo-Anbieter Swapfiets ausgedient. Und auch das situative Leihen ist keine Lösung zumindest für Studierende oder Pendler. Daher nahmen Aboräder auch in der Corona-Krise nach eigenen Angaben zu; am Umsatz nach eigenen Angaben um bis zu 70 Prozent. Das zeigt sich auch daran, dass viele Menschen, die vorher gar kein Fahrrad besaßen, u. a. bei Swapfiets ein Abo abgeschlossen haben.

Es werden dabei nach eigenen Angaben „hochwertige" Standardmodelle bereitgestellt, ebenso werden Wartung und Reparaturen exklusiv übernommen und defekte Teile im Sinne der Kreislaufwirtschaft wiederverwendet oder recycelt. Anders als Leihräder, die schnell auf dem Müll landeten, sollen Swapfiets immer wieder verwendet werden, was sehr zeitgeistig und richtig klingt.

Es sind nach sieben Jahren fast 70 000 Mitglieder in Deutschland (also ein Promille aller Räder, aber nur, wenn alle Mitglieder noch ihre Räder hätten, was ja gerade nicht die Idee ist), 250 000 insgesamt in den Niederlanden, Deutschland, Belgien, Dänemark, Frankreich, Italien, Spanien, Österreich und Großbritannien. Berlin ist die erfolgreichste Stadt außerhalb der Niederlande.

Millionenverluste sind dabei Teil der Wachstumsstrategie: Die Kreislaufwirtschaft braucht noch einen Rücklauf, da die Beteiligung des dahinterstehenden Radherstellers hier noch auf den Plattform-Kapitalismus vertraut, in dem beim Wachstum auch der Verlust mitwächst. Andere Anbieter wie *BOND* sind bereits pleite und die Zukunft ist noch nicht ausgemacht.

Kreislaufwirtschaft muss sich vom Kettenbrief unterscheiden, bei dem immer die letzten Empfänger das Problem haben: Das heißt, man möchte sich bei den recycelten Alträdern im Abo auch noch so wohlfühlen wie die Erstnutzer, vor allem wenn der Preis der gleiche ist. Und die Werkstattleistung vor Ort ist so „convenient" wie kostenintensiv, sodass diese sich besser tragen muss als die ebenfalls insolvent gegangenen Anbieter von mobilen Reparaturservices.

Wachstumsfinanzierer – gerade mit dem Ziel, grüne Anlagen zu finden – suchen im Radmarkt seit Jahren ihr Glück und ihre Gewinne (siehe hierzu auch Kapitel 3). Das wird noch dauern, soviel Bewegung auch in dieser sonst eher margen- und medienschwachen Branche derzeit herrscht: So hat die Berliner Swapfiets-Kopie *Dance* mit einem branchenfremden Gründerteam, welches durch die ebenfalls nicht profitable, aber reputierte DJ- und Musiker-Plattform *Soundcloud* bekannt war, 15 Millionen Euro für ihre Geschäftsidee eingesammelt, die sich nicht wirklich von den anderen unterscheidet. Dies alles mit dem Rückenwind von weiteren Wagniskapitalfinanzierungen wie beim belgischen E-Bike *Cowboy* von 23 Millionen Euro und dem niederländischen Konkurrenten *Vanmoof* von 34 Millionen Euro. Wer die Räder, deren Qualität und die Innovationszyklen kennt, bekommt eine Ahnung von Wagnis im Wagniskapital.[48] Viele dieser Eigenentwicklungen finden in Fahrrad-Werkstätten oft ernüchternde Rückmeldungen von den ausgebildeten Zweiradmechatronikerinnen und -mechanikern.

Wo Insolvenzen, Aufkäufe und Wagniskapital-Blasen zusammenkommen, bleibt es sicherlich nicht nur für Anlegerinnen und Nutzer spannend. Wichtig wird aber tatsächlich die nachhaltige Qualität der Räder und der Geschäftsmodelle sein, da wir uns auch nicht im Kreis drehen sollten. Billige Räder kennt man in Autonationen zur Genüge; aus Fahrradkellern und seit Jahren ohne Luft im Reifen.

Dienstreisen: neues Denken zwischen Fahrzeit als Arbeitszeit, Klimabeitrag und Kosten

Dienstreisen sind sicherlich nach der entspannenden Erfahrung im Homeoffice nur noch dann notwendig, wenn es sich lohnt und ggf. mit Kurzurlauben verbindbar ist.

Klimaneutrale Dienstreisen des Bundestages wurden früh diskutiert und kompensiert: Für das Corona-Jahr 2020 hat die Bundesregierung alle Treibhausgasemissionen, die durch ihre Dienstreisen und -fahrten entstanden sind (rund 175 000 Tonnen CO_2-Äquivalente), kompensiert.

Wie beim Ablasshandel ist die Vermeidung von Sünden noch besser. So wurden und werden E-Autos und Plug-in-Hybride massiv gefördert. Kerosin ist weiterhin steuerbefreit. Städte und Landkreise pumpen Milliarden in unrentable Regionalflughäfen. Tickets für grenzüberschreitende Flüge sind mehrwertsteuerfrei, die für Züge nicht. Den Reisekostenregelungen des Bundes gemäß wird den Beamtinnen bei Dienstreisen das billigste oder schnellste Transportmittel erstattet: Das war nicht selten das emissionsintensive, also CO_2-kompensierte Flugzeug – auch weil Reisezeit Arbeitszeit ist, wie wir bei den Candy-Crush-spielenden und netflixenden Fahrgästen in Fliegern und Bahnen zeitneidisch beobachten können.

Pop-up Bike Lanes: Radspuren auf der Überholspur

„Baut mehr Radwege".

Elinor Ostrom, erste Nobelpreisträgerin für Wirtschaftswissenschaften im Jahr ihrer Auszeichnung, 2009 [49]

Das Lastenrad und die Pop-up Bike Lanes waren so etwas wie das Klopapier in Deutschland, das Kondom in Frankreich und der Wein in Italien: Kult mit Kopfschüttelfaktor.

Wenngleich man über Lastenräder sicher nur dann den Kopf schüttelt, wenn man den Genuss des stressfreien Einkaufens und Kindertransports noch nicht selbst erlebt hat, konnte man in der Tat den Kopf darüber schütteln, warum breite sichere Radwegeanlagen nicht schon vorher so schnell eingerichtet wurden. Stadt- und Verkehrsplaner haben selbst überrascht gewirkt, dass das, was normalerweise Jahre dauert, nun innerhalb von Tagen möglich war – gelb, günstig und genutzt (3G).

Janette Sadik-Khan leitete von 2007 bis 2013 die Verkehrsbehörde in New York und berät Bürgermeister auf der ganzen Welt. Ihre Erkenntnis: „Der Weg raus aus der Corona-Krise führt über die Straßen einer Stadt. Wir müssen es schaffen, dass sie besser funktionieren. Dann kann eine Stadt sich nicht nur erholen, sondern auch gedeihen."

Es gab schon vor Corona Machbarkeitsstudien zu Demonstrationszwecken oder zur temporären Kompensation eines kurzfristig erhöhten Radverkehrsaufkommens mithilfe von „Pop-up Bike Lanes"; unter anderem 2013 in Minneapolis und Denver sowie 2017 in Brisbane, Winnipeg und im autointensiven Hannover.

Bei der Auswertung von Daten von 736 Zählstationen aus 106 europäischen Städten kam eine Studie des *Mercator Research Institute on Global Commons and Climate Change* zu dem Ergebnis, dass im Erhebungszeitraum März bis Juli 2020 in Städten mit Pop-up-Radwegen 11 bis 48 Prozent mehr Radfahrende unterwegs waren.[50]

Aber international war diese Bewegung weitaus beeindruckender: In Kolumbien wurden auf den Hauptverkehrsstraßen der ohnehin für Radler nicht ungefährlichen Hauptstadt Bogotá kurzfristig insgesamt über hundert Kilometer neue Wege für den Radverkehr geschaffen.

Und wenn auch nur wenige Stadtplaner auf Nobelpreise vertrauen sollten: Nun geht es weiter. Und während die FDP noch einmal nachfragte, ob diese neue Freiheit eigentlich rechtens sei, was gerichtlich bestätigt wurde, wird nun die Verteilungsgerechtigkeit nachhaltiger besprochen, denn viele Radwegeanlagen werden verstetigt.

Staus: lockerer Verkehr im Lockdown

Die Corona-Pandemie hat im vergangenen Jahr zu einem Rückgang der Staus auf den deutschen Autobahnen geführt. Die Staus waren auch kürzer als 2019. So registrierte der ADAC 2020 nur rund 513 500 Staus – etwa 28 Prozent weniger als im Vorjahr. Die Gesamtdauer der Störungen ging um 51 Prozent zurück, die Zahl der Staukilometer reduzierte sich um 52 Prozent.

Die Auto-Fahrleistung ist nach Angaben der *Bundesanstalt für Straßenwesen (BASt)* vergangenes Jahr um voraussichtlich 12 Prozent zurückgegangen.

Und auch bei den Städten gab es leichte Entlastung von der nach wie vor hohen Belastung, denn 23 bis 30 Prozent durchschnittlich längere Fahrzeiten im Vergleich zum normalen Verkehrsfluss zeigen die Staudämme des urbanen Verkehrs

Stau-Hauptstädte 2020 in Deutschland

	Weltrang	Stadt	Staulevel*	Veränderung zu 2019
1	58	Berlin	30%	2%
2	61	Hamburg	29%	5%
3	101	Wiesbaden	26%	6%
4	107	Nürnberg	25%	5%
5	111	Stuttgart	25%	5%
6	120	Kassel	24%	4%
7	129	München	24%	6%
8	133	Dresden	23%	2%
9	146	Kiel	23%	3%
10	149	Leipzig	23%	1%

*Um soviel verlängert sich die durchschnittliche Fahrtzeit im Vergleich zu einer Fahrt bei normalem Verkehrsfluss.

Bild 1.16 Stau-Hauptstädte 2020 in Deutschland:[51]

Und dann kam der Reisesommer 2021 – der zweite in der Corona-Krise. Und die Anzahl der Staus stieg weit über das Vor-Corona-Niveau. Allein an den 13 Wochenenden der Sommerferien zählte der ADAC auf Deutschlands Autobahnen insgesamt 92 079 Staus – im Vergleich zum Corona-Jahr 2020 mit 58 442 Staus ein drastischer Anstieg um 58 Prozent. Im Sommerreiseverkehr 2019 waren es 60 057 Staus und damit 35 Prozent weniger als 2021. Die Länge im Jahr 2021 betrug 151 803 Kilometer im Vergleich zum Vorjahr mit 98 357 Kilometern – ein Zuwachs von 54 Prozent. Aber man kann sich auch über Verspätungen der Deutschen Bahn beschweren – beides zu Recht. Nur bei der Bahn irgendwie komfortabler, wenn das WLAN und die Heizung bzw. Kühlung auch in der richtigen Dosis ginge.

Corona: die Innenstadt, der Handel, der Online-Handel, die Lieferungen

Es geht ab – im Erdgeschoss! Ist in Zeiten der Pandemie das Wohnen die neue Gastronomie, wo Gastronomie kurz vor Corona erst gerade das neue Shoppen war? „Was ist das Zentrum der Stadt?", fragt der Architektur-Kritiker Niklas Maak in der FAZ im ersten

Lockdown. Der dänische Radstadtplaner Colville Andersen sieht für den SPIEGEL klar: „Innenstädte sehen anders aus!" „Noch sind die Innenstädte nicht verloren", so die Einschätzung des Trierer Professors für Steuerlehre mit Blick auf eine Versandhandels- und Paketsteuer als Gebot der Pandemie.

Die Stadt, die niemals schläft, war trotzdem ruhig: 400 000 Bürger haben die City von New York verlassen, immerhin jeder Zwanzigste. Umzugslaster waren vollkommen ausgebucht, die 5,5 Mio. Fahrgäste in der U-Bahn hingegen schmolzen auf 700 000 Gäste. Das Fahrrad boomte und die Auto-Zulassungen stiegen um 20 Prozent. Und nun kamen alle schnell wieder zurück in die City. Aber die Läden blieben geschlossen. Die Gastronomien optimierten mit Überbrückungshilfen und abgewandertem Personal. Das Erdgeschoss ist kein sicheres Fundament – für niemanden!

Es Baluard ist das neue Museum für moderne und zeitgenössische Kunst der Stadt Palma auf Mallorca. In einer Ausstellung mit dem Titel LOCKED CLOSED wurde fotodokumentarisch eine Zeit der Gleichzeitigkeit von Pandemie und den Aufständen rund um *Black Lives Matter* aufgezeichnet. Die Bilder könnten sich ähneln, denn die Straßen sind leer und die Läden zu. Sie könnten aber in ihrer Leere und Geschlossenheit nicht unterschiedlicher sein: einerseits im Lockdown mit liebevoll selbstgemachten und teilweise verzweifelten Zetteln und informierenden Aushängen an die Kunden, dass die Läden wegen der Pandemie schließen mussten, und andererseits mit Spanplatten-Bollwerken zur Verteidigung gegen die randalierenden Demonstranten. 3000 Läden hatten im Jahr 2020 nicht überlebt, ein Drittel der 240 000 kleinen Unternehmen ist insolvenzgefährdet. Wir werden über Städte und ihre Neueröffnung nachdenken müssen – und das wird im kommenden Kapitel historisch und prognostisch für Gesundheit und Klimaneutralität aus Sicht der Mobilität erfolgen.

Corona aber hat uns auch gezeigt, dass wir nicht nur zeitweise geschlossene bzw. verrammelte Ladenlokale haben – sondern, dass die Lokale nicht wieder aufzumachen scheinen. So standen schon ein Jahr nach dem Pandemieausbruch die Läden mit einer ungekannten Leerstandsquote von 20 Prozent unvermietet und mit stark sinkenden Mieten in Bestlagen von über 20 Prozent in Stuttgart und bis 26,5 Prozent in München leer, so der Maklerverband IVD. Wohnraum vermietet sich da zum Teil leichter und wirtschaftlicher. Kein Wunder, dass der Verband eine Ausnahmeregelung im Bauordnungsrecht der Länder für die Umwidmung fordert.

Wenn Amazon und Zoo Plus als Online-Plattformen einen Pandemie-Schub erlebten – wie schon in allen anderen Pandemien die Digitalisierung des amerikanischen, asiatischen und nun europäischen Konsums wuchs –, erleben wir die Online-Welt mit allen Konsequenzen: Denn wenn die vom Handelsverband Deutschland geschätzten 120 000 Einzelhändler ihre Läden aufgeben, eröffnen Online-Händler neue Lager – und seien es Mikro-Depots, um die Klientel mit Schnellzustellungen mit ihren Lieferwagen- oder Lastenrad-Flotten zu beglücken. Ob der Online-Radversender Rose, der Internet-Optiker Spex, der Sofort-Lieferdienst Gorilla; alle gehen analog in die Innenstadtflächen.

Es braucht also neue Ideen für eine Innenstadtqualität jenseits des Shoppings, die interessanterweise dann wieder zu einem freudvolleren Einkaufen motivieren kann. Beobachtungen zur Nähe und autofreien Erreichbarkeit:

Händler haben historisch eine präzise Fehleinschätzung, wie sich das Einkaufsverhalten verändert, wenn das Auto nicht vor der Ladentür parken dürfte. Eine internationale Studie über die Vorteile des Laufens und Radelns beim Einkauf belegt hier Erstaunliches:[52]

Einzelhändler fürchten häufig einen Rückgang ihrer Umsätze, wenn der Platz zum Abstellen privater Pkw reduziert wird.

Tatsächlich schätzen sie damit das Mobilitätsverhalten ihrer Kundinnen und Kunden falsch ein, wie eine Umfrage am Beispiel zweier Einkaufsstraßen in Berlin zeigt. Die Erkenntnisse bieten eine Wissensgrundlage für eine besser informierte Entscheidungsfindung bezüglich der Flächennutzung in Städten. Die Forschenden befragten rund 2000 Kundinnen und Kunden sowie 145 Einzelhändlerinnen und -händler am Kottbusser Damm (Bezirk Friedrichshain-Kreuzberg) und der Hermannstraße (Bezirk Neukölln). Die große Mehrheit der Einkaufenden – 93 Prozent – hatte die Einkaufsstraßen nicht mit dem Auto erreicht. 91 Prozent des Geldes, das die Kundschaft in den lokalen Geschäften ließ, kam aus dem Geldbeutel derjenigen, die zu Fuß, mit dem Rad oder mit dem ÖPNV unterwegs waren. Diejenigen, die zum Einkaufen mit dem Auto in die Stadt fahren, waren also nur für neun Prozent der Umsätze verantwortlich. Und nur sieben Prozent kamen überhaupt mit dem Auto.

„Dieser Befund kommt keineswegs überraschend. Er deckt sich mit Studien, die 2019 über die Innenstädte von Offenbach, Gera, Erfurt, Weimar und Leipzig erschienen sind. Auch die Forschung über Mobilität und lokale Wirtschaft aus anderen europäischen Ländern, aus Nordamerika und Australien spiegeln die gleichen Erkenntnisse wider", sagt der Studienleiter Dirk von Schneidemesser. Händlerinnen und Händler in den untersuchten Städten überschätzten den Anteil ihrer Kundinnen und Kunden, die mit dem Auto kommen – so auch in Berlin, wo sie ihn bei 22 Prozent vermuteten, er tatsächlich aber eben nur bei 7 Prozent lag. Die Fehleinschätzung könnte damit zusammenhängen, dass die Händlerinnen und Händler von sich auf andere schließen. Zum Beispiel schätzten Händler, die selbst mit dem Auto zu ihrem Geschäft fahren, die Nutzung des Autos ihrer Kundschaft viel höher ein (29 Prozent statt 7) und damit auch viel höher als Händler, die andere Verkehrsmittel nutzen (10 bis 19 Prozent).

Ein weiteres Ergebnis der Umfrage ist, dass Händler die Entfernung überschätzen, die Kunden zu ihrem Geschäft zurücklegen. Über die Hälfte (51 Prozent) der befragten Kundinnen und Kunden wohnen weniger als einen Kilometer von dem Einkaufsort entfernt. Die Händlerinnen und Händler schätzten den Anteil auf nur 13 Prozent.

Früher haben wir gejagt, dann wurden wir zur Jagd getragen und das zu Jagende war in riesigen Regalwelten aufbereitet. Heute wird das Gejagte vor die Tür getragen. Das nennen wir Convenience und haben nun viele Kartons zu Haus. Die sogenannten Kurier-, Express- und Paket (KEP-)Verkehre steigen deutlich an, um die Kartons in die Wohnungen zu schleppen. Da geht dann derzeit jeder sechste Karton zurück zum Absender, wie Forschende der Uni Bamberg herausgefunden haben und deswegen eine gesetzlich vorgeschriebene Rücksendegebühr fordern. Drei Euro würden schon reichen, so deren Modell.

1.4 Zufahrt zur Lernreise: Was wird im Buch ausgeliefert?

Zwischenfazit: Die Treiber von Moralisierung und gesellschaftlicher Entwicklung der Wenden des Klimas, der Gesundheit, der Immobilien, der Arbeit, der Digitalisierung und der Zivilgesellschaft zeigten bereits vor Corona und beschleunigten mit Corona die Antriebe der Mobilitätswende:

Wir müssen uns bewegen. Aus der Komfortzone. Selbst.

In der eigenen Stadt, der eigenen Nachbarschaft, vor der Tür! Aus eigenem Antrieb.

Was haben wir nach dieser breiten Zufahrt vor – und was für Fragen wollen wir in den folgenden Kapiteln behandeln und zu beantworten versuchen?

- BEWEGUNGSMELDER

  Warum ist der „Lebens-, Sozial- und Technologieraum Stadt" Problem und Lösung zugleich? Welche Bedeutung hat Mobilität im Kontext der Geschichte und Zukunft der nächsten, gesunden und klimaneutralen Stadt? Was ist die nächste Stadt-Geschichte nach der Auto-Biografie?

- ANTRIEBSSCHWÄCHE

  Welche Herausforderungen sehen wir insbesondere für Deutschland und seine Mobilitätswirtschaft?

- VERKEHRSÜBUNGSPLÄTZE

  Welche Trends und Pseudo-Trends gibt es im Bereich der Mobilität und warum setzen Kapitalmärkte meist aus Rennwagen-Fahrern auf die falschen Pferde?

- BEWEGENDE STANDORTE

  Welche Beispiele gesunder Städte durch gelingende Mobilität gibt es? Was für Strategien und Techniken und Bürgerschaftsaktivierung gab es und wie sind diese übertragbar?

- GEISTIGE BEWEGLICHKEIT

  Welche Innovationslogiken und welche Ökosysteme dieser Innovation brauchen wir, damit Städte, Unternehmen und Menschen gesünder und klimaneutraler werden?

- NAVIGATION FÜR STÄDTE

  Die Route wird neu berechnet. Aber wie und wohin? Was sind konkrete Handlungsempfehlungen? Ein kleines zusammenfassendes Manifest der Selbst-Bewegung.

Also, los gehts! Denn es ist wie im Fußball auch:

Wichtig ist auf dem Platz – und das ist eben kein Parkplatz.

Eher ein Spielplatz für alle Generationen!

2 ZUFAHRT BEWEGUNGSMELDER „STÄDTE"

Problemauslöser, Lösungslabore und Lösungsprobleme – Geschichten urbaner Mobilität

„Es waren die Städter, die der Menschheit alles geschenkt haben:
den Mehrwert, die Proportion, das Maß, die Ideen, das Schöne, die Weltbürgerschaft.
Nicht die Schäfer, nein, und auch nicht die Rinderhirten.
Die großen Sätze der Menschheitsgeschichte wurden nicht auf Weiden ausgedacht
und ausgesprochen, sondern auf den Foren."

Hendrik Willem van Loon, US-amerikanischer Schriftsteller[1]

„Es gibt vielleicht keine seelische Erscheinung,
die so unbedingt der Großstadt vorbehalten wäre, wie die Blasiertheit.

Es bedarf [...] des Hinweises, dass die Großstädte die eigentlichen Schauplätze dieser,
über alles Persönliche hinauswachsenden Kultur sind.

Hier bietet sich in Bauten und Lehranstalten, in den Wundern und Komforts der raumüberwindenden Technik, in den Formungen des Gemeinschaftslebens und in den sichtbaren Institutionen des Staates eine so überwältigende Fülle kristallisierten, unpersönlich gewordenen Geistes, dass die Persönlichkeit sich sozusagen dagegen nicht halten kann.
[Großstädte sind] Gebilde höchster Unpersönlichkeit."

Georg Simmel über „Die Großstädte und das Geistesleben"[2]

Warum sind Städte entstanden, was macht sie beweglich und gesund, was starr und krank? Warum sind sie Problem wie Lösungslabor zugleich? Und warum müssen wir wegen der Lösungsprobleme, also der nächsten Probleme, die aus den naheliegenden Lösungen entstehen können, deutlich vorsichtiger werden?

■ 2.1 Vororte der Diskussion – Ausschnitte aus Stadtgesprächen über Städte

Stadt. Land. Gesprächsfluss. Der kann schon mal stocken oder auch überschießen, der Gesprächsfluss. Zwischen Stadt und Land kann es schon mal zu einseitigen Stereotypen kommen. In diesem Abschnitt laden wir ein zur Geschichte und zu Geschichten der Urbanisierung des Landes, also der Stadt-Werdung, und geben einen Ausblick auf die *Ruralisierung der Städte*, also die Verdörflichung.

2.1.1 Städte – zwischen Globalisierung und Nationalismus

Starten wir steil: Städte sind *die* Stätte der Globalisierung! Nationalisten erscheinen da wie ein Verkehrskreisel des 20. Jahrhunderts – während andere schon Parkour machen, also durch die Städte springend alle Hindernisse selbst überwinden. Kleinstädte werden kleingeredet – nicht selten unüberlegt, aber überlegen belächelt.

Großstädte wurden und werden kritisiert – so z. B. bei Simmel, aber auch bei Walter Benjamin 1963.[3] *„The city is dead"*, war der klug geplante Aufschrei des Planungstheoretikers John Friedmann im Jahr 2002.[4]

Und die Verlustgeschichten der verdichteten Städte wurden von Soziologen wie Richard Sennet oder dem Architekten Rem Kolhaas auserzählt: die Transformation von Städten in Shopping Malls als soziale und ästhetische Erosion.

Und heute reden wir (wieder) über *Global, Connected, Smart oder Intelligence Cities* und es scheint unzweifelhaft – etwas technologie-trunken und pandemie-resilient – eine neue Urbanität aufzuziehen; sogar von unten, sogar zwischen Metropolen. Was ist da los?

Was bewegt sich in den Verkehrsberuhigungs-Zonen, an den Bushaltestellen, auf den Bürgersteig-Gärten und in den Planungsprozessen der Stadtverwaltungen? Was für zivilgesellschaftliche soziale Bewegungen entstehen – ob im Bereich Energie, Sicherheit, Wasser, Wohnen, Landwirtschaft, Gesundheit, Bildung oder eben der Mobilität dazwischen? Was ist im Herbst 2016 in einer nicht zu sehr beachteten Bürgermeisterinnen- und Bürgermeister-Bewegung – der UN-Konferenz Habitat – mit unseren globalen Großstädten eigentlich passiert und warum hat man dazu so wenig gehört?

Warum hat Benjamin Barber eine Idee des *„Weltparlaments der Bürgermeister"* 2013 formuliert? Und: Warum sitzen Vertreter von über 90 Welt-Metropolen immer wieder zusammen und wollen mehr als die 30 Klimaschutzkonferenzen der Nationen zusammen erreichen? Cities first?! Genau. Global!

Städte – Bewegungen der Forschung und Praxis

Seit etwa 500.000 Jahren leben wohl wir Menschen auf der Erde. Seit ungefähr 5000 Jahren leben wir auch in Städten. In der Vielfalt der städtischen Lebensräume spiegeln sich die kulturellen Leistungen der Menschen ebenso wie gesellschaftliche Problemlagen. Ob frühe Siedlungsformen, altes China, das griechische und römische Weltreich, islamische Städte, Europa, Mittelalter, Neuzeit – zu allem gibt es Geschichten, man könnte sogar sagen: *urban myth*.[5]

Städte sind in Bewegung. Und sie sind bewegend – weisen also in ihren kontextuellen, geo-, topo- und biografischen Eigenlogiken besondere magnetische Wirkungen auf. Also anziehende wie abstoßende Wirkungen … Und sie scheinen in ihrer Verdichtung von trans- bzw. supranationalen Problemen und deren Gleichzeitigkeiten auf dem Platz ihre Verantwortung und Potenzialität zu kooperativen kommunalen Innovationen zu erkennen. Und Verkehr ist das im engeren Sinne am meisten Verbindende!

Städte sind spätestens seit den 1970er-Jahren zu einem hörbaren Stadtgespräch der Regional- und Raumwissenschaften geworden – mit Soziologinnen, Architekten, Politikökonominnen, Wirtschaftsgeografen und eben auch zunehmend mit den Wirtschaftswissenschaften.[6]

Das Stadtgespräch atmete lange – insbesondere in Deutschland – den nationalen Geist der Sozialraumstudien und der kritischen und zumeist problematisierenden Analyse der *Gentrifizierung*, der *Gender Studies* oder *der negativen externen Effekte des Wachstums* oder der Schrumpfung von Städten. Nun kommt zunehmend frischer Wind auf, der konstruktiver, lösungsorientierter, experimenteller und beziehungsintensiver zu wehen scheint. Wenngleich die Widerstands- und Reaktanzforschung zu Infrastrukturmaßnahmen (von Landebahnen, Bahnhöfen bis U- und Straßenbahnen) natürlich noch die korrespondierenden Gegenwinde aufzeigt.

Dennoch zeichnet sich aktuell eine neue Oszillation zwischen dem *Protest* einerseits und dem *„Pro Testen"* andererseits ab; dem Dagegensein und dem Ausprobieren.

Könnte es tatsächlich am *iPhone* von Apple aus dem November 2007 – und der damit handleitenden Erfahr- und Verlinkbarkeit – gelegen haben, dass die noch zur Jahrtausendwende entstandene Debatte über die die Welt *flachmachende Globalisierung* und die Fluchtreflexe der globalen *kreativen Klassen* noch einmal eine neue Bewegung erfuhr?[7]

Denn in den 1990er- wie den 2000er-Jahren waren die *Mega Cities* bzw. *Global Cities* wieder problematisierend unter den einschlägigen Autorinnen und Autoren in der Diskussion und die Debatte *„Mythos Metropole"* machte erneut die Runde.[8]

2.1.2 Magnetische Metropolen: „Mikrokosmen der Makrostrukturen"

In den folgenden knappen Ausführungen der innovationsökonomisch, systemtheoretisch und zivilgesellschaftlich argumentierenden Autorin und des Autors geht es nicht um eine weitere „Geschichte" oder noch eine „Theorie der Stadt", sondern nur um die spezifische Frage der Dynamisierungs-, Vitalisierungs- und Innovationspotenziale von Metropolen durch sogenannte intersektorale, also kommunale, unternehmerische und zivilgesellschaftliche Kooperationen – mit einem Fokus auf die *Form der Bewegung*, also die *Unterscheidung „Immobilie/Mobilität"*. Das wird im Kapitel 5 mit Beispielen und in Kapitel 6 methodisch ausgearbeitet werden.

Die gezeigten Dilemmata und Zielkonflikte in den Makrostrukturen einer sich ausdifferenzierenden Gesellschaft werfen eine wichtige Frage auf: Wie schafft man Mikrokosmen, in denen eine gemeinschaftliche Stadtentwicklung möglich bleibt, die sowohl innovativ als auch pragmatisch auf die Bedürfnisse des verbindenden Verkehrs ausgerichtet ist?

Oder ganz einfach: **Wie gelingt Raum-Fahrt – zusammen?**

Metropolen und Großstädte: Definitionen eines wachsenden Phänomens

Wenn wir von Großstädten sprechen, dann meist beginnend mit der Formel von Georg Simmel als *„Verdichtung von Unterschiedlichkeiten"* oder – wie es der Hamburger Künstler und Stadtinterventionist Christoph Schäfer beschreibt – als *„Anwesenheit von Fremden"*.[9] Der Soziologe Armin Nassehi formuliert entsprechend: „In gesellschaftlichen Räumen verdichten sich gesellschaftliche Strukturen, Differenzierungen und Routinen an einem Ort."[10]

Metropolen sind dabei besondere Großstädte: Metropolis war in der griechischen Antike die *Mutterstadt*; eine Stadt, die die Mittelmeer-Anrainer in einem Netz von Kolonialstädten organisierte. Im Mittelalter stand die Metropole für die Bischofsstadt. Und in der frühen Neuzeit, im Zuge der neuerlichen Kolonisation und der aufkommenden wirtschaftlichen Internationalisierung, waren Handelszentren wie Amsterdam, London oder Paris Gewinner des bereits damals außerordentlich dynamischen internationalen Städtewettbewerbs.[11]

Metropolen lassen sich als Orte kennzeichnen,

1. die eine große hochgradig sozial differenzierte Bevölkerung (im Jahr 1900 bei ca. einer Million, heute bei drei bis zehn Millionen) in einen *räumlichen Verbund* zu integrieren vermögen. Heute sind dies 1,7 Milliarden Menschen, die in Städten mit mehr als einer Million Einwohnern wohnen.
2. die strukturellen, d. h. durch stadteigene *Ordnungsvorstellungen* geleiteten Reichtum an materiellen wie kulturellen Ressourcen aufweisen (komplexe, technisch aufwendige öffentliche *Infrastrukturen*).
3. die Energien, Aktivitäten, Aufmerksamkeiten, Ressourcen und Entscheidungen eines weiten Umlands konzentrieren – zu einem fokalen *Knotenpunkt von Leistungs- und Informationsangeboten sowie einem Verkehrsknotenpunkt und einem Ort der Zentralität höchster Entscheidungsinstanzen* nationaler wie internationaler, politischer, ökonomischer wie auch (hoch-)kultureller Art.
4. die bevorzugte Zielpunkte von *Migrationsströmen* und damit Orte einer gesteigerten ethnischen, sozialen und kulturellen Diversität sind – somit innovations- und revolutionsaffin.[12]

Metropolen schattieren in der weiteren Diskussion der vergangenen Jahrzehnte mit Blick auf spezifische Funktionsmerkmale deutlich aus: In einer positiven Lesart sind dies größe- und dichtebedingt eine höhere Varietät von Handlungs- und Lebensformen für Einzelne wie Gruppen und andererseits gesteigerte Möglichkeiten der Durchsetzung gesellschaftlicher Akzeptanz für Minderheiten – verbunden mit dem besonderen Spiel von Inklusion und Exklusion. Insgesamt wird in dieser Lesart der Metropole ein übersummativer Effekt mit Blick auf städtische Teilfunktionen unterstellt.

Die positive Metapher der Metropole ist die des *„Laboratoriums des Fortschritts"*: „innovative Orte der Entwicklung, Erprobung und Repräsentation neuer, pluraler Identitäten und Individualitäten und deren sozialer wie kultureller Vergesellschaftung"[13], ausstrahlend auf andere Städte, das Land und andere Länder. Damit sind sie die Modernisierungsgewinner als *„Zeitpioniere"*, die neue Formen der Arbeit, der Freizeit, der Familie, der politischen Steuerung zuerst entwerfen und experimentieren. Räumliche Konzentration erzeugt somit zeitliche Vorteile im Kompetitiven wie im Kollaborativen, also schnelleren Fortschritt.

Die kritische Lesart geht hingegen auf den rasanten Aufstieg der *Megacities* ein, die mit 15, 20, 25 Millionen Einwohnern in bislang ungekannte Dimensionen gestoßen sind – z. B. Shanghai, Bombay, Sao Paulo, Mexiko City oder das Perlfluss-Delta. Nun wird die Diskussion über die Governance-Unterschiede, also die Differenzen in der Steuer- und Regierbarkeit von Metropolendynamiken, geführt, da die bisherigen Mechanismen des

19. und 20. Jahrhunderts von europäisch-nordamerikanischen Metropolen nicht mehr greifen.

Damit entsteht eine Diskussion, die sowohl die nationalstaatliche Wettbewerbs- wie auch die Governance-Dimension bei zunehmender Globalisierung der Märkte und der Migration infrage stellt. Und damit vorschlägt, von einer nationalstaatlichen auf eine metropolenbezogene Definition von Standortvorteilen umzustellen. Solche Weltstädte sind somit Verankerungspunkte, die die kapitalistische Weltwirtschaft jenseits der Nationen als ein Netz zusammenhalten.

Wachsende Formen der Vergesellschaftung und deren Effekte

Die Entstehung der Stadt hatte primäre Gründe: Nahrung, deren Logistik und die Sicherheit. Deswegen finden sich Stadtgründungen an Verkehrsknotenpunkten – nicht selten an Flüssen.

Und das weitere Wachstum von Städten hat sekundäre Gründe: zeremonielle Zentrierung von Macht, Ritualen, Symbolen.

Städte sind aus diesen Gründen eines der nachhaltigsten, also erfolgreichsten Konzepte der Vergesellschaftlichung – und eine der Folgen des Erfolgs ist das stetige Wachstum. Auch wenn man über *„Shrinking Cities"* z. B. in Ostdeutschland künstlerisch und politisch nachdenkt, über die *„rasenden Ruinen"*, wie die Politologin und Soziologin Katja Kullmann ihre Detroit-Studie umschreibt: Die Stadt scheint zum Wachstum verdammt. Und wenn sie temporär schrumpft, dann weil eine industrielle oder ökologische Transformation nicht direkt funktionierte.

Vergleicht man das europäische Städtesystem, waren im Jahr 1750 London, Paris, Neapel, Amsterdam und Lissabon die größten Städte – mit 200 000 bis knapp 700 000 Einwohnern. 1850 wuchs London mit 2,32 Mio. Einwohnern und damit einer Million mehr als Paris auf das nahezu Vierfache. St. Petersburg und Berlin wie Wien zogen mit 400 000 bis 500 000 Einwohnern vergleichbar nach. Wiederum 100 Jahre später wuchs London erneut auf knapp 8,9 Mio. Einwohner – knapp drei Millionen mehr als Paris. Auch alle anderen Städte wuchsen deutlich: Berlin auf mehr als das Achtfache in einem Jahrhundert.[14]

Waren in der Geschichte einmal Rom, Babylon, Alexandria und Byzanz die einflussreichen Metropolen der Welt, sind es heute New York, Peking, Tokio und das Perlflussdelta. Letzteres ist mit nun 50 Millionen Einwohnern aus den 140 Kilometer entfernten Städten Guangshou und Hong Kong, die noch 1989 mit lediglich 9 Millionen Einwohnern und einer Handvoll Mittelstädte dazwischen verzeichnet waren, entstanden. London und Paris sind als die einzigen europäischen Metropolen in dieser Liga verblieben.

Die Verstädterung der Welt!

Die Folgen sind meist anspruchsvolle und anstrengende Transformationen vor allem im Bereich Hygiene (Gesundheit), Wohnen (Immobilien) und damit im wahrsten Sinne verbunden: in der Mobilität.

Auch im polyzentrischen Deutschland schreitet die Verstädterung voran. Wenngleich in Deutschland eher als Speckgürtel-Migration – aus der Beliebt- und Belebtheit der Zentral-Städte heraus. Und nun kommt er doch auch bei uns: der Kampfbegriff „Gentrifizierung".

Der 1888 in England nach der *Gentry* – als Mischung des niederen Adels und der bürgerlichen Mittelschicht – gebildete Begriff steht nahezu durchgehend im Modus der Kritik: Gentrifizierung ist eine der am stärksten diskutierten Wachstumsfolgen der Erfolgsgeschichte Stadt. Denn die Stadt ist nicht nur eine Wachstumsgeschichte, sondern tendenziell auch meist eine Aufwertungsgeschichte. Gentrifizierung wird verstanden als eine Aufwertung eines Stadtteils durch dessen Sanierung oder Umbau mit der Folge, dass die dort ansässige Bevölkerung durch wohlhabendere Bevölkerungsschichten verdrängt wird. Diese Bewegung führt – wenn die Künste und Jungunternehmen involviert sind – zur nächsten Kreativität im nächsten Stadtteil und zur nächsten Aufwertung.

Städte, ihr Bevölkerungswachstum und -zuzug sind aber auch verantwortlich für sogenannte negative externe Effekte auf Umwelt und Gesundheit sowie Infrastruktur- und Gemeinschaftsgüter-Übernutzung. So entstehen Öffentliche „Schlechts" (public bads), so bezeichnet, um sie von Öffentlichen „Guts", also Gütern, abzugrenzen (public goods).

Bei diesen *public bads* wurde versucht, sie mit mehr *public goods* – und dies eben städtischer und nicht nationaler Bestimmung – zu lindern.

Öffentliche Güter, ob bundes-, landes- oder kommunalseitig bereitgestellt, spielen eine wichtige Rolle. Und nun kommen zunehmend Stiftungen, Privatvermögen und Zivilgesellschaft und die die Veränderungen beobachtenden Unternehmen ins Spiel. Es kommt Bewegung ins städtische Spiel des Guten, so scheint es.

2.1.3 Zwischenfazit: Wichtig ist auf dem Platz! – Politische Zielkonflikte nur in Städten lösbar

Wenn wir uns die politischen Zielkonflikte – auf nationaler wie internationaler Ebene z. B. in der Industrie-, Arbeitsmarkt-, Klima-, Energie-, Wohnungsbau-, Gesundheits- oder Verkehrspolitik – anschauen, dann sind sie eine Folge des steigenden Wissens und der Komplexität, auf die wir mit einer funktionalen Ausdifferenzierung reagieren. Und genau diese Reaktion auf Komplexität erzeugt wiederum Komplexität. Die Komplexität der modernen Gesellschaft wie auch der Stadt wird wie ein Hubschrauber in die Höhe *propelliert*, wie der Soziologe Niklas Luhmann die Unausweichlichkeit beschrieb. Aber Städte, Stadtteile, Nachbarschaften können und müssen Probleme eben auch lösen – auf dem Platz!

Also wir können nicht die Welt bewegen, die Nation, aber wir können uns selbst und unsere Nachwelt bewegen – vor Ort, auf dem Platz und so für eine gesunde, aktivierende Stadt eintreten.

So können wir uns um gute Infrastrukturen und Gemeingüter kümmern – zusammen.

2.2 Aktuelle Geschichten der Metropolen und ihrer Mobilität

Geschichten von Metropolen sind nicht selten von Utopia, Sehnsucht, Gerechtigkeit, Wünschenswertigkeit, Idealität geprägt. In dem Band „The Ideal City" von Space 10 sind es *1. die ressourcenvolle Stadt, 2. die zugängliche Stadt, 3. die Stadt des Teilens, 4. die sichere Stadt und 5. die begehrenswerte Stadt*.[15] Aktuelles Stadtmarketing wirkt da manchmal etwas grobschlächtiger und gemeinderatsanhängiger.

2.2.1 Chartas von Athen bis Leipzig: Zentrum. Trabanten. Polyzentrismus. Dorf?

„Allem Städtebau liegen die vier Funktionen des Wohnens, der Arbeit, der Erholung und des Verkehrs zugrunde.

Die neuen mechanischen Geschwindigkeiten haben den Rhythmus des Stadtlebens zerstört. Sie bilden ständige Gefahrenquellen, führen zur Stauung und Lähmung des Verkehrs und schädigen die Gesundheit.

Die Grundsätze des städtischen und vorstädtischen Verkehrs müssen überprüft werden. Eine Rangordnung der möglichen Geschwindigkeiten ist aufzustellen.

Die neue Bezirkseinteilung des Stadtgebietes entsprechend den vier Hauptlebensfunktionen bringt diese in harmonischen Zusammenhang, der durch ein zweckmäßiges Netz großer Verkehrsadern gesichert wird."

Charta von Athen, 1933, Leitsätze 77, 80 – 81

Die Geschichten von Städten sind immer auch die Geschichten der zeitgenössischen Bilder von den aktuellen Problemen und den zukünftigen technologischen Möglichkeiten der Lösung. Wie sich städtebauliche Entwicklung mit Blick auf die weit vorangeschrittene Industrialisierung im ersten Drittel des letzten Jahrhunderts neu formulierte – als „*funktionelle Stadt*" – zeigt deutlich, was die damaligen Probleme, die dann entwickelten Lösungen und die daraus entstandenen Lösungsprobleme wurden.

Die *Charta von Athen* wurde auf dem IV. Kongress der *Congrès Internationaux d'Architecture Moderne (CIAM, Internationale Kongresse für neues Bauen)* 1933 in Athen verabschiedet. Unter dem Thema „Die funktionelle Stadt" hatten dort Stadtplaner und Architektinnen über die Aufgaben der modernen Siedlungsentwicklung diskutiert.

Resultate in der Umsetzung der Charta waren veränderter Städtebau und die Auflösung des klassischen Urbanismus durch große Freiflächen und die nun funktionale Trennung von bebauten Quartieren nach Wohnungen (z.B. Großwohnsiedlungen in Trabantenstädten), Büros, Einkaufsmöglichkeiten, Gewerbe und Industrie sowie die die Funktionen verbindende Mobilität als „*autogerechte Stadt*". So viel zu den Lösungsproblemen. Heute brauchen wir eine Exnovation, also die Abschaffung dieser Innovation.

Und nun eine *„Charta von Corona"*? Weiter so Büros, Einkaufen und Schlafen funktional getrennt nach dem Homeoffice – oder Nahversorgung und Naherholung und andere Mobilität versuchen?

Während Corona kam noch Leipzig: Die für Stadtentwicklung zuständige Ministeriumsspitze der Europäischen Union hat im November 2020 die „*Neue Leipzig-Charta*" verabschiedet.[16] Das Papier, das an die „Leipzig-Charta zur nachhaltigen europäischen Stadt" von 2007 anknüpft, soll auf neue Herausforderungen wie den Klimawandel, die Ressourcenknappheit, den Verlust an Biodiversität sowie den verstärkten demografischen und wirtschaftlichen Wandel reagieren. Einen besonderen Akzent legt es auf die Stärkung der kommunalen Planung, der Daseinsvorsorge und der Bürgerbeteiligung. Klingt alles plausibel und zeitgemäß – auch weil in Teilen der Europäischen Gemeinschaft nach wie vor hoch ineffiziente Zentralismen, gepaart mit wirtschaftlichen Interessen von Großunternehmen, lokale Bemühungen lähmen.

Zielgrößen sind

1. Dichte und Kompaktheit von Stadträumen,
2. verkehrsvermeidende Nutzungsmischung und
3. Reduzierung des Flächenverbrauchs.

In Deutschland werden nach Angaben des Bundesumweltministeriums täglich 79 Fußballfelder für Besiedlung und Verkehr neu ausgewiesen.

Aber: So gut gemeint die Athener Charta war, so schwach und unterdefiniert sind die Chartas von Leipzig. Selbst der Bund der deutschen Architekten hat in einem Positionspapier – durchaus auch gegen eigene Interessen – einen weitgehenden Verzicht auf Neubau gefordert und „Kulturen des Pflegens und Reparierens" verlangt.[17]

Der Verkehr wird eine zentrale Rolle spielen, auch weil wir das Modell der Zentrale und der Trabanten aufgeben müssen – und das Narrativ der „*Stadt der kurzen Wege*" sich vordrängt, einer Stadt, in der alle relevanten Bildungs-, Gesundheits-, Kultur-, Einkaufsverkehre zu Fuß bzw. mit dem Rad erreichbar sein sollen. Wir gehen auf die Spezifika und die Voraussetzungen eines solchen Modells in Kapitel fünf ein. Diese werden dann in den nächsten Chartas stehen müssen. Bisher findet man da noch etwas vage:

> „Um das Verkehrsaufkommen und die Mobilitätsbedarfe an sich zu reduzieren, sind möglichst kompakte und dichte polyzentrische Siedlungsstrukturen gefragt.
>
> Im Sinne einer Stadt der kurzen Wege wird somit die Nutzungsmischung aus Wohnen, Einzelhandel und Produktion gefördert."[18]

2.2.2 Die Stadt als Entscheidung. Die Welt als Scheibe – das „3F-Modell" vs. das „3T-Modell"

Die Globalisierungsdiskussion ging im beginnenden Jahrtausend mit einem populärwissenschaftlichen medialen Disput über die Welt und ihre Städte in die nächste Runde. Um es vorwegzunehmen: Es erschien als eine „flüchtige Diskussion".

Die Welt als Scheibe: Auf der einen Seite stand die Position des New-York-Times-Kolumnisten Thomas L. Friedman aus dem Jahr 2005 mit seiner These, dass die Welt, also unser Globus, doch eine flache Scheibe werde – bedingt durch das internetbasierte Nivellieren von Kapital-, Beschaffungs-, Absatz-, Informations- und Arbeitsmärkten und die Videokonferenzen für mobiles Arbeiten vor der mobilen Matt-Scheibe. Wir sind unabhängig geworden. Wir können im 3F-Modell leben: freier, flüchtiger in der flach gewordenen Welt – und damit viel gleichmäßiger verteilt als früher zwischen Stadt und Land, Berg und Tal.[19]

Die Stadt als Magnet: Dem entgegen stand die Analyse des Politik- und Regionalwissenschaftlers und Erfinder des Terminus *„Creative Class"* Richard Florida. Er sieht im Leben den Ort als die „biggest decision of all".[20] Es gäbe gerade keine Nivellierung, sondern vielmehr eine Konzentration auf bestimmte Metropolen, zu denen es die von ihm ersonnene Kreativklasse besonders hinzieht. Und diese Klasse weist eine besonders hohe Mobilität auf, sodass sie tatsächlich überall arbeiten könnte, es aber eben nur an bestimmten Orten tut. Florida isolierte in seinen Ausführungen in Bezug auf ein sogenanntes „3T-Modell" zentrale Erfolgsfaktoren für Metropolen, die erste Hinweise auf den Magnetismus geben:

- *Technologie:* Ist die Region in der Lage, wesentliche Technologien in Weltmarktqualität zu entwickeln und zu produzieren?
- *Talente:* Ist die Region in der Lage, als Talentmagnet überregionale bzw. internationale Akademiker anzuziehen?
- *Toleranz*: Weist die Region eine Toleranzkultur z. B. im Umgang mit Minderheiten und Migranten auf?

Zur Messung zieht er verschiedene Indizes heran. Diese Indizes legen nahe, dass beispielsweise Homosexuelle (heute würden wir LGBTQ+ sagen), Bohemiens sowie Migranten positiven Einfluss auf regionale Entwicklung, Beschäftigung etc. haben sollen[21]:

	Indikator	Beschreibung
Talent	*Kreative Klasse*	Anteil der Beschäftigten in kreativen Berufen an den Erwerbstätigen
	Humankapital	Anteil der Personen mit mind. Bachelor-Abschluss an Bevölkerung
Technologie	*High-Tech-Index*	regionales Wirtschaftswachstum (Software, Elektronik, Biotech etc.)
	Innovations-Index	Anzahl der angemeldeten Patente pro Kopf der Bevölkerung
Toleranz	*Melting-Pot-Index*	Anteil der im Ausland geborenen Personen an der Bevölkerung
	Gay-Index	Anteil der Homosexuellen an der Bevölkerung
	Bohemian-Index	Anteil an Personen in künstlerischen Berufen (Künste & Design)
	Composite-Diversity-Index	Kombination der drei Toleranz-Indizes

Konkurrenz zeigt sich medial am überzeugendsten – und wissenschaftlich am problematischsten – in Rankings. So ist in den letzten Jahrzehnten eine nahezu unüberschaubare Vielzahl von Nationen- und Standortrankings entstanden – bis hin zu einem Europäischen Kreativitätsindex (EKI), bei dem Deutschland beispielsweise den 12. Platz belegte – von 15.[22]

Dass Standorte zu Bewegungsräumen werden, zeigt sich in den Metropolen Amsterdam, Dubai, Los Angeles, Miami, New York, Perth, Riyadh, Tel Aviv oder Toronto in besonderer Qualität. Kennzeichnend für diese Metropolen sind hohe Migrationsströme. Eine Studie von 116 weltweiten Großmetropolen durch das geografiewissenschaftliche Team um Lisa Benton-Short von der George Washington University belegte dies in einem eigenen Ranking aus dem Jahr 2005 sehr eindrucksvoll: Wettbewerbsfähige Metropolen sind vor allem Magneten für Migranten. Deutschland ist dies nicht unbedingt. Deutschlands Spitzenreiter der 25 migrantenoffensten Metropolen: Frankfurt am Main auf Platz 22 mit über 50 Prozent der Bevölkerung, die einen Migrationshintergrund aufweist. So attraktiv kann natürlich auch nur ein Standort der internationalen Finanzmärkte und Banken sein ...[23]

Urban Immigrant Index Cities

Alpha Cities
New York, Toronto, Dubai, Los Angeles, London, Sydney, Miami, Melbourne, Amsterdam, Vancouver

Beta Cities
Riad, Genf, Paris, Tel Aviv, Montreal, Washington D.C., Den Haag, Kiew, San Francisco, Perth

Gamma Cities
München, Calgary, Jerusalem, Boston, Chicago, Ottawa, Edmonton, Frankfurt, Winnipeg, Brüssel, Düsseldorf, Seattle, Rotterdam, Houston, Brisbane, San Diego, Kopenhagen, Bonn, Detroit, Mailand, Köln, Zürich, Rom, Berlin, Wien, Portland, Hamburg, Minneapolis-St. Paul, Singapur, Stockholm, Dallas-Fort Worth, Tiflis, Quebec City, Buenos Aires, Oslo

Bild 2.1 Die Städte mit der höchsten Anziehungskraft für Immigranten, Deutschland ist bei den Gamma Cities immerhin sechsmal vertreten.

2.2.3 Die Migrationsstadt: Arrival Cities und soziale Mobilität

Nun erleben wir die Gleichzeitigkeit zweier Migrationsströme: einerseits die *digitale Bohème*, die von Trendstadt zu Trendstadt vagabundiert, über die Pandemie-Pendler in Richtung des sicheren Landsitzes bis hin zum Kreuzfahrtschiff als Co-Working-Arbeitsplatz und andererseits die *erzwungene Migration* fort von Krisen- und Kriegsgebieten, wie dies in Europa seit einiger Zeit bereits erkennbar war und in 2015/2016 einen vorläufigen Höhepunkt erreichte.

Der kanadische Journalist Doug Saunders hat 2012 eine kulturoptimistische Perspektive auf die Städte vorgelegt – mit einer Vision: *Arrival Cities*, die prosperieren durch die neu Ankommenden.[24] Und dies markiert eine Gegenposition zu den Untergangsszenarien, von denen in den letzten Jahren überwiegend zu lesen war, wie beispielsweise dem apokalyptisch anmutenden Beitrag des kalifornischen Historikers Mike Davis, der den Planeten der Slums vorhersieht, was man im Silicon Valley ggf. schon näher – also vor der Haustür – sieht.[25] Ein Drittel der Weltbevölkerung zieht nach Davis Recherche-Daten derzeit – über Provinzen, Länder, Kontinente hinweg – vom Land in die Städte.

Saunders These hingegen ist, dass diese radikale, unumkehrbare Entwicklung der Migration eine positive ist. Ob Migration funktioniere oder nicht, habe wenig mit kulturellen Klüften oder religiösen Gegensätzen zu tun, sondern mit den besonderen Vierteln, Rand- und Außenbezirken, die die Integration in Arbeit, in soziale Netzwerke, in eine migrantenförderliche Bildungssystem-Logik und damit eine neue Zukunft ermöglichen. Das könne man sozial gestalten. Das nennen wir soziale Mobilität, also die Möglichkeiten, wie man ankommt und aufsteigen kann.

Drei Jahre lang hat Saunders in Berlin-Kreuzberg, im Londoner East End und den Banlieues von Paris, in den Favelas von Rio de Janeiro und den Barrios in Los Angeles mit zahllosen Menschen über ihre Lebenspläne und -wirklichkeiten gesprochen. Sein Fazit: Scheitert die *Arrival City*, dann wird sie zum sozialen Brennpunkt mit den Folgen der Kriminalität und mit Extremismus. Blüht sie auf, wird die *Arrival City* zur Geburtsstätte der neuen Mittelschicht, der stabilen Wirtschaft und des sozialen Friedens einer Stadt – mit steigender Tendenz in der nächsten Generation.

Eine optimistische, selbstengagierte Aussicht – vor dem Hintergrund, dass wir in ein Jahrhundert der Klimaflüchtlinge eingetreten sind und ethisch, zivilgesellschaftlich wie wirtschaftlich das Gelingen für Generationen als Ziel setzen müssen. Und Kreuzberg muss man sich da als glücklichen Ort vorstellen.

2.2.4 Die digitale Stadt: „Sidewalk Labs" und „digitale Seidenstraße"

Es geht darum, „bestehende Konzepte der Sozialpolitik und der politischen Führung komplett neu zu erfinden und ein datengetriebenes Management zu testen."
Sidewalk Lab Chef Saniel L. Doctoroff

Sidewalk Lab: 2,5 Jahre das kleine Alphabet der Smart City

Wenn Googles Mama sich eine Mondlandung vornimmt, dann kann man in Europa schon zittern und sich in Asien angespornt fühlen. So lautete denn auch die Ankündigung der Google-Schwester mit dem niedlichen und bürger(steig)nahen Namen *„Sidewalk Labs"*, Toronto als Smart City nochmal zu bauen – nur jetzt mal richtig. Am 17. Oktober 2017 stellte Toronto 76 Hektar citynahes Areal am Lake Ontario in Aussicht und Googles Holding Alphabet 1,3 Milliarden Dollar Investitionen. Start-ups zu robotisierten Haushaltsgeräten, unterirdischen Müllentsorgungen, Krankenversicherungen, deren Tarife sich endlich aus den individuellen Daten ergeben, überall Sensoren und natürlich endlich autonomes Fahren – ohne Privatfahrzeuge.

Sidewalk-Lab-Chef Daniel L. Doctoroff, der als Sohn eines FBI-Agenten zunächst Investmentbanker wurde und späterer Berater des New Yorker Bürgermeisters Bloomberg, hat genau dort in New York City den Auftrag 12 Millionen Quadratmeter neue Büro- und Wohnflächen zu schaffen und datengesteuerte Entscheidungstools für Regierungen zu bauen. Dann heuerte er im Jahr 2015 bei Google an und baute dieses *Bürgersteig-Labor* auf: Und es ging vor allem um Verkehr und Logistik, ob nun endlich das autonome Fahren, die Taxi-Bots oder eben 30 Prozent an Wohnungen für einkommensschwächere Menschen, denn man wolle keine „wohlhabende High-Tech-Enklave" werden.

Niklas Maak hat in seinem Beitrag: „Google-Stadt ist abgebrannt"[26] darüber sorgend sinniert, wie das alles gehen kann: Algorithmen dürften schon aus rechtlichen Gründen die Regeln, die sie erstellen, nicht maßvoll übertreten. Deshalb werde in der Smart City die Möglichkeit des Verstoßes selbst technologisch ausgeschlossen – durch ein eingebautes Tempolimit und Lüftungsvorhaben für Gebäude oder durch mit dem Handy gemessene Temperatur- und Herzfrequenzdaten der Bürger und die Analyse anderer Gesundheits- und Emotionsindikatoren: „um zu wissen, ob Gefahr für die Allgemeinheit droht." „Terrorabwehr und Pandemieeindämmung sind dabei Argumente, gegen die Forderungen nach informationeller Selbstbestimmung und ein Recht auf Anonymität schnell wie unverantwortliche Luxussorgen klingen." Es gehöre zu den Paradoxien der digitalen Stadt, dass in ihr „Verfolgung" – eigentlich ein Begriff aus dem Reich der Strafmaßnahmen – zur Voraussetzung für gutes Leben erklärt wird.

Das sah bei Gründung Jim Balsillie, Gründer von *Research in Motion* und Bauer des damaligen Smartphones *Blackberry*, interessanterweise und unverdächtig gegenüber jedweder antidigitalen Ideologie ähnlich: „Sidewalk Toronto wird als eines der verstörenderen Experimente im Überwachungskapitalismus in die Geschichte eingehen."[27]

Die Geschichte ging irgendwie dann von selbst ein: Am 08. Mai 2020 – noch im Wirken der Pandemie – wurde das Experiment nach zweieinhalb Jahren eingestellt. Doctoroff brachte den beschlossenen Rückzug mit der Corona-Krise in Verbindung. Angesichts „noch nie dagewesener Unsicherheit" in der Welt und im Immobilienmarkt von Toronto sei es schwer geworden, das Vorhaben so zu gestalten, dass es finanziell tragbar gewesen wäre. Allerdings habe es überraschenderweise auch Widerstände seitens der Bürgerschaft gegenüber dem Projekt gegeben.

Urban Tech: Private Investoren fördern private Unternehmen zur Disruption von Öffentlichkeit

Im Zuge der digitalen Transformation des geschäftlichen, politischen, kulturellen und öffentlichen Lebens zeigen sich seit einigen Jahren auch die Visionen der Zukunft der Stadt mit den irgendwie nicht immer smart anmutenden Chiffren wie *Connected, Smart* oder *Intelligent Cities* – mit vielen sonnigen, heiteren und wolkigen, also cloud-basierten Ansätzen. Alle mit einem Ziel: Endlich mal in diese dummen Städte, in denen man ja auch noch leben muss, schlau zu investieren. Es bildete sich eine eigene *UrbanTech-Szene* heraus, die sowohl von Technologie- wie von Energie- und Mobilitätsanbietern, den Daten-Dienstleistern und nicht zuletzt von öffentlich geförderten Regierungsprogrammen angeheizt wird. Die Idee alles zu vernetzen von Food über Fun bis Fitness ist faszinierend – denn als Bürger hat man ja auch alle Bedürfnisse zusammen.

Und in der Tat scheinen in der technologisch-datenbasierten Vernetzung von Infrastrukturen, Institutionen und Individuen einige beeindruckende Leistungen möglich zu sein. Das Potenzial ist in dem Ansatz zu erahnen, in dem in der Stadt ein System von Systemen – Energie, Mobilität, Sicherheit, Gesundheit, Ernährung, Bildung, Sport etc. – vernetzt und rationalisiert wird. Verfolgt man die Electronic-Government-Diskussion seit dem Ende der 1990er-Jahre in der Praxis, darf man auf besondere Geschwindigkeiten gespannt sein – was nicht nur die Bandbreiten meinen muss. Viele DAX-Unternehmen in Deutschland sitzen bereits seit Jahren an konzernweiten Programmen zu Smart Cities und einem Mega-Markt von 1800 Milliarden US-Dollar für die jährlichen Infrastrukturprojekte, wie die OECD schätzt. Aber nun scheint sich trotz der reinen Marktgrößen – entsprechend auch dem zunehmenden und kritischen Forschungsinteresse – hier eine neue Entwicklung abzuzeichnen: *„Tech for Good."*

Das ist genau das Gegenteil von den Digital-Plattformen, die zumindest zu Beginn sogar noch ähnliche Slogans hatten wie bei Google: *„Don´t be evil!"* Und bis heute werden noch Welterlösungsrhetoriken geteilt, die sich für nicht wenige wie Weltbeherrschungspraktiken anfühlen. Nach guten 20 Jahren kippt in Alteuropa die Stimmung auf allen Ebenen: Moralisierung, Regulierung (hier der Digital Market- und Digital Services Act) und hoffentlich auch europäische Eigenentwicklung von Lösungen.

„Tech for good" ist eben mehr als „Tech for good equity stories", also die rein technologieoptimistische Kapitalmarktkommunikation für Privatgewinne. Jetzt Gemeinwohlorientierung. Ein interessanter, weil sehr historischer Blick auf Städte und die Polis und die Agora.

It's not technology, stupid!
Smart City 2.0 oder digitalisiert nachhaltig und gemeinwohlorientiert

In einem „Strategischen Rahmen" hat Berlin für die zweite Smart-City-Strategie schon eine beeindruckende Lernkurve beschrieben. So hört man durch die Leitgedanken der früher oft selbsternannten Digital-Hauptstadt Deutschlands nun eine andere Melodie in der pandemisch informierten Selbstbeschreibung: 1. die nachhaltige Stadt, 2. die gemeinwohlorientierte Stadt, 3. die resiliente Stadt und 4. die kooperative Stadt.[28]

So zweifellos die Veränderungsbedarfe in den verschiedenen Städten verschieden sind – ob nun bei Wasser, Verkehr, Sicherheit, Landwirtschaft, Gesundheit, Armut –, so zweifelhaft scheint es insbesondere in diesen Komplexitäten, dass es die Technologie und künstliche Intelligenz richten wird. Denn Zielkonflikte in Politikfeldern kann man nur politisch lösen – also hoch irrational, regelungebunden und im besten Sinne menschlich.

Diese Vermutung wird unterstützt durch den Filmemacher Oscar Boyson, der sich in Zusammenarbeit mit vielen Menschen aus über 75 Ländern auf der ganzen Welt auf die Suche nach einer Antwort auf die Frage nach der Zukunft von Städten gemacht hat.[29] Nach seiner Reise durch Metropolen wie Detroit, Kopenhagen, Lagos, Mumbai, New York City, Seoul, Shenzhen und Singapur kam er mit einem 18-minütigen Kurzfilm und einer einmütigen Erkenntnis zurück: Viele städtische Probleme sind nicht rein mit Technologie zu lösen – sondern die Lösungen verdanken sich vielmehr der Kreativität, der sozialen Kooperation und den Ideen einzelner Bürger vor Ort. Das klingt irgendwie romantisch und beruhigend zugleich. Und die Geschichten des „Urbanismus von unten", von den Narrativen der neuen Metropolen sind ja auch tatsächlich erwärmender als die von technischen Intelligenzen einer Stadt. Zusammen kann was werden.

Extremisierung von Stadt-Erfahrung: Kunst und Kunst

Wir lieben die Parkuhr mit süßem Häkel-Mützchen und die Verkehrspoller verziert mit Ringelschals. Wir schauen mit Freude auf Schaukeln in Bushaltestellen-Häuschen und chillen in Sofas auf Verkehrsinseln – mit breitem Grinsen den Spitzkohl am Rand des Bürgersteigs im Sinne des Urban Gardenings bewundernd. Wir schmunzeln über die klugen *Immobilien-Abwertungskits* („Ich drücke meine Miete selbst."), die die Hamburger Künstler Christoph Schäfer und Margit Czenki gegen Gentrifizierung und Mietsteigerung unter der Domain: *www.esregnetkaviar.de* seit 2009 anboten: Alles drin, von „Broken-windows-Effekt-Folien", Satelliten-Antennen, Wäschespinnen mit Unterhemden im Lieferumfang bis zu Klingelschildern mit sehr ausländisch klingenden Namen.

Warum lieben die liberalen grünen sozialdemokratischen Kreise diesen neuen Urbanismus von unten so? Gerade durch die Digitalisierung des Lebens kommt es zu einer Renaissance der Ko-Präsenz und Körperlichkeit im urbanen Raum. Der Philosoph Byung-Chul Han sieht im World Wide Web den Zerfall des öffentlichen Raumes: „Das Internet manifestiert sich heute nicht als ein öffentlicher Raum, als ein Raum des gemeinsamen, kommunikativen Handelns. Es zerfällt vielmehr zu Privat- und Ausstellungsräumen des Ich."[30]

Und dann passiert das: Die Stadt wird am frühen Morgen zur Cross-Fit-Arena, das öffentliche Schwitzen wie das Public Viewing und der Auto-Corso mehr als gesellschaftsfähig, Flashmobs reichen nun von Parkour bis Polkatanzen vor der chinesischen Botschaft in München. Kissenschlachten in Köln sind die urbanen Hipster-Gesten der letzten Jahre. Radfahrende Bewegungen wie die schon angeführte *Critical Mass* oder Initiativen wie *Chair Bombing, Guerilla Knitting & Gardening* oder das *Dîner en blanc* an öffentlichen Orten: All das sind in der kreativen Bohème infektiöse Interventions-Imitationen weltweit.

Karma oder Kamera? Verkehrsüberwachung und die digitale Seidenstraße

Chinesische wie amerikanische und auch deutsche Unternehmen sind in der Verkehrsüberwachung gut aufgestellt – geht es doch immer um Gefahrenabwehr und Effizienz. In einem sich selbst als freieste Gesellschaft beschreibenden Land wie Großbritannien ist die Kameraüberwachung des öffentlichen Raumes am höchsten. Der Künstler Banksy hat das im Jahr 2008 in einer Aktion umgesetzt.[31]

Bild 2.2
Graffity von Banksy, um auf die hohe TV-Überwachungsdichte in GB aufmerksam zu machen

Dafür liefert die Smart City nun Bewegungsdaten von uns allen – durch Sensorik und Kameraüberwachung. Und genau dafür gibt es in China – wie könnte es anders sein – einen Plan. Und zwar einen Fünfjahresplan. Und zwar aus dem Jahr 1996: die digitale Seidenstraße mit Export der erprobten Smart-City-Lösungen. Das Reich der Mitte ist bereits in vielen Ländern am Auf- und Ausbau von Smart Cities beteiligt und chinesische Firmen zeigen international hier ihre starke Wettbewerbsfähigkeit, wie auch deutsche Experten im Export neidvoll anerkennen: China hat im Inland weitreichende Erfahrung mit Smart-City-Projekten gesammelt – unter dem Regime mit Überwachungstechnologien und vor allem bei der Verkehrslenkung. Diese Expertise kommt nun den chinesischen Digitalfirmen beim Export ihrer Angebote zugute, vor allem in Schwellen- und Entwicklungsländern. *Huawei* ist überall dabei, *Ping An* bei Versicherungen, *Tencent* bei vielen und bei der Gesichtserkennung und Kamerasystemen sind *SenseTime*, *Hikvision* und *Dahua Technology* in Drittmärkten technologisch und exportseitig weltmarktführend. Und die Exporte sind beeindruckend bis bedrückend, von Brasilien, Bulgarien, Ghana über Malaysia bis Saudi-Arabien und Singapur sind chinesische Smart-City-Investitionen gut dokumentiert. Gerade Singapur dient hier als Vorbild und koinvestiert hier in Projekte der neuen digitalen Seidenstraße.

Seit Ausbruch der Corona-Pandemie wurde der Fokus vieler Smart-City-Projekte auf den Gesundheitssektor beziehungsweise auf die Pandemiebekämpfung gelegt – also Mobilitätsdaten und Kontaktnachverfolgung.

Dafür haben wir in Deutschland das Faxgerät und viel – durchaus beruhigende – Rechtsprechung. Am 20. August 2009 entschied das Bundesverfassungsgericht (BVerfG), dass eine anlasslose Verfolgung von Straßenverkehrsverstößen mittels Kameraüberwachung keine rechtsstaatliche Grundlage aufweist. So hatte ein Autofahrer, der ein Bußgeld wegen Geschwindigkeitsüberschreitung zu zahlen hatte, die per Kamera von einer Autobahnbrücke ermittelt wurde, geklagt, dass diese Aufzeichnungen mangels konkreten Tatverdachts ohne ausreichende Rechtsgrundlage angefertigt worden seien. Die Klage wurde vom Mecklenburger Gericht mit der Begründung des Erlasses zur Überwachung des Sicherheitsabstandes abgewiesen. Nach Einreichung einer Verfassungsbeschwerde jedoch entschied das BVerfG, dass dieser Erlass keine geeignete Rechtsgrundlage für Eingriffe in das Grundrecht auf informationelle Selbstbestimmung darstellt. Die Vorgehensweise sei „willkürlich" und es wurde ein Beweisverwertungsverbot ausgesprochen.

Das Oberlandesgericht Frankfurt am Main hat in einer am 12. November 2019 veröffentlichten Grundsatzentscheidung bestätigt, dass Verkehrsüberwachungen durch private Dienstleister gesetzeswidrig seien und auf einer solchen Grundlage keine Bußgeldbescheide erlassen werden dürfen. Da waren zahlreiche Autofahrer froh und sparten 500 000 Euro Bußgeld ein.

Karma-Punkten im Verkehr kann man natürlich eine Menge gewinnen, zumal bei dem ansteigenden Stress und bei dankbaren Radfahrern und Fußgängerinnen, wenn sie nicht wieder so schlecht behandelt werden. Aber Kameras werden diese Vergehen natürlich auch festhalten – und ob Deutschlands Rechtsprechung da noch standhalten wird, werden wir sehen.

Zwischenfazit: Tech for Good Cities – eine fußläufige Agora des Gemeinwohls

Es bleibt wohl ein europäisches Privileg: wachsam zu bleiben gegenüber Überwachung. Das scheint eine europäische Gestaltungsaufgabe zu sein, den Nutzen und die Ethik von technologisch-datenseitig unterstützter Stadtentwicklung in ein dann wieder exportfähiges, sozial akzeptables Modell zu bringen. Zu einem Zeitpunkt, wenn chinesische und andere zivilgesellschaftliche Entwicklungen so weit sind, wie sich das Europa hart erarbeitet hat – mit Diversität, Freiheit und Selbstbestimmtheit umzugehen. Denn wir wissen aus den Schlachtrufen von damals, was heute noch immer gilt: „Stadtluft macht frei!". So können wir mit digitalen und datenseitig unterstützten Modellen auf dem analogen Platz eine lebenswerte und vorsorgende Stadt schaffen – ohne Technologie-Hypnose.

2.2.5 Die gesunde Stadt: Aktivierend, entspannt, eherettend

Eine gesunde Stadt ist eine aktivierende Stadt zur Selbstbewegung. Und unsere klare These: Die freiwillige Migration wird in Städte erfolgen, die das Gesundheits- und Alternsversprechen einlösen können. Die Frage, wie wir gesunde Städte bauen bzw. umbauen können, wird die entscheidende für die wichtigste Entscheidung neben der Partnerwahl: die Stadtwahl!

Und dieser Abschnitt wird Ihnen zeigen, dass Sie durch die richtige Stadtwahl dann das richtige Verkehrsmittel zum Pendeln nehmen können – umso das Scheidungsrisiko zu senken. Viel mehr können Sie privat aus diesem Buch nicht rausziehen – auch wenn noch einiges kommt.

Im Kapitel 1 haben wir über die Gesundheitswende bereits als „Antrieb für die Mobilitätswende" gesprochen – einerseits regulativ aufgrund der Klimaneutralität und der Feinstaubemissionen, was sich in den kommenden Jahren auf Licht, Lärm und vieles Weitere ausdehnen wird. Andererseits aufgrund der Zivilgesellschaft, die sich die eigene Stadt nicht mehr derart gestalten lassen möchte.

**Gesundheitsdaten für Städte:
länger lebend, weniger krank, dünner und glücklicher …**

> *„Wenn wir jedem Individuum das richtige Maß an Nahrung und Bewegung zukommen lassen könnten, hätten wir den sichersten Weg zur Gesundheit gefunden."*
>
> *Griechischer Mediziner Hippokrates*

Bewegung als Medikament. Manche von uns kennen das als Schrittzähler im Handy oder der Uhr. Andere haben Leistungsdiagnostiken wie Ironman-Triathletinnen durch viele sensorbasierte Geräte und ausgebildete Auswertungsfetische. Orthorexie ist übrigens das eingetragene Krankheitsbild, wenn man sich – auch datenbasiert kontrolliert – zu gesund ernähren will. Sportsucht, wenn man sich immer mehr bewegen will und immer Leistung erbringen möchte.

Nun folgen ausgewählte Studien und genauere Daten zur Bewegung, deren Ergebnisse seit Jahren unbeweglich sind. Dies nicht als Daten-Fetisch, sondern als nochmalige geistige Anregungsbewegung, dass nur ein bewegter Körper gesund sein kann und das in

Städten nur gesunde Menschen leben können, wenn die Städte alle Bürgerinnen und Bürger zur Bewegung anregen – gemeinsam mit den Arbeitgebern.

- **Selbstbewegung am Tag:** Beginnen wir ganz bei uns selbst. Die Weltgesundheitsorganisation empfiehlt uns selbst bekanntermaßen eine körperliche tägliche Aktivität von 30 Minuten – sehr moderat nur, wie eben Radeln, Gartenarbeit oder Tanzen. Das wären beim Pendeln zweimal 15 Minuten, also ca. vier bis fünf Kilometer Strecke. Das könnte man ja wirklich schaffen: 23,5 Stunden Stuhl, Sofa, Bett und 0,5 Stunden Bewegung – ein 48stel eines Tages. Und? Schaffen wir nicht – und zwar beeindruckend nicht.

  Dass bei 7- bis 17-Jährigen der Gaming-Sofa-Magnetismus ausgeprägt ist, ahnten wir schon. 88 Prozent der deutschen Pubertierenden schaffen diese tägliche Mindestaktivität nicht – trotz Schulpflicht. 81 Prozent der 11- bis 13-Jährigen schaffen das auch nicht. Für hyperaktive Fußballerinnen und Skate-Board-Fahrer der 1970er bis 1990er unvorstellbar.

  Und die genau da geborenen Erwachsenen? Die haben sich „*Bewegungsfreiheit*" auch anders definiert: Noch nicht mal die Hälfte der deutschen 18- bis 64-Jährigen bewegt sich – bereits vor dem Homeoffice mit den zugegebenermaßen sehr kurzen Distanzen zwischen Bett, Tisch und Kühlschrank – diese 30 Minuten am Tag. 54 Prozent bewegen sich weniger, was selbst für Hauskatzen beeindruckend sein dürfte.

- **Stadt- und Landgesundheit:** Kommen wir zu den wechselseitigen Vorurteilen – und der Wissenschaft. Bei aller Landlust: Städter sind gesünder.[32] Weniger Herz-Kreislauf-Blutzucker-Übergewichts-Erkrankungen. Warum? 1. Bessere Versorgung (deutlich schnellere und kürzere Wege), bessere Aufklärung (mehr Angebote), 2. höhere Bildung, denn Gesundheit ist leider noch immer abhängig vom formalen Bildungsgrad, und 3. gesündere Ernährung (mehr Gemüse und Obst vom Land, das auf dem Land nicht gegessen wird). Städter haben daher einen deutlich besseren Body-Mass-Index. Und das nicht nur auf Instagram, sondern tatsächlich.

- **Krankenkassen-Studie zur Pendel-Bewegung:** Die Welt ist manchmal ja ganz einfach, vor allem dann, wenn sie klein ist, also die Entfernungen der eigenen Welt überschaubar. Kurz: Wer einen kurzen Arbeits- oder Schulweg hat, ist gesünder.

  Pendeln ist technisch definiert die „eigene Gemeinde verlassen, um zur Arbeit zu gelangen". Nach dem Dossier „Mobilität in der Arbeitswelt" des *TK-Gesundheitsreports 2018* haben wir in Deutschland 19,3 Millionen Arbeitnehmende, also ziemlich genau jede(r) Zweite.

  Die durchschnittliche Pendlerstrecke beträgt hier 17 Kilometer, wobei der Durchschnitt hier nicht aussagekräftig ist. Gesundheitlich kritisch wird es laut der Krankenkassen-Erhebung ab 45 Minuten einfacher Weg. Pendelnde sind besonders häufig von psychischen Erkrankungen betroffen, fast 11 Prozent höher als die nicht Pendelnden – und das Risiko von Trennungen der Partnerschaft ist deutlich höher.

- **Pendler-Gesundheit nach Verkehrsmitteln:** Die bisher umfangreichste Untersuchung zur Pendler-Gesundheit von 300 000 Pendelnden nach Verkehrsmitteln wurde über einen Zeitraum von 1991 bis 2016 in England und Wales von der *Cambridge University* und dem *Imperial College* London durchgeführt: Danach hatten Rad-Pendelnde zu Auto-Pendelnden signifikant bessere Werte:

- Frühsterblichkeitsrate: minus 20 Prozent
- Krankheitsrisiken (Herzkranzgefäße, Diabetes, Adipositas): minus 24 Prozent
- Krankenfehltage: minus 25 Prozent
- Krebserkrankungen: minus 16 Prozent.

- **Controllerinnen sind wie Personaler hoch erregt:** Radfahren ist a. die gesündeste Form des Pendelns noch vor dem Fußverkehr und weit vor dem ÖPNV (wegen Erkältungen), b. steigert die Konzentrationsfähigkeit und das Wohlbefinden direkt ab der ersten Minute am Arbeitsplatz schon vor der Kaffeemaschine und c. zeigt die stärksten relativen Effekte bei sogenannten „Bewegungsvermeidern", die mit dem E-Bike anrollen.

  Nochmals: 25 Prozent weniger Krankenfehltage sind betriebswirtschaftlich so relevant, dass der Aufsichtsrat noch nervös wird, wenn er mal unter 50 Jahre ist und selbst radelt.

- **Pendler-Gesundheit und Adipositas:** Auf dem 26. Europäischen Adipositas-Kongress an der *Universität Glasgow* wurde einmal bei 163 149 berufstätigen Britinnen und Briten im Alter von 37 bis 73 Jahren genauer nachgewogen:[33] Adipöse, zum Job radelnde Briten hatten ein ähnlich niedriges Sterberisiko wie normalgewichtige Radfahrer. Sie waren 50 Prozent seltener von Herzinfarkt oder Schlaganfall betroffen als adipöse Autopendler. Weiterhin zeigt sich die beeindruckende Physik des Rades darin, dass es im Gegensatz zum Knie gewichtsunsensibel ist – vor allem bergab. Die Bewegungsintensität beim Radfahren ist für Adipöse optimaler als beim Gehen. Und wer beim Radelkauf mal Gewicht verlieren will: Ein Kilo weniger Radgewicht (vor allem die Schwungmasse Laufrad) kann ca. sechs Kilo Körpergewicht kompensieren. Das ist bei der *Tour de France* reguliert, aber Pendler dürfen unreguliert optimieren.

- **Pendler-Gesundheit und „Krebs":** Wo wir gerade bei der *Tour de France* sind: Es gab einen Doping-Fall, der einen etwas gefühliger machte als andere. Lance Armstrong hatte seine Krebserkrankung durch das Weiterradeln überwunden. Und sich nicht nur über die Genesung gefreut, sondern auch über das neuerlich gedopte Gewinnen.[34] Im normalen Leben: In einer verkehrsmittelvergleichenden Analyse schnitt bei Krebserkrankungen und vor allem bei Krebsmortalität das Radfahren signifikant besser ab als Zufußgehen und ÖPNV. Das Auto wurde nicht analysiert.

- **Pendler-Glück:** Sie ahnen es schon. Natürlich ist Dänemarks Hygge-Glücksranking-Position nicht vom regnerischen Wetter abhängig, sondern hart erarbeitet bzw. lässig erradelt. Eine Studie hat die bekannten Glücksstudien für Radpendelnde im Vergleich vor allem zu Auto- und ÖPNV-Pendelnden nochmals tiefer analysiert. Warum sind Radpendler glücklicher? Es ist ein „hohes Maß an Selbst-Kontrolle des Pendelns" und die „Zuverlässigkeit der Ankunftszeit". Weiterhin ein „angenehmes Niveau der sensorischen Stimulation", also „Wohlfühleffekte" bei mäßig intensiver Bewegung (Kampfradelnde müssen wir uns schon als unglückliche Menschen vorstellen), und größere Möglichkeiten für soziale Interaktion – z. B. an Ampeln, wo mehr geredet wird als zwischen wartenden Autofahrenden.

  Die neuseeländische Studie der University of Auckland fragte dann weiter, wie Städte für dieses Glück verantwortlich sind. Und es war offensichtlich: Radverkehrsplanung und -förderung einer Radverkehrsinfrastruktur zum Schutz der physischen, sozialen und psychologischen Freuden des Radfahrens und das Ermöglichen von „geselligem Fahren" und einer „Wegführung im Einklang mit natürlichen Landschaften und urbanen Gestaltungsmerkmalen".[35] Nun beginnt auch die psychologische Forschung zum Flow beim morgendlichen Pendeln und dessen Wirkung auf die Arbeitsmotivation.[36]

Kommunalpolitik gegen Krankheit: gesunde Städte-Netzwerke

Wie eingangs in der „Zufahrt" beschrieben haben sich die Weltgesundheitsorganisation und auch Europa zur Netzwerkbildung der gesunden Städte seit 1984 verabredet. Auch in Deutschland hat sich fünf Jahre später ein „Gesunde-Städte-Netzwerk" begründet und tritt nach eigenen Worten dafür ein, dass die Gesundheitsförderung tatsächlich im Alltag der Menschen ankommt. Gesundheitsförderung für alle durch Städte und Gemeinden ist ebenso wichtig wie die betriebliche und persönliche Vorsorge für die Gesundheit. Um Gesundheitsförderung in Wohnvierteln, mit Schulen, Kitas, Familien- und Alteneinrichtungen, mit Vereinen, Selbsthilfegruppen, Gesundheits-, Verbraucher- und Umweltinitiativen, mit öffentlichen Diensten in allen Bereichen der Daseinsvorsorge langfristig auf- und auszubauen, braucht es eine engagierte Kommunalpolitik. Das Netzwerk versteht sich als kommunales Sprachrohr auf der Bundesebene für die kompetente Gestaltung einer lebensweltlichen Gesundheitsförderung durch integrierte Handlungsansätze und bürgerschaftliches Engagement. In Frankfurt am Main von zehn Städten und einem Kreis gegründet, umfasst das Gesunde-Städte-Netzwerk heute 90 Mitgliedskommunen, darunter 45 Großstädte, 9 Berliner Bezirke, eine Region, 12 Landkreise, 27 mittlere Städte und Gemeinden und damit insgesamt über 24 Millionen Einwohnerinnen und Einwohner. Die Besonderheit: Sowohl auf Bundesebene als auch vor Ort wirken kommunale Verwaltungen und zivilgesellschaftliche Initiativen, Vereine und Träger aus der Gesundheits- und Selbsthilfearbeit gleichberechtigt zusammen.

Quartiersbezogene Lernorte für das gesunde Altern: Digitalisierung und Bewegung

Helsinki hat das schon, andere Städte entwickeln das gerade und Berlin nun auch: Lernorte der quartiersbezogenen Gesundheits- und Pflegeunterstützung durch selbstbestimmte und selbstbewegte Ambulantisierung mit Digitalisierung und Mobilitätsstrategien. Hier kommen die Themenkomplexe *Smart City, Assisted Ambient Living und Digital Health* aus der Kritik zusammen auf dem Platz mit der Bewohnerschaft in der nächsten Generation zusammen – um die Gesundheit zu verbessern und das Altern zu erleichtern. Für alle: die Bewohnerschaft, die formell und informell Pflegenden und auch die Angehörigen.

Das *„Digital Urban Center for Aging & Health (DUCAH)"* – erdacht von den Berliner Digitalforschungsinstituten unter Führung des Alexander-von-Humboldt-Instituts für Internet und Gesellschaft (HIIG) und der Charité mit den Berliner Universitäten – wurde mit 22 Gründungsförderern aus der Gesundheits-, Immobilien-, Technologie-, Digital- und Mobilitätswirtschaft und zahleichen Verbänden und der Bundesärztekammerschaft genau dazu im Jahr 2021 begründet.[37]

Zwischenfazit: Antidepressive und gesunde Städte sind möglich – zusammen

Die Stadt ist eine interdisziplinäre Gesundheitswissenschaft. Forschungsbereiche von *Neurourbanistik* (wie die spannungsreichen stressbezogenen Tiefenbohrungen von dem eingangs schon erwähnten Psychiater Mazda Adli zu den schon immer forschungsseitig interessanten hysterischen Großstädtern) oder *Urban Health* (kommunale Analysen und Lösungen) werden so dominant werden, dass Immobilienentwicklungs-Gesellschaften, kommunale wie private Wohnungsbau-Gesellschaften, Arbeitgeber, Bildungs- und Kulturträger sowie die Stadtplanung und sogar die Verkehrsplanung darauf Bezug nehmen – für das komplexeste Anti-Depressivum, für das Glück: die Stadt!

2.2.6 Die klimaneutrale Stadt: „Missionen" für „Morgenstädte"

Der Welt und vor allem manchen Städten steht das Wasser bis zum Hals. Und das – wie im Abschnitt 1.2.1 gezeigt – wegen der Mobilität und den Immobilien. Amphibienfahrzeuge könnten natürlich eine Lösung sein, wenn der Meeresspiegel steigt. Aber vielleicht kann der Klimawandel hier – nur im metaphorischen Sinne – das Eis brechen, wie uns das amerikanische *Seasteading Institute* andeutet. Denn wassertaugliche Mobilität und Immobilien sind im Trend! Die 2009 gegründete Organisation arbeitet an den *Floating Cities*, um die aktuell bewohnten Flächen, die in Zukunft unter Wasser liegen könnten, zu kompensieren. Auf modularen Plattformen mit einer Fläche von ca. 2500 Quadratmetern werden auf dem Wasser treibende Grundflächen konzipiert: 20 Prozent sind für Parks reserviert. In einer ersten Befragung haben bereits mehr als 1000 Menschen Interesse an einer schwimmenden Stadt-Immobilie bekundet.

Das ist nicht mehr wirklich Klimavermeidung, sondern – ohne Ironie und gleichwertig – Klimaanpassung für Stadtentwickler.

Aber vielleicht doch noch einen Schritt aus dem Wasser zurück an das rettende Ufer: Städte nehmen ungefähr drei Prozent der Landfläche der Erde ein, produzieren jedoch über 70 Prozent der Treibhausgasemissionen.

Europas „Mission": 100 Städte bis 2030

Wie eingangs gezeigt, werden in Europa bis zum Jahr 2050 beinahe 85 Prozent der Europäerinnen und Europäer in Städten leben.

Globale Erwärmung und Klimanotstand haben auf globaler, europäischer und nationaler Ebene zu einer Vielzahl von ausgerufenen Klimazielen geführt. Die Klimaziele der EU bis 2030 z. B. beinhalten eine Senkung der Treibhausgasemissionen um mindestens 50 bis 55 Prozent (gegenüber dem Referenzjahr 1990), die Erhöhung des Anteils von Energie aus erneuerbaren Quellen um 32 Prozent und eine Steigerung der Energieeffizienz um 32,5 Prozent.

Im Rahmen des 9. Europäischen Rahmenforschungsprogramms HORIZON EUROPE werden seit dem Jahr 2021 zahlreiche Vorhaben zur CO_2-wirksamen Transformation von Städten finanziell gefördert.

Aus diesem Grund muss nach Ansicht auch der Europäischen Kommission aus dem Jahr 2020 der derzeitige Klimanotstand in den Städten selbst und von deren Bewohnerinnen und Bewohnern bekämpft werden. Und jetzt eine sogenannte „Mission"!

Die Mission lautet „Klimaneutrale und intelligente Städte". Der Missionsbeirat hat festgelegt, dass 100 Städte bis 2030 klimaneutral werden sollen. Durch die Mission wird unterstützt und gefördert, dass sich diese Städte zu Versuchs- und Innovationszentren für den Transfer zu anderen Städten entwickeln. Jede der 100 zukunftsorientierten Städte wird einen Klimastadt-Vertrag unterzeichnen. Dieser Vertrag wird an die Gegebenheiten der einzelnen Städte angepasst und in einem kollaborativen Prozess entwickelt, „bei dem niemand überhört wird".[38]

Deutschlands „Morgenstädte": Investitionsprogramm mit Fraunhofer

In Deutschland gab es bereits in der sogenannten „Forschungsunion der Bundesregierung", in der der Autor für zwei Legislaturen berufenes Mitglied war, zur Umsetzung der deutschen „Hightech-Strategie" die Morgenstadt-Initiative, die mit der Fraunhofer-Gesellschaft aufgesetzt wurde.

Daraus folgte 2020 das „Investitionsprogramm Klimaneutrale Städte (IKNS)". Mit vier übergeordneten Zielen wird nun gefördert:

1. **Quantitatives Verständnis:** indikatorgestütztes Instrument (Klima-Index) zur Analyse klimarelevanter Emissionen in den Sektoren Mobilität und Transport, Energie, Industrie usw., um stadtspezifische Einsparungspotenziale zu identifizieren.
2. **Qualitatives Verständnis:** Auf Basis der Erfahrungen der Stadtvertretungen sowie von Unternehmen sollen Problem-Typologien in Bereichen wie Infrastruktur, Governance, Akzeptanz in der Bürgerschaft, Finanzierung usw. definiert werden, um hier Hindernisse abzubauen.
3. **Systemisches Fragen- und Anforderungsraster:** Auf der Grundlage der identifizierten Problem-Typologien sowie bewährter Tools soll ein systemisches Fragen- und Anforderungsraster entwickelt werden, mit dessen Hilfe sich auch Lösungen von Unternehmen analysieren, strukturieren und darstellen lassen. Es soll dabei auch ein möglicherweise „zu enger Fokus auf Technik oder Infrastruktur überwunden" und positive Beiträge einer Lösung z. B. zur Lebensqualität oder Resilienz einer Stadt sollen sichtbar gemacht werden.
4. **Lösungsportfolio „Klimaneutrale Stadt":** Mit Blick auf Beispielstädte und deren Implementierung von Lösungen in einer archetypischen Stadt sollen für jedes Stadium typische Herausforderungen und Best Practices gesammelt werden. So sollen Lösungstypen für alle klimarelevanten Sektoren entstehen, namentlich Energie- und Wärmeversorgung, private Haushalte, Industrie, Mobilität und Logistik.

Zwischenfazit: Klimaneutralität ist machbar, Herr Nachbar. Aber nicht verkehrt anfangen!

Der WWF Deutschland hat einen sehr lesenswerten Blog und ist immer etwas näher am Puls des Planeten. In einem motivierenden Beitrag zu den „10 Städten, die Meilensteine im Klimaschutz setzen" wurden viele (geförderte) richtige Initiativen aufgezeigt von der

Energieverbrauchssenkung über die Vermeidung von klimaschädigenden Geldanlagen bis hin zu vernetzten Stromnetzen, Wassermanagement etc.[39] Man las nicht einmal über den Emissions- und Hitzetreiber Mobilität. Und so merkt man: Neutral wird es für den Verkehr nicht weitergehen. Die Städte müssen an das härteste Ritual, an den am meisten polarisierenden und moralisierten Klimatreiber überhaupt ran: die Mobilität in ihnen – die jeden Bürger und jede Bürgerin so unmittelbar bewegt wie sonst kein anderes kommunales Politikfeld. Außer natürlich nun die Klimafolgen selbst.

Im Kapitel 5 werden wir einige Beispiele aufzeigen, in denen schon mal angefangen wurde.

2.2.7 Die menschengerechte Stadt: Was nach der Auto-Biografie der Stadt kommt

„Eine Stadt ist nach meiner Definition dann lebenswert, wenn sie das menschliche Maß respektiert. Wenn sie also nicht im Tempo des Automobils, sondern in jenem der Fußgänger und Fahrradfahrer tickt. Wenn sich auf ihren überschaubaren Plätzen und Gassen wieder Menschen begegnen können. Darin besteht schließlich die Idee einer Stadt."

Jan Gehl, dänischer Architekt[40]

Jan Gehls Name elektrisiert bis heute Stadtplaner, Architektinnen und sogar den ADAC. Sein Büro wie nun auch Unternehmen wie die Gesellschaft für Urbane Mobilität BICICLI und deren Beratungseinheit MOND stehen für eine radbasierte Verkehrswende, und das als Gäste beim sonst unverdächtigen ADAC Verkehrsforum.

Jan Gehl war Absolvent der Hochschule für Architektur und seine Heimatstadt Kopenhagen eine, die sich willig dem Autoverkehr ergab. Er hat die Fotos noch im Archiv und zeigt sie Journalistinnen gern. 40 Jahre lang erforschte Gehl – lange ignoriert und belächelt – an der Kopenhagener Universität das Zusammenspiel von Architektur und Lebensqualität in Metropolen. Und auch das wirklich auf dem Platz. Stoppte die Zeit, die sich Fußgänger auf Plätzen aufhielten, und befragte Passantinnen und Anwohner nach ihren Wegen und Lieblingsplätzen.

Die Kopenhagener Stadtverwaltung aber setzte – aus einer Finanzierungsnot für den weiteren Infrastrukturausbau des Autos – seine Forschungsergebnisse konsequent um. Mit ungeahnten Folgen und einem Marketing-Erfolg des *„Copenhagenize"*, das ein eigenes Beratungsunternehmen mit deutschsprachiger Kiosk-Zeitung wurde. Kopenhagens Innenstadt zählte 2015 etwa viermal so viele Besucher wie vor 40 Jahren. Sämtliche 18 Plätze der Innenstadt wurden autofrei, 37 Prozent der Kopenhagener sind mit dem Fahrrad in der Stadt unterwegs, weitere 38 Prozent kommen zu Fuß oder mit öffentlichen Verkehrsmitteln. Melbourne, Stockholm, Zürich und andere Städte waren frühe Kunden, die durch das Büro Gehl Architects begleitet wurden.

Nach den auch durch die Athener Charta der funktionellen Stadtentwicklung entstandenen Trabantenstädten und Einkaufszentren außerhalb kamen Arbeits-Pendlerinnen und Konsumverkehre in eine Zwickmühle des sich verdichtenden Verkehrs, der sich immer mehr nachverdichtete. Heute wissen wir, dass das Tempo und die Höhe der Städte die menschenungerechtesten Stadtentwicklungen sind: Über Jahrhunderte war man zu Fuß, ggf. langsam mit Pferd auf der Straße und im gleichen 5-km/h-Tempo unterwegs. Wege waren überschaubar und Straßen schmal und abwechslungsreich. Mit dem Wirtschaftswunder änderte sich das rasant – im engeren Sinne: Autos eroberten unsere Straßen, das Durchschnittstempo beschleunigte sich auf 60 km/h. Und aus Stadt- wurde Verkehrsplanung.

Gehls Evolution der menschengerechten Städte könnte vereinfacht so beschrieben werden: von einer *Umhergehstadt* mit Fußgängerzonen der Sechziger- und Siebzigerjahre zu einer *Sitzstadt* der Cappuccinos in den Neunzigern hin zu einer *Aktivstadt* nach der Jahrtausendwende mit Inlinern, Radfahren, Joggen, Baden in Häfen und Flüssen.

Und nun kommen wir klimatisch bedingt zu Städten, in denen wir als Menschen noch leben können. Das bedeutet vor allem den Umgang mit Wasser – also Dürre und Starkregen – managen zu müssen. All diese Evolutionen haben was mit der menschengerechten Stadt zu tun – und mit einer als angenehm wahrgenommenen Verlangsamung des Tempos und einer klugen Vertikalisierung des Wohnens mit Bodenhaftung.

Im Kapitel 5 führen wir weitere Beispiele für Städte an, die noch umfassender als Kopenhagen ihre Stadtentwicklung betreiben und daher neben diesem hyggeligen Kopenhagen unsere Aufmerksamkeit verdient haben.

2.2.8 Die kollaborative Stadt: Städtepartnerschaften 5.0

Nach der *Smart City* und *Industrie 4.0* kommen wir nun langsam in die nächste Stufe: in die kollaborative Stadt – intern über Bürgerräte und neue Formen der Kooperation von Kommunalpolitik, Zivilgesellschaft, Künsten, Wirtschaft und Wissenschaft und extern über neue Formen von Städtepartnerschaften.

Die vom US-Politologen und langjährigen Clinton-Berater Benjamin Barber 2013 veröffentlichte Idee des „Weltparlaments der Bürgermeister" zeigt eine zentrale Idee auf: die der dezentralen Intelligenz als kollektive Intelligenz. An der Basis, auf dem Platz ist das Wissen da, um Zielkonflikte und Interessensunterschiede zu vermitteln und neue Ansätze zu erproben. Wenn diese im Austausch sind, dann kommt eine kollektive Intelligenz der Weltgesellschaft. Eine inspirierende Idee. Das *Global Parliament of Mayor* ist seit 2016 nun die praktische Realisierung – geführt durch den Mannheimer OB.[41]

Es tut gut zu spüren, wie sich im „Pakt freier Städte" Bürgermeister von Bratislava, Budapest, Prag und Warschau im Jahr 2019 zusammengetan haben – gegen rechtspolitische Politik der Nationen und für Weltoffenheit und Klimaschutz. Städtepartnerschaften als kulturelle und wirtschaftliche Austauschlogik bekommen nun neben diese so gedachten Friedensgesten der vielen Kriege und Flüchtlinge sowie den ansonsten zahlreichen Partys der Globalisierung ohne jedwede lokale Anbindung eine gänzlich neue Dimension: Sie werden zu Lernpartnerschaften mit einer gemeinsamen Welt-Agenda!

United Cities and Local Governments (UCLG):
2004 gegründet und 1913 vorgedacht

Die UCLG ist ein weltweiter Verband von Städten, Gemeinden und lokalen Gebietskörperschaften, der sich auf globaler Ebene für die Interessen seiner Mitglieder einsetzt. Als

Dachverband umfasst er rund 175 regionale und nationale Verbände, die insgesamt etwa 240.000 Kommunen vertreten – umgerechnet ca. 70 Prozent der Weltbevölkerung. „Wie die Vereinten Nationen" – nur eben als „Vereinte Städte". Gegründet im Jahr 2004 gehen die Wurzeln zurück auf eine erste Vorläuferorganisation *„Union Internationale des Villes"*, die sich 1913 im belgischen Gent gründete, mit Sitz in Brüssel und einem Rat von 30 Mitgliedern. Durch den Beginn des Ersten Weltkriegs behindert, wurden erst in den 1920er-Jahren einige Kongresse organisiert. Mit dem *„Völkerbund"* war 1920 eine internationale Organisation der Staaten gegründet worden. Als weitere internationale Vereinigungen für kommunale Gebietskörperschaften kamen später die 1957 in Aix-les-Bains (Frankreich) gegründete *„United Towns Organisation"* hinzu sowie die 1984 gegründete *Metropolis* als Verband großer Agglomerationen. Am 5. Mai 2004 wurde die UCLG aus der Vereinigung der zuvor bestehenden Verbände gegründet. Auch der Fan der Bürgermeisterinnen und Bürgermeister Benjamin Barber sieht wichtige Arbeit, aber er sieht die UCLG noch nicht als politische Organisation, sondern eher als Netzwerker. Er wünscht sich eine „verwaltende Institution" sozusagen über der UCLG, die sich globaler Probleme annimmt wie der Mobilität und des Klimawandels – und sie dann auch löst.

HABITAT III: eine neue urbane Agenda

Die Vereinten Nationen haben 2001 ein eigenständiges *„Programm für menschliche Siedlungen (United Nations Human Settlements Programme*, UN-HABITAT)" mit Sitz in Nairobi (Kenia) begründet – mit drei Konferenzen: HABITAT I 1976 in Vancouver (Kanada), HABITAT II 1996 in Istanbul (Türkei) und der HABITAT III 2016 in Quito (Ecuador).

Als Folge dieser ersten Konferenz 1976 wurde zwei Jahre später das Zentrum der Vereinten Nationen für menschliche Siedlungen (United Nations Centre for Human Settlements, UNCHS) gegründet. Es besteht aus 58 Mitgliedstaaten, die alle Regionen der Welt repräsentieren. Die Aufgabe des Zentrums ist es, die Arbeit von HABITAT politisch zu begleiten und zu bewerten sowie die UN-Generalversammlung und den UN-Wirtschafts- und -Sozialrat in Fragen der nachhaltigen Entwicklung im Bereich Wohn- und Siedlungswesen zu beraten.

Wenn also über 40 000 Menschen und meist Bürgermeisterinnen und Bürgermeister zusammenkommen, dann ist die Bezeichnung „Weltsiedlungsgipfel" der Vereinten Nationen nicht ganz abwegig. Dieser Gipfel hat einen generationalen Rhythmus: alle 20 Jahre. Könnte man ggf. sogar vor 2036 wiederholen …

Denn 2016 wurde von allen Teilnehmerinnen – von der deutschen Medienlandschaft weitgehend unbeobachtet – eine globale Leitlinie von Städten aus 190 Staaten zur Lösung der Probleme in den stark wachsenden Städten vorgestellt: die *„Neue Urbane Agenda"*.[42] Die nicht bindenden Eckpunkte zur Verbesserung der Lage in Städten im Kontext des Klimaabkommens von Paris auf lokaler Ebene sehen vor allem Anstrengungen gegen die Zunahme von Elendsvierteln und den Kohlendioxid-Ausstoß vor. Dabei ist der Verkehr eines der Schlüsselthemen. Gleich 20-mal findet das Thema eine Erwähnung.

Städte seien besser als ganze Nationen in der Lage, Armut zu bekämpfen und Klimaschutz zu stärken, so sah es in der Folge auch das deutsche Entwicklungsministerium (BMZ) und stellte gemeinsam mit der KfW-Bank über eine Milliarde Euro für internationale Investitionen in Busse, S-Bahnen, Fähren, Fahrrad- und Fußwege bereit – um vom früheren Ideal der autogerechten Stadt abzurücken. Parallel lobbyierte Deutschland weiter für das Autoland Deutschland. Wir wissen von der Alt-Kanzlerin: „Politik ist das, was möglich ist." Und Widersprüche sind immer möglich.

Das C40-Netzwerk: Knapp 100 Städte halbieren Emissionen in einer Dekade

C40 ist ein Netzwerk aus dem Jahr 2005 und 2006 von zunächst 40 Städten und deren Bürgermeisterinnen und Bürgermeistern. Im Jahr 2021 sind die Mitgliedsstädte auf knapp 100 Städte angewachsen – mit einem Ziel: gemeinsam als Hauptemittenten der Klimakrise entgegenzutreten. Konkret: die Halbierung der Emissionen der Mitgliedsstädte innerhalb einer Dekade durch eine wissenschaftsbasierte und kollaborative Aktion, um die globale Erwärmung auf 1,5 Grad Celsius zu begrenzen, indem gesunde und resiliente Städte entwickelt werden.[43]

Mobilität ist auch hier einer der entscheidenden Hebel. Das Selbstverständnis ist scharf formuliert:

> „Die Städte mit den erfolgreichsten Verkehrskonzepten geben menschenfreundlichen Straßen Vorrang vor Platz für Autos. Städte haben die Möglichkeit, eine Zukunft aufzubauen, in der die Mehrheit der Menschen zu Fuß, mit dem Fahrrad oder mit gemeinsamen Verkehrsmitteln unterwegs ist, und sicherzustellen, dass die restlichen Autofahrten mit emissionsfreien Fahrzeugen erfolgen."[44]

Die Analyse sagt auch: ein Drittel der Emissionen der C40-Mitgliedsstädte kommt aus dem Verkehrssektor. Die wesentliche Quelle der Luftverschmutzung ist der Verkehr. Und 36 Städte verpflichten sich bis 2030 den Großteil ihrer Stadt emissionsfrei zu gestalten.

Und welche deutschen Großstädte sitzen mit am Tisch? Genau zwei. Berlin und Heidelberg …

■ 2.3 Zwischenfazit: Die Stadt der sozial-ökologischen Mobilisierung

> „Wir stellen uns eine Zukunft vor, in der sich die Mehrheit der Bürger zu Fuß, mit dem Fahrrad und mit öffentlichen Verkehrsmitteln in unseren Städten fortbewegt.
>
> Diese Verlagerung hin zu emissionsfreier Mobilität wird zu weniger Staus und weniger Umweltverschmutzung führen, während unsere Straßen leiser und die Luft, die wir atmen, sauberer wird."
>
> Amsterdam, Auckland, Austin, Barcelona, Berlin, Bogotá, Cape Town, Copenhagen, Heidelberg, Jakarta, London, Los Angeles, Madrid, Medellín, Mexico City, Milan, Moscow, Oslo, Paris, Quito, Rio de Janeiro, Rome, Rotterdam, Santiago, Seattle, Seoul, Tokyo, Vancouver, Warsaw, Birmingham, Honolulu, Liverpool, Oxford, Greater Manchester, Santa Monica, West Hollywood[45]

Die Zukunft der Welt ist eine Zukunft, die in den Städten und in den in ihnen liegenden Nachbarschaften entwickelt wird. Die Geschichten sind in utopischen Chartas seit Athen im Jahr 1933 geschrieben, deren Lösungsprobleme in der Wissenschaft gut beschrieben und nun sind wir in der Entwicklung der nächsten Lösungen – mit einem hoffentlich besseren Blick auf wiederum deren Lösungsprobleme – im vollen Lauf.

Die Einigkeit aller Expertinnen und Experten, der vielen Verbände, Netzwerke und Kollaborativen ist so beeindruckend wie manchmal die Folgenlosigkeit bzw. Langsamkeit. Insbesondere im trägen System der Mobilität zeigt sich das. Kollektive Einsicht bei dezentraler Folgenlosigkeit.

Die Hoffnungen der Digitalisierung, die Herausforderungen der Migration, die Notwendigkeiten der städtischen Gesundheit sowie die nun vordringliche Klimaneutralität müssen bei kollaborativer Intelligenz einen massiven Umbau der Städte und ihrer Mobilität bewirken, den wir nur durch Pandemien und die autogerechte Stadtentwicklung bislang kannten. Nun müssen wir eine soziale Bewegung auf die Straßen, Radwege und Bürgersteige bringen – zusammen. Und dafür braucht es keine Ideologie mehr, sondern Ideen und beeindruckende Beispiele. Und dann die Sehnsucht und Mitmachfreude der Bürgerinnen und Bürger.

Und davor? Eine kurze Statistik der aktuellen Lage.

■ 2.4 Urbane Mobilität: „Liberté, égalité, mobilité!"

„Eine deutliche Erhöhung der zugänglichen, sicheren, effizienten, bezahlbaren und nachhaltigen Infrastruktur für den öffentlichen Verkehr sowie nicht-motorisierte Optionen wie Gehen und Radfahren, wobei diese gegenüber dem motorisierten Individualverkehr Vorrang haben."

New Urban Agenda, UN-HABITAT II, 2016, 114 (a), S. 29

Zwei Grunderfahrungen der Stadtplanung:
Die erste ist eine mittlerweile vielfach belegte Erkenntnis: Erst formen wir unsere Städte, dann formen sie uns.

Zweitens: Mehr und breitere Straßen führen zwangsläufig zu mehr Autoverkehr in der Stadt. Weniger Straßen und weniger Parkplätze hingegen schaffen Platz für Radfahrer, Fußgänger, Cafés und Plätze, kurz: das Leben.

Jan Gehl 2014[46]

Urbane Mobilität heißt einfach gesagt: Ich will *dort* sein! Nicht da!

Einerseits räumlich: als Drang nach Ortsveränderung. Er ist menschlich; kaum auf zwei Beinen ins Leben stolpernd, gibt es Drang nach Bewegungsmitteln. Bobbycar, Dreirad, Fahrrad, Kickboard oder Skateboard, im ländlichen Raum das Mofa, die Vespa oder das Motorrad – das sind die bewegungsbiografischen Mittel der Mobilität, der Ortsveränderung, der Bewusstseinsbildung und -erweiterung.[47] Mobilität heißt aber auch, dass man dort sein will, also eine soziale Aufstiegsdimension haben will. Und Städte und ihre Verdichtung und die damit einfache räumliche Mobilität ermöglichen oft auch soziale Mobilität.

2.4.1 Urbane Mobilität in Zahlen: Statistiken zur Statik

„Von fliegenden Autos, die in jeder Debatte über neue Städte unweigerlich auftauchen, müssen wir uns verabschieden. Denn die urbane Formgebung ist in den vergangenen Jahrtausenden erstaunlich stabil geblieben – viele Elemente davon fanden sich schon bei den antiken Griechen und Römern.

Menschen werden auch weiterhin physische Strukturen für ihr Alltagsleben brauchen: horizontale Böden und vertikale Wände (Es tut mir leid, Frank Gehry!).

Aber das Leben, das sich innerhalb der Wände abspielt, wird sich mehr denn je verändern. Umgebungsintelligenz erzeugt keine smarten Städte, sondern smarte Bürger."

Carlo Ratti, Architekt und digitaler Stadtvermesser, MIT Senseable City Laboratory[48]

Warum bewegen wir uns?

Schrittzähler finden wir ja sehr fortschrittlich – aus permanenter Überraschung, dass wir uns so wenig selbst bewegen. Und selbst bewegen tun wir tatsächlich weniger im Vergleich zu den Zeiten, in denen wir uns die Nahrung und die Wärme noch selbst organisieren mussten. Aber wofür gibt es heute eigentlich noch notwendige Wege?

Wir bewegen uns weniger selbst, aber deutlich mehr: Die Weglängen je Tag und Strecke steigen seit Jahren kontinuierlich. Persönliche Mobilität wird erwartet, gefordert – für die Arbeit, die Bildung und die Freizeit. Das *Deutsche Mobilitätspanel (MOP)* hat ein überraschendes Bild erhoben: Es wirkt kontraintuitiv, dass Berufs- und Ausbildungsverkehre keinen großen Stellenwert aufweisen – weniger als ein Viertel des gesamten Verkehrsaufwandes.

Es sind die Freizeit- und Versorgungswege. Hier die Übersicht der Wege für das Vor-Corona-Jahr 2019.[49]

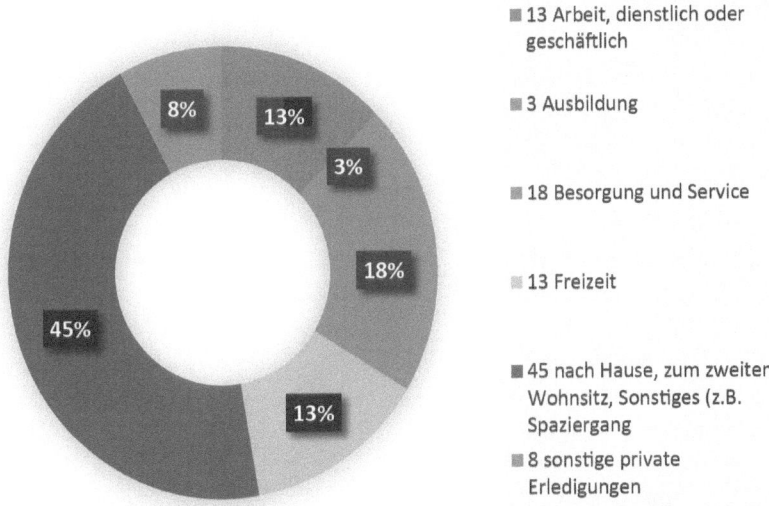

Bild 2.3 Weglängen pro Tag für bestimmte Zwecke der Fortbewegung im Vergleich

Zu den Arbeitswegen und dem Pendeln hatte das Jobportal Monster eine Umfrage unter 5078 Personen in Deutschland, Österreich und der Schweiz vorgenommen. Die im Grundsatz jobsuchenden bzw. wechselinteressierten Nutzerinnen und Nutzer von Monster sehen für Deutschland ein Viertel von Pendlern, die es eigentlich nicht mehr wollen, und 39 Prozent, die es nicht machen, weil es zu anstrengend ist. 35 Prozent pendeln und es macht ihnen nichts aus. Im historischen Vergleich sieht man die Entwicklung: 1900 hat einer von zehn Mitarbeitern gependelt, 1950 waren es schon vier von zehn, heute sind es sechs von zehn Angestellten. Die Gesundheit leidet – wie bereits gezeigt – und nach den Studien des Harvard-Soziologen Robert Putnam auch das ehrenamtliche Engagement und damit eine soziale Glücks- und Wirksamkeitserfahrung: Zehn Minuten zusätzliches Pendeln gehen mit einer Reduzierung des gesellschaftlichen Engagements um zehn Prozent einher.

Das könnte für Arbeitgeber eine Information darüber sein, wie man gut gelaunte Menschen ins Büro oder die Werkshallen bekommt oder ob Werkswohnungen eine Renaissance erfahren (vgl. Kapitel 5).

Wie viel bewegen wir uns?

Der Kilometerzähler der Gesellschaft ist dann wohl doch noch beeindruckender als der Schrittzähler. Auf der Basis von durchschnittlich 3,4 Wegen am Tag in Deutschland pro Person haben wir also 280 Millionen Wege. Die durchschnittliche Länge beträgt – bei allen Dienstreisen und Langstrecken, die wir auch fahren – 11,5 Kilometer. Das sind wiederum 3,2 Milliarden Kilometer am Tag. Und ja, man kann das mit Erdumrundungen ausrechnen: Gut 80 Millionen Deutsche fahren also 80 000-mal um die Erde – nicht in 90 Tagen, sondern an einem.

Womit bewegen wir uns? Mobilitätsmittel und Modal Split

Fangen wir mal an mit der Frage, welche Mobilitätsmittel wir eigentlich besitzen. Und gehen im zweiten Abschnitt auf die Frage ein, welche Mittel wir für welche Distanzen wo benutzen.

Das sind Unterschiede, wobei wir generell zu wenig Nutzung für den Besitz in der Individualmobilität aufweisen – was eine der Hoffnungen für den Sharing-Markt war, den wir uns im Kapitel 3 und 4 anschauen.

In Deutschland standen im Jahr 2020 genau 48 246 600 Autos für durchschnittlich 23 Stunden am Tag, wie das Umweltbundesamt vorrechnet.

Weiterhin stark steigend: waren es im Jahr 2016 mit dem Dieselskandal und der überall geforderten Verkehrswende noch 45 803 600 – so sind also in nur vier Jahren nochmals 2,5 Millionen dazugekommen. Die Auto-Motorisierungsquote beträgt 560 Autos pro 1000 Einwohner und 770 pro 1000 Haushalte.

Der Stadt-Land-Vergleich: In einer deutschen Metropole haben 42 Prozent der Haushalte kein Auto, im ländlichen Raum kommen gerade 11 Prozent ohne Autos aus, dafür haben 31 Prozent zwei oder mehr vor der Tür.[50]

Und die Krafträder? Sie sind von 4 314 500 im Jahr 2016 auf 4 661 600 im Jahr 2020 gestiegen. Bei den Zweirädern gab es ein nochmals stärkeres Wachstum von knapp 10 Prozent von 72 Millionen auf 79,1 Millionen Gesamtbestand.

Aber was sagt der Mobilitätsmittel-Besitz eigentlich aus? Nur etwas über die Konsumfreude, aber noch nichts über die Mobilitätsart.

Die in der Verkehrswissenschaft spannende Frage ist eine, die nun auch Stadtplaner und Immobilienentwickler sowie Klimaschutzbeauftragte interessiert. Es ist nicht die nach den Verkehrsmitteln, sondern nach der Verteilung des faktischen Mobilitäts-/Transportaufkommens auf die verschiedenen Verkehrsmittel. Das wird als Modal Split bezeichnet. Damit wird pro Stadt deutlich, welche Kilometer mit welchem Verkehrsmittel zurückgelegt werden – und damit auch, mit welchen Emissionen.

Die folgende Darstellung von jeweils fünf ausgewählten Metropolen pro Kontinent zeigt, dass das nicht gottgegeben oder mit Gaußscher Normalverteilung gesegnet ist. Sondern es liegt an der Infrastruktur und damit an der vorhergehenden Stadt- und Verkehrsplanung.[51]

Bild 2.4 Verteilung des Mobilitäts-/Transportaufkommens auf die verschiedenen Verkehrsmittel in 30 Städten. Sie ist völlig unterschiedlich, weil völlig frei gestaltbar.

Spannend dabei ist, dass die wirklich wachsenden und auch erwachsenen im Sinne von vernünftigen Metropolen einen hohen ÖPNV-Anteil aufweisen – und nun wie in New York oder Tokio der Fußverkehr steigt, die disruptivste Entwicklung in der Mobilität.

Und in Deutschland so? Wir sind Autoland, und zwar nicht aus Lobbyisten- oder NGO-Sicht, sondern schlicht bei der Nutzung: 57 Prozent Auto-, 10 Prozent ÖPNV-, 11 Prozent Fahrrad- und 22 Prozent Fußverkehr. Der Anteil der Wege mit dem Auto unter 5 Kilometern beträgt nach Angaben des Umweltbundesamtes 50 Prozent aller Autofahrten.

Aber wie ist es denn im Stadt-Land-Vergleich? Die Gegenüberstellung nach Entfernungsdifferenz (bis 10 Kilometer Distanz) in einem Jahresvergleich von 2017 zu 2002 gibt schon Hinweise auf eine Antriebsschwäche, die wir im kommenden Kapitel 3 genauer analysieren müssen.[52]

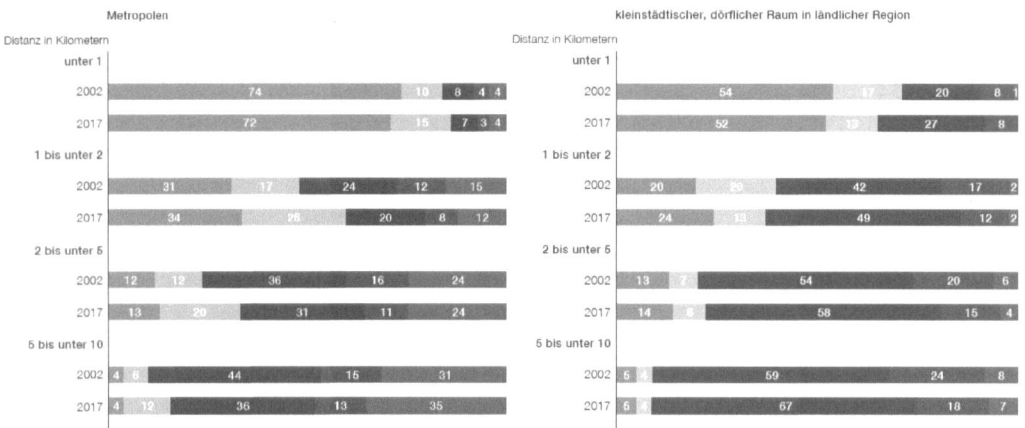

Bild 2.5 Gegenüberstellung nach Entfernungsdifferenz (bis 10 Kilometer Distanz) in einem Jahresvergleich von 2017 zu 2002

Zusammenfassend: In Metropolen steigt emissionslose Mobilität fortwährend und der motorisierte Individualverkehr sinkt z. T. erheblich um 15 Prozent. Auf dem Land wächst der emissionsintensive Kfz-Verkehr deutlich! Wer auf dem Land unter zwei Kilometer Strecke das Auto nimmt? 49 Prozent ... Schuldzuweisungen und Forderungen sind viele ausgetauscht worden.

Aber bei Verkehren unter 10 Kilometern gibt es immer eine Lösung: Selbstbewegung! Warum? Weil es schneller ist, wie wir hier noch zeigen werden.

Und haben Sie schon mal darüber nachgedacht, warum ein im Durchschnitt 85,2 Kilo schwerer Mann eine 1800 Kilo schwere Maschine für zwei Kilometer bewegen und dann auch noch rumfahren muss, um einen Parkplatz zu finden, wenn ein in der Regel leichterer Radfahrer ein nur 10 bis 18 Kilo schweres Fahrrad in Bewegung setzt und direkt vor der Tür parken kann? Genau ...

Menschen sind so. Wir fahren auch mit dem Auto in das Untergeschoss und nehmen den Fahrstuhl, um auf dem Laufband und dem Spinning-Rad im Fitness-Studio uns endlich mal wieder etwas zu bewegen. So sind wir. Apropos Unfälle ...

Womit verunfallen wir bei der Mobilität?

Sicherheitsaspekte bei Verkehrsträgern und -mitteln erklären psychologisch schon einiges.

Ja, die Unfallzahlen, die Anzahlen der Verletzten und Getöteten sinken. Regulierungen und Sensoren haben daran einen Anteil. Auch die Verdichtung wird einen Beitrag leisten, weil man im Stau und stockenden Verkehr weniger Personenschäden erzeugen kann.

Das Statistische Bundesamt hat die Zahlen im Vergleich zusammengetragen:

Jahr	Polizeilich erfasste Unfälle			Verunglückte		
	insgesamt	davon mit		insgesamt	davon	
		Personenschaden	Sachschaden		Getötete[2]	Verletzte
2020	2 245 245	264 499	1 980 746	330 269	2 719	327 550
2010	2 411 271	288 297	2 122 974	374 818	3 648	371 170

Bild 2.6 Unfallstatistik im Vergleich 2010 zu 2020

Bei der Tiefenanalyse sieht man jedoch, dass es einen Gegentrend zu den sinkenden Unfall- und Todeszahlen gibt: die Zahlen bei den Radfahrenden. Das liegt unterschiedlichen Studien zufolge an deren wachsender Kilometerleistung, an E-Bikes und dem Geschwindigkeitszuwachs und eben an einer für den zeitgenössischen Radverkehr nicht ausreichenden und sicheren Infrastruktur der Radwegeanlagen.

An Daten liegt es nicht mehr. Die Daten stellt der *„Interaktive Unfallatlas"* des Statistikportals der Statistischen Ämter der Länder und des Bundes bereit unter: *https://unfallatlas.statistikportal.de*.

Verletzte	2017	2018	2019	2020
Benutzer von ...				
Fahrrädern	79 346	88 435	86 897	91 847
Krafträder mit Versicherungskennzeichen	13 754	14 726	13 875	12 117
Krafträder mit amtlichen Kennzeichen	28 597	30 800	27 385	25 546
Personenkraftwagen	218 440	211 560	206 129	157 912
Bussen	6 120	6 407	6 243	4 092
Güterkraftfahrzeugen	9 453	9 309	8 758	6 993
Fußgänger	30 564	30 485	29 826	23 482

Bild 2.7 Unfallhäufigkeiten bei verschiedenen Gruppen von Verkehrsteilnehmern

Am fehlenden investiven Engagement liegt es allerdings schon, selbst wenn nationale Radverkehrspläne auch in etwas unbeweglichen Koalitionsverträgen zur Mobilitätswende aufgeführt werden, die von einer Ampelkoalition kaum kalauervermeidend im

November 2021 vorgestellt wurden. Denn: Der Infrastruktur-Atlas 2020 der Heinrich-Böll-Stiftung zeigt den Vergleich der innerorts Getöteten nach Verkehrsbeteiligungsart aus dem Jahr 2013:[53]

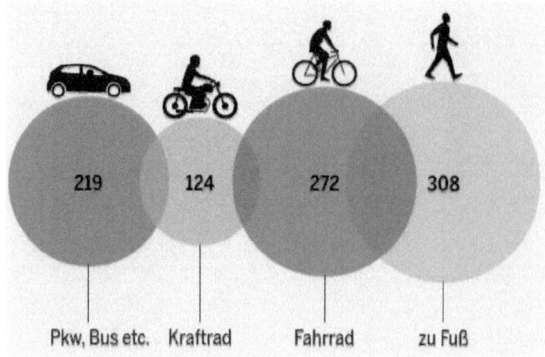

Bild 2.8 Anzahl der innerorts zu beklagenden Todesfälle bei verschiedenen Gruppen von Verkehrsteilnehmern (2013)

Selbstbewegung ist also das Gefährlichste. Und es wäre sehr gefährlich, genau jetzt nicht in die Sicherheit der Infrastruktur zu investieren.

Investitionen braucht es – denn die steigende Menge sich verdichtender Städte treibt in die Enge. Es geht um Neuverteilung des öffentlichen Raums. Es geht um Platzverbräuche von Verkehrsmitteln – fahrend wie eben wichtiger: stehend.

2.4.2 Urbane Mobilität und Platzbedarfe: Die Menge in der Enge – fahrender und ruhender Verkehr

„Das alte Konzept der Stadt, mit großen Plätzen, Märkten, Einkaufszentren, Stadien oder riesigen Bahnhöfen, an denen Tausende gleichzeitig zusammengekommen sind, ist nicht mehr haltbar.

Ich stelle mir die Stadt der Zukunft als ein Archipel aus Stadtvierteln vor, die wie kleine autonome Dörfer funktionieren und in denen sich auf kleinstem Raum alles findet, was man zum Leben braucht: Schulen, Büros, Geschäfte, Restaurants, Gesundheitsversorgung. Vor allem Letzteres ist wichtig."

Stefano Boeri, Architekt des Mailänder Bosco Verticale (begrünte Zwillingstürme)[54]

Platz da! Für wen sollen wir was für Platz eigentlich freimachen? Der Platzverbrauch für Besiedlung und Verkehr in Deutschland beträgt nach Angaben des Bundesumweltministeriums 79 Fußballfelder – täglich. Das ist selbst für Fußball-Begeisterte – die ja meist mit gut 34 Bundesliga-Spieltagen in 365 Kalendertagen im Stadion durchkommen – eine beeindruckende Leistung.

Nun wissen wir, dass statistisch Individual-Mobilität statisch ist. Unabsichtlich durch Stau. Und absichtlich durch das Parken. Durchschnittliche Nutzungsdauer eines Pkw sind je Studienlage um die drei bis vier Prozent des Tages, also gut 40 bis 60 Minuten. Darin enthalten sind die steigenden Parkplatzsuchverkehre. Denn die meisten Menschen, die um Gewerbe- und Wohnimmobilien kreisen, wollen das nicht – sie wollen endlich aus dem Auto, aber finden keinen Parkplatz. In den größeren Städten werden 30 Prozent des Verkehrsaufkommens dem Parkplatzsuchverkehr zugeschrieben – bei abnehmendem Parkraum, was eine der städtischen Strategien ist, das Auto unattraktiv zu machen. Ohne ein Mobilitätsangebot zu machen, lässt das über die kommenden Jahre diese Suchverkehre steigen. Trotz aller Digitalhoffnungen von Parkplatz-Apps.[55]

Platzverbrauch des fahrenden Verkehrs: was wir um uns herum brauchen, wenn wir uns bewegen

Fangen wir mal schlank an: Ein vollschlanker Fußgänger braucht einen Quadratmeter Platz für sich und seinen Umgang. Bei Pandemien ggf. 1,5 Quadratmeter.

Wenn wir mit Mobilitätsmitteln in Bewegung sind, werden wir raumgreifender: Autos bei langsamer Fahrt benötigen 65 Quadratmeter. Bei den in Städten vorgesehenen 50 km/h werden es schon 140 Quadratmeter, eine gute 4-Zimmer-Wohnung, die um uns herum frei bewegt wird.

Auch eine Radlerin benötigt ein kleines Appartement von 41 Quadratmetern. Die teilweise populär gewordene Schwimmnudel, die sich Radlerinnen hinten auf den Gepäckträger gespannt haben, um wenigstens mal 1,5 Meter Abstand beim Überholen im schwimmenden Verkehr anzumahnen, wirkt da tatsächlich bescheiden.

Der öffentliche Linienbus braucht bei einer angenommenen Auslastung von 20 Prozent keine 16 Quadratmeter pro Person. Straßenbahnen nur noch 9 pro Person bei 50 km/h.[56]

Platzverbrauch des ruhenden Verkehrs: 1,5 Quadratmeter öffentlicher Raum pro Führerscheinbesitzer

Jede fünfte Garage dient nicht als Parkplatz, sondern als Abstell- oder Hobbyraum.

ImmobilienScout24 [57]

Über wie viel Platz für öffentliche Parkplätze reden wir denn eigentlich? Es sind ca. 88 Millionen Quadratmeter öffentlicher Raum durch Autos, allein in Deutschland.[58] Im Jahr 2020 hatten etwa 57,45 Millionen Deutsche einen Pkw-Führerschein. Demgegenüber lag die Zahl der Personen ohne eine Fahrerlaubnis für einen Pkw bei rund 13,07 Millionen. Insgesamt ist die Zahl der Personen mit einer Fahrerlaubnis in den letzten Jahren gestiegen. Also jede Person mit Pkw-Führerschein hat in Deutschland 1,5 Quadratmeter öffentliche Fläche beansprucht. Ein Auto hat durchschnittliche 13,5 Quadratmeter Parkplatzbedarf. Tendenz: verbreiternd. Das Rad braucht 1,2 Quadratmeter, im Doppelstockparker-System oder elegant im Flur aufgehängt noch weniger. Genauso viel wie ein öffentlicher Linienbus – auch hier pro Person –, wenn man eine Auslastung von 40 Prozent annimmt. 13,5 Quadratmeter pro Auto in Städten sind also unverhältnismäßig viel Platz pro Person und Auto.

Wie gut, dass Deutsche im ländlichen Raum ihre Autos in Carports und Garagen ruhen lassen. Denn in Metropolen stehen nur 40 Prozent der Autos auf privaten Grundstücken, 10 Prozent im Parkhaus und 49 Prozent im öffentlichen Raum. In Mittel- bzw. Kleinstädten ruhen 77 bzw. 88 Prozent der Fahrzeuge auf Privatgrundstücken und 16 bzw. 11 Prozent parken im öffentlichen Raum.

Bleiben wir in der deutschen Hauptstadt: Der Platzverbrauch durch Autos entspricht einem Anteil von 8,34 Prozent an der gesamten Verkehrsfläche. Auf die rund 3,5 Millionen Einwohner kommen 1,8 Millionen Autos. Den größten Platzverbrauch durch Autos gibt es aber im wie immer auffälligen, weil sonst so durchschnittlichen Hannover: Rund ein Fünftel der gesamten Verkehrsfläche wird von parkenden Autos eingenommen. Es ist auch die einzige deutsche Großstadt, in der es mehr Pkw als Einwohner gibt, nämlich rechnerisch 1,05 Autos für jeden der 532 000 Einwohner.

Im internationalen Vergleich eine ungewöhnliche Situation in Deutschland: Denn anders als in anderen Rechtsbereichen gilt beim Parken: Parken ist überall erlaubt, wo es nicht verboten ist.

In vielen asiatischen Städten ist es umgekehrt und der eigene Parkplatz wie in Japan ist Voraussetzung für die Auto-Anmeldung. Andere Städte wie Amsterdam reduzieren derzeit jedes Jahr die Parkplätze um 1500 im Jahr. Kreuzberg in Berlin will jeden zehnten Parkplatz rückbauen. In der Schweiz sind ebenfalls flächendeckende Reduzierungen erkennbar. (Siehe dazu viele der Beispiele von bewegenden Städten im Kapitel 5.) Viele Städte wie Zürich haben Maximalparkdauern in der Innenstadt in besonderen Zonen ausgewiesen, verteuern diese und reduzieren sie. Parkplatzbewirtschaftung heißt das und ist die Hoffnung auf Steuerung zwischen Parkdruck, Parkangebot und Parkplatzsuchverkehren.

Dit jibt et nich nur in Berlin, wa?! Modaler Platzverbrauch

Wir sehen uns die Infrastrukturen für den fahrenden und ruhenden Verkehr (Standfläche) mal im Vergleich an, wie die Heinrich-Böll-Stiftung das visualisiert hat.[59]

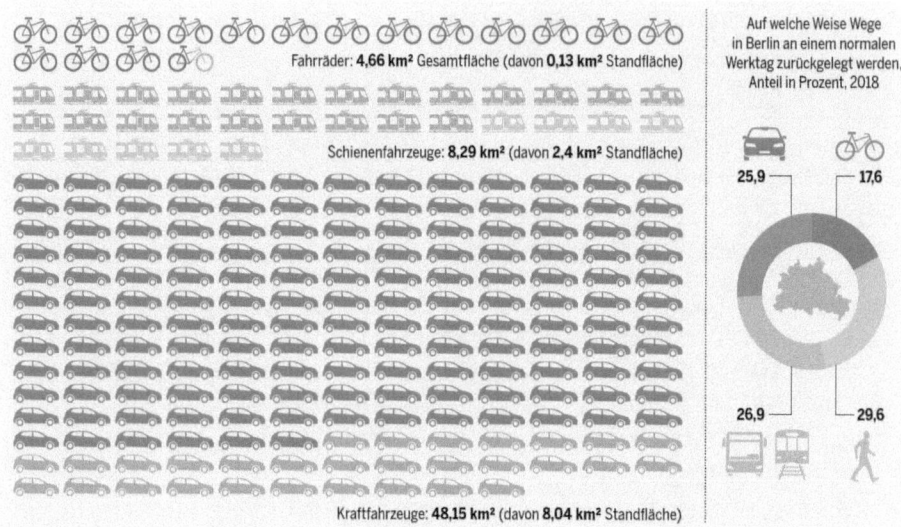

Bild 2.9 Infrastrukturen für den fahrenden und ruhenden Verkehr (Standfläche). Das Auto verbraucht am meisten Fläche.

Da wird das Gerechtigkeitsproblem raumumgreifend verständlich: 56 Quadratkilometer Platz für 25,9 Prozent Wege mit dem Auto im Vergleich zum ÖPNV, der das mit einem Fünftel schafft. Auto-Aggressionen bekommt man aber auf der Straße und den zugeparkten Gehwegen: Knapp 50 Prozent der Wege haben nahezu keinen Platz mehr.

Das Einzige, was jetzt noch hilft? Den Platz des ruhenden Verkehrs reduzieren. Dann haben Selbstbewegende etwas mehr Platz, aber einfach wird es nicht.

Parkraumbewirtschaftung: Mehr Brötchentasten oder mehr Gebühren?

Parkraumbewirtschaftung wird von den Kommunen für die zielgerichtete Steuerung des Verhältnisses von Parkplatzsuchverkehr zur Anzahl verfügbarer Parkplätze im öffentlichen Straßenraum verstanden.

Simple Knappheitslehre der Ökonomie: Der Parkraum wird dort bewirtschaftet, wo die Zahl der parkenden Fahrzeuge die Zahl der verfügbaren Parkplätze übersteigt. Diese Überschussnachfrage führt in der Regel zu erhöhtem Parksuchverkehr und damit zu erhöhten Lärm- und Umweltbelastungen.

Das Parken in zweiter oder nunmehr dritter Reihe, das Abstellen auf Radwegeanlagen und in Haltebuchten wird zwingend notwendig, weil es eben keinen Platz gibt. Die Straßenverkehrsordnung erhöht die Gebühren, Fahrradstaffeln sind im Stop-and-go-Verkehr unterwegs, weil es alle drei Meter einen Verstoß gibt. Während der aufgenommen wird, konnten die anderen fünf beobachteten Fälle von Kurzparkern nicht erledigt werden.

Das Kurzparken ist im Gegensatz zum Parken am Arbeitsplatz und der Wohnung das Hauptparken. Die Einschätzung der Kürze ist jedoch relativ – wie wohl auch die Zeit. Was hilft da? In der 24. Ausgabe des Duden ist sie drin: die Brötchentaste, die eine kurze kostenfreie Parkierung am Automaten ermöglicht, um eben „kurz Brötchen zu kaufen". Dies war die Hauptausrede bei fehlendem Ticket.

Im Grundsatz ist die Parkraumbewirtschaftung weniger ein Anreiz zum schnellen Bäckereibesuch, sondern als Anreiz zur reduzierten Nachfrage und zum Wechsel zum ÖPNV gedacht. Der stiftungsfinanzierte Thinktank *„Agora Verkehrswende"* hat einen optimistischen Leitfaden für Kommunikation und Verwaltungspraxis des Parkraummanagements 2019 veröffentlicht.[60] Die Gegenargumente von „Abzocke" über Abhängigkeit von Auto und Parkplatz bei Pendlern oder der Einzelhandelsangst vor Umsatzeinbruch ohne Autostellplätze für Kunden sind alle richtig. Aber der Optimismus trifft auf Realismus.

Beharrungsvermögen: Kuckuckseffekte und klimaoptimierte Nestumbauten

Realistisch können wir historisch einen eher noch überschaubaren Erfolg konstatieren, denn das Mobilitätsverhalten ist verhaltenspsychologisch und -ökonomisch gut erforscht: Benzinpreise und Parkgebühren ändern nichts. Das nennt man *Preiselastizität der Nachfrage* – und die ist beim Auto (im Vergleich zur Insassen-Beweglichkeit) doch beeindruckend elastisch. So sind auch sinkende Durchschnittsgeschwindigkeiten, zunehmende, fast wie strategisch platzierte Baustellen etc. noch lange kein Grund, das Verhalten zu ändern.

In der Verkehrs- und Mobilitätsforschung sprechen wir vom *„Kuckuckseffekt"* infolge der Anschaffung eines Autos. Denn ist es einmal da, verdrängt es in der Annahme der Zeit-

und Wegestrecken-Selbstgestaltung alle anderen Verkehrsmittel. Ähnlich wie sich ein Kuckuck im Nest seiner Konkurrenten entledigt, macht das Auto das bei anderen Verkehrsmitteln auch. Wichtig für die Autonutzung und die Stärke des „Kuckuckseffekts" ist die Parkplatzsituation, also das Nest. Die Antwort auf die Frage, ob mit Sicherheit und in einer erträglichen Entfernung ein Parkplatz zur Verfügung steht, entscheidet über die Häufigkeit und Routinemäßigkeit der individuellen Autonutzung. Auch hier gibt es erhebliche Unterschiede zwischen den verschiedenen Siedlungstypen. Hier nochmals die genauere Analyse, wo das Problem des Parkdrucks zu Hause ist: da, wo Parks und Wohnraum gebraucht werden. In Städten.[61]

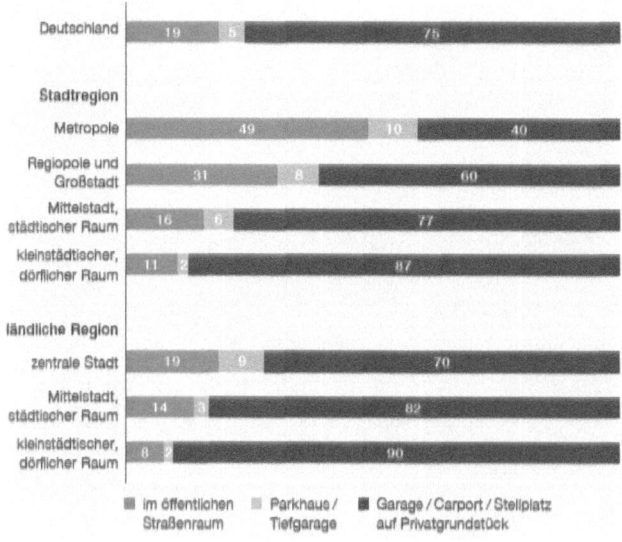

Bild 2.10 Aufteilung von Parkflächen in Stadt und Land

Aber wie dann? Entwicklung statt Bewirtschaftung?

Wieder ein Blick in die Hauptstadt: Berlin investiert 42 Millionen Euro für 13 Zukunftsprojekte von digitaler Parkraumüberwachung und intelligente Laternen für „mitlaufende Beleuchtung" für Fußgängerinnen und Radfahrer – alles für den Klimawandel und die Mobilitätswende. Als weiterer Punkt stehen Erneuerung und Ausbau der Toiletten im Berliner Grün auf der Liste. Künftig sollen dort „ökologische und klimafreundliche, autarke Toiletten" eingesetzt werden.

Daneben werden Millionengelder für den Umbau von Parkplätzen in Plätze investiert: also genau das, was sich die im Abschnitt 1.2.6 aufgeführte Zivilgesellschaft beim Parking Day vorgenommen hatte.

Es sollen Räume entstehen, „in denen der motorisierte Individualverkehr keine oder nur noch eine untergeordnete Rolle spielt", wie der Berliner Senat mittteilte: „Orte der Begegnung, des Verweilens, der Erholung, der Kommunikation und des Spielens".

Klingt so ein bisschen nach Berlin? Verrückt? Nicht unbedingt. Verrückt waren doch eher die Brutalität der autogerechten Stadtentwicklung und ihre Umwidmungen von Freiflächen, Baulücken, Wohnhäusern, Schulen und Kirchen, die für Garagen und Parkhäuser umgebaut wurden. Also ist die aktuelle Rückeroberung nur eine Rolle rückwärts, wie das im Sportunterricht mal hieß.

> *„In großem Umfange sind Theater, Tattersalle, Sporthallen, Exerzierplätze und -hallen, sogar Tempel und Kirchen (in Russland), in München eine Rollschuh- und Radfahrbahn in Garagen umgewandelt.*
>
> *Auch Museen, die an anderer Stelle neu aufgebaut wurden, haben dieses Schicksal erfahren."* [62]

Georg Müller, ausgewiesener Hochgaragenexperte, 1937

2.4.3 Urbane Mobilität und Zeit: das Tempo der Stadt

Lust auf vier Wochen Sonderurlaub? Bei einer 40-Stunden-Woche können Sie sich den in Berlin gönnen, wenn Sie nicht die 154 Stunden im Stau stehen, sondern z. B. radeln. Vier Wochen Radurlaub on top, weil Sie mit dem Rad fahren? Sie merken schon: Zeit ist relativ.

Tempi Passanti: wie Geschwindigkeiten Gehirne verändern

Mobilität und Zeit in Städten sind ein spannendes Forschungsfeld, was einem z. B. erklären kann, wie städtische Geschwindigkeiten und Gehirne zusammenhängen. Manche Austauschschülerinnen und viele umziehende Arbeitnehmer spüren es schon am Tag des Einzugs geschwind, wie der Schwabe sagt: Städte habe Eigengeschwindigkeiten. Verdichtung, Pendelentfernungen, Pünktlichkeitskulturen, Einkommensstärke oder auch Temperatur: Alles hat einen Einfluss auf das Tempo der Stadt.

Südliche und heiße Städte sind langsamer, oft auch gelassener und nächtlicher schneller. Es gibt pünktliche Städte wie Hamburg. Es gibt akademisch entspanntere Viertelstundenverspäterstädte oder Teheran, bei dem auch drei Stunden tolerabel sind. Es gibt barock-behäbige Städte wie Wien, in denen es wirklich unpassend ist, zur Bim, also der Straßenbahn, zu rennen, während man in Berlin bei dem weltbesten Takt der S-Bahn noch auf Treppen umgerannt wird, nur um dann die eine Minute früher am Bahnsteig zu sein. Es gibt jazzig-swingende Städte wie Paris, wo alle irgendwie mitschwingen, obwohl es eine schnelle Stadt ist, oder Bern, wo man einem die Schuhe beim Schleichen besohlen kann, wobei in Malawi das nochmals doppelt so langsam ist. Es gibt einige spannende Studien z. B. zum Fußverkehr, die in den letzten Jahrzehnten durchgeführt wurden. So ist in der folgenden Abbildung die Durchschnittszeit für 10 Meter (Laufdistanz in Sekunden) nach Einwohnerzahl der Städte aufgeführt.[63]

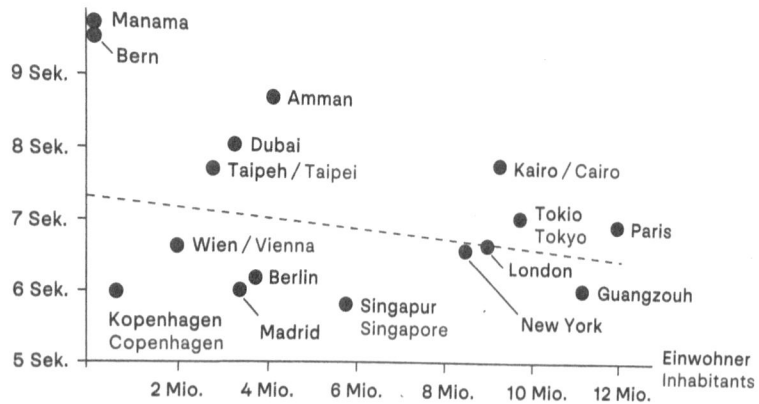

Bild 2.11 Schnelle Stadt, langsame Stadt: Wie lange braucht ein Fußgänger für 10 Meter Strecke? Ein Vergleich von Bern bis Paris

Der Psychiater Mazda Adli führt zahlreiche neurowissenschaftliche Studien auf: Allen gemein scheinen die klaren Strukturunterschiede des Gehirns auf, je nachdem ob wir auf dem Land oder in der Stadt aufgewachsen sind. Auch die Geschwindigkeitsunterschiede von Städten sind neuronal nachweisbar.[64]

Reisenachteile im Vergleich: Express statt mäandernde Stadtrundfahrten

Das Mobility Institute Berlin (MIB) hat sich in Studien mittels umfangreicher Datenanalysen den „Reisezeitnachteil" in elf deutschen Großstädten angeschaut: Überall sind ÖPNV-Nutzerinnen gegenüber Autofahrern so sehr im Nachteil, dass es zur Egalisierung größerer Eingriffe bedürfe. Manchmal seien Bus und Bahn zwar genauso schnell, aber eben nur, wenn Start- und Zielort ideal liegen und ein Schienenfahrzeug sie verbindet. Im Schnitt brauchen nach dieser Studie Großstadtmenschen mit Bus und Bahn doppelt so lang im Vergleich mit der Autofahrt. Die meisten Menschen akzeptieren einen Zeitnachteil gegenüber dem Auto von 30 Prozent, auch 50 Prozent sind für viele noch in Ordnung. Und das ist zweifach nachvollziehbar: Die Studien vernachlässigen die Parkplatzsuchzeit und die Qualitätszeit, wenn man mit Chauffeur am Handy daddeln kann oder gar ein Buch mit Kaffee auspackt.

Was man aber auch klar sieht, es sind nicht die Stopps an Haltestellen, sondern die mäandernden Wege gerade bei Bussen und das Warten an Umsteigepunkten.

Ein Blick in die größte Stadt Deutschlands: Zwischen Berlin-Pankow und Reinickendorf liegen zwar nur zwei Kilometer, aber man darf sechs Kilometer länger gefahren werden. Querverbindungen durch Expressbusse und eine grüne Welle an Ampelkreuzungen könnten hier für Abhilfe sorgen. Der Hamburg-Takt sieht einen Fünf-Minuten-Takt vor, der das Fahrplan-Checken überflüssig macht, aber eben auch einige Milliarden Euro kostet und Zeit braucht.

Geschwindigkeit kostet immer Geld, aber sie ist politisch gestaltbar für die Gesellschaft, die Gesundheit und das Klima.

Internationale Vergleichsstudie:
Eigentlich würden alle anders fahren, wenn sie könnten

Auf den ersten Blick waren das sehr gute Nachrichten für das Klima, die uns das Beratungshaus PwC da in einer unverdächtig klingenden Studie „Digital Auto Report" im Herbst 2021 berichtete: Sieben von zehn Menschen in Deutschland seien bereit, ihr persönliches Mobilitätsverhalten zu verändern, um CO_2-Emissionen einzusparen. 1000 Menschen aller Einkommensschichten wurden befragt sowie weitere in anderen europäischen Staaten sowie in den USA und in China. Die Ergebnisse waren schon unterschiedlich, so wollen in China etwa fast alle Befragten (97 Prozent) persönlich zur CO_2-Minderung beitragen, wie man das bei chinesischen Wahlen kennt. In den USA hingegen nur jeder Zweite, wie man das ebenfalls aus Wahlen kennt. Deutschland ist immerhin beim Anspruch vorn dabei. Knapp die Hälfte will kürzere Distanzen vermehrt zu Fuß oder mit dem Rad zurücklegen, immerhin ein Viertel nimmt sich einen Komplettverzicht auf Kurzstreckenflüge vor. Diese Einstellung deckt sich auch mit den Studien des Umweltbundesamtes, denen zufolge für immerhin jeden zweiten Deutschen das schonende Verhalten höchste Priorität beim Verkehr der Zukunft hat.

Warum bewegen wir uns nur in Umfragen und im Leben weiterhin wie bisher? Nur sieben Prozent der Deutschen wollen auch nach der Corona-Pandemie verstärkt auf Öffentliche umsteigen. 53 Prozent wollen Bus und Bahn nun weniger nutzen oder fahren sowieso gar nicht damit.

Die geringe Wechselwilligkeit hin zu Bus und Bahnen habe mit dem „Status quo" zu tun, sagt Jonas Seyfferth, Autor des Digital Auto Report und Mobilitätsexperte bei PwC. Größte Hindernisse bei der Nutzung des öffentlichen Personennahverkehrs (ÖPNV), aber auch von Rad- oder Car-Sharing seien vor allem zu hohe Preise bei einer zu geringen Verfügbarkeit und die Geschwindigkeit.

Urbaner Geschwindigkeitsgewinner? Das E-Bike

Was denken Sie so, wie schnell Sie in Ihrer Stadt durchschnittlich mit Ihrem Auto fahren – das ja meist bis zu 250 km/h fahren könnte und in Städten zumindest 50 fahren dürfte?

Genau, nicht mal 24,1 km/h im Schnitt. In Berlin 17,7, wie die Statistik von Statista für 2018 belegte. Und es wird natürlich immer langsamer. Die Ampelphasen sind da nicht eingerechnet. Da bekommt die Ablehnung einer 30er-Zone doch etwas Bizarres, weil man sich das schon zur Beschleunigung wünschen könnte.

Es gibt Verkehrsteilnehmer, für die Ampeln ein Kommunikationsangebot sind, das man nicht zwingend annehmen muss. Sie heißen Kampfradler. Die sind nachweislich am schnellsten in jeder Stadt, aber es ist eben auch ein Kampf für alle anderen.

Wenn man mal idealistischerweise eine normale straßenverkehrsgestählte Radlerin annimmt, dann sieht man erstaunt, dass im Tür-zu-Tür-Vergleich im Stadtverkehr nach einer Studie des Umweltbundesamtes sowie Meta-Daten-Analysen das normale Stahlrad bis 5,5 Kilometer Distanz bei einer Geschwindigkeit von gut 15 km/h das schnellste Verkehrsmittel ist, bis knapp 7 Kilometer Distanz das E-Bike bei einer Geschwindigkeit von 17,4 km/h – noch vor dem Auto. Bis 10 Kilometer ist das Auto nur wenige Minuten zügiger. Und wir wissen, dass es immer mehr Pendler gibt, die auf dem Rad die Pendlerdaten als Sportstrecken mit deutlich über 25 km/h in die Communities hochladen.

Wer keine Zeit hat, sollte kein Auto fahren. Wer pünktlich ankommen möchte, aufsatteln. Selbstbewegung ist das Verlässlichste in der Ankommenszeit.

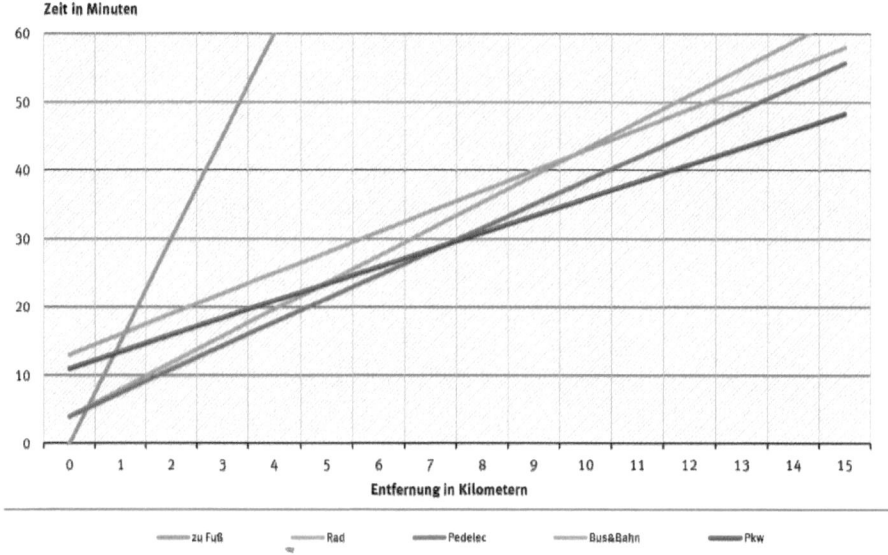

Bild 2.12 Wegevergleich von Tür zu Tür im Stadtverkehr

Langsam kommt die Erkenntnis: italienische Kiri Coins statt Flensburger Punkte

Fiat und Kiri Technologies haben Kiri-Coins für das langsame Fahren entwickelt. Im Gegensatz zu den Punkten, die man in Flensburg fürs schnelle Fahren erhält, werden bei Langsamfahrerinnen 150 Euro Gegenwert für deren Daten vergütet, damit man weniger Emissionen ausstößt. Die Polizeigewerkschaften sind motiviert. Versicherer auch. Irgendwie gewinnen da alle.[65]

Die Punkte gelten für das legendäre Modell 500, das mal mit 13 PS fuhr, mit 470 Kilogramm eben ein süßes Leichtgewicht, und das man für 3000 D-Mark erstehen konnte: Die letzte Auflage kann man mit einem Gewicht von 1300 Kilogramm nun mit 118 PS für 20 000 Euro langsam fahren.

Kampfzone 30 und andere Tempolimits der Mobilitätswende

Der Koalitionsvertrag titelte *„Mehr Fortschritt wagen"*, was eben nicht bedeutete, dass „Schritte" vor dem „Wagen" stünden. Das Deutsche Institut für Urbanistik hatte erneut Änderungsbedarfe des Straßenverkehrsrechts im Jahr 2019 angemahnt und gefordert, dass für die Erlaubnis der 30er-Zonen deutlich mehr Spielräume gegeben werden müssen.[66]

Die Kommunen wollen es. Unfälle gehen zurück. Die Differenzgeschwindigkeiten zwischen Rad, Mofa, Roller und Autos sinken. Alle profitieren – bei Durchschnittsgeschwindigkeiten.

64 Städte und Gemeinden hatten sich schon Ende 2021 der #Tempo30-Initiative aller Parteien angeschlossen. Städte brauchen mehr Handlungsspielraum durch eine Reform des Straßenverkehrsrechts.

Interessant: Auch Autohersteller wollen ein Tempolimit. Und der FDP-Verkehrsminister sagte nach wenigen Tagen im Amt immerhin ein klares „Jein". Natürlich vor allem auf Autobahnen, da nur so die Reichweiten der E-Cars derzeit funktionieren und nicht zum schnellen Verbrenner gegriffen wird. Nun denn, Lobby-Arbeit und autofreundliche Politik ist auch nicht mehr so einfach wie in den 1990er-Jahren. Nach dem Angriffskrieg von Putin wurde erneut ein Anlauf für das Tempolimit unternommen, das aber von der FDP wegen fehlender Schilder als leider nicht realistisch angesehen wurde. Schildbürgerstreiche sind Deutschlands Verkehrskompetenz – parteiübergreifend …

2.4.4 Urbane Mobilität und Kosten: Kognitions- und Kalkulationsprobleme

Der Schwabe kann Autos bauen. Und auf die „Koschde schaue". Bei den Kosten der Mobilität allerdings scheinen wir jedoch ein zweifaches Problem zu haben: ein kognitives und ein kalkulatorisches.

Kognitionsproblem der Kosten: die Unterschätzung der Unterhaltung

Das RWI-Leibniz-Institut und die Yale University haben 6000 deutsche Autobesitzerinnen und -besitzer gefragt. Sie unterschätzen dramatisch die Kosten ihres Autos. Mit hohen Folgewirkungen für Mobilität und Klima. Die Studie erschien im Wissenschaftsjournal *Nature* im April 2020. Also genau in dem Monat, in dem viele das Auto im Lockdown so lange nicht fuhren, dass man sich tatsächlich fragen konnte, was kostet dieses stehende Fahrzeug. Das Ergebnis: Autobesitzerinnen unterschätzten ihre Kosten im Durchschnitt um mehr als 50 Prozent. Das ist weniger, als sich Autofahrer überschätzen, wenn es um ihre Fahrfähigkeiten im Vergleich zu anderen geht, was bei ca. 90 Prozent der Autofahrer anzutreffen ist.

Aber es ist viel. Viel teurer.

Der Vergleich der Kostenabweichungen in Euro und in Prozent:[67]

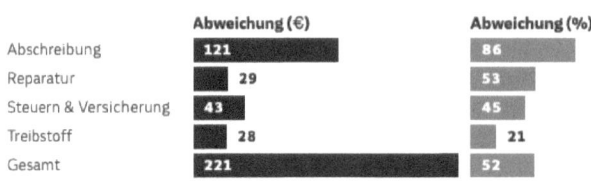

Bild 2.13 Autofahren ist viel teurer als gedacht, ein Vergleich.

Abschreibungen kennen viele Deutsche nicht, auch weil sie ihr Auto und den doch beträchtlichen Wertverlust direkt beim Abholen im Neuwagencenter abgeschrieben haben. Reparaturen gehören in die Kosten-Kategorie: „Immer zu teuer (wenn man von der Werkstatt kommt) und dann vergessen". Umgekehrt zur Radwerkstatt, wo die Mechatronikerinnen noch viel Trinkgeld bekommen, wenn sie die kleinen Rechnungen mit den günstigen Arbeitswerten bei der Rückgabe des Reparaturrades bzw. dem TÜV vorlegen. Das ist alles verständlich: Denn ist das Auto erstmal vom Autohändlerhof weg und auf dem eigenen Parkplatz angekommen, dann haben wir es mit versunkenen Kosten zu tun, also Kosten, die nun eh angelaufen sind, was uns dazu verführt, weiter Geld zu versenken.

Das Problem: Diese Fehleinschätzung der Mobilitätskosten leitet das Mobilitätsverhalten fehl. Die falsche Wahrnehmung wird ein wichtiger Grund dafür sein, warum die Autoverkäufe und zum Teil die Autonutzung in Europa weiter ansteigt. Die Forscher fanden heraus, dass das Wissen um die wahren Kosten die Mobilität verändern würde: So erhöhen Informationen über die tatsächlichen Kosten des Autobesitzes die Zahlungsbereitschaft der Befragten für den öffentlichen Verkehr um 22 Prozent. Wären Autofahrer über die echten Kosten informiert, könnte das den Autobesitz um bis zu 37 Prozent reduzieren, schließen die Forscher. Also 18 Millionen weniger Autos auf deutschen Straßen und 23 Prozent weniger Verkehrsemissionen.

Vorschlag der Forscher: Hersteller müssen Unterhaltskosten ausweisen. Um tatsächlich etwas zu ändern, machen die Forscher einen sehr konkreten Vorschlag an die Politik. Hersteller sollten beim Verkauf auch zu Angaben zu den Gesamtkosten beim Unterhalt verpflichtet werden. Das funktioniere auch bei anderen Ausgaben wie dem Energiewert für Immobilien oder dem Stromverbrauch bei Kühlschränken – und beeinflusse den deutlich. Wenn es denn gewollt ist.

Kalkulationsproblem der Kosten:
Gesellschaft zahlt 16-mal so viel für das Auto wie fürs Rad

Drei Studien einer breiter werdenden Forschung:

Das **Umweltbundesamt** hat im März 2021 auf Grundlage von Daten aus dem Jahr 2017 berechnet, wie viel wir als Gesellschaft für das Autofahren und das Radfahren eigentlich wirklich bezahlen. Also was zahlt die Gesellschaft eigentlich für die Art der Mobilität zusätzlich zu den privaten Kosten? Das sind zum Beispiel Kosten der Umweltfolgen des Autofahrens auf Gesundheit, auch Lärm, Stress oder Tinnitus, Kosten der Emissionen, die auch zu Gebäude- und Materialschäden, Ernteausfällen und Biodiversitätsverlusten führen. Das sind Kosten von Produktion über Wartung bis zur Entsorgung des Autos – inkl. Kraftstoff und Strom sowie deren Herstellung. Und die Kosten der Batterieproduktion und des Recyclings kommen dann noch obendrauf und sind noch in der Forschung stark schwankend. Dazu kommen natürlich Straßen, Parkplätze, Beschilderung. Weitere Effekte, die nicht eingeflossen sind, wären die weiteren Infrastrukturen von Tankstellen, Waschstraßen, Werkstätten und Autohändlern. Auch Wasserbilanzen etc. fehlen wohl, die ja auch bei leichten E-Autos und schweren Hybriden von Karosse bis Batterie beeindruckend hoch sind. Aber das kommt sicherlich im Update für die nächsten Studien, denn wir fangen ja gerade erst an, die externen Kosten des privaten Mobilitätskonsums ehrlicher zu berechnen.

Was kommt im Vergleich zwischen Auto- und Radkilometer bei diesen heraus? Das Rad sei 16-fach günstiger als das Auto. Denn rechnet man die oben genannten Effekte zusammen, dann zahlt die Gesellschaft pro gefahrenem Autokilometer laut der Berechnung des Umweltbundesamtes die Summe von 5,66 Cent. Für einen Fahrradkilometer seien es lediglich 0,36 Cent. Dieser Betrag resultiert hauptsächlich aus der Herstellung des Rades.

Eine weitere Studie – für einen Fahrraddienstleistungs- und Leasing-Verband erstellt – kommt von Stefan Gössling, Professor für Tourismus und Humanökologie an der **Lund Universität** in Schweden.[68] In seinem Ansatz aus dem Jahr 2018 werden ebenfalls Umweltkosten kalkuliert, aber zusätzlich noch Gesundheitseffekte durch Fahrzeugnutzung und Unfall-Ausgaben, also auch Menschenlebensbewertung. Letzteres ist ein Dauerthema bei der ethischen Analyse. Der Frankfurter Allgemeinen hat Gössling berichtet, dass „Ökonomen da auf knapp zwei Millionen Euro gekommen [seien], die sich hauptsächlich durch Versicherungs- und Lohnkosten zusammensetzen […] Man muss hierbei jedoch beachten, dass emotionale Werte und Sekundärfaktoren wie Trauer oder Kosten für mögliche Psychotherapien nach Unfalltraumata ausgeklammert sind. Daher ist der Wert eher unter- als überschätzt". Weitere Faktoren, die die Studie des Umweltbundesamtes nicht enthielt, waren negative Auswirkungen auf Boden- und Wasserqualität, staatliche Subventionen, Unfallkosten sowie Abgaben und Steuern.

Weiterhin interessant an dieser Betrachtung ist die Erweiterung der Analyse der Kosten auf die Analyse der Erlöse: Denn die positiven Gesundheitseffekte entlasten Versicherungen in jeder Hinsicht, auch durch die Reduktion von Arbeitsunfähigkeiten. Allerdings, so ironisch das ist, führt genau das wiederum zu Kosten: Denn Radlerinnen haben eine höhere Lebenserwartung, was die Gesellschaft wiederum Geld kosten kann.

Das Ergebnis: Radeln bringt der Gesellschaft 30 Cent. Das Fahren mit dem Auto kostet 27 Cent. Nochmals: Die Gesellschaft zahlt für *jeden* Autokilometer 27 Cent – zusätzlich zu den privaten Kosten. Wenn derzeit ca. 20 Prozent der Deutschen kein Auto besitzen, zahlt jeder Fünfte die Kosten für Autofahrende mit. Der Wissenschaftler fordert einen klaren Wandel: Die Zahl der Autos müsse drastisch reduziert werden und im ÖPNV müsse man das Rad mitnehmen können.

Die **Verkehrsökologie** ist eine vorreitende Disziplin in der Analyse über gerechte Mobilitätskosten und deren Verteilung. Udo Becker hat in den letzten Jahrzehnten viel kritisierte, diskutierte wie zitierte Untersuchungen an der TU Dresden über die externen Kosten der EU-27 vorgelegt.[69] Die Annahmen sind immer wackelig und nicht vollständig. Die Kritiken an der daraus immer folgenden Auto-Kritik sind erwartbar. Die Studienlagen werden feinkörniger wie die Staubanalyse auch. Und die Einsicht, dass die Preise der Mobilität ökologisch und sozial den Kosten nicht gerecht werden, auch.

So wie auch Uwe Berninghaus, der in der FAZ mit Blick auf die französische Gelbwesten-Bewegung 2018 fragte: „Was ist, wenn der Preis lügt?" „Fast zwangsläufig würde mit den gerechteren Preisen der Sinn fürs Gemeinwesen und die Umwelt gestärkt, für künftige Generationen und einen klugen Konsum, alles was der Gesellschaft, wie es so oft heißt, abhandengekommen ist."[70]

2.4.5 Urbane Mobilität und Lärm: der Sound der Stadt

Der Anti-Rüpel

Monatsblätter zum Kampf gegen Lärm, Rohheit und Unkultur im deutschen Wirtschafts-, Handels- und Verkehrsleben.

Titel des Mitteilungsorgans des Philosophen Theodor Lessing, 1908

Wo Menschen beisammen sind, ist es laut. An Lagerfeuern, am Stammtisch oder im Fußballstadion. Wo Menschen sich bewegen, ist es lauter. Schon immer. Der Legende nach soll Julius Cäsar 45 vor Christus Rom zur ersten Fußgängerzone ernannt haben. Das Hufgeklapper, das Rumpeln der Holzräder und die brüllenden Sklaven, die als Hupen dienten, waren einfach zu laut. Rom war auch damals bereits eine Millionenstadt, die ähnliche Probleme aufwies wie die heutigen Metropolen, die nun Straßen- und U-Bahnen und Uber haben.

Welche Melodie, welchen Sound hat eine Stadt? Dieser ist durch den Verkehr und seine Technologie bestimmt – schon immer. Und er ist im Wandel. So waren einmal Sänften eine Form der Besänftigung der Beschallung. Tragesessel oder Rikschas ebenso. Es ging im engeren Sinne immer um Rückschritte bis hin zur lärmemissionsärmeren Mobilität und dann kam die nächste Technologie. Wir haben uns aber als Gesellschaft für laute Städte entschieden, was durchaus unlauter gegen uns selbst war.

Denn Verkehrslärm beeinträchtigt das Leben vieler Menschen. So fühlen sich heute 75 Prozent der deutschen Bevölkerung vom Straßenverkehrslärm gestört oder belästigt, 42 Prozent vom Flugverkehrslärm, 35 Prozent vom Schienenverkehrslärm. Das war das Ergebnis einer repräsentativen Umfrage mit etwa 2000 Teilnehmerinnen und Teilnehmern zum „Umweltbewusstsein in Deutschland 2018".

Historisch anregend ist die Antilärmbewegung der New Yorker Verlegergattin und Philanthropin Julia Barnett Rice, die 1906 die *„Society for Suppression of Unnecessary Noise"* begründete. Die Deutschen folgten mit dem Lärmschutzverband 1908. Auch hier war die berufliche Herkunft wie beim Buchverlegen entscheidend: Dem ruhig denkenden Philosophen Theodor Lessing war der Alltag seiner Mitmenschen eine unerträgliche Qual, was vermutlich mit Homeschooling im Homeoffice auch im engsten Familienkreise erfahrbarer wurde. Lärmschutz ist schon von früh an ein akademisches Elitenphänomen gewesen, da die dem Lärm deutlich mehr ausgesetzten Fabrikarbeiter noch ganz andere Probleme hatten. Die in dieser Zeit ebenfalls begründete Auto-Lobby hatte dann auch dem Lärmschutzverband eine „Tyrannei der Nervösen" entgegengehalten, wie Mazda Adli in seiner Stressanalyse der Städte zum Rücktritt von Lessing vom Verbandsvorstand im Jahr 1911 schreibt.[71]

Lärm ist - nach Kurt Tucholsky - immer das „Geräusch des anderen". Abstrakter: ein ungewolltes Geräusch. Und genau das produzieren wir andauernd - für bzw. gegen den anderen.

Die bisherige Politik zum Verkehrslärmschutz unterscheidet stark zwischen den Lärmquellen. So hat das deutsche Bundes-Immissionsschutzgesetz (BImSchG) aus dem Jahr 1974 mit dem Begriff der „schädlichen Umwelteinwirkungen" auf eine Gesamtbetrachtung der einwirkenden Geräusche abgestellt, war aber beim Verkehrslärm von Anfang an auf den Konfliktfall zwischen Straßen- und Schienenverkehrslärm beschränkt. Auch die 2005 in deutsches Recht umgesetzte EU-Umgebungslärmrichtlinie verfolgt einen ganzheitlichen Ansatz. So kam 2007 die Lärmkartierung und 2008 die Lärmaktionsplanung.

Das Umweltbundesamt und die Weltgesundheitsorganisation „WHO" haben aus der sehr etablierten Lärmwirkungsforschung Zielwerte für die Lärmbekämpfung abgeleitet. Sie beziehen sich auf den Mittelungspegel außerhalb der Wohnungen, um auch die Außenwohnbereiche und die städtischen Aufenthaltsbereiche zu schützen. Autorennen von soundgetunten Amateur-Sportwagen vor Shishabars sind dabei explizit mitgemeint und manchmal sogar mitkontrolliert. Adrenalin, Noradrenalin und Kortisol bewirken Kettenreaktionen, die tatsächlich Blutdruck und Herzfrequenz erhöhen - aufseiten der Fahrer und der Anrainer solcher Straßen.

Der Einfluss der Tageszeit auf die Lärmwirkung macht den Unterschied zu vielen anderen Umweltbeeinträchtigungen, die von der Tageszeit unabhängig sind: Menschen teilen ihren Tag in die unterschiedlichen Phasen des Schlafens, der Erholung und des Arbeitens ein. Mit ihren *Night Noise Guidelines* von 2009 hat die „WHO" die Anforderungen an eine gesunde Nachtruhe mit einem Zielwert von 40 dB(A) und einem Interimswert von 55 dB(A) verschärft.

Dabei gilt beim Lärm wie bei anderen Umweltbeeinträchtigungen immer die gleiche Regel: *Vermeiden vor Vermindern vor Ausgleichen:* also erst die Vermeidung einer Lärmquelle, bei Unvermeidbarkeit die Minderung und schließlich für die dann noch bestehenden Immissionen Ausgleichsmaßnahmen zu treffen (Lärmschutzfenster oder die verkehrlich nicht unproblematischen Noise-Cancelling-Kopfhörer).

Urbane Mobilität und Geschlecht

Feminine Verkehre und deren Planung sind anders besser.

> *„Ich denke, es hat mehr für die Emanzipation der Frau getan als irgendetwas anderes auf der Welt. Ich stehe da und freue mich jedes Mal, wenn ich eine Frau auf einem Fahrrad sehe. Es gibt Frauen ein Gefühl von Freiheit und Selbstvertrauen."*
>
> US-Feministin Susan B. Anthony, 1896, „New York World"

Das Fahrrad als Feminismus-Bewegung der Freiheit

Der „Wille sei das Rad des Geistes". Die amerikanische Frauenrechtlerin des 19. Jahrhunderts Frances E. Willard hatte mit 53 Jahren auf einem zur Legende gewordenen Drahtesel namens „Gladys" das Radfahren gelernt. Dies nicht nur, um den Mitgliedern der von ihr geführten *„Woman's Christian Temperance Union"* zu zeigen, zu welchen Balanceakten Frauen fähig sind.

Das Rad war das erste Verkehrsmittel, das die Bewegungsfreiheit von Frauen ermöglichte – unabhängig von teuren Pferden und Autos. Beweglichkeit kam auch in die viktorianische Kleiderordnung. Reifröcke und Fischbein-Korsetts waren auch auf Damenrädern unpraktisch.

1894 noch wurde eine britische Kolumnistin von ihren naturgemäß männlichen Herausgebern aus dem Grund entlassen, weil sie angesichts des Fahrradbooms das Ende des „Rockzwangs" herbeigeschrieben habe. Es hat aber wenig gebracht: Mit dem Fahrrad hatten Frauen die Hosen angezogen. Radeln macht frei – und haltlos. Diese und weitere Erkenntnisse verdanken wir Fahrradhistorikern wie Hans Erhard Lessing und Pryor Dodge.

Auch für Männer änderte das Rad einiges: Die statusdemonstrierende Taschenuhr wanderte ans Handgelenk, der Zigarrenkonsum war rückläufig, die Konfektionskleidung trat ebenso wie Coca-Cola die Siegestour an; das Rad sorgte für den Druck des ersten nichtmilitärischen Kartenwerks, schadete dem sonntäglichen Kirchgang und löste nachweislich das Inzuchtproblem in ländlichen, schwer erreichbaren Regionen.[72] Dann kam die Siegesfahrt des Autos.

Androzentrische Verkehrspolitik: weil Männer Autos halten und fahren …

Die Zahlen und Statistiken sprechen dafür, dass Autos vor allem Männersache sind. Am 1. Januar 2021 waren 65,5 Prozent der etwa 48 Millionen Pkw in Deutschland auf Männer angemeldet. Pro Tag legen Männer über alle Altersgrenzen hinweg durchschnittlich 29 Kilometer am Steuer eines Autos zurück – bei Frauen sind es nur 14, wie eine Umfrage im Auftrag des Bundesverkehrsministeriums ergab. Nun kam auch ein männlicher Kolumnist des Magazins „Der Spiegel" auf die Erkenntnis: „Männer dominieren mit ihren Autos aber nicht nur die Straßen, sondern auch die Verkehrspolitik. Fast alle wichtigen Verkehrspolitiker und -lobbyisten sind: Männer." Verkehrspolitik sei daher „androzentrisch", also an männlichen Idealen und somit am Auto ausgerichtet, schreibt der Verkehrsclub Deutschland (VCD). Auch die Stadtforscherin Rosa Thoneick von der Hamburger HafenCity-Universität fordert „mehr Diversität" in den Entscheidungsprozessen und eine Abkehr von der meist von Männern beförderten „Autozentrierung".

Was eine Verkehrsministerin weniger verkehrt machen könnte? Einfach mehr auf die Städte schauen!

Feministische Stadtplanung als Verkehrsplanung

*„Wer die Welt verändern will,
kann damit beginnen,
einen Radweg anzulegen."*

Janette Sadik-Khan

Dass New York und Paris cool und beweglicher werden, liegt an Frauen: So war es in New York City Janette Sadik-Khan, die als Verkehrskommissarin von 2007 bis 2013 so ziemlich alles umstellte: 450 Kilometer Fahrradwege auf Fahrspuren, Fußgängerzonen auf Hauptverkehrsstraßen, Pop-up-Cafés auf Parkplätzen, Busbeschleunigungsprogramm statt Schnellstraßen und die mutwillige narzisstische Kränkung allen Fortschritts: die Sperrung des Times Square 2009 für den Autoverkehr. Der Aufschrei in der Bevölkerung war vorher wie immer riesig. Nach der Umsetzung gab es einen ganz anderen, denn das befürchtete Verkehrschaos war ausgeblieben und kein Anlass: Nur waren die Gartenstühle aus dem Baumarkt, die auf dem Platz zum Verweilen einladen sollten, für die feschen New Yorker zu hässlich. Das kennen wir selbst aus Berlin, wo die Friedrichstraße auch etwas hölzern umgesetzt wurde. Das Prinzip hat aber Methode und nennt man wohl heute einfach agil *Urban Start Up Prototyping:* So wurden Sperrungen und neue Radspuren mit sehr einfachen Mitteln zunächst als temporäre Versuche angelegt. Bewährten sie sich – und zwar indem sie beispielsweise die Verkehrssicherheit steigerten –, wurden sie ausgebaut und fest installiert. In ihrer Amtszeit sank die Zahl der verletzten Fußgänger um 35 Prozent und der Zeitgewinn des Verkehrs stieg um 17 Prozent.[73] Sie schrieb dann das Buch *„Street Fight"* als Handbuch für urbane Revolutionen.

Vorreiterin dieser weiblicheren urbanen Revolutionen war Jane Jacobs. Ihr Buch *„The Death and Life of Great American Cities"* war 1961 die Anregung zu einer Theorie für eine neue menschenzentrierte Stadtplanung. Es war das Gegenmodell zum männlichen Modell des als Le Corbusier bekannten Architekten Charles-Édouard Jeanneret, und zwar der „ville radieuse", der Gartenstadt, die Wohnen, Arbeiten und Freizeit strikt trennte.

Das Interessante und vielleicht eben auch Weibliche an Jane Jacobs, wenn es die Stereotype erlauben: Sie war eben keine Architektin und Stadtplanerin, sondern Journalistin mit Familie und schrieb für die Zeitschrift „Vogue" über das Leben und Arbeiten in New York. Die Stadtplaner nahmen die so titulierte „Hausfrau" zu Beginn nicht ernst, denn sie hatte keinerlei akademische Ausbildung.

Aber sie hatte Methode: Sie studierte den Alltag und die komplexen Abläufe in ihrer Stadt minutiös. Sie beobachtete die komplexen Abläufe und Zusammenhänge von Verkehr, Wohnen und Arbeiten. Und sah die Metropole so als eine Ansammlung von Dörfern. Die Vertrautheit der Nachbarschaft in Kombination mit der kulturellen Vielfalt und der Anonymität der Großstadt machte für sie den Reiz und den Innovationsgeist aus, der Städte prägt und Menschen begeistert.

Um ihr eigenes Wohnquartier vor Robert Moses, dem damaligen obersten Stadtplaner New Yorks und seiner autogerechten Stadt zu retten, organisierte Jane Jacobs Nachbarschaftstreffen und Demonstrationen, sammelte Unterschriften und mobilisierte die frühere First Lady, Eleanor Roosevelt, für ihr Unterfangen. Gemeinsam verhinderten sie Moses' Bauvorhaben.

If you can make it here, you can make it everywhere …

Wie sich Frauen anders bewegen

Was wir wissen? Wenig. Es gibt nur wenige international vergleichende Analysen darüber, wie Frauen sich urban anders bewegen. Aber eine Studie des Beratungshauses Ramboll aus dem Jahr 2021 resultierte aus einem Besuch im damals noch weiblichen Kanzleramt zum Girls Day 2019 bei Angela Merkel und einem weiteren Besuch direkt daran im Anschluss, und zwar beim Allgemeinen Deutschen Fahrrad-Club (ADFC).[74] Was für eine Kombination! So wurde eine Analyse in Finnland, Norwegen, Schweden, Dänemark, Deutschland, Indien und Singapur möglich, die die geschlechtsspezifischen Unterschiede bei der Wahl der Verkehrsmittel aufzeigte. Die strukturellen Geschlechterungleichheiten in der Gesellschaft – Gender Power Gap, Gender Work Gap, Gender Participation Gap, Gender Pay Gap, unbezahlte Pflegearbeit oder Elternzeitlücke in den Nationen – flossen somit ein. Historische, kulturelle und kommerzielle Gründe beeinflussen das Reisen und die bevorzugte Alltagsmobilität von Frauen und Männern. Das Spannende ist aber darüber hinaus, dass sich diese strukturellen Unterschiede nicht nur auf die Wahl des Verkehrsmittels und die Fahrtzwecke auswirken – sondern auf die Gestaltung unserer Transportsysteme selbst.

Grundsätzliche Erkenntnisse und Vorbedingungen für das Verkehrsverhalten: Die Erwerbsbeteiligung von Frauen ist geringer als die von Männern. Frauen arbeiten stärker als Männer in Teilzeit. Frauen verdienen im Allgemeinen weniger als Männer. Was kam nun heraus?

Das Quantitative: Wie oft, wie lang?

- Frauen laufen mehr als Männer. Dafür haben diese aber mehr Schrittzähler-Apps.
- Frauen nutzen Bus und U-Bahn deutlich häufiger als Männer. Interessant auch deswegen, weil es ja sehr gefährlich und schmutzig sein soll, wie Männer sich an Auto-Waschstraßen erzählen und Frauen tagtäglich erleben und sich auch mehr Sorgen als Männer über (sexuelle) Belästigung machen.
- Männer fahren deutlich häufiger Auto als Frauen.
- Frauen sind deutlich häufiger Beifahrerinnen in einem Privatwagen.
- Männer fahren deutlich mehr Fahrrad als Frauen, wenn es keine oder schlechte Infrastruktur gibt.
- Männer fahren deutlich häufiger Motorrad als Frauen.
- Männer nutzen neue Mobilitätsdienste wie E-Scooter mehr als Frauen.
- Männer und Frauen nutzen Nahverkehrszüge, Straßenbahnen und Taxis gleich viel.
- Frauen legen pro Reise kürzere Distanzen zurück als Männer.

Das Qualitative: Wie genau?

- Frauen denken mehr als Männer über Reiseroute und Tageszeit nach.
- Frauen bewegen sich in sogenannten *Trip Chains*, wobei Männer eher *Sternverkehre* haben: Frauen haben mehrere Anlaufstellen und Ziele auf einer Strecke, während Männer immer wieder nach Hause fahren und wieder losfahren.
- Frauen begleiten Kinder oder andere in größerem Maße als Männer und kaufen für Familienmitglieder ein.

Spannend aus deutscher Brille: Helsinki, Oslo, Stockholm, Kopenhagen, Delhi und Singapur sind ähnlich. In Berlin jedoch sind diese Nutzungsunterschiede nicht so eindeutig wie in den anderen Hauptstädten.

Mit unserem BICICLI Cycling Concept Store und einer sehr weiblichen Klientel – wohl auch aufgrund des auch noch untypischen weiblichen Personals – sowie im Bereich der Dienst- und Flottenräder können wir diese Unterschiede eindeutig bestätigen. Deswegen kaufen Frauen fahrtaugliche, vollausgestattete, mit Gepäckträgern versehene Räder – und gern einen Airbag-Helm. Und achten auf Infrastruktur, Licht und Textil. Weniger auf Leasing.

Feminine Forderungen: legitime Forderungen auch für Männer

Nach der Coronakrise werden inklusive Mobilitätsstrategien an Bedeutung gewinnen. Die Pandemie hat uns verstehen lassen, dass es Mobilität und sichere Infrastruktur für alle Menschen braucht – und dies eben besonders für die Frauen.

Dass dies noch keine Realität ist, zeigen Studien, nach denen z. B. Frauen in den USA bei Autounfällen einem höheren Risiko für Tod oder schwere Verletzungen ausgesetzt sind als Männer: Eine Fahrerin oder Beifahrerin stirbt zu 17 Prozent häufiger und wird zu 73 Prozent häufiger schwer verletzt als männliche Fahrer oder Beifahrer. Grund dafür sind die *Crashtest-Dummies*, die in den USA verwendet werden. Sie wurden 1970 entwickelt und bildeten den damaligen männlichen Durchschnittsamerikaner ab – weibliche Crashtest-Dummies gibt es nicht, obwohl sie die Überlebensrate bei einem Crash deutlich verbessern würden, worauf seit Jahren vergeblich hingewiesen wird. Immer noch nicht ausreichend eingegangen wird auch auf Untersuchungen zur mangelnden Sicherheit von Frauen: Auf städtischen Straßen und in öffentlichen Verkehrsmitteln ist diese weltweit so besorgniserregend, dass mehr als 50 Prozent der Frauen ihr Verhalten regelmäßig ändern und es vermeiden, in öffentliche Räume zu gehen, um das Risiko von Belästigungen zu verringern.

Christine Bauhardt, Professorin des Fachgebiets Gender und Globalisierung der Berliner Humboldt-Universität, kritisiert seit Jahren die Männerdominanz auf der Straße und im übrigen Verkehrssektor. Es gelte, die „Windschutzscheibenperspektive" zu überwinden, bei der es direkt vor der Scheibe um die Interessen der Autofahrer – wie wir gelernt haben, vor allem die der Männer – gehe.

Stadtforscherin Rosa Thoneick von der Hamburger HafenCity-Universität fordert „mehr Diversität" in den Entscheidungsprozessen über Stadtplanung und eine Abkehr von der meist von Männern beförderten „Autozentrierung". Zu den Forderungen, die daher oft im Sinne einer Verkehrspolitik aus feministischer Perspektive erhoben werden, zählen eine fahrradfreundlichere Infrastruktur und der Ausbau des ÖPNV. „Was Städte mit einer hohen Lebensqualität auszeichnet, ist eine integrierte Verkehrsplanung, bei der alle Fortbewegungsarten als relevant berücksichtigt werden, also auch alle Formen nichtmotorisierter Mobilität", sagt Gender-Forscherin Bauhardt.

Einen klugen Katalog evidenzbasierter, also wissenschaftlich fundierter Forderungen der feministischen Verkehrspolitik findet man beim Verkehrsclub Deutschland (VCD):[75]

- **Geschlechtergerechte Verkehrswende heißt auch ökologische Verkehrswende:** Die Forderungen nach einem gut ausgebauten ÖPNV und besserer Fuß- und Fahrradinfrastruktur sind ökologisch und gendergerecht, Ziele wie die Kombinierbarkeit von Wegen, gute Querverbindungen im ÖPNV, Barrierefreiheit und Erreichbarkeit ohne eigenes Auto sollten im Fokus der Planung stehen.
- **Androzentrische Denkweisen nicht auf öffentlichen Verkehr übertragen:** bei der Planung von ÖPNV und Radwegen nicht nur Arbeitswege berücksichtigen, sondern die komplexeren Wegeketten, die häufigeren, aber kürzeren Wege und verkehrsmittelübergreifende Verkehre in den Vordergrund stellen. Mobilität muss als Teil der familiären Alltagsorganisation verstanden werden, nicht nur als Weg zur Erwerbsarbeit.
- **Geschlechterdifferenzen bei Datenerhebung berücksichtigen:** Zeitverwendungen und Wegezwecke sollten in differenzierteren Kategorien erfasst werden und mehrere Zwecke pro Weg angegeben werden können, um die vielfältigen Begleit- und Versorgungswegeketten abbilden zu können.
- **Verschiedene Perspektiven und Bedürfnisse bei der Verkehrsplanung berücksichtigen:** Frauen, Kinder und ältere Menschen sind als Hauptnutzungsgruppen die Expertinnen im Umgang mit den Verkehrsmitteln des Umweltverbundes. Ihre Kenntnisse und Erfahrungen müssen in die Planung einfließen.
- **Versorgungsökonomische Mobilität als Ausgangspunkt für Verkehrsplanung:** Maßstab für die Verkehrsplanung sollten nicht vermeintlich objektive Indikatoren wie zurückgelegte Kilometer sein, sondern Bedürfnisse nach Mobilität und Teilhabe an der Gesellschaft.

2.4.6 Urbane Mobilität und Milieu-Zugehörigkeiten

Reden wir über Mobilität, reden wir über Milieus – also ihre Zugehörigkeiten und ihre Veränderlichkeit. Mobilität ist so wie das Fernsehen der 1990er („Ich schau eigentlich nur noch Arte …") und der Webergrill der 2010er („Wir essen eigentlich kaum mehr Fleisch …"). Beides Entwicklungen der Abkehr von Begehrtem durch die Avantgarde des neu zu Begehrenden. Eine Abkehr, die in den anderen Milieus mit Verzögerungen auch eintrat bzw. eintreten wird. Wobei Weber-Grills anders als Auto-Grills auch vegetarisch funktionieren …

Reden Soziologinnen über Milieus, dann reden Influencer über „ihre Bubble".

Beginnen wir mit zwei Blasen-Darstellungen – der der Milieus und der der Mobilität.

Die Sinus-Milieus 2021: Wo sind die Selbstbewegenden?

Das Sinus-Institut informiert uns über die großflächige Sortierung der Gesellschaft, die gern zitiert wird, vor allem von Menschen, die anderen helfen wollen, etwas zu konsumieren, also Marketing-Agenturen. Die Milieus sind von Sinus immer zeitgeistig angepasst worden und auch überlagernd – aber wir haben auch postmaterielle Milieus neben neo-ökologischen Milieus, verbindungslos.[76]

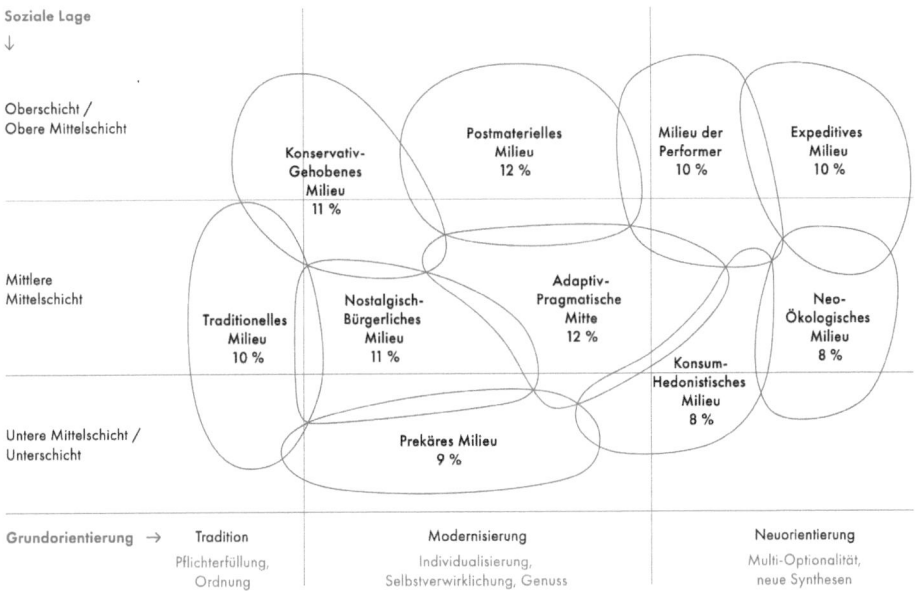

Bild 2.14 Milieustudie

Bei der Mobilität wird es spannend. Denn wo sind diejenigen, die eine neue urbane Mobilität suchen, genau, diejenigen, die auf Selbstbewegung zu Fuß oder Rad bzw. ÖPNV setzen? Sie sind im prekären Milieu aus Alternativlosigkeit, wie wir noch zeigen werden. Wir haben Performer, von denen gerade auch viele vom Porsche auf das Carbon-Gravelbike mit Carbon-Laufrädern umgestiegen sind, wir haben die Post-Materialisten mit ihren Brompton-Falträdern, die man früher auf dem Boot dabeihatte, wobei man nun das Boot verkaufte. Wir haben die adaptiv-pragmatische Mitte, die einfach zur Kita und Arbeit den Stau nicht ertragen kann ... Wir haben die Konsum-hedonistischen Milieus der (unteren) Mittelschichten, die wirklich Lust auf ein schönes Rad haben. Selbst Konservative holen die Bianchi-Räder aus den 1970er-Jahren wieder in die Werkstatt, weil das ja früher auch noch Qualität war.

Kurzum: Selbstbewegung scheint eine gesamtgesellschaftliche Bewegung. Das macht es so demokratisch.

Urbane Mobilität ist etwas für modernisierende, neuorientierende Mittel- und zum Teil Oberschichten.

Gesundheitsbewusste, postmaterielle und neo-ökologische Milieus sind jeweils bestimmte Vorreiter für die neue urbane Mobilität und den digital unterstützten Ansatz von „Mobility as a Service".

Also Mobilität war und bleibt Status-demonstrativer Konsum, aber anders.

Die Megatrend-Blasen 2021: Irgendwie alles Lebensqualität?

Die nächsten Blasen kommen vom Zukunftsinstitut, dessen Mega-Trends immer so etwas beruhigend Geistesgegenwärtiges haben. In dieser Mobility-Trend-Map sind alle Trends auf das Thema Mobilität einzahlend – unabhängig vom Funktionalitäts- und Absurditätsniveau.[77]

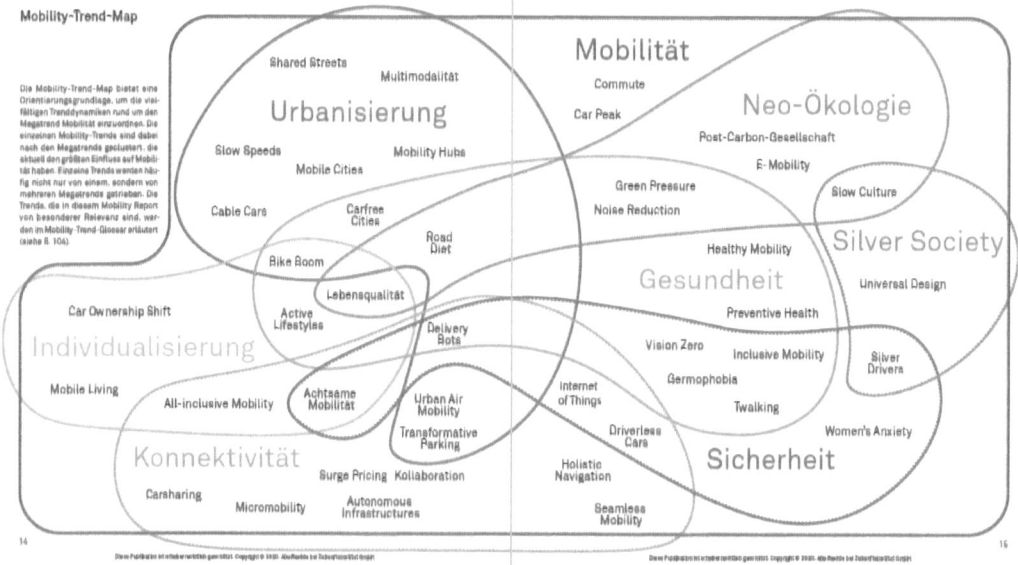

Bild 2.15 Megatrend-Blasen

Stefan Carsten hat hier großzügige Vermessungen parat: Typische Großstädterinnen „sind heute nur noch selten im privaten Auto anzutreffen. Vor allem in den Innenstädten ist Multimodalität zum Standard geworden und Monomodalität zur Ausnahme." Also der Mix von Bus und Straßenbahn mit Fahrrad und Taxi und den Mobilitätsdiensten: die Ad-hoc-Mobilität im Sofortness-Modus, wie man das wohl heute im Trendvokabular nennen könnte.

Studien von YouGov zeigen, dass im Jahr 2019 ein Fünftel der Großstadt-Gesellschaft auf Taxi-Alternativen wie Car-Sharing, Leihräder oder E-Scooter zurückgriff, während rund ein Viertel es in Zukunft zumindest plant. Nur 10 Prozent nutzen keinerlei Mobilitätsdienste, sondern setzen weiterhin auf das eigene Auto als Hauptverkehrsmittel.

Und die Jugend so? Es gibt das Bonmot, dass man sich als Generation Y oder Z kein Pony auf den Balkon stellen würde, nur weil man ab und an im Streichelzoo eines anfassen will. So ist das bei Androhung von Dienstwagen mit der Lebenszeitvernichtung an Waschstraßen, Tankstellen oder Versicherungshotlines ... Der Besitz eines Autos hat hier keine hohe Relevanz. Für die Generation Z, die zwischen 1997 und 2012 Geborenen, ist die Finanzierung einer längeren Reise oder eines Studiums an einer Wunsch-Hochschule viel wichtiger als der Kauf eines Autos.

Die Lebensstilforschung in der Mobilität hatte in den Nuller-Jahren eine Konjunktur und wird durch Corona nochmals durchgeschüttelt werden, denn frequenzseitig ab- wie distanzenseitig zunehmende Pendlerverkehre zum „Arbeitsplatz" und auch die Freizeitverkehre sind nochmals unter Druck.

Die vierte Ausgabe 2009 der VCD-Mitgliederzeitschrift *fairkehr*, dem Magazin für Umwelt, Verkehr und Reisen, hatte mit dem Titelthema „Lebensstile und Mobilität" ein klares Signal gesetzt. Viele Studien auch in der Wissenschaft folgten. Alle mit dem gleichen Twist: Das Ende der motorisierten Individualmobilität bei steigenden Neuzulassungszahlen der Automobilbranche.

Durch die zurzeit erprobten Angebote bzw. die sich fusionierenden Marktbegleiter im Bereich des Sharings und der Taxi-Ersatzleistungen wie Uber oder Moia entsteht eine neue Blase von *Mobility Fashionistas* oder *Mobility Seekers*, wie das Zukunftsinstitut die Gruppe nennt, die sich mit neuen urbanen und geteilten Verkehrsmitteln beschäftigt. Auch diese sind durchanalysiert:[78]

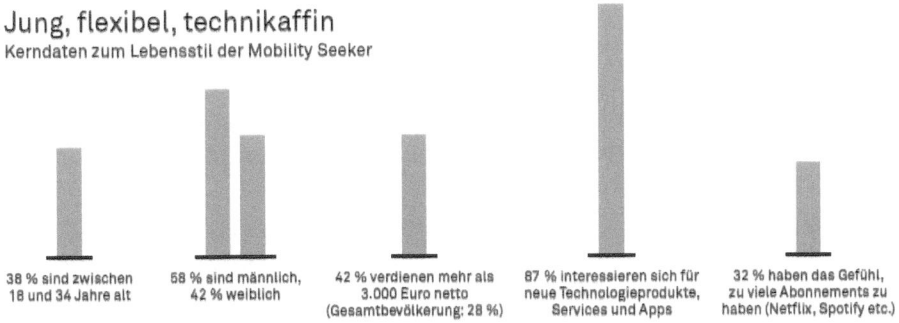

Bild 2.16 So soll die Zielgruppe der jungen Nutzer moderner Mobilitätsangebote aussehen

Flexibilitätssteigerung mit paradoxer Wirkung

Eines wird deutlich: Noch ist nichts eindeutig, wie sich die auch digital-technikaffine Zielgruppe weiterentwickelt, denn die Mobilitätsleistungen, auch die digitalen Anwendungen, sind für professionelle Pendler und Reisende derzeit nicht integriert genug.

Es spricht viel für die Generalisierung der Forschungen des Ökoinstitutes über Car-Sharing von *Car2Go* über eine Analyse von dem Magazin *DER SPIEGEL* von *WeShare*, *ShareNow* und *Miles:* Es gibt keine Aufgabe von Autos durch das Car-Sharing, aber vollgestellte Innenstädte, weil sich dort das Angebot kostenseitig überhaupt lohnt. A. T. Kearny spricht darin von einem „Geschäftsmodell mit rasierklingendünnen Margen".

Zudem wurde die Hypothese, nach der gemeinsam genutzte Fahrzeuge (Ride Hailing) die Städte entlasten, in einer internationalen Studie beeindruckend widerlegt. Stattdessen:

mehr Stau, mehr stehende Fahrzeuge, mehr Emission, mehr Leerfahrten statt ÖPNV-, Rad- und Fußverkehr (siehe Kapitel 3 und 4).

Es wird also die Flexibilität durch neue Formen der Mobilität erhöht – mit den genau entgegengesetzten Wirkungen. Die auch moralisierenden wie modernen Milieus der Mobilität der Mittel- bis Oberschicht – also die mit den höchsten Verkehrsleistungen – schaffen paradoxerweise das Gegenteil des Gewollten.

2.4.7 Urbane Mobilität und Teilhabe: Demografie und Armut

Mobilität ist so etwas wie ein Menschenrecht. Mobilität und deren Infrastrukturen können aber exklusiv und exkludierend sein. Inklusive Mobilität ist eine der großen Aufgaben unserer Mobilitätsgesellschaft. Der Bundesteilhabepreis 2019 wurde genau diesem Thema gewidmet. Das Thema ist vielschichtiger als ein Verkehrsministerium das wohl abdecken kann. Einige Beispiele:

Barrierefreie Mobilität: das Paradox der Bewegung

Mobilität ist realisierte Beweglichkeit. Barrieren sind die Realisierung der Unbeweglichkeit. Das merken junge Familien mit Kinderwagen, Senioren mit Rollatoren. Und körperlich eingeschränkte, blinde, taube Menschen wie Reha-Patientinnen, die sich draußen kaum bewegen können, obwohl sie sich bewegen sollten.

Bei Bus und Bahn sollten der barrierefreie Zugang sowie die Nutzbarkeit standardmäßig vorgesehen werden. Hierzu zählt auch die Auffindbarkeit der Haltestelle sowie der Stelle zum Ein- und Ausstieg. Natürlich haben wir Deutsche hier ein zentrales Regelwerk für die barrierefreie Planung, Ausführung und Ausstattung von öffentlichen Verkehrsanlagen: DIN 18040-3.

Aber nicht DIN-konform ist der real existierende Mobilitätswahnsinn vor der Haustür. Mit der Novellierung des Personenbeförderungsgesetzes im Jahr 2021 wurden nun auch die sogenannten Bedarfsverkehre rechtlich geregelt, also die Verkehrsangebote, die auf Abruf bereitstehen, individuell bestellbar sind und ohne feste Linienführung verkehren. Hier kann die zuständige Genehmigungsbehörde Vorgaben zur Barrierefreiheit machen.

Und das wird wichtiger, denn die Gesundheits- und Pflegeverkehre nehmen zu. Am besten wäre es für die Selbstbestimmtheit und die Gesundheit natürlich, wenn sie sich selbst in sicheren Infrastrukturen bewegen könnten.

Demografische Mobilität: Alters- und Kleinkind-Mobilität

Der demografische Wandel ist ein stehender Begriff – und bei Mobilität erwartbar anspruchsvoll. Denn einerseits werden deutsche Autofahrer immer älter und die Führerscheinquote Jüngerer nimmt ab.

Zu den Senioren und Betagten:

Auch die Autobesitzquote bzw. Neuanschaffungsquote nach Altersgruppen spricht für eine Alterung des Auto-Verkehrs, wie Statista-Umfragen aus dem Mai 2017 unter 1037 Personen belegen.

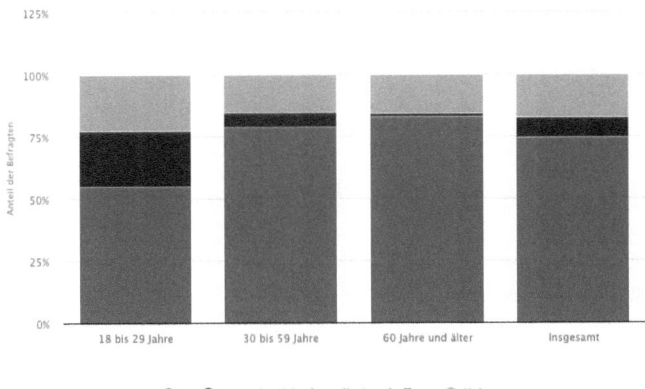

Bild 2.17 Wer braucht denn noch ein Auto?

Daten des Statistischen Bundesamtes zeigen wiederum, wer mehr Unfälle produziert: Mit dem Alter steigt die Gefahr des Unfalls beim Autofahren. Über 64-jährige Autofahrer trugen häufig die Hauptschuld, wenn sie in einen Unfall verwickelt waren (67 Prozent). Bei den über 75-Jährigen waren es sogar 75 Prozent. Das ist ein höherer Wert als bei den Fahranfängern im Alter von 18 bis 24 Jahren, die statistisch gesehen am häufigsten verunglücken. Sie sind aber nur in 65 Prozent der Fälle schuld, wenn es kracht. Das Thema wird rasant brisant: Denn die Zahl der Menschen über 65, die in Deutschland im Besitz einer gültigen Fahrerlaubnis sind, steigt von Jahr zu Jahr. Laut Kraftfahrtbundesamt sind dies etwa 16 Millionen, also rund ein Viertel aller Fahrerinnen. Die Zahl der Senioren-Unfälle steigt, und sie haben dazu ein höheres Risiko, bei Unfällen zu sterben, als Jüngere.[79]

Zu den Juniorinnen und Kleinsten:

Die niederländische *Bernard van Leer Foundation „Urban 95"* hat es sich zum Ziel gesetzt, die Stadt und den Verkehr aus der Durchschnittsgröße eines dreijährigen Kindes zu betrachten. Oslo hat alle Büsche an Kreuzungen so abgeschnitten, dass man mit 95 Zentimetern noch drüberschauen kann. Ähnliche Projekte gibt es in Indien oder Bogotá.

Ist fast noch besser als vor lauter Elternangst weitere Fahrzeuge aus der Militärklasse (AMG-Mercedes, Landrover, Jeep) zu leasen, um die Brut im brutalen Liefergeschäft sicher in die Kita und Schule zu bringen.

Armut: Wo wohnen Einkommensschwache und wie bewegen sie sich?

Natürlich hat sich das Stadtbild durch Mobilität in den letzten 100 Jahren verändert. Aber haben sich auch die Wohnsitze in der Stadt deswegen bewegt? Absolut.

Vor 100 Jahren waren die Wohnungen der einkommensstarken und vermögenden Bürgerschaft in Richtung der großen Straßenachsen und der eindrucksvollen Plätze ausgerichtet: für spannende und schöne Ausblicke aus dem Fenster – manchmal sogar mit Kissen auf dem Fensterbrett.

Heute leben in den gleichen Wohnungen vor allem arme Menschen an den Bundesstraßen und mehrspurigen Kreuzungen: Mieten sind dort niedriger, wo Lärm das Herz und Luftschadstoffe die Lunge belasten. Und zwar von Mieterinnen, die gar kein Auto haben, weil sie es sich nicht leisten können. 53 Prozent aller Menschen aus unteren Einkommensschichten haben kein Auto.[80]

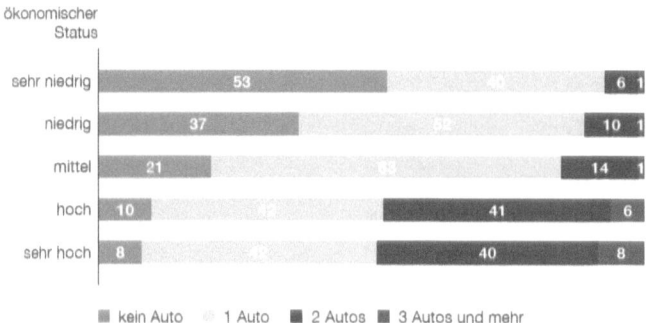

Bild 2.18 Wenig überraschend: die meisten Wohlhabenden gönnen sich mindestens ein Auto, bei den Ärmeren nur knapp die Hälfte

Untere Einkommensbezieher sind ÖPNV-Nutzer, alternativlos auch als Pandemie-Pendler ohne Homeoffice. Die Beruhigung von stark befahrenen Straßen führt nicht nur zu geringerer Emission und Krankheit, sondern auch zum Anstieg an nachbarschaftlichen Kontakten mit der anderen Straßenseite, die bisher unwahrscheinlich waren.

Und nun kommen kommunale Zielkonflikte auf dem Platz: Wohnräume sind knapp, die Nach-Verdichtungsansprüche horizontal wie vertikal steigen. Gentrifikation und Armutsforschung kommen in den Sozialraumstudien zu einer Mischung von Milieus. Auch die Immobilien-Branche wird auf Jahrzehnte an der Innovationsfähigkeit von Mietraum und Mobilitätsangeboten gemessen werden – und das im Kontext der Singularisierung und der Demografie.[81]

Im Einklang mit den sozioökonomisch ungleich verteilten Sorgen wegen gesundheitlicher Einschränkungen in der Pandemie gehören die meisten Befragten, die Corona-bedingt Bus und Bahn meiden, dem mittleren (40 Prozent) und nur ein Viertel dem niedrigen Einkommenssegment an. Der ÖPNV ist für Arme, so einfach ist das in Krisenzeiten.[82]

Grüne gegen Gelbwesten: Oder doch eine unheimliche Allianz?

Deutschland hat – ungeachtet von Ampeln – Respekt vor Frankreichs gesellschaftlicher Spaltung im Verkehr. Während die Erfolge der Grünen in Frankreichs Städten beeindrucken, beeindruckte viele auch in Europa die *Gelbwesten-Bewegung* und die Radikalität der Proteste ab November 2018. Die Bewegung war als Reaktion auf eine Ökosteuer-Erhöhung auf Kraftstoffe entstanden. Und das hatte wie immer eine Vorgeschichte: Vor allem Geringverdiener konnten sich erst die Miete in der Stadt nicht leisten und zogen auf das Land. Pendler klagten sowohl über die Preise des ÖPNV wie dann über die zusätzliche finanzielle Belastung. Der Regierung in Paris warfen sie vor, ihre Ängste und Nöte zu ignorieren.

So gehen Spiralen.

Und das, obwohl die Grünen keine Pendleranreize für die Vororte wünschen, die Gelbwesten oft auch wieder gern in der Stadt leben würden, aber in die Vororte gezwungen werden und dafür immer mehr zahlen müssen. Dies erzeugt eine gelbe Karte oder eben Warn-Westen.

2.4.8 Urbane Logistik: Eile in der letzten Meile

Kängurus sind ja eigentlich geborene Paketausträger. Der Erfinder der Känguru-Trilogie Marc-Uwe Kling hat aber in seiner Reihe *„Quality Land"* eine drohnenbasierte künstliche Intelligenz für „TheShop" ausgetüftelt. *TheShop* ist der weltweit größte Versandhändler, der auch nicht bestellte Pakete verschickt, deren Inhalte aber laut dem verwendeten Algorithmus den Kunden trotzdem gefallen (müssen). Man kann das ohnehin nur mit O. K. bestätigen, sonst fliegt die Drohne nicht weg.

Das zeigt: Hier braucht es noch mehr Intelligenz als künstliche.

Wachstum: KEP mit Pepp

Denn mit der Pandemie der letzten Jahre hat sich der Online-Versandhandel jeweils massiv entwickelt und schrumpfte auch bei Laden-Öffnungen nicht wieder. So ist das Sendungsvolumen im ersten Corona-Jahr 2020 allein sprunghaft um 400 Mio. Sendungen auf 4,05 Milliarden Sendungen, also um knapp 11 Prozent, gestiegen. Pro Tag sind das mehr als 13 Millionen Sendungen an mehr als 8 Millionen Empfängerinnen und Empfänger, also jeden zehnten Deutschen. Auch der Umsatz stieg auf 23,5 Milliarden Euro und damit um mehr 10 Prozent mit gleichzeitig 10 600 neuen Jobs. 255 200 Mitarbeiterinnen und Mitarbeiter sind hier beschäftigt. Auch 2021 brachte nochmals ein Wachstum von über 320 Millionen weiteren Sendungen. Die Prognose für 2025 ist auf rund 5,7 Milliarden Sendungen im Jahr 2025 angehoben worden.

Wachstumstreiber waren und bleiben die Sendungen an Endverbraucherinnen und Endverbraucher, während im Business-to-Business-Segment leicht fallende Zahlen zu verzeichnen sind. Die KEP-Branche – also Kurier-, Express- und Paket-Zustellungen – hat Pep, also Kraft für weiteres Wachstum, wie auch die Studie 2021 belegt, die der Bundesverband Paket und Expresslogistik (BIEK) vorstellte.

Letzte Meile: viel Eile, wenig Weile, schlechte Klimawirkung

Die letzte Meile, bis die Kunden ihre Ware tatsächlich in den Händen halten, ist meist die aufwendigste und damit teuerste der gesamten Lieferkette. Diese sprichwörtlichen letzten Meter vor dem Ziel können bis zu 50 Prozent der gesamten Kosten der Lieferkette ausmachen.

Auf Deutschlands Straßen sind sie gerade immer häufiger zu sehen – und meist zu umfahren. Die Fahrzeuge bauen auf der rechten Fahrspur eine mitfahrende Haltebucht.

Zustellfahrzeuge machen bis zu 30 Prozent des Verkehrs innerhalb der Städte aus und sorgen dabei für rund 80 Prozent der Staus, so die Analyse von BNP Paribas.[83] Das führt zu erhöhtem Kraftstoffverbrauch und CO_2-Ausstoß, Verspätungen, Lärm und Stress. Das Thema der Mehrfach-Anfahrten und Retouren einer Sendung erzeugt hier besonders Druck auf den Randstreifen.

Lösung 1: urbane Logistikhubs

Diese Hubs könnten helfen, Prozesse der Last-Mile-Logistik zu vereinfachen. Gerade in Zeiten, in denen Amazon und andere Anbieter die taggleiche Lieferung versprochen haben. Vorfreude war gestern – es geht um Soforterfüllung. Das Problem ist jedoch, dass aus Kostengründen die Lager der Händler sich meist außerhalb der Stadt befinden. Und immer mehr Private-Equity-finanzierte Anbieter von Lebensmittelzustellung wie *Gorillas* oder *Getir* buchen alle Kleinstflächen in Innenstädten. Damit wird der Transportweg aus den Vororten – durch das eigene Branchenwachstum – in den volleren Straßen im stockenderen Verkehr der Innenstädte immer länger. Es gibt keine Alternative zu Logistikflächen innerhalb der Stadt. Interessant ist aber, dass der Markt aus immobilienwirtschaftlicher Sicht für diesen Wandel hin zu urbanen Logistikhubs noch nicht bereit ist. Die Last-Mile-Logistikimmobilie ist ein Konzept, ohne größere Umsetzung bisher, auch weil im Konkurrenzkampf die Logistik bis jetzt gegenüber Büro- oder Wohnimmobilien immer verloren hatte. Mikro-Depots und Mikro-Logistik sind nun die Mega-Themen, bei denen die Lösungen noch einige Probleme aufweisen. Zwar könnten leerstehende Warenhäuser kurzfristig bereits für Entlastung sorgen, wie eine Analyse von PwC in Kooperation mit der „Immobilien Zeitung" ergab. Aber immer mehr Metropolen arbeiten an autofreien Innenstädten, wie Amsterdam, die das bereits teilweise in die Tat umgesetzt haben. Es wird also noch ein wenig dauern, bis die Last-Mile-Logistik in deutschen Städten flächendeckend Einzug erhält.

Lastenrad: Mikro-Logistik aus anbieterübergreifendem Mikro-Depot

Nun haben wir einige Milliarden-Förderungen und Kaufanreize für das private wie Flotten-Auto erlebt – und sogar einige Millionen für private Lastenradförderung. Es wird Zeit für eine ehrliche wie wirksame Lösung: Die Radlogistik ist ein Teil der Lösung – mit einigen Abstrichen, aber hoher Motivation.

Nach Angaben des Radlogistik Verbands Deutschland (RLVD) könnten Lastenräder 30 Prozent der urbanen Lieferverkehre abdecken.[84] Die Studie *Cyclelogistics* geht sogar von 51 Prozent aus.[85]

Berlin hat 2018 mal begonnen.[86] Die damalige Bundesumweltministerin Svenja Schulze und Regine Günther, als damalige Senatorin für Umwelt, Verkehr und Klimaschutz, starteten das Pilotprojekt *KoMoDo* (Kooperative Nutzung von Mikro-Depots durch die Kurier-, Express-, Paket-Branche für den nachhaltigen Einsatz von Lasträdern in Berlin). Die Idee: Die Paketdienstleister DHL, DPD, GLS, Hermes und UPS nutzen einen gemeinsamen innerstädtischen Umschlagplatz mit Mikro-Depots, der von der Berliner Hafen- und Lagerhausgesellschaft mbH (BEHALA) als neutraler Anbieter betrieben wird. Die Bedingung: Die Zustellung von Sendungen muss mit unternehmenseigenen Lasträdern auf den letzten Kilometern emissionsfrei erfolgen.

Hier ergeben sich interessante Anreizstrukturen zwischen Mieten für die Depots und Zustellkosten.

Ein paar Daten der Radlogistik: 200 bis sogar 250 Kilogramm Gesamtgewicht (500 Taschenbücher oder 90 Bohrmaschinen), bei 10 Kilometern Länge das schnellste Verkehrsmittel – auch weil man sie doch vor der Tür parken kann – bei Einsparung von 8 Tonnen CO_2-Emissionen gegenüber einem normalen Transportfahrzeug pro Jahr. Aber kann die Cargo-Bike-Branche das? Funktionieren die Automobilisten-Strategien, um in diesen Markt einzusteigen? Wir prüfen das im Kapitel 4 nochmals genauer. Aber Fantasien gibt es natürlich viele.

Delivery Bots oder Duck Trains?

Unter den wie immer sehr niedlichen Robotern, denen man Anfang 2020 auf der Consumer Electronics Show (CES) in Las Vegas begegnen konnte, war auch der charmante *Charmin RollBot:* ein Kleinroboter, der nicht nur wie eine Rolle Toilettenpapier aussah, sondern auch eine solche auf seinem Kopf trug. Corona und die Lieferkettenprobleme wenige Wochen später waren noch nicht bekannt. Die ironiefreie Idee: Lieferung eines Gegenstands per Smartphone und Bluetooth von A nach B. Zustellroboter sind die Hoffnung vieler Ingenieure und Lieferdienste. Das Zukunftsinstitut hat einige dieser Startups zusammengestellt und befeuert die hygienische Euphorie: unbemannte, batteriebetriebene Fahrzeuge, die zwischen Logistikzentren, Sortierzentren, Lagern und Filialen auch die mittlere Meile bedienen.

Dabei sind die Lieferfahrzeuge für den Bürgersteig nach Herstellerangaben so ausgelegt, dass sie sich mit einer Geschwindigkeit von 4 bis 6 km/h langsam bewegen. Nun doch ironisch pointiert: Das ist in etwa das Tempo für angeleinte Hunde an Rollatoren, was wir ja neben Robotern noch auf den Bürgersteigen kennen.

Aber: Innerhalb von Millisekunden können sie zum Stehen gebracht und im Bedarfsfall von Teleoperatoren ferngesteuert werden, die den Transportvorgang ständig überwachen. Die Roboter transportieren Lasten bis zu zehn Kilogramm und haben gegenwärtig einen maximalen Lieferradius von rund acht Kilometern. Sie sind komplett mit High-Definition-Kameras ausgestattet, alle haben Beschleunigungssensoren und GPS an Bord, viele nutzen Ultraschallsensoren für die Nahfeldmessung.

So muss man sich die Logistik im wunscherfüllenden Schlaraffenland nicht wünschen, aber die Fantasie ist natürlich beeindruckend. Charmant ist auch *Duck Train,* die Idee, dass Anhänger entenfamiliengleich hinter Fahrzeugen, Fahrrädern oder auch Fußgängern autonom fahren: emissionsfrei elektrisch, 1 m breit für Straße, Fahrradweg und Bürgersteig, in Leichtbauweise mit bis zu 300 kg Nutzlast und Ladevolumen von bis zu 2 m^3 – bereit für die autofreien Städte, so das Versprechen.

2.4.9 Infrastruktur: Bau schafft Stau. Schlauer Rückbau schafft Flüsse

„Das Fahren am Rande des Verkehrszusammenbruchs"

Karl Krell, Vizechef a. D. Bundesamt für Straßenwesen (1970er-Jahre) [87]

Urbane Mobilität können wir nur mit urbaner Immobilität verstehen. Jeder Neubau erzeugt neue Verkehre, jedes Hochhaus einen neuen Stau. Mit dem Stau kommt der verständliche Ruf nach mehr Straßenbau. Verständlich? Eben nicht.

Das ist das Faszinierende: Mit jedem Straßenbau kommt *mehr* Stau.

In diesem Abschnitt wollen wir – in aller Kürze – über die Länge der Infrastrukturaufbauten, -rückbauten und -umbauten nachdenken und über die Paradoxien des Straßenbaus für den Stau.

Der Stadtumbau ist teuer und langwierig. Kopenhagen brauchte 40 Jahre bis zur lebenswertesten Metropole der Welt – startend mit einer schlechten Haushaltssituation. Wirklich teuer aber sind Infrastrukturmaßnahmen wie Schulen, Universitäten, Bibliotheken und U-Bahn-Linien.

Im Vergleich dazu kostet Infrastruktur für Selbstbewegung – Fuß- und Radwege oder Plätze – den Staat und die Städte fast gar nichts. Hier kann die Stadt jedes Jahr ein bisschen mehr tun, und jeder kann ihre Fortschritte sofort sehen und nutzen. Das lohnt sich, auch finanziell.

Kopenhagen als damals finanziell sehr angestrengte Stadt profitiert von dieser Finanznot und den Investitionen in die Selbstbewegung bis heute: Sie gewinnt von jedem in der Stadt geradelten Kilometer netto 23 Cent im Vergleich zu einem mit dem Auto gefahrenen Kilometer, der Kopenhagen im Schnitt 16 Cent kostet.[88]

Internationale und inter-modale Vergleiche der Infrastrukturausgaben des Bundes

Deutsche schimpfen am liebsten über die schlechte Infrastruktur – zu Hause. Bei Reisen merkt man, es geht noch anders. Es sei denn, man fährt mit der Deutschen Bahn – und sieht die fehlgeleitete Infrastrukturpolitik der letzten Jahrzehnte im internationalen Vergleich.

Aber haben wir denn die gesamte Verkehrsinfrastruktur so „auf die Schiene gesetzt", dass wir international wettbewerbsfähig sind?

Ja, auf Bundesebene geht es schon ganz gut!

Laut dem *Global Competitiveness Index 4.0* des *World Economic Forum* aus dem Jahr 2019 gehört Deutschland nach Singapur, den Niederlanden, Hong Kong, der Schweiz, Japan, Südkorea und Spanien zu den Ländern mit der besten Qualität der Infrastruktur weltweit. Bei der Eisenbahn ist es aber immerhin noch Platz 10. Das ist für ein Autofahrerland noch ganz gut. Und Autobahnbrücken sind da schlechter aufgestellt. Die Hälfte wurde vor mehr als 40 Jahren gebaut und nur 10,7 Prozent von allen Brücken sind in gutem oder sehr gutem Zustand. In anderen Worten: Es steht zu befürchten, dass Autofahrende nicht nur in Italien einbrechen oder aber, dass mit derzeit knapp einer Milliarde pro Jahr noch viel mehr ausgegeben werden muss.

Im Vergleich der Verkehrsinfrastruktur des Bundes sieht der Investitionsrahmenplan 2019 bis 2023 das vor wie in Bild 2.19 gezeigt.[89]

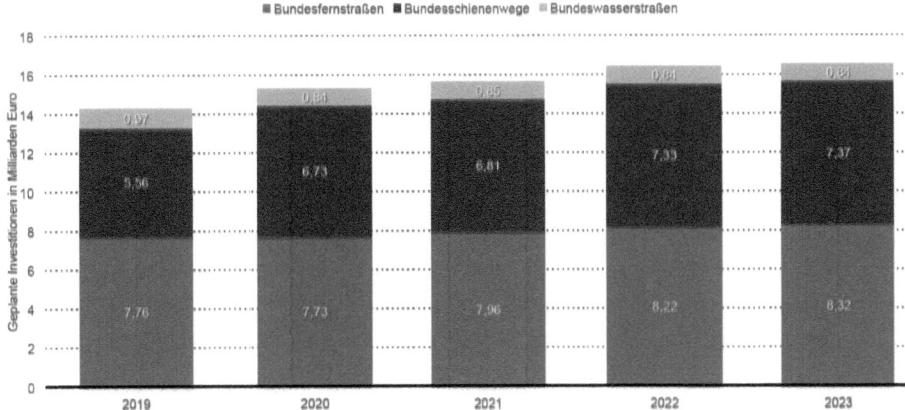

Bild 2.19 Investitionsrahmenplan 2019 bis 2023

Da sind wir gespannt, wie das Klimaschutzgesetz die 2020er Planungen durcheinanderwirbelt. Die Entwicklung von Österreich und der Schweiz zeigt da eine sehr eindeutige Unwucht der Deutschen und die „Weichen", wie man das umstellen könnte.[90]

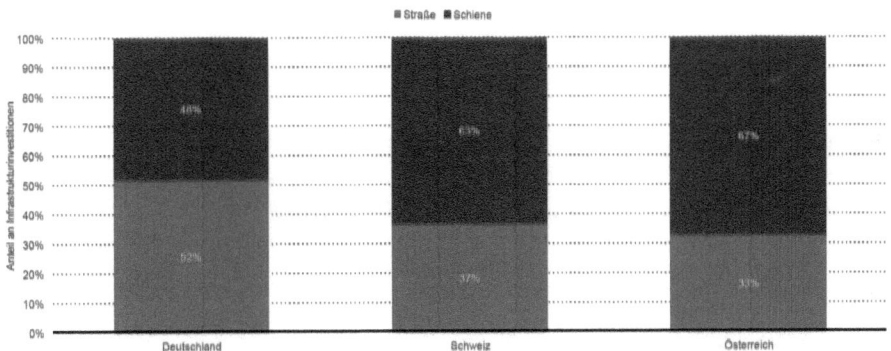

Bild 2.20 Vergleich der Infrastruktur-Investitionen

AUTO 1: kommunale Infrastruktur pro Einwohner: die Straßenbauer von Hameln

Spannend bleibt aber, dass es bei Straßen ist wie bei Stromleitungen, Kanalrohren und Tankstellen: Es lohnt sich ökologisch und ökonomisch nur in der Verdichtung. Hameln hat über sieben Meter Straße für jeden Einwohner gebaut. Berlin einen guten Meter. Je mehr Menschen in einer Stadt wohnen, umso weniger Infrastrukturen werden pro Person benötigt. München, Düsseldorf, Frankfurt, Hamburg und Köln sind am effizientesten. Passau und Castrop-Rauxel sind auf Platz 2 und 3 – nach Hameln eben. Wer hätte das gedacht?

AUTO 2: das Braess-Paradox: das schwarze Loch des Asphalts

Die Verkehrswissenschaft bezeichnet das 1968 von dem deutschen Mathematiker Dietrich Braess veröffentlichte Paradoxon als *Braess-Paradox* mit einem Ausspruch, der wie von Spontis aus den 1980ern klingt: „Wenn Du keinen Stau haben willst, reiß die Stadt-Autobahn ab." Und Seoul hat genau das nach der Jahrtausendwende gemacht. Die Stadt bekam nicht nur einen Fluss zurück und eine neue Parkanlage, sondern der (auch motorisierte) Verkehr floss nachher sogar besser.

Das Problem beschrieb bereits in den 1970er-Jahren der damalige Vizechef des Bundesamtes für Straßenwesen Karl Krell: Mehr attraktiver öffentlicher Verkehr veranlasst zwar zunächst einen Teil Staugeplagter umzusteigen, aber wegen des geringen Staus fährt der autofahrende Teil mehr und manche Umsteiger kehren sogar zum Auto zurück. Das ist ineinander verwoben und das alte Stauniveau stellt sich wieder ein. Der zweite Effekt liegt an der durch Stadtautobahnen erzeugten scheinbaren Attraktivität, in die kostengünstigeren Vororte zu pendeln und somit die Infrastruktur wieder zu überlasten.

AUTO 3: Parkplätze und -gebühren

Bisher galten deutschlandweit einheitliche Regeln für Bewohnerparkausweise. Jetzt liegt die Verantwortung bei den Ländern. Das ist ein weiteres Kapitel zwischen Abzocke, Neid und Statussicherung. Immer weniger Gemeinden wollen sich damit abfinden, dass ihre Straßen und Plätze für wenig Geld mit Autos zugeparkt werden.[91]

Freiburg hat die Bewohnerparkausweise für die Innenstadt im Durchschnitt auf 360 Euro pro Jahr erhöht. Auch Heidelberg erhöht stufenweise auf 360 Euro. Bis 2021 galt in Deutschland für einen Bewohnerparkausweis seit Mitte der 1990er-Jahre die Höchstgrenze von 30,70 Euro pro Jahr. Wenig im internationalen Vergleich: In Stockholm zahlen die Bürger und Bürgerinnen 827 Euro für das Parkrecht im knappen öffentlichen Raum – ohne Sicherheit, auch tatsächlich einen Parkplatz zu finden.

Der Preis kann sich an den Herstellungs- und Bewirtschaftungskosten für Instandhaltung, Straßenreinigung etc. orientieren oder alternativ an den Gebühren für Sondernutzungen städtischer Flächen, beispielsweise für Außengastronomie, Marktstände oder Baucontainer. Denkbar wäre auch, die Kaufpreisbestimmung der Fläche auf eine Nutzungszeit von 25 Jahren zu verteilen. Die Monatsmiete für ein Parkhaus wäre ebenfalls eine Option. So würde das Bewohnerparken von mindestens 120 Euro im Jahr bis zu mehr als 500 Euro bedeuten. Der Deutsche Städtetag sieht den Rahmen von bis zu 200 Euro als realistisch an. Verkehrsplanerinnen schlagen vor, dass ein Parkausweis teurer als das Jahresticket für den ÖPNV sein sollte und der ÖPNV ggf. sogar durch das Parken querfinanziert werden könnte.

MULTI-MODAL: die Innovation des Berliner Mobilitätsgesetzes: Rad-, ÖPNV- und Fußverkehre

Das im Juli 2018 in Kraft getretene und im Februar 2021 um den Abschnitt Fußverkehr erweiterte Mobilitätsgesetz leitet einen Paradigmenwechsel in der Berliner Verkehrspolitik ein, der für Deutschland eine Erstmaligkeit der Festschreibung von Infrastruktur-

Investitionen des Verkehrs jenseits des Autoverkehrs aufweist: „Nicht mehr das privat genutzte Auto ist ihr wichtigster Bezugspunkt, sondern die Bedürfnisse derjenigen, die besonderen Schutz brauchen", lautet die Begründung des Senates. Das sind neben den zuerst berücksichtigten Fahrradfahrenden nun auch die Fußgängerinnen. Der Umweltverbund aus ÖPNV, Fahrrad- und Fußverkehr ist in seiner Summe besonders dann erfolgreich, wenn die Stärken jedes seiner Elemente zur Geltung kommen. Wer beispielsweise zu Fuß einfach und sicher zur nächsten U-Bahnhaltestelle kommt, nutzt auch eher den ÖPNV. Wer kurze Wege in seinem Quartier mit dem Fahrrad oder zu Fuß gut nutzen kann, der lässt das Auto viel eher stehen. Denn: Attraktiver Stadtraum erhöht die Bereitschaft, längere Wege zu Fuß zu gehen, um 17 Prozent.[92]

Die Maßnahmen der Berliner: Fußgängerzonen, verkehrsberuhigte Straßen, Spielstraßen, bessere Beleuchtungen insbesondere auch in den Außenbezirken, mehr Mittelinseln, mehr Bordsteinabsenkungen und Gehwegvorstreckungen. Auch die Schulwege sollen sicherer werden – unter anderem durch mehr Schülerlotsinnen sowie Bau- und Verkehrsmaßnahmen im Umfeld von Schulen.

FUSS: Infrastruktur für Fußverkehr: Paris, Stadt der füßelnden Liebe

Gehwege sind schon lange nicht mehr nur zum Gehen da. Bürgersteige waren für Bürger gedacht, aber auch als Abstellräume der Allgemeinheit. Hier werden Fahrzeuge mit zwei und vier Rädern geparkt, Werbetafeln abgestellt und gerne auch mal der Sperrmüll. An Ampeln wartet, wer zu Fuß geht, erst sehr lange, um dann bei Grün möglichst schnell über die Kreuzung zu sprinten.

Hohe Bordsteinkanten müssen auch mit Rollatoren überwunden werden, wenn man sich noch überwindet rauszugehen. Der Fußverkehrsexperte Roland Stimpel vom Lobbyverband FUSS e. V. hat im Magazin *Busy Street* drei Gründe genannt, warum der Fußverkehr wieder zunehmen wird:[93]

- Der demografische Wandel: Menschen ab 60 gehen wieder mehr. Die Babyboomer-Generation ist eine sehr große wandernde Kohorte. Deshalb wird der Fußgängeranteil steigen.
- Der Umbau der Innenstädte fördert das Zufußgehen, da Flächen entsiegelt werden müssen für die Klimaresilienz der Innenstädte.
- Zunehmende Urbanisierung: Platz bleibt knapp und wir müssen die vorhandene Fläche besser verteilen, also aktive Mobilität muss deutlich stärker gefördert werden.

Paris ist die Fußgängermetropole Europas: Die Hälfte aller Wege wird dort zu Fuß zurückgelegt, weil sie konsequent freigehalten werden. Und nun sind auch in Deutschland die Gebühren für Gehwegparken erhöht worden und es wird regelmäßiger kontrolliert.

ÖPNV-Infrastruktur: von 120 auf 296 Euro pro Kopf und Jahr – wenn Autos unattraktiver wären

Der *Bundesverband des Öffentlichen Verkehrs* (VDV) legte in der Corona-Pandemie ein gemeinsam mit der Unternehmensberatung Roland Berger erstelltes Konzept vor, das sehr konkret aufzeigt, wie die Öffentlichen attraktiver werden sollen – und was das kostet. Die Verkehrsleistung soll insgesamt bis 2030 um knapp ein Viertel gegenüber dem Jahr 2018 steigen, was ein Drittel mehr Fahrgäste bedeuten würde. U-Bahnen, S-Bahnen und Trams sollen 36 Prozent mehr Leistung bringen. Und die Bus-Angebote sollen um 107 Prozent steigen, gerechnet jeweils in Fahrzeugkilometern.

Gerade im dünner besiedelten Umland wollen etliche Verkehrsverbünde große Busse ersetzen durch kleine, ein halbes Dutzend Plätze fassende Fahrzeuge, die per Anruf oder App zu den Fahrgästen kommen. In den dicht besiedelten Zentren wiederum geht der Trend zu noch größeren Fahrzeugen.

Bislang decken die Tickets etwa zwei Drittel der deutschen ÖPNV-Kosten (also 25,5 Milliarden Euro), den Rest leistet der Staat, 120 Euro sind es pro Einwohner und Jahr. Bei in etwa gleichbleibenden Fahrkartenpreisen würde der Finanzierungsbedarf pro Kopf durch den Staat im Jahr 2030 auf 296 Euro steigen: mehr und schnellere Verbindungen. Aber der Realismus steht auch im Papier: Nur wenn die Nutzung des eigenen Autos spürbar teurer werden würde, etwa 50 Prozent höhere Parkgebühren etc., würde sich das Mobilitätsverhalten ändern.

RADVERKEHR-Infrastruktur: Deutschland radelt weit hinterher

Greenpeace veröffentlichte für 2018 die Investitionen pro Kopf in den folgenden Städten für den Radverkehr. Die Autostadt Stuttgart führt, während die selbsternannte Radlhauptstadt München nicht mal die Hälfte investiert. Im Vergleich zu Kopenhagen und Amsterdam spürt man das Potenzial, was noch kommt.

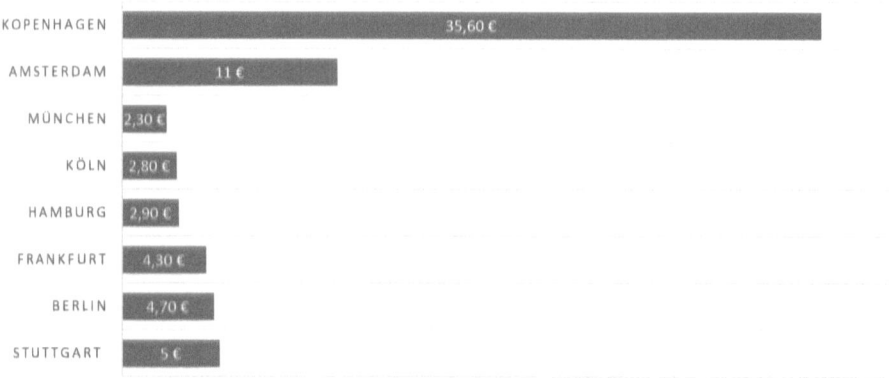

Bild 2.21 Die deutschen Radlstädte hinken bei den Infrastrukturinvestitionen hinterher, wenn man sich mal in der Nachbarschaft umsieht. Dort geht weit mehr!

Die Versicherungsgesellschaft Coya bewertete die gesamten Radfahrbedingungen in 90 Städten weltweit. Die Kategorie Infrastruktur setzt sich dabei aus der Anzahl der Fahrradläden pro 100 000 Einwohnern, aus der Qualität der Radwege sowie den Investitionen in die Infrastruktur zusammen.

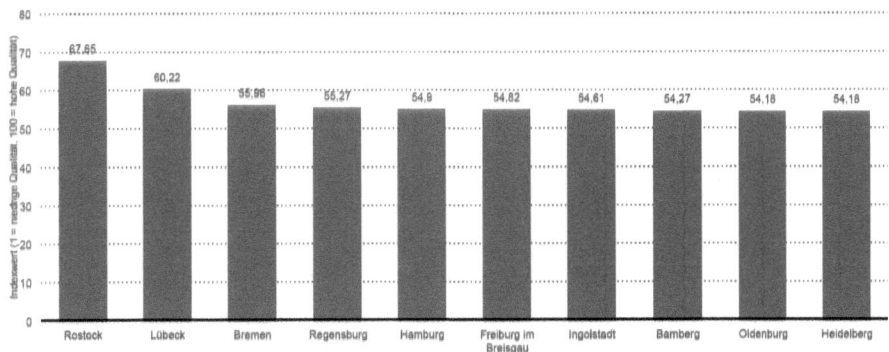

Bild 2.22 Wo man in Deutschland am „qualitätsvollsten" mit dem Rad fährt

Die Kommunen haben einen Finanzhilfebedarf, wie das Bundesministerium für Verkehr und digitale Infrastruktur (BMVI) zu Beginn des Jahres 2021 für den Radverkehr erkannt hatte und die Mittel „auf ein nie da gewesenes Niveau" aufgestockt hat: Rad-Revolution, so das bescheuerte Marketing. Noch immer „Sonderprogramme" statt systemischer Umbau der Investitionspläne, aber immerhin. Förderziele: Neu-, Um- und Ausbau flächendeckender, möglichst getrennter und sicherer Radverkehrsnetze, eigenständige Radwege, Fahrradstraßen, Radwegebrücken oder -unterführungen (inkl. Beleuchtung und Wegweisung), Abstellanlagen und Fahrradparkhäuser, Maßnahmen zur Optimierung des Verkehrsflusses für den Radverkehr wie getrennte Ampelphasen (Grünphasen), die Erstellung von erforderlichen Radverkehrskonzepten zur Verknüpfung der einzelnen Verkehrsträger und Lastenradverkehr.

„Es ist ein Kreuz mit den Radlern", sagen nicht wenige Autofahrende. Das Radler-Kreuz ist hingegen meist gut trainiert und an Kreuzungen immer in Spannung. Denn die Ausgaben für die Radinfrastruktur werden vor allem bei Kreuzungssicherungen entstehen müssen – zumal wir während Corona gelernt haben, dass Radwege gar nicht so teuer sind, wenn man sie auf Bestandsspuren setzt. Gute Kreuzungen kommen aus dem Land der Radler, wie die Heinrich-Böll-Stiftung zeigt:[94]

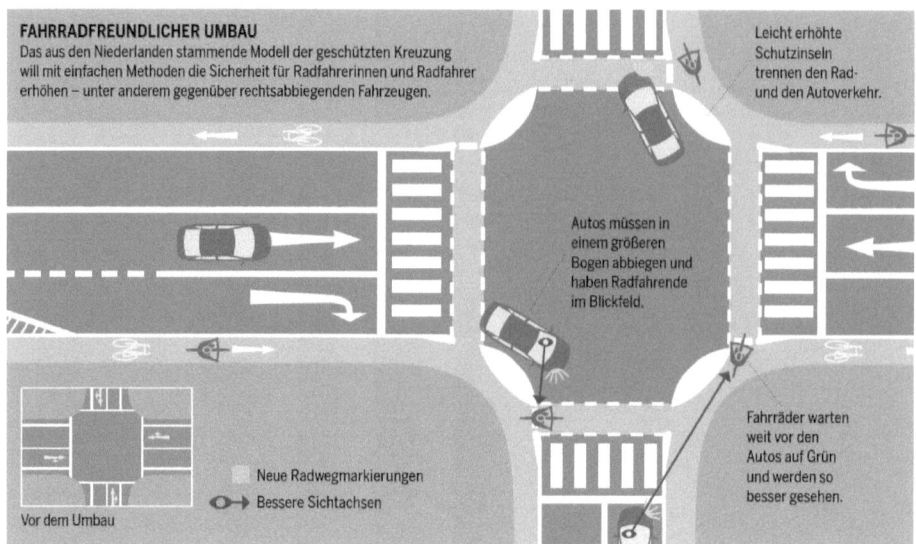

Bild 2.23 Fahrradfreundliche Kreuzungen erhöhen die Sicherheit für Radfahrer:innen

Spannend sind tatsächlich neue Wege mit Blick auf die Ertüchtigung der Infrastruktur, die die Senatskanzlei Berlin und das Bundesverkehrsministerium mit dem Berliner Unternehmen „*FixmyBerlin*" einschlugen:[95] Es wurde eine interaktive Karte entworfen, die sämtliche Bauvorhaben für den Radverkehr und ihren Projektstand in der Hauptstadt anzeigt. „Anfangs fürchteten die Verwaltungen, dass die Beschwerden ansteigen", sagt Heiko Rintelen, Geschäftsführer von „FixmyBerlin" im Beitrag der Plattform „Riffreporter". Aber das Gegenteil war der Fall. Die Plattform entlastete die Behörden. „30 bis 50 Prozent ihrer Arbeitszeit haben die Mitarbeiter früher für das Beantworten von Bürgeranfragen verwendet", sagt er. Seit es die Karte gibt, seien die Anfragen deutlich zurückgegangen. Außerdem hilft sie ihnen im Alltag. Ein weiterer Vorteil auch für die Planer ist die Übersicht, was ihre Kollegen in den in Berlin traditionell sehr selbstbestimmten Nachbarbezirken entwickeln. So können Bauprojekte aufeinander abgestimmt werden, denn Radwegeinfrastruktur endet – anders als die Planung – nicht an der Bezirksgrenze.

Nun nutzen die Pionier-Bezirke die Plattform für ihre Radverkehrsplanung ganz konkret. Vorreiter und Vorradler Friedrichshain-Kreuzberg hatte im vergangenen September die Anwohner*innen dazu befragt, wo genau Fahrradbügel fehlen. Über 1200 Wunsch-Standorte sind innerhalb von vier Wochen auf „FixmyBerlin" eingegangen. Die Prüfungen laufen, die Umsetzung ist zugesagt. Dialogveranstaltungen mit den Bürgern zum Bau von Radwegen findet Rintelen wichtig. FixmyBerlin arbeitet nun an der Vorbereitung der Radverkehrsplanung mit dem *Berliner Tagesspiegel* zusammen: Daten-, Kommunikations- und Verkehrsexperten haben eine Umfrage gestartet, die anhand von 3D-Visualisierungen sämtliche Typen an Radinfrastruktur zeigt.

Die britische Verkehrswissenschaftlerin Rachel Aldred (University of Westminster) und Sean Crosweller haben 2015 eine Studie über Beinahe-Unfälle vorgelegt: 2586 Radler*innen wurden an zwei bestimmten Tagen gebeten, ein Fahrradtagebuch zu führen und die für sie unangenehmen Erlebnisse im Straßenverkehr zu protokollieren.[96]

Etwa drei von vier Teilnehmer*innen waren erfahrene Fahrradpendler, überwiegend männlich (70 Prozent), zwischen 30 und 59 Jahre. Ein Drittel in London unterwegs, die anderen ebenfalls aus Städten in Großbritannien. Das Ergebnis ist aufschlussreich. Die Studienteilnehmer notierten insgesamt mehr als 6000 Zwischenfälle – also mehr als zwei unangenehme Erlebnisse pro Tag. Jeder siebte Vorfall war ein Beinahe-Zusammenstoß mit einem Bus oder einem Lkw. Sonst auf der Liste:

1. Autos, die mit zu geringem Abstand überholten,
2. blockierte Radwege,
3. das sogenannte Dooring (plötzliches Öffnen der Tür eines stehenden Autos) sowie
4. gefährliche Situationen beim Abbiegen.

INTERMODAL: Infrastruktur für ÖPNV in Verbindung mit Rad

Der damalige Bundesminister Andreas Scheuer hatte immer ein klares Bild – nicht nur auf Instagram:

> „Mit dem Rad zum Bahnhof und dann weiter mit der Regional- oder S-Bahn – so sieht modernes Pendeln aus. Voraussetzung dafür ist aber, dass die Menschen ihr Fahrrad am Bahnhof sicher und unkompliziert abstellen können."

Genau dafür wollte er sorgen und errichtete eine Anlaufstelle, die Kommunen beim Einrichten von modernen Fahrradparkplätzen berät und unterstützt: die Informationsstelle „Fahrradparken an Bahnhöfen", die am 1. Juli 2021 ihre Arbeit aufnahm. Sie wird von der DB Station&Service AG betrieben und vom Bundesministerium für Verkehr und digitale Infrastruktur (BMVI) im Rahmen des Sonderprogramms „Stadt und Land" mit 2,3 Millionen Euro zunächst bis 2023 finanziert.

Für das Finanzhilfe-Sonderprogramm „Stadt und Land" werden erstmals Infrastrukturprojekte der Länder und Kommunen vom Bund für einen besseren Radverkehr vor Ort bis 2023 mit bis zu rund 660 Millionen Euro finanziert. Ziele: 1. Aufbau eines sicheren, lückenlosen und baulich möglichst getrennten Radnetzes sowohl in urbanen als auch in ländlichen Räumen, 2. Bereitstellung moderner Abstellanlagen für Fahrräder, 3. Schaffung günstiger Rahmenbedingungen für Lastenräder sowie 4. Verkehrsverlagerung durch den Umstieg vom Kfz aufs Fahrrad.

So kann das gelingen, was wir intermodale Verkehre nennen: also Mikromobilität in Verbindung mit ÖPNV- und Fernverkehr. Wenn die Beförderungsbestimmungen der Verkehrsbetriebe das vorsehen.

Abschließend: was wir nicht wollen und was deswegen kommen wird

Glaubt keinen Meinungsumfragen, wenn es ernst wird. Denn: Das Spannende an Regulierung sind ja nicht nur die unbeabsichtigten Folgen von schlechter Regulierung, sondern die beabsichtigten Folgen guter Regulierung, die genau das Gegenteil von Meinungsumfragen sein können.

Dazu hat eine von der Stiftung Mercator geförderte Studie des RWI – Leibniz-Institut für Wirtschaftsforschung und des Wissenschaftszentrums Berlin für Sozialforschung (WZB) gute Anregungen gegeben, als sie knapp 7000 Haushalte in ganz Deutschland zur Verkehrswende im Jahr 2018 befragte:[97]

Die Extreme zuerst: Eine Mehrheit befürwortet eine Neuaufteilung des öffentlichen Raums zugunsten von Fahrrad und ÖPNV – auch auf Kosten von Parkplätzen und Fahrspuren für den Autoverkehr.

Für höhere Parkgebühren, eine Verteuerung von Dieseltreibstoff und vollständig autofreie Innenstädte spricht sich hingegen nur eine Minderheit aus.

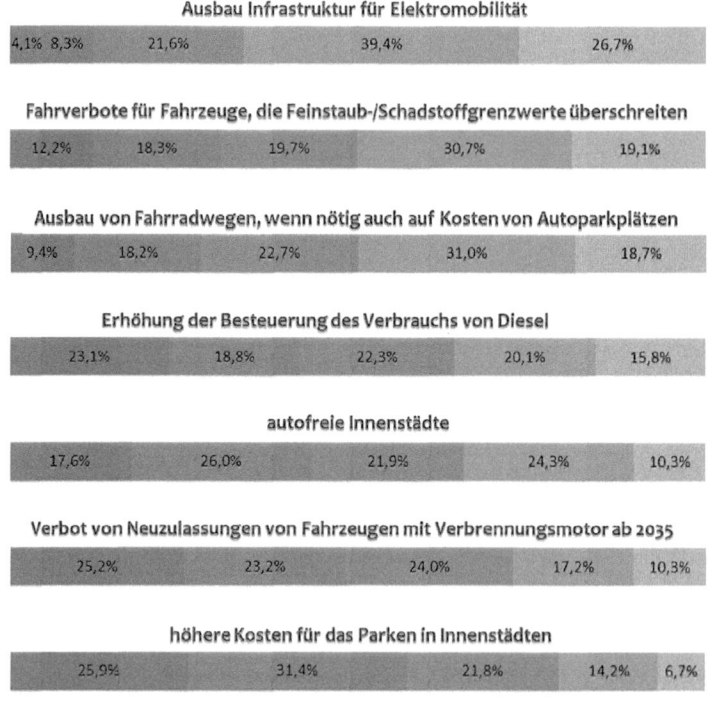

Bild 2.24 Mehrheitliche Zustimmung für die Neuaufteilung des städtischen Innenraums, aber bitte keine höheren Kosten für Parken und Sprit

- Auch wenn rund 69 Prozent der Befragten einer Ausweisung gesonderter Fahrstreifen für Busse und Bahnen zustimmen – wird es lange dauern.
- Auch wenn der Ausbau von Fahrradwegen auf Kosten von Autoparkplätzen von 50 Prozent befürwortet wird, wird dies schwer durchsetzbar sein, wenn es den eigenen betrifft.
- Wenn aber höhere Parkkosten in Innenstädten nur 21 Prozent der Befragten für wünschenswert erachten – und 57 Prozent strikt gegen diese Maßnahme sind, und wenn „autofreie Innenstädte" mehr Ablehnung als Zustimmung erfahren, dann sollte man bei diesen vergleichsweise sehr einfachen Regulierungen darauf setzen, dass genau diese zeitnah greifen könnten.

Wir dürfen gespannt sein, ob die bewegenden Stadt-Beispiele, die wir Ihnen in Kapitel fünf zeigen, nicht doch Strecke machen, denn sie waren günstig und wirksam. Genau umgekehrt zur Bürgerinnen-Meinung, die danach dafür war, wo sie zuvor dagegen war.

„Die Ergebnisse der Befragung zeigen, dass sich die Menschen in Deutschland grundsätzlich eine andere Verkehrspolitik und eine Förderung alternativer Verkehrsformen wünschen", sagt RWI-Wissenschaftler Mark Andor, einer der Autoren der Studie. „Für gravierendere Einschränkungen des Autoverkehrs findet sich aber derzeit keine Mehrheit."

Ko-Autorin Lisa Ruhrort, Wissenschaftlerin am WZB, ergänzt: „Eine Mehrheit ist offenbar überzeugt, dass Fahrrad und ÖPNV zukünftig mehr Platz in den Städten brauchen – auch wenn dafür der Platz für den Autoverkehr verringert werden muss. Dies ist ein Hinweis auf eine gesellschaftliche Veränderung: Das Auto wird nicht mehr als ‚heilige Kuh' der Verkehrspolitik behandelt, sondern als ein Verkehrsmittel unter anderen."

■ 2.5 Zwischenfazit: Urbaner Verkehr und Infrastruktur! Bewegt Euch! Wieder!

Der risikobewusste Soziologe Ulrich Beck hatte es – gerade auch zu „heiligen Kühen" in Bezug auf die menschliche Eigenschaft im Umgang mit diesen Kühen – mal so formuliert: Wir haben eine „verbale Aufgeschlossenheit, bei weitgehender Verhaltensstarre."

Genau: Dafür müssen wir uns nun selbst bewegen, in Übereinstimmung zu der verbalen Übereinstimmung der Aufgeschlossenheit gegenüber einer Verkehrswende.

Der letzte Abschnitt versuchte deutlich zu machen:

- Selbstbewegung ist schneller bis 7 Kilometer Entfernung.
  50 Prozent der Autoverkehre erfolgen auf Strecken unter 5 Kilometer.
- Selbstbewegung ist rhythmischer als Stop-and-go.
- Selbstbewegung braucht weniger Platz – fahrend wie ruhend.
- Selbstbewegung ist günstiger – und zwar für alle.
- Selbstbewegung ist leiser – was bei den sonst noch rumfahrenden Elektro-Autos und -Rollern auch echt besser ist.
- Selbstbewegung ist femininer – wenn es sicher ist.
  Und dann würden sogar mit Sicherheit auch Männer fahren.
- Selbstbewegung ist demokratischer, teilhabender und inklusiver – mit Blick auf Platz und gesellschaftliche Kosten.
- Selbstbewegung ist bei der innerstädtischen Logistik die Lösung – und Kuriere und Auslieferfahrende werden dann auch vernünftig ausgestattet und bezahlt.
- Selbstbewegung ist infrastrukturell unterberücksichtigt, unterfinanziert und viel günstiger.
  Daher ist es wirtschaftlich parteiübergreifend geboten, genau darauf zu setzen.
  Ob im Bund bei CSU, FDP und eben auf der Straße grün-radelnden Landwirtschaftsministern oder kommunal, wo es ohnehin mehr Bewegung gibt.

2.6 Fazit zum „Bewegungsmelder Stadt": Brutaler Besteckkasten der Bewegung oder Ampel?

In diesem Kapitel sind wir auf Raum-Fahrt gegangen – also haben wir uns die Entwicklungen, Funktionen, Probleme und Lösungen von Städten mit Blick auf die Mobilität angeschaut.

Die Beweglichkeit der im Kapitel 1 beschriebenen Treiber der Antriebswende zeigen: Zeit für Reformstau bleibt auf keinem Weg mehr wirklich.

Das Umweltbundesamt hat Ende 2021 die „Klimaschutzinstrumente im Verkehr – Bausteine für einen klimagerechten Verkehr" vorgestellt:[98]

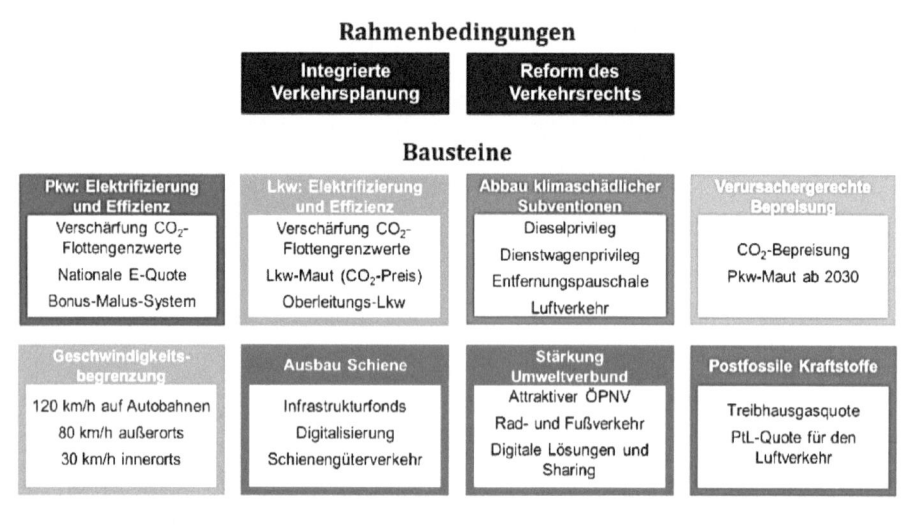

Bild 2.25 Bausteine für einen klimagerechten Verkehr

Das ist alles wissenschaftlich evident, und zwar seit einigen Verkehrsministern. Und wie wir von einer Regierung, die bezeichnenderweise Ampel heißt und in ihrem Koalitionsvertrag einiges zum Verkehr geschrieben hat, wissen: Beruhigung statt notwendigem Brutalismus!

Ampel kommt übrigens aus dem Lateinischen, *ampulla*, was zunächst eine kleine Flasche speziell für Öle war und dann das „Ewige Licht" in der Kirche ermöglichte: durch ein von der Decke herabhängendes, fortwährend brennendes Öllämpchen, die Ampel. Diese fossile Herkunft macht – farb- und parteiübergreifend – deutlich: Deutschland muss wirklich die fossile Antriebsschwäche überwinden, also nichts weniger als den Erfolg des letzten Jahrhunderts überwinden, der die Auto-Biografien der Städte eines Jahrhunderts geschrieben hatte. Aber eben auch nicht viel länger.

2.6 Fazit zum „Bewegungsmelder Stadt": Brutaler Besteckkasten der Bewegung oder Ampel?

Und das nun ohne Öllämpchen.

Sondern mit selbsterzeugtem Licht über den Dynamo – dynamischer leuchtend!

Unsere Zeiten sind zweifelsohne bewegend. Aber werden wir bewegt oder bewegen wir uns selbst?

Wir wollen mit diesem Buch vom Rücksitz, vom Beifahrersitz der sozialen Bewegung „Mobilität der Zukunft", zurück ans Steuer. Und das vor allem in den beweglichen Städten, die mit ihren Bürgerinnen und Unternehmen sowie der Zivilgesellschaft etwas voranbringen. In den Städten, die eine soziale Bewegung starten.

Aus zwei Gründen:

1. Mobilität ist mehr als Verkehr. Mobilität hat sich wissenschaftlich und gesellschaftlich von der Fortbewegung wieder in die schon früheren philosophischen und soziologischen Diskurse bewegt: Räumliche Mobilität ist die *geografische Bewegungserweiterung*. Soziale Mobilität ist *biografische Bewusstseinserweiterung*, also der Aufstieg als persönliche Entwicklungschance. Gesamtgesellschaftlich spüren wir Mobilisierungen bei der Entwicklung von Themen in eine wachsende *soziale Bewegung* im vorpolitischen Raum zur Veränderung.

   Dass Mobilität so viele Bilder und positive Assoziationen weckt, ist aber nicht nur der Wissenschaft, der Philosophie, sondern auch den Künsten zu verdanken. Maler, Architektinnen, Literatinnen und Dichter haben Mobilität so beschrieben in ihrer Fähigkeit, uns innerlich zu bewegen. Vom Flaneur bei Charles Baudelaire oder Walter Benjamin, bei Jules Vernes U-Boot „Nautilus", dessen Kapitän Nemo sich selbst das Motto „Mobilis in mobile" gab, über die Pariser Streifzüge der Dadaisten bis hin zu Marcel Duchamps „Akt, eine Treppe herabsteigend" avancierte das befreiende, schöpferische oder auch rebellische Sich-Fortbewegen zum Signum einer sich wandelnden Gesellschaft.[99]

2. Städte sind die Stätten des Stresses, des Klimawandels, der Pandemien, aber eben seit ihrer Gründung auch die Orte der ganzheitlichen Gesundheit und der Innovation und Transformation für das, was wir Fort-Schritt nennen. Städte verdichten Probleme der Gesellschaft – und sind Lösungslabore für die Probleme. Diese Eigenschaft der Stadt als Problemauslöser wie Problemlöser bewegt wiederum die Wissenschaft, die Künste und auch das Politische, Zivilgesellschaftliche wie Unternehmerische, in den Städten mit den Städten die städtischen Herausforderungen zu lösen. Städte sind eigentlich ein *Perpetuum mobile*, sie energetisieren sich aus der von ihnen selbst erzeugten Energie.

Und schon vor Corona war mit dem neuen Jahrhundert alles im Fluss: Autonomes Fahren oder Auto-Korrektur? PS und Drahtesel? Flugscham oder Zugstolz? Luft-Taxi oder Fuß-Pils? Stadt- oder Landflucht? Feinstaub oder durch Lärm taub? Elektrisierend oder regenerativ? Infrastruktur vor- oder nachsteuern? Dekarbonisierung oder Digitalisierung? Technologische oder soziale Innovation? Sharing oder Caring? Erste oder letzte Meile? Öffentlicher Nahverkehr oder privater ruhender Verkehr?

Und dann die sozialen wie gesamtgesellschaftlichen Fragen: Regulierung oder Volksentscheide? Urbanismus von oben oder unten? Mobilitätswende oder Verhaltenswende?

Kurzum: Wie wollen wir uns bewegen? Wie wollen wir bewegende Standorte selbst mitentwickeln? Was wollen wir dafür als Gesellschaft gemeinsam bewegen und auf die Straße und Bürgersteige bringen?

Wir wollen Sie mit diesem Buch auf eine rasante Lern-Reise der Freude am Bewegen einladen – voll des Optimismus und jenseits der Ideologie der Moralisierung. Und dies aus Wissenschaft, Politikberatung und vor allem vielen Projekten heraus, die wir beforschen, begleiten und beobachten dürfen.

Wir wollen mobilisieren zu einer Mobilität in leisen, luftigen, lebenswerten, also gesunden, sicheren und lässigen Städten – jenseits der Ideologie, aber auch jenseits der notwendigen Technologie wie notwendigen Verbote.

Begleiten Sie uns bei dieser Erfahrung, denn es wird Renaissance wie Neuland.

Denn Sie kennen es von Ihrem Navi, wenn es auch nicht mehr weiterweiß:

„Die Route wird neu berechnet!"

3 ANTRIEBSSCHWÄCHE

Warum die Mobilitätswirtschaft in Deutschland mehr Bewegung benötigt

Bild 3.1 Titelbilder DER SPIEGEL, ein von der Werbung der Automobilindustrie maßgeblich finanziertes Wochenmagazin

„Autoland ohne Antrieb?" titelte die Frankfurter Allgemeine Woche am 23. Juli 2017 fragend wissend. Nach dem Dieselskandal schauten nun drei männliche Automechaniker ungläubig und unwissend eine Batterie an. Aber die Antriebsschwäche ist systemischer und systematischer als eine Energiewende.

Dieses Kapitel zeichnet die strukturellen Probleme aller Beteiligten der Mobilitätswirtschaft in aller Kürze nach. Und das so wie beim Pflaster auch: Schnell abreißen und dann die Wundheilung an der frischen Luft ermöglichen.

■ 3.1 Mediales zum Motorschaden – und die Reaktionen

Was wir aus der Welt wissen, wissen wir aus den Massenmedien, sagte der systemische Altmeister der Soziologie aus Bielefeld, Niklas Luhmann. Aber wenn wir das wüssten und es wirklich so wäre, dann dürfte das Auto eigentlich nicht mehr da sein, so sehr ist es schon abgeschrieben worden.

Nach dem Dieselskandal wurde es den sich zumeist durch Autoanzeigen refinanzierenden Medien doch zu bunt. Es waren und sind noch immer schwere Jahre für eine stolze Autonation. Aber irgendwie ist nun alles verkehrt mit dem Verkehrsmittel.

„Ideenlos, träge, ängstlich." (DER SPIEGEL 2019), „Überholmanöver" (DER SPIEGEL 2019) (in Anspielung auf den nicht profitablen Fahrdienstanbieter), „Das Bundesdieselamt" (DIE ZEIT 2017), „Weniger Auto" (Frankfurter Allgemeine Woche 2017 mit einer spinnenverwebten Tankstelle), „Kaputt. Deutschland in Panik. Stürzt die Auto-Industrie, das ganze Land, über den Dieselskandal?" fragte schelmisch der Stadt- und Mobilitätsbeobachter Niklas Maak in der FAZ 2017.

Die wortgewaltigen und rhetorisch hochgerüsteten Kalauer sind eine ambivalente Mischung aus Häme und Sorge. Häme über die tatsächlich erschreckende Gleichzeitigkeit der Unbeweglichkeit der Autoindustrie bei gleichzeitigen Absatzrekorden und Sorge über Arbeitsplätze durch Automatisierungserfolge und Komplexitätsreduktion bei Elektro-Fahrzeugen mit nur noch 25 Prozent der Bauteile. Spaltmaße[1] waren die Währung von Volkswagen-Ingenieuren – und nun der Spaltpilz der Medien, die wieder alles besser zu wissen scheinen. Eben auch, dass Spaltmaße bei Tesla oder BYD aus China gar keine Rolle spielen.

Und nun sind nicht nur Apple mit Titan und Google mit Waymo im nächsten Autorennen als Dauer-Aspiranten gesetzt; viele andere asiatische Technologiefirmen wie Sony, LG, Xiaomi oder der Apple Produzent Foxconn präsentieren nach der Software nun auch die Hardware auf Rädern. Das neue Maß der Dinge ist nicht der Spalt, sondern die datenseitige Integration der Software mit der dann austauschbareren Hardware.

3.1.1 Und die Politik? Husten. Wir haben ein Problem!

> *„Im Koalitionsvertrag erkenne ich nicht das Bemühen, die deutsche Autoindustrie zu schwächen."*
>
> Hildegard Müller, Präsidentin Verband der Automobilindustrie, in: FAZ, 7.12.2021, S.19

Die Politik war zunächst genauso unbeeindruckt von der Medienschelte wie die klassische, systematisch auf Beeindruckung angelegte Lobbyarbeit der Verbände.

Nationalplattformen und Nachfolgen

Manche erinnern sich an den 3. Mai 2010, an dem die damalige Kanzlerin Angela Merkel nach gut drei Jahren Vorbereitung die *Nationalplattform Elektromobilität (NPE)* als ein Beratungsgremium der deutschen Bundesregierung zur Elektromobilität begründete. Ziel der Plattform war es, Deutschland bis 2020 zum Leitmarkt und zum Leitanbieter für Elektromobilität zu machen, einen Beschäftigungseffekt von 30 000 zusätzlichen Arbeitsplätzen zu erreichen und eine Million Elektro-Fahrzeuge in 2020 auf der Straße zu haben. Spitzenvertreter der Industrie (10 Mitglieder), Politik (6), Wissenschaft (3), von Verbänden (3) und Gewerkschaften (1) arbeiteten dann statt der angedachten zehn Jahre nur bis zum 31. Dezember 2018, da die Ziele nicht erreicht und die Kritiken lauter wurden, die Nachhaltigkeit der Mobilität jenseits der reinen Elektromobilität in den Blick zu nehmen. Zum September 2018 wurde die Struktur in die *Nationale Plattform Zukunft der Mobilität (NPM)* überführt. Der Staat hatte bei allen Förderoffensiven in seiner eigenen öffentlichen Beschaffung, auch bei seiner Fahrbereitschaft, übrigens auch nicht auf _ Elektrofahrzeuge gesetzt. Sie wissen schon: die Ladeinfrastruktur ... die Verfügbarkeit der Modelle ... und der Diesel ...

Grüne Dilemmata: Diesel-Käufer und Lungenentzündung

Die CSU, die als „Carbonisierung schützende Union" mit ihren mehrfach mutlosen und mautstolpernden Verkehrsministern schutzlos verspottet wurde, mag für grüne Politikerinnen eine besondere politische Gegenposition gewesen sein. Nur, dass der grüne Ministerpräsident im Auto-Ländle selbst in der ZEIT am 3. August 2017 – also eine Woche, nachdem die Leipziger Bundesverwaltungsrichter am 28. Juli 2017 Fahrverbote für Dieselfahrzeuge als rechtlich möglich entschieden hatten – mit der klaren Position zitiert wurde: „Ich habe einen Diesel gekauft", wirbelte dann den Feinstaub vom oft verdeckten Zielkonflikt. Denn so was macht man, wenn man mit vermeintlich gut gemeinter Arbeitsmarkt- und Industriepolitik für Automarken den Markenkern der Umweltschutzpartei ins Dilemma fährt.

Ein damals grüner OB in Stuttgart, ein grüner Ministerpräsident im Land, ein grüner Verkehrsminister und das Auto: läuft und läuft und läuft ... Da wird im „Kampf mit den Lobbys der autogerechten Stadt" der Kalenderspruch rezitiert: „Wenn der Daimler hustet, haben Stuttgart und die Region eine Lungenentzündung." Jeder zweite Arbeitsplatz der Automobilwirtschaft hänge am Verbrennungsmotor, wird weiterhin den Politikerinnen mahnend in die Programme diktiert. Die SPD hat in Niedersachsen das gleiche Dilemma des Zielkonfliktes und der Lunge. Drei Jahre später wissen wir mit der Pandemie, dass Atemwegsvorerkrankungen – durch Luftverschmutzung – hier besonderer Aufmerksamkeit bedürfen.

Ministerpräsident Kretschmann war aber nur konsequent, denn er rückte am 7. April 2017 – also vor dem Gerichtsurteil – in den Medien von der Notwendigkeit eines Diesel-Fahrverbots ab. Eine Entscheidung, die über ein Jahrzehnt ohnehin klar war, wenn man die Rechtsprechung und die Luftreinhaltung beobachtete. Das Überraschende war die Überraschung. Und die Nächste war dann das „Flugtaxi".

Klimaschutz: „Regierungsinterne Prüfung" – keine Verbrenner-Verbots-Vereinbarung

Und die übernächste Überraschung war dann die 26. UN-Klimakonferenz in Glasgow (COP26) 2021: Der Vereinbarung zum emissionsfreien Auto schlossen sich Staaten wie Großbritannien, Dänemark, Polen, Österreich und Kroatien oder Israel und Kanada an. Auch Schwellen- und Entwicklungsländer wie die Türkei, Paraguay, Kenia und Ruanda sind dabei. Beteiligt sind außerdem Bundesstaaten wie Kalifornien und Städte wie Barcelona, Florenz und New York. Und auch Unternehmen, die in die Autoindustrie investieren oder über eigene Wagenflotten verfügen, wie Eon, Ikea und Unilever, unterzeichneten die Erklärung. Deutschland werde die Erklärung auf dem Gipfel nicht unterzeichnen, sagte ein Sprecher des Bundesumweltministeriums. Dies sei „das Ergebnis der regierungsinternen Prüfung". Außer Mercedes unterschrieb auch kein deutscher Hersteller ... Nach der Karlsruher Klimaschutzgesetz-Klatsche des Bundesverfassungsgerichts ist das tatsächlich regierungsextern eine politische Überraschung.

Koalitionsvertrag: Verkehrswende ausgebremst?

Und beim Koalitionsvertrag der Ampel im Jahr 2021 waren dann nahezu alle enttäuscht, die nun mit dem Klimaschutz sich sicher wähnten, die Verkehrswende würde kommen. Nur die Konkurrenz der Deutschen Bahn dagegen begrüßt den Koalitionsvertrag und die Automobillobby auch, sah sie doch keine sie schwächende Politik.

„Das Instrumentarium, auf das sich die drei Parteien bei der Mobilität verständigt haben, trägt kaum dazu bei, das Klimaziel von Paris zu erreichen", sagt der Bundesvorsitzende des Verkehrsclubs Deutschland, Stefan Bajohr. Ohne Tempolimits, ohne Aus für Straßenneubau und Verbrenner und ohne absoluten Vorrang für den Verbund aus Bahn, Bus, Rad und Zufußgehenden scheitere die Verkehrswende.

3.1.2 Und die Mediennutzer? Mehr Autos

Die FAZ-Journalisten haben für ihr *Frankfurter Allgemeine Magazin* eine Allensbach-Umfrage erstellen lassen, wie denn die Bürgerinnen und Bürger der Autonation zu den ganzen journalistischen Enthüllungen und Empörungen stehen.[2] Und es kam das Gleiche raus wie immer: Die Deutschen wollen das Gleiche wie immer – nur in größer. Der SUV-Markt wächst so stark wie die Maße der Fahrzeuge. Die Margen sind so schwer wie die Fahrzeuggewichte der lastwagenschweren Leichtigkeit einer scheinbar mühelosen Mobilität. Und die bereits thematisierte Studie der RWI aus dem Jahr 2019 sowie die Corona-Studien von Mobicor oder Fraunhofer zeigen alle das gleiche Bild; dass man sich jetzt gern klimaneutraler bewegen würde, wenn man könnte, wenn es möglich wäre. Und dann wird doch das Auto mehr genutzt, weil alles andere ansteckend und anstrengend wäre.

Man könnte angesichts dieser Entwicklungen zynisch bemerken, dass alles noch einmal größer wird, bevor es ausstirbt. Aber was bei Dinosauriern richtig war, muss ja nicht auch bei Fahrzeugen so sein. Denn die FAZ-Journalisten mussten eingestehen, dass der Eindruck, dass das Auto aussterben könnte, Lastenräder die neue Normalität würden und Carsharing bald jeder benutzen wolle, keineswegs des Volkes Meinung ist. Das Fazit lautete deshalb: „Vielleicht hat das Auto für die Bevölkerung ein wenig von seiner früheren Faszination verloren. Doch dafür ist es im Alltag wichtiger als je zuvor. Von seinem Ende kann jedenfalls keine Rede sein."

3.1.3 Und die Industrie? Die Post ging ab … nun „IAA Mobility"

Es war der letzte Publikumstag der letzten IAA in Frankfurt. Es lag mehr erahnte Abschiedsstimmung als Abgase und Bratwurstgeruch in der Luft. Die übermedialisierten Demonstrationen von „Sand im Getriebe" oder „Extinction Rebellion" waren mehr abgebildet als die zugegebenermaßen auch nicht sonderlich aufregenden automobilen Innovationen. Unser Vortrag als Gesellschaft für Urbane Mobilität BICICLI – wissenschaftlich thesengeleitet – kam auf Empfehlung des damaligen gerade verabschiedeten Verbands-Präsidenten Bernhard Mattes zustande, der gern radelt, sogar ins Büro. Zugehört hatte auch die Geschäftsführung des ausrichtenden Verbandes der Automobilindustrie (VDA). Das Verständnis einer neuen Mobilität war da. Aber die Industrie selbst und die Vermachtung in der Industrie schienen das Problem über Jahre verschleppt zu haben. Ein Verband ist eben auch nur so stark wie die verbandelten Mitglieder.

Der VDA hatte reagiert und in 2021 die *IAA Mobility* in München gelauncht – und die soll als Startpunkt einer neuen Mobilität des „und" verstanden werden, also einer Mobilität mit dem Auto *und* den anderen Verkehrsmitteln. Das klingt für einen Auto-Verband schon verbindlich und verständig.

Für Medien wie auch andere Meinungsmacherinnen wirkt vieles auf der Hersteller-Seite doch noch unverständig. So auch der „strategische Einkauf" von Halbleitern und Chips, weil es mittlerweile andere mächtige Mitspieler anderer mächtiger Industrien auf dem Markt gibt, die besser einkaufen als die über Jahrzehnte geübten Einkaufsabteilungen der Automobilisten. Die BWL der 1990er-Jahre hat über kaum etwas mehr geforscht …

Alle Beratungshäuser, die Wissenschaft und auch Stiftungen schreiben seit Jahren immer wieder das Gleiche: Die Transformation der Dekarbonisierung und Digitalisierung ist für die deutsche Automobilindustrie im vollen Gange. Doch während sich die Hersteller (OEM) noch immer sehr selbstähnlich entwickeln, von den alten Erfolgen leben und in junge Bereiche investieren können, müssen sich die meist hochspezialisierten Zulieferer oft ganz neu erfinden.

Und die Klimakrise ist nun keine grüne Fantasie von Lastenradfahrerinnen, sondern der letzte Ton nach der oft gedrückten Snooze-Taste des Alarmweckers. Fast alle deutschen Hersteller haben in den 2020er-Jahren einen Strategiewechsel nicht nur angedeutet, sondern ernsthaft eingeleitet und kündigen den Ausstieg aus dem Verbrennungsmotor an. Die EU-Flottengrenzwerte sind ohne Umstieg auf alternative Antriebe unerreichbar, was mit den EU-Verbrenner-Verboten und dem Verlust wichtiger Exportmärkte einhergeht. Und genau daher kommt die Sorge …

Ministerielle Sorge: Abhängigkeit von abhängiger Automobilwirtschaft

Nach einer vom Bundesministerium für Wirtschaft und Energie (BMWi) beauftragten Studie sind die Automobilindustrie, der Automobilhandel und der sogenannte Aftermarket die Branchen mit der höchsten Bruttowertschöpfung Deutschlands. Im Jahr 2017 waren sie für über 6 Prozent der gesamten deutschen Wertschöpfung verantwortlich, was die Angst vor Husten auch jenseits von Stuttgart erklärt. Mehr als 2,2 Millionen Jobs hingen 2018 in Deutschland an der Automobilwirtschaft, so die Studie aus dem Jahr 2021. Das Auto ist nicht nur ein zentraler „Konjunktur-, sondern auch wichtiger Innovationsmotor", wie das Institut der deutschen Wirtschaft (IW) ausführt: Jeder dritte in Forschung und Entwicklung investierte Euro und die Hälfte aller Patentanmeldungen kommen aus der Autoindustrie.[3] Nun scheint die Abhängigkeit des Staates von der Abhängigkeit der Industrie vom Verbrenner eine echte Gefahr. Denn die post-fossile Mobilität ist ja überall schon ganz gut entwickelt. Nur wann geht bei uns in Deutschland die Post ab?

Die Post geht ab: Nur nicht bei der Post. Amazon kauft selbst anders Mobilität ein

Es zeigt sich eben, dass in der Industrie wirklich die Post abgeht – und das post-fossile Fahrzeug vielleicht doch für die Deutsche Post hätte von der deutschen Automobilindustrie gebaut werden sollen ...[4]

2011 wird es wohl gewesen sein, als einer der größten Kunden der Automobilwirtschaft sich an diese wendete – ahnend, dass es ein Verbrennerverbot geben werde, wissend, dass die Paketzustellung wächst und der Klimawandel kommt. Bereits vor zehn Jahren war die Elektrifizierung für die Deutsche Post, ihre 70 000 Fahrzeuge und ihren damaligen Vorstand Jürgen Gerdes alternativlos. Für die Autoindustrie nicht – da gab es immer noch die Alternative des Nichtmachens: Bei Daimler in Stuttgart wollte man zunächst einen Entwicklungszuschuss für eine Planung der Entwicklung in zweistelliger Millionenhöhe. Andere Autohersteller wie Volkswagen haben beim Thema Elektroantrieb direkt abgewunken oder vertrösteten die Post auf einen Zeitraum in fünf oder zehn Jahren. Dann ginge es technologisch und es gäbe auch Kunden dafür.

Dann begann die wechselvolle Geschichte des *Streetscooters,* die in Aachen professoral startete und nun bei einem ehemaligen BMW-Marketing-Vorstand und seinem Start-up landete ... Wikipedia ist vielleicht hier mal die interessanteste Quelle.

Aber was ist mit dem damaligen Einwand, es gäbe keine Kunden? Amazon hat 100 000 Amazon-Transporter für 700 Millionen Dollar von Rivian bestellt. Rivian? Richtig. Nie gehört. Start-up eben. Jeff Bezos vertraute den etablierten Herstellern wie Mercedes nicht, obwohl diese für UPS schon individualisierte Fahrzeuge produzieren. Und die Streetscooter der Deutschen Post waren offenkundig nicht interessant. Denn die Post geht ab. Bewegen wir uns in ein „Post-Automobilwirtschafts-Deutschland" oder ist das alles nur die deutsche Ruhe *vor* dem Sturm, dem Ansturm auf die neuen Märkte – wie schon im letzten Jahrhundert?

Sharing- und Daten-Geschäftsmodelle: Zu früh ...? Zu spät ...?

Und auch frühe Bemühungen von Mercedes – wie so oft an sich selbst gescheitert – von *Smart* bis *Car2Go,* von *BMW* mit *DriveNow,* sind im Grundsatz anzuerkennen. Gerade auch, weil sie zeigten, dass es mit klassischer Industrie- und Innovationslogik nicht mehr funktioniert. Auch Volkswagen, das mit *MOIA* einen ÖPNV-Ersatzverkehr probierte und mit *WeShare* spät, aber elektrisch startete, zeigte das Bemühen. Aber ein Funktionieren sieht auch anders aus ...

Wir gehen im Kapitel über die Verkehrsübungsplätze nochmals tiefer in die Analyse und die Ausblicke.

3.1.4 Und die Digitalwirtschaft? „German Blechbieger"!

„Building the machine, that makes the machine!"

Elon Musk, mobilisierender Elektriker

Wenn man wie der Autor seit 1999 die Möglichkeit hat, an der Stanford University als Gastforscher zu arbeiten, dann bekommt man ein sehr eigenes Gefühl dafür, was es im 21. Jahrhundert heißt, aus Deutschland zu kommen. Man kann offen sein: Es ist eine besondere Mischung aus Mitleid und Mutmachen und auch mangelndem Respekt für unsere doch bestehenden Kompetenzen. Kurzum: Wir sind die „German Blechbieger" und „Data Protector", einfach Weltmarktführer für Karosserien mit besonderer Beachtung der Spaltmaße, die das gern auch weitermachen können.

Zuversicht und Zweifel am autonomen Fahren

Einer der zentralen Leitsätze der Mobilität ist: *„Mind the gap!"* Deutschland wirkt aus chinesischer wie kalifornischer Brille so, als hätten wir die sehr großen Spaltmaße und Lücken bei den nächsten Geschäftsmodellen nicht kommen sehen. Aber immerhin: Der sehr zuversichtliche damalige Chef von *Waymo*, also der Schwester-Sparte von Google für autonome Fahrzeuge, hatte bei der letzten Frankfurter IAA 2019 die Ehre, eine ebenso zuversichtliche Eröffnungsrede zu halten. Dann nahm er 2021 als CEO die Hände vom Steuerrad und wirkte weniger zuversichtlich. Das gilt weniger für den deutschen Sebastian Thrun, der bei Google das Projekt aus der Abteilung X damals startete und bis heute die Deutschen immer wieder medial auffordert: „Ein bisschen weniger Pessimismus täte gut."

Alte Geschichten des Fliegens und Fahrens: neue Sorgen

Dennoch: Das fliegende Auto in den 1950er Science Fictions und die Dauerschleife vom autonom fahrenden „Smartphone auf Rädern" sind die Versprechen der letzten 20 Jahre. Und der frohgemute Solinger Sebastian Thrun ist immer vorn dabei. Nun eben Kitty Hawk – die Firma, die wieder fliegende Autos anbieten will.

Aber nicht nur überzuversichtliche Überflieger machen sich Sorgen um Deutschland. Auch die grüne Heinrich-Böll-Stiftung sieht für die Automobilindustrie und Ampel-Regierung eine Aufgabe des Aufholens gegenüber den neuen Konkurrenten wie Apple, Google und Tesla: „So setzte Tesla nicht nur von Anfang an auf reinen Elektroantrieb und baute das Ladenetz gleich mit, sondern das Unternehmen verfolgt vor allem auch konsequent eine Automatisierungs- und Digitalisierungsstrategie. Dagegen wurde Digitalisierung in Deutschland lange lediglich im Zusammenhang mit der Optimierung von Produktionsprozessen diskutiert. Aber auch hier suchen die deutschen Hersteller den Anschluss. Noch allerdings ist der Vorsprung der Techgiganten groß." So lautet das Fazit der Stiftungsanalyse zur Transformation.[5] Und was macht die deutsche Automobilwirtschaft samt ihrer Digitalisierung? Sie investiert laut VDA-Angaben in den Jahren 2021 bis 2025 insgesamt 150 Milliarden Euro in Digitalisierung und neue Antriebe sowie Elektromobilität. Bisher hieß das noch etwas bieder „Assistenzsystem", aber es wird anders.

Software für das Volk wagen?

Volkswagen kündigte in den vergangenen Jahren mehrfach den Umbau vom Markensammelkonzern der Produktion zum „Digitalkonzern" an. Dafür wurden neue Einheiten (Car.Software.Org mit 10 000 Beschäftigten) geschaffen, Unternehmen hinzugekauft und eine Akademie „42 Wolfsburg" mit einem ehemaligen Google-Mitarbeiter eingerichtet. Warum? 60 Prozent der Wertschöpfung eines Autos der Zukunft kommt aus der Software für Assistenzsysteme und Elektrifizierung, so die Einschätzung des Beratungshauses *Strategy&* aus dem Jahr 2021.[6] Die Margen liegen etwas oberhalb des Blechs: 70 Prozent. Und wie beim iPhone auch wird hier der (Gebrauchtwagen-)Wert gesteuert: Update-fähig oder Downdating, also Entwertung.

Volkswagen hat momentan einen Eigenanteil an der Entwicklung von 10 Prozent, den es in den kommenden Jahren mit den neuen Einheiten auf 60 Prozent „Fertigungstiefe" steigern will. Es geht um das Betriebssystem des Autos – und das wird weltweit eine überschaubare Anzahl von Standards umfassen. Wir kennen das ja schon vom Betriebssystem beim Handy: iOS und Android haben auch nicht mehr viel um sich herum.

Daten sammelnde Plattformen und Mobilität als Dienstleistung

Das Zauberwort der Zwanziger ist der Zwilling, der digitale. Den gibt es von Gebäuden, einem selbst und natürlich auch von einer ganzen Stadt. Denn die Bewegungsdaten, die Wetterdaten, die Buchungen von Taxen oder anderen Fahrdienstleistern, die Veranstaltungskalender einer Stadt und viele weitere werden von Unternehmen wie Uber oder Google Maps zusammengeführt – und sind wertvoll. *Mobility as a Service (MaaS)* und *Mobility-Platforms* lassen das Blechbiegen schnell rostig aussehen und die Geschäftspläne der Start-ups rosig. Beides wird wohl so nicht stimmen.

Das Problem mit den Start-ups oder Plattformen ist, dass die von ihnen generierten Bewegungsdaten bisher nicht oder nur kaum mit der Stadt geteilt wurden. Doch klimaneutrale und gesunde Städte mit ihrer Verkehrsplanung brauchen diese Daten als öffentliches Gut! Aus der Öffentlichkeit gewonnen können sie für die Öffentlichkeit eingesetzt werden; können Nutzungsschwerpunkte, Bedarfsanalysen, Umwandlungspotenziale von Straßen, ÖPNV-Haltestellen und -Erweiterungen oder Unfallschwerpunkte noch präziser analysiert werden.

Aber auch Ampelschaltungen, die Einhaltung von Verkehrsregeln, die Parkraumbewirtschaftung oder die Berechtigungskontrolle für die in manchen Ländern üblichen Carpool-Lanes, die man nur mit mehreren Insassen in einem Auto nutzen darf, können so automatisiert erfolgen. Weiterhin sind Daten für ein Echtzeit-Angebot von verkehrsmittelübergreifenden Mobilitätsinformationen zentral für eine kosten-, klima- und zeiteffiziente Steuerung der Mobilität über Verkehrsmittel hinweg. Und das Ticketing wird dann auch optimiert und durchgängiger.

Ungeachtet dessen, dass die deutschen Automobilisten und auch deutsche Dienstleister hier nicht marktdominierend sind, steht die zentrale Frage der 2020er-Jahre im Raum: Wem gehören die Daten, damit sie allen einen Mehrwert erbringen? Genau … Google eher nicht. Und Mercedes wohl auch nicht. Daseinsvorsorge, Gemeinwohlökonomie und kollaborative Stadtentwicklung sind die Stichworte, die öffentliche Verkehrsunternehmen schon länger kennen und Private-Equity-Unternehmen wohl noch lernen werden.

3.1.5 Und die Wissenschaft? Feminismus und Aktivismus für „Good Science" und „Bad Bank der Mobilität"

Die Verkehrswissenschaft ist eine Disziplin, der man die Herkunft anmerkt. Sie ist ein Sammelbecken für alle wissenschaftlichen Disziplinen, die sich mit der Erforschung der naturwissenschaftlichen, technischen, technologischen, ökonomischen, juristischen, geografischen, historischen, soziologischen, pädagogischen oder auch psychologischen Gesetzmäßigkeiten des Verkehrswesens befassen. Es ist eine Querschnittsdisziplin, die verglichen mit der beschriebenen ökonomischen Brisanz für Deutschland interessanterweise keine adäquate Entsprechung und Bedeutung zu haben scheint. Es sind mit TU Berlin und TU Dresden nur zwei dezidierte Fakultäten zu finden und auch die Institute an den Universitäten und FHs sind vergleichsweise überschaubar.

Mediale Präsenz haben nur wenige Akteure. Das sind dann vor allem volkswirtschaftliche Analysen zur Branche und deren Management-Relevanz, Infrastrukturfragen oder Gemeingüter-Analysen (Netze).

Auto-Päpste und femininere Mobilitätsforschung

Die mediale Kritik der Antriebsschwäche kam vor allem von einer Seite, zu einer Zeit, in der Verkehrsforscher noch „Auto-Papst" genannt wurden und aus der Praxis kamen; wie Ferdinand Dudenhöffer, der bei Porsche, Opel, Peugeot und Citroën in Führungsfunktionen tätig gewesen war und lange Jahre als Direktor des Forschungsinstituts „Center Automotive Research (CAR)" über die Automobilwirtschaft in Medien und Publikationen berichtete.

Aber es kommt Bewegung in die deutsche Forschung: Auf Dudenhöffers Nachfolge wurde mit Ellen Enkel eine Professorin als Nachfolgerin berufen, die zuvor in St. Gallen und an der Zeppelin Universität aus der Innovationsmanagementperspektive an die Universität Essen-Duisburg wechselte und auf mehr als Autos schaut. Gemeinsam mit der ebenfalls von der Zeppelin Universität an die Universität Essen-Duisburg gewechselte Inhaberin des Lehrstuhls für Internationales Automobilmanagement, Heike Proff, kommt eine andere Vernetzungsqualität in die Forschung.

Aktivistischere Mobilitätsforschung von Technologiefolgen bis Radprofessuren

Nun kommt eine andere Mobilitätsforschung auf die Straße, die aktivistischer und technologiefolgenfokussierter wirkt; wie zum Beispiel durch Stephan Rammler als Gründungsdirektor des Instituts für Transportation Design (ITD) und Professor für Transportation Design und Social Sciences an der Hochschule für Bildende Künste Braunschweig. Dort arbeitet er in der Mobilitäts- und Zukunftsforschung, forscht zu Verkehrs-, Energie- und Innovationspolitik mit den Konsequenzen für eine zukunftsfähige Umwelt- und Gesellschaftspolitik. Seit Oktober 2018 ist er wissenschaftlicher Direktor des Berliner „Instituts für Zukunftsstudien und Technologiebewertung (IZT)".

In seinem Buch „*Schubumkehr – Die Zukunft der Mobilität*" hat er 2014 ein neues interdisziplinäres Genre eröffnet, das auf die kulturellen Transformationsdesigns abstellt. Darin skizziert er die erneuerbare, dematerialisierte, sichere, resiliente, kuratierte, kollaborative Mobilität.

Seine Streitschrift *„Volk ohne Wagen"* ist bezeichnend und wirkt aktivistisch, ist aber „Common Sense" der weltweiten Wissenschaftsgemeinde mit Blick auf die Mobilitätsforschung: Die Welt braucht eine Auto-Korrektur, nicht nur für den Verbrenner, sondern für die Idee der Individualmobilität mit Überkonsum und Unternutzung.

Und es entstehen neue Typen: Portfolioarbeiterinnen zwischen Aktivismus, Social Media, Beratung und Networking und PR-Arbeit, wie zum Beispiel Katja Diehl, die als Literaturwissenschaftlerin von der Bundesstiftung Umwelt, von Stadtwerken und Logistik-Unternehmen eine andere Stimme in den Diskurs einbringt, oder soziale Bewegungen wie „Women in Mobility".

Bad Banks der Zuliefererindustrie

2017 kam die Studie – wieder vom „Center Automotive Research (CAR)" der Universität Duisburg-Essen, die nicht aus Versehen auf die 2008/2009 entstandene Bad-Bank-Gesetzgebung im Nachgang zur Finanzmarktkrise Bezug nahm. Das Beben sollte wohl ähnlich wirken. Denn den deutschen Autozulieferern drohen große Schwierigkeiten durch die Umstellung vom Verbrennungsmotor auf den Elektroantrieb. Der Antrieb eines Porsche Taycan hat statt 1400 Bauteilen in der elektrischen Version noch 200 – maximal. Allein bei den vier größten deutschen Zulieferern Bosch, Continental, Schaeffler und ZF war damals knapp ein Drittel der Gesamtumsätze direkt vom Verbrennungsmotor abhängig und damit im Zuge des technologischen Wandels gefährdet. ZF Friedrichshafen, ein Zeppelin-Stiftungsunternehmen gehalten von der Stadt Friedrichshafen, hieß Zahnrad-Fabrik, weil der Graf diese für die Luftschiffe brauchte, und ist ein Getriebespezialist, was die Gefährdung zeigte. Durch einen vom damaligen CEO Stefan Sommer beherzt vorgenommenen Kauf des amerikanischen Zulieferers TRW für 12 Milliarden Dollar ist ZF nun anorganisch deutlich breiter aufgestellt als beispielsweise damals Schaeffler.

Deutlich problematischer ist jedoch die Situation für die vielen kleineren Lieferanten in Deutschland. „Mittelständler wie Eberspächer, ElringKlinger, Bosal, die fast ausschließlich auf Komponenten der klassischen Antriebstechnologie konzentriert sind, trifft der schnelle Wandel härter", sagte damals CAR-Chef Ferdinand Dudenhöffer.

Für das Auto-Land Deutschland ist das durchaus eine bedrohliche Entwicklung. Allein die vier großen Zulieferer machten im Jahr 2017 jährlich zusammen einen Umsatz von mehr als 150 Milliarden Euro mit mehr als 300 000 Menschen in fast 700 Unternehmen.

Und dann machten die CAR-Forscher einen radikalen Vorschlag: Damit sich die Lieferanten besser auf die Zukunftsfelder einstellen können, sollten sie nach dem Vorbild der „Bad Banks" oder der Unternehmen aus der Energiebranche ganze Unternehmenssparten abspalten, die durch den technologischen Wandel wegfallen würden. „Die Gefahr ist in Teilen der Zulieferindustrie groß, dass die zu erwartenden steigenden Belastungen durch Umsatzerosion und Kapazitätsabbau im klassischen Antriebssystem dem neuen Teil der Unternehmen die Luft zum Atmen und damit die Wachstumsgeschwindigkeit rauben", sagt Dudenhöffer. „Um die Zukunft mit der Vergangenheit nicht über Gebühr zu belasten, macht es Sinn, über ein Aufbrechen der Unternehmensorganisationen nachzudenken."[7]

Und die Idee wächst auch wegen Corona und dessen Transformationserschwernis – und zwar bei der IG Metall, die zusammen mit der IG BCE die Idee verfolgt, der drohenden

Insolvenz- und Entlassungswelle in der Zulieferindustrie mit einem Fonds entgegenzutreten. Die sogenannte „*Best Owner Group*" (BOG) soll Gelder einsammeln, um notleidenden Betrieben zu helfen, denen die Transformation aus eigener Kraft und mit eigenen Bord- oder Bankmitteln nicht mehr gelingt. Damit könnten diese Zulieferer im auslaufenden Geschäft mit Verbrennungsmotoren weiterarbeiten. Auch die Autobauer sollen sich selbst an diesem Fonds finanziell beteiligen. Das Interesse scheint überschaubar, die Wirtschaftsmagazine skeptisch. Mit dem ehemaligen Chef der Bundesagentur für Arbeit und des Bundesamts für Migration Frank-Jürgen Weise und mit Bernd Bohr, der früher die Kraftfahrzeugsparte von Bosch geleitet hat, haben sich auch bereits zwei Hochkaräter als Fondsmanager für die Spitze der BOG begeistern können.

Fazit ohne „False Balance": Common Sense weltweit – nicht motorisierter Individualverkehr und elektrifizierter ÖPNV

Bei der moralisierten Mobilität werden Medien gern ausgleichend – leider. Das nennt man False Balance, wenn ein vermeintliches Gleichgewicht zwischen einer wissenschaftlichen Mindermeinung und einer wissenschaftlichen Mehrheitsmeinung geschaffen wird, wenn man hart aber herzlich nur zwei Protagonisten einlädt, die das Gleichgewicht suggerieren.

Bei der Mobilitätsforschung ist aber seit Jahrzehnten weltweit auf Konferenzen und auch in den Journals eine breite und seit Jahren klare Position vertreten, die nun durch die breitere Wahrnehmung des Klimaschutzes nochmals einen Common Sense reproduziert, bei dem insbesondere jüngere Professorinnen und Forscher darüber frustriert sind, dass man zu diesen Themen überhaupt noch politisch reden muss: Abkehr vom motorisierten Verbrenner-Individualverkehr, mehr Selbstbewegung, Tempolimits, Mikromobilität, Digitalisierung, Elektrifizierung im ÖPNV und der Logistik.

Irgendwann heißt das dann „Disruption". In der Wissenschaft nennen wir das Kognitionsstörung, denn das ist da schon seit den 1970er-Jahren einigermaßen geklärt – nur nicht wahrgenommen.

Und selbst der Auto-Papst Dudenhöffer fährt nur 5000 Kilometer Auto (also das, was normale Rennradlerinnen und Radpendler im Jahr runterkurbeln), lobt den Berliner Nahverkehr, fordert mehr Radwege, höhere Parkgebühren und eine Maut. Mit 70 Jahren fängt das Leben eben an, vor allem, wenn man mobil bleibt.

3.1.6 Und die NGOs? Wanderpredigten, Beratung und Gesetze von unten

Wenn die Wissenschaft geliefert hat, ist es an der Zivilgesellschaft, diese Forschung zu übersetzen und zu verbreiten. Der *Club of Rome* ist für viele ein erinnerbarer Startpunkt dessen, was wir über eine umweltbewegte und vom Waldsterben wie von Tschernobyl befeuerte Ökologiedebatte der 1980er-Jahre nun vor einigen Jahren mit *Fridays for Future* wieder auf die Straße gebracht bekamen.

Die Arbeit der NGOs ist medial oft unerwähnt geblieben, was für jüngere Verkehrsteilnehmerinnen wirkt, als hätten wir als Gesellschaft etwas übersehen… Denn die Probleme waren eigentlich schon viel früher klar. Diese junge Generation ist nun auch in den Redaktionen der klassischen Medien angekommen. Vielleicht war die Überraschung deswegen auch so groß, als 2021 die Ampel die Verkehrspolitik auf Gelb stellte. Denn sie war schon immer grün informiert …

Eine Auswahl der Akteure:

1986: Verkehrsclub Deutschland (VCD) als umweltbewegte, ideenreiche ADAC-Alternative

In den Achtzigerjahren rückten globale wie lokale Umweltprobleme stark ins Bewusstsein. Neben den aktuellen Unfällen und Ozonloch-Befunden wurde als Quelle von Schadstoffen und Treibhausgasen der Verkehr auch als Politikfeld etabliert. Die sozialen Bewegungen formierten sich in dieser Zeit: Die Institutionalisierung der sogenannten „Umweltbewegung" begann. Die Grünen rotieren in ihrer ersten Legislaturperiode im Bundestag und – für viele überraschend frisch – das Umweltministerium wird 1986 ins Leben gerufen. Gegen die Politik von CDU/CSU und FDP unter dem damaligen Verkehrsminister Werner Dollinger regte sich Widerstand. Mit einer Idee: Es müsse eine ökologische Alternative zum ADAC für eine umwelt- und sozialverträgliche Mobilität begründet werden. Der sehr debattenreiche Verkehrsclub Deutschland e. V. (VCD) startete im Juni 1986. Was dann passierte, lässt sich für viele Motorwelt-Leser kaum in einem Buch zusammenfassen und ist selbst auf der Homepage eine faszinierende Listung. Faszinierend, weil alle Disruptionen der Mobilitätswirtschaft der heutigen medialen Erregungen schon vor Jahrzehnten dort diskutiert wurden – und zwar lange, wie es sich gehört. Von Wartesofas vor Fußgängerampeln, Verfassungsgerichtsklagen für das Tempolimit, dem Vorgänger der BahnCard mit dem Halb-Preis-Pass bis hin zu zukunftsfähigen Arbeitsplätzen für umweltgerechten Verkehr oder im ersten Corona-Jahr der Kampagne des Bundesmobilitätsgesetzes. Und nach 35 Jahren wirkt das alles noch so frisch und engagiert wie eine Hochschulgruppe, was nicht nur ein Kompliment sein muss, denn die Positionen sind tatsächlich wissenschaftlicher „Common Sense" und aktivistisch pures Herzblut. Politisch und medienseitig ist dem VCD noch mehr Gehör zu wünschen – und das kommt, denn hier ist mehr als nur Wissenschaft. Hier ist Leidenschaft!

2016: Agora Verkehrswende als Wissenschaftsdrehscheibe der Politikberatung

30 Jahre nach dem VCD wurde die Agora Verkehrswende im Jahr 2016 gegründet – als gemeinsame Initiative der Stiftung Mercator und der European Climate Foundation (ECF).

Die Agora Verkehrswende will zusammen mit zentralen Akteuren aus Politik, Wirtschaft, Wissenschaft und Zivilgesellschaft die Grundlagen dafür legen, dass der Verkehrssektor bis 2045 vollständig dekarbonisiert ist. Die klimafreundliche Entwicklung des Stadtverkehrs wird als ein zentraler Baustein einer Transformation und als komplexe gesamtgesellschaftliche Aufgabe gesehen. Die Agora Verkehrswende will dafür die Plattform bieten, Prozesse entwickeln und auf wissenschaftlicher Basis über Szenarien und Methoden informieren. Der Fokus von Agora Verkehrswende liegt dabei auf dem landgebundenen Personen- und Güterverkehr in Deutschland im europäischen Kontext. Ein hochrangig besetzter Rat mit ausgewählten Vertretern aus Gesellschaft, Politik, Wirtschaft und Wissenschaft kommt viermal jährlich zusammen, tagt nichtöffentlich und in vertraulichem Rahmen. Für den Diskurs und die Strategieentwicklung werden durch das interdisziplinäre Team der Agora Verkehrswende und dessen wissenschaftliches Netzwerk Analysen und Studien erarbeitet. Dafür steht Agora Verkehrswende nach eigenen Angaben ein signifikantes Forschungsbudget zur Verfügung.

Die Agora Verkehrswende hat sich so in kurzer Zeit mit einer langen Liste von Publikationen zu einer der führenden wissenschaftsbasierten und -fördernden Plattformen für Medien und Politik entwickeln können, die in den kommenden Jahren viele Anstöße geben könnte. Themen sind der ÖPNV, die Fit-for-55-Strategie der EU-Kommission oder der *„Dienstwagen auf Abwegen"* gegen die sozial ungerechte Steuer- und Klimapolitik oder eine deutlich nüchterne und optimistische Transformation der *„Autojobs unter Strom"*. Wir werden auf diese intersektorale Agora-Logik im Kapitel 6 zurückkommen, da wir diese für Kommunen auf dem Platz als Innovationsansatz zwischen Wissenschaft, Bürgerschaft und Wirtschaft mit der Kommunalpolitik sehen.

2015: Netzwerk Lebenswerte Städte, Volksentscheid Fahrrad, Changing Cities: Gesetzesvorbereiterin

Dem *Netzwerk Lebenswerte Stadt e. V.*, der den alle Erwartungen übertreffenden *„Volksentscheid Fahrrad"* in Berlin organisierte, gelang aus dem Sprung etwas Einzigartiges: Innerhalb weniger Monate machte dieser Volksentscheid das Thema „Verkehrswende in der Stadt Berlin" mehrheitsfähig – im wahrsten Sinne des Wortes. Am 11. Dezember 2015 erstmals in die Öffentlichkeit gegangen, am 16. Dezember 2015 das „goldene Fahrrad" mit den zehn Zielen für ein Radgesetz vor dem Roten Rathaus angekettet und am 14. Juni 2016 nach dreieinhalb Wochen Sammelphase 105.425 Unterschriften für den Antrag auf ein Volksbegehren im Berliner Abgeordnetenhaus abgegeben. So war im September 2016 Radverkehr eines der wichtigen Themen im Berliner Wahlkampf. Rot-Rot-Grün übernahm die Ziele und Forderungen des Radentscheids und damit die Verabschiedung eines Mobilitätsgesetzes in der Legislatur, das außer dem Rad- auch den Fußverkehr und den ÖPNV regeln und systematisch verbessern sollte. Ab dem 15. Februar 2017 wurde gemeinsam mit Vertreterinnen des Volksentscheids Fahrrad, des ADFC Berlin und des BUND Berlin über das RadGesetz verhandelt, das am 4. August 2017 durch die Verkehrssenatorin als Referentenentwurf des Mobilitätsgesetzes der Öffentlichkeit vorgestellt wurde und am 28. Juni 2018 mit einer Mehrheit der Regierungskoalition als „Gesetz zur Neuregelung gesetzlicher Vorschriften zur Mobilitätsgewährleistung", kurz: MobG, verabschiedet wurde.

2,5 Jahre klingen für jüngere Aktivistinnen lange, sind aber politisch gesehen eine Revolution: Und deswegen stand dieses Vorgehen auch Pate für weitere Städte in der Mobilitätspolitik wie auch in der Wohnungsbaupolitik in Berlin 2021. Eingangs schrieben wir über diesen „Urbanismus von unten" als soziale Selbst-Bewegung (siehe Abschnitt 2.4.10 Infrastruktur).

Changing Cities e. V. wurde der Nachfolgeverein, der mit Kampagnen und Projekten in Berlin und bundesweit die Verkehrswende von unten vorantreiben will. Die Initiativen „zeigen Flächenkonflikte auf der Straße an und tragen sie aus" – „laut und kreativ, unberechenbar und pragmatisch" – "politisch unabhängig und mit positiver Energie", so die Eigendarstellung. Und diese Stimmung erzeugt Nachahmung, wie wir im ersten Kapitel an der Vielzahl dieser Aktivitäten und Volksentscheide in anderen Städten zeigten.

Politische bzw. fördernde Stiftungen: Heinrich-Böll-Stiftung und Phineo

Stiftungen können soziale Innovationsorte für Projekte, Förderungen und Reformideen sein. Doch im Themenspektrum der Mobilität waren das bisher weniger als bei Bildung, Kultur oder Sport.

Die Heinrich-Böll-Stiftung steht dem Namenspatron als Ermutiger für zivilgesellschaftliches Engagement in der Politik folgend für „grüne Ideen und Projekte" und versteht sich als „eine reformpolitische Zukunftswerkstatt". Sie arbeitet aus Berlin Mitte heraus als internationales Netzwerk mit über hundert Partnerprojekten in rund 60 Ländern zusammen und unterhält derzeit Büros in 33 Ländern. In dem breiten Themenportfolio ist das Thema Mobilität mit richtungsweisenden Publikationen wie dem Mobilitätsatlas und vielen Veranstaltungen zentral gesetzt und geht hier bei künstlicher Intelligenz, Geopolitik des Kraftstoff-Imports und der Transformation der Automobilbranche zum Teil kenntnisreicher als viele vertriebsorientierte Beratungsstudien in die Tiefen und die Vernetzung der Mobilitätsthemen.

Anders wiederum die Phineo gAG, die als Analyse- und Beratungshaus konkreter in die Umsetzung für fördernde Stiftungen geht und ursprünglich vor allem von der Bertelsmann Stiftung, der Deutschen Börse und KPMG finanziert wurde. Ziele sind Transparenz, Wirksamkeit und Siegel für gemeinnützige Arbeit. 2018 wurde die *Initiative Mobilitätskultur* begründet und Projekte wie Organisationen wurden gefördert.

Nutzergemeinschaften: Bundesverband Fuhrparkmanagement

Der Bundesverband Fuhrparkmanagement e. V. (BVF) ist ein deutscher Interessenverband von Fuhrparkverantwortlichen mit Sitz in Mannheim. Der 2010 gegründete Verband vertritt die Interessen seiner Mitglieder, die Fuhrparks zwischen 5 und über 50 000 Fahrzeugen betreiben – und ist nach eigenen Angaben der erste von Fuhrparkbetreibern selbst gegründete Verband in Deutschland.

Dieser Fachverband dient Unternehmen mit betrieblich genutzten Fuhrparks, die selbst nicht Anbieter und Dienstleister mit Angeboten und Leistungen für das betriebliche Fuhrpark- und Mobilitätsmanagement sind. Es organisieren sich also über 500 Einkaufsverantwortliche und Flottenbetreiber selbst, um die Interessen zu bündeln und auch um potenziell adressierbar zu sein für Stellungnahmen und Reformvorschläge mit Blick auf die betrieblichen Verkehre. Dabei nimmt der BVF regelmäßig in Fachzeitschriften Stellung zu aktuellen Themen. Es ist vielleicht einer der wichtigsten Verbände für die Mobilitätswende, der bisher politisch wie herstellerseitig am wenigsten beachtet wurde. Es steht zu vermuten, dass auch hier bald die Post noch mehr abgehen wird, denn Kunden sind ja kundig und können bei der jetzigen Transformation eine wichtige Quelle der Innovation sein.

3.2 Ökosystem Auto: Was machen Tankstellen und Parkhäuser jetzt so?

Das ökologisch problematisierte Auto hat seit der Erfindung des Velociped 1886 und des von Carl Benz angemeldeten Patents für das „Fahrzeug mit Gasmotorenbetrieb" ein eigenes Ökosystem geschaffen – von Werkstätten, Tankstellen, Waschstraßen oder Parkhäusern. Was aber nun, wenn der Verbrenner Vergangenheit ist und Parkhäuser bei abnehmender Individualmobilität eher für Flottenbetreiber noch spannend sind? Innenstädte ohne diese Infrastruktur? Tankstellen zu Haus oder bei der Arbeit? Selbstreinigende Autos, Ausfallstraßen ohne Autohändler?

3.2.1 Tankstellen der Zukunft: Hochfliegende Fantasien

Fats Domino kennen vermutlich nicht mehr viele von Ihnen. Ob das mit Tankstellen bald auch so sein wird, wenn wir zu Haus bei der Arbeit oder während Kino- oder Shoppingbesuchen oder beim Sport besser tanken?

Aral fuhr 1991 eine Kampagne mit dem Song von Fats Domino „I'm Walking", in der ein Fahrer ohne Sprit mit seinem Aral-blauen Reservekanister eine lange Strecke läuft, um dann eine No-Name-Tankstelle rechts liegen zu lassen und noch weiter zu einer Aral-Tankstelle zu laufen. Leicht hüpfend vor Freude versteht sich. Alles super, wenn man so gern läuft – für eine Leistung, die überall gleich ist: fossile Brennstoffe. Sprit!

Etwa 14 500 Tankstellen gibt es in Deutschland. Für die meisten ihrer Besucher ist der Aufenthalt nur von kurzer Dauer – bei Autobahn-Raststätten etwas länger als beim Formel-Eins-Boxenstopp oder wenn sie als Treffpunkt der Landjugend genutzt werden. Beide Anwendungsfälle wirken etwas historisch und könnten gleichzeitig genau das in Zukunft noch mehr, aber anders werden: Treffpunkt und Rast.

Und dass der zu BP gehörende Tankstellenkonzern sich um seine Zukunft kümmert, klingt auch super. Die Studie über die Mobilität 2040 aus dem Jahr 2018 wirkt aber neben dem Optimismus sogar noch etwas unter Potenzial[8]: „Über den Großstädten kreisende Lufttaxis, autonom fahrende Lkw auf der Autobahn und Handwerker, die ihren Kunden in ländlichen Regionen Paketlieferungen von der Tankstelle mitbringen."

Fest steht für Aral, dass sich die Mobilität deutlich wandeln wird – getrieben durch demografische und technologische Entwicklungen. Pkw und Nutzfahrzeuge werden im Jahr 2040 mehr Kilometer zurücklegen als heute – teils elektrisch, aber eben noch immer mit fossilen oder alternativen Kraftstoffen. Aber Tankstellen übernehmen deutlich mehr Funktionen als allein die Versorgung mit Kraftstoffen und Strom. 2019 stellte die Schweizer Erdöl-Vereinigung mit den Partnern Empa, Hyundai und Amag ein weiteres Zukunftskonzept für Tankstellen vor. Auch hier dreht sich alles um Konsum und den Autohandel mit Probefahrten angesichts der längeren Wartezeiten. Der Tanklaster wird nicht mehr benötigt: Die Energie kommt durch die Sonne übers Tankstellendach.

Die Funktionserweiterung im Einzelnen:

1. Die Tankstelle als Umsteigeplatz (Park & Ride)
2. Die Tankstelle als Service-Station für autonome Fahrzeugflotten
3. Die Tankstelle als erweiterte Einkaufsmöglichkeit
4. Die Tankstelle als Logistikzentrum und Packstation
5. Die Tankstelle als Landeplatz für Lufttaxis
6. Die Tankstelle für ultra-schnelle Ladesäulen (UFC) für Pkw
7. Die Tankstelle mit Trucker-Cubes – Schlafplatz für Fernfahrer
8. Die Tankstelle als erweitertes Gastronomiekonzept
9. Haltestelle für Fernbusse als Lösung der letzten Meile von der Autobahnraststätte statt einem Zentralen Omnibus-Bahnhof (ZOB)

Das Fazit von Aral: „Gründe für den Tankstellenbesuch gibt es 2040 viele – vermutlich mehr als heute."

Das dachte sich der Autohersteller Audi auch. Denn wer ein schnelles Ingolstädter Elektroauto fährt, braucht dennoch Geduld, spätestens an der Ladesäule. Die Warterei soll nun erträglicher werden – mit der Lade-Lounge. In Nürnberg erprobt sie Audi – mit Concierge-Service, Snacks und Hotelambiente und sechs Ladepunkten à 320 kW Leistung.[9] Laden soll ein Erlebnis werden, hören wir vom Marketing. Wir dürfen gespannt sein auf diese spannungsreiche Erholung von Fahrenden und Fahrzeug.

Aber selbst, wenn die Marktführer Aral und Shell ihre Ankündigungen schnellstmöglich umsetzen, gibt es zunächst nur an einer dreistelligen Zahl der deutschlandweit rund 14 500 Tankstellen Fahrstrom zu kaufen. Wenn jedoch einmal alle mit mindestens einem Ladepunkt ausgerüstet wären, würde die Zahl der öffentlichen Stecker für E-Autos von derzeit rund 30 000 auf rund 45 000 steigen. Klingt viel? Ist es nicht: Von dem im Klimaschutzprogramm formulierten Ziel von einer Million Ladesäulen bis 2030 wäre man weit entfernt. Die Ampel plant daher parallel den intensiveren Aufbau öffentlich zugänglicher Ladeinfrastruktur zum Beispiel bei Kitas, Krankenhäusern, Stadtteilzentren und Sportplätzen.

3.2.2 Waschstraßen: Schaumige Ideen

Schaum vor dem Mund oder auf der Karosse? Waschstraßen können Orte der Sehnsucht sein, wenn man drinnen sitzen bleiben kann. So viel Starkregen gibt es doch selten – vor allem so gebürstet. Auch Wachstraßenhersteller wie Washtec denken mal nach. Eine Waschanlage für Pkws kostet je nach Typ und Art des Zubehörs ab ca. 40 000 Euro. Dazu kommen die Betriebskosten, vor allem der Wasser- und Stromverbrauch jeder Wäsche. Nicht vergessen dürfen Sie auch die Kosten für die Werbung, die chemischen Waschmittel und den Schutz der Anlage. Der Umsatz je Unternehmen der Autowaschanlagen in Deutschland von 2005 bis 2019 wies nach Angaben des Statistischen Bundesamtes rund 582 000 Euro aus. Die Entwicklung des Umsatzes von Autowaschanlagen in Deutschland in den Jahren von 2009 bis 2019 ist schon beeindruckend: knapp 900 Millionen Euro gaben die Deutschen 2009 aus. Zehn Jahre später war es ein Gesamtumsatz von rund 1,43 Milliarden Euro. Das sind 24,24 Euro pro angemeldetes Auto pro Jahr. So viel Samstag war selten. Und nun kommen Waschstraßen auch für Fahrräder. Auch zwischen 13 000 und 17 000 Euro in der Anschaffung.

3.2.3 Parkhäuser: heller Hort der Heiligtümer

Parkhäuser spielen in düsteren Krimis eine stets große Rolle. Enge Parkgassen, düstere Treppenhäuser, unübersichtliche Parkdecks und mitunter Gerüche, die die Spargelsaison ankündigen – so sahen nicht nur in Filmen viele Parkhäuser der letzten Jahrzehnte aus. Doch nun soll sich auch viel ändern. Mit der Digitalisierung haben sich auch die Parkhäuser gewandelt und wollen „Parkhaus Plus" werden – mit Zusatzleistungen, die den Alltag erleichtern.

Parkplatzsuchverkehre können durch freie Plätze magnetisch angezogen werden: Denn wir wissen, dass Parkgaragen bzw. Parkhäuser nicht immer voll ausgelastet sind. Natürlich gibt es Phasen und Stoßzeiten, die für einen Parkplatzmangel sorgen, doch im Prinzip stehen täglich abertausende Quadratmeter Parkraum leer. So haben sich Verkehrsplaner in Mönchengladbach darüber Gedanken gemacht, inwieweit sie diesen Leerstand anderweitig nutzen können. Ihr Ziel ist es, die Innenstadt von parkenden Autos zu befreien und den Bewohnern besondere Parkraumangebote zu machen. So könnten Anwohner ihr Auto zukünftig in einer lokalen Parkgarage statt auf der Straße parken. Das kann für leerere Straßenzüge sorgen – oder dann kurz danach für noch mehr Autos, weil wieder Platz ist. Aber: In einer solchen Stadtteilgarage können zudem Carsharing- oder E-Bike-Stationen untergebracht werden, die dem veränderten Mobilitätsverhalten Rechnung tragen. Apcoa hat sich darüber auch Gedanken gemacht. Neben den unvermeidlichen Park-&-Fly-Fantasien von Lufttaxen auf Parkhäusern kommen hier die Überlegungen, selbst Tankstelle zu werden, was naheliegend ist, weil man ja eine Weile dableibt. Und ob in Parkhäusern nun induktiv geladen wird oder aber mit einem autonomen Laderoboter, der zu den ladehungrigen Autos im Parkhaus fährt, wie sich das Volkswagen vorstellt, bleibt erst mal offen.

Und wie bei Tankstellen auch kommen multifunktionale Nutzungsoptionen ins Spiel: Hier vor allem in Form von neuen Logistik-Systemen, die diese Flächen zum Verladen der Pakete auf Lastenräder für die Auslieferung im Quartier nutzen können. So wird die sogenannte letzte Meile der Paketzustellung verkehrsschonend und umweltfreundlich. In diesem Zusammenhang gibt es bereits Überlegungen, ob Lieferungen direkt in den Kofferraum eines dort parkenden Autos erfolgen können. Für Bewohner in der Nachbarschaft des Parkhauses wäre das eine praktische Option, die bei Lieferdiensten außerdem viel Zeit, CO_2 und Geld für Doppelanfahrten sparen würde.

■ 3.3 Radwirtschaft: hätte, hätte Lieferkette und B2B

„Nehmen Sie uns das Rad – und wenig wird übrig bleiben.
Es verschwindet alles.
Vom Spinnrad bis zur Spinnfabrik, von der Drehbank bis zum Walzwerk."

Ernst Mach, Physiker, 1882

Ja, man muss das Rad nicht neu erfinden. Sagt man so. Aber, wenn es das Rad nicht gäbe, müsste es erfunden werden. Denn: Das Rad ist nicht wegzudenken – und es war keine naheliegende Erfindung. Hunderttausende von Jahren hat der Mensch ohne Rad gelebt, vermutlich auch einfach deswegen, weil es kein Vorbild gibt: Die freie Rotation einer Scheibe kann man sich nirgendwo abschauen, die Natur hat nichts Vergleichbares hervorgebracht. Aktuellen Untersuchungen zufolge stammt das älteste bisher entdeckte Holzrad aus Ljubljana, Slowenien. Dieses Rad ist aus der Zeit um 3200 vor Christus. Damals nutzte man Räder für Wagen, die von Nutztieren gezogen wurden. Der Grund: Die Ackerflächen wurden größer und die Wege für die Ernte und bei gerodeten Wäldern auch für das Holz länger.

Interessant an dem Rad ist die Diskussion, ob es an mehreren Orten zur gleichen Zeit erfunden wurde, da es um 3500 v. Chr. schon viele Technologien gab, die man kombinieren konnte, wie zum Beispiel die Töpferscheibe, deren früheste Formen auf ein Alter von mindestens 6000 Jahren datiert werden. Und auch Schlitten konnten als Vorbild dienen, deren Ladefläche über den Boden gezogen wird. Gegen die zeitgleiche Erfindung spricht, dass im Rest der Welt das Rad wohl nur noch ein einziges weiteres Mal erfunden worden ist: im heutigen Mexiko um das Jahr 600 nach Christus. Da gab es keine Zugtiere, nur Hunde, und deswegen war das Rad in Amerika zunächst nicht so ein rollendes Geschäft. Dann kam Detroit.

3.3.1 Geschichte der Erfindung des Fahrrads — und die so möglichen Erfindungen: Vororte und Feminismus

„Ich halte das Fahrrad für die gefährlichste Erfindung, die jemals gemacht wurde."

Sachverständiger in New York im Jahr 1881 dazu, ob Räder im Central Park zugelassen werden sollten

Das Rad ist sicher eine der bewegendsten Erfindungen der Gesellschaft, das Zweirad – weit vor dem Vierrad-Antrieb – seit über 200 Jahren die selbst-bewegendste. Und so ist es nicht überraschend, dass nach der Zwischenepisode des Autos in Städten das Fahrrad wieder der Gewinner der Mobilitätsdebatte wird.

Die Erfindung des *vélocipède* aus dem Jahr 1817 vom Forstbeamten Baron Karl Drais ist das, was der Name schon andeutet: Ein Laufrad, mit einer dem Schlittschuhlaufen entlehnten Bewegung. Aber für welches Problem war das nochmal die Lösung? Es gab doch Pferde, die selbst liefen.

Eine umstrittene Theorie der Innovationsgeschichte des Fahrrades hängt mit einer Naturkatastrophe zusammen: Im fernen Indonesien explodiert 1815 der Vulkan Tambora und führt zu einem „Jahr ohne Sommer" 1816 und dadurch zu einem Ernteausfall, der der Nahrungskette folgend vor allem die Pferde betraf, deren Zahl durch napoleonische Kriege ohnehin dezimiert war und die nun verhungerten oder notgeschlachtet wurden. Auf einmal fehlten Transportmöglichkeiten und so wurde das Fahrrad keine fünf Jahre später zum „Gaudium der Jugend und Wunschtraum aller Angestellten" entwickelt, wie Zeitungen berichteten. Es waren wohl die ersten „Kampfradler", die den Ärger der Fußgängerinnen und Reiter auf sich zogen ... Es gab Fahrverbote. Nicht nur Dieselfahrer kennen das bei bestimmten Straßen, sondern auch Mountain-Bike-Trail-Fahrerinnen in bestimmten Regionen wissen, wovon wir reden, wenn man einfach nicht mehr frei rumfahren darf. Wie die Geschichte sich wiederholt ... Nun müssen die PS von der Straße herunter und die Radler sind wieder unter Druck, kaum gibt es etwas Gaudi.

Der Physiker und Technikhistoriker Erhard Lessing[10] hat eine „Kulturgeschichte des Fahrrades" vorgelegt, die deutlich macht, dass auch das Auto zwar eine beeindruckende Erfindung war, aber im Vergleich zum Fahrrad natürlich doch eher eine vorübergehende technikhistorische Episode.

Denn mutige britische, französische und amerikanische Frauen haben das Zweirad als Grundlage für die Emanzipation der Frau genommen – das erste erschwingliche und beherrschbare Mobilitätskonzept, das nicht wie früher bei teuren Pferden oder später noch teureren Autos männlicher Zahlungen oder gar Erlaubnisse bedurfte. So entspannte sich – sattelbedingt – auch das Korsett der Mode im doppelten Sinne.

Weiterhin ist natürlich die Industrialisierung mit ihren unvorstellbaren Wachstumsdimensionen der Städte und der Notwendigkeit von Vororten ein Phänomen, was nicht dem Auto zu verdanken ist, sondern dem Fahrrad. Denn Autos wurden in Fabriken von dorthin mit dem Fahrrad hinpendelnden Mitarbeitern gebaut. Und auch die radelnden Ausflügler und nicht die Autofahrer waren der Startschuss für die Gastronomie des städtischen Umlands.

3.3.2 Rad-Nutzungsverhalten

Anlässe des Radfahrens

Der damalige selbsternannte Radverkehrsminister Andreas Scheuer hat als eine seiner letzten Amtshandlungen – kurz bevor er seinem Nachfolger ein Fahrrad zur Amtsübergabe schenkte – diese Zahlen des *Fahrrad-Monitors des Bundesverkehrsministeriums* vorgestellt, der vom Sinus-Institut seit 2009 im zweijährigen Turnus durch Bevölkerungsbefragungen erstellt und 2021 als siebte Ausgabe vorlag.[11]

„Das Fahrrad bzw. Pedelec ist im Verkehrsmittelvergleich das Fortbewegungsmittel mit dem höchsten Wachstumspotenzial."[12] 41 Prozent der Menschen wollen es im Alter zwischen 14 und 69 Jahren noch häufiger nutzen. Die Fortbewegung zu Fuß wächst auch, aber relational schwächer.

In der folgenden Darstellung[13] sieht man die Anlässe und die altersbezogenen und Stadt-Land-vergleichenden Nutzungen: „Heavy user" sind junge Großstädter.

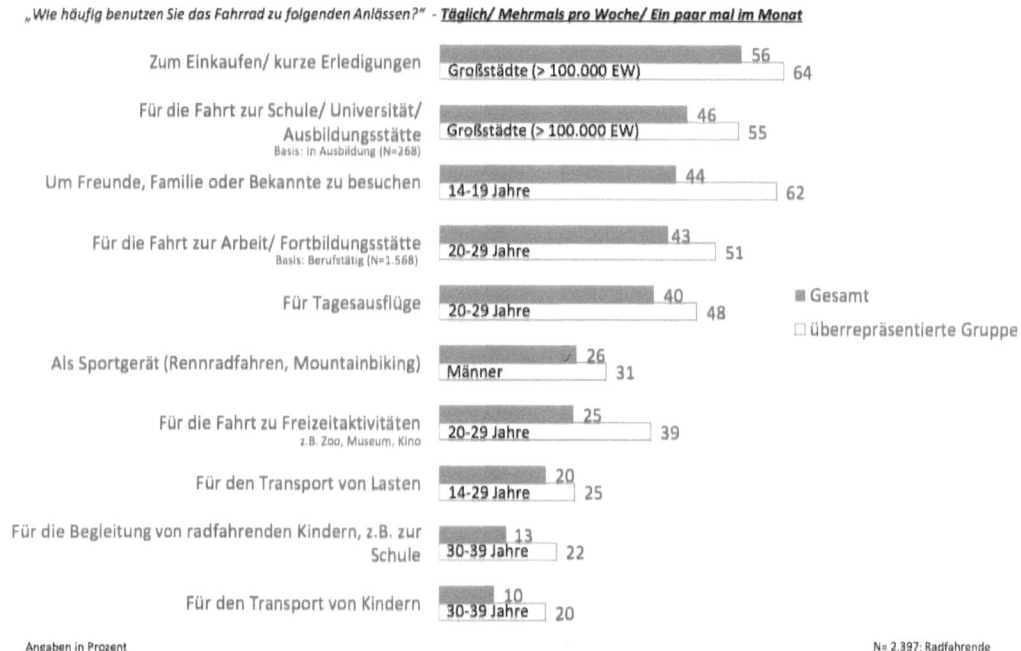

Bild 3.2 Wer nutzt das Rad für welchen Zweck täglich, mehrmals pro Woche oder ein paar Mal im Monat?

Stadt-Land-RadLand vs. Stadt

Bei der Verkehrsmittelnutzung finden sich deutliche Stadt-Land-Unterschiede. Ein Überblick des Fahrrad-Monitors 2021:

- Das Auto spielt in ländlichen Räumen mit weniger als 20 000 Einwohnerinnen eine zentrale Rolle. 83 Prozent nutzen das Auto täglich bis mehrmals pro Woche. Mit steigender Ortsgröße sinkt die Nutzung bis auf 51 Prozent in Städten mit mehr als 500 000 Einwohnerinnen.
- Das Fahrrad/E-Bike wird auf dem Land am seltensten genutzt (31 Prozent). In Städten ab 50 000 Einwohnerinnen ist die Nutzungsrate unabhängig von der Einwohnerzahl und liegt zwischen 43 und 47 Prozent.
- Gegenüber den Radfahrenden aus der Großstadt fühlen sich Personen aus Mittelstädten und dem Land sicherer beim Radfahren (Großstadt: 61 Prozent, Mittelstadt: 66 Prozent und Land: 65 Prozent) und tragen häufiger Fahrradhelme (Großstadt: 41 Prozent, Mittelstadt: 44 Prozent und Land: 49 Prozent).
- Bike-Sharing-Angebote sind in den Großstädten deutlich häufiger vorhanden und Lastenräder etwas attraktiver. (Großstadt: 14 Prozent, Mittelstadt: 10 Prozent und Kleinstadt/Land: 11 Prozent können sich jeweils den Kauf eines Lastenrades vorstellen. 21 Prozent aller Befragten haben schon einmal Bike-Sharing über ein öffentliches Verleihsystem genutzt.)

- Die größte Bereitschaft zur häufigeren Nutzung von emissionsarmen oder emissionsfreien Verkehrsmitteln (Fahrrad, Fortbewegung zu Fuß und öffentlicher Nahverkehr) findet sich in den Großstädten:
- 31 Prozent der Menschen aus Großstädten wollen in Zukunft häufiger Radfahren (vs. 23 Prozent auf dem Land), 39 Prozent häufiger zu Fuß gehen (vs. 34 Prozent auf dem Land) und 26 Prozent häufiger den ÖPNV nutzen (vs. 17 Prozent auf dem Land).

Das Politikum der Verkehrswende: das Lastenrad

65 Prozent kennen laut Fahrrad-Monitor 2021 Lastenräder, aber nur 2 Prozent der Befragten nutzen sie. 12 Prozent aller Befragten können sich vorstellen, eines anzuschaffen. Und wieder: Jüngere Personen zwischen 20 und 39 Jahren und Personen aus Großstädten sind hier interessiert. 6 Prozent aller potenziellen Käuferinnen planen den Erwerb eines Lastenrades in den nächsten 12 Monaten. Das entspricht etwa 920 000 neuen Lastenrädern jährlich, was beeindruckend wäre – und auf das zukünftige Wachstum hinweist, wenn es nicht kluge Leihsysteme gibt, was bei normalen Transporten (im Unterschied zu täglichen Bildungsverkehren) zu empfehlen wäre. 28 Prozent aller Befragten bzw. 32 Prozent aller Radfahrenden können sich nämlich vorstellen, ein Leihsystem für Lastenräder zu nutzen.

Intensive Nutzung und Milieus: urbane Hochverdiener

Es stand zu befürchten: Hochverdienende Städter fahren nach Angaben des Fahrrad-Monitors auch noch länger ...

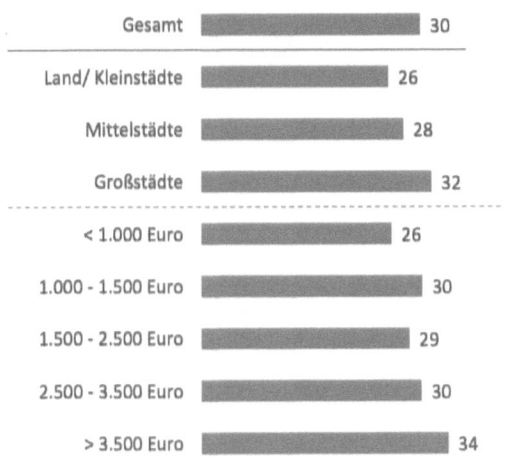

Bild 3.3 Intensivradler sind mehrheitlich Großstädter und Großverdiener, aber nur knapp

Man ahnt es auf der Straße, wenn die Radler am Stau oder an roten Ampeln entspannt vorbeifahren: Es sind die Performer, die Liberal-Intellektuellen, die endlich mal die Sau rauslassen – gefolgt von den Hedonisten und Expeditiven wie zeitlosen Adaptiv-Pragmatischen.

Die Sozialökologischen sind da im unteren Mittelfeld.

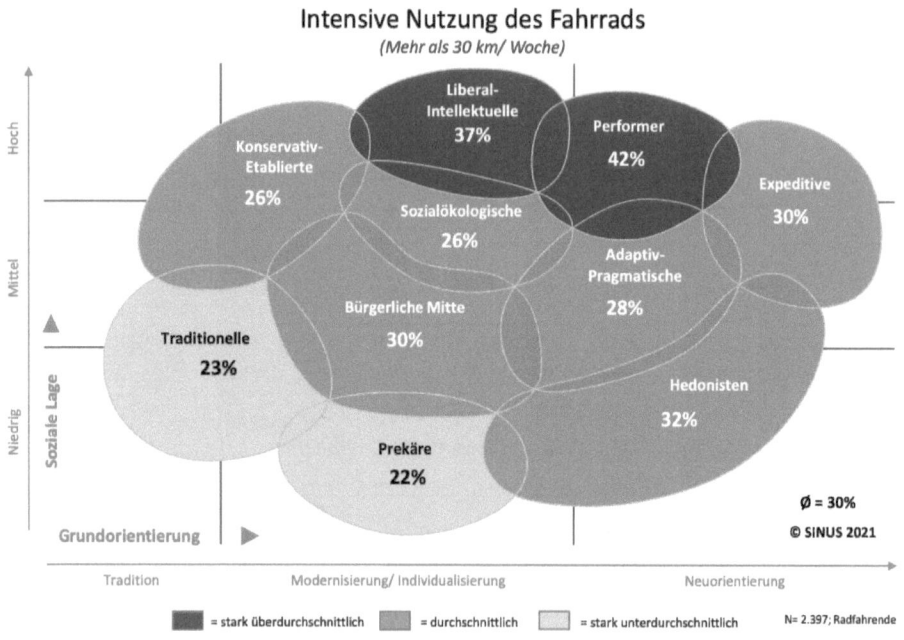

Bild 3.4 Fahrradnutzung in unterschiedlichen sozialen Milieus. Antwort auf die Frage: Wie viele Kilometer haben Sie in den letzten sieben Tagen mit dem Fahrrad in etwa zurückgelegt?

3.3.3 Rad-Infrastruktur und Sicherheit

Intermodale Verkehre: die fortwährende Überraschung der Nachfrage

Für die überwiegende Mehrheit von 60 Prozent der Radfahrenden ist die Mitnahme des Fahrrads in Nah- und Regionalverkehrszügen wichtig bzw. sehr wichtig. Nur 42 Prozent davon äußern sich damit zufrieden. Die Mitnahme in Fernverkehrszügen ist den Radfahrenden am zweitwichtigsten (47 Prozent), allerdings bewerten nur 33 Prozent die Mitnahmemöglichkeit mit gut bzw. eher gut. Die neue ICE-Generation hat zwar Radmitnahmeplätze, die allerdings aufgrund der geringen Anzahl gefühlt für Jahre ausgebucht sind. Selbst Faltrad-Fahrer konkurrieren nun mit umzugsermöglichenden Rollkoffern in den Sitzreihenwechselräumen und bei den Gepäckablagen. Im öffentlichen Nahverkehr sind Preise und Rushhour-Regelungen sehr unterschiedlich, was am Waggon-Design und seinem Alter liegt.

Sichere Infrastruktur: mit Sicherheit noch mehr Radverkehr

Das Sicherheitsgefühl beim Radfahren steigt: 63 Prozent der Radfahrenden geben an, dass sie sich sehr oder eher sicher fühlen. Das ist gegenüber 2019 mit 56 und 2017 mit 53 Prozent ein wirklicher Fortschritt, der auch an neuer Infrastruktur und Pop-up Bike Lanes liegen wird.

Aber: 37 Prozent fühlen sich dementsprechend weniger sicher auf dem Fahrrad – und mit dem Alter steigend auf 44 Prozent bei den 60- bis 69-Jährigen. Frauen fühlen sich wesentlich unsicherer als Männer.

Deswegen tragen nun fast die Hälfte aller Radfahrenden immer bzw. meistens einen Fahrradhelm. Das Wachstum gegenüber den Vorjahren (2019: 30 Prozent, 2017: 31 Prozent) ist eine Kritik am Straßenverkehr bzw. der Infrastruktur und ein Lob an die Design-Abteilungen der Helmhersteller und Innovationen wie einen Airbag-Helm.

Die fünf dringlichsten Forderungen der Befragten an die Politik lauten:

1. Mehr Radwege (57 Prozent)
2. Bessere Trennung der Radfahrenden von PKW-Fahrenden (53 Prozent) und Zufußgehenden (45 Prozent)
3. Mehr Schutz- und Radfahrstreifen einrichten (43 Prozent)
4. Sichere Fahrrad-Abstellanlagen (41 Prozent)
5. Mehr Fahrradstraßen einrichten (39 Prozent)

3.3.4 Rad-Wirtschaft: elektrisierender Erfolg auf allen Ebenen

Nun hat der Klimawandel auch einen Klimawandel der Mobilität in Städten – aber auch in den Wäldern, Bergen und Alpen – erzeugt. Das Fahrrad wird ein Wirtschaftsfaktor, ein Faktor für betriebliche Mobilität, für Pendelverkehre, für Lieferverkehre und für den Tourismus. Und nun werden auch Studien durchgeführt, die wie auch Lastenräder immer belastbarer werden.

Das Wuppertal Institut für Klima, Umwelt, Energie und das Institut Arbeit und Technik der Westfälischen Hochschule in Gelsenkirchen hatten im Dezember 2020 eine „Branchenstudie Fahrradwirtschaft in Deutschland" vorgelegt, um für die auftraggebenden, sich immer weiter ausdifferenzierenden Radverbände mit ihren dahinterstehenden Unternehmen und Erwerbstätigen in der bundestagswahlkämpferischen Phase mehr Gehör zu finden.[14]

Vergleich: der David, der den Goliath überholte

Als Berater des Bundeskanzleramtes im sogenannten Innovationsdialog gab es seitens des Autors Kritik an der Nationalplattform Elektromobilität (NPE). Die Wette wurde 2010 formuliert: Die Radbranche lässt im Jahr 2020 eine Million E-Bikes zu – die E-Autos schaffen das nicht mal insgesamt über alle Neuzulassungen hinweg ... Wette lässig gewonnen, wegen fahrlässiger Infrastrukturschwäche.

Die Wuppertal-Gelsenkirchener haben das natürlich en passant belegt, aber die tatsächlich spannende Zahl in das Zentrum der Pressekonferenz gesetzt: Die E-Bikes haben in den Neuzulassungen schon vor Corona 2019 die Neuzulassungszahl der Diesel-Pkw überrundet.[15] So, und nun lacht der David!

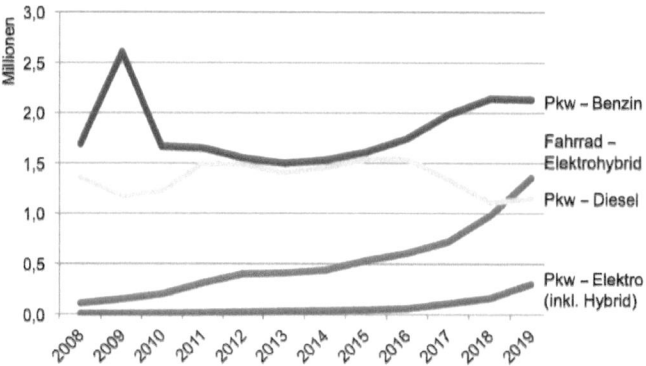

Bild 3.5 Neuzulassungen bei Fahrrad-Elektrohybriden steigen stark an – sogar über das Niveau von Diesel-PKW

Und nun dicke (Rad-)Hose gegen die Automobilindustrie? Na, dann mal in die gleiche Systemrelevanz-Debatte von den Lobby-Verbänden zum Vergleich!

Teilbereich	Beschäftigte 2019	Umsatz 2018[1]
1) Herstellung	21.000	6.909 Mio. €
2) Handel	43.000	16.702 Mio. €
3) Dienstleistungen	2.000	559 Mio. €
4) Fahrradtourismus	204.000	11.589 Mio. €[2]
5) Vor- und nachgelagerte Bereiche	11.000	1.904 Mio. €[3]
GESAMT	**281.000**	**37.663 Mio. €**

[1]: Steuerbarer Umsatz; [2]: Nettoumsatz der Fahrradtourist/innen 2019; [3]: Infrastruktur, ohne weitere Bereiche

Bild 3.6 Beschäftigte und Umsatz in den einzelnen Sektoren der „Fahrradindustrie"

Teilbereich	Beschäftigte 03/2019	Veränderung ggü. 03/2014	Umsatz 2018	Veränderung ggü. 2013
1) Herstellung	21.000	+15%	6.909 Mio. €	+46%
2) Handel	43.000	+20%	16.702 Mio. €	+55%
3) Dienstleistungen	2.000	+104%	559 Mio. €	+608%
GESAMT	**66.000**	**+20%**	**24.170 Mio. €**	**+55%**

Bild 3.7 Wachstum bei Umsatz und Beschäftigten im Vergleich 2014 zu 2019

Die deutsche Fahrradwirtschaft stellte demzufolge im Jahr 2019 Arbeitsplätze für 66 000 Menschen zur Verfügung. Diese Gesamtbeschäftigung ergibt sich aus der Summe der drei Kernbranchen 1. Herstellung, 2. Handel und Dienstleistungen sowie 3. weiteren Branchen entlang der Wertschöpfungskette.

Die Kernbranchen erzielten einen (steuerbaren) Umsatz im Jahr 2018 von 24,2 Milliarden Euro.

Der größte Wirtschaftszweig war 2019 der Fahrradtourismus mit nochmals 204 000 selbstständig bzw. sozialversicherungspflichtig Beschäftigten und einem nochmaligen Umsatz von 11,6 Milliarden Euro vor Steuern.

Der Verband der Automobilindustrie e. V. (VDA) gibt an, dass der Umsatz dieser Branche im Jahr 2017 bei 422,8 Milliarden Euro am Standort Deutschland gelegen hat und weist eine Zahl von 819 996 beschäftigten Mitarbeiter*innen aus (vgl. Website VDA).

Mathematisch macht der den Diesel überholende David knapp ein Drittel der Arbeitsplätze im Vergleich und 1/17 des Goliath-Umsatzes aus.

Leasing: das Dienstrad als sportliche Nische

Die Anzahl der in Deutschland geleasten Fahrräder hat sich nach Schätzungen des Verbandes Zukunft des Fahrrades zwischen 2017 mit 53 000 und 2019 mit 193 000 zweimal nahezu verdoppelt – und bleibt als eine demokratische Idee der Pendlermobilität natürlich eine Nische mit Radtypen, die normalerweise seltener am Arbeitsplatz anzutreffen sind.

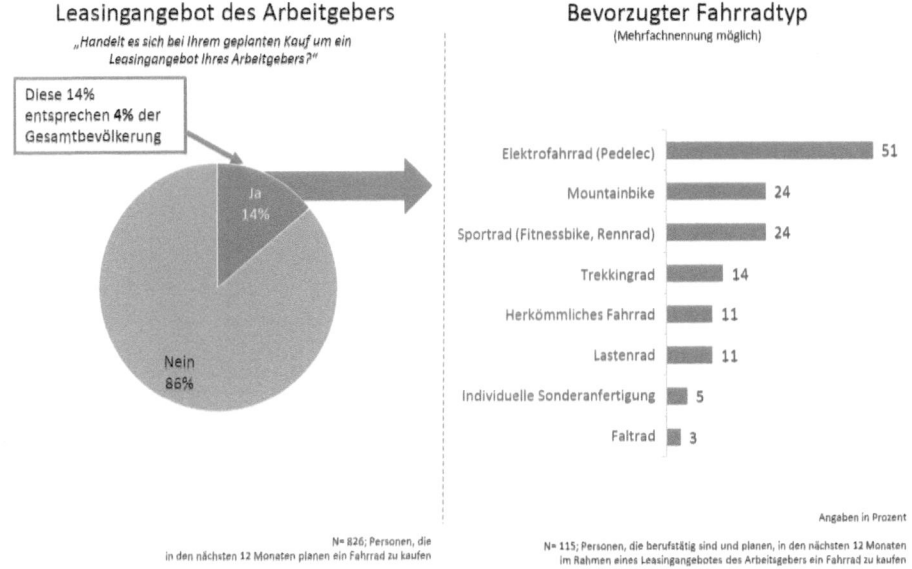

Bild 3.8 Die Arbeitgeber fördern den Weg zur Arbeit mit dem Rad

Seit November 2012 werden Diensträder und Dienstwagen steuerlich gleichbehandelt, was provisionsbasierte Vermittlungsplattformen von Leasing- und Versicherungsleistungen, die z. T. von Händlern und Werkstätten nochmals Provisionen verlangen, freuen mag. Das steuerliche Privileg funktioniert über die sogenannte 1-Prozent-Regel, welche auch privat genutzte Diensträder über die Brutto-Gehaltsumwandlung als eine ratierliche Zahlung über meist 36 Monate steuer- und sozialversicherungsoptimiert günstiger machen soll. 2018 und 2019 folgten nochmalige Anpassungen der Bemessungsgrundlage für den Klimaschutz – zunächst hälftig und dann 2019 ein Viertel, also die 0,25-Prozent-Regel. Die Werbung der Plattformen und Verbände ist naheliegend: Der finanzielle Vorteil gegenüber einer privaten Anschaffung steigt, je teurer das Fahrrad ist – und je höher die Steuerprogression. Dennoch reden wir hier über einen sehr überschaubaren potenziellen Anteil von 4 Prozent der Berechtigten an der Gesamtbevölkerung bzw. geschätzten 193 000 Leasing-Rädern zu 79 Millionen Bestandsfahrrädern, was also nicht der erhoffte, gewaltige Anteil ist, den wir für die Pendler-Verkehrswende brauchen würden. Hier gibt es international andere, unkompliziertere Privilegierungen, die wir in den 2020er-Jahren auch prüfen sollten.

Kaufinteressen: Die Lieferketten stehen auf Spannung – 16 Millionen wollen Kette geben

Fahrräder waren das Klopapier der Corona-Mobilität. Übernachfrage stieß auf Lieferkettenprobleme. Dazu kam eine doch deutliche Drehung des Marktes weg von normalen Rädern (Bio-Bikes) zu E-Bikes. Denn Cityräder haben mit 56 Prozent, gefolgt von Mountainbikes (35 Prozent) oder Trekkingrädern (19 Prozent) zwar noch die Hauptnutzung erfahren. Doch E-Bikes nutzten immer mehr Radfahrende; nach Angaben des Fahrrad-Monitors bereits 19 Prozent. 2 Prozent nutzten Lastenräder.

27 Prozent aller Befragten (das wären hochgerechnet 16 Millionen Menschen) planen in den nächsten 12 Monaten den Kauf eines Fahrrads. Die durchschnittliche Ausgabebereitschaft liegt bei ca. 1052 Euro und damit deutlich höher als in den Vorjahren. Und 41 Prozent geben an, sich ein Pedelec zulegen zu wollen. Einen Lastenradkauf planen aktuell 6 Prozent der potenziellen Käuferinnen, was für viele Hinterhöfe und Bürgersteige unfassbare 920 000 Lastenräder wären. 14 Prozent wollen sich ein gebrauchtes Rad zulegen.

3.3.5 Rad-B2B-Fähigkeit: hoher Professionalisierungsbedarf

Wir haben nun viel über die Antriebsschwäche der Automobilbranche und auch deren Ökosysteme gesprochen. Aber ist denn nun die Radbranche als David und scheinbar überholender Gewinner für die Mobilitätswende aufgestellt? Ist die Branche auch für betriebliche Mobilitätsstationen und deren professionelle Betreuung ausgerichtet? Wird es eine Entwicklung vom margenarmen Endkunden- und verlustreichen Verleihgeschäft hin zu einer professionellen Dienstleistung geben?

Diese Lücke haben einige junge Unternehmen früh erkannt. Aber zehn Jahre nach dem Bike-Boom fällt die Diagnose nüchtern aus.

Individuelle Flottierung: nur herstellerübergreifend als systemische Leistung

Unternehmenskunden haben durchaus Bereitschaft für eine Flottierung von emissionsarmer und -freier Mobilität für betriebliche Verkehre gezeigt. Aber wenn sie im Fuhrparkmanagement auf die *Alphabets* (der herstellerübergreifende Auto-Leaser von BMW) oder *VW Financial Services* stießen, dann wussten sie, was sie erwarten konnten. Wen spricht man nun an, wenn man was anderes sucht?

Genau: Es gibt keinen. Dann lieber Autos. Oder wir kaufen beim Händler nebenan geschwind ein paar Bikes, die aber irgendwie auch keiner nutzt oder wartet.

Dabei ist das Thema Mobilitätsstation mit Infrastruktur für Parkierung wie Ladung, Schließung und Buchung und einem Wartungsvertrag ein spannendes Produkt. Das war eine der Gründungsmotivationen der *Gesellschaft für Urbane Mobilität BICICLI*, die mit dem Geschäftsbereich *Cycling Solutions* eben solche Produkte für Unternehmen und Quartiere anbietet und mit der Mobilitätsberatung *MOND – Mobility New Designs* entsprechende Standort-Analysen und eine Strategie- und Konzeptentwicklung voranstellt.

Mit dutzenden Kunden vom Flughafen BER, Berlin Hyp, Design Offices und Immobilienentwicklern zeigt sich für uns nach wenigen Jahren klar: Die Nachfrage ist da. Das Angebot bleibt herausfordernd, da nicht nur die Radwirtschaft zersplittert ist – vom Zubehör, den Radtypen, den Werkstattleistungen, den physischen wie digitalen Infrastrukturen her –, sondern auch die interessenvertretende verbandliche Arbeit einer kleinen Industrie.

Lastenlogistik: die Last der Durchdringung, Wartung und Servicierung mit Ersatzteilen

Wir haben ja schon gesagt, dass die Post abgeht und die Post wie auch Amazon ihre Elektro-Lieferfahrzeuge benötigen. Die wichtigste Anwendung aus verkehrlicher und klimaschützender Perspektive ist sicherlich die Letzte-Meile-Logistik der Paketdienste – z. B. mit dem Lastenrad. Das Thema ist in Deutschland aber wesentlich sperriger als das Rad selbst.

Erst im Jahr 2018 haben Hersteller, Anwender und Dienstleister der Radlogistikbranche den Radlogistikverband Deutschland (RLVD) gegründet. Der Verband will den Einsatz moderner Lastenräder und Lastenanhänger in der Logistik voranbringen und vertritt die Interessen der kleinen und mittelständischen Unternehmen der Radlogistik. Im ersten Branchenreport für das Jahr 2020 gab es allein hier rund 100 Unternehmen mit gerade einmal 2600 Beschäftigten und einem Umsatz von 76 Millionen Euro.

Die aktuell noch kleine, jedoch rasch wachsende Branche der Lastenradlogistik hat in den letzten fünf Jahren eine beeindruckende Entwicklung durchlaufen. Waren es zuerst die etwas heldenhaft wie kurios wirkenden Fahrradkurierdienste, ob im Stadtverkehr von New York City wie in der Stadt Schwerte-Ergste, die Ladung als Terminsendungen in kleinstem Kuvert, so haben sich die Angebote durch Fahrräder mit größerem Transportvolumen verändert. Heute kommen auch ganz neue Anbieter auf den Markt, wie das *Fahrradportal* aufführt:[16]

- Start-ups, die eng mit einzelnen Fahrzeugherstellern oder mit KEP-Unternehmen zusammenarbeiten

- Ausgründungen großer konventioneller Logistikunternehmen (Bsp.: Angel/Fiege)
- Neue Geschäftsbereiche etablierter Lieferunternehmen wie z. B. von Verlagen (*www.jetzat.de,* Mannheim)
- Für gewerbliche Lastenradlogistik stellen Hersteller – zunehmend auch aus dem Automobilbereich wie VW, Schaeffler, ZF – in kurzer Taktung neue E-Mobile-Fahrzeugmodelle vor, die überwiegend dem Bereich der großen Lastenräder zuzurechnen sind. Es entsteht ein Mikrokosmos rund um Hersteller und Anwender, der Angebote und Serviceleistungen von softwarebasierter Routenplanung über Akku-Austauschsysteme bis hin zur Fahrzeugwartung umfasst.

Daneben entstehen Vermittlungsplattformen, die Auftraggeber von Transporten mit den Betreibern nachhaltiger Flotten verbinden (z. B. GreenCityLogistik, Liefergrün). Auch Sondertransporte mit speziellen Anforderungen an z. B. Kühlung können mittlerweile mit Lastenrädern übernommen werden, spezielle Aufbauten mit entsprechender Ausstattung sind am Markt verfügbar.

Es entsteht eine neue Kategorie der *Pedal Assisted Transporter (PAT)*. Anbieter wie Schaeffler haben das viel beachtete Bio-Hybrid-Fahrzeug erst in ein Management-Buy-out gegeben und dann wurde es im Jahr 2021 endgültig aufgelöst. Andere Anbieter wie *CitKar* oder *Ono* müssen nun in den Praxistests die Qualitäten beweisen. Ono, ein Projekt u. a. von Murat Günak, langjähriger Chefdesigner bei Mercedes und der Volkswagengruppe, steht mit dem Logistiker *Hermes* seit mehreren Jahren in ständigem Austausch. In dieser Zeit ist viel Bewegung in den Markt gekommen. Frühere Tests hätten im Hinblick auf die Qualität und Kosten gezeigt, dass es einer Weiterentwicklung bedarf. „Unsere Hoffnung ruht nun auf einer neuen Generation an Lastenrädern, die sich hinsichtlich der Qualität und des Fahrverhaltens verbessern müssen", so die Einschätzung von *Hermes. DPD, GLS* und viele andere kamen zu einer ähnlichen Einschätzung.

Es wird also eine Professionalisierung benötigt, auch in der Ersatzteilgarantie und Lieferbarkeit und der Wartung vor Ort. Das sind alles Kompetenzen, die die Automobilwirtschaft mit ihrer Händler- und Werkstattstruktur grundsätzlich bedient, aber in dieser Sparte der Lastenräder immer wieder aufgegeben hat. Volkswagen Nutzfahrzeuge haben wieder einen Bully-Leckerbissen als Prototypen präsentiert – und bewerben den auf der Volkswagen-Homepage anregend: „Autofreie Innenstädte, weitläufige Industrieanlagen oder verstopfte Straßen. Das e-Bike Cargo[3] ist die Mobilitätslösung für heutige Herausforderungen des Städtewachstums. Egal, ob Sie Ihren Einkauf transportieren oder als Handwerker zu Ihren Kunden fahren möchten: Auf dem multifunktionalen Lastenrad mit Automatikgetriebe und Pedelecunterstützung gelangen Sie zügig und bequem von Ort zu Ort."[17] 50 Kilo schwer, 100 Kilo Nutzlast. So geht SUV.

Wir als *Gesellschaft für Urbane Mobilität BICICLI* setzen sowohl mit unserer *Mobilitätsberatung MOND* wie im Geschäftsbereich *BICICLI Cycling Solutions* auf kollaborative Flottierung und Servicierung gemeinsam mit der Automobilwirtschaft, auch wenn im urbanen Raum die Rad- und Lastenradmobilität zentraler wird. Die Ersatzteilverfügbarkeit und der Service müssen in skalierende Strukturen übersetzt werden – und das können die Automobilwirtschaft und die Händler- wie Werkstattstruktur verlässlicher. Ideologiekampf hilft den Unternehmenskunden wenig, sondern Zusammenarbeit!

Maintainance und Flotten-Angebote: Start-ups und ADAC

Das Unternehmen *LiveCycle* startete hoffnungsfroh 2016 als Deutschlands erste mobile Werkstattleistung zunächst für Rad-Endkunden und später auch als individualisierte Dienstleistung im B2B-Bereich. Trotz einer expansiven Regionalisierungsstrategie hat es auf keinem der Märkte funktioniert. Im April 2020 wurde es aus der Insolvenz an einen Hersteller für Elektroroller verkauft.

Dann kam der ADAC mit seinen gelben Engeln auf E-Lastenrädern zu seinen autofahrenden und liegengebliebenen Mitgliedern. Die Presse war beeindruckt, die Mitglieder auch, denn der Stau, den ein liegen gebliebenes Auto erzeugt, kann eben auch die autofahrenden Engel deutlich verlangsamen. Dann starteten in Berlin und Stuttgart die ersten Lastenräder mit Anhängern und 70 Kilo Werkzeug. Waden statt Warten! Wien war übrigens hier Vorradler für dieses Angebot.

Auch der ADAC hat durch den Impuls des Bike-Booms sein Leistungsangebot ausgebaut: Mitglieder, die in Berlin und Brandenburg mit einer – ja genau – Fahrradpanne liegen bleiben, erhalten nun im Rahmen eines Pilotprojekts kostenlose Pannenhilfe. Die Gelben Engel helfen vor allem Radfahrern, die mit Reifen-, Ketten-, Brems- oder Akkuproblemen nicht mehr weiterfahren können. „Viele unserer Mitglieder nutzen immer häufiger das Fahrrad. Deshalb wollen wir jetzt herausfinden, wie hoch der Bedarf an dieser Hilfeleistung ist und wie sie bei den Menschen ankommt", erklärt der Leiter der ADAC Pannenhilfe zum Start des mehrmonatigen Testlaufs. Damit der neue ADAC Service so zuverlässig und erfolgreich abläuft wie beim Auto, wurden die Pannenhelfer entsprechend geschult und ausgestattet. Zum Einsatz kommen die Gelben Engel unter anderem bei der Pannen- und Unfallhilfe direkt an Ort und Stelle, beim Transport zur nächsten geeigneten Werkstatt und auch bei der Bergung von Gepäck oder Ladung. „Es geht darum, dem Mitglied nach einer Panne die Weiterfahrt so rasch es geht zu ermöglichen und Unannehmlichkeiten zu ersparen". Dies wäre sicherlich für Versicherungen von Leasing-Anbietern, die eine Mobilitätsgarantie auch für Radler versprechen, eine interessante Kooperation.

Wer sind die neuen Spieler? Wer ist beratend und unterstützend?

Es stehen viele in den Startlöchern, aus allen hier angeführten Branchen der Ökosysteme der Immobilien- und Mobilitätswirtschaft. Die Logistikbranche bleibt aus guten Gründen testend vorsichtig.

Wir haben die großen Beratungshäuser und die bisherigen Start-up-Ansätze für das Thema „Nachhaltige betriebliche Flotten und ihr Management" analysiert und daraufhin unsere eigene Mobilitätsberatung MOND begründet. Der Grund: Für Unternehmenskunden ist eine genaue mitarbeiterzentrierte Datenanalyse der Mobilitäts-, Infrastruktur- und Wartungsbedarfe notwendig. Ebenso – und dies bildet die Basis unserer Arbeit – ist es essenziell, die spezifische Unternehmenskultur und das Mobilitätsverhalten der Menschen zu kennen und die jeweiligen Erwartungen und Wünsche an eine nachhaltige Flotte in die Lösungsentwicklung einzubeziehen.

In der Umsetzung ist eine sehr tiefe Produkt-, Nutzungs- und Wartungs-Expertise mit Blick auf die Flottenlaufleistungen sowie eine Kooperationskompetenz notwendig, weil es um die individuelle Komposition von Stadtmöblierung, Architekten, Landschaftsbau,

Stadtplanern, Herstellern und Werkstätten sowie Finanzierungs- und Versicherungsprodukten mit einer rechtlichen und z. T. auch steuerlichen Beratung geht.

Einfache Mobilität – auch gerade der Selbstbewegung – braucht komplexe Ermöglichungsstrukturen. Und Infrastrukturen!

3.3.6 Rad-Politik: öffentliche Stellung und Förderung

Wenn ein grüner Landwirtschaftsminister, der Verkehrsminister werden wollte, als schwäbischer Türke zur Vereidigung mit dem Rad fährt, dann bedeutet das im Jahr 2021 in Deutschland eine Menge Wind – Rücken- wie Gegenwind in jeder Satire-Sendung und verschiedensten Social Memes. So wenig normal ist das, dass ein Mann 1,7 Kilometer vom Bundestag zum Bundespräsidenten fährt; eine Strecke, auf der die mit AUDI-Fahrzeugen ausgestattete Fahrbereitschaft des Bundestags häufig im Stau stehend den Fußgängern neidisch nachschaut.

Radverkehrsinfrastrukturprojekte im Sonderprogramm „Stadt und Land"

Das Bundesministerium für Verkehr und digitale Infrastruktur (BMVI) hat im Jahr 2021 die Mittel für den Radverkehr auf ein nie dagewesenes Niveau aufgestockt: Bis 2023 stehen rd. 1,46 Milliarden Euro allein für den Radverkehr zur Verfügung. Ab sofort können Länder und Gemeinden erstmals Bundesmittel vom BMVI für Radverkehrsinfrastrukturprojekte vor Ort abrufen. Das BMVI hat dafür das Finanzhilfe-Sonderprogramm „Stadt und Land" aufgelegt und mit den Ländern abgestimmt.

Mit diesem Sonderprogramm sollen Radfahrende nach Informationen des Ministeriums bundesweit unterstützt, geschützt und gestärkt werden. Außerdem soll mehr Verkehr auf den klimafreundlichen Radverkehr verlagert werden, insbesondere im ländlichen Raum. Dies gilt auch als Maßnahme des Klimaschutzprogramms 2030.

Die Finanzhilfen des Bundes sollen für Investitionen eingesetzt werden, die die Attraktivität und Sicherheit des Radfahrens erhöhen und zum Aufbau einer möglichst lückenlosen Radinfrastruktur beitragen. Stadt-Umland-Verbindungen – auch über kommunale Grenzen hinweg – werden dabei besonders begrüßt. Außerdem soll der Radverkehr besser mit anderen Verkehrsträgern vernetzt und der zunehmende Lastenradverkehr berücksichtigt werden.

Um diese Ziele zu erreichen, werden im Rahmen des neuen Sonderprogramms u. a. gefördert:

- der Neu-, Um- und Ausbau flächendeckender, möglichst getrennter und sicherer Radverkehrsnetze,
- eigenständige Radwege,
- Fahrradstraßen,
- Radwegebrücken oder -unterführungen (inkl. Beleuchtung und Wegweisung),
- Abstellanlagen und Fahrradparkhäuser,
- Maßnahmen zur Optimierung des Verkehrsflusses für den Radverkehr wie getrennte Ampelphasen (Grünphasen),

- die Erstellung von erforderlichen Radverkehrskonzepten zur Verknüpfung der einzelnen Verkehrsträger und
- Lastenradverkehr.

Koalitionsvertrag: Radverkehr. War was? Dann fortschreiben!

Wir werden den Nationalen Radverkehrsplan umsetzen und fortschreiben, den Ausbau und die Modernisierung des Radwegenetzes sowie die Förderung kommunaler Radverkehrsinfrastruktur vorantreiben. Zur Stärkung des Radverkehrs werden wir die Mittel bis 2030 absichern und die Kombination von Rad und öffentlichem Verkehr fördern. Den Fußverkehr werden wir strukturell unterstützen und mit einer nationalen Strategie unterlegen.[18]

Koalitionsvertrag 2021 - 2025 zwischen SPD, BÜNDNIS 90/DIE GRÜNEN und FDP

Dann ist ja alles gesagt. Absichernd. Die Ampel-Koalition will im Bereich der Fahrradpolitik lediglich den bestehenden Nationalen Radverkehrsplan[19] „umsetzen und fortschreiben". Der damals noch geschäftsführende Verkehrsminister Andreas Scheuer (CSU) hatte den Abschnitt des Koalitionsvertrages zum Verkehr entsprechend mit den Worten quittiert: „Schön, dass die Ampel meine Arbeit der letzten Jahre fortsetzt." Und übergab seinem Nachfolger Volker Wissing ein Fahrrad aus dem Bestand des Verkehrsministeriums – ein für designverwöhnte Autonarren durchschnittliches Rad aus dem Hause *Raleigh* mit der Gerda-Touring-Box auf dem Gepäckträger, einem zeitlos hässlichen Klassiker des Bikepacking. So ironisch kann das sein. Ein Durchbruch sieht sicherlich anders aus.

3.3.7 Rad-Investments durch „Bike-Banker": Rasantes und riskantes Finanz- und Akquisitionsinteresse

Wenn man in den 1990er-Jahren jemanden aus der meist noch Porsche-fahrenden Finanzwirtschaft zu Investmenttipps befragt hat, kam sehr selten die Radindustrie. Eigentlich nie. Dann kam Tesla. Und nun brummt der Private-Equity-Markt so sportlich, dass man außer Atem kommen kann.

Eine Handvoll börsennotierter Radsportunternehmen hat – auch aufgrund der Covid-19-Pandemie – einen Schwarm von Investoren erlebt, auch weil andere Segmente länger gebraucht haben, um wieder an Fahrt zu gewinnen.

Die berüchtigte und zum Teil als barbarisch angesehene Beteiligungsgesellschaft KKR & Co. hat sich 2020 mit 450 Millionen Dollar an *Zwift* beteiligt, einer Online-Trainingsplattform.

Davon beflügelt ging *Canyon*, ein ehemals kleiner Koblenzer Fahrradhändler und späterer Hersteller vor allem von Sport-Rädern mit einem reinen Online-Direktvertrieb nach langen Verhandlungen an eine belgische Investmentgesellschaft, Grope Bruxelles Lambert, Anteilseigner auch von Adidas, die viele andere interessierte Parteien und eben auch KKR ausstach. Viele waren entschlossen, von dem jüngsten Anstieg des Interesses am Radfahren und anderen Outdoor-Aktivitäten zu profitieren. So wurde der Verkauf lange mit 500 Millionen Euro taxiert und am Ende standen auf dem Kassenzettel 800 Millionen Euro. Ca. 50 Millionen Euro soll der Betriebsgewinn gewesen sein ... Seitdem wechseln die Geschäftsfunktionen vom Gründer bis zum Finanzgeschäftsführer.

Schon 2018 übernahm *Ponooc*, die Investmentgesellschaft des Familienunternehmens Pon, alle Anteile an *Swapfiets*. Pon ist nicht nur Volkswagen-Importeur und Produzent von Gazelle-Fahrrädern. Die nächsten Wettbewerber wie *Dance* haben eine Anschubfinanzierung von 15 Millionen Euro erhalten. Die Frankfurter Managementgesellschaft *Borromin Capital* beteiligt sich als neuer Hauptgesellschafter an der *Little John Bikes Gruppe* aus Dresden, die eine Ladenkette durch Übernahmen lokaler Händler aufgebaut hatte und nun im sehr fragmentierten Handelssegment ausbauen will.

Auch die Dienstrad-Leasing-Vermittlungsplattformen sammeln Gelder ein. *Bike24* geht an die Börse und wird nach Kurseinbrüchen beweisen müssen, wie ein produktgetriebenes Saison-Geschäft ein Longseller-Geschäft bleibt. Der E-Bike-Hersteller und Direktvertreiber *Vanmoof* nimmt 108 Millionen Euro für die Expansion von Ladengeschäften ein.

Kenner aus der Radwirtschaft schütteln nicht nur auf Mallorca etwas unsicher die Köpfe, denn Ertragssituationen und -perspektiven sind oft in ihren Vorstellungen realistisch schmaler als in denen von Investoren, aber so läuft eben der Wettbewerb als Entdeckungs- oder Enttäuschungsverfahren und der Rubel des Rades soll ja rollen.

Und mancher Kursrutsch ist auch nahezu tragikomisch: Als Reaktion auf die erste Folge der Fortsetzungsstaffel „And just like that" der legendären Serie „Sex and the City" im zweiten Corona-Winter stiegen Anleger bei dem Heimtrainingsgeräte-Spezialisten und Corona-Gewinner *„Peloton"* wieder aus. Mister Big – eine der Hauptfiguren der Serie – verstarb nach einer intensiven Trainingseinheit auf einem Peloton-Gerät an einem Herzinfarkt. Manch Anlegerin mag schon vorher Herzprobleme bekommen haben, da der im engeren Sinne vielversprechende Anbieter die Prognosen schneller zurückfuhr, die Kurse schneller zurückfielen als die meisten an Fitness gewinnen konnten. Dann kam das Beratungshaus McKinsey und musste für finanzielle Fitness sorgen, der Aktienkurs war im Keller. Heimtrainer haben – das wissen wir noch von unseren Eltern und Großeltern – eine wechselhafte Geschichte, die meist genau dort endet: im Keller.

Und nun beginnen erste Deals unter den nicht profitablen Geschäftsmodellen von Radwirtschaft und Lieferdiensten. Es muss nun tatsächlich am Ende geliefert werden. So läuft der Finanzmarkt eben. Immer Kette rechts und dicke Gänge!

■ 3.4 ÖPNV: einzige Lösung – mit Rad und Fuß. Kostenlos oder königlich?

Könige fahren – wie wir wissen – in Kutschen. Ob mit vorgespannten Pferden oder mit vielen Pferdestärken. Rollende Royals insbesondere in England ja standesgemäß gern im Rolls-Royce.

Aber Könige fahren nur selten im Untergrund, sehr selten. Am 31. Januar 2013 gab es nach 27 Jahren mal wieder eine Fahrt in der Tube von Prinz Charles, der mit seiner Gattin Camilla und zahlreichen Pendlern eine kurze Fahrt von genau einer Station zwischen Farringdon und King's Cross in der markengeschützten London Underground wagte. Es galt den 150-jährigen Geburtstag der Tube zu würdigen.

Damit ist das monarchische Pendlererlebnis doch weit von der bürgerlichen Bewegung entfernt – auch in der Dauer. Denn die Londoner verbringen jeden Tag durchschnittlich 80 Minuten in der U-Bahn, und das heißt, wie die Stadt auf der Homepage selbst zugibt: 80 Minuten kämpfen!

Charles fuhr vermutlich auch deswegen das letzte Mal vor 27 Jahren, im Jahr 1986, mit der Tube. Damals noch in Begleitung seiner früheren Frau Prinzessin Diana ging es zur Eröffnung des neuen Flughafen-Terminals in London-Heathrow.

Zwar lästern die bürgerlichen Londoner auch gerne – wie wohl die meisten Metropolen – über verspätete Metros und überfüllte Undergrounds. Aber die U-Bahn mit zuletzt täglich 3,5 Millionen Fahrten bleibt das effizienteste Verkehrsmittel in der britischen Millionenmetropole. Am 10. Januar 1863 ging diese ikonische Bewegungsform nach vielen Verzögerungen ans Netz und dampfte als Erste weltweit los, damals von Paddington nach Farringdon – sieben Kilometer.

Aber: Der Nahverkehr ist nicht nur Königen, sondern vielen Pendlern fern. Aus guten Gründen der Erreichbarkeit und der Verfügbarkeit oder unbegründet, weil es gar keine Nutzungserlebnisse und -kompetenz gibt, sondern schlichte Unkenntnis davon, wie man sich im Nahverkehr bewegt.

Das Lernen bzw. die Umstellung der Nutzungsgewohnheit ist mit Blick auf die Ritualbrüche, Verlustängste und Stressmomente vergleichbar mit einer Ernährungsumstellung. Wir haben – wohlgemerkt männliche – Kunden im *BICICLI Concept Store* erlebt, die mit der Mercedes G-Klasse AMG am Samstag anrauschten und sagten, sie bräuchten nun leider ein E-Faltrad, weil es ja wirklich in den Städten der Zweitwohnungen wie Berlin und München kein Durchkommen mehr gäbe. Sie wären nicht wirklich sportlich, aber es ginge nun nicht mehr mit dem Auto. Auf den ÖPNV angesprochen, sah man entweder Gesten des sofortigen Abwinkens oder in Gesichter des mühsamen Erinnerns. Nicht selten wurden dann auch Erlebnisse von Fußball-Stadionbesuchen bei Heimspielverlusten präsent, wo man auf der Rückfahrt mit dem Nachwuchs wirklich schlimme Dinge erlebt und daher den ÖPNV die letzten 20 Jahre nicht mehr genutzt habe.

Der ÖPNV hatte schon vor Corona ein Problem, tatsächliche Könige zu befördern und solche, die es sein wollten. Und Königinnen, derzeit das wichtigste Kundensegment der Sportwagenhersteller, waren auch nicht glücklich, weil es im öffentlichen Nahverkehr sehr unsichere Momente gab und gibt.

Was wir also brauchen, ist eine Neueröffnung des öffentlichen urbanen Verkehrs! Ein Königlicher Personennahverkehr (KöPNV) als Vision!

3.4.1 Mehr Stolz: Untergrund-Bewegung oder ÖPNV für Eliten?

„Unter den oberen Zehntausend fährt so gut wie niemand mehr öffentlich."

Lebenslagenindex, Studie des Meinungsforschungsinstituts infas[20]

Das sind die Schlagzeilen, die für manche einem Schlag ins Gesicht gleichkommen. Corona schwächt den Nahverkehr und nur noch Einkommensschwache nutzen ihn.

Die Corona-Pandemie hat das Vertrauen in öffentliche Verkehrsmittel massiv beschädigt. Mehr als ein Drittel der Fahrgäste ist im Post-Lockdown-Monat Mai 2020 auf das Auto umgestiegen, so das Ergebnis eines vom Bundesbildungsministerium in Auftrag gegebenen Mobilitätsreports. Weitere zwanzig Prozent nutzen demnach das Fahrrad statt Bus und Bahn. Wir hatten im Kapitel 2 im Abschnitt zur urbanen Mobilität und Teilhabe bereits über das sich selbst verstärkende Problem gesprochen, dass der ÖPNV für einkommensschwächere Nutzende alternativlos ist: Denn im Einklang mit den sozioökonomisch ungleich verteilten Sorgen vor gesundheitlichen Einschränkungen der Pandemie gehören die meisten Befragten, die Corona-bedingt nun Bus und Bahn gemieden haben und weiterhin meiden, dem mittleren (40 Prozent) bzw. dem niedrigen Einkommenssegment (25 Prozent) an. Der ÖPNV wird vor allem von ärmeren Menschen genutzt, so einfach und brutal ist das in Krisenzeiten und den Jobs ohne Homeoffice-Privileg.[21]

Die Frage ist nun: Wie schaffen wir es, dass es nach der Flug-Scham und dem Zug-Stolz zu einem wünschenswerten „Öffentlichen Posen der Nahverkehrsnutzung (ÖPNV)" kommt?

Für klimaneutrale und gesunde Städte braucht es einen würdevollen, elite-inklusiveren ÖPNV im Umweltverbund – und da gibt es Preis-, Komfort-, Takt- und Gesundheitsprobleme zu lösen. Und das bei Planfeststellungsverfahren, die so verfahren sind, dass man den Plan verliert. Und dies bei einem Bestell-System, bei dem heute die vor 20 Jahren bestellten Waggons ausgeliefert werden und Elektrobusse aus deutscher Produktion gerade nicht geliefert werden können. Urbanismus von unten braucht einen ÖPNV von oben – gewollt und finanziert.

3.4.2 Mehr günstiger! Bezahlmodelle: Luxemburg oder Luxus?

Ein staubiger Cowboy steigt in einen Bus, ohne zu zahlen. Als der Fahrer ihn ansieht, raunzt er nur mürrisch: „Django zahlt heute nicht."

Eine Woche lang wiederholt sich die Prozedur immer an der gleichen Haltestelle, bis der Fahrer die Polizei ruft. Der Cowboy unbeeindruckt: „Django zahlt heute nicht."

„Warum?", fragen ihn die Polizisten. „Django hat Monatskarte."

Schulhof-Klassiker-Witz über die Coolness der Monatskartenbesitzer

Die Monatskarte als Statussymbol. In Deutschland die *BahnCard 100*, in Österreich das *Klimaticket* (der Landesgröße angemessen zu einem Fünftel des Preises, obwohl das genau keine richtige Relation ist).

Vielleicht wäre auch die *„Black Mobility Mamba Card"* oder Ähnliches sogar sprachlich noch cooler als dieses Beamten-Branding ... Immerhin muss der Porsche-Schlüssel auf dem Bartresen im Golfclub ja irgendwie symbolisch angemessen demonstriert werden. Zumindest die App müsste gut ausschauen.

Aber was wäre, wenn Django gar keine Karte oder App mehr hätte, weil er gar nicht zahlen müsste?

Luxemburg: Ampel hat Strategie – aus Not!

Luxemburg hat den kostenlosen Nahverkehr als erstes Land weltweit eingeführt. Als eines der vier autodichtesten Länder der Welt. Damit ist der kostenlose Nahverkehr nur ein Baustein einer breiteren milliardenschweren, nachhaltigen Strategie für 620 000 Einwohnerinnen und Einwohner mit 200 000 Grenzpendelnden.

Auf wie viel hatte man eigentlich mit der Gratisnutzung zum 1. März 2020 an Einnahmen verzichtet? Auf 9 Prozent der Kosten von einer knappen halben Milliarde Euro, mehr refinanzierten die Tickets ohnehin nicht.

Die dortige Ampel-Regierung hat mit MODU 2.0 ein strategisches Investitionsprojekt aufgesetzt, dass nur ein Ziel kennt: Autos von den Straßen zu nehmen und die Emissionsfreiheit des Nahverkehrs zu erreichen. Nur ein Vergleich: Mit 600 Euro Investition in die Schiene pro Einwohner pro Jahr ist Luxemburg EU-weit führend – Faktor 8 zu Deutschland mit 77 Euro. Das klingt beeindruckend. Die Erfolge wird man über die kommenden Jahre prüfen müssen, aber die ersten Anzeichen sind vorsichtig pessimistisch: Es steigen fast immer dieselben Menschen in den Gratis-Bus, die vorher dafür bezahlt hatten.[22]

Wien: Django hat Jahreskarte

Wien hat es zum 1. Mai 2012 eingeführt, das 365-Euro-Ticket, auch als 365-Euro-Jahreskarte bezeichnet, mit der man zu einem Euro pro Tag uneingeschränkt freie Fahrt in einem bestimmten Tarifgebiet hat. Das ist eher SPÖ als FPÖ, wenngleich die FDP das auch als freie Fahrt für freie Bürger interpretieren könnte, wenn sie wollte.

Das 365-Euro-Ticket führte in den ersten fünf Jahren zu einer Verdoppelung der verkauften Jahreskarten und zu verstärkter Nutzung der öffentlichen Verkehrsmittel. Seit damals wird sowohl in Österreich als auch in Deutschland in verschiedenen Städten und deutschen Bundesländern über die generelle Einführung eines solchen Tickets nach Wiener Vorbild diskutiert. Der Wikipedia-Eintrag glüht nun 365 Tage im Jahr, denn das Wiener Modell wirkt offenbar.

Natürlich gibt es Kritik: Zum Beispiel an der Festlegung auf den einen Euro, weil das den Preis auf lange Zeit festlegt und keine inflationsbasierten Preiserhöhungen möglich macht. Nun denn ... Schwerwiegender mag die Einbahnstraße der Preissenkung wirken; wenn die Mindereinnahmen pro Person nicht durch die Steigerung der Personenanzahl ausgeglichen werden und Einnahmeausfälle entstehen, die nicht durch Preissteigerungen wieder ausgeglichen werden können. Das ist ökonomisch zweifelsfrei richtig argumentiert, aber vor dem Hintergrund der Klimaentwicklung und mit den gesamtgesellschaftlich angemessenen Kosten-Ansätzen schlicht falsch.

Der Sprecher des Verbandes Deutscher Verkehrsunternehmen (VDV) erklärte noch im Februar 2019, das Wiener Modell könne aus einem guten Grund nicht einfach auf Deutschland übertragen werden. Denn in Wien refinanziere sich der ÖPNV auch durch die in Deutschland rechtlich gar nicht mögliche Dienstgeberabgabe, so etwas wie eine Wiener U-Bahnsteuer. Abenteuerlicher wurde es mit dem Argument der „klimapolitisch unerwünschten Folge", „dass Fußgänger und Radfahrer vermehrt den ÖPNV benutzen würden".[23]

Und: Es gibt andere Formen der Refinanzierung als die ohnehin wählscheibentelefonähnlichen Fahrkartenautomaten-Münzeinwurfschlitze. Denn dass die Zahl der Jahreskarten in Wien massiv angestiegen ist und der Preis nicht erhöht wurde, ist eben auch der Parkraumbewirtschaftung geschuldet. Anwohnerparkscheine von Autofahrenden finanzieren die ÖPNV-Fahrscheine quer – und fair.

Eine Kritik hingegen ist berechtigter und zeigt die Relevanz der Luxemburger Luxusinvestition in die Angebotsqualität. Generell wichtiger als der Preis sei das Angebot – vor allem der Takt, die Verlässlichkeit und die Nicht-Überfülltheit.

Zwischenfazit: Cola oder Alkohol?

Der Kölner Ökonom Axel Ockenfels zieht einen erstaunlichen Vergleich: „Den Nahverkehr kostenlos zu machen, um den Individualverkehr zu verdrängen, ist in etwa so, als ob man Coca-Cola subventioniert, um den Alkoholkonsum zu reduzieren", sagte er der Frankfurter Allgemeinen Zeitung. Darüber muss man länger nachdenken – oder zu trinken beginnen.

Autofahren soll süchtig machen, das kennt man aus der Verkehrsforschung. Aber, dass der aktuelle ÖPNV nun so zuckersüß und ungesund sein soll wie Cola? Wir müssen reden und rechnen!

So erreichte die Kopie eines Schreibens der Bundesregierung an die EU-Kommission viele Oberbürgermeisterinnen inmitten von Karnevals-Umzügen vor Corona: kostenloser Nahverkehr für bessere Luft – mit fünf Test-Städten. So sollte eine Idee Luft unter die noch jungen Flügel bekommen. Konkret: Wenn Mobilität ein Menschenrecht wäre, dann sind Kosten und Preise des Nahverkehrs als öffentliches Gut tatsächlich ein gesellschaftspolitisches Thema – auch mit Blick auf die externen Kosten des Autoverkehrs, für die weder Autohersteller noch Autofahrer aufkommen. 13 Milliarden Euro wären die Kosten eines kostenfreien Nahverkehrs, berechnete der Verband Deutscher Verkehrsunternehmen. Dagegen stünden mögliche Rückgriffe auf den Klima- und Energiefonds, über den Teile des Sofortprogramms „Saubere Luft" finanziert werden, auch wenn dort andere Schwerpunkte gesetzt sind.

Mehr weniger Emission: anrüchiger ÖPNV

Wie anrüchig sind die Nahverkehrsmittel denn selbst? In manchen Städten kommt ein Fünftel des Stickoxid-Ausstoßes von genau diesen alten Verbrenner-Busflotten. Und hier sprudelt schon ein wenig das CO_2 der Cola ... Das bereits angekündigte Kaufprogramm für Elektrobusse von 100 Millionen Euro jährlich wurde für 2019 bewilligt. 80 Prozent des Preis-Unterschieds zu Dieselbussen sollen die Kommunen so ausgleichen können. Damals standen rund 500 Elektro- oder Hybridbusse 80 000 Diesel-Bussen gegenüber. Das ist noch nicht wirklich besser geworden. Die Begründung: es gäbe keine deutschen Hersteller dafür ... Was für ein laues Lüftchen eines verschlafenen Trends; sowohl von der privaten Produktion wie von der öffentlichen Beschaffung. Konnte ja keiner wissen, dass man neben der Post schon wieder Kunden hat.

Der Nahverkehr wird keine subventionierte Cola, sondern cooler und zwingend blei- und emissionsfreier werden. Und gegen auto-berauschte Pendler helfen dann nur noch Plaketten und Parkgebühren, mit denen jeder sein blaues Wunder erleben darf.

Die chinesische Millionen-Stadt Shenzen und der Batteriebauer BYD haben in acht Jahren – autokratisch – die Stadt leise und emissionsfrei bekommen und den ÖPNV durchelektrisiert durchsubventioniert.

3.4.3 Mehr Komfort, Takt, Daten, Qualität

Andreas Knie ist ein ehemaliger, 15 Jahre wirkender Deutsche-Bahn-Manager und heutiger Professor für Soziologie der Mobilität am Wissenschaftszentrum Berlin. Er ist beweglich – und der Nachname ist auch öfter Programm für die provokativen Anstöße in provokationsresistent erscheinenden Debatten.

So hat Knie die Forderungen der stärkeren ÖPNV-Förderung mit Blick auf den Europäischen Rechnungshof relativiert: Denn seit Jahrzehnten steht der ÖPNV-Nutzungsausbau auf der Agenda, da der Staat in den vergangenen Jahren tatsächlich zusätzliche Milliardensummen in den öffentlichen Verkehr gesteckt habe, Fahrzeuge anschaffte und Streckennetze erweiterte. Aber: Weder Busse noch Bahnen haben ihre Anteile am Verkehrsmarkt in den letzten Jahren wirklich steigern können. Der Fernverkehr verharrt bei rund acht Prozent und der ÖPNV bleibt stabil unter zehn Prozent. Der öffentliche Verkehr wurde nur dort vermehrt genutzt, wo die Städte wuchsen. In kleineren Kommunen gingen die Fahrgastzahlen sogar seit Jahren schon vor Corona zurück. Auf dem Land sind mehr als 90 Prozent der Fahrgäste Schüler und Auszubildende. Im Juni 2020 sah sich der Europäische Rechnungshof genötigt, die bisherige Förderstrategie für den öffentlichen Verkehr gerade in Deutschland zu rügen. Die Behörde errechnete in aller Nüchternheit den Gegeneffekt: Die Zahl der zugelassenen Autos steigt jedes Jahr um bis zu drei Prozent.

Mit Bezug auf Corona-Mobilitäts-Studien, an denen er selbst mitgewirkt hat, zeigt sich für Knie klar: „Für viele Menschen ist der aktuelle ÖPNV im Zweifel verzichtbar oder die zweitbeste Wahl. Als Rückgrat für die Verkehrswende taugt er deshalb leider nicht."

Fokus auf Bereitstellung statt Nutzung

Busse und Bahnen werden in der deutschen Tradition der Daseinsvorsorge mit beträchtlichem Aufwand betrieben, bereitgestellt, aber ohne Kundenbezug. So fahren die Chefs der großen Nahverkehrsunternehmen und sogar die Busfahrerinnen nicht mit dem Bus zur Arbeit, sondern mit Dienstwagen. Keine Monatskarte!

Fragt man Mitarbeitende und Kunden, dann kommen immer die gleichen Wünsche: Sicherheit, Taktverdichtungen, Expressrouten in Rushhour-Phasen (direktere Wege bei weniger Haltestellen), Verlässlichkeit, Sauberkeit und Sicherheit sowie E-Scooter- und Radmitnahme mit entsprechender Infrastruktur im Waggon. Das sind Wünsche, deren Erfüllung die Kunden mit der Nutzung des ÖPNVs würdigen würden. Es sind Wünsche, die Geld kosten, die wir uns nun aber werden leisten müssen, denn sonst wird es noch teurer.

Für „regionale Mobilitätsgarantie" ist die Schweiz ein gutes Beispiel: stündlicher Takt zwischen Mittelzentren, kurze Umsteigezeiten und flexible Zubringer zu den Hauptachsen mit Rufbussen.

Und interessant ist auch – so wenig überraschend das ist: Kunden wollen gar nicht den ÖPNV, das Fetischpotenzial ist begrenzt. Sie wollen eine schnellere und bessere und günstigere Mobilität im Vergleich zu anderen Mobilitätsangeboten. Egoistische Wünsche für Gemeinschaft und Klimaschutz. Adam Smith würde sich schottisch freuen, denn so geht die Erzählung der Ökonomie.

Schwarzfahren oder ärgern: Bezahl- und Preismodelle

Und wenn der Nahverkehr auf nahe Zukunft doch noch ein paar Euros kosten soll, dann wäre es gut, wenn man nicht am Bezahlen scheitert. Das kann nämlich mit einer Gefängnisstrafe enden. In der Strafverfolgungsstatistik sind 50 683 Verurteilungen für 2017 wegen Schwarzfahrens aufgeführt, darunter rund 47 000 Geldstrafen und immerhin 3200 Freiheitsstrafen. Fahre nicht – und vor allem nicht schwarz – ins Gefängnis. So geht das Monopoly der staatlichen Gewalt.

Nun hat der Karlsruher Verkehrsverbund – immerhin der einer ausgezeichneten Fahrradstadt – eine Home Zone eingerichtet. Die Außengrenzen des Verbunds stehen, das individuelle Fahrtgebiet wird definiert. So werden die Fahrtziele der flexiblen Abos bestimmt und der Preis berechnet sich dann je nach Radius und ÖPNV-Angebot in dem gewählten Fahrtgebiet. Die App zeigt Ihnen den Preis Ihres individuellen Abos transparent an. Nach 28 Tagen endet das flexible Abo automatisch und der Mobilitätsradius kann erneut den individuellen Bedürfnissen angepasst werden.

Aber nach einigen ungenutzten Monatskarten der Pandemie mit vielen Tagen Homeoffice und ein paar Tagen Bewegung in der Home Zone warten viele vermutlich auf das 20-Fahrten-Monatsabo, was die Deutsche Bahn im Fernverkehr als Test anbot.

3.4.4 Mehr Gesundheit im ÖPNV. Sonst ungesunde Städte

„Herr Doktor, Herr Doktor, ist meine Krankheit wirklich so schlimm?" – „Also eine Monatskarte würde ich mir nicht mehr kaufen."

Schulhof-Klassiker-Witz

Nun können wir diesen Witz doppelt deuten: Man *ist* so krank, dass man den Monat nicht mehr erlebt – und sollte auf Tagestickets umstellen. Oder aber: Die Monatskarten-Nutzung im ÖPNV *macht* so krank, dass man diese nicht mehr kaufen solle.

Die damalige Bundesforschungsministerin Anja Karliczek hat den öffentlichen Verkehrsbetrieb zu einem Umdenken aufgefordert, was ministeriell schon eine eigene Meldung wert gewesen wäre, denn der forsche Verkehrsminister a. D. Scheuer war ja nur bedingt beratungsempfänglich: „Kurzfristig muss über Maßnahmen für den Gesundheitsschutz versucht werden, das Vertrauen in den ÖPNV wieder zu verbessern", sagte die CDU-Politikerin. „Ansonsten könnten die Belastungen durch Lärm und Abgase wieder steigen." Da würde die Umweltministerin a.D. auch zustimmen und die Bürgermeisterinnen auch – und eigentlich jeder. Und was passiert? Keine Bewegung.

3.4.5 Mehr Flexibilität? Waggon-Design und Lieferzeiten

Wenn man eine Stadt kennenlernen will, sollte man spazieren gehen und radeln oder aber den ÖPNV benutzen, denn der sagt sehr viel über Stadt, Verkehr und Menschen aus. Es gibt Städte, in denen Straßenbahnen und U-Bahnen an Zeiten von Wählscheibentelefonen erinnern.

Die Sitzpolsterdesigns und die Hornhautumbra-Farbgebungen der Innenwände sind das eine, aber das Zonierungsdesign das andere. Corona hat die Hygiene wieder ins Spiel gebracht, aber die Verkehrswende bringt weitere Verkehrsmittel wie Scooter, Lastenräder oder E-Rollstühle und Rollatoren auf die Anforderungsliste. Zudem wäre – verwegen – neben dem WLAN auch eine Arbeits- bzw. Leseatmosphäre denkbar, da es ja vor allem darum geht, die Pendlerinnen zur Fahrt mit den öffentlichen Verkehrsmitteln zu bewegen.

Das Bestellsystem von Ausschreibung bis Aufgleisung von S- oder U-Bahnen ist legendär langatmig. Diese Lieferzeiten sind eine Lizenz zur Langeweile und des „Wieder-zu-spät-Seins".

Die Deutsche Bahn hat im Jahr 2018 eine zauberhaft-inspirierende Dokumentation ihres sogenannten „Ideenzuges" vorgestellt, der im Jahr 2016 aufs Gleis ging. Die Innovation war eine Modul-Geometrie, die eine deutlich höhere Flexibilität ermöglichte.[24]

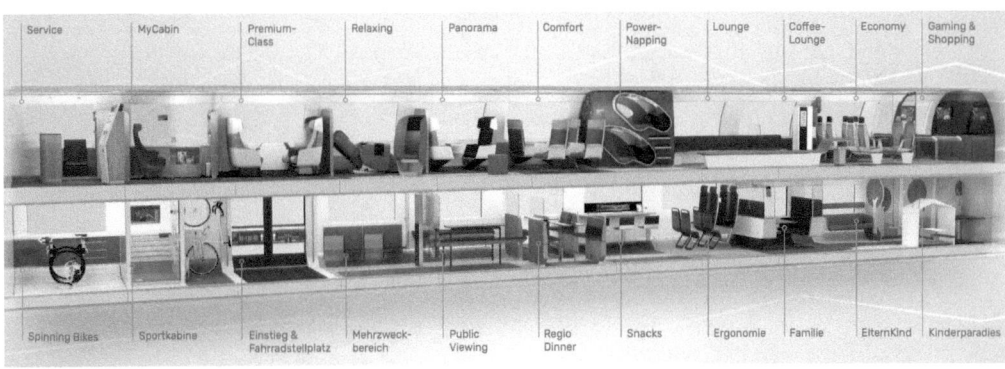

Bild 3.9 Modulare Züge bei der Deutschen Bahn: Wann wird der „Ideenzug" allgemeine Wirklichkeit?

Im Ideenzug ist an alles gedacht worden, was physische wie mentale Flexibilität und Beweglichkeit ermöglicht, sodass deutlich werden konnte, dass das private Auto ein doch etwas sehr eingeschränktes Nutzungsspektrum hat. So erging es den ÖPNV- und Regional-Bahnen-Fahrenden endlich einmal wie den Automessen-Besuchern des 20. Jahrhunderts: „Warum wird der Prototyp nicht genau so gebaut?"

Doch aus dem Ideen- wurde ein Museumszug: Er ist in Oberursel in einer Industriehalle zu besichtigen und als Veranstaltungslocation für z. B. Tagungen und Workshops buchbar. Der Tanzwagen ist also auch endlich wieder mitgedacht.

3.4.6 Mehr Investitionen: Wie viel durch wen?

Busse und Bahnen waren wunderbare und bewunderte Vehikel – vor der Erfindung des Autos. Andreas Knie bezeichnet den ÖPNV als das „ungeliebte Kind der Autogesellschaft", dem wirklich keiner seine Aufmerksamkeit schenkt. Aber stimmt das und wie viel Aufmerksamkeit und Geld braucht es für den zweiten Frühling und die nächste große Liebe zu dem neben dem Fahrrad wichtigsten Mobilitätsangebot klimaneutraler Städte?

Koalitionsvertrag öffentlicher Verkehr und neue Mobilitätsangebote

> *„Wir wollen Länder und Kommunen in die Lage versetzen, Attraktivität und Kapazitäten des ÖPNV zu verbessern. Ziel ist, die Fahrgastzahlen des öffentlichen Verkehrs deutlich zu steigern. […]*
>
> *Damit alle neuen Busse einschließlich der Infrastrukturen möglichst zeitnah klimaneutral fahren, wird der Bund die bestehende Förderung verlängern und mittelstandsfreundlicher ausgestalten.*
>
> *Mobilitätsforschung werden wir interdisziplinär aufwerten, das Zentrum Zukunft der Mobilität neu aufstellen und erweitern, sowie das Zentrum für Schienenverkehrsforschung stärken."*
>
> *Koalitionsvertrag 2021, Ampel-Koalition[25]*

Die Finanzierung des ÖPNV setzt sich zusammen aus Fahrgeldeinnahmen aus dem Verkauf von Fahrausweisen, gefolgt von den Ausgleichszahlungen der öffentlichen Hand an die Verkehrsunternehmen für die Leistungen, die diese im gemeinwirtschaftlichen Interesse erbringen.[26]

Das Umweltbundesamt hatte 2019 eine Studie in Auftrag gegeben, wie der ÖPNV sich in Zukunft finanzieren könnte und welche Szenarien realistisch sind.[27]

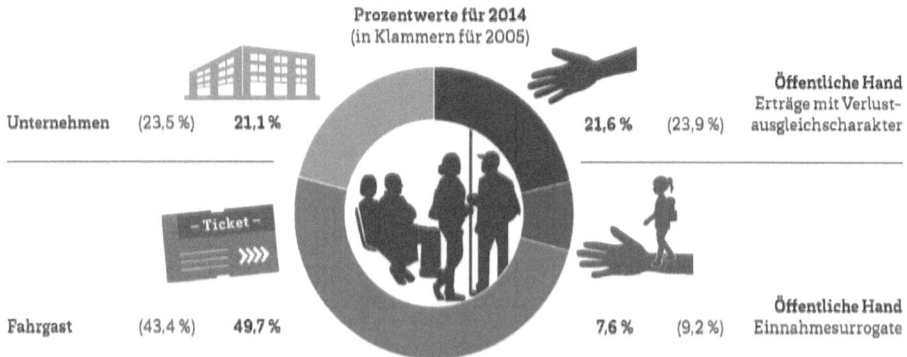

Bild 3.10 Wie finanziert sich der ÖPNV?

Wenn das ÖPNV-Angebot aus verkehrs- und klimapolitischen Gründen massiv ausgebaut werden und eine konsequente Umstellung auf alternative Antriebe erfolgen soll, muss das aktuelle Finanzvolumen um rund ein Drittel angehoben werden.

- **Szenario A. Umschichtung:** 90 Prozent dieser Mehrkosten sind von den Finanzierungssäulen öffentliche Zuschüsse und aus Fahrgelderlösen zu tragen (im aus dem Status quo abgeleiteten Verhältnis 60/40). Die restlichen 10 Prozent werden durch eine Umschichtung von bestehenden Abgaben zugunsten des ÖPNV getragen.
- **Szenario B. ÖPNV-Beitrag:** Die Mehrkosten werden grundsätzlich zwischen den Finanzierungssäulen öffentliche Zuschüsse, Fahrgeldeinnahmen und einer Nutznießerfinanzierung[28] ungefähr im Verhältnis 50/20/30 getragen. Es werden ergänzende Finanzierungsinstrumente (insb. ein ÖPNV-Beitrag) neu geschaffen, wodurch sich eine weitere Verschiebung der generellen Lastenverteilung der ÖPNV-Finanzierung ergibt
- **Szenario C. Bürgerticket:** Die Mehrkosten werden grundsätzlich von den Finanzierungssäulen öffentliche Zuschüsse, Fahrgeldeinnahmen und Nutznießerfinanzierung ungefähr im Verhältnis 50/20/30 getragen. Es werden ergänzende Finanzierungsinstrumente (insb. ein Bürgerticket) neu geschaffen, wodurch sich eine weitere Verschiebung der generellen Lastenverteilung der ÖPNV-Finanzierung ergibt.

Der Verband der Verkehrsunternehmen (VDV) hat 2021 in einem Konzept mit der Beratung Roland Berger konkret vorgerechnet, wie die Attraktivität gesteigert werden soll und was das kostet.[29] Die Verkehrsleistung soll bis 2030 um knapp ein Viertel gegenüber 2018 steigen, was wiederum ein Drittel mehr Fahrgäste bedeuten würde.

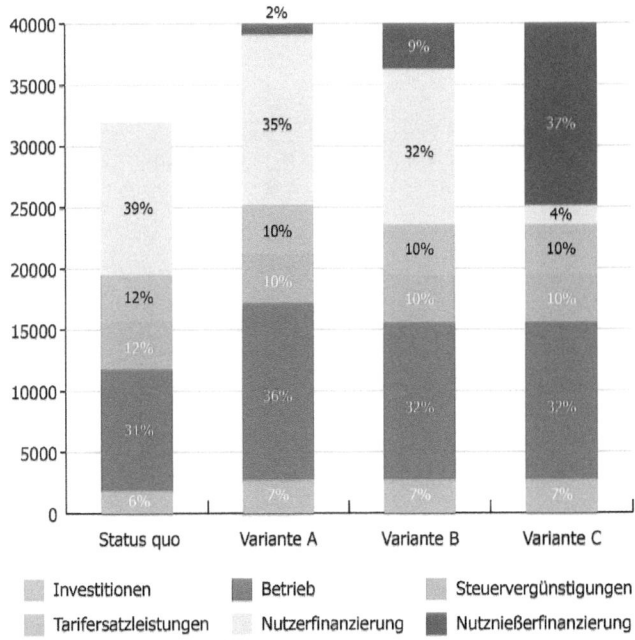

Bild 3.11 Lastverteilung der ÖPNV-Finanzierung

U-Bahnen, S-Bahnen und Trams sollen 36 Prozent mehr Leistung bringen. Und die Bus-Angebote sollen sogar um 107 Prozent steigen – gerechnet jeweils in Fahrzeugkilometern. Im dünner besiedelten Umland sollen große Busse durch kleine, ein halbes Dutzend Plätze fassende Fahrzeuge ersetzt werden, die per Anruf oder App zu den Fahrgästen kommen. In den dicht besiedelten Zentren hingegen geht der Trend zu noch größeren Fahrzeugen.

Insgesamt decken die Tickets innerhalb der deutschen ÖPNV-Kosten rund 25,5 Milliarden Euro ab. Dazu kommen 120 Euro staatliche Zuschüsse pro Einwohner und Jahr. Bei in etwa gleichbleibenden Fahrkartenpreisen wäre der Finanzierungsbedarf durch den Staat im Jahr 2030 dann bei einem Faktor von 1,5 – genau 296 Euro pro Person pro Jahr.

3.4.7 Personenbeförderungsgesetz: mehr Wettbewerb auf wenig Nachfrage?

Und was ist nun, wenn bei allen guten Finanzierungsabsichten und Lieferzeitproblemen von Waggons sich doch nichts bewegt? Sollte man nicht doch mal an unsere Gesetze ran? Denn eine weitere Antriebsschwäche war – für die Forschung – bis 2021 die Genehmigung von ausschließlich einem „Schwarz-Weiß-Fernsehen" im Personenbeförderungsgesetz. Was ist das für eine Metapher?

Es gab früher eigentlich nur ein bis drei Programme des öffentlichen Rundfunks und kein Privatfernsehen. Dann kam eine bunte Novelle, die Kommunen eine bedeutende Rolle bei der Genehmigung und Steuerung neuer (digitaler) Mobilitätsangebote zuwies. Ein Ergebnis, das nach der Einschätzung von Mobilitätsforscher Andreas Knie so wirkte, „als ob nun Farbfernsehen erlaubt würde".

Diese vom Bundestag 2021 beschlossene Reform wurde breit begrüßt, wie z. B. vom Deutschen Städte- und Gemeindebund. Es sei ein schwieriger Kompromiss gelungen, der die Ziele Klimaschutz, Verkehrseffizienz und Erreichbarkeit im Sinne gleichwertiger Lebensverhältnisse im Blick hat und zugleich wichtige Vorgaben zur Wahrung von sozialen Standards zugunsten der neuen Beschäftigten in den neuen Mobilitätsangeboten macht.

Die Kommunen können nun sogenannte *Poolingdienste* mit Auflagen versehen, diese mit Bussen und Bahnen zu verbinden und den Verkehr im *Hub-and-Spoke-Prinzip* zu organisieren: Busse und Bahnen als Verbindung zwischen den Verkehrsknotenpunkten (Hubs) und Poolingdienste, Fahrräder, E-Autos, Scooter, Tretroller als Tür-zu-Tür-Verbindungselemente (Spoke).

Im Rahmen der Novelle wird den Kommunen eine bedeutende Rolle bei der Genehmigung und Steuerung neuer Mobilitätsangebote zugesprochen. Dies ist unabdingbar, denn die jeweiligen Rahmenbedingungen vor Ort unterscheiden sich erheblich, womit eine zentrale Vorgabe nicht hilfreich sein kann. In den Verdichtungsräumen können Großstädte künftig Mietwagenverkehre durch die Festsetzung von Mindesttarifen in bestimmten Fällen regulieren. Somit soll unerwünschten Effekten wie der Verkehrszunahme und einer möglichen Kannibalisierung des ÖPNV entgegengewirkt werden.

Dazu wird es bedeutend sein, dass Kommunen im Zuge der weiteren Ausgestaltung einen Zugriff auf Verkehrsdaten erhalten, die es ihnen ermöglichen, Verstöße tatsächlich nachzuvollziehen und gegebenenfalls sanktionieren zu können. Da im ländlichen Raum hingegen kaum zusätzliche private Mobilitätsanbieter zu erwarten sind, ermöglicht es der Gesetzentwurf nun, den ÖPNV zu flexibilisieren und um moderne, digital vermittelte Angebote sinnvoll zu ergänzen. Die Novelle schafft hier die Voraussetzungen, um eine bessere zeitliche und räumliche Verkehrsanbindung zu erreichen. Des Weiteren sind Verbesserungen bei den genehmigungsfreien Mitnahmeverkehren vorgesehen. Somit kann die Mobilität in Gebieten mit geringer Nachfrage spürbar verbessert werden.

Klar ist aber nach Einschätzung des Städte- und Gemeindebundes auch: „Die Umsetzung des neuen Rechtsrahmens wird viele Kommunen vor große Herausforderungen stellen, der nur mit zusätzlichem Personal gestemmt werden kann."[30]

Welche neuen Geschäftsmodelle folgen daraus?

3.5 Neue (Mikro-)Mobilität: Geschäftsmodelle ohne Gewinn – aber Stausteigerung?

Wer bislang kein Auto haben wollte, hatte im bisherigen Schwarz-Weiß-Fernsehen der Mobilität auch genau die drei Programme – neben der Selbstbewegung:

1. öffentlicher Nah- und Fernverkehr, 2. Taxi oder 3. Mietwagen.

Nun kam das Privatfernsehen, in Farbe, mit vielen Alternativen und Apps.

Es wurde in der Stadt – gerade in Berlin – in den letzten Jahren viel getestet, viel investiert, viel fusioniert, viel gelitten, natürlich auch wegen der Pandemie. Noch ist nicht ausgemacht, wie sich der Trend der neuen urbanen Mobilität und Mikro-Mobilität weiterentwickeln wird. Die als Smart Mobility oder Mobility-as-a-Service-Angebote bezeichneten Geschäftsmodelle sind z. T. an und z. T. mit Corona verstorben, einige kränkeln immer noch, ein paar könnten überleben. Denn: 77 Prozent der Deutschen geben an, Carsharing und Ride Hailing nur selten zu nutzen, wie eine Untersuchung der Beratungsfirma *Strategy&* zeigt.

Es gibt Optimistinnen, die die Lage für diese Angebote wieder positiver einschätzen, wie die Studienübersicht von Christiane Köhler suggeriert[31]:

Das Marktvolumen für Mobilitätsdienste, die das eigene Auto ersetzen, betrug im Jahr 2020 in Europa 127 Milliarden US-Dollar, wovon 17 Milliarden US-Dollar auf den deutschen Markt entfielen. Das Umsatzpotenzial könnte sich europaweit bis 2035 mit 549 Milliarden US-Dollar mehr als vervierfachen, so *Strategy&* weiter.

Und auch der wohl nie profitabel werdende Free-Floating-Carsharinganbieter *Share Now* sieht positive Tendenzen und nimmt ein stärkeres Bewusstsein für alternative Mobilität während der Covid-19-Pandemie wahr: „Die Menschen hinterfragen ihr Mobilitätsverhalten. Dies bietet Potenzial für mehr Akzeptanz von alternativen Mobilitätsformen", so Share-Now-CEO Olivier Reppert.

Um die Nutzerakzeptanz zu steigern, rät das Beratungsunternehmen *McKinsey* wie immer uneigennützig den Anbietern dazu, ihre Strategien zu überdenken und sich auf Partnerschaften, Portfolio-Optimierung und ein verbessertes Fahrzeugdesign zu konzentrieren, um eine sichere Mobilität in der Zukunft zu ermöglichen.

3.5.1 Carsharing 2.0: Nächste Welle „Corporate Carsharing"

Die Studien vom Ökoinstitut 2018 und weitere Analysen aus den Jahren 2019 bis 2021 zeigten vor und während der Corona-Pandemie einen klaren Trend des Carsharings: keine Wirtschaftlichkeit, dafür aber eine Einschränkung des räumlichen Angebotes.[32]

Die Gründe gegen das Carsharing 1.0

- Das *Ökoinstitut* hatte auf der Grundlage von Daten von *Car2Go* in Stuttgart, Frankfurt und Köln (damals noch Daimler-Benz) eine aufsehenerregende Studie vorgelegt:[33] keine Rückgänge der privaten Neufahrzeugkäufe bei den Kunden, sondern das Gegenteil: ein Anstieg um bis zu 15 Prozent durch das Sharing-Angebot, also das Gegenteil des sozial Erwünschten. Das kann damit erklärt werden, dass Nicht-Auto-Nutzende Testfahrten machen und dann eines kaufen. Zudem verbrauchten die Carsharing-Angebote weitere Parkplätze, gerade weil es eben keine gleichzeitigen Autoabmeldungen gab.

- Die *Unternehmensberatung A. T. Kearny* hat schon vor Corona – im Jahr 2019 – über das „Geschäftsmodell mit rasierklingendünnen Margen" gesprochen, das sich in den allermeisten Städten Deutschlands gar nicht rechne. Voraussetzung sei eine Bevölkerungsdichte von mindestens 3000 Personen pro Quadratkilometer, die es in Deutschland neben München, Berlin und Frankfurt eben nicht gibt. Selbst wenn jeder Mensch, der in den dicht besiedelten Hotspots von München, Hamburg, Berlin, Frankfurt, Stuttgart lebt, auf sein Fahrzeug künftig vollständig verzichten und nur noch das Sharing nutzen würde, ließen sich in Deutschland nur fünf Prozent aller Fahrzeuge reduzieren. Eine klimaneutrale Verkehrswende sieht vermutlich anders aus.

- Das Nachrichtenmagazin *DER SPIEGEL* hat dann mal selbst nachgerechnet, wie die Carsharinganbieter *WeShare*, *Share Now* oder *Miles* in Berlin, Hamburg und München ärmere Stadtteile meiden und dafür mit ihren Wagen angesagte Innenstadtviertel fluten – und dort manche Verkehrsprobleme verschärfen, anstatt sie zu lösen.[34]

- ÖPNV-Ersatzverkehre: Da sich die Sharingautos in urbanen Gebieten ballen, tragen die Systeme kaum zum Klimaschutz bei, klagen Wissenschaftler der TU Hamburg-Harburg: Sie werden zu oft für Fahrten genutzt, die mit dem öffentlichen Nahverkehr deutlich effizienter wären.

- Dazu kommt, dass die Carsharingfahrzeuge das Verkehrsproblem in den Städten verschärfen – und für mehr Staus und Parkplatzprobleme sorgen. Deshalb und wegen des Streits um Parkplatzgebühren haben sich beispielsweise in Stockholm bereits Anbieter wieder zurückgezogen. Begründung: „Die Leute dort würden lieber Fahrrad fahren."

Hoffnungen für ein Carsharing 2.0

Die aktuelle Hoffnung ist die betriebliche Mobilität respektive die Ablösung des klassischen Firmen-Leasings. So hat die *Deutsche Telekom* entschieden, weniger auf individuelle Dienstwagen und mehr auf effiziente, ganzheitliche Mobilitätsangebote zu setzen, die zudem die CO_2-Ziele unterstützen. Carsharing und Shuttle-Dienste sind hier die Hebel. Wir gehen auf diese flexiblen und nutzerzentrierten Sharing-Modelle in Kapitel 5 genauer ein.

3.5.2 Ride Hailing: mehr Stau und Emission

Ride-Hailing-Dienste haben in vielen Teilen der Welt die klassischen Taxi-Dienstleister ergänzt oder teilweise auch verdrängt. Firmen wie *Uber* und *Lyft* bieten die Plattform dafür, das Privatfahrzeug per App als Transportmittel registrieren zu lassen und so Passagiere von A nach B zu fahren, die dies per App buchen. Wie Forscher der interdisziplinär besetzten Gruppe „Future Urban Mobility" (FM) in einer Studie herausfanden, führt dieses Transportmodell aber nicht zu weniger, sondern im Gegenteil zu mehr Verkehrsaufkommen.

FM ist ein Gemeinschaftsprojekt der „Singapore-MIT Alliance for Research and Technology" (SMART), des US-amerikanischen „Massachusetts Institute of Technology" (MIT) und der japanischen Tongji-Universität.[35] Tatsächlich fanden die Forscherinnen keinen Rückgang im Verkehrsvolumen, sondern einen Anstieg: Verkehrsstörungen wie Staus hatten um ein Prozent zugenommen. Deren Dauer steigerte sich sogar um nahezu fünf Prozent. Hingegen hatte die Nutzung privater Fahrzeuge nur um ein Prozent, die Nutzung des ÖPNV aber um fast neun Prozent nachgegeben. Konkret: Die Einführung von Ride-Hailing-Diensten schmälert auch hier die Nutzung des ÖPNV, des Fahrrads und des Zufußgehens.

Weiterhin hatten Leerfahrten einen bedeutenden Anteil an den gefahrenen Ride-Hailing-Kilometern, der bis zu 41 Prozent betrug. Dies bedeutet, dass anbietende Fahrer nur eine Strecke produktiv fahren und in der Regel allein zurückkehren.

3.5.3 Mobilitäts-Abos: Beyond Leasing

Das Bedürfnis nach flexibler individueller Mobilität ist durch die Pandemie wieder gestiegen und wird sich daher nur regulatorisch wieder senken lassen. Kunden wollen ein eigenes Fahrzeug, sich aber nicht mehr so binden wie beim Neukauf oder beim 36-Monats-Leasing: Sie wollen für kurze Zeit mieten – mit transparenten Preisen und geringen Fixkosten. „Beyond Leasing" ist die Zauberformel für Fuhrparkmanagerinnen. Die Anbieter versuchen es also mal: Auto-Abos sollen die Lücke zwischen Miet- oder Leasingfahrzeugen und privatem Auto schließen.

Hersteller wie Audi boten alle drei Monate ein neues Modell an – und stellten das Angebot schnell wieder ein. Nach *Audi Select* kamen *Volvo Care*, *KintoFlex* für *Toyota* sowie viele hochfinanzierte wie niedrigvolumige Anbieter wie *Cluno*, *Faaren*, *finn.auto*, *like2drive, ViveLeCar*. Alle versprachen dem Fuhrparkmanagement Modellvielfalt bei hoher Flexibilität zwischen 30 Tagen und sechs Monaten … VW-Carsharer *WeShare* kam mit monatlich kündbaren Abos dazu, *Finn.auto* versuchte ein Abo-Modell und überzeugte zumindest Investoren. Der chinesische Anbieter *Geely* mit seinem europäischen Abo-Angebot *Lynk* startete unter anderem in Berlin Mitte, einem der beweglichsten Pop-up-Stores.

Die Wissenschaft bleibt vorsichtig, ob es nicht eben genau das bleibt: ein Pop-up.[36] Denn: Ob das die traditionellen Beschaffungsoptionen wie Verkauf oder Leasing verdrängen wird, werden erst die nächsten Jahre und die faktischen Nutzungszahlen zeigen, wenn Refinanzierungen und Gebrauchtwagenintegrationen in die Flottierungen erfolgt oder nicht erfolgt sind.

Die Flexibilität des Angebots ist – betriebswirtschaftlich hart gerechnet – vor allem bei Rückgabe und Instandsetzungen zu teuer und letztlich zu nah am Mietwagen. Und das spricht sich noch schneller rum als die noch weitgehend unbekannten Anbieter-Marken. Wegen der Mietwagen-Nähe segelt *Sixt* mit dem Thema in Corona-Zeiten auch mit einem „Umsteigebonus von ÖPNV und Deutscher Bahn" auf das Mietauto noch härter am Wind … Spätestens hier wird das Nachhaltigkeitsmanagement hellhörig – gerade in Corona-Zeiten, wo Dienstfahrten wie Dienstwagen neu gedacht werden.

3.5.4 Moped-Sharing: rollert noch selten

Die Fahrzeuge seien robust und langlebig, komfortabel und machten die Parkplatzsuche einfach. So der selbsterklärte Beitrag der Anbieter aus der Gruppe von Moped-Verleihern. Mopeds sind seit dem Jahr 2012 im Sharing-Markt angekommen, aber auf schwachem Niveau. Die Presseerklärung von BOSCH zur Einstellung seines Angebotes *Coup* wegen „auf Sicht unrentabler Geschäftsaussichten" hat offenbar den Private-Equity-finanzierten und tierisch viel einkaufenden E-Scooter-Anbieter TIER überzeugt. Klingt paradox, ist aber dieser Einhorn-Kapitalismus, von dem so viele im Anlagedruck in negativ verzinsten Zeiten träumen. Laut aktueller Moped-Sharing-Studie 2020 sei die Zahl der geteilten Mopeds im Vor-Corona-Jahr 2019 weltweit von 66 000 auf 104 000 Fahrzeuge gestiegen, die Zahl der registrierten Nutzer von 5 Millionen auf 9 Millionen. Aber: Über die faktische Nutzung sagen diese Statistiken erstaunlicherweise nichts, über Erträge erst recht nicht. Dennoch scheint das Geschäft außerhalb der Finanzierungsrunden nicht zu rollen.

Es bleibt daher die Frage, ob nicht eher die Stadtwerke wie in Düsseldorf statt der privaten Anbieter die Betreiber sein sollten, damit die Integration in ÖPNV, in Lieferdienste und ambulante Pflegedienste gelingt.

3.5.5 E-Bikes: Vorradler wirklich Vorreiter?

Nach den Aufregern der letzten Jahre – Bike-Sharing und E-Scooter – seien, so wird gesagt, nun doch E-Bikes der nächste Hype. Auch das darf bezweifelt werden, denn die Wachstumsgeschichten beruhen auf fusionierten Überfinanzierungen. Was ein Hype ist, wissen Wissenschaftlerinnen: etwas Vorübergehendes bzw. -fahrendes.

Der unrentable Fahrdienstleister *Uber* war seit längerem an dem E-Scooter-Start-up *Lime* beteiligt und hatte im Sommer 2018 – gemeinsam mit Google-Mutter *Alphabet* und *Google Ventures* – 335 Millionen Dollar investiert – bei einer Bewertung vor Corona von 2,4 Milliarden Dollar. *Uber, Alphabet, Bain Capital Ventures, GV* und weitere bestehende und neue Investoren haben Presseberichten zufolge weitere 170 Millionen Dollar in *Lime* investiert – verbunden mit einem Bewertungsrückgang auf 510 Millionen Dollar, also um –79 Prozent. Der Aktienkurs von *Uber* kletterte nach der offiziellen Bestätigung um knapp sieben Prozent. So kann man Verluste und Fehlinvestitionen an Börsen unterbringen. Damit wurde das E-Bike- und Scooter-Geschäft *Jump*, an dem sich *Uber* im April 2018 ebenfalls für 200 Millionen Dollar beteiligte, an *Lime* übertragen.

Der Carsharer *FreeNow* hat in Hamburg auch das E-Bike-Sharing ins Programm genommen. In Berlin brachte zum gleichen Zeitpunkt *Wheels* seine Fahrzeuge – eine Kombination aus E-Scooter und E-Bike – auf die Straße. Es stehen noch weitere Mitbewerber in den Startlöchern. Nur wohin geht die Reise? Die Betreibermodelle für Akkus und Relokation sind beeindruckend. Wie viele weiße Lieferfahrzeuge (oft auch im Sharing) nachts durch die Großstädte unterwegs sind, um die Verkehrsmittel wieder an Bahnhöfen zu platzieren, kann ein wichtiges Indiz sein für die Analyse, wie viele Transport-Kilometer für tatsächliche Nutzungskilometer aufgewandt werden. Einige Probleme kennen wir schon aus dem nicht profitablen Carsharing.

3.6 FAZIT: Eigenantrieb aus Eigeninteresse

- Die **Medien** wussten es schon immer: Der Motorschaden der deutschen Automobilwirtschaft war schon vor der Selbstverhinderung der Elektrifizierung Ende der 1990er-Jahre, dem eklatanten Dieselskandal, dem Einkaufsversagen bei Chips und vielen anderen weiteren Korruptions- und Kartellproblemen und einer Nicht-Zeichnung der COP26-Vereinbarung in Glasgow zum Verabschieden des Verbrennermotors zu diagnostizieren. Es raucht nur immer schlimmer.

- Die **Politik** hat nun folgendes Dilemma: Arbeitsplätze im Regionalen und Wettbewerbsfähigkeit im Internationalen zu schaffen. Halbherzige Förderprogramme für Elektrifizierung sind wie Staubsaugersubvention ohne Beutelverfügbarkeit.

- Die **Wissenschaft** wirkte einige Zeit etwas unwissend, ist nun aber sehr einstimmig in der Formulierung einer notwendigen Auto-Korrektur in der Auto-Biografie von Städten.

- Die **NGOs** haben recht, werden lauter und relevanter, differenzieren sich mal zu tief und mal sehr breit und demokratisch aus.

- Die **Autoindustrie** versucht es: Mit vielen halbherzigen Anläufen und vielen verpassten Chancen bis hin zur Verweigerung der Lieferung eines Angebotes für Post-Zustellfahrzeuge.

- Die **Ökosystem-Wirtschaft des Autos** denkt nach und vor – noch immer.

- Die **Radwirtschaft** rollt – aber noch zu unprofessionell: Es braucht mehr B2B-Fähigkeit und weniger Infrastrukturbenachteiligung.
- Der **ÖPNV** als ungeliebte Lösung muss näher ran an die Menschen; taktvoll, hygienisch, zuverlässig und mit Sicherheitskonzept.
- Die **neue urbane Mobilität als Dienstleistung (Mobility as a Service – MaaS)**: Plattformen haben bei sich formierender Nachfrage schmalste Geschäfte bei absehbar platten Ertragsbilanzen. Die Geschäftsmodelle sind noch keine Modelle des Geschäfts.

Kurzum: Städte und verkehrsinduzierende Unternehmen wie Logistik, Bildungs- und Gesundheits- oder Kultureinrichtungen können sich nicht auf die Mobilitätswirtschaft verlassen. Im kommenden Kapitel zeigen wir die sieben zentralen Transformationsbedarfe auf und gehen in den abschließenden Trendcheck: Was kommt, was geht, was wird (wahrscheinlich) bleiben?

4 VERKEHRSÜBUNGSPLATZ

Warum die Mobilitätswirtschaft sieben Gleichzeitigkeiten leisten muss und warum Autos und Start-ups noch nicht wirklich fliegen

„Wenn man an einer Stätte dauernd weilt,
wird man müde der Welt
durch täglichen, nahen Verkehr."

Jetsün Milarepa, Dichter und Begründer der Kagyü-Schulen des tibetischen Buddhismus

Ein Verkehrsübungsplatz ist ein Gelände, auf dem weniger erfahrene Verkehrsteilnehmende mit oder auch ohne sachkundige Anleitung den Umgang mit Verkehr erlernen und üben können.

Die Idee der Verkehrsübungsplätze kommt damit dem Bedürfnis der jungen Verkehrsteilnehmenden wie der didaktischen Vorstellung der Verkehrspädagogik entgegen, sich durch Eigeninitiative im Bereich der Mobilität selbst zu schulen. Das klingt offen, herrlich, ehrlich und vorausschauend.

Und ja: Es gibt Verkehrsübungsplätze für Fußgänger, für Radfahrer und für Kraftfahrzeugführer. Sie brauchen Platz und werden deswegen eher weniger denn mehr. Aber sie werden wichtiger.

Genau deswegen wollen wir uns in diesem Kapitel auf die Reise begeben, um die Herausforderungen und Lösungen der neuen Verkehre einzuüben – und wie Sie es bei uns schon kennen: die Lösungsprobleme.

■ 4.1 Das SU-IT-CASE Modell: die Gleichzeitigkeit sieben beschleunigender Trends

Für diese Reise braucht man gewöhnlich einen Koffer. Einen Roll-Koffer natürlich. Wir bezeichnen unseren Lernreise-Koffer ganz im Englischen als SU-IT-CASE und stellen damit die sieben Gleichzeitigkeiten als Akronym zusammen:

Sustainability, Urbanization, IT, Connectivity, Autonomous Systems, Social Transport, Electrification.

Und unser Koffer wirkt noch etwas wie ein Aktenköfferchen aus den 1980er-Jahren, mit dem die ganz eifrigen BWLer zur Arbeit gingen. Heute eher uncool ... Dann mal den Rucksack oder die Messenger Bag umgeschwungen – und rauf auf den Übungsplatz!

In der deutschen Betriebswirtschaftslehre spielte die Automobilwirtschaft mit ihren Produktions-, Kooperations-, Akquisitions-, Distributions- und Kommunikationsprozessen natur- und marktgemäß eine dominante Rolle. Und das war schon aufgrund der Komplexität und Relevanz der Fall. Aber nun spürt man den Hauch der 1980er- und 1990er-Jahre, wenn man über *Kaizen, Supply Chain* und *Just in Time, Einkaufsoptimierung* und *strategische Allianzen* nachdenkt. Optimierungen für Probleme, die kaum etwas anderes jenseits des Wettbewerbs kannten.

Mit den 2000er-Jahren wurde immer deutlicher, dass die Geschichte des noch jungen Verkehrsmittels Auto schon zu Ende erzählt schien oder aber unter dem Gesichtspunkt von außer-wettbewerblichen Entwicklungen, die von der Gesellschaft, den Städten und deren politischen Vertretungen sowie von Unternehmen und Kunden ausgingen, zumindest neu erzählt werden musste.

Unternehmensberatungen haben – nicht uneigennützig – dazu einiges an Studien vorgelegt, in denen Einzelaspekte hervorgehoben wurden. Sogenannte Zukunftsforscher und Analysten haben uns mit Trendreports versorgt, die immer etwas Optimistisches in sich trugen. Und die Wissenschaft hatte noch nicht viel zu berichten, weil es noch nicht viel zu analysieren gab.

Viele Automobilkonzerne und Dienstleister haben uns mit Visionen versorgt, von denen man nicht weiß, ob man deren Realisierung will. So auch bei Daimler, der sich in einzelnen Bereichen mit Themen tiefer auseinandersetzte – vom eigentlich ganz anders angedachten Ansatz des Smart-Autos (nicht als Auto) bis hin zu den früh und klug aufgesetzten sozial-technologischen Forschungshubs in Tokio und Palo Alto (eben keine klassische Forschung und Entwicklung). Dennoch bleiben Nutzende, Medien und auch die Wissenschaft staunend zurück ob der Normalität dessen, was dann doch dabei herauskommt. Aktuell hat die Professorin für Kulturarbeit und Leiterin der Daimler-Abteilung *Future Life Mobility*, Marianne Reeb, die in Bild 4.1 folgende Animation – mit Stuttgarter Weinberg – vorgestellt. Es scheint so, als würden wir in eine Zukunftsillustration aus den Schulbüchern der 1960er-Jahre schauen ...[1]

Bild 4.1 Vision eines Nahverkehrsknotenpunkts in Stuttgart (Daimler Future Life Mobility)

In den letzten fünf Jahren haben wir, die Autoren dieses Büchleins, viele Vorträge auf allen einschlägigen wissenschaftlichen wie allgemeinen Konferenzen und bei Politikberatungen international gehalten und haben viel Zuspruch für eine nüchterne Analyse mit hoher Selbstbewegung erhalten – von „Mobility-as-a-Service-Fachkonferenzen" in Wien, den Flotten- und Fuhrparkverbänden in Deutschland und der Schweiz, dem *Future Mobility Summit* in Berlin oder eben der letzten *IAA* in Frankfurt.

Zentral für diese Vorträge waren nicht nur die Trends und Treiber selbst, sondern deren Gleichzeitigkeit, die mit ihrer Komplexität bei der gesamten Mobilitätsindustrie zu einer leisen Verhaltensstarre und bei neuen Anbietern zu noch lauteren Kommunikations- und Kapital-Kampagnen einer Revolution der digitalen Mobilität führte.

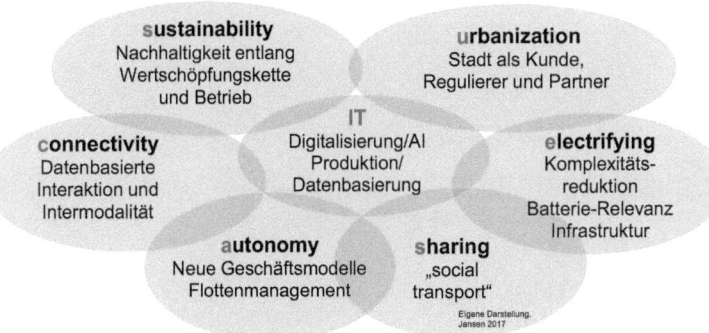

Bild 4.2 Das SU-IT-CASE-Modell der Mobilität

Im Folgenden werden wir diese gleichzeitigen Trends ausführen und einen kurzen Trendcheck aus aktueller Sicht vornehmen.

■ 4.2 Sustainability: die Nachhaltigkeit der Nachhaltigkeit

Nachhaltigkeit und Klimaschutz sind die handlungsleitenden und regulatorischen Megatrends, die die Mobilität verändern werden – und damit ist Technologie eben nicht die alleinige Lösung. Wir haben im vorangegangenen Kapitel darüber geschrieben.

Zur Erinnerung: Europaweit stammten 2019 fast 30 Prozent der CO_2-Emissionen aus dem Verkehr. Die Verbrennung fossiler Treibstoffe in Pkw, Lkw, Flugzeugen und Schiffen beschleunigt den menschengemachten Klimawandel. In Deutschland liegt der Anteil des Verkehrs bei fast 20 Prozent der Emissionen. Rund 95 Prozent davon verursachen Pkw und Lkw. Die Bundesregierung hat sich verpflichtet, die Verkehrsemissionen bis zum Jahr 2030 um 40 bis 42 Prozent im Vergleich zum Jahr 1990 zu senken.

Doch anders als in allen anderen Sektoren sind die jährlichen CO_2-Emissionen nicht gesunken. Pkw und Lkw sind zwar effizienter geworden, doch der insgesamt zunehmende Straßenverkehr sowie die deutlich schwereren und leistungsstärkeren Autos fressen die Effizienzgewinne auf.

4.2.1 EU-Programm Fit for 55

Von der EU und ihrem Programm *„Fit für 55": auf dem Weg zur Klimaneutralität – Umsetzung des EU-Klimaziels für 2030* wurden drei „ehrgeizige Ziele zur Verringerung der CO_2-Emissionen von neuen Pkw und leichten Nutzfahrzeugen" vorgeschlagen:

- Senkung der Emissionen von Pkw bis 2030 um 55 Prozent
- Senkung der Emissionen von Lkw bis 2030 um 50 Prozent
- Emissionsfreie Neuwagen bis 2035

Die Realität sieht auf der Datenbasis von 2019 mit Blick auf die Vergleiche von 2017 und 2015 zu 1990 noch etwas staubiger aus, wie der Mobilitätsatlas belegt:[2]

Deutschland hat mit Abstand die meisten Emissionen, Polen hat die stärkste Steigerung der Emissionen, bei den meisten anderen Ländern sind sie ebenfalls steigend. Die Senkung wäre die richtige Richtung. Nur die skandinavischen Länder haben mit Italien Emissionen gesenkt; die Sehnsuchtsorte der Deutschen.

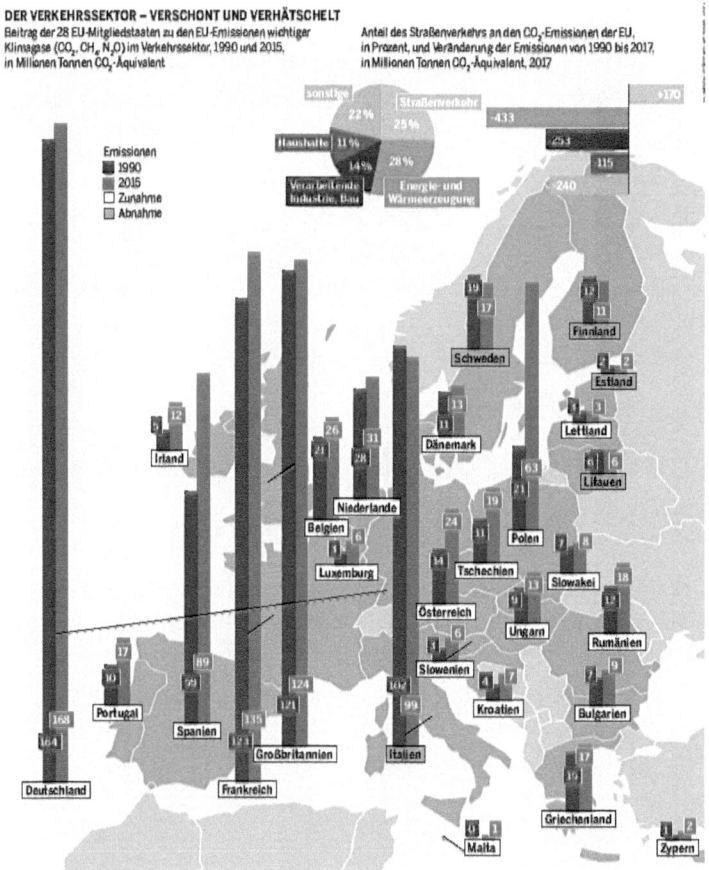

Bild 4.3 Noch immer nehmen die CO_2-Emissionen zu statt ab, außer in Skandinavien und Italien

4.2.2 Deutschlands Luftreinhaltung, das Klimaschutzgesetz und seine Novelle

Im „Sofortprogramm Saubere Luft 2017 – 2020" wurden belastete Städte mit rund zwei Milliarden Euro unterstützt. Die Luftqualität in den Städten habe sich – so die Bundesregierung auf ihrer Webseite – „deutlich verbessert". Dennoch haben zahlreiche Städte wie Stuttgart, Düsseldorf, München oder Berlin hier nicht nur eine geförderte, sondern eine verrechtlichte Antriebslogik für ihre kommunale Verkehrswende.

Denn nach dem Urteil des Bundesverfassungsgerichts vom 29. April 2021 und mit Blick auf das neue europäische Klimaziel 2030 hat die Bundesregierung am 12. Mai ein novelliertes Klimaschutzgesetz 2021 vorgelegt, das zum 31. August 2021 in Kraft trat. Damit verschärft die Bundesregierung die Klimaschutzvorgaben und verankert das Ziel der Treibhausgasneutralität bis 2045. Bereits bis 2030 sollen nun die Emissionen um 65 Prozent gegenüber 1990 sinken.

Die bereits erfolgten Maßnahmen listete die Bundesregierung selbst so:
- Einführung der Elektromobilität
- Förderung alternativer Antriebe
- Ausbau des öffentlichen Personennahverkehrs und der Schiene
- Senkung der Mehrwertsteuer auf Fernbahntickets
- Erhöhung der Luftverkehrsabgabe für Flugtickets
- Verlängerung des „Umweltbonus" für den Kauf von Elektroautos bis 2025 und Verdoppelung als „Innovationsbonus"
- E-Autos bleiben Kfz-Steuer-frei
- „Masterplan Ladesäuleninfrastruktur": bis 2030 eine Million öffentliche Ladepunkte
- Förderung von Kommunen, Unternehmen und Privatpersonen für Ladepunkte seit 2017
- E-Auto-Anbieter sollen „zu attraktiven Bedingungen Elektroautos produzieren können"
- Förderung von Ansiedlung einer Batteriezellfertigung in Deutschland

Was nun kommen soll:
- Investition in Schiene und ÖPNV: bis 2030 86 Milliarden Euro in die Modernisierung des Schienennetzes durch Bund und Deutsche Bahn
- Anpassung der rechtlichen Rahmenbedingungen, um Planungs- und Genehmigungsverfahren für den Schienenausbau zu beschleunigen
- Ausbau des ÖPNV: Bundesanteil ab 2025 auf zwei Milliarden Euro jährlich verdoppeln

Was das Umweltbundesamt empfiehlt, hatten wir bereits in Abschnitt 2.6 ausgeführt. Das war etwas ambitionierter als der Koalitionsvertrag und zahlt konsequent auf die zu erreichenden Senkungszwänge ein: sowohl der Abbau klimaschädlicher Subventionen wie des Diesel- oder Dienstwagenprivilegs oder der Entfernungspauschale als auch die Förderung post-fossiler Kraftstoffe oder die Einführung verursachergerechter Bepreisung über Maut und CO_2-Preise.

4.2.3 Trendprognose: Es wird nachhaltiger als gedacht!

Als Stadt und Unternehmen wie auch Bürgerin sollte man sich in den kommenden Jahren nicht von Verkehrsministern und Verkehrsunternehmen ablenken lassen: Denn es wird bis 2045 eine Halbierung der CO_2-Emission im Verkehrssektor geben müssen! Auf dem Verkehrsübungsplatz wird also weniger das Fahren der Verkehrsmittel geübt als vielmehr das Reduktionspotenzial von Emissionen aller Art.

Konkret:

- Die Verrechtlichung wird strenger und weiter zunehmen.
- Die (nationalen wie kommunalen) Regulierungen werden härter.
- Die zivilgesellschaftlichen Erwartungen werden schärfer und diskriminierender.
- Die jüngeren Arbeitnehmerinnen und Konsumenten reagieren sensibler auf den Arbeits- und Produkt-Märkten.
- Die Ausrichtungen der Unternehmensstrategien fokussieren auf die freiwilligen *Sustainability Development Goals (SDG)* der Vereinten Nationen in Verbindung mit den eher unfreiwilligen, weil kapitalmarktrelevanten Kriterien *„Environmental Social Governance" (ESG)* im Sinne der Verantwortung für Umwelt, Soziales und die Unternehmensführung.

Unternehmen werden sich Städten als Mobilitätspartner anbieten – ob in Form von Infrastruktur, Mobilitätsangeboten oder Lösungen der Logistik.

- Das Fuhrparkmanagement wird mit der Personalentwicklung und der Nachhaltigkeitsabteilung wie auch dem Facility Management kooperieren. Denn Klimaschutz senkt sogar Kosten.

Wie? Durch Selbstbewegung!

■ 4.3 Urbanisation: die Stadt als Regulierer, Partner, Kunde

*„Wer Straßen sät,
wird Verkehr ernten."*

Daniel Goeudevert, französischer Automanager und Literat

Wie haben über die Trends, das Wachstum und die Wachstumsprobleme der Stadt in den Eingangskapiteln ausführlicher berichtet. Das Interessante: Die Stadt tritt nun in mehreren Rollen auf – und dies konzertierter als bisher. Stadtentwicklungspolitik wird mit Wohnungsbau, Gesundheitspolitik und Verkehrspolitik verzahnter – und diese Verzahnung wird zentral für die Klimaneutralitätsstrategien der Städte.

4.3.1 Verlagerungswirkungen veränderter Mobilitätskonzepte im Personenverkehr

Schaut man auf die neuen urbanen Mobilitätskonzepte und deren Verlagerungs- und Umweltwirkung, dann fällt eine Studie mit diesem Analyseschwerpunkt auf, die von der PTV Group, dem Fraunhofer Institut ISI und der M-FIVE[3] im Rahmen der Mobilitäts- und Kraftstoffstrategie (MKS) für das Bundesverkehrsministerium vorgelegt wurde. In diesem Gutachten wurden die Wirkungen der neuen Mobilitätsangebote in Form zweier Szenarien mit den Zeithorizonten 2030 und 2050 über vier Raumtypen (nach Größe) analysiert.

Zusammenfassend ergaben sich folgende spannende Erkenntnisse:

- **Die Verkehrsleistung** steigt in allen Szenarien und Jahren nochmals über das vom Ministerium angenommene Referenzszenario 2030.
- **Neue Mobilitätsangebote** induzieren mehr Verkehr (Angebot schafft Nachfrage, aber nicht Auslastung, sodass weiterhin Individualverkehre und mehr Leer- bzw. Relokationsverkehre auftreten).
- **Raumtyp-Differenzierung:** Mit abnehmender Einwohnerdichte nehmen auch die neuen Mobilitätsangebote ab: In ländlichen Kreisen ergänzen vor allem Bedarfsverkehre den ÖPNV und dienen als Zubringer zu axial verlaufenden Schienen- und Busverkehren. In größeren Städten sind vor allem Rideselling, Car-, Bike- und Scootersharing vorzufinden, was jedoch die Gefahr der Verlagerungen vom Umweltverbund auf neue Mobilitätsangebote birgt.
- **Bedarfsverkehre** haben derzeit noch eine geringere Bedeutung, auch aufgrund der oft guten Alternativen im urbanen ÖPNV. Aber auf dem Land bleibt das Auto aufgrund des schlecht angebundenen ÖPNV leider auch oft alternativlos. Denn das Auto ist eben schon genau wegen des ÖPNV schon da und Bedarfsverkehre würden allenfalls von Jüngeren oder neu Hinzugezogenen – noch ohne Auto – genutzt, aber das sind zu wenige.

4.3.2 Trendprognose: Die Stadt wird regulativer, kooperativer – fördernder und fordernder!

Bürgermeisterin statt Bund. Das war in den letzten Jahren unser Appell auf allen Konferenzen und Panels. Und das aus einem Grund: Wichtig ist auf dem Platz und da kann man in Bürger- und Nachbarschaft einiges erreichen und muss es auch! Der Verkehrsübungsplatz wird daher weniger technologisch als vielmehr kooperativ ausfallen.

Konkret:

- Städte müssen die **Zielkonflikte** von Verdichtung des Wohnraums einerseits und Entspannung des Verkehrsraums andererseits aus vielen Gründen der Zuzugsattraktivität prioritär angehen.
- Die nächsten zwei Amtszeiten bzw. Legislaturen stehen unter besonderem **Umsetzungsdruck**.

- **Ganzheitlich gesunde Stadtentwicklung** und ihre aktivierende und ermöglichende Mobilität wird das dominierende Narrativ. Der Rückbau der autogerechten Stadt wird die recht anstrengende Aufgabe für die aktuelle Generation der Stadtplanung. Auto-Biografien von Städten schreibt man am besten zusammen um. Daher wird es kooperativer werden.
- Unternehmen können sich als **Partner** anbieten – und sollten das!
- Städte sollten die **Kollateralnutzen** durch Mobilitätsumstellungen von Unternehmen befördern und belohnen.

4.4 IT: Plattform und Legitimität

„Wir schaffen ein Mobilitätsdatengesetz und stellen freie Zugänglichkeit von Verkehrsdaten sicher. Zur wettbewerbsneutralen Nutzung von Fahrzeugdaten streben wir ein Treuhänder-Modell an, das Zugriffsbedürfnisse der Nutzer, privater Anbieter und staatlicher Organe sowie die Interessen betroffener Unternehmen und Entwickler angemessen berücksichtigt."

Koalitionsvertrag der „Ampel" 2021, S. 53

Verkehr kann Verkehr beeinflussen. Der Biologe Blaine J. Cole hat das Geheimnis der 100. Ameise gelüftet. Denn diese 100. Ameise schaffte bei den bis dahin sehr unkoordiniert laufenden 99 Kollegen ein neues beobachtbares Ordnungsmuster: Ameisenhaufen. Während es bei Ameisen Duftstoffe sind, die bei höherer Wegfrequenz höhere Geruchsintensitäten und damit wiederum höhere Wegfrequenzen durch andere Ameisen erzeugen, sind es bei uns eben auch Bewegungsdaten, digitale.

4.4.1 Plattform-Ökonomie der Mobilität: horizontal und Kreuznetze

Die Digitalisierung ist für viele die Hoffnung, eine Mobilitätswende zu erreichen. Dies zeigt z. B. auch das zur Porsche Gruppe gehörende Beratungshaus MHP wiederholt in seinen Analysen mit Blick auf eine Plattform-Ökonomie.[4] Die Beraterinnen sehen bei den Marktteilnehmern aus den klassischen „Industrievertikalen und den öffentlichen Vertretern" die Notwendigkeit zu lernen, gemäß den plattform-ökonomischen Gesetzmäßigkeiten zu handeln – also gemäß den horizontalen, branchenübergreifenden Geschäftsmodellen und den sogenannten Kreuznetzwerkeffekten:

- Der **Plattform-Ansatz der Mobilität** geht über die eigene Branche hinaus, ist aber oft mit der Mobilität auch die Basis-Infrastruktur für weitere Angebote. Zum Beispiel bietet Uber neben seinem Fahrdienstleistungsgeschäft seit 2014 *Uber Eats* (Gastronomie), *Uber Elevates* (Luftfahrt, dann mit Joby Aviation) bis hin zu *Uber Freight* (Logistik) – und langsam wird auch der amerikanische ÖPNV auf die Plattform gebracht.
- Die **Kreuznetzwerkeffekte** werden genutzt, indem vielen Kundinnen viele Anbieter gegenübergestellt werden, was im positiven Falle eine sich verstärkende Wirkung

besitzt. Üblicherweise waren bisher Mobilitätsservices davon geprägt, auf der Anbieterseite nur einen Akteur zu haben. Oder man ging ins Reisebüro …

4.4.2 Koalitionsvertrag: Mobilitäts Daten Marktplatz – Open Data

Eine EU-Verordnung verpflichtet Mobilitätsanbieter seit Dezember 2019, „Reise- und Verkehrsdaten über einen Nationalen Zugangspunkt […] zugänglich zu machen." In Deutschland betreibt das Verkehrsministerium mit der Plattform MDM („Mobilitäts Daten Marktplatz") den Nationalen Zugangspunkt, auf dem nach und nach mehr Verkehrsdaten der Allgemeinheit zur Verfügung stehen sollen. Daher ist der Koalitionsvertrag der Ampelregierung vom Dezember 2021 keine wirkliche Überraschung: „Wir schaffen ein Mobilitätsdatengesetz und stellen freie Zugänglichkeit von Verkehrsdaten sicher. Zur wettbewerbsneutralen Nutzung von Fahrzeugdaten streben wir ein Treuhänder-Modell an, das Zugriffsbedürfnisse der Nutzer, privater Anbieter und staatlicher Organe sowie die Interessen betroffener Unternehmen und Entwickler angemessen berücksichtigt." Nun empfiehlt der Koalitionsvertrag weiter sehr anregend: „Städte sollten es zur Bedingung machen, dass Anbieter, die in ihrem Gebiet tätig sein wollen, ihre Daten mit der örtlichen Verkehrsplanung und den öffentlichen Nahverkehrsanbietern teilen."[5]

Hintergrund: Private datensammelnde Anbieter müssen nicht teilen – öffentliche Anbieter schon.

4.4.3 Stadtentwicklung durch Datenentwicklung: Plattformen für Wegeleitung

Reiseführungen haben ja immer etwas Ambivalentes zwischen Amüsement, Absurdität und Entlastung bei der Wegeführung. Gute Führung ist Verführung – und genau das können die Daten leisten: zum richtigen, also zeitlich, ökologisch und kostenseitig besseren Verkehrsmittel verführen.

Das zeigt uns New York City: Im Jahr 2013 begann das *Department of Transportation* die Initiative *WalkNYC*. Durch eine datenbasierte echtzeitenanzeigende Orientierung überall in der Stadt sollen Menschen zu gesunden und emissionsärmeren Verkehren ermutigt werden. Die nutzerinnenbezogene Entwicklung des gesamten Systems u. a. mit Informationssäulen an Verkehrsknotenpunkten wurde konsequent auf Nutzbarkeit designed – von der Schrifttype bis zu Kartierungsanzeigen.

Wer mit den spannenden Daten der Stadt etwas anfangen will, ist die Stadt Hamburg, die mit einer App startete, welche Hamburger Radfahrenden anzeigt, mit welchem Tempo sie fahren müssen, um die nächste Ampel bei Grün zu erreichen. So sollen Ampelschaltungen teilweise ans Fahrrad-Tempo angepasst werden, um auch für Autos eine schnellere Durchschnittsgeschwindigkeit ohne Stop-and-go zu ermöglichen. Mit dem Projekt *PrioBike-HH* möchte die Stadt zudem für mehr Verkehrssicherheit sorgen.

4.4.4 Schubser ins Gute: Preisgewinnende App DB Rad+ vergibt Prämien für Klimaschonende

Digitalisierung hat viele Facetten, auch für das Fahrrad. Die Deutsche Bahn hat mit ihrer App *DB Rad+* den *Deutschen Nachhaltigkeitspreis 2021*, den *German Design Award Gold* und den Designpreis *Red Dot Award* erhalten. Die App belohnt Radfahrende für jeden gefahrenen Kilometer, indem sie die geradelte Strecke in Guthaben umrechnet, das die Nutzenden bei lokalen Geschäften gegen Prämien und Rabatte einlösen können. Ziel ist es, das nachhaltige Zusammenspiel von Fahrrad- und Bahnfahren zu fördern und noch mehr Menschen für den Klimaschutz zu begeistern. Bundesweit war DB Rad+ in 2021 bereits in 14 Städten im Einsatz und wurde knapp 20 000-mal heruntergeladen. Wichtige Unterstützer waren der Freistaat Bayern, die Freie und Hansestadt Hamburg sowie die Stadt Wiesbaden. Bei eingeschaltetem GPS und aktivierter App erkennt das System, dass sich die Reisenden auf einem Fahrrad fortbewegen. Die App zählt auch, wie viele Kilometer von allen Nutzenden innerhalb eines Aktionsgebietes gemeinsam gesammelt wurden. Viele Kilometer auf dem Gemeinschaftskonto bedeuten neue Angebote in der Region, beispielsweise eine Fahrrad-Service-Station oder ein kostenloser Check-up fürs Rad am Bahnhof.

4.4.5 Legitimität: EU-weiter bzw. deutscher Plattform-Ansatz

Wird Deutschland ein Herausforderer der Plattformen aus den USA und China, und zwar mit eigenen Plattformen, die wirtschaftlich tragfähig sind und verträglich im datenschutzrechtlichen Sinne? Die notwendige horizontale Ausrichtung geht nur horizontal über alle Akteure der Mobilitätswirtschaft hinweg, allen voran die OEMs, die ÖPNVs und die Energieunternehmen. Die legitimste, aber auch weiterhin neutral zu haltende Orchestrierung dieses vielstimmigen Konzerts können zumindest in Deutschland und der EU der ÖPNV bzw. die staatlichen Bahngesellschaften übernehmen – und dies städteübergreifend.

Das Plattform-Angebot muss durch die öffentliche Hand unterstützt werden – ökonomisch wie regulatorisch. Das hilft, die Wettbewerbsfähigkeit europäischer Lösungen zu erhalten und diese erfolgreich zu gestalten.

Dies zeigt das Beispiel Stuttgart: Nach einem halbjährigen Testbetrieb mit mehr als 20 000 Passagieren wurde im Sommer 2018 der Mitfahrdienst *SSB Flex* der Daimler-Tochter *Moovel* regulärer Teil des Stuttgarter ÖPNV. Die SSB bietet SSB Flex also als Ergänzungsverkehr des Nahverkehrs und in Randzeiten an. Der Mobilitätsservice ermöglicht es Kunden, bedarfsgerecht Fahrten per App zu buchen, und ist laut Daimler der bundesweit erste On-Demand-Service, der mit einer Liniengenehmigung nach dem Personenbeförderungsgesetz betrieben wird. Es folgte dann in Berlin zusammen mit der BVG unter dem Titel *BerlKönig* ein vergleichbares Angebot. Solche Kooperationen sind sinnvoll, aber die Entscheidung über die Aufschaltung von Wettbewerb darf eben nicht bei einem privaten Betreiber selbst liegen.

Der *DB Navigator* könnte – als meistgenutzte App vor Corona – diese Funktion leisten. Auch wenn hier manchmal mehr Augen als Züge rollen. Die Deutsche Bahn hat mit ihrer

Tochter *DB Systel* eine App-Familie im Repertoire, die beeindruckend ist – und innovativer, als diejenigen Reisenden erwarten, die gerade am physischen Formular für die Erstattung der Verspätung sitzen ...

4.4.6 Regulierung: vom E-Scooter-Verbot auf Bürgersteigen bis zum Verbot von Börsengängen

Es wird bei der IT, den Plattformen, den Daten, der künstlichen Intelligenz und den Algorithmen nun vieles reguliert und vor allem nachreguliert, wie man an Nürnberg, Köln, Mannheim und anderen deutschen Städten sieht, die E-Scooter nachts abschalten oder die erlaubten Parkzonen einschränken wollen und dabei Hilfe vom Bund brauchen. Dabei geht es um Stationsbasierung oder automatische Geschwindigkeitsdrosselung in Grünanlagen und Fußgängerzonen. All das geht technisch und wird in anderen Ländern praktiziert. In Deutschland hat dies bislang das Kraftfahrt-Bundesamt abgelehnt.

Vom Bürgersteig zu Börsengängen: Was macht Asien? Zwei Beispiele von Plattformen: Der chinesische Fahrdienst *Didi*, der wohl gegen den Willen der Partei einen Tag vor deren Feier zu ihrem 100-jährigen Bestehen in New York an die Börse gegangen war, hat sich von dieser auf Druck der Regierung wieder verabschiedet. In Hongkong stößt Didi ebenfalls auf Widerstand: Die Regierung findet offenbar, dass der Fahrdienstleister sich erst einmal grundlegend reformieren, dann das Taxigeschäft von seiner Finanzsparte trennen und seine Fahrer dazu besser bezahlen und versichern müsse. Mit einem Börsengang in Hongkong wurde es beim ersten Anlauf auch nichts für *Sense Time*, einem in der Kommerzialisierung von künstlicher Intelligenz führenden Anbieter von Gesichtserkennung und damit Verkehrsüberwachung. Dieser filtert nicht nur an Bahnhöfen in Schanghai und Peking Verbrecher aus den täglichen Menschenmassen heraus, sondern soll Berichten zufolge auch in der Provinz Xinjiang an der Verfolgung der muslimischen Minderheit der Uiguren beteiligt sein.

4.4.7 Trendprognose: Es wird digitaler, offener, lässiger und legitimierter – durch Plattformen!

Was den Ameisen die Duftstoffe für die Bewegung zu Futter und Material, sind dem Menschen die Daten. Wir werden den Datenraum Mobilität in der Verantwortung und Betreiber- wie Daten-Governance dem ÖPNV überantworten müssen. Der Verkehrsübungsplatz ist ein öffentlicher Raum bzw. ein kooperativer Raum nach klarer Regulatorik. Die Plattformen und deren Daten werden für die Infrastruktur- und Verkehrssteuerung und deren Priorisierung einen wertvollen Beitrag leisten können. Denn wir wissen bereits mehr, als wir glauben können.

Die jetzigen, eben auch von Sharing-Anbietern, Automobilisten und öffentlichem Verkehr einzeln angegangenen Anwendungen führen bis 2030 zu einem Gesamtaktionsradius auf einer App alle Angebote von Fahrplan- bzw. Zeit- und Emissions- wie Kosten-Vergleichsinformationen, Buchungen und Bezahlfunktionen mit Schnittstellen zu Buchhaltungssoftware für Reisekostenabrechnungen etc. zusammen.

4.5 Connectivity: intermodale Intelligenz als „Mobilitäts-Roaming"

„Für eine nahtlose Mobilität verpflichten wir Verkehrsunternehmen und Mobilitätsanbieter, ihre Echtzeitdaten unter fairen Bedingungen bereitzustellen. Anbieterübergreifende digitale Buchung und Bezahlung wollen wir ermöglichen.

Den Datenraum Mobilität entwickeln wir weiter. [...]

Intermodale Verknüpfungen werden wir stärken und barrierefreie Mobilitätsstationen fördern."

Koalitionsvertrag der „Ampel" 2021, S. 50

Wenn die wachsende Anzahl von Plattformen für einzelne Mobilitätsanwendungen die technologische Basis ist, dann haben Nutzende einen anderen Wunsch: weniger Plattformen, sondern am besten nur eine Plattform der Plattformen. Also eine Meta-Plattform.

Die Mehrzahl der Bundesbürger hat großes Interesse an neuen Mobilitätsangeboten und deren Verbindung. Aber: Knapp drei Viertel der Deutschen möchten für eine Reise mit unterschiedlichen Verkehrsmitteln nur ein einziges Ticket buchen.[6] Mobilitätsangebote, die eine nachhaltige Alternative zum Besitz des privaten Fahrzeuges bieten wollen, müssen also mehrere der Angebotsformen kombinieren. Hierbei muss der öffentliche Personennahverkehr mit Massentransportmitteln (U-Bahn, S-Bahn, Straßenbahn, Bus) im urbanen Raum integrierter Bestandteil des Angebotsportfolios sein, da nur er auf nachfragestarken Relationen eine größtmögliche Transporteffizienz bietet. Die Relevanz dieser Kombination für den urbanen Verkehr belegen alle wissenschaftlichen wie politikberatenden Studien einhellig – so z. B. auch die sogenannte Lissabon-Studie des *International Transport Forum* der OECD mit 54 Mitgliedsländern.[7]

Wir haben im Abschnitt 3.5 über die neue urbane Mikro-Mobilität einige Konzepte und deren Komplikationen vorgestellt. Wir kommen nochmals zurück mit dem Blick nach vorn: *Nahtlose Mobilität* ist neben der Mobilität als Dienstleistung das Schlagwort neuer Geschäftsmodelle, die mit zwei Paradigmen brechen: 1. Eigentum und 2. Gesamt-Strecke mit nur einem Verkehrsmittel.

Die neuen Paradigmen sind: 1. Zugang statt Eigentum, weil man das Verkehrsmittel in der Regel zu selten nutzt, um es anzuschaffen, und 2. Intermodalität statt Monomodalität von A nach B mit nur einem Verkehrsmittel, weil es schneller geht, wenn man – metaphorisch gesprochen – die Pferde nicht nur wechselt, sondern auch mal ein Kamel nimmt. Die Effizienz ergibt sich daraus, dass man für die jeweilige Wegstrecke das geeignetste Verkehrsmittel nimmt. Wir erinnern uns: Auf Strecken unter fünf Kilometern ist es das Fahrrad usw.

4.5.1 Mobility as a Service: Mobilitätskonzepte und -budgets

Auch hier waren die Deutsche Bahn mit *Quixxit* oder Daimler mit *Moovel* Vordenker und hatten nach der Erkenntnis der Probleme viele Nachahmer und Weiterentwickler: App-basierte Mobilitätsplaner für alle Mobilitäts-Formen und -Mittel sowie über regionale Grenzen hinweg, die aber oft vor dem Ticket-Kauf (ver-)endeten.

Die Bahn hatte das Mobilitätsportal Quixxit 2013 gegründet, um das einfache Buchen von kombinierten Reisen mit Flug, Zug und Fernbus zu ermöglichen. 2019 wurde es an die Mutter der Reisebuchungsplattform *Lastminute.com*, die LM Group, verkauft, die dann das Angebot 2021 ganz vom Netz genommen hat: Es habe zwar hohe Zugriffszahlen gegeben, aber zu wenig Content, hieß es.

Es ist der Realitätscheck eines Verkehrsübungsplatzes, den wir als *Mobility as a Service* (kurz: MaaS) kennen – und der wie immer disruptiv und vor allem hoch einträglich für private Investoren werden soll. Heute ist die Idee wesentlich wertvoller für die klimaschützende Verkehrswende, gleichzeitig ist sie noch nicht werthaltig für die Investoren und die unprofitablen Geschäftsmodelle. Ist MaaS nun maßlos überschätzt oder müssen wir mit unterschiedlichem Maß messen, wenn es um die technologische, kooperative wie verhaltensändernde Realisierung geht?

Zwei Jahre nach der Bahn kam der Finne Sampo Hietanen und hatte 2015 – der Branche angemessen recht unbescheiden – *MaaS Global* gegründet und wollte mit seiner App *Whim* das „Netflix des Transportwesens" aufbauen. Das Experiment läuft seitdem – vermutlich auch hier der Analogie angemessen – in mehreren Staffeln mit einem noch nicht absehbaren Serien-Finale.

Whim bietet sechs Jahre nach seiner Gründung seine Leistungen in Tokyo, Wien, Antwerpen, Turku, der West-Midlands-Region in England sowie in der Schweiz und Flandern an. Und wie in Antwerpen zeigt sich, dass die Städte auch dazulernen und nicht nur einen Anbieter in die Stadt lassen – was so richtig wie kontraproduktiv ist, da es zwar Wettbewerb gibt, aber keine großen Nutzendenzahlen und Unübersichtlichkeit bei mehreren Orchesterdirigenten. Und das bedeutet, dass weder *Whim* noch viele ähnliche Anbieter am Ende der aktuellen Staffel Geld verdienen. Und warum eigentlich auch? Der DB Navigator Deutschlands, die „Einhorn-App" schlechthin, ist ja kein Geschäftsmodell, sondern Teil der Daseinsvorsorge.

Die post-pandemischen Zeiten – nach eingeübtem Homeoffice und Videokonferenzen mit deutlich gestrichenen Dienstreisen-Etats – lassen die nächste Staffel von diesen Modellen eher als Drama, denn als Komödie erscheinen. Noch ist die Forschung hier unscharf. Wir wollen bei aller Skepsis an den Geschäftsmodellen privater Anbieter aber das Folgende betonen: Intermodale Mobilitätsplattformen kombiniert mit klugen Mobilitätsbudgets der Arbeitgeber und einer besonders klugen Data Governance im legitimen Betreibermodell werden die vielversprechendste Entwicklung bleiben.

Das sehen übrigens auch etablierte Auto-Leasing-Anbieter so: *Arval* hat im Oktober seine *Arval-Beyond-Strategie 25* vorgelegt: „Von einem Full-Service-Leasingunternehmen hin zu einem führenden Unternehmen für nachhaltige Mobilitätslösungen, wobei Fahrzeuge weiterhin ein zentrales Thema spielen." Der Nachsatz zu den „Lösungen" ist nicht nur interessant, weil es zu einem Viertel E-Cars werden sollen, sondern weil Fahrzeuge allein eben keine Lösung mehr zu sein scheinen.

4.5.2 Renaissance des Anrufsammeltaxis: echt Disko

„Unsere Idee ist groß – aber so weit reicht sie noch nicht."

Fehlermeldung von MOIA (VW), Fahrt von Hannover zum Flughafen Langenhagen

Ältere von uns – aufgewachsen im ländlichen Raum oder in Vororten – kennen es noch aus einer Zeit, in der Clubs noch Diskothek hießen und in der man in den 1970ern mit – Achtung – Diskorollern fuhr; den damals coolen, knallbunten Rollschuhen mit Bremser vorn: das AST, Kurzbegriff für das Anrufsammeltaxi.

Diese alte Idee des Anrufsammeltaxis fand Volkswagen wohl auch wieder so tanztauglich, dass sie MOIA im Dezember 2016 aufgelegt haben – mit Fahrten nicht nur zur Disko. . Auch dieses Angebot hatte ein bescheidenes Ziel: „Wir wollen einer der drei führenden Mobilitätsdienstleister werden", so die Ankündigung des Gründungsgeschäftsführers Ole Harms. Die Idee war die alte; nun aber mit mehr Fantasie bezüglich der Wachstumszahlen und der Technologie. Ein eigenes Benziner-Shuttle, getestet in Hamburg und Hannover, setzt natürlich zukünftig auf E-Mobilität und autonomes Fahren. Es wurde Personal von Daimler geholt, um es im VW-Konzern zum selbsterklärten Einhorn zu machen – also zu einem schnellen Start-up mit einer Bewertung von über 1 Milliarde Euro.

Es wird dabei zwischen Ride-Hailing- und Ride-Sharing-Ansätzen unterschieden[8]:

- **Ride-Hailing**-Angebote sehen vor, dass ein Kunde ein Fahrzeug ruft, das ihn genau dorthin bringt, wohin er möchte. Aktuell gibt es hierfür verschiedene Möglichkeiten, wie Taxen oder Fahrservices. Solche Dienste können beispielsweise telefonisch oder per Smartphone-App bestellt werden. Ride-Hailing-Dienste ermöglichen es ihren Nutzern, individuell ans Ziel zu gelangen.

- **Ride-Sharing**-Angebote sehen den gemeinsamen Transport mehrerer Personen vor. Die Bestellung der Fahrt erfolgt über eine Smartphone-App. Die Anbieter verarbeiten die Anfragen über komplexe Algorithmen, die versuchen, Fahrtwünsche zu kombinieren und dabei ein Optimum zwischen möglichst direktem Fahrweg und hohem Besetzungsgrad der Fahrzeuge zu ermöglichen. Je nach Ausgestaltung der Services kann die Bündelung der Fahrtwünsche bedingen, dass der Ein- bzw. der Ausstieg nicht direkt „vor der Tür" erfolgt. Die definierten Haltepunkte liegen jedoch möglichst dicht am eigentlichen Ziel bzw. Ursprung der Fahrt, sodass – verglichen mit dem traditionellen öffentlichen Verkehr – die Dichte der Haltepunkte deutlich höher ist.

MOIA verfolgte einen Ride-Sharing-basierten Ansatz, den *Pooling Service*, startete aber vor allem als *Ride-Hailing,* also kundschaftsseitig schon geübtes Uber-Modell der app-basierten Vermittlung von Einzelfahrten. Auch hier stoßen wir auf das bereits angesprochene Phänomen, dass Städte und Anbieter noch keine Formen der Zusammenarbeit finden. So wurde MOIA mit Sitz in Berlin die Konzession verweigert, da es BerlKönig (BVG und Daimler) und damals CleverShuttle bereits gab.

Die journalistischen wie auch eigenen Testfahrten ergaben immer das Gleiche: Nahezu keine Pooling-Fahrten außer am Wochenende – zur Disko oder nun eben zum Club. Die Corona-Jahre haben alles zusätzlich erschwert. Studien sehen auf Basis eines aktuellen Anteils der Pooling-Fahrten am Gesamtverkehrsaufkommen von 0,1 Prozent im Vor-Corona-Jahr 2019 in Hamburg das Potenzial von bis zu 3 Prozent – aber nur, wenn der Individual-Autoverkehr um dafür gleich 20 Prozent sinken würde, die Fahrzeit des Individual-Autos um 50 Prozent und die Kosten um 30 Prozent steigen würden. Angesichts des überschaubaren Erfolgs im Vergleich zum faktisch so entstehenden Anstieg der ÖPNV-Nachfrage und der irgendwie sicher auch VW selbst beunruhigenden Nebenbedingungen des Autorückgangs bleibt abzuwarten, ob sich auf diesem Verkehrsübungsplatz wirklich in privatem Betreibermodell etwas Nachhaltiges entwickelt.

Eine ganz gute Idee, die von drei Schulkameraden entwickelt und unter anderem von der Deutschen Bahn finanziert wurde, war *CleverShuttle*, eine Fahrgemeinschaft im Taxi. Auch hier gab es große Erwartungen, als das Angebot in Berlin, Dresden, München und Leipzig startete. Im Jahr 2022 stieg mit Leipzig die letzte Stadt wieder aus dem Endkundengeschäft aus.

Dabei steht CleverShuttles Misserfolg im Fahrdienst und die nächste Neuausrichtung für eine spannende Erkenntnis, die wir mit Studien schon ausführten: Eine zusätzliche Umweltbelastung bei fehlender Gewinnwirkung im Geschäftsmodell bei einer grundsätzlich erstrebenswerten Idee. In vielen anderen Städten wird nun auch deutlich, dass solche Angebote weder Fuß- bzw. Radverkehre noch ÖPNV-Verkehre ersetzen und ebenfalls monomodale Verkehre erzeugen. Dabei wäre es sinnvoller, diese Angebote für die erste oder letzte Meile eines intermodalen öffentlichen Nahverkehrs einzusetzen.

Nach der Einstellung des Fahrdienstes ist der nächste konsequente Schritt von Clevershuttle, im Auftrag von Nahverkehrsbetrieben zu fahren. „Wir wollen unseren elektrischen Ridepooling-Service künftig direkt mit dem ÖPNV verknüpfen. Damit erreichen wir mehr Fahrgäste und mehr für die Mobilitätswende", sagte Bruno Ginnuth, Co-Gründer und CEO von CleverShuttle im Dezember 2021. „Und dafür arbeiten wir verstärkt mit Partnern aus der Verkehrsbranche zusammen."

4.5.3 Mobilitätsbudget und Mobilitätsflatrate

Mehr als Dienstwagen wagen: Mobilitätsbudget

Mobilität als Dienstleistung hat Folgen: buchungs-, belegseitige und buchhaltungsrelevante Folgen und damit insbesondere bei betrieblich veranlassten und Pendler-Verkehren steuerrechtliche Auswirkungen.

Der Dienstwagen ist als Gehaltsbestandteil oder Entgeltumwandlungsmodell seit Jahren ein gut eingefahrener Prozess von der Personalbuchhaltung bis zur Steuerberatung. Die Tendenz weg vom Dienstwagen hat viele Hintergründe: vom Homeoffice bis zu mehr Flexibilität bei wenig Besitzanspruch jüngerer Generationen. Nun werden für diese neuen multimodalen Mobilitätsbedürfnisse neue Anforderungen deutlich.

Mit den neuen Mobilitätsangeboten sowie der unterschiedlichen steuerlichen Behandlung je Mobilitätsangebot entstand die Idee des flexiblen Mobilitätsbudgets, das nur durch die Konnektivität administrativ vertret- und organisierbar ist. Das Mobilitätsbudget ist ein Angebot für Mitarbeitende von Unternehmen, das es ihnen anstelle eines persönlichen Firmenwagens oder auch eines Job-Tickets des ÖPNV ermöglicht, in einem vereinbarten Budgetrahmen dienstliche sowie private Fahrten mit alternativen Verkehrsmitteln ihrer Wahl abzudecken. Im engeren Sinne meint ein Mobilitätsbudget, dass Unternehmen ihren Mitarbeitenden kein ihnen fest zugeordnetes dienstlich genutztes Dienst-Fahrzeug bereitstellen. Stattdessen wird ihnen ein zuvor festgelegtes Budget bereitgestellt, welches sie flexibel einsetzen können, um vorzugsweise klimaschonende Verkehrsmittel zu nutzen. Dazu zählen: öffentliche Verkehrsmittel wie Bus und Bahn, Carsharing, ein (E-)Fahrrad, ein Taxi oder andere Mikromobilitätsmittel.

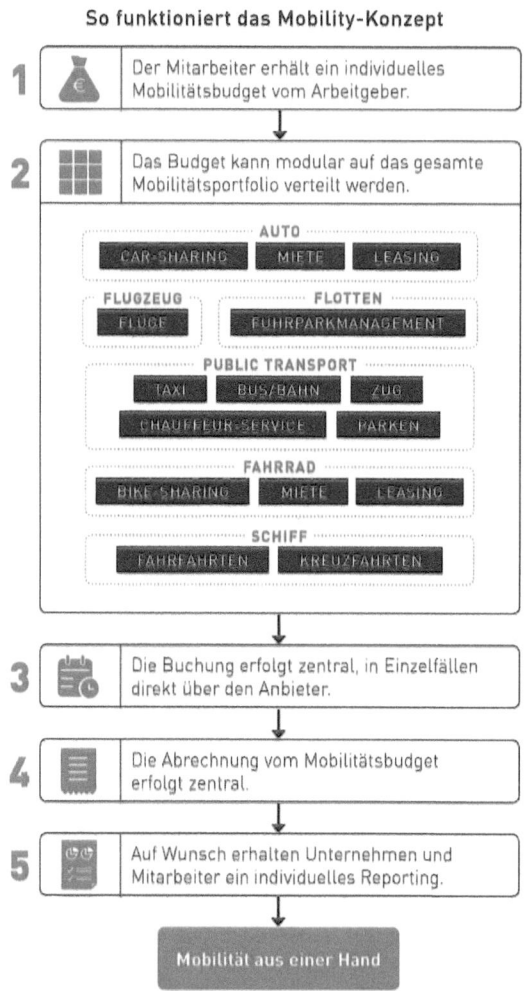

Bild 4.4 Möglichkeiten des Einsatzes eines Mobilitätsbudgets vom Arbeitgeber

Betragen die Kosten für einen Firmenwagen beispielsweise monatlich 500 Euro, kann dieses Geld nun auf verschiedene Verkehrsmittel aufgeteilt werden. Wird das monatliche Budget nicht voll ausgeschöpft, kann das restliche Geld für andere Zwecke verwendet werden, beispielsweise für ein neues Fahrrad oder als Zuschuss zur Altersvorsorge.

Einige Firmen bieten ihren Mitarbeitenden eine *Mobilitätskarte* an, mit der sie verschiedene Mobilitätsdienstleistungen buchen und bezahlen können. Dabei werden Mobilitätsleistungen wie „Sachbezüge" behandelt. Für das Unternehmen sind diese Karten insofern lohnend, als dass die „Sachbezugsversteuerung" einer deutlich niedrigeren Gesamtversteuerung entspricht als eine Gehaltsauszahlung. Auch für Arbeitnehmende ist der Sachbezug steuerlich vorteilhafter als die Ausbezahlung mit dem Einkommen. Weitere Aspekte wie Dienstfahrrad etc. sind dann nochmals gesondert zu behandeln.

Anbieter wie die Deutsche Bahn Connect mit *Bonyovo,* das aus der AUDI AG kommende Angebot *Mobiko* oder weitere private Anbieter wie *belmoto* oder *Rydes* versprechen hier eine algorithmische steuerliche Behandlung aller entstandenen Mobilitätskosten.

Allerdings ist das Mobilitätsbudget bislang nur von wenigen deutschen Firmen eingeführt worden. Im europäischen Vergleich sieht das Ganze anders aus: Laut dem *2020 Fleet Barometer* des *Arval Mobility Observatory* setzen bereits 13 Prozent aller großen bis sehr großen Firmen in Europa auf ein Mobilitätsbudget und 29 Prozent wollen es binnen drei Jahren einführen. Vorreiterländer sind hier Belgien, Luxemburg, die Schweiz, die Niederlande und Spanien.[9]

Die Augsburger Flatrate: die preisliche Platt-Form der Mobilität

Die Augsburger kennen sich mit Mobilität aus, immerhin lassen sie ja die Puppen seit jeher tanzen. Nun haben sie aber die Mobilitätskiste richtig in Bewegung gebracht – und zwar weg vom Privat-Auto: Die Stadt Augsburg ist Pionierin in der Übertragung der Mobilfunk-Tarifierung für die urbane Mobilität insgesamt: Bus- und Tram-Monatsabos, Car- und Bike-Sharing-Kilometer- bzw. -Stundenzahlen; das alles gibt es in einer Flat zum fixen, monatlichen Preis. Es kann zwischen sechs Paketen (Paket S, Paket M, Paket L und jeweils einer Premium-Version mit Mitnahmeangeboten von weiteren Personen bzw. Lebenspartner-Karten) gewählt werden.[10]

Die Flatrate M enthält beispielsweise neben dem ÖPNV-Abo ein Bikesharing- (bis 30 Minuten kostenlos bei jeder Fahrt, auch mehrmals am Tag) sowie ein Carsharing-Jahreskontingent von 180 Stunden (also 30 Minuten pro Tag) bzw. 1800 Kilometern. Für 86 Euro pro Monat.

Sie erinnern sich noch, was ein Auto im Monat kostet, also wirklich kostet? Genau, es waren 425 Euro durchschnittlich pro Monat (siehe den Abschnitt 2.4.4 Urbane Mobilität und Kosten). Mit den 339 Euro pro Monat an noch verfügbarem Budget können Sie ja noch etwas anderes bewegen.

Aber: Dieses Angebot ist zunächst auf Privatpersonen beschränkt, was den Entwicklungsbedarf aufzeigt.

4.5.4 Digitale und intermodale Personen- und Lieferverkehre: die nächsten Bordsteinschwalben und weitere forsche Projekte

Bordsteinschwalben war ein Begriff des alten Deutschland – für Damen des horizontalen Gewerbes. Die Bordsteine werden nun nochmals anders geschäftlich angeschaut, auch wenn Schwalben ja bekanntlich noch keinen Sommer machen, also sonnige Geschäfte … Denn das nächste große Thema der Konnektivität ist auf „Kante" genäht, nämlich an die, an die alle ranwollen, die Bordsteinkante – wie immer beim Bäcker, nur ganz kurz, versteht sich: In der umtriebigen Deutsche-Bahn-Tochter *Connect*, in der das Mobilitätsbudget *Bonvoyo*, *Call a Bike*, *Flinkster* zu Hause sind, gibt es ein Projekt, das mit dem Namen *Fermata* Bordsteinkanten-Management anbietet.[11] Der Begriff „Bordsteinkanten-Management" umfasst alle Aktivitäten rund um die Erfassung, Optimierung und Verwaltung der städtischen Straßenflächen des ruhenden Verkehrs. Dabei ist das Ziel, die Mobilität einer Stadt bzw. den maximalen Zugang zu einer Kombination von Mobilitätsangeboten für die unterschiedlichsten Bedürfnisträger zu gewährleisten. Diese können Bike- oder E-Scooter-Sharing-Anbieter, Logistikunternehmen oder auch der öffentliche Nahverkehr und Taxen sein. Dafür wird als Produkt ein Cockpit als mandantenfähige und skalierbare *Software-as-a-Service-(SaaS)*-Lösung angeboten, die von kommunalen Anwendern ohne zusätzliche IT-Aufwände einfach und sicher im Internetbrowser genutzt werden kann.

Diese besondere Kante ist vor allem in einem Geschäft zentral, in dem es um ihre Verfügbarkeit und um Zeit geht: im Lieferverkehr. So soll ein digital gestütztes Lieferzonenmanagement zu Optimierungen beitragen, da die Lieferzonen nur kurz gebraucht werden, aber natürlich nie kurzfristig frei sind. Durch sensorbasierte Verkehrsschilder in Kombination mit der Nutzung einer Smartphone-Applikation haben Fahrerinnen und Fahrer von Lieferfahrzeugen die Möglichkeit, die Verfügbarkeit von freien Ladezonen in Echtzeit zu prüfen und diese ggf. zu reservieren. Erprobt wurde diese Technologie im Forschungsprojekt *SmartZone* – zusammen mit der Deutschen Bahn.

Und nun kommen intermodale Lieferverkehre, wie wir sie bereits im Kapitel 3 beschrieben haben, und ihre Umsetzung über Parkhäuser und Lastenräder. Um eine effektive Innenstadtlogistik emissionsfrei zu bekommen, sind Plätze notwendig, an denen Sendungen von Lieferfahrzeugen auf Lastenräder umgeschlagen werden können. Die Idee im Forschungsprojekt *Park_up* war es, öffentliche Parkplätze, insbesondere in Parkhäusern, als temporäre Umschlagsplätze zu nutzen. Auch ein intelligentes Routen- und Auftragsmanagement für Lastenräder, wie es im Projekt *SmartRadL* entwickelt und erprobt wurde, nimmt sich der Herausforderungen der urbanen Logistik an.

In diesem Zusammenhang sind digital gestützte und kooperative Mobilitätsdienste für den Einzelhandel denkbar. Bei diesem Ansatz bieten Einzelhandelsunternehmen und Kommunen für den Einkauf der Kundinnen und Kunden dezentral platzierte E-Lastenräder an, die über eine App gebucht werden können. Insbesondere für Menschen, die auf Nachhaltigkeit Wert legen, wird somit der Wechsel vom Auto auf das Fahrrad erleichtert. Im Rahmen des Forschungsprojekts *likebike* wird dieser Ansatz in Tübingen erprobt.

4.5.5 Trendprognose: Die Mobilität wird dienstleistiger, öffentlicher, intermodaler und kantiger!

Die Herausforderungen dieser urbanen Mobilitätskonzepte stecken in effizienter Verkehrsmittel-, Zeit- und Flächennutzung bezogen auf die Emissionen pro Personenkilometer. Die gezeigten Umstellungen von Eigentum auf Zugang und von Monomodalität auf Multi- bzw. Intermodalität sind gewaltig. Sie sind Verhaltenswenden, die mit Technologie allein nicht erfahrbar sind. Aber letztere kann unterstützen. Vor allem bei der Information und Bereitstellung von Konnektivität der Mobilität.

Konkret:

- Mobilität wird eine **Dienstleistung**, aber eben nicht als monomodales Taxi für alles. Konnektive Mobilität ermöglicht intermodalen Verkehr. Es kommt so zu einem All-Inclusive-Mobility-Modell – aus einer Hand, vielleicht mit Flatrate, sicher aber mit Flexibilität.
- Ergänzend braucht es für betrieblich veranlasste und auch private Mobilität entsprechend auf die Region abgestimmte **Mobilitätsbudgets** und **Flatrate-Angebote** auch im Geschäftskundenbereich.
- **Pooling** von Verkehren war schon immer eine gute Idee – denn es ist die Idee des öffentlichen Nahverkehrs. Sie wird nun individueller, integrierter und als Gesamtsystem der Daseinsvorsorge öffentlicher, denn so verendet sie nicht weiter in privaten Investitionshoffnungen. Damit ist der öffentliche Nahverkehr zur mindestens bundesweiten Zusammenarbeit verpflichtet. Roaming ist das Stichwort – analog im Mobilfunk.
- **Zubringerdienste der ersten bzw. letzten Meile** werden im Vorstadt-/Stadtverkehr sowohl im Bereich des Individualverkehrs wie auch bei dezentralen Omnibus-Bahnhöfen wichtig.
- Der Verkehr wird in Zukunft weniger **Fläche** innerhalb einer Stadt in Anspruch nehmen dürfen, und bereits vorhandene Flächen werden sinnvoller als Mobilitätsstationen genutzt werden.
- Das innerstädtische **Parkraumangebot** wird eine effizientere und multifunktionale Flächennutzung durch datengestützte Analysen von öffentlichen Parkplätzen erfahren.

All das wird möglich durch einen geteilten Mobilitätsdatenraum, der die notwendige Konnektivität schafft.

4.6 Autonomes Fahren: Lösung oder Auto-Hypnose?

Wat is nu? Fährt ja ganz allein
Guck mal Mama, ohne Hände, ohne Führerschein
Vollautomatisch von A nach B
Mein Maserati fuhr zweihundertzehn (ah)
Doch das Tempolimit ist jetzt nicht mehr mein Problem
Die Welt geht vor die Hunde
Der Weg war nie das Ziel
Komm, wir drehen noch eine Runde
Im Autonomobil
Autonom, endlich autonom
(Autonom) autonom, wir sind autonom (tut, tut)
Endlich autonom, wir fahren autonom.

Deichkind: Lyrics von „Autonom", auf: Wer sagt das denn? Studioalbum 2019, Sultan Günther Musik

„Schau mal Mama! Ohne Hände." Das sind nicht selten die letzten Worte vor der Kinnnarbe bei den jüngsten Radfahrenden. Ohne Stützräder.

Bei selbstfahrenden Autos sind Männer durchgehend technikfreudiger als Frauen, allerdings ist die Zustimmung bei beiden Geschlechtern insgesamt eher niedrig. Anders sieht es bei den Patenten aus. Die Zahl der nationalen Patentanmeldungen rund um das autonome Fahren hat seit 2010 ständig zugenommen und sich seither mehr als verdreifacht. Mit 43 Prozent Anteil an allen Patenten steht Deutschland scheinbar mal wieder vorn. Die weitaus meisten dieser Anmeldungen kommen aus dem Bereich der Assistenzsysteme für die Antriebssteuerung.

4.6.1 Überraschender Treiber: warum das Auto nicht der Gewinner ist

Fangen wir mit einer guten Nachricht an – weil es dann sehr schnell nüchterner wird: Mehr als eine Milliarde Passagiere pro Jahr wurden schon 2015 mit autonomen beziehungsweise fahrerlosen Verkehrsmitteln durch Europas Städte befördert. Die Zahl stammt von einem Interessenverbund, der stutzig macht: *Allianz pro Schiene*. Denn es sind nicht autonome Autos, wie der Hype es vermuten ließe, sondern U- und Straßenbahnen. Erhöhte Kapazitäten durch kürzere Taktung, bessere Energieeffizienz und Verfügbarkeit der Fahrzeuge, höhere Pünktlichkeit und Sicherheit ... Die Liste der Vorteile wirkt wie eine Auto-Hypnose des ÖPNV.

Und in Deutschland? Nürnberg war die erste (und bis 2021 wohl einzige) Stadt mit einer fahrerlosen U-Bahn: Seit 2008 fährt sie nun auf zwei Linien. Die Taktung beträgt 100 Sekunden während der Hauptverkehrszeiten. Berlin plant bis 2025 auch eine erste autonome Linie. In Potsdam wird eine fahrerlose Straßenbahn getestet. Die weltweit erste fahrerlose Straßenbahn wurde gerade in Sydney fertiggestellt, mit selbstöffnenden und

-schließenden Bahnsteig- und Zugtüren und einer Geschwindigkeit von bis zu 100 km/h. 38 Kameras an Bord überwachen den Betrieb an den 13 Haltestellen entlang einer 36 Kilometer langen Strecke von der Innenstadt bis in den Vorort Tallawong. Die Auslastung der Züge, die Platz für 1100 Passagiere bieten, ist dank der Qualität des Services doppelt so hoch wie ursprünglich kalkuliert.[12]

Aber wie steht es um die autonom fahrenden Autos? Laut der Prognosen von Medien und Automobilherstellern ist diese Zukunft eigentlich schon lange gegenwärtig. So sah der „Guardian" die Menschen im Jahr 2020 als „ständige Passagiere". Der „Business Insider" schrieb 2016: „Bis 2020 werden 10 Millionen selbstfahrende Autos unterwegs sein". Ähnliche Prognosen machten Hersteller selbst, ob *General Motors, Toyota* und *Honda* bis zu *Tesla* oder Googles *Waymo*. Auch in den beginnenden 2020er-Jahren werden diese Prognosen wie in den sechs Jahrzehnten zuvor nie realisiert.

2019 waren die fahrerlosen Autos von Unternehmen wie Uber, Tesla, Cruise oder Mercedes-Benz insgesamt mehr als 4,5 Millionen Kilometer auf kalifornischen Straßen unterwegs. 116-mal um den Äquator. Menschen mussten dem Roboter dabei mehr als 9000-mal die Kontrolle entreißen, weil eine Fehlfunktion oder Gefahrensituation eingetreten war, wie das *Department of Motor Vehicles* 2020 berichtete.

4.6.2 Differenzierungen des Autonomen: Levels und Robots

Warum wollen wir eigentlich autonomes Fahren? Um mehr Netflix zu schauen und zu spielen?

Wie ein Spiel kommt einem die Entwicklung dieser unterschiedlichen Stufen – oder besser Levels – des autonomen Fahrens vor, wie der VDA in der Infografik in Bild 4.5 für die Deutsche Welle zitiert wird.

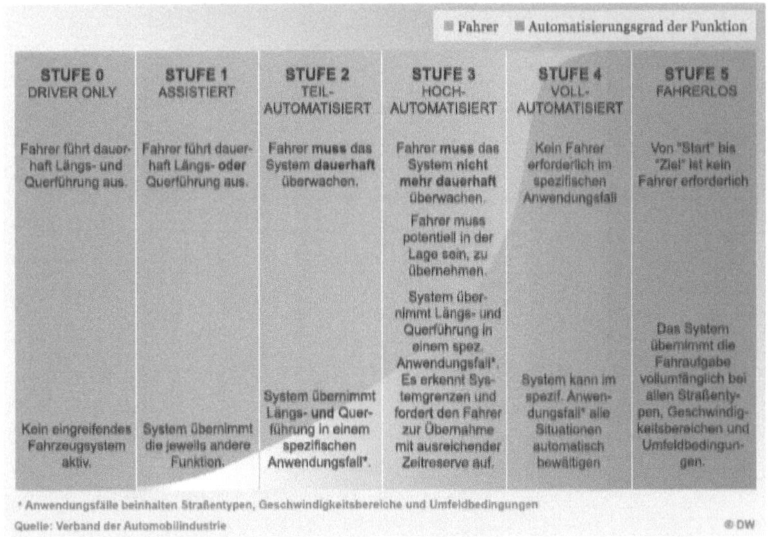

Bild 4.5 Die fünf Levels bis zum autonomen Fahren

Stufe 5 ist so spekulativ hinsichtlich der Möglichkeit wie der Zukäufe. Die Tochter von Toyota Motor, *Woven Planet,* hat dem Fahrdienstleister *Lyft* seine Sparte mit 300 Entwickelnden im Jahr 2021 abgekauft und schmiedete eine Entwicklungsabteilung mit nun 1200 Entwicklern. Lyft hat anders als Uber kein Essen ausgefahren und in der Corona-Krise einen Nettoverlust von 1,8 Milliarden Dollar ausgewiesen. Uber überbringt stolze 6,8 Milliarden Dollar.

Japans Hersteller – neben Toyota sind das Mazda, Subaru, Suzuki und Daihatsu – wollen in der Vernetzung der Autos enger zusammenarbeiten und Standards sowie Systeme entwickeln, um Autos zukünftig mit Datennetzwerken zu verbinden. Toyota hält an allen entsprechenden Entwicklungen Kapitalbeteiligungen. Nicht dabei sind Honda sowie Nissan und Mitsubishi, die wiederum mit Renault zusammenarbeiten.

Anregend auch die Unterscheidung zwischen privater und öffentlicher Mobilität einerseits und Individualität und Kollektivität andererseits:[13]

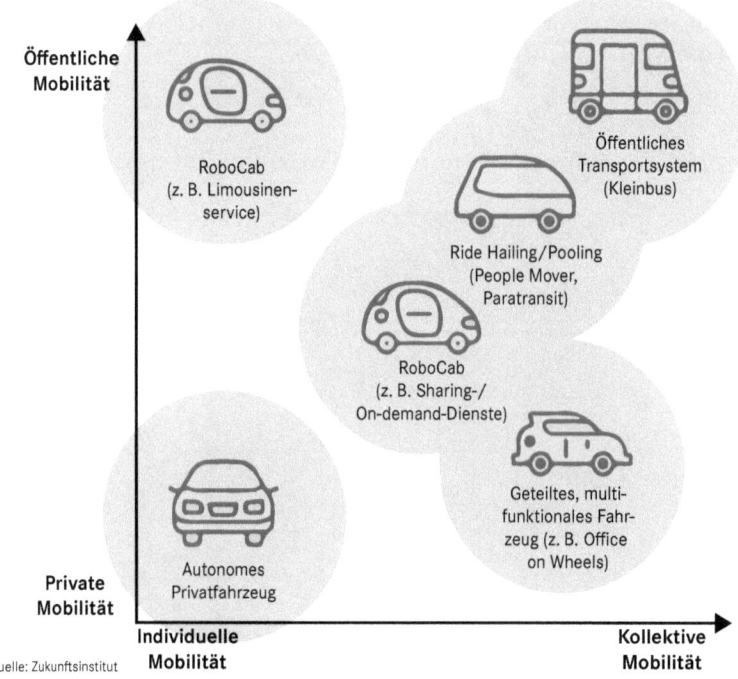

Bild 4.6 Typologie autonomer Fahrzeugkonzepte. Die Integration in Sharing- oder Mietmodelle könnte künftig ein Argument für den Besitz eines autonomen Fahrzeugs sein.

In vielen Studien treten die *RoboCaps* als die Sharing- und Fahrdienste auf – und immer mit Blick auf die Bequemlichkeit. Und genau dies kann dazu führen, dass weniger Menschen den öffentlichen Personennahverkehr (ÖPNV) oder das Fahrrad nutzen – das Gegenteil dessen, was mit der Verkehrswende erreicht werden soll.

4.6.3 Gesetzgebung 2017 und 2021

Am 21. Juni 2017 trat das Gesetz zum automatisierten Fahren als Änderung des Straßenverkehrsgesetzes in Kraft. Kern waren hierbei veränderte Rechte und Pflichten der Fahrzeugführenden während der automatisierten Fahrphase. Das heißt: Automatisierte Systeme (Stufe 3) dürfen die Fahraufgabe unter bestimmten Voraussetzungen übernehmen. Ein Fahrer ist dabei aber weiterhin notwendig, der sich jedoch im automatisierten Modus vom Verkehrsgeschehen und der Fahrzeugsteuerung abwenden darf.

Dann folgte am 28. Juli 2021 der nächste Schritt; der Rechtsrahmen, in dem autonome Kraftfahrzeuge (Stufe 4) in festgelegten Betriebsbereichen im öffentlichen Straßenverkehr im Regelbetrieb fahren können – und das bundesweit. Flexibilität steht bei dem Gesetz im Vordergrund, so das Verkehrsministerium: „Der Betrieb führerloser Kraftfahrzeuge wird für eine maximale Zahl von Einsatzszenarien ermöglicht. Lediglich örtlich begrenzt auf einen festgelegten Betriebsbereich, werden die unterschiedlichen Anwendungsfälle vorab nicht abschließend geregelt. Einzelgenehmigungen, Ausnahmen und Auflagen wie z.B. die Anwesenheit eines ständig eingriffsbereiten Sicherheitsfahrers sind somit unnötig."[14]

Zu den Einsatzszenarien zählen u.a.:

- Shuttle-Verkehre von A nach B
- People-Mover (Busse, die auf einer festgelegten Route unterwegs sind)
- Hub2Hub-Verkehre z.B. zwischen zwei Verteilzentren
- nachfrageorientierte Angebote in Randzeiten
- die Beförderung von Personen und/oder Gütern auf der ersten oder letzten Meile
- „Dual-Mode-Fahrzeuge" wie zum Beispiel beim *Automated Valet Parking* (AVP)

Das Gesetz zum autonomen Fahren ist eine Übergangslösung, bis auf internationaler Ebene harmonisierte Vorschriften vorliegen. Mit Blick auf harmonisierte Märkte und Standards hat Deutschland ein großes Interesse an der Schaffung übergeordneter Regeln. Die Auswirkungen des Gesetzes sollen nach Ablauf des Jahres 2023 evaluiert werden – insbesondere mit Blick auf die zwischenzeitlichen Entwicklungen auf dem Gebiet des autonomen Fahrens und die Fortschreibung internationaler Vorschriften sowie die Vereinbarkeit mit Datenschutzbestimmungen.

4.6.4 Kleine und große Lieferverkehre: Delivery Bots und Platooning

An Delivery Bots wird schon lange geforscht und ebenso lange entwickelt – in den kuriosesten Formen. Das Zukunftsinstitut sieht verständlicherweise nun die „neuen Realitäten plötzlich zum Greifen nah, angetrieben von der Coronakrise: Quarantänemaßnahmen, Social Distancing und neue Hygienestandards verändern auch die Logistikwelt."[15] Während der Einzelhandel in Lockdowns weitgehend geschlossen war, boomten Online-Bestellungen, und Kurier- und Paketdienste lieferten Pakete aus wie sonst nur am Black Friday oder Weihnachten.

Die neuen Sicherheitsbedürfnisse, die sich im Kontext der Krise herausgebildet haben, geben dem Trend zu *Delivery Bots* einen starken Schub. Das sind Roboter, Pods und Transportfahrzeuge; unbemannt und in der Regel batteriebetrieben beziehungsweise elektrisch angetrieben.

Die Modelle können nach der ersten bzw. letzten und der mittleren Meile unterschieden werden: die erste Meile von der Fabrik zum Lager bzw. Versand, die letzte Meile zum Kunden und die mittlere Meile zwischen Logistikzentren, Sortierzentren, Lagern und/oder Filialen – auf Straßen, Bürgersteigen oder Radwegen.

Diese Delivery Bots sollen auch auf hoch frequentierten Bürgersteigen in Innenstädten funktionieren, da Unfälle aufgrund der geringen Geschwindigkeiten praktisch ausgeschlossen seien. Auch wenn das bei real existierenden Bürgersteigen mit Elektro-Rollatoren, Hunden und Mülltonnen bezweifelt werden darf, kommt noch ein Technikkosten-Thema hinzu: Die LiDAR-System-Kosten, also die Radarsensoren, verhindern den Erfolg des Geschäftsmodells erfolgreich.

Nun gibt es ja Start-ups und zuversichtliche Investoren: Das US-amerikanische Start-up *Gatik* hat sich auf den autonomen Transport auf der mittleren Meile im Handel fokussiert, da hier

rund die Hälfte der Logistikkosten eingespart werden kann, wie die Gründer ohne Geiz versprechen. Das sei für die margenschwache Food-Branche spannend, wie z. B. das chinesische Start-up *UDI (Unity Drive Innovation)* zeigte: Dessen autonomes Logistikfahrzeug lieferte während der Coronakrise Lebensmittel in Lockdown-Gebiete, mit einer Transportkapazität von bis zu 1000 Kilogramm.[16] So entstehen Heldengeschichten mit Robotern.

Die Chinesen sind deswegen auch markttreibend. Das chinesische E-Commerce-Unternehmen *Meituan Dianping* hat u. a. zusammen mit dem französischen Automobilzulieferer *Valeo* einen elektrischen Lieferroboter entwickelt, der bis zu 17 Pakete pro Fahrt ausliefern kann. Mit einer Geschwindigkeit von etwa 12 km/h kann er sich gut an komplexe städtische Mobilitätsumgebungen anpassen, ohne dabei Emissionen zu erzeugen. Über eine App kann der Kunde sein Paket aus einem abgeschlossenen Zustellfach entnehmen.

Das autonome Fahren hat noch eine weitere Fantasie, die martialisch und gut gemeint zugleich klang: das *Platooning* von Lkw.

Mit Bezug auf den Platoon – also einen militärischen Zug – wird hier ein System entwickelt, was man im Deutschen auch als elektronische Deichsel bezeichnet. Die Idee ist, dass mehrere Fahrzeuge mithilfe eines technischen Steuerungssystems in sehr geringem Abstand hintereinander fahren können, ohne die Verkehrssicherheit zu beeinträchtigen – aber im Windschatten Sprit sparend und quasi wie unverbundene Waggons eines Zugs fahrend. Ein weiterer Vorteil: Weniger Stau, weil die Laster dichter fahren. Allerdings: Überholen geht nicht, da es auf der rechten Spur nun gar keine Lücken mehr gibt.

Ende 2021 lief das Forschungsprojekt „Ensemble – Enabling Safe Multi-Brand Platooning for Europe" aus. Die Bilanz schien mau: Kein Sprit gespart, Staus haben deswegen nicht abgenommen.

4.6.5 Über Kritik, über Ethik, Überzuversicht

Die Kofferräume der autonomen Fahrzeuge sind voll von Technik und das Dach möbliert mit allen möglichen Gerätschaften. Das ist beeindruckend wie beängstigend. Ingenieurinnen sind infiziert von den Möglichkeiten, Kulturwissenschaftler kritisch hinsichtlich der Realisierbarkeit, Ethikerinnen in ihrem Element. Die Bundesregierung hat zum Beispiel eine Ethik-Kommission unter dem Vorsitz des ehemaligen Bundesverfassungsrichters Udo di Fabio eingesetzt, um die ethischen Fragen zu den Grundsätzen automatisierten Fahrens zu erörtern. Sie legte Mitte 2017 ihren Bericht mit 20 Empfehlungen vor – mit einer klaren Antwort: Die Fragen sind nicht abschließend beantwortbar.

Sortieren wir dennoch ein wenig:

- **Sicherheitsrisiko:** Es besteht die Gefahr, dass Server und Infrastruktur für autonomes Fahren gehackt werden. Der Regelbetrieb könnte also nur zugelassen werden, wenn die Daten sicher und Manipulationen ausgeschlossen wären.
- **Data Governance:** Es besteht Unklarheit, wem die beim autonomen Fahren anfallenden Daten gehören.
- **Haftung im Schadensfall:** Haften Auto-Hersteller, Programmierer als Zulieferer oder die fahrende Halterin des Fahrzeugs? Bei Verabschiedung des Gesetzes im Jahre 2017 wurde betont, dass die Haftung im automatisierten Modus selbstverständlich beim Hersteller liegen müsse, 2021 hatte sich dann die gewohnte Halterhaftung durchgesetzt.
- **Kriterien möglicher Schadensbilder:** Jedes Menschenleben sei gleich wert und gegenüber Sach- und Tierschäden zu priorisieren. Aber wie lösen wir Konflikte zwischen Menschenleben?
- **Empfehlung der Ethik-Kommission:** Es braucht die Einrichtung einer „Bundesstelle für Unfalluntersuchung automatisierter Verkehrssysteme oder eines Bundesamtes für Sicherheit im automatisierten und vernetzten Verkehr".
- **EU-Vorschriften für Stufe 4 und 5:** Ein vollautomatisiertes bzw. autonomes Fahren sei grundsätzlich möglich, aber dennoch schwer zu erfüllen, so die Hersteller.
- **Komplexität deutscher Innenstädte:** Hersteller wie Mercedes-Benz sehen die engen deutschen Innenstädte momentan als noch viel zu komplex für autonomes Fahren, und starker Schneefall etc. sind auf absehbare Zeit nicht programmierbar.

Diese bisher ungelösten Probleme könnten dazu führen, dass das autonome Fahren bestenfalls in geschlossenen Systemen und damit in engen Nischen wie etwa auf Betriebsgeländen stattfindet.

Der ehemalige Chef von *Waymo*, John Krafcik, war in der eigenen Reflexion überzuversichtlich, wie er beim Abschied zugab. *Mobileye*, die Intel-Tochter, sah vor Corona noch in Tel Aviv 2022 200 autonome Taxen fahren. Blackberry, nach eigener Aussage Marktführer in den Betriebssystemen, schätzt für Level 5 mindestens 10 bis 20 Jahre Entwicklungszeit, was auch eine unterdefinierte Schätzung der Überzuversicht zu sein scheint.[17]

4.6.6 Trendprognose: Autonom kommt nie – in Städten. Entweder Strafrecht für Kinder oder für ÖPNV

Das autonome Fahren ist so etwas wie das Sinnbild des Stillstands von Deutschland: Beeindruckt von kalifornischen und auch japanisch-chinesischen Investitionen haben wir bei den Patenten alles richtig gemacht – nur offenbar in der nicht zielführenden Technologie für eine urbane Mobilitätswende.

Denn es wird diese Technologie sein, die in gemischt zonierten Verkehren nie in die Realität kommt. Der Verkehrsübungsplatz ist für autonomes Fahren ggf. noch interessant, aber die freie Wildbahn ist zu wild.

Konkret:

- Das **Kinderstrafrecht** müsste wohl endlich eingeführt werden. Denn Kita- und Schulkinder wissen dann ja um die Algorithmen, die verhindern, dass sie überfahren werden. Ihre Kindergärtner und Lehrerinnen könnten dann z. B. durch „Sitzstreiks" vor unbemannten autonomen Autos, was eine Menge Rückstau erzeugen würde, im Verkehr aufgehalten werden. Wir dürfen uns diese zeitdiebische Freude natürlich auch bei kleinen süßen Lieferrobotern auf rumpeligen Bürgersteigen vorstellen.

- Die einzige Chance bleibt eine **eigene mischverkehrsfreie Zonierung**, um die defektierenden Einflüsse auszuschließen. Straßenbahn-Trassen und Busspuren sind solche Zonierungen – und genau deswegen kann das bei infrastruktureller Investition durchaus ein interessanter Weg sein, den man sich nicht in jeder Stadt bahnen kann, aber in manchen kann das eine Lösung sein. Sonst eben Vertikalisierung – mit Schwebebahnen, High Lines oder unterirdischen Hyperloops.

■ 4.7 Sharing und Social Transport: geteilte Freude – geteiltes Leid?

*„Nur weil ich ab und zu mal ein Tier streicheln will,
stell ich mir doch kein Pony auf den Balkon."*

Weisheit der Generation Y[18]

Die Idee der *Sharing Economy* war so beeindruckend – vor allem bei einer Generation, deren Elterngeneration den Überkonsum pflegte. Zu viele Ferienwohnungen, zu viele Boote, zu viele Oldtimer, zu viel Kunst etc. Heute teilt man es lieber, verleiht es auf Zeit. Gerade bei in der Regel nicht genutzten Mobilitätsmitteln kann das sinnvoll sein – für alle Beteiligten.

4.7.1 Autistisches Fahren: Deutsche sind einsam – unterwegs

*Wenn das „autonome Fahren" nicht die Lösung ist,
könnte das „autistische Fahren" das Problem sein.*

Der Beleg ist eindeutig: Die Deutschen lieben Einsamkeit, ihre privaten Telefonate und den blechbassigen Gangsta Rap im Auto. Social Transport wäre aber gemeinsames Headbangen.

Autos auf deutschen Straßen sind im Durchschnitt mit 1,46 Personen pro Fahrzeug besetzt. Das ging aus der Antwort der Bundesregierung auf eine Kleine Anfrage der Partei Die Linke aus dem Jahr 2018 hervor. Seitens der damaligen Regierung wurden „höhere Besetzungsgrade von Pkw" unter dem Gesichtspunkt des Klimaschutzes als wünschenswert bezeichnet.

Der durchschnittliche Besetzungsgrad von Pkw ist, den Studien „Mobilität in Deutschland (MiD)" folgend, in Deutschland von 2003 bis 2019 weitgehend konstant bei 1,5 geblieben. Grundsätzlich wirkt eine zunehmende Motorisierung besetzungsgradsenkend, die zunehmende Bedeutung privater Reisezwecke und die Bildung von Fahrgemeinschaften erhöht dagegen den Besetzungsgrad. Während der Besetzungsgrad mit der Haushaltsgröße zunimmt, sinkt er mit zunehmendem Pkw-Besitz im Haushalt. Aber: Im Berufs- und Dienstverkehr ist der mittlere Besetzungsgrad mit 1,1 und 1,2 Personen besonders gering.

Alle unsere Kunden-Analysen in den Beratungsprojekten für nachhaltige Mobilitätskonzepte zeigen das, was auch alle breit angelegten Studien ergeben: Fahrgemeinschaften sind sehr selten, könnten aber vor allem im Berufsverkehr zu einer der wichtigsten Reduktionen der Fahrleistungen beitragen und so Spitzenbelastungen im Verkehrsnetz reduzieren und Kosten einsparen.

Weitere ungewichtete Besetzungsgrade lassen sich ermitteln für:

- Wege zur Arbeit mit 1,2 Personen pro Fahrzeug
- dienstliche Wege mit 1,1
- Ausbildungswege mit 1,7
- Einkaufswege mit 1,5
- Wege für Erledigungen mit 1,5
- Freizeitwege mit 1,9 Personen pro Fahrzeug

Die Pendelndenzahlen in den urbanen Zentren liegen oftmals noch darunter. Bei Arbeitswegen werden 4 Prozent der Arbeitswege als Pkw-Mitfahrende und 59 Prozent als Fahrende durchgeführt. Das Verhältnis von Mitfahrenden zu Fahrenden liegt bei etwa 1 zu 15. Bei allen Wegen sind es 14 Prozent Mitfahrende und 43 Prozent Pkw-Fahrende.

Eine Simulation für das Stadtgebiet München hat vollkommen unüberraschend aufgezeigt, dass Reisezeitvorteile für alle Verkehrsteilnehmer entstünden, wenn der Besetzungsgrad vor allem im Berufsverkehr merklich erhöht würde. Der Stau, über den man sich meist allein im Auto beschwert, ist eben selbst mit erzeugt. Dafür braucht es eigentlich keine Studien und keine Staus.

Seit der Ölkrise Anfang der 1970er-Jahre sind Fahrgemeinschaften für den Berufsverkehr der einfachste Schlüssel, da die Regelmäßigkeit der Wege die Organisation und Absprache von Fahrten erleichtert. Viele Firmen haben sich hier durchaus bemüht; von BASF bis SAP. Aber so richtig gelingen will es nicht, auch wegen der fehlenden infrastrukturellen Anreize.

Im Ausland ist man bei Fahrgemeinschaften etwas weiter und schneller – nämlich auf der linken Spur. In den USA wird mit *„High Occupancy Vehicles (HOV)"* oder auch *„Car-Pool-Lanes"* versucht, nicht nur Kosten-, sondern auch Reisezeitvorteile für Fahrgemeinschaften zu erzielen. Zudem existieren große Organisationen zur Vermittlung von Fahrgemeinschaften, die etwas anders im Image sind als die studentischen Mitfahrzentralen der 1980er-Jahre.

In Deutschland sind staatliche Aktivitäten zu Fahrgemeinschaften in den letzten Jahren kaum zu erkennen: Wesentliche und sehr einfache infrastrukturelle Maßnahmen wären hierbei die Einrichtung von priorisierten Stellplätzen wie Fahrspuren für Fahrgemeinschaften, die Entwicklung elektronischer Vermittlungssysteme für Fahrgemeinschaften, die Einbindung von Fahrgemeinschaften in Mobilitätsmanagement-Ansätze sowie Parkraumbewirtschaftungen.

Bei Nutzerbefragungen wurden vor allem folgende **objektive Gründe** für eine Nichtteilnahme an Fahrgemeinschaften aufgeführt:[19]

- bereits Nutzung von öffentlichem Personennahverkehr (ÖPNV) oder Fahrrad
- ein gutes bestehendes ÖPNV-Angebot
- Außendienst oder wechselnde Einsatzstellen
- Erledigungen vor oder nach der Arbeit
- gleitende Arbeitszeiten
- Schichtdienste
- geringe Betriebsgrößen oder Siedlungsdichten
- Nichtvorhandensein von Staus
- gutes Parkraumangebot und fehlende Parkraumbewirtschaftung
- hohes Einkommen der Mitarbeiter

Umstritten ist dagegen der Einfluss der Arbeitszeitregelungen auf das Nachfragepotenzial von Fahrgemeinschaften.

Nicht zu unterschätzen sind **subjektiv empfundene Abneigungen**:

- geringere Flexibilität (gebunden an feste Abfahrtszeit),
- Erfordernis von Absprachen (zeitliche Abstimmung mit Fahrtpartner),
- Angst vor unbekannten Mitfahrern (vor allem bei Frauen 55 Prozent und Jugend 68 Prozent),
- Unzuverlässigkeit/-pünktlichkeit von Mitfahrern,
- unterschiedliche Rauch-, Hygiene- und Musikgewohnheiten sowie
- Haftungs-/Versicherungsfragen.

4.7.2 Geschäftsmodelle im Sharing 2.0

Im Kapitel über die Antriebsschwäche (siehe Abschnitt 3.5) haben wir schon auf die bisher steigenden Anmeldungszahlen von entsprechenden Apps und deren schon prepandemisch nicht wirklich ertragreichen privaten Sharing-Angebote hingewiesen. Deren Entwicklung ist derzeit noch schwer abschätzbar, da die Anbieter kaum belastbare Daten über die Verkehrsleistungen herauslassen.

Worum es in der nächsten (Finanzierungs-)Runde gehen muss

Die wesentlichen Gestaltungsparameter des Verkehrsübungsplatzes sind vor allem 1. Wirtschaftlichkeit, 2. Regulierung, 3. Prozessoptimierung und 4. Nachhaltigkeit.

Lange Zeit existierte in Deutschland das Car-Sharing auf ehrenamtlicher Basis. Heutzutage beschäftigen nur noch wenige ehrenamtlich engagierte Car-Sharing-Vereine ehrenamtliche Mitarbeiter und Mini-Jobber. In kleineren Städten und Dörfern kann vorrangig durch ehrenamtliche Einsatzbereitschaft ein sonst nicht finanzierbares Car-Sharing-Angebot ermöglicht werden. Durch die ehrenamtliche Arbeit sinken die Kosten für die Flotte und das Personal. Aufgrund der engeren nachbarschaftlichen Beziehungen im Dorf wird zudem ein gewisses Gemeinschaftsgefühl gefördert. Ab einer bestimmten Flottengröße ist ein Car-Sharing-Angebot auf rein ehrenamtlicher Basis allerdings nicht mehr leistbar. Um im Car-Sharing-Geschäft wirtschaftlichen Erfolg zu haben, müssen die Betreiber folgende Faktoren umsetzen:

- Optimierung der **Flottenauslastung** bei gleichzeitig ausreichender Verfügbarkeit der Fahrzeuge und einer Optimierung der Preisstruktur zur Deckung der Kosten.
- **Verknüpfung mit ÖPNV-Angeboten**: Ermöglichung intermodaler Verkehre und damit auch einer räumlichen Nähe zum ÖPNV.
- **Synergien** mit anderen Anbietern anderer Mobilitätsangebote.
- **Flexible Anpassungsmöglichkeit des Angebotes** an die Nachfrage: ohne zu hohe Personalkosten der Relokation und zu hohe regionale Lagerkosten.

Die Topografie gibt Limitationen für Geschäftsmodelle vor. Auch die funktionale Teilung innerhalb der Städte – z. B. die Verkehrsströme von Entertainment-Verkehren am Abend und deren dortige Parkierung gegenüber der Verfügbarkeit von Parkraum für Pendler-Verkehre am Morgen – fordert spezifische Relokationen während der Nacht. Die Regulierung der Kommunen mit ihren Vorgaben der maximalen Bereitstellung der Abstellplätze etc. gibt Hinweise auf die schwer erreichbare Wirtschaftlichkeit in Städten einerseits und die Zonierung von mobilitätsseitig bereits überangebotenen Innenstadt-Verkehren andererseits, die bisher aufgrund geringerer Relokationskosten rentierlicher sind als bei Vorort-Verkehren. Die Anbieter haben in den vergangenen Jahren – immer mit genauem Blick für die nächsten Investorenrunden – angekündigt, das in Großstädten schon nicht sonderlich große Geschäft nun auf die mittelgroßen und Kleinstädte auszuweiten, wo man auch mal gern Großstadt wäre.

Warum die Sharer kooperieren müssen

Wie das Augsburger Flatrate-Modell zeigt, können Anbieter des Car-Sharings und des ÖPNV mittels eines gemeinsamen Mobilitätsangebotes neue Kundengruppen gewinnen bzw. sich zuführen, die sonst die jeweils andere Mobilitätsdienstleistung nicht nutzen würden. Kundenbindung mit Sondertarifen und zielgruppenspezifischen Angeboten kann den motorisierten Individualverkehr entlasten (Studierenden-Tarif beim Car-Sharing-Anbieter *stadtmobil*). Bahncard-Kunden profitieren beim Bahn-eigenen *Flinkster*. Hotel- oder Freizeitaktivitäten-Betreibende wie auch Coworking-Anbietende suchen Kooperationen mit Sharing-Anbietern.

Free Floating oder stationsbasiert?

Die beiden nicht rentierlichen Free-Floating-Car-Sharing-Anbieter *Car2go* (Daimler) und *DriveNow* (BMW) wollen durch Fusion zu *ShareNow* gegenseitige Synergien nutzen. Bei Mobilitätsdiensten ist eine sehr hohe Kundenanzahl erforderlich, um profitabel arbeiten zu können. Car2go und DriveNow können auf insgesamt etwa 40 Millionen Kunden allein in Europa verweisen.

Die Elektrifizierung der Flotten und deren Prozesskomplexität beim Laden führen aufgrund der ohnehin schon fehlenden Wirtschaftlichkeit auch bei Betriebsräten zu Vorstößen des Abstoßens dieses Modells wie bei ShareNow. Andere Anbieter wie *Miles* holen sich ihre Chefs von MOIA und wiederum andere sind aus der Berliner Venture-Capital- und Private-Equity-Szene finanziert. Noch.

Wer momentan noch Finanzierungen bekommt, setzt sie für die Marktkonsolidierung bzw. Erweiterung ein, wie der ursprüngliche E-Scooter-Verleiher *TIER*, der nun mit *Coup* die E-Moped-Sparte von Bosch übernahm und auch den größten Radverleiher *NextBike*. NextBike hat dabei immerhin auch stationsbasierte Erfahrung und kooperiert auch mit Unternehmen und Kommunen bereits länger.

Free-Floating-Betreiber können nach vielen Studien nur in Städten mit mehr als 500 000 Einwohnern echtes Free-Floating wirtschaftlich anbieten. Die Angebotsdichte soll in den bereits bestehenden Städten weiterhin erhöht werden. Die stationsbasierten Anbieter wollen hingegen in alle Bereiche expandieren. In den Großstädten wird das Angebot analog zur steigenden Nachfrage ausgedehnt. In kleineren Städten werden Basisangebote geschaffen. Mit der Unterstützung von der Politik und kommunalen Förderungen kann gerechnet werden, da eine Einführungsphase in dünner besiedelten Regionen nicht eigenwirtschaftlich erfolgen kann.

Aber es scheint übergreifend ausgemacht, dass die frei flottierenden Angebote ohne klare Stationierung, Wartung und Nachhaltigkeit im Produkt (vor allem Akkus) wie auch im Betrieb (hier die personal- wie kilometerintensiven Relokationen von Flotten) keine zu große Zukunft haben sollten.

Die Sharing-Anbieter fordern nun seit einiger Zeit sogar – zu ihrer eigenen Sicherheit – mehr Regulierung statt Moralisierung.

4.7.3 Exkurs über Abgedrehtes bzw. Unterirdisches: Flugtaxi und Hyperloops

„So, ich bin 1978, und wir sind beide schon alt im Vergleich zu denjenigen, die im Jahr 2018 auf die Welt kommen, mit drei Jahren die ersten Flugtaxis sehen.

Die sagen dann eben nicht: Das interessiert mich nicht oder damit komme ich nicht zurecht.

Es gibt Theorien, die sagen: Alles was da ist, wenn man auf die Welt kommt, wird als normal gesehen. Was später dazu kommt, davor fürchtet man sich."

Digitalisierungsbeauftragte der Bundesregierung a. D. Dorothee Bär (CSU), TAZ im Interview mit Harald Welzer (Baujahr 1963), 16. 12. 2018[20]

Flugtaxis: Hochstapelnder Humor oder Lösung?

Es gibt ja manchmal in der Verkehrspolitik *running gags*, also selbstlaufende Witze, die noch nicht mal diejenigen verstehen, die sie erzählen. Vermutlich kann man die Digitalisierungsbeauftragte der Bundesregierung a. D. Dorothee Bär (CSU) da einbeziehen. Auch die konservative CDU hat im Wahlprogramm mit viel Bundes- und Landesförderung dieses Projekt der Flugtaxen des abgehobenen *Social Transports*. Und in der Tat geben auch Baden-Württemberg und Bayern bereits eine Menge Fördergelder in diesen Topf hinein.

Aber das liegt sicher auch daran, dass man vor dem Wettbewerb mal wieder Angst hat. Und den gibt es durchaus: So träumt Hyundai von fliegenden Taxen zusammen mit Uber. Zunächst mit Piloten und später natürlich autonom sollen vier Personen in einer Höhe von 300 bis 600 Metern und mit bis zu 290 km/h etwa 100 Kilometer weit befördert werden. „Auf dem Boden ist es mittlerweile so voll, dass wir in die Luft ausweichen müssen, wenn wir den Verkehrskollaps vermeiden wollen", begründete Young Cho Chi, Chefstratege von Hyundai, 2020 den Ansatz.[21]

Und die Deutschen? Einer von zwei Prototypen des Münchner Entwicklers *Lilium* brannte ab. Auch das ist ein Beitrag zur von der Private Equity bekannten *Cash Burn Rate*, also dem „Mittelverbrauch" von fremdem Geld.

Die Technik ist ein Konjunktiv. Das Geschäftsmodell auch. Die Kritik ist breit: „Wer soll es nutzen und welche Verkehre soll es genau ersetzen?" Der Mobilitätsforscher Andreas Knie sagte dem Magazin *DER SPIEGEL:* „Die Firmen geben Antworten auf Probleme, die wir nicht haben." „Gimmick für Reiche." Es sieht super aus und hat nur einen kleinen, aber entscheidenden Makel: Es kann nicht fliegen. Der Wettbewerber Volocopter will auch ein „Uber der Lüfte" werden, und Modell 2X flog auch schon mal zu Bärs Zeiten für ein paar Minuten 30 Meter über dem Boden wie ein Hubschrauber.

Die Einwände sind wie immer die gleichen: 1,20 Euro pro Kilometer sind die Kosten im voll eingespielten Betrieb. Dann wären die Flugtaxen aber Flugbusse mit bis zu 80 Sitzplätzen, was irgendwie an Flugzeuge erinnern könnte und an deren Energiebedarf.[22]

Und dann kommt wieder ein von der Ingenieurszunft oft vergessenes Thema auf: Die Integration in die städtische Infrastruktur werde kurz- bis mittelfristig Schwierigkeiten bereiten, so die Forschenden des Fraunhofer IAO in einer Studie.

Die Gallier hatten auch immer Angst, dass ihnen der Himmel auf den Kopf fällt ... Drohnen und Flugbusse bleiben vermutlich eher Fantasien, die einem auch mal fehlen dürfen.

Bild 4.7
Flugtaxis bedürfen noch immer einer regen Phantasie

Hyperloop: Bohrender Hype oder eine bahnbrechende Entlastung?

Elon Musk hat ein Händchen für gute Firmennamen. Die schnell- und langbohrende Firma mit dem langweilenden Namen The *Boring Company* ermöglicht sichere und günstige Tunnel. Die Mission: „solve traffic, enable rapid point-to-point transportation and transform cities". Warum Tunnel? Damit die Idee von Musk aus dem Jahr 2013 auch eine Infrastruktur hat: Hyperloop.[23]

Der Hyperloop ist die neue Art der Fortbewegung, bei der wir per Vakuumröhre von A nach B mit einer Geschwindigkeit von bis zu 1200 km/h reisen. Er vereint das Konzept einer Magnetschwebebahn mit einem Vakuumtunnel.

Den Startschuss setzte Elon Musk, der die Pläne für das Transportsystem zur freien Verfügung ins Netz stellte und so die Wissenschaft und Mobilitätswirtschaft zum Nach- und Vordenken anregte. Da gab es dann aber auch solche Rückmeldungen: „Die ursprüngliche Idee, die Musk 2013 zum Hyperloop vorlegte, könnte man auch als schlechte Bachelor-Arbeit bezeichnen", sagt Markus Hecht, Leiter des Fachgebiets Schienenfahrzeuge an der Technischen Universität Berlin.

Zudem ist es keine neue Idee, wie man in Wuppertal und in der Schweiz weiß: Konkret wurde schon in den 1990er-Jahren am Projekt *Swiss Metro* gearbeitet. Ein Projekt, das unserem sehr ähnlich ist. Swiss Metro plante damals mit einer relativ großen Magnetschwebebahn, die im Unterdruck gefahren wäre. Im Nachgang zum White Paper sind einige Firmen entstanden – einmal rein privatwirtschaftlich und einmal forschungsbasiert wie an der TU München oder der Schweizer Hochschule EPFL.

So sollen Personen und Güter mit 1000 km/h nicht nur schneller und wetterunabhängiger, sondern durch die Energieeffizienz im Vakuum auch klimaneutral reisen. Immerhin sind die Kapseln solarbetrieben.

Die Vergleichsdaten sind interessant, aber auch nicht eindeutig, denn die Passagierzahlen im Kapseldesign sind noch zu gering (siehe Bild 4.8).[24]

Neue Modelle und Kapseldesigns werden ausprobiert, die 200 Passagiere fassen. Denn: Im Grundsatz bewegen sich die aktuellen Zahlen nach wie vor im Bereich von Magnetschwebebahnen wie dem Transrapid. In Japan wird derzeit eine 286 Kilometer lange Magnetschwebebahnlinie von Tokio nach Nagoya gebaut, auf der ab 2027 durchschnittlich 420 km/h erreicht werden sollen.

Verkehrsmittel	Reisegeschw. (km/h)	Sitzplätze	Frequenz	Passagiere pro Stunde pro Richtung
Flugzeug	400-600	200-400	15-20/h	4.000-6.000
Bahn	150-250	450-1000	10-12/h	5.400-10.000
Transrapid	225-250	438	12/h	5.250
SCMaglev (Magnetschwebebahn)	245	1000	10/h	10.000
Swiss-metro	323	200	10/h	2.000
Hyperloop	1000	28	12/h	336

Bild 4.8 Beförderungskapazitäten verschiedener Verkehrsmittel im Vergleich

Das Hochgeschwindigkeitssystem ist wieder Höhepunkt der Hyperloop Conference, die Forschende, Startups, Transportunternehmen, Vertretende aus der Politik und Investierende zusammenbringt.

Wenn man in 80 Tagen um die Welt wollte, dann kann man in Deutschland eine Rundreise in 142 Minuten schaffen, wie eine Projektion ergab:[25]

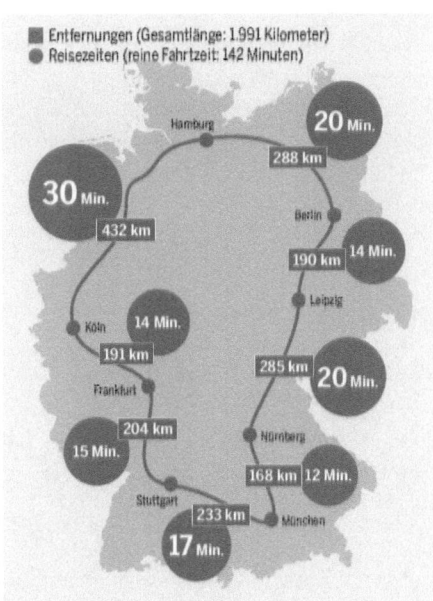

Bild 4.9
Mit Hyperloop in 142 Minuten rund um Deutschland, das entspräche einer Durchschnittsgeschwindigkeit von ca. 840 km/h

Musk hatte die US-Westcoast im Blick. Die erste konkrete Strecke für den kommerziellen Betrieb soll Abu Dhabi und Dubai verbinden. Aber auch der Hamburger Hafen will das System testen und Container mit bis zu 1200 Kilometern in der Stunde in die Röhre schieben.

Kritikerinnen und Kritiker bezweifeln allerdings, dass das technisch machbar ist und bemängeln – einmal mehr –, dass der Hyperloop nicht in bestehende Verkehrssysteme eingebettet werden kann. Markus Hecht, Leiter des Fachgebiets Schienenfahrzeuge an der Technischen Universität Berlin, hatte im STANDARD die Idee auf technischer Ebene als „wenig sinnvoll" und die Sicherheitsrisiken für Passagiere als „enorm" bezeichnet und sieht für einen Transport von Menschen auch in absehbarer Zeit „keine behördliche Zulassung".[26] Vor allem die Investitions- und Betriebskosten seien oft weit höher als von den Entwicklern angegeben. Hecht empfahl klar, „verfügbare Gelder eher in den Ausbau konventioneller Verkehrssysteme, wie etwa in das Rad- oder Schienennetz, statt in äußerst riskante und teure Technologien wie den Hyperloop zu investieren."

4.7.4 Trendprognose: Sharing

Das Sharing-Thema hat den richtigen und weiter wichtiger werdenden Ansatz des Teilens von ansonsten unternutzten Mobilitätsmitteln. Aus Kosten-, CO_2- und Platzgründen ist das ein Gebot der Stunde. Aber wir haben in den ersten – meist privatwirtschaftlichen und unwirtschaftlichen – Generationen des Sharing alle Probleme und Paradoxien der klimaschädlicheren Ersatzverkehre gesehen. In der nächsten Generation mit anderen Betreibermodellen und stationsbasierten Ansätzen wird es einer der aktivierenden Treiber der Verkehrswende sein.

Konkret müssen wir die Einsamkeit auf der Straße überwinden und Fahrgemeinschaften wieder attraktiv machen. Tinder kann es ja auch matchen. Dafür brauchen wir betriebliche wie städtische Anreize und Infrastrukturen. Und von überfliegenden und unterirdischen Technologien sollten wir uns nun nicht ablenken lassen, bevor wir nicht die selbstbewegenden, aktivierenden Maßnahmen bodenständig umgesetzt haben.

■ 4.8 Electrification: spannungsreiches Motoren-Methadon

Um zu verstehen, warum Elektromobilität politisch hersteller- wie kundenseitig als Lösung verstanden wird, müssen wir nochmals zum Problem zurück. Und das ist in erster Linie nicht Sauberkeit der Mobilität, sondern Sucht!

Es mag zu weit hergeholt klingen, die motorisierte Individual-Mobilität als eine Sucht zu beschreiben. Aber wenn man am Bodensee mal Autotuning-Messen besuchen musste und Hilfe-Foren anschaut, auf denen sich Partner von Auto-Süchtigen austauschen, dann bekommt man schon einen Eindruck, um was es hier geht: um eine Droge, so wirksam wie Kokain und Sex.

Hirnforscher und Psychologen haben diese Auto-Sucht genauer untersucht. Es geht um die Frage, warum Menschen Fahrzeuge so sehr lieben, sie vermenschlichen und Frauen sie aus anderen Gründen lieben als Männer.[27] Wenn der Verstand aussetzt, hilft der Blick ins Hirn. Dort ist in der Magnetresonanzanalyse eine sehr starke Aktivität im *Nucleus accumbens* erkennbar, also im „Belohnungszentrum", das auch beim Sex oder beim Konsum von Kokain aktiviert ist. Und dies bei Männern (eher demonstrativer Status, weswegen wir Fahrzeugklassen haben) wie Frauen (demonstrative Gleichberechtigung) absolut vergleichbar.

Wie die meisten Süchte machen sie eine Zeitlang Spaß, sind auf Dauer aber teuer und machen traurig. Dann muss man entweder die Dosis erhöhen – mehrere Autos oder größere, schnellere und schwerere – oder auf Entzug gehen. Und genau der steht aus den in diesem Buch gezeigten Gründen an.

Übergangslösungen des Entzugs sind z. B. Methadon-Programme. Methadon ist ein vollsynthetisch hergestelltes Opioid mit schmerzstillender Wirksamkeit. Denn die Dekarbonisierung des Verkehrs als post-fossile Mobilität ist nun aus der gezeigten Verrechtlichung der Klimaschutz- und Luftreinhaltepolitik unausweichlich. Wir brauchen offenbar schmerzstillende synthetische Treibstoffe.

Drei Methadon-Programme mit einem klaren Favoriten
Die Selbstbewegung – Sie ahnen es – ist die einzige nachhaltige Lösung. Aber das ist für viele kalter Entzug. Daher haben wir aktuell drei technologische Methadon-Programme als Ersatzdrogen: Wasserstoff, E-Fuels (also synthetische Treibstoffe, bei denen alles – bis hin zur Tankstelle – so bleibt wie bisher) und die Elektromobilität.

Die Elektrifizierung des Antriebs ist die parteienübergreifende politische und industrieübergreifende Auto-Hypnose der Mobilitätswende für den Klimaschutz. Dies auch aus guten Gründen, da – wie wir hier nur kurz zeigen wollen – Wasserstoff zwar schnell im Tankvorgang ist, aber klimaseitig aufgrund des aktuellen Strom-Mixes als „grauer Wasserstoff" Nachteile gegenüber der Elektro-Mobilität aufweist. Daher wechseln nun auch Anbieter vom Endkunden auf Busse und Nutzfahrzeuge etc. Die koalitionsvertragsseitig nochmals re-energetisierten E-Fuels haben hingegen so niedrige Wirkungsgrade, die zurzeit bei lediglich 15 Prozent im Vergleich zu Elektro-Autos liegen, dass es von den drei Ersatzdrogen letztlich tatsächlich im urbanen Individualverkehr nur das Elektro-Auto neben den effizientesten Verbrenner-Motoren sein kann, je nach Studienannahmen insbesondere zum Strommix. So lange, bis wir uns selbst bewegen.

Was ist Elektromobilität und wo stehen wir zu Beginn der 2020er-Jahre?
Unter Elektromobilität verstehen wir alle Fortbewegungsformen mithilfe von Strom. Das umfasst auch den Schienenverkehr wie auch Elektro-Rollstühle. In der aktuellen Diskussion verengt sich Elektromobilität in der Regel auf Fahrzeuge, deren Fortbewegungsenergie aus einer Batterie kommt, also auf E-Bikes, E-Scooter, E-Mopeds und ähnliche hybride Fahrzeuge.

Anfang der 2020er-Jahre stieg – angefeuert durch ein Prämienprogramm – die durch die von der Bundesregierung im Jahr 2010 initiierte und eingangs schon beschriebene Nationalplattform Elektro-Mobilität intendierte Neuzulassungszahl endlich an. Fahrzeuge waren da, trotz coronabedingter Lieferketten- und selbstverursachter Chip-Problematik. In Deutschland wurden 2020 194 000 Elektro-Autos neu zugelassen, dreimal so viel wie im Jahr zuvor. 2021 waren es nochmals ca. 50 Prozent mehr. Zu Elektroautos zählen reine batterieelektrische Fahrzeuge und sogenannte Plug-in-Hybride, also Fahrzeuge mit einem Elektro- und einem Verbrennungsmotor, bei denen der Akku über einen Stecker geladen wird. Elektrisch betriebene Fahrzeuge sollen die Emissionen des Verkehrs reduzieren. Seit 2020 gilt in der EU der CO_2-Flottengrenzwert von 95 Gramm CO_2 pro Kilometer je Auto. Er zwingt Hersteller faktisch dazu, verstärkt auf Elektroautos zu setzen. Für den Durchbruch der Elektromobilität sind ausreichend öffentliche Ladestellen nötig. Zuletzt stieg die Zahl der neuen E-Autos so schnell, dass es Bedenken gibt, ob der Ausbau der Ladestellen Schritt halten kann. Im Jahr 2021 gab es in Deutschland knapp 50 000 Ladepunkte. Für Politik wie Industrie aber offenbar überraschend: der korrespondierende Ladestationen-Ausbau sowie der neue Strombedarf. Die Prognosen werden alle kassiert und die Frage, wer beim Infrastrukturausbau zur Kasse gebeten wird, ist ein Evergreen der grünen Mobilitätsfinanzierung mit der immer gleichen Folge: Mikado. Wer sich bewegt, hat verloren, also bewegt sich keiner.

Aber allen geht es noch immer um Wachstum, Ansiedlungen von auch ausländischen Auto- und Batterie-Fabriken, Forschungsförderungen und Kaufsubventionen.

Bei so viel nachholendem Aktionismus einerseits und den Aktienkursen von Tesla und Wettbewerbern andererseits ist es nochmals gut, an den Anfang zurückzugehen.

4.8.1 Wie alles begann: Kurzgeschichte der Kurzschlüsse der E-Mobilität

Paris, Weltausstellung 1900. Ludwig Lohner und Ferdinand Porsche stellten einen konsequent auf Effizienz hin zu Ende gedachten Antrieb vor: den Lohner-Porsche als transmissionsloses Auto. Konkret: Es war ein Auto, das die Fantasie durch das Fehlen von allem bisher Relevanten weckte: keine Kupplung oder verlustreiche Automatikschaltung im Ölbad, kein schweres, mahlendes Getriebe, keine träge rotierende Kardanwelle, kein Differential, keine massigen Halbwellen mit knirschenden Gelenken. Zwei Kabel, die den Strom einer Batterie an zwei Motoren verteilen, die ihre Kraft dort freisetzen, wo sie gebraucht wird: in der Radnabe.

Der Lohner-Porsche war ein großer Erfolg auf der Weltausstellung. Er wurde als Patent verkauft – an Daimler.[28] Zur Erinnerung: Zu dieser Zeit fuhren bereits zigtausende Elektroautos durch New York. 80 Kilometer Reichweite – also wie gute E-Bikes auch. Sogar die induktive Ladung wäre denkbar gewesen, da bereits 1831 von Michel Faraday entwickelt. Und das Jahr 1881 könnte man mit Gustave Trouvé als das eigentliche Gründungsjahr des dreirädrigen Fahrzeugs ansetzen. Werner Siemens hatte im Jahr 1882 in Berlin-Halensee das *Elektromote*, einen Vorgänger des Oberleitungsbusses, erfunden.

Famos ist das Fehlen von so vielen Teilen technisch, aber nicht kaufmännisch: Ohne Moos nix los. Es fehlte also neben den Teilen auch das Geschäftsmodell. Mit Elektro-Autos machte man schon vor 120 Jahren kein Geld: zu wenig Teile, zu wenig Verschleiß.

Da kann man als Marktanbieter oder Wettbewerber Patente vom Markt kaufen oder vorwitzige Anbieter humorlos wieder zurückpfeifen: *General Motors* hatte den vollelektrischen EV1 1996 bis 1999 mit Reichweiten von über 100 Kilometern rausgebracht – und dann mit Ablauf der Leasingverträge direkt verschrotten lassen – wohl auf Druck der Marktbegleiter. Die begeisterten Kunden waren entgeistert. Die Industrie hatte geklagt. Der laufend gute Rollen spielende Schauspieler Tom Hanks hat die Dokumentation *„Who killed the electric car"* auf Festivals promotet, aber sie war irgendwann nicht mehr verfügbar, da wohl jemand die Kopien gekauft hatte.

Elon Musk sagte in einem Interview, dass das der Startpunkt für Tesla war. Und das war interessanterweise auch der Startschuss, der Weckruf der deutschen Autoexporteure. Und Grünheide ist ein Beispiel für Industriepolitik, die grün aussieht, aber auch etwas unheilig wirkt.

4.8.2 Nachhaltigkeit nachhaltig zu Ende gedacht

> *„Elektroautos fahren heutzutage de facto mit 100 Prozent Kohlestrom"*
> *Institut für Weltwirtschaft, Kiel: Ulrich Schmidt 2020*[29]

Dilemmata: Die Mobilitätswende ist eine Energiewende – und damit zu langsam

Die Kurzformel ist die: Die Energiewende ist zu langsam, um die Mobilitätswende nur über eine Antriebswende anzuschieben. Das Methadon selbst ist moralisiert. Und das liegt an einer Überfülle an Studien in den letzten Jahren, die hoch widersprüchliche Aussagen produzierten, auch durchaus in Abhängigkeit von den Auftraggebern. Die Studienlage der CO_2-Bilanzen ist deswegen so ambivalent, weil die Annahmen über Laufleistung, Produktion und Strom-Mix so wild gemischt wurden, bis passende Ergebnisse kamen. Mal war das Interesse, den „effizienteren" Diesel zu retten, mal endlich die Elektro-Mobilität anzuschieben.

Da wir die Laufleistungen (offenbar länger als angenommen), die Produktion (unklare Effizienzfortschritte in der Batterie-Entwicklung und Produktionsemission sowie Recyclingfähigkeit) und die Strom-Mixe (Bedarfe waren unterschätzt, damit der regenerative Anteil überschätzt) nicht sicher kennen, wird taktisch optimiert.

Aber bei aller Optimierung wird nun allen Beteiligten – Forschenden schon etwas früher – doch deutlich: So elektrisierend ist die Idee der Elektromobilität nicht. Sie scheint alternativlos, wenn man politisch die Individual-Mobilität in Autos nicht reduzieren will. Aber genau die Individual-Mobilität ist das Problem, da die Elektrifizierung die Platzprobleme nicht löst und offenbar auch nicht wirklich die Emissionen absenken kann. Und die Probleme entstehen, wenn sich die scheinbare Lösung E-Mobilität durchsetzt.

- Erstes Dilemma des **fertigungskapazitären CO_2-Anstiegs**: Der CO_2-Anstieg durch den starken Ausbau der Produktionskapazität für Elektro-Mobilität ist auf Jahre zunächst stark steigend, was nicht nur den Wasserschützern bei der Gigafactory von Tesla in Grünheide auffiel.

- Zweites Dilemma der **Plug-in-Hybride**: Die steuerlich privilegierten, nahezu durchgängig als Dienstwagen eingesetzten Plug-in-Hybride haben nach einer Studie von Fraunhofer einen Elektro-Modus an Gesamtleistung von gerade einmal 18 Prozent. Dafür sind sie aber schwerer als die konventionellen Verbrenner. Wenn man 2,5 Tonnen in Bewegung setzt, weil man seine 80 Kilogramm nicht selbst in Bewegung bringen kann, dann spürt man praktisch, was Ingenieure theoretisch als Wirkungsgrade interessiert.

- Drittes Dilemma der **Wirkungsgrade**: Wasserstoff hat mit 3 bis 5 Minuten bei gut gelernten und infrastrukturell unaufwendigen Tankvorgängen als grauer Wasserstoff kaum Förderung, aber eine schlechtere Klimabilanz. Der Reichweitenvorteil ist gegenüber Elektro-Mobilität geschwunden. Der Wirkungsgrad ist daher nur im ÖPNV sowie im Nutzfahrzeug- und Schwerlastbereich gegeben. Synthetische Treibstoffe (E-Fuels) haben indes Wirkungsgrade von 13 bis 15 Prozent, also wird siebenmal so viel an Energie reingegeben. Beim Elektro-Auto sind dies knapp 70 Prozent der eingesetzten Energie.

- Viertes Dilemma des **Strom-Mixes**: Wir haben in Deutschland derzeit einen Anteil der erneuerbaren Energien an der gesamten Stromeinspeisung von ca. 45 Prozent. Nun stieg – allerdings nur für das Wirtschaftsministerium im Jahr 2021 vollkommen überraschend – die Strombedarfsprognose in den nächsten zehn Jahren gegenüber dem aktuellen Bedarf. Die Elektro-Mobilität war vielleicht für den damaligen Bundesminister beim Aktenstudium in der verbrennerbasierten Fahrbereitschaft des Bundestags nicht erwartbar. Stromerzeuger Wasserstoff für die Industrie statt Kohle, Elektromobilität statt Diesel ... Wie soll das genau ohne Zunahme des Strombedarfs gehen? Kanzler Scholz redete von „Strom-Lüge", Peter Altmaiers Minister-Nachfolger Robert Habeck attestierte ihm „Nerven". Denn nun sind wir noch langsamer bei der Energiewende als angenommen.

Wir werden bei Elektromobilität doch verkohlt

Dieser fatale Fehler der Prognose hat für die Energiewende in Deutschland tatsächlich nervige Folgen: Je höher der Stromverbrauch im Jahr 2030 ausfallen wird, desto mehr Windräder und Solaranlagen müssen entsprechend gebaut werden, um tatsächlich den Anteil von 65 bzw. 80 Prozent zu erreichen. Der sogenannte „Ausbaupfad" muss nun steiler werden. Und genau das wird er aktuell z. B. im Bereich Windkraft nicht. Der Import regenerativer Energien wird notwendig – und das ist derzeit vor allem Wasserkraft aus Österreich. Klingt gut, ist aber eine Umverteilung von auch andernorts und für andere Zwecke benötigter Energie für Mobilität.

Viele die Elektro-Mobilität optimierende Studien legen den EU-Strom-Mix an, was bei deutscher Produktion und deutschem Betrieb nicht angemessen ist, denn wir haben in Deutschland derzeit einen 30 Prozent höheren CO_2-Ausstoß als die EU. Um die Elektromobilität emissionsfrei zu bekommen, benötigen wir 100 Prozent Ökostrom – und das wird Jahrzehnte benötigen. Das Institut für Weltwirtschaft in Kiel ist daher sehr nüchtern: „Erst wenn die Energiewende weit fortgeschritten ist und der Strom nahezu ausschließlich aus erneuerbaren Energien besteht, ist das Elektroauto klimafreundlicher als moderne Diesel-Fahrzeuge."[30]

Was heißt das konkret? Pullover an und Stromsparen sowie Fahrrad raus und Mobilitätsverzicht. Klingt sehr vereinfacht. So einfach ist es eben auch. Anders wird das nichts.

Bio- oder Regional? Nachhaltige Batterieproduktion

Wie bei Textil und Nahrungsmitteln kommt natürlich in den nächsten Jahren der Frage nach der klimaneutralen Produktion der Batteriezellen die zentrale Bedeutung zu. Denn es geht ja nicht um Smog- und Emissionsverlagerung des Verkehrs von der Stadt in den die Batterien produzierenden ländlichen Raum, wie beispielsweise in China, sondern auch die Automobilproduktion selbst muss klimaneutral umgebaut werden.

Dabei ist zu beachten, dass allein die Verlagerung der Zellproduktion von China nach Deutschland nach Angaben von Agora Verkehrswende wesentliche Umweltvorteile induziert, da die Treibhausgasemissionen des chinesischen Strom-Mix rund 40 Prozent höher sind.

Reduce, Reuse, Recycling: Batterie-Management

Was wir derzeit noch nicht kennen: 1. Alternativen zum bisher nicht überzeugenden Produktionsverfahren und zur Rohstoffgewinnung, 2. wirkliche Laufzeiten bzw. Gesamtreichweiten der Batterien, 3. Geschwindigkeit der regenerativen Stromerzeugung für Produktion und Betrieb, 4. Funktionalität über den gesamten Lebenszyklus mit Blick auf die Zweitverwertung der Batterie sowie 5. das Recycling-Potenzial.

Was wir wissen:[31]

1. **„Kongo. Kobalt. Kinderarbeit."**

    So lautet die Kurzformel der massiven Probleme bei Arbeitsbedingungen und Umweltbeeinträchtigungen vor allem bei der Akku-Produktion. Im Sinne des Klimaschutzes, der Menschenrechte und der unternehmerischen Verantwortung werden mit und ohne Lieferkettengesetz massive Verbesserungen sicherzustellen sein, um eine nachhaltige Kundenbasis aufzubauen.

    „Wasser ist das neue CO_2!": Dass Teslas Zeitplan der Gigafactory in Grünheide unter Wasser lag, lag vor allem am Wasser und dessen Mangel in Brandenburg selbst. Auch Lithium, ein weiterer Hauptbestandteil der Akkus, schädigt bei Gewinnung mittels stark salzhaltigem Wasser umliegende Grundwasserstände massiv.

2. **Nur grüner Betrieb wirkt.**

    Die doppelte Herausforderung: Wir brauchen deutlich mehr Strom und den auch nur noch grün. Aktuell: Emission wird von nutzenden Städten in den produzierenden ländlichen Raum lediglich verteilt. Die Lösung kann nach der Abschaltung der Kohlekraftwerke nur der drastische Ausbau der grünen Energie sein – und emissionsbedingt bietet eine Alternative eben nicht die ewige Hoffnung, sondern die ewige Lagerproblematik: der Atomstrom.

3. **Das Phosphor-Potenzial**

    In China und hier vor allem an der *University of Science and Technology of China (USTC)* – nicht in Wolfsburg oder München – wird derzeit eine neue Materialzusammensetzung für extrem effiziente Batterien entwickelt. Unter Einsatz von schwarzem

Phosphor können Ladezyklen von wenigen Minuten dann bis zu 500 Kilometer Reichweite aufgrund der höheren Elektronendichte des Phosphors im Vergleich zu Lithiumatomen erreichen. Es gibt auch hier Anzeichen für eine längere Lebensdauer. Ein Vorgeschmack auf technologische Sprünge und Gebrauchtwagenpreis-Sprünge älterer Modelle ...

Was wir gerade versuchen:

- **REDUCE: E-Mobilitäts-Reduktion:** Diese Strategie stellt auf Reduktion pro Personenkilometer um, durch Fahrgemeinschaften, Flotten und elektrifizierten ÖPNV. Oder E-Bike statt E-Car.
- **REUSE: Batterie-Rückläufer:** Diese Strategie stellt auf Zweitverwertung ab. Batterien werden nach Prüfkriterien analysiert, um das Recycling-Potenzial zu schätzen. Ein zweites Leben – ohne Recycling – wird vor allem bei mobilen Ladesäulen als „Power-Bank" für Festivals und Großveranstaltungen gesehen. Das versucht die Volkswagen AG. Die österreichischen Recycling-Spezialisten der Saubermacher AG sehen indes noch keine breite industrielle Anwendung. Grund: Die Vielfalt der Rückläufer macht größere Speicher-Einheiten auch unter Brandschutz-Gesichtspunkten faktisch unmöglich und zudem hoch aufwendig. Eine Standardisierung der Bauweise für das Recycling ist zentral und derzeit nicht absehbar.
- **RECYCLING:** Es können drei Verfahren unterschieden werden:
    - **Thermische Aufschmelzung:** Der belgische Batterierecycling-Marktführer Umicore setzt auf Verbrennung und Zermahlung. So können Kobalt, Nickel und Kupfer wiedergewonnen werden – Lithium, Graphit, Aluminium sowie Elektrolyt hingegen nicht.
    - **Verschrottung:** Das deutsche Chemieunternehmen Duesenfeld hat einen Schredder unter Stickstoff gesetzt und zerlegt darin die sonst hochentzündliche Lithium-Ionen-Batterie in Geschreddertes und Elektrolyt. So können die einstigen Rohstoffe Graphit, Mangan, Nickel, Kobalt und Lithium wiedergewonnen werden für neue Antriebsakkus. 96 Prozent aller Batteriebestandteile sollen so einem neuen Kreislauf zugeführt werden. Der CO_2-Fußabdruck bei der Produktion neuer Akkus verringere sich nach Unternehmensangaben um 40 Prozent im Vergleich zur Neuproduktion.
    - **Elektrohydraulische Zerkleinerung:** Fraunhofer legt Batteriezellen in Wasser und regt kontrollierte Schockwellen an, um die Lithium-Ionen-Batterien an den Schwachstellen in den Materialverbünden zu zerlegen.

Was wir brauchen:

- **Zertifizierungen nach Umwelt- und Fair-Trade-Standards:** Hier gibt es eine massive Lücke an staatlicher Regulierung und Industriestandards. Die EU will ihre Ökodesign-Richtlinie um Lithium-Ionen-Akkus erweitern – mit Dokumentation des Lebenszyklus von Rohstoffgewinnung bis Entsorgung.
- **Produktionsstandardisierung für Zweitverwertung und Recycling:** Derzeit gibt es keine Automatisierungsmöglichkeit, da jeder Hersteller eigene Systeme entwickelt und diese jahresweise ändert. Damit erfolgt alles an Analysen für Zweitverwertung bzw. das Recycling in aufwendiger und nicht kostendeckender Handarbeit.

- **Mehr Rohstoffe – Recycling bleibt Randerscheinung:** Das Nachfragewachstum ist fünffach über dem Recycling-Volumen. Die deutsche Rohstoffagentur schätzt den Bedarf z.B. an Kobalt für 2026 auf gut 50 000 Tonnen – bei gerade einmal rund 10 000 Tonnen recyceltem Kobalt. Beim Lithium: Nach aktuellem Stand der Technik kann vom erwarteten Lithium-Bedarf kein einziges Gramm über Recycling gedeckt werden.
- **Ökostrom und Pflege der Batteriegesundheit:** Diese sind zentral für die Gesamtbilanz aus Nutzersicht.

Und E-Bikes? Gleiche Probleme, höhere Energie-Effizienz, deutlich niedrigere CO_2-Emission

Mit einem Verkaufsvolumen von zwei Millionen E-Bikes in Deutschland kommt die Frage auf: Wie viele Rohstoffe und welchen vergleichenden Vorteil erzielt das E-Bike eigentlich genau?[32]

Bei zwei Millionen Batterien reden wir über 6000 Tonnen Lithium-Ionen-Akkus im Jahr. Übersetzt in Rohstoffen: 120 Tonnen Lithium, 960 Tonnen Elektrolyt, 420 Tonnen Kobalt, 360 Tonnen Nickel, ebenso viel Mangan und 4740 Tonnen weitere Rohstoffe – nur in den Akkus.

Alle für die E-Cars gezeigten Herausforderungen gelten auch für E-Bikes – wenn auch mit deutlich geringerem Systemgewicht wie Personenkilometer-Footprint. 80 Prozent der Treibhausgase im Lebensweg des E-Bikes entstehen dabei vor dem Fahren.

Eine umfangreiche Vergleichsstudie zu E-Car und E-Bike nahm das Institut für Energie und Umweltforschung in Heidelberg (IFEU) vor und berücksichtigte Herstellung, Wartung und Entsorgung. Verglichen wurden hier Emissionen pro 100 km auch hinsichtlich der erwarteten Lebensdauer der Verkehrsmittel mit dem Ergebnis: Das E-Bike schneidet überraschend sogar besser ab als der ÖPNV – um den Faktor 5 niedriger.[33] Und das Umweltbundesamt rechnet vor, dass nach bereits rund 100 E-Bike-Kilometern – im Ersatz zu Pkw-Fahrten – die Treibhausgasemissionen des Akkus bereits ausgeglichen seien.

Ein handelsüblicher 500-Wh-Akku reicht beim E-Bike im Sport-Modus mindestens für 50 Kilometer. Die Emission – auf Basis des Schätzungswerts der CO_2-Emission pro KWh im deutschen Strom-Mix 2018 laut Umweltbundesamt – wäre ca. 474 Gramm CO_2 pro 100 Kilometer. Der aktuelle VW Golf stößt im Vergleich 11 300 Gramm CO_2 pro 100 Kilometer aus: Faktor 23. Beim sparsameren Eco-Modus-Fahrstil des E-Bikes im Vergleich zum BMW X5 xDrive40i mit 18 003 Gramm CO_2 pro 100 Kilometer: Faktor 115. Das Institut für Urbanistik sieht das Verhältnis der Energiebilanz im Schnitt zwischen E-Bike und Auto mit 1:30.

Im Auto- bzw. Mobilitäts-Quartett von früher – Ältere erinnern sich – ist das E-Bike ein absolut sicherer „Stich".

4.8.3 Arbeitsmarktkonsequenz: weniger, anders, innovativer

Elektroautos zeichnen sich – wir erinnern uns – durch das Fehlen von Teilen aus. Diese Komplexitätssenkung auf z. T. noch 25 bis 30 Prozent der Teile wirkt für Arbeitsmärkte komplexitätssteigernd, denn nun wird es disruptiver.

In der europäischen Batteriezellfertigung werden bis zum Jahr 2030 bis zu 100 000 neue Arbeitsplätze entstehen, die die zu erwartenden Jobverluste in der Herstellung konventioneller Verbrenner zumindest teilweise wettmachen könnten. Die *Agora Verkehrswende* geht in einer Stellungnahme von 2021 davon aus, dass Deutschland in der nächsten Dekade europaweit zum wichtigsten Standort für die Batteriezellproduktion wird.

Der Verband der Automobilindustrie (VDA) hat die direkten und indirekten Arbeitsmarktwirkungen der Transformation durch die Elektromobilität mal vorgerechnet Bild 4.10.[34]

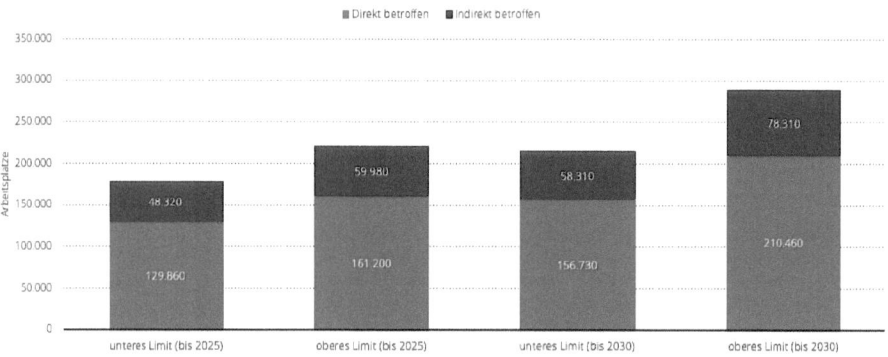

Bild 4.10 Anzahl gefährdeter Arbeitsplätze in der Automobilindustrie durch Transformation zur Elektromobilität bis 2030

Bis zum Jahr 2030 werden nach dieser Schätzung mindestens 156 700 Arbeitsplätze in der Automobilindustrie von einer Transformation der Industrie hin zur Elektromobilität direkt betroffen und gefährdet sein. Maximal kann die Zahl der gefährdeten Arbeitsplätze bis zum Jahr 2030 nach heutigen Berechnungen auf rund 210 500 hinauslaufen.

Die betroffenen Personen stellen Produkte mit Verbindung zu Verbrennungsmotoren her (z. B. Dieselmotoren, Abgasreinigungssysteme oder Auspufftöpfe). Ein Teil des Stellenabbaus wird allerdings auch durch altersbedingte Beschäftigungsfluktuation kompensiert.

Deutlich wird das auch in den Verbänden wie dem VDA: Die Trennung der profitablen und geförderten Hersteller von den immer weniger profitablen wie notwendigen Zuliefererunternehmen führt zu auch außerhalb der Industrie spürbaren Spannungen. So geht eben auch Elektro-Mobilität unter Hoch-Spannung!

Im Kapitel 3 Antriebsschwäche habe wir im Abschnitt 3.1 ja bereits über die Wirkungen gesprochen. Es wird weniger und anders.

4.8.4 Infrastruktur: der limitierende Faktor

„Die Gemeinsamkeit von Durchfall und Elektro-Autos?
Man ist froh, wenn man noch nach Hause gekommen ist."

Viel geteilter Social-Media-Witz zu Elektro-Autos

So witzig diese Sprüche sein mögen, so frustrierend war das als wissenschaftlicher Berater – mit wie wenig Voraussicht das Thema nur auf Sicht gefahren wurde. Als der Autor dieses Buches in der Forschungsunion und des Innovationsdialogs des Bundeskanzleramtes im Jahr 2010 seine Skepsis der *Nationalplattform Elektromobilität* mit Blick auf die Zielerreichung zum Ausdruck brachte, war eines der sich im Kreis drehende Argumente die Ladeinfrastruktur. Konkret: Wer hat die investive Verantwortung und wo sollte diese installiert sein?

Die dynamische förderinduzierte Entwicklung der E-Cars trifft auf lahmenden Ausbau der Ladeinfrastruktur. In den 2020ern haben wir nun den Kipppunkt erreicht, an dem enorme Investitionen anstehen, da bis eben noch leere Ladesäulen auf nur wenige E-Autos warteten, sich nun jedoch 20 reine Elektroautos an einem öffentlichen Ladepunkt anstellen. Warte- und Ladezeiten summieren sich auf erzwungene Stillstandszeiten, sodass das Sharing schon wieder interessant wird. Dazu kommen systembedingte Begrenzungen, da nicht jede Ladekarte an jeder Ladesäule genutzt werden kann.

In Zahlen: Zuletzt stieg die Zahl der neuen E-Autos so schnell, dass der Ausbau der Ladestellen nicht Schritt halten konnte. Im Jahr 2021 gab es in Deutschland knapp 51 000 Ladepunkte. Für die prognostizierten 15 Millionen Fahrzeuge würde dies 400 000 bis 800 000 Ladepunkte bedeuten. Und der nun anstehende Infrastrukturaufbau sollte bereits die künftige Nachfrageentwicklung antizipieren, statt ihr nur zu folgen. Denn das Angebot schafft hier nachweislich die Nachfrage. Zudem müssen durch mehr Schnellladesäulen die Ladezeiten deutlich verkürzt werden. Dies gilt nicht nur in Deutschland, sondern europaweit. Die EU plant, im Rahmen des „Fit for 55"-Klimapakets die Infrastruktur für den Antriebswechsel auszubauen. Demnach sollen entlang der Autobahnen alle 60 Kilometer eine Schnellladestation und für den Schwertransport alle 150 Kilometer eine Wasserstofftankstelle entstehen.

Nun war es dem Autoherstellerverband VDA vorbehalten, den zu langsamen Ausbau der Ladeinfrastruktur für E-Autos zu bemängeln.[35] Verbandspräsidentin Hildegard Müller hatte deswegen für ein Spitzentreffen der beteiligten Branchen – von Tankstellen, Gebäudewirtschaft, Parkplatzbetreibern und Energieversorgern, aber auch Kommunen – geworben, die endlich gemeinsam „einen konkreten Plan entwickeln, wie der Ausbau beschleunigt und Laden für die Menschen einfacher sowie schneller wird".

Waren es 2020 noch pro Ladepunkt 13 Elektroautos bzw. Plug-in-Hybride, waren es ein Jahr später bereits 22. Tatsächlich will die Ampel-Regierung den Ausbau der Ladesäuleninfrastruktur massiv beschleunigen und strebt an, dass bis 2030 mindestens 15 Millionen vollelektrische Autos auf deutschen Straßen fahren und es bis dahin eine Million Ladepunkte gibt. Um das Ziel zu erreichen, müsse sich aber „die derzeitige Geschwindigkeit beim Ausbau der Ladeinfrastruktur verachtfachen", so der VDA.

So richtig das Tempo sein mag, desto unklarer ist jedoch die Entwickler- und Betreiberfrage. Staubsaugeranbieter bringen auch die Beutel in den Verkehr. Der Staat hat zuletzt auch kein Benzin ausgeschenkt. Die Autoindustrie ist mit ihren Kundschaften Hauptprofiteur des Ausbaus der Ladeinfrastruktur und könnte sogar von Forderung auf Engagement umstellen.

Denn spannend ist ja die Verortung der Infrastruktur, die eben keine Tankstellen mehr vorsehen würde, sondern in den Wohnungskiezen und beim Arbeitgeber verbaut werden würde.

Ein Spieler bleibt schon mal energetisch sparsam bei diesen jahrelang währenden Forderungen: Der Energiewirtschaftsverband BDEW will keine festen Ziele beim Ausbau von E-Ladesäulen, um ein Überangebot zu vermeiden. Niemand wisse heute genau, wie die Mobilität im Jahr 2030 aussehe. Ohne Ladeinfrastruktur weiß man aber schon, wie es aussehen würde.

4.8.5 Elektrifizierung des ÖPNV: Hebel der öffentlichen Hand

Der Schlüssel ist auch hier der ÖPNV. Wer hinter einem Berliner Diesel-Doppeldecker im warmen Windschatten radelt, weiß das Potenzial zu schätzen.

Linienbusse legen Tag für Tag 200 bis 400 Kilometer zurück und bremsen und beschleunigen wesentlich öfter als das private Auto. Bei einer erwarteten Lebenszeit von 12 Jahren und mindestens 750 000 gefahrenen Kilometern müssen die Fahrzeuge eine sehr hohe Robustheit aufweisen.

Trotz dieser hohen Anforderungen beweisen bereits heute über 10 Millionen Testkilometer aus Pilotprojekten, dass es technisch möglich ist, sämtliche Linienbusse bis zum Jahr 2030 komplett elektrisch zu betreiben. Grundsätzlich können alle für den ÖPNV vorgesehenen Busklassen mit Strom betrieben werden: Solobusse, Gelenkbusse und Midi-Busse. Hierfür stehen verschiedene elektrische Antriebstechnologien zur Verfügung.

Das Bundesministerium für Umwelt hatte mit der Richtlinie die Förderung auf batterieelektrische Busse ausgeweitet. Ziel der Förderung ist der Markthochlauf von Elektrobussen im ÖPNV zur Senkung der Treibhausgasemissionen sowie zur Verbesserung der Luftqualität in Städten und Reduzierung der Lärmemissionen im Straßenverkehr. Dazu fördert das BMU die Anschaffung von mehr als fünf Elektrobussen mit bis zu 80 Prozent und von Plug-in-Hybridbussen mit bis zu 40 Prozent der Investitionsmehrkosten.

Förderfähig sind zudem die Anschaffung der Ladeinfrastruktur (nur im Zusammenhang mit der Anschaffung von Elektrobussen) sowie weitere Maßnahmen, die zur Inbetriebnahme von Elektrobussen nötig sind (z. B. Schulungen von Werkstatt- und Fahrpersonal, Werkstatteinrichtungen) mit bis zu 40 Prozent der Investitionsmehrkosten. Antragsberechtigt sind Unternehmen der gewerblichen Wirtschaft oder der öffentlichen Hand, deren Aufgabe in der Dienstleistung besteht, Personen im ÖPNV zu befördern.

Bundesweit scheint es, als habe sich beim Ausbau der E-Mobilität im öffentlichen Nahverkehr ein Knoten gelöst. Von 2019 auf 2020 habe sich die Zahl der Elektrobusse in Deutschland mehr als verdoppelt, so eine Analyse der Beratungsfirma Pricewaterhouse-Coopers (PwC) – von einem sehr niedrigen Niveau aus. Aktuell sind 676 der rund 50 000 Busse im deutschen ÖPNV elektrisch, das entspricht einem Anteil von ca. 1,4 Prozent.[36]

In Städten wie dem chinesischen Shenzen, die gemeinsam mit dem Batterie-Hersteller BYD in die vollständige Umstellung eines elektrifizierten Nah- und Individualverkehrs hereingegangen sind – inmitten eines starken Wachstums der Stadt ohnehin –, waren ein Vorbild, mit autokratischer Brachialität: 16 000 öffentliche Busse wurden elektrifiziert – und 22 000 Taxen.

4.8.6 Trendprognose: Hochspannung bei Energiewende statt Hochstapelei bei Produktentwicklung

Elektrifizierung ist das Methadon der Abschaffung des individuellen Verbrennerautos. Es geht um einen „warmen Entzug" weg von der motorisierten Mobilität hin zu einem Mobilitätsverzicht mit erhöhter Selbstbewegung.

Konkret:

- **Mobilitätswende ist Energiewende.** Die Energiewende ist noch nicht gelungen, da es zu wenig Ausbau der regenerativen Energien gab. Damit kann die Mobilitätswende der Elektrifizierung kaum gelingen. Hier ist der höchste Handlungsdruck – vor aller Technologiehoffnung der Mobilität selbst.
- **Elektro-Individualmobilität ist keine Lösung.** Emission ist kohlebasiert nur umverteilt. Importe von regenerativer Energie sind verständlich, haben aber Umverteilungswirkungen, die es zu diskutieren gilt.

  Dazu: Platzprobleme bleiben. Stillstandszeiten auch.
- **Elektrifizierung des ÖPNV** hat absolute Priorität – Förderprogramme sind fortzusetzen.
- **Ladeinfrastruktur** muss beim Arbeitgeber und im Wohnkiez installiert sein, da hier jeweils acht Stunden Ladezeiten mit Stillstandszeiten zusammenkommen.
- **Zweitverwendung** und **Recycling** sind die Kernmärkte, die die Nachhaltigkeit beweisen werden. Deutschland sollte eher hier investieren als in den Batteriebau selbst, da der schon gut verteilt ist.

4.9 FAZIT: Verkehrsübungsplätze sind nicht für Antriebswende, sondern für Verhaltenswende

Der Rollkoffer, unser SU-IT-CASE auf den sieben Verkehrsübungsplätzen, hat oft geruckelt. Es sind viele Versuche im Lauf.

In der zusammenfassenden Grafik (Bild 4.11) haben wir nochmals die zentralen Trendprognosen aufgeführt.

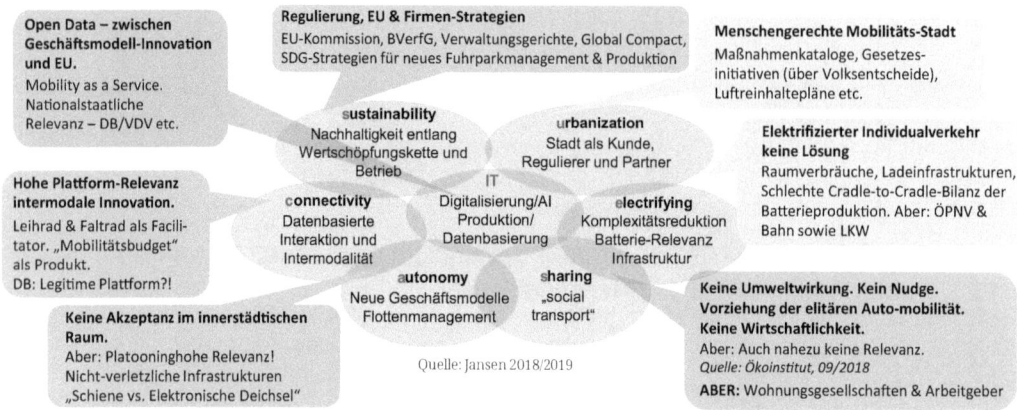

Bild 4.11 Trendcheck im SU-IT-CASE Modell (eigene Zusammenstellung)

Für uns auffällig:

- Die Vorausschau auf diese sieben ausgewählten **Gleichzeitigkeiten der Mobilitätswende** ist politisch wie industriell schwach ausgeprägt. Für eine Schlüsselindustrie des 20. Jahrhunderts ist das erstaunlich.

- Die **Verrechtlichung des Klimaschutzes und der Luftreinhaltung** sind starke Treiber für Unternehmen ihre Nachhaltigkeitsstrategie ernst zu nehmen – und auch ihre Mobilitätsstrategie als zentralen Hebel zu begreifen – für Mitarbeitende, Lieferketten und Kunden.

- Der Umbau **von autogerechter zu menschengerechter Stadtentwicklung** ist in vielen Städten weltweit und auch in Deutschland im Gange. Der Corona-Shift heraus aus dem ÖPNV hat die guten Tendenzen verwischt. Aber er wird zurückkommen.

- **Mobility as a Service** und die **digitale Mobilität** werden eine Rolle spielen, aber sie werden öffentlicher – vom Betreibermodell und dem Datenraum wie gegebenenfalls auch der Metaplattform her.

- Zentral wird die Umstellung **von mono-modale auf inter-modale Verkehre**.

- Das **Sharing** wird in eine neue Generation kommen müssen.

- Die langsame Entwicklung der Energiewende wird in Deutschland bei der **Elektrifizierung** vor allem des ÖPNV die stärkste Bremsscheibe. Zumal Deutschland ohnehin schon einen signifikant höheren CO_2-Footprint im Vergleich zur EU aufweist (+30 Prozent).

Zusammenfassend kann gesagt werden: Der Corona-Verlierer ÖPNV wird politisch und kundenseitig der Gewinner sein müssen – und das bedeutet: Orchestrationsfunktion bei Mobility as a Service mit Blick auf intermodale Angebote und Flatrates wie auch bei der Elektrifizierung. Die Verkehrsbetriebe, z. T. Stadtwerke und die zuständigen Senate bzw. Referate in den Stadt- und Gemeindeverwaltungen werden in Städten die Mobilitätswende operativ bewegen.

Und genau diese Beispiele von bewegenden Städten haben wir im folgenden Kapitel zusammengetragen.

5 BEWEGENDE STANDORTE

Die Pioniere neuer urbaner Mobilität

In den vorangegangenen Kapiteln wurde erläutert, warum im Kontext von internationalen Anstrengungen zum Umwelt- und Klimaschutz, deren nationaler Politik und Verrechtlichung, nachhaltiger Stadtentwicklung, urbaner Gesundheit, Digitalisierung, neuen Formen der (mobilen) Arbeit, kommunaler, nationaler und europäischer Politik – wie dem Klimaschutzgesetz des Bundes oder der Verurteilung Deutschlands durch den Europäischen Gerichtshof aufgrund massiv überschrittener Stickoxid-Werte in deutschen Städten – die Frage nach der Zukunft unserer Mobilität – durch die Corona-Pandemie zusätzlich beschleunigt – zeitkritischer und komplexer denn je ist.

Und es wurde deutlich, dass einfache, singuläre oder rein technologische Innovationen – etwa eine neue digitale Applikation oder eine neue Antriebstechnologie – unsere gesamtgesellschaftlichen Herausforderungen gesunder und klimaneutraler Städte nicht lösen können.

Wenn aber autonom fahrende Autos und Flugtaxis nicht die Lösung sind, was dann? Was macht unseren urbanen Lebensraum nachhaltig luftiger, leiser und lebenswerter? Wie werden Städte, Unternehmen und Menschen gesund durch Mobilität – und nicht krank? Wie gelingt die urbane Transformation mithilfe und nicht trotz der Mobilität? Und welche Geschichten erzählen Städte von ihrer Transformation und Zukunft?

■ 5.1 Das Momentum der Neu-Erfindung und -Erzählung

Durch den ersten Lockdown im Frühjahr 2020, der Städte auf der ganzen Welt zum wortwörtlichen Stillstand brachte und ihren Bewohnerinnen Stubenarrest verpasste, erlangten alternative urbane Zukunftsszenarien eine bis dahin ungewohnt hohe mediale Aufmerksamkeit – nicht zuletzt, weil die Pandemie (urbane) soziale Ungerechtigkeiten in den verschiedenen Wohn- und Arbeitswelten dramatisierte.

Die Fragen, die durch das Erleben eines ruhigen, leisen, also emissionsarmen Stadtraums in das private wie öffentliche Bewusstsein drangen, waren und sind verblüffend simpel und doch entfalten sie durch ihre Offenheit die dahinterliegenden Sinn-Welten: Wo bewegen wir uns zu wenig (Gesundheit) und wo zu viel (Umweltbelastung)? Wie und wo wollen wir in Zukunft arbeiten? Was verstehen wir unter individueller Freiheit? Ist es uns wichtiger, unseren Pkw vor der Haustür parken zu können („Freie Fahrt für freie Bürger"), oder finden wir eine verkehrsberuhigte, sichere, grüne und dadurch lebenswerte Nachbarschaft nicht doch attraktiver? Müssen wir alle jeden Tag zur gleichen Zeit zur Arbeit, Schule oder Ausbildung und so alle durch dieselbe Rushhour? Kann der Schulunterricht nicht zu unterschiedlichen Zeiten beginnen, wie es der Verband Deutscher Verkehrsunternehmen schon seit Jahren fordert?[1]

Im ersten Lockdown fehlte für einige Wochen der Verkehr; eine Situation, die man in Deutschland bisher nur von Fußballspielen der Nationalmannschaft für zumindest 90 Minuten plus Verlängerung kannte. Doch durch den nun über einen längeren Zeitraum ausbleibenden Verkehr wurden plötzlich neue, viel größere, nämlich vor allem mentale Bewegungen möglich. Dieser Einbruch des Verkehrs – zeitweise um 80 Prozent[2] – und der zunächst zeitlich offene Ausgang ließ Städte und Kommunen nicht nur auf- und durchatmen, sondern ermöglichte einen neuen Legitimationsrahmen für ohnehin schon angedachte, mutige Experimente, wie z. B. die Umwidmung von Autostellplätzen in Begegnungszonen, die flächendeckende Einführung von Tempo 30 in Innenstadtlagen oder die Neuaufteilungen des Verkehrsraums zugunsten des Fahrrad- und Fußverkehrs. Was schon vor der Pandemie an Lösungsansätzen im (Stadt-)Raum zur Diskussion gestanden hatte, wurde nun zweifelsohne gebraucht. Und es schien, als hätten Bürgermeisterinnen und Stadtverwaltungen nur auf die Gelegenheit gewartet, den Straßen- in einen Spiel-Raum zu verwandeln. Wir werden im nächsten Kapitel thematisieren, warum der Raum-Begriff essenziell für die Entwicklung neuer Formen einer gesunden urbanen Mobilität ist.

Ob „15-Minuten-Stadt", „Stadt der kurzen Wege", „Klimaneutrale Stadt", „Menschengerechte Stadt", „Gemeinwohlorientierte, kooperative und resiliente Stadt", „Smart City 2.0" oder „Fahrradstadt"; überall schienen Städte das Momentum nutzen zu wollen, um sich neu zu erfinden. Auf einmal wirkte Verkehrsplanung so leicht wie ein Spaziergang, die damals dominante Fortbewegungsform im März und April 2020. Die *Promenadologie*, also die Spaziergangswissenschaft, wurde wiederbelebt – und es fiel vielen beim Gehen auf, dass Gedankengänge in Selbstbewegung komplexer und fließender werden.

5.1.1 Neue Narrative nachhaltiger Städte

Amsterdam: I am sterdam (2008)
Elmshorn: Supernormal
Göttingen: Stadt, die Wissen schafft
Hattengehau: Unser Dorf soll kleiner werden
Karlsruhe: Viel vor. Viel dahinter.
Laatzen: Stadt der Sinne
Leipzig: Leipzig kommt! (1990er-Jahre)
Leopoldshöhe: ... immer auf der Höhe
Mannheim: Leben im Quadrat
Niebüll: schön.weit.oben.
Torgau: Stadt der Renaissance & Reformation

Wien: Jetzt. Für immer
Wuppertal – Keiner wie wir.

Aktuelles wie historisches Stadtmarketing, Auswahl von Claims

Bisher waren Stadt-Geschichten meistens Teil des Tourismus- oder Lokal-Marketings und halbherzig bis nichtssagend, weil nur auf die Pointe aus. Die neuen Stadt-Narrative, die uns im Folgenden begegnen, haben eine andere, nämlich zukunftsgewandte und das Gemeinsame akzentuierende Qualität als die doch etwas angestaubten Messe-, Universitäts- oder Gartenschau-Claims des letzten Jahrhunderts.

Ein Narrativ ist mehr als nur Vision (ein Erscheinungs- oder Traumbild) und meint eine Menschen verbindende, sinnstiftende Geschichte oder Erzählung, die Emotionen und Werte transportiert und dadurch aktivierend und ansteckend wirkt. Darüber hinaus soll es komplexe Situationen und Prozesse verständlicher machen, Leitprinzipien kommunizieren und auf eine soziale und moralische Ordnung hinweisen.[3]

So erzählen die neuen Stadt-Narrative von einer komplexen Ganzheitlichkeit und Verwobenheit, von gemeinsamen Visionen und Werten, von Lebenswertigkeit sowie -qualität und der Sicherung und Bewahrung von Lebensräumen und -grundlagen. Sie sind Teil eines Bewusstseins, das wir für die Transformation unserer Städte brauchen, denn es geht um Existenzielles.

Schon vor der Corona-Pandemie, inmitten der Probleme von Nachverdichtung, Pendlerverkehr und Luftverschmutzung, entstanden einige der nämlichen Narrative. Nun aber haben sich auch viele Kommunikationsagenturen auf diese spezialisiert und formulieren Eigenständigkeit von eigenwilligen Städten und ihrer kommunikativen Umstellung von Verzicht auf Gewinn. Weil sich Menschen meistens sehr gut ausmalen können, wie ein persönlicher Verzicht (z. B. auf den eigenen Pkw) aussähe, sich aber nur schwer vorstellen können, was an positiver Veränderung damit einhergehen kann, braucht es eben nicht mehr nur Bilder, sondern gleichermaßen verbindliche und verbindende Erzählungen von der gemeinsamen Zukunft, die verschiedene gesellschaftliche Akteure dazu bringen, sich zu vernetzen, miteinander zu kooperieren und für die das Individuelle einbeziehenden Ziele zusammenzuarbeiten.

5.1.2 Die Wirksamkeit einer Einheit der Differenz

Wirksame Narrative erzeugen eine Einheit des Differenten, eine gemeinsame Erzählung der verdichteten Unterschiedlichkeit, eine intelligente Trivialisierung des Komplexen – jenseits von ideologischen Meinungskämpfen, Verbots-Androhungen oder sozialistischen Wertevorstellungen.

Sie fragen nach dem, was in einer Gesellschaft, einer Stadt, einem Unternehmen oder einer Nachbarschaft an Vielfalt vorhanden ist, um sich aus dieser Vielfalt selbst zu ernähren zugunsten einer co-kreativen und deshalb inhärent bedarfsorientierten Gestaltung von Mobilität. Die Bürgerinnen-Beteiligung und das Einbeziehen der lokalen Akteure ist deshalb ein in der Zukunft unverzichtbarer Bestandteil von Stadtentwicklung und deren Moderation eine der herausforderndsten Aufgaben der Stadt- und Kommunalverwaltung.

So wirksam Narrative sind, werden sie erst dann Teil unserer Wirklichkeit, wenn man ihnen eine erlebbare Form gibt, wie die Lockdown-Experimente aus 2020 eindrucksvoll zeigen. Dazu werfen wir einen Blick auf sich selbst bewegende Standorte aus der ganzen Welt; nicht als reine Positiv-Beispiele, sondern als Denkanstöße für all das, was Mobilität heute wie in Zukunft tangiert.

Welche Anforderungen stellen die verschiedenen Ansätze an Stadt- und Landschaftsplanung, Städtebau und Architektur? Welche an die Kommunalverwaltung und die Bürgermeisterinnen? Welche an Unternehmen und kleine und größere Arbeitgeber? Welche an Bürgerinnen? Und welche Rolle spielen die Wissenschaft, Kultur und Künste und ihre verschiedenen Organisations- und Wirkungsformen?

Es soll also in diesem Kapitel nicht nur um Narrative gehen, sondern um ihre Konsequenzen; um das, was Städte im Rahmen ihrer Strategie bereits konkret tun oder umgesetzt haben; teilweise schon lange vor der Pandemie. Die (notwendige) Transformation unserer Städte hat keineswegs erst im Jahr 2020 begonnen. Wohl aber lüftete die Covid-Pandemie den Vorhang angestaubter Verhaltensweisen und Rituale unserer Alltagsmobilität, um den Blick auf das freizugeben, was wir zu verdrängen versucht haben; nämlich die Zerstörung unseres (urbanen) Lebensraumes, unserer Umwelt und Gesundheit.

Wir laden Sie also auf eine Welt-Reise ein, auf der wir die Städte, deren Akteure und ihre Herausforderungen ebenso kennenlernen wie ihre Ansätze, Methoden und Lösungen und – Sie kennen es ja schon – deren Lösungsprobleme. Nachdem wir beleuchtet haben, welche Verantwortung Städte – mit ihren verschiedenen Akteuren – tragen, wollen wir nun ein Verständnis generieren darüber, warum das Lokale eine besondere Aufmerksamkeit braucht, wenn Mobilität langfristig gelingen soll. Und wir können versprechen: An jedem Ort findet sich eine Anekdote, die auch Sie zum Schmunzeln bringen wird.

■ 5.2 „Bürgermeisterinnen statt Bund": ein Reiseführer neuer urbaner Mobilität

Unsere Ausgangsthese ist so simpel wie eindrucksvoll belegbar: Komplexe Herausforderungen wie der Klimawandel, die Wohnungsbaunot und eben auch die Mobilitätswende werden lokal gelöst werden, von den Städten selbst. Die Bürgermeister und auffällig viele Bürgermeisterinnen bzw. auch kommunale Verkehrsexpertinnen nehmen ihre Verantwortung ernst, die Zielkonflikte vor Ort, „auf dem Platz", wirklich anzupacken – im Gegensatz zu lediglich einer Regulierung und Förderung auf Bundesebene.

Es folgt nun eine Auswahl von urbanen Innovationen, die uns als besonders ökosystemisch bzw. intersektoral und interdisziplinär erscheinen. Ökosystemisch im Sinne von umfänglichen Lösungen, die die verschiedenen Einflussfaktoren urbaner Mobilität aufgreifen und z. B. Wohnungsbau-, Mobilitäts- und Digitalwirtschaft verbinden. Intersektoral im Sinne einer Kollaboration zwischen marktlichen, kommunalen und zivilgesellschaftlichen Akteuren bzw. Akteursgruppen. Interdisziplinär, da es insbesondere für die Entwicklung digital und physisch vernetzter Mobilitätslösungen die Beteiligung verschiedener Experten und Erfahrungshorizonte braucht.

5.2.1 Amsterdam: Kollaborative, ganzheitliche Stadtentwicklung

Neben Kopenhagen steht in Europa wohl keine andere Stadt für die urbane Fahrradmobilität: Der radelnde Anteil am Gesamtverkehr von Amsterdam liegt bei 32 Prozent. Über 60 Prozent der Einwohnerinnen nutzen ihr Fahrrad regelmäßig im Alltag. Das allein reicht jedoch nicht aus, um wesentlichen Herausforderungen der immer beliebter und dichter werdenden Stadt mit den vielen Wasserstraßen zu begegnen. Die im Jahr 2021 veröffentlichte *Comprehensive Vision Amsterdam 2050*"[4] umfasst fünf ineinandergreifende strategische Schwerpunkte:

- polyzentrische Stadtentwicklung
- Wachstum in Grenzen
- nachhaltige und gesunde Mobilität
- konsequente Begrünung
- gemeinsame Gestaltung der Stadt

Das Polyzentrische beschreibt, was auch mit der *Stadt der kurzen Wege* oder der *15-Minuten-Stadt* gemeint ist: Die Abkehr von einem Stadtzentrum hin zu diversen Zentren der Nahversorgung im Stadtgebiet, an denen sich sowohl Arbeitsplätze, Bildungseinrichtungen und Kindertagesstätten als auch die Infrastruktur für den täglichen Bedarf (z. B. medizinische Versorgung und Einzelhandel) befinden. Dies, so liest man auf der Website der Stadt, gelinge jedoch nur durch den Ausbau eines qualitativ hochwertigen öffentlichen Verkehrs – einer geschlossenen U-Bahn-Ringlinie ähnlich der Berliner Ringbahn, neuer U-Bahn-Linien, Regionalzüge und Schnellbusse – und des regionalen Radwege-Netzes.

Die Entwicklung von *Bahnhofsvierteln*, in denen es Beschäftigungsmöglichkeiten und neue Wohnkonzepte gibt, ist – wie wir noch sehen werden – nicht nur in Amsterdam ein konkretes Zukunftsvorhaben, um unnötige (Pendler-)Mobilität zu vermeiden und Amsterdam zu einer Fußgänger- und Fahrradstadt zu machen. Der Bahnhof soll sich von einem zwielichtigen Schmuddel-Areal in ein nahversorgendes (Kultur-)Zentrum wandeln. Alles – und dazu gehören auch Parks als Quellen der Erholung – soll innerhalb eines Spaziergangs oder einer kurzen Fahrradroute erreichbar sein.

Und die Autos? Sind explizit nur zu Gast. Und zwar an Verkehrsknotenpunkten in der ganzen Stadt, an denen Autofahrer auf den öffentlichen Nahverkehr oder das Fahrrad umsteigen sollen. Bisher viel befahrene Verkehrsachsen sollen zu grünen Alleen werden und dadurch zu Orten der Begegnung und Bewegung, an denen man seine Freizeit verbringen kann. Denn Amsterdams entscheidender Schmerzpunkt ist wie in allen Großstädten die Gestaltung der Nachverdichtung; also die Frage, wie der ohnehin schon knappe öffentliche Raum genutzt werden soll. Die Neuaufteilung des öffentlichen Raums – auch mit der Konsequenz, platzraubende Verkehrsmittel wie stillstehende Autos aus ihm zu verbannen – ist folglich die zentrale Stellschraube, um die drei Ziele des Stadtrats zu erreichen: mehr Platz, sauberere Luft und aktivere Mobilität – bei komfortabler Zugänglichkeit.

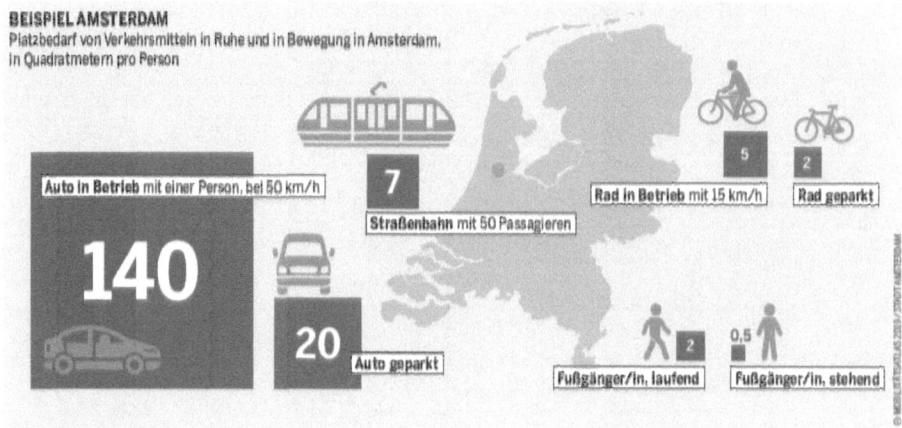

Bild 5.1 Platzsparende Verkehrsmittel haben in Amsterdam in Zukunft Vorrang

Die neuen Daten-Deals

Amsterdam setzt aber nicht nur privaten und betrieblichen Pkw Grenzen. Wie viele europäische Großstädte ist auch Amsterdam in den letzten Jahren mit der Überflutung seines öffentlichen Raumes durch Car-, Bike- und Scooter-Sharinganbieter aus Asien oder Amerika konfrontiert gewesen. Und wie in der Münchner Isar, der Berliner Spree oder dem Kölner Rhein landeten auch hier viele der Verleih-Vehikel am Ende in den Grachten der niederländischen Stadt; wohl auch zur Abkühlung der erhitzten Gemüter von sich belästigt gefühlten Wut-Bürgerinnen.

Dabei hatte Amsterdam 1965 als erste Stadt der Welt ein Bike-Sharing implementiert: Die *Witte Fietsen*[5] (Weiße Fahrräder) waren einfache Räder, die lediglich weiß angestrichen und im öffentlichen Raum ohne Bezahl- oder Schließsystem zur Verfügung gestellt wurden. Es sollte fast 50 Jahre dauern, bis das Bike-Sharing auf der Welt schlagartig expandierte (siehe Kapitel 3 und 4). Die Kurzlebigkeit der Verkehrsmittel ist das eine, aber die Kurzsichtigkeit der Mobilitätsfirmengründer fasst Lizann Tijon, Leiterin des Ressorts *Smart Mobility*, treffend mit dem Bild von windigen *Cowboys* zusammen: „Sie kommen aus der Fremde in die Stadt geritten, und wenn ihnen das Geld ausgeht oder ihr Geschäftsmodell nicht funktioniert, verschwinden sie wieder. Und mit ihnen die Mobilitätsdaten, die sie gesammelt haben."[6] Tijon und ihr Team haben genau dafür eine nachhaltige Lösung gefunden: Sie fingen an, mit den Cowboys zu verhandeln.

So hat das dafür zuständige Ressort *Smart Mobility*[7] bereits zahlreiche individuelle Vereinbarungen mit internationalen Mobilitätsanbietern geschlossen, die im Stadtgebiet Amsterdams ihre Dienstleistungen anbieten. So gewährt beispielsweise das amerikanische Unternehmen *Uber* der Stadt inzwischen Einsicht in gewisse Daten, aus denen man schließen kann, wo welcher Bedarf an Fahrten oder Infrastruktur herrscht[8]. Wo sollte das Nahverkehrsnetz ausgebaut, wo eine von Radlerinnen stark frequentierte Straße in eine Fahrradstraße umgewandelt, wo sollten zu welcher Uhrzeit Verkehrsströme anders gelenkt werden, um Stau und Unfälle zu vermeiden?

Das Ressort ist Teil der Plattform *Amsterdam Smart City*, die von der Stadt Amsterdam, dem Amsterdamer Wirtschaftsrat, dem größten Energieanbieter in den Niederlanden

Liander und dem Telekommunikationsunternehmen *KPN* ins Leben gerufen wurde. Mit über 100 Partnern werden neben dem Themenkomplex Mobilität auch Lösungen zu den Möglichkeiten des Digitalen in den Bereichen Energie, Zirkularität und Lebensqualität bearbeitet. Das Narrativ, das hier bedient wird, stellt das Digitale in den Dienst des Gemeinwohls und des Umweltschutzes.

Der Zugriff auf die Datenbasis von privaten Mobilitätsdienstleistern ist ein kluger Schachzug: Er wirkt wie ein Konzessionsvertrag. Gebietsfläche gegen Daten! Daten, aus denen die Stadt bedarfsgerechte Entscheidungen für die Zukunft treffen kann. Das Ressort setzt dabei (anders als der private Sektor) auf Transparenz und führt diese Daten an einem Ort zusammen, um sie auf interaktiven Karten zu veröffentlichen und so die Bürgerinnen und Bürger in den Gestaltungsprozess einzubeziehen.

Tatsächlich existiert seit Dezember 2019 eine EU-Verordnung (2017/1926), welche Mobilitätsanbieter verpflichtet, Reise- und Verkehrsdaten über einen Nationalen Zugangspunkt zugänglich zu machen.[9]

Die Plattform *Mobilitäts Daten Marktplatz* (MDM) der Bundesanstalt für Straßenwesen wird vom Bundesministerium für Verkehr und digitale Infrastruktur gefördert und bildet den deutschen Zugangspunkt zu Mobilitätsdaten. Das Amsterdamer Beispiel zeigt, wie Städte die Besetzung des öffentlichen Raums durch private Mikromobilitätsanbieter steuern und gestalterisch tätig werden können.

Dynamik und Anpassungsfähigkeit: Amsterdams Seilbahn *IJbaan*

Teil der Amsterdamer Vision 2050 sind zudem zwei feste Verbindungen zwischen den Ufern des IJ-Flusses, die neue Verbindungen zwischen den Stadtteilen herstellen sollen. Neben dem Bau verschiedener (Fahrrad-)Brücken spielt auch die vertikale Stadtraumerschließung durch Mobilität im Zuge der Nachverdichtung eine relevante Rolle: So entsteht bis 2025 die sogenannte *IJbaan* über Amsterdams zentraler Wasserstraße IJ, an deren Terminals Anschluss an öffentliche Verkehrsmittel, E-Autos und Fahrräder bzw. E-Bikes bestehen wird[10]. Die IJbaan wird zwei Wohn-Stadtteile miteinander verbinden und ist so konzipiert, dass sie in Zukunft noch weitere Stationen anfahren kann. Mit einer Geschwindigkeit von 21 km/h – also schneller als jeder urbane Auto-Verkehr – wird jede Kabine 32 bis 37 Menschen und je nach Bedarf 4 bis 6 Fahrräder befördern.

Die Terminals dienen dabei nicht nur dem komfortablen Wechsel auf emissionsarme Mobilitätsarten, bei dem der Fußverkehr eine maßgebliche Rolle spielt. Sie sollen selbst zu Destinationen werden, an denen Menschen sich treffen und verweilen. Mit einem öffentlichen Platz auf dem Wasser soll die wachsende Nachbarschaft hier Orte des sozialen Austausches, der Kultur, Gastronomie und Naherholung bekommen. Plötzlich klingt der etwas ungemütliche Begriff „Bahnhofsviertel" sehr begehrenswert. Auf einen Aussichtspunkt soll bei der spektakulären Seilbahn natürlich nicht verzichtet werden. Wir können uns nur ausmalen, wie es sich anfühlt, in solch luftigen Höhen im wahrsten Sinne des Wortes zu pendeln.

Bild 5.2 2025 soll die IJbaan zum 750-jährigen Stadtjubiläum Amsterdams fertig sein (Quelle: *unstudio.com*)

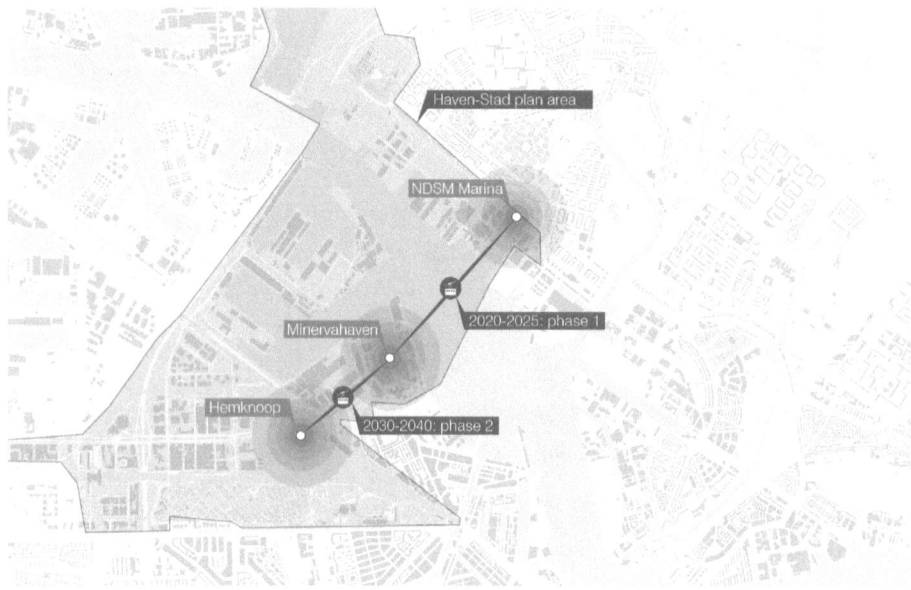

Bild 5.3 Die Route der IJbaan über die Wasserstraße IJ

Bild 5.4 Das Interieur der IJbaan

Bemerkenswert ist, wie es zu dieser Lösung kam, denn es trifft unsere Ausgangsthese: „Urbanismus von unten." Die *IJbaan* wurde von der *Stiftung IJbaan (Stichting IJbaan*[11]*)* initiiert, einer Graswurzelbewegung Amsterdamer Bürgerinnen, die sich aus einer Crowdfunding-Kampagne entwickelt, private Geldgeber gewonnen hat und nun vom Stadtrat unterstützt wird. Die Pläne für die Seilbahn wurden und werden in Zusammenarbeit mit der Gemeinde und dem lokalen Verkehrsverbund entwickelt.

Re-inventing cities: Uni-übergreifendes Forschungsinstitut erfindet die Großstadt neu

Ein weiterer gestaltender Akteur und Partner der Plattform *Amsterdam Smart City* ist das wissenschaftliche *Amsterdam Institute for Advanced Metropolitan Solutions* (AMS Institute)[12] für angewandte Technologie und Stadtgestaltung, welches von der *Technischen Universität Delft*, der *Wageningen University* und dem *Massachusetts Institute of Technology* (MIT) gegründet wurde. Seine Ingenieurinnen, Designer, Digitaltechnikerinnen und Natur- sowie Sozialwissenschaftler entwickeln gemeinsam interdisziplinäre Lösungen für Großstädte und setzen diese in enger Zusammenarbeit mit öffentlichen und privaten Partnern sowie Bürgern in die Praxis um. In den verschiedenen Forschungs-, Innovations- und Bildungsaktivitäten des AMS zu den Bereichen Energie, Kreislaufwirtschaft, Digitalisierung, Klimaresilienz, Mobilität und Ernährung fungiert die Stadt Amsterdam als lebendiges Lernlabor.

Für die Mobilität, vor allem die aktiven Modi (Fuß- und Radverkehr) bieten die zunehmende Verfügbarkeit von Echtzeit-Verkehrsdaten und die flächendeckende Verbreitung von Smartphones mittlerweile bessere Einblicke für die (Neu-)Gestaltung des öffentlichen Raums und die effizientere Nutzung der bestehenden Infrastruktur für einen vorteilhafteren Verkehrs- bzw. Personenfluss[13]. Ampeln, die, statt in festen Intervallen umzuschalten, auf Echtzeitdaten reagieren, können die Wartezeit um bis zu 40 Prozent reduzieren und den Durchsatz um bis zu 60 Prozent erhöhen[14]. Das erhöht die Bewegungsqualität enorm.

Um den *„urban challenges"* der bereits erwähnten Amsterdamer Vision im Zuge der Nachverdichtung der Stadt zu begegnen, steht die Entwicklung von nahtlosen multimodalen Mobilitätsdiensten im Fokus des Forschungsinteresses; also die Verbindung von *Shared Mobility*, öffentlichen Verkehrsmitteln, autonomen Vehikeln und Fahrrädern. Dem Trendbegriff *Mobility as a Service* (siehe Abschnitt 4.5.1) entsprechend soll sich das Angebot an den konkreten Anforderungen der Menschen orientieren und lokale Spezifika wie den ÖPNV einbeziehen. Für Amsterdam entwickelte das AMS gemeinsam mit dem MIT Prototypen für eine Flotte aus autonomen Booten – *Roboats*[15,16] –, die in Zukunft sowohl Personen als auch Güter auf den Wasserstraßen transportieren sollen. Warum sollten Letztere den Touristen vorbehalten sein?

Was wir an Multimodalität bereits bei den Terminals der IJbaan gesehen haben, soll in Zukunft auf das gesamte Stadt- und Mobilitätsnetz ausgerollt werden: Sogenannte *Mobility Hubs* kombinieren verschiedene emissionsarme Verkehrsmittel und Aktivitäten an wichtigen Verkehrsknotenpunkten. In Amsterdam gibt es zudem neben am Bahnhof gelegenen Mobilitätsstationen auch *Residential Mobility Hubs*, bei denen die Anwohnenden selbst darüber entscheiden, wie ihre Mobilität gestaltet ist und welche Verkehrsmittel sie umfassen[17]. Das Angebot steuert hier die Nachfrage: Die Verfügbarkeit verschiedener emissionsarmer Verkehrsmittel kann das alltägliche Mobilitätsverhalten stark beeinflussen und zu mehr Multi- und Intermodalität führen.

Bild 5.5 Unterscheidung zwischen Multimodalität und Intermodalität[18]

Einsichten des Gelingens: Zusammenarbeit und Ganzheitlichkeit

Der Wesenskern der Amsterdamer Stadtentwicklung verdient eine besondere Aufmerksamkeit, da nicht nur die klassischen Akteure wie Bauträger und Wohnungsbau eingebunden werden, sondern alle Bürgerinnen und Bürger. Die Stadt entwickelt Formen und Formate der Kooperation und lädt so alle Menschen ein, sich selbstständig für ihre Nachbarschaft oder ihr Viertel zu engagieren. Beispielsweise als Genossenschaft, die erschwingliche Mietwohnungen baut oder nachhaltig Energie erzeugt. Oder auch als Einzelperson, die sich mit einem lokalen Unternehmen selbstständig macht.

Amsterdam hat sich entschieden – gegen (Straßen-)Kämpfe zwischen den verschiedenen Anspruchsgruppen einer Großstadt und für deren Kollaboration (im Analogen) und Vernetzung (im Digitalen) untereinander. Das Amsterdamer Beispiel zeigt, warum die drängenden Herausforderungen der Nachverdichtung, insbesondere der Neuaufteilung des öffentlichen Raumes auf Wohnen, Mobilität, Begrünung und Nahversorgung in einer Vision zugleich adressiert und entwickelt werden müssen: weil sie miteinander zusammenhängen und sich gegenseitig co-entwickeln. Dabei helfen verbindende Narrative, um, statt zwischen konkurrierenden politischen Forderungen zu vermitteln, in eine gemeinsame Richtung zu arbeiten.

Die Selbstbewegung, im wörtlichen wie übertragenen bürgerengagierten, sozialen Sinne, ist zentraler Bestandteil der Mobilitätsstrategie einer multi-zentrierten Stadt, die smart mit Daten umgeht und durch Beteiligung agil bleibt. Die dynamische Anpassungsfähigkeit von Mobilität an ihre Stadt und deren Topografie, Einwohnerzahl und klimatische Entwicklung ist entscheidend, wenn sie nachhaltig und umweltfreundlich sein will.

5.2.2 Barcelona: quadratisch, praktisch, grün

„Picknicktische verändern alles!
Sie sind die beste Idee überhaupt."

Norma Nebot, Bewohnerin des Superblocks Poblenou[19]

In der katalanischen Hauptstadt Barcelona kann man klaustrophobische Situationen erleben: Es wurde in den letzten Jahren immer enger und immer wärmer – teilweise um bis zu 8 Grad wärmer als im Umland[20]. Dieser Wärme-Insel-Effekt hat folgenden Hintergrund: Obwohl die Einwohnerzahl Barcelonas in den letzten zehn Jahren stabil blieb, da die Stadt bereits sehr dicht bebaut und schlicht kein Wohnraum mehr übrig war, wuchs die Region rund um die Metropole und verursachte so noch mehr motorisierten Pendel- und Berufsverkehr, dessen Emissionen die Stadt erhitzten.

Hinzu kommt, dass aufgrund der hochverdichteten Bebauung kaum unversiegelte Grünflächen existieren. Pro Einwohner sind es nur 2,7 Quadratmeter; die Weltgesundheitsorganisation empfiehlt neun[21]. Dabei sind Sickerflächen entscheidend, um Städte gegen extreme klimatische Veränderungen resilienter zu machen. Die Kombination aus zu viel Verkehr und zu wenig Natur dramatisiert die Negativeffekte: 44 Prozent der Einwohner Barcelonas sind einer höheren als der empfohlenen Luftverschmutzung ausgesetzt, 46 Prozent mehr als dem empfohlenen Lärmpegel.[22] Beides gefährdet gleichermaßen die Gesundheit der Bewohnerinnen und Bewohner. Deshalb stand Barcelona in der Vergangenheit oft unter Druck, da es die europaweit festgelegten Schadstoffgrenzwerte regelmäßig überschritt und der Europäische Gerichtshof bereits mit hohen Strafen drohte[23].

Die Neugestaltung des Stadtraums entstammt also keineswegs einer großstädtischen Romantik, sondern – wir deklinierten die verschiedenen Wenden in Kapitel 1 – purer Notwendigkeit des Handelns.

Barcelona Superblocks: Nachbarschaft 2.0

Not macht erfinderisch. Barcelonas Not hat einen strategischen Plan hervorgebracht, um die sozialen, ökologischen und wirtschaftlichen Herausforderungen anzugehen: Statt Hitze-Inseln sollen es in Zukunft Super-Inseln sein, auf Katalanisch *Superilles*, mittlerweile international bekannt als *Barcelona Superblocks*. Aufbauend auf der bestehenden schachbrettartigen Häuserstruktur Barcelonas geht es um die Umwandlung des Stadt- und Straßenraumes in Mischnutzungsflächen mit hoher Wohn- und Lebensqualität.

Diese unter der linken Bürgermeisterin Ada Colau und ihrem jungen Team aus umweltbewussten Politikerinnen, Städteplanern und ehemaligen Aktivisten fokussierten Quartiersblöcke bilden den Kern eines 2016 entwickelten Konzepts für nachhaltige Mobilität. Zwar wurden die ersten Superblocks bereits in den 1990er-Jahren umgesetzt, gewannen aber erst durch die Neuausrichtung der Lokalpolitik seit 2015 mit der Wahl Colaus ihre elementare Rolle in der Stadtentwicklung Barcelonas.

In den aus bis zu neun Häuserblöcken bestehenden Quartieren wurden 75 Prozent der Verkehrsflächen umgewidmet; in Grünflächen mit Sitzgelegenheiten, Spiel- und Sportplätze, Flanierzonen und Wochenmarktplätze. Der Fuß- und Radverkehr hat Vorrang. Alle Besorgungen können zu Fuß erledigt werden, ebenso soll der Weg zur Arbeit in Zukunft idealerweise auf einen Fußweg reduziert werden.

Ziel ist es, dass alle Bürgerinnen ihren täglichen Aktivitäten in einem erreichbaren Radius um ihren Wohnort nachgehen können, ohne ein privates Fahrzeug benutzen zu müssen.[24]

Kaufhäuser werden in Kinos, Kindergärten und Werkstätten, Bibliotheken und andere Orte der Kultur umgewandelt[25]; eine kluge Antwort auf die Frage, die ein sterbender Einzelhandel nicht nur in der Innenstadt Barcelonas aufwirft. Die Stadt stellt ausdrücklich die Menschen und ihr tägliches Leben in den Mittelpunkt ihrer Strategie, will dadurch den Zusammenhalt in den Stadtvierteln stärken und ein neues ökologisches Kapitel der Stadtentwicklung aufschlagen.[26]

Das geht zwangsläufig einher mit einer Reduzierung des Verkehrs: Autos dürfen nur außerhalb der Superblocks fahren, Anwohnerinnen wie Lieferfahrzeuge dürfen die Blocks nur mit maximal 10 km/h durchqueren.[27] Eine radikalere Anti-Auto-Politik kann man kaum fahren.

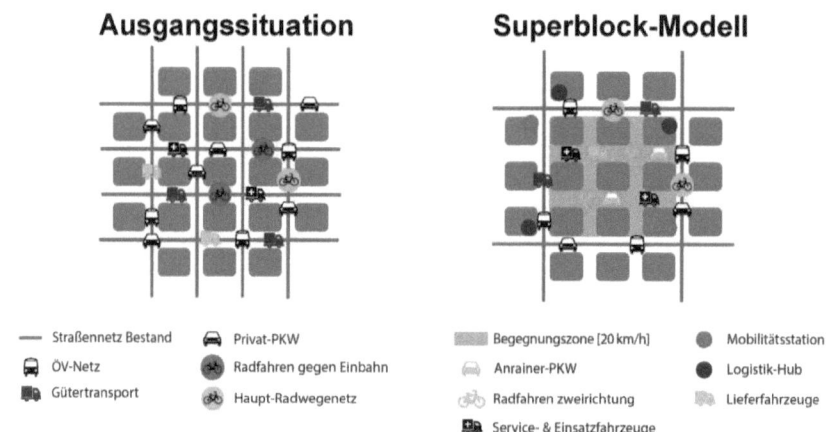

Bild 5.6 Superblock-Konzept. Superbe-Team TU Wien[28]

Akzeptanz durch Co-Entwicklung am runden Picknicktisch: Straßen mit Leben füllen, nicht mit Autos

Erfolgsentscheidend bei der Verwandlung in einen Superblock ist das Angebot an alternativer Infrastruktur für die Nutzung des neu gewonnenen öffentlichen Raums. Bei der Umwidmung in einen Superblock zeigte sich in der Vergangenheit, dass die Neudefinition der Verkehrsführung (insbesondere die Verbannung des Autoverkehrs aus den Wohnvierteln) und ein paar Absperrungen und Topf-Bäume nicht ausreichten, um die Herzen der Anwohnerinnen für die neue Stadtentwicklung zu gewinnen. Erst monatelange, intensive Gespräche mit den Anwohnern und die daraus sich als wichtig ergebene Errichtung dauerhafter Spielplätze, von Grünflächen und Orten des sozialen Austausches brachten die Menschen dazu, den neu entstandenen Lebensraum auch tatsächlich zu nutzen. So erwies sich unter anderem der Picknicktisch als Erfolgsfaktor im Superblock *Poblenou*. Die Bewohnerinnen fühlen sich nun wie „Lottogewinner".[29]

Denn mit der Rückeroberung des öffentlichen Raums geht für die Menschen eine wesentlich höhere Lebensqualität einher, vor allem durch die massive Begrünung[30] der *Superilles* und der „grünen Korridore", die sie miteinander verbinden. So treffen sich die Anwohnerinnen auf den ehemaligen Straßenkreuzungen, die nun *Green Hubs*[31] heißen, zu Yoga-Klassen[32] oder eben auf einen Kaffee-Plausch am Picknicktisch.

Bild 5.7 Im Superblock St. Antoni (Quelle: El Rio Bani)[33]

Auch, wenn das neue Mobilitätsverhalten erst erlernt werden musste – Fußgängerinnen müssen ihrem ungewohnten Vorrang vor dem Auto erst vertrauen – findet die Umgestaltung Barcelonas in Superblocks breite Zustimmung in der Zivilgesellschaft wie in der Politik.[34] Wenn bei einer Autobesitzquote von 20 Prozent der Autoverkehr 60 Prozent der Straßen einnimmt, ist Mobilität nicht nur ein Thema der Gesundheit, sondern der sozialen Gerechtigkeit und der Teilhabe an Mobilität.[35] Der von der Stadtverwaltung gewählte Slogan *„Omplim de vida els carrers"* („Lasst uns die Straßen mit Leben erfüllen") könnte bezeichnender nicht sein. Er steht nicht nur für eine Umwidmung des Straßenraumes, sondern akzentuiert die enge Zusammenarbeit mit den Bürgerinnen.

Bild 5.8
Ehemalige Verkehrsstraßen werden zu Green Hubs (Quelle: El Rio Bani)

Barcelonas transparente Transformation

Berechnungen der Stadt ergaben, dass eine Reduzierung des gesamten Autoverkehrs um nur 13 Prozent es Barcelona ermöglichen würde, den gesamten Superblock-Plan ohne Erhöhung der Autodichte auf den Durchgangsstraßen umzusetzen[36]. Wenn also, wie es Barcelonas Plan vorsieht, aus fünf bestehenden Superblocks 500 werden sollen, muss die Stadt auch in die Region hinein Alternativen zum Auto anbieten. Wie Amsterdam setzt auch Barcelona hier auf intermodale Mobilität und die aktiven Modi Rad- und Fußverkehr:

Mit der Fertigstellung der *La Sagrera*, des zweitgrößten Bahnhofs Barcelonas, wird ein großer intermodaler Verkehrsknotenpunkt eröffnet, an dem man zwischen Regional- und Hochgeschwindigkeitszügen sowie Verkehrsmitteln des Nahverkehrs *Rodalies*, der Metro, Überlandbussen, Fahrrädern, Taxis und Privatfahrzeugen wechseln kann.

Gleichzeitig wurde ein bisheriger Verkehrsknotenpunkt, *Glòries*, in den Untergrund verbannt, der bisher Stadtteile voneinander trennte: Durch den Bau eines Tunnels verschwand der Verkehr im November 2021 von der Straße zugunsten einer „grünen Lunge"[37], die für eine bessere Luftqualität sorgt und als Treffpunkt und Erholungsoase für Anwohnerinnen dient. Ebenso baut die Stadt das Radverkehrsnetz massiv aus und ergänzt das bestehende öffentliche E-Bike-Sharing-Angebot *Bicing* durch fast 100 neue Sharing-Stationen.

Die Transformation der Stadt kann man sogar nachverfolgen, auf der *Barcelona Superblock Map*[38], die über aktuelle Entwicklungen der verschiedenen Umbau-Projekte informiert.

Lottogewinn: lebensverlängernde Stadtgestaltung. 200 Tage!

Warum sich die Bewohnerinnen der Superblocks wie Lottogewinner fühlen, zeigt auch eine 2020 veröffentlichte Studie:[39] Der Gewinn ist die Verlängerung der Lebenserwartung um durchschnittlich 200 Tage.

Durch die Realisierung der 500 geplanten Superblocks könnten 667 vorzeitige Todesfälle pro Jahr verhindert werden, so die Schätzung der Studie. Die Gründe sind die bekannten: Die Reduzierung des CO_2 in der Luft, des Lärms und der Hitze sowie die Vergrößerung der Grünflächen, die eine bisher oft unterschätzte positive Auswirkung auf die physische wie mentale Gesundheit von Menschen haben. Diese Faktoren wirken sich zudem positiv auf die Wirtschaftsleistung der Stadt aus. Die oft geführte und unzeitgemäße Diskussion, ob sich nachhaltige und umweltschonende Stadtplanung mit wirtschaftlicher Effizienz verträgt, erübrigt sich hier.

Wie geht es weiter? Die Superblocks der nächsten Generation werden derzeit entwickelt: Um weitere Wege zu vermeiden, könnte jeder Superblock ein gemeinsames Distributionszentrum für Waren und Pakete haben, sodass Lieferwagen nicht hineinfahren müssten[40]. Insbesondere für ältere Menschen und diejenigen, die wegen einer Behinderung Pflege benötigen, sollen Leistungen des Gesundheits- und Sozialwesens gebündelt und in einer gemeinsamen Klinik angeboten werden[41].

Einsichten des Gelingens: Top-down-Anstoß für Bottom-up-Beteiligung

Das Bemerkenswerte an der Politik der seit 2015 regierenden Bürgermeisterin und ihres Stabs ist der Mut, die Transformation alternativlos anzustoßen und die Bürgerinnen vor veränderte, aber unvollendete Tatsachen zu stellen, um ihnen dann zu ermöglichen, den neuen Stadt-Raum selbst aktiv mitzugestalten.[42] Die Entscheidung für eine gesündere und belebende Stadtentwicklung braucht also nicht mehr verhandelt werden, weil sie nicht mehr verhandelbar ist.

Denn die Dramatisierung der Notwendigkeiten – ob Hitze oder Lärm – ist erlebbar und dokumentiert. Die hier umgesetzte Art des Regierens der hierarchischen Beteiligungsaktivierung beschleunigt die nötigen Transformationsprozesse enorm und lädt zur Selbstbewegung ein – physisch wie mental. Das Populistische und Polemische soll und muss ins Praktische und Partizipative umgewandelt werden.

Und das heißt wiederum: Wir sollten dem Kaffee-Plausch mehr Raum geben, uns mit allen Anspruchsgruppen einer Nachbarschaft an den runden (Picknick-)Tisch setzen und darüber reden, was wir in einer gesunden Stadt der Selbstbewegung brauchen.

Das Konzept der Superblocks wurde mittlerweile von anderen Initiativen aufgegriffen. Eine führt uns zum nächsten Reiseziel; nach Berlin.

5.2.3 Berlin: Flexibilisierung der urbanen Mobilität ist gelb

In keiner deutschen Stadt gibt es so viel zivilgesellschaftliches Engagement wie auf den Hauptstadt-Straßen. Berlin war in den letzten Jahrzehnten ein Reallabor der zivilgesellschaftlichen wie auch Geschäftsmodell-testenden Mobilitätswende.

Ein Ergebnis dieser Bewegungen ist das bereits erwähnte *Mobilitätsgesetz*[43], das den Vorrang des Umweltverbundes aus öffentlichem Personennahverkehr (ÖPNV), Fuß- und Radverkehr vor dem Autoverkehr erstmals in Deutschland gesetzlich festschreibt. Denn wie bereits an anderer Stelle erwähnt, sind drei Viertel der Menschen in Berlin nicht täglich mit dem Auto unterwegs, sondern mit dem öffentlichen Nahverkehr, zu Fuß oder auf dem

Rad. Trotzdem belegt der fließende und ruhende Kfz-Verkehr auch in Berlin fast 60 Prozent des Straßenraumes[44]; wertvoller Raum, der sinnvoller genutzt werden könnte.

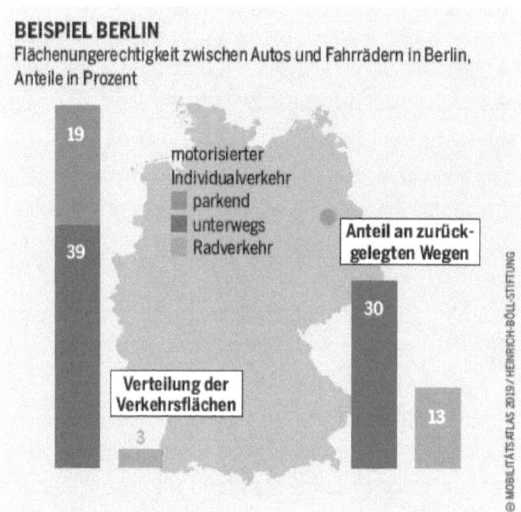

Bild 5.9 Viele Verkehrsflächen sind ungenutzter öffentlicher Raum, 2018

Kiezblocks und Modalfilter: die Verkehrswende von unten

Deshalb wird auch in der Hauptstadt an neuen Quartierslösungen gearbeitet, bei denen das katalanische Modell als Vorbild dient: den *Kiezblocks*. Die Initiative kommt vom Verein *Changing Cities*[45], welcher aus dem Netzwerk *Lebenswerte Stadt e. V.* hervorgegangen ist und im Jahr 2018 erfolgreich den *Volksentscheid Fahrrad* organisierte, welcher wiederum das *Berliner Mobilitätsgesetz* ermöglichte (siehe Abschnitt 3.1.6).

180 verkehrsberuhigte Kieze in ganz Berlin will *Changing Cities* realisieren[46]; das sind 40 Prozent aller Kieze in Berlin. Davon sind einige in Planung und andere bereits umgesetzt, wie man auf der Kampagnenseite[47] nachverfolgen kann. Anders als in Barcelona kommt die Initiative nicht von der Politik, sondern aus der Bevölkerung: Bevor die *Kiezblocks* per Einwohnerinnenantrag – ein gängiges Mittel der direkten Demokratie – beim zuständigen Bezirk gefordert werden, müssen 1000 Unterschriften aus dem entsprechenden Kiez gesammelt werden. Parallel entwickeln die Anwohner Pläne, wie der Verkehr durch ihre Nachbarschaft fließen, wo er umgeleitet oder verhindert werden soll. Die Umwidmung in Spielstraßen, das Einsetzen von Sitzgelegenheiten oder die Gestaltung von Grünflächen sind ebenso Bestandteil der Planungen. *Changing Cities* begleitet diesen Prozess und stellt auch die Vernetzung zu anderen Kiezen her, die vor ähnlichen Herausforderungen stehen, diese bereits erfolgreich gelöst haben oder in denen sich Verkehre überschneiden.

Bei der Gestaltung von Kiezblocks werden im ersten Schritt sogenannte *Modalfilter* als Durchfahrtssperren aufgestellt, um – wie in Barcelona – den Verkehr um den Kiezblock herumzuleiten[48]. Diese Modalfilter, höfliches Synonym für Autofilter, sind physische Hindernisse wie Poller oder bepflanzte Kübel, die Pkw und Lkw an bestimmten Stellen den

Weg in den Kiez versperren. Trotzdem können wichtige Orte im Kiez weiterhin mit dem Auto erreicht werden, was insbesondere für die Menschen wichtig ist, die auf ein Auto angewiesen sind. Auch Müllabfuhr, Krankenwagen oder Lieferdienste kommen so an ihr Ziel. Im Kiez selbst gelten Tempo-Zehn-Zonen und der Fuß- und Radverkehr hat Vorrang; die Straßen werden zu grünen Aufenthaltsräumen wie in Barcelona.

Lebensqualität durch Verkehrsberuhigung: je leiser, desto teurer?

Die berechtigte Sorge der Kritiker eines solchen Konzepts sind die sich nach oben entwickelnden Mieten durch die Verkehrsberuhigung respektive erhöhte Lebensqualität und die daraus folgende Gentrifizierung. Der Mietpreis pro Quadratmeter in Berlin hat sich zwischen 2012 und 2021 fast verdoppelt.[49]

So plausibel, so zynisch die Konsequenz: Die Umkehrung des Arguments würde bedeuten, dass Mieten nur günstig blieben, solange die Lebensqualität ausreichend schlecht sei. Tatsächlich sind weniger Wohlhabende mehr durch Luftverschmutzung und Lärm belastet, weil sie oft an stärker befahrenen (Haupt-)Straßen wohnen[50] (siehe auch Abschnitt 1.2.2 Gesundheitswende). Zugleich belasten die Einkommensschwächeren die Stadt und das Klima aber deutlich weniger, weil sie das Auto weniger nutzen oder keines haben. Die *Berliner Morgenpost* stellte 2018 eine interaktive *Lärmkarte*[51] von Berlin online, die den berechneten Tag-Abend-Nacht-Lärmpegel in Dezibel an Haupt- und Nebenstraßen der Metropole anzeigt. Neben der Einflugschneise des im Jahr 2018 sich noch in Betrieb befundenen Flughafens Tegel sprengt in erster Linie der Verkehr die gesundheitlich bedenkenlosen Dezibel-Grenzwerte und belastet Anwohnerinnen.

Allein anhand dieser Umstände ist erkennbar, warum Mobilität nicht nur mit Gesundheit, sondern auch mit sozialer Gerechtigkeit zusammenhängt. So schreibt die Klangforscherin Marie Thompson in ihrem Buch *Beyond Unwanted Sound: Noise, Affect, and Aesthetic Moralism*[52], dass Stille zu einem Luxus geworden sei, den sich nur die Reichen leisten können. Ob Pandemie oder Stadt-Lärm: Das ruhige Landhaus im Umland der Städte steht nur wenigen Menschen zur Verfügung.

Saniert den Straßenverkehrs- und den Nachbarschaftslärm!

Dabei lassen sich für die Politik diverse Maßnahmen ableiten, die viele Städte auf der ganzen Welt bereits einsetzen: Tempo 30 als Regelgeschwindigkeit würde den Lärm in unseren Städten um drei Dezibel reduzieren, in unserer Wahrnehmung um 50 Prozent[53]. Doch: Eine generelle Regelung zum Schutz vor Straßenverkehrslärm gibt es für Bestandsstraßen in Deutschland nicht, damit besteht auch kein Rechtsanspruch auf eine sogenannte Lärmsanierung.

So ist es auch am sagenumwobenen, Fernsehserien-verwöhnten und verkehrsbelasteten Kurfürstendamm, der schon lange kein Ort mehr für Flaneure ist. 1542 als Dammweg vom Berliner Stadtschloss zum Jagdschloss Grunewald angelegt, diente er früher als Reitweg für den Kurfürsten Joachim II. Heute dient der zweispurige, 3,5 Kilometer lange Boulevard Familien-Clans und testosterongesteuerten Männern als Teststrecke für illegales Fahrwerk- und Soundtuning.

Hier wird zudem eine unsinnige Differenzierung von Straßenverkehrs- und Nachbarschaftslärm deutlich: Nach der Straßenverkehrsordnung gehören private Auto-Rennen mit Geschwindigkeitsüberschreitungen und Geräuschen infolge technischer Manipulationen am Fahrzeug, wie sie vor allem nachts oft auf dem „Ku'damm" stattfinden, zum Nachbarschaftslärm – ebenso lautes Hupen, laute Autoradios, unnützes Hin- und Herfahren oder das Laufenlassen von Motoren[54].

Die relevante Frage lautet: Wie klingt eine gesunde und sozial gerechte Nachbarschaft?

Es wird nämlich noch ein Zweites deutlich: Die Menschen, die ohnehin weniger Wohnraum zur Verfügung haben, sollten diesen vor ihrer Haustür vorfinden können – zum Spielen, Sport machen, Arbeiten oder Kaffee trinken –; insbesondere während einer Pandemie mit Lockdowns und Kontaktbeschränkungen. Lebensqualität muss leistbar sein und genau diese Gemeinwohlorientierung ist das Narrativ der Kiezblock-Kampagne, deren Entwicklung man ebenso auf der dazugehörigen Online-Karte[55] verfolgen kann.

„Weil wir Dich lieben": für mehr Flexibilität und Selbstironie im ÖPNV

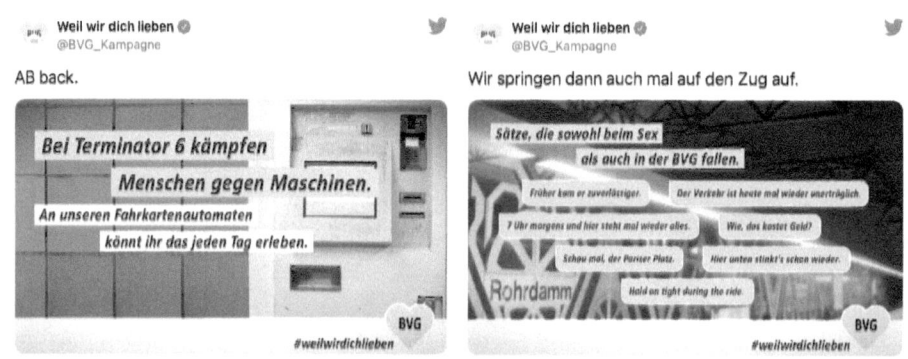

Bild 5.10 Twitter-Perlen der Berliner Verkehrsbetriebe

Berlin, das seit Jahrzehnten als vielversprechende Destination für Start-up-Cowboys und Reallabor für Sharing-Anbieter aller Art herhält – was die Hauptstadt und den öffentlichen Raum aber wesentlich mehr überfordert, als dass es den Verkehr entlastet –, hat nicht nur ein essbares *Hanf-Ticket*[56], sondern auch eine App für intermodale Mobilität: *Jelbi* (Berlinerisch „jelb" für „gelb") ermöglicht es Berlinerinnen, auf ihren Routen zwischen S-Bahn, E-Bike- und E-Carsharing, Taxi oder E-Roller zu wechseln und so am schnellsten an ihr Ziel zu kommen – und das in einem einzigen Bezahlvorgang. Die Software hinter der App stammt vom litauischen Unternehmen *Trafi*, welches das Mobilitätsangebot in Berlin flexibilisiert. Das Kernstück der App ist die Echtzeitkarte, die die aktuellen Positionen der verschiedenen Verkehrsmittel auf wenige Meter genau anzeigt[57] und eine Auswahl des jeweils sinnvollsten Verkehrsmittels kinderleicht macht.

Zu der von den Berliner Verkehrsbetrieben (BVG) bereitgestellten *Jelbi*-App gehören zudem Mobilitätsstationen im gesamten Stadtgebiet, an denen man verschiedene Verkehrsmittel ausleihen, zurückgeben und laden kann. Die im Jahr 2021 verbauten 14 Stationen (von E-Tretroller bis E-Car) bzw. Punkte (nur zweirädrige Vehikel) liegen immer an Bahnhöfen und bilden so intermodale Verkehrsknotenpunkte, an denen man je nach Bedarf auf andere Verkehrsmittel oder auch auf ein Ridesharing oder das Taxi umsteigen kann. Die BVG kooperiert für das intermodale Angebot mit Mikromobilitäts- und Carsharing-Anbietern wie *Lime*, *Nextbike*, *Emmi*, *Tier* und *Miles*. Ergänzt wird das Angebot durch den ebenfalls von der BVG gestellten *BerlKönig*, einen Ridesharing-Dienst innerhalb des S-Bahn-Rings. Die Flächen werden von der kommunalen Wohnungsbaugesellschaft *Gewobag AG* entwickelt.

Wir halten fest: Auch in Berlin sind Bahnhöfe die neuen alten Orte der Mobilität und können durch das Angebot einer emissionsarmen Mobilitätsstation auf verschiedene Weise das Problem der letzten Meile lösen. In der Zusammenarbeit mit den oben erwähnten (privaten) Partnerunternehmen steuert die BVG den Zugriff der Verkehrsmittel auf eine kluge Art und Weise und vereint sie in einem ganzheitlichen Angebot, das in den kommenden Jahren auch auf die bisher von den Sharing-Anbietern gemiedenen Randbezirke Berlins ausgeweitet werden soll.

Bild 5.11 Die Jelbi-Station in Berlin-Lichtenberg[58]

Und weil Sie jetzt bestimmt wissen wollen, ob man diese *Hanf-Tickets* auch in Ihrer Stadt erwerben kann, müssen wir Sie leider enttäuschen, denn so cool ist bisher nur der Berliner Nahverkehr: Unter der seit Jahren gefeierten Liebeserklärung an die Hauptstadt „Weil wir Dich lieben" zaubert die BVG durch amüsant-selbstironische Kampagnen den Berlinern regelmäßig ein Lächeln ins Gesicht. So auch mit dem essbaren und mit einer Schicht unbedenklichem Hanföl überzogenen *Hanf-Ticket*, das „dich nicht nur heim-, sondern vielleicht auch runterbringt" und authentisch im Tütchen daherkommt. Keine andere Stadt weltweit hat einen solch engen Takt – und ein so gutes Taktgefühl wie der Berliner ÖPNV; denn von nicht verständlichen Bahnhofs-Durchsagen bis zum vermeintlich fiesen Busfahrer, der einem die Tür vor der Nase zumacht, wurden schon vielerlei Hymnen auf sich selbst produziert. Denn eines hilft bei Großstadtverkehrsstress immer: guter Humor und Selbst-Ironie.

Bild 5.12
Humor und Selbstironie ist eine Spezialität des BVG

Strategie der Stadtgesellschaft mit smartem Beteiligungsdesign: Smart City Berlin 2.0

Und die viel gescholtene, unterbesetzte und als überfordert geltende Stadtverwaltung so? Die überarbeitet ihre seit 2015 bestehende Smart-City-Strategie. Das Ziel: Berlin „zu einer intelligent vernetzten, postfossilen und resilienten Stadt zu formen. Zu einer nachhaltig lebenswerten und zukunftsfähigen Metropole."[59] Gefördert wird die Überarbeitung im Rahmen des Programms *Modellprojekte Smart Cities* durch das *Bundesministerium des Innern, für Bau und Heimat* (BMI) und die *KfW-Bank*.

Beteiligt sind fünf Akteursgruppen der Stadt, die ihre eigenen Antworten auf die Frage erarbeiten, wie ein lebenswertes Berlin aussehen kann: Wissenschaft, Wirtschaft, Verwaltung/Politik, organisierte Zivilgesellschaft und die sogenannten stillen Gruppen (Menschen mit Einschränkungen, Menschen mit Fluchterfahrungen, Menschen mit Diskriminierungserfahrungen, Kinder und Jugendliche, Menschen ohne Obdach). So beteiligten sich mehr als 1600 Berlinerinnen im Frühjahr 2021 in verschiedenen Workshops off- und online an der Konzeptphase, aus welcher bis zum Sommer der strategische Rahmen entstand. Daraufhin konnten alle Berliner ihre Ideen und Wünsche zu den verschiedenen Themenfeldern der Strategie einbringen – auf *mein-berlin.de*[60].

Der breite partizipatorische Ansatz des Modellprojekts umfasst einen mit Smart-City-Expertinnen besetzten *Strategiebeirat* sowie ein *Strategieboard*, in dem relevante Politikfelder vertreten sind. In verschiedenen Beteiligungsformaten des dreistufigen Entwicklungsprozesses können Bürgerinnen an der Stadtstrategie mitarbeiten, unter anderem im sogenannten *Stadtgremium Digitales Berlin*, das die Vielfalt der Berliner Bevölkerung abbilden soll[61]. Die nach dem Zufallsprinzip ausgelosten 70 Bürgerinnen und Bürger entwickeln gemeinsam mit der Stadtverwaltung und dem *Strategiebeirat* die Inhalte der neuen Strategie und deren konkrete Umsetzung in ausgewählten Projekten, deren Zwischenergebnisse wiederum von interessierten Berlinerinnen online kommentiert werden können.

Technisch ermöglicht und koordiniert wird der Beteiligungsprozess von der *Technologiestiftung Berlin* und dem *CityLAB Berlin* gemeinsam mit externen Dienstleistern[62] und im Auftrag der Berliner Senatskanzlei. Der sogenannte *öffentliche Wissensspeicher* bildet die digitale Infrastruktur, liefert die nötige Transparenz für die gemeinsame Arbeit und umfasst folgende Datenbanken, die es allen Akteuren leicht machen sollen, sich zu engagieren und informiert einzubringen: Prozesstermine, -akteure und -ergebnisse, eine Smart-City-Bibliothek und ein Glossar. Als Besucherin des Wissensspeichers wird man zudem auf die Kultur der Beteiligung hingewiesen: „Dabei sind Offenheit und die Möglichkeit, aus Fehlern zu lernen, unverzichtbar. Konstruktive Kritik und konkrete Vorschläge sind willkommen, um dieses lebende Dokument weiterzuentwickeln." Die Empfehlung zu ideologiefreien Diskursen ist insbesondere in einer was den Umgangston angeht etwas gröberen Stadt wie Berlin durchaus hilfreich.

Eines der fünf konkreten Smart-City-Pilotprojekte, die bis Ende 2026 umgesetzt werden sollen, ist die Umgestaltung des Hardenbergplatzes, eines Subzentrums in Charlottenburg-Wilmersdorf am Bahnhof Zoo, der als typischer Bahnhofsvorplatz und Verkehrsknotenpunkt smart und flexibel – das heißt event-, tages-, wetter- und jahreszeitabhängig – für sämtliche Mobilitätsformen gestaltet werden soll[63]. Eine *Jelbi*-Station wird dort wahrscheinlich nicht fehlen.

Bereit zu experimentieren? Willkommen im urbanen Stadt-Labor!

Im Unterschied zu manch anderen europäischen Nationen mahlen die deutschen Verwaltungsmühlen bekanntermaßen langsamer – die wiedervereinigten Berliner Mühlen sind dafür berühmt-berüchtigt. Wir wollen nun deshalb einen Blick auf neue Formen und Orte der Kollaboration verschiedener Akteure im urbanen Raum werfen, die eine neue Qualität von Stadtentwicklung als ergebnisoffenen und inklusiven Co-Creation-Prozess entstehen lassen. Eine Qualität mit mehr Schwung.

Das bereits erwähnte *City LAB Berlin* versteht sich in diesem Sinne als öffentliches Experimentierlabor, das aus einem Zusammenspiel von Digitalwerkstatt, Co-Working und Veranstaltungsraum einen Ort der Partizipation und Innovation schafft. Die zum größten Teil jungen Menschen des *City LAB* „sehen Digitalisierung als Chance, Prozesse neu zu denken, Barrieren abzubauen und neue Formen gesellschaftlicher Teilhabe zu schaffen."[64] In einem der vielen Projekte unterstützen sie die Berliner Stadtverwaltung bei der Umsetzung des *Mobilitätsgesetzes*, respektive bei dem Bau neuer Radwegeinfrastruktur im gesamten Stadtgebiet. In dieser *Prozessanalyse Radinfrastruktur (PARI)*[65] für die *Senatsverwaltung für Umwelt, Verkehr und Klimaschutz* ist das Ziel ein transparenteres und schnelleres Verfahren. Im Projekt *FixMyBerlin* arbeiten die Beteiligten an einer „datenbasierten Grundlage für einen konstruktiven Dialog zwischen Verwaltung und Bürgerinnen. Dafür werden die aktuellen Radverkehrsplanungen auf einer Online-Karte dargestellt und Partizipationsformate zur konstruktiven Einbindung von Bürgerinnen entwickelt."[66] Neben Umfragen zur subjektiv empfundenen Sicherheit von Radinfrastruktur finden regelmäßige *Data Cycle Meetups* statt, zu denen alle eingeladen sind. So entsteht ein Netzwerk aus Verwaltung, Zivilgesellschaft, Wissenschaft und (jungen) Unternehmen, das in immer wieder wechselnder Konstellation und bereichernder Kollaboration an einer lebenswerten Hauptstadt arbeitet.

Das *City LAB* ist jedoch nicht nur Vernetzungsakteur im Digitalen, sondern auch ein physischer Ort mit einem Co-Working-Space, in dem Menschen bis zu sechs Monate kostenlos an ihren Projekten arbeiten dürfen. Das jeweilige Projekt muss einen Bezug zu den Themenfeldern des *City LABs* haben, gemeinnützig sein und jeweils am Anfang und Ende der Bearbeitungsphase vorgestellt werden. Auch selbst organisierte Workshops zum eigenen Projekt gehören zu den Vernetzungsaufgaben, wenn man die Konferenz-, Ausstellungs- und Werkstatt-Räume nutzen möchte. In jedem Fall bietet das *City LAB* ein ganz wesentliches Gegengewicht zu den Bestrebungen im Digitalen, da nirgendwo mehr Überraschungen und Zufälle auf ihren Auftritt warten als in analogen Räumen der Begegnung und Gestaltung – ganz im Sinne unserer Selbstbewegung.

Und das Netz urbaner Labore ist noch größer: Das *City LAB Berlin* wiederum ist neben der Staatskanzlei ein Partner der *StadtManufaktur Berlin*[67], eines transdisziplinären Forschungsformats zwischen Wissenschaft und Praxis zur Lösung von komplexen urbanen Herausforderungen. Gegründet von der *Technischen Universität Berlin* gemeinsam mit dem *Zentrum Technik und Gesellschaft* und dem *Einstein Center Digital Future* will die *StadtManufaktur* als Plattform für vielfältige Kooperationen zwischen Wissenschaft und Gesellschaft eine Nähe zwischen der TU Berlin als Forschungs- und Bildungsinstitution und der Stadt und ihren verschiedenen Akteuren herstellen.

Die verschiedenen Reallabore zu den Themenfeldern Energie- und Verkehrswende, klimatische Resilienz und zirkuläres Wirtschaften umfassen beispielsweise die Erforschung neuer, natürlicher Baumaterialien in der Biotechnologie in Form des *MY-CO Place*[68], einer begeh- und erfahrbaren Raumskulptur aus Pilzmaterialien, die das urbane Leben und Wohnen der Zukunft (be-)greifbar macht. Im Themenfeld der Mobilität finden sich innovative Konzepte wie die *Radbahn*[69], die einen 9 Kilometer langen Radschnellweg unter und entlang des weitestgehend vollgeparkten und vergessenen Raumes des denkmalgeschützten Hochbahnviadukts der Berliner U-Bahn-Linie 1 realisieren will, sowie der *Social Mobility Hub*[70], ein multifunktionaler Ort, der sowohl eine Mobilitätsstation mit verschiedenen emissionsarmen Verkehrsmitteln umfasst, die der Nachbarschaft dazu dient, unnötigen Autoverkehr zu vermeiden und Personen- und Lastentransporte flexibel und umweltfreundlich zu gestalten, als auch eine kluge Kombination der Nahversorgung bereithält und zur Gemeinschafts- bzw. Nachbarschaftsbildung und zum sozialen Austausch anregt.

Mit dem *Place of Participation KuDamm,* kurz *POPKDM*, realisiert die *StadtManufaktur* gemeinsam mit dem Studiengang *Design and Computation* der *TU Berlin* und der *Universität der Künste Berlin* in den Jahren 2022 und 2023 einen temporären „Kulturort, an dem Stadtentwicklung künstlerisch interpretiert und kreativ erfahrbar wird"[71]. Forscherinnen, Studierende, Unternehmerinnen, Werkstätten und Künstlerinnen sind dazu eingeladen, sich mit ihren Reallaboren, Prototypen oder Projektideen, mit Workshops und Diskussionsformaten an der Gestaltung und Entwicklung der Berliner City West zu beteiligen. Den konzeptionellen Kern des *POPKDM* bildet der vernetzende, inklusive Ansatz, der verschiedene Akteure und Menschen in eine ergebnisoffene Kollaboration bringen soll.

Rund um vier Themenschwerpunkte der urbanen Transformation – Klimaresilienz, Zirkularität, Mobilität und Anthropozän – sollen Forschungsinhalte erfahrbar, wissenschaftliche Fragen gestellt, Prototypen gezeigt, Materialien erprobt und spürbar werden, Daten gesammelt, verknüpft und neu interpretiert werden. Die Methoden und Strategien einer engeren Zusammenarbeit zwischen Wissenschaft und Gesellschaft sind den Initiatoren besonders wichtig und werden mit allen Beteiligten erforscht, reflektiert und co-entwickelt. Der *POPKDM* ist ein aktivierender Ort des zivilgesellschaftlichen Engagements und einer Wissenschaft des Gemeinwohls an einem Standort, der, was die urbane Gesundheit angeht, nicht herausfordernder sein könnte. Es wird sich zeigen, welche interdisziplinären Lösungsansätze an einem Ort wie dem Kurfürstendamm entstehen, an welchem sich Feinstaub und Verkehrslärm gegenseitig regelmäßig überbieten.

Einsichten des Gelingens: POP!

POP stand der Hauptstadt schon immer gut. Nun eben als „Place of Participation". Was Berlin in der Vielfalt seiner Ansätze – ob von oben, unten oder von verschiedenen Akteurs-Seiten – zeigt, ist die Notwendigkeit von digitalen und von physischen öffentlichen Orten bzw. inspirierenden Räumen, in denen verschiedene Akteure zusammenkommen und in ergebnisoffenen experimentellen Formaten an ihrer Stadt arbeiten können. Neben online verfügbaren Wissensspeichern ist der öffentliche Raum nicht nur der Platz, an dem das urbane Leben mit seinen Herausforderungen tagtäglich stattfindet, sondern auch der Ort, an dem Demokratie lebendig wird; nicht nur im politischen Berlin.

5.2.4 Europas emissionsfreie Experimentier-Zonen: eine Auswahl

Die vereinzelte Sperrung und Verkehrsberuhigung von normalerweise viel befahrenen Hauptstraßen oder Boulevards zugunsten der Fußgänger und Radfahrerinnen hatte in der Vergangenheit meistens mehr mediale Strahlkraft als dass sie das Mobilitätsverhalten der Stadtbewohnerinnen tatsächlich änderte. Das lag und liegt daran, dass Einzelmaßnahmen in einem großen Stadtkörper lediglich die ungesund aussehenden Symptome an einigen Stellen lindern.

Der Grund für diese punktuellen Maßnahmen liegt aber oftmals in einer überholten Rechtsprechung, die eine Selbstbestimmung von flächendeckenden Maßnahmen durch die Städte ver- und behindert. Den Städten geht es angesichts der Herausforderungen, vor denen sie stehen, heute nicht mehr nur um die Setzung medial-politischer Zeichen, sondern um eine Neudefinition der Straße, deren Ziel ein gesunder Stadt- bzw. Lebensraum ist.

Bei den nun folgenden, ausgewählten Beispielen geht es einerseits um die Emanzipation der Städte vom Bund als auch um die Neuerfindung oder besser Wiederentdeckung der Straße als multifunktionaler Ort in einer Stadtgesellschaft mit verschiedenen Bedarfen.

Down Tempo: Städte wollen schnell langsamer werden

Im Sommer 2021 starteten die Städte Aachen, Augsburg, Freiburg, Leipzig, Münster, Hannover und Ulm zusammen mit dem Städtetag die Initiative *Lebenswerte Städte durch angemessene Geschwindigkeiten* mit dem Ziel, den straßenverkehrsrechtlichen Rahmen dahingehend zu ändern, dass Städte selbstbestimmt Tempo 30 „als verkehrlich, sozial, ökologisch und baukulturell angemessene Höchstgeschwindigkeit dort [festlegen können], wo sie es für sinnvoll erachten – auch für ganze Straßenzüge im Hauptverkehrsstraßennetz und ggf. auch stadtweit als neue Regelhöchstgeschwindigkeit"[72]. Denn die Verkehrspolitik lässt den Städten bislang wenig Spielraum. Um die Höchstgeschwindigkeit einer einzelnen Straße herabsetzen zu können, muss ein aufwendiger Antrag gestellt werden, der eine plausible Begründung enthält; etwa der Schutz von jungen Menschen eines an der Straße gelegenen Kindergartens, Lärmschutz oder das hohe Risiko von Unfällen[73].

Weil den Menschen der Initiative bewusst ist, wie politisierend das Thema in Deutschland werden kann, haben sich die Großstädte wie Berlin, München und Hamburg erst einmal nicht angeschlossen. Das soll emotional-ideologische Debatten und mediale Gefechte trotz wissenschaftlicher Eineindeutigkeit der Notwendigkeit und Wirksamkeit vermeiden. Die temporeich und argumentleer geführte Diskussion des Tempolimits auf Autobahnen hatte es vorgemacht: Die Ampel steht hier auf Gelb.

Die Initiative betont, dass Tempo 30 bezogen auf die Länge des Straßennetzes ohnehin schon gelebte Realität in den Städten sei und dass die Leistungsfähigkeit des Verkehrs durch die Maßnahme nicht eingeschränkt werde; bei jedoch gleichzeitiger Erhöhung der Aufenthaltsqualität. Wie wir bereits wissen, nehmen insbesondere die Lärmbelastung und unser Lärmempfinden stark ab[74]. Die Sorge um längeres Autofahren ist ebenso nicht berechtigt: Tatsächlich reduziert sich die Fahrt bei einer Reduzierung der Regelgeschwindigkeit von 50 auf 30 km/h um lediglich 40 Sekunden. Bis Anfang Dezember 2021 schlossen sich weitere 57 deutsche Städte an. Sie meinen es ernst, weil sie es am besten beurteilen können, welche Höchstgeschwindigkeit auf ihren Straßen für mehr Sicherheit, einen besseren Verkehrsfluss und reine Luft sorgt.

30 ist die neue 50. Denn was hierzulande gerade erst initiiert wird, ist in anderen Nationen schon länger urbane Realität. In Amsterdam gilt Tempo 30 auf 90 Prozent der Straßen, in Paris im gesamten Stadtgebiet, in Londons Stadtzentrum ebenso wie in Dublins. In Bologna, Pisa und Rom heißen sie *zonas a traffico limitato,* und in Mainz und Hannover ist das Zentrum ebenso bereits verkehrsberuhigt[75]. In London soll ein bedeutsames Stück des Finanzviertels, der *Square Mile,* zu einer verkehrsberuhigten Zone umgestaltet werden und mehr Sicherheit und Komfort für Fußgänger und Radfahrerinnen gewährleisten[76]. Die Transformation der ehemals gefährlichen Straßenkreuzung soll im Jahr 2022 abgeschlossen sein.

Straßenkämpfe oder Verfußgängerung? – Experimente der Straßenumwidmung von Brüssel über Oxford bis Ponteverda

Ein seit 2020 in der Kritik stehendes Beispiel aus **Berlin** ist die Sperrung der Friedrichstraße für den motorisierten Verkehr. Die Einkaufsstraße ist vor allem bei Touristen beliebt und kein Ort, an dem sich Einheimische gerne aufhalten. Durchradeln ist aber in Ordnung: Noch bevor die Auswertungen des erst temporären und bald dauerhaften Experiments erscheinen, haben viele Berliner Radlerinnen den Boulevard als sichere Fahrradroute zu ihrem Arbeitsplatz auserkoren.

Auch **München** probiert Neues: Auf den sogenannten *Sommerstraßen* dürfen Autos in den Sommerferien nur Schritttempo fahren. Nicht, weil man in den bayerischen Ferien mehr Zeit hätte, sondern, weil der Fußverkehr für einen bestimmten Zeitraum priorisiert werden soll. Das erlaubt Schlüsse darauf, welche Straßen in Zukunft dauerhaft gesperrt werden könnten[77]. Wenn man den Gedanken weiterspinnt, könnten Hauptstraßen, die unter der Woche dem Berufs- und Betriebsverkehr dienen, am Wochenende zu Fußgängerzonen oder gar Spielstraßen werden und somit den Menschen zur Verfügung stehen.

Die Einkaufsstraße *Meent* in **Rotterdam** wird schon seit langem von Auto-Protzern besetzt, die die Nachtruhe der Anwohner stören[78]. Um dem entgegenzuwirken, hat die Stadt nun zeitweise Sperrungen für den Autoverkehr verhängt – zunächst für zwei Monate jeweils donnerstags, freitags und am Wochenende. Zeigt die Sperrung Wirkung, soll sie dauerhaft eingeführt werden. Davon könnte auch der Kurfürstendamm in Berlin profitieren, der insbesondere am Wochenende Schauplatz von illegalen Autorennen ist.

Die gesunde Stadt hat sich **Oxford** zum Ziel gesetzt: Im Februar 2022 wurde das Pilotprojekt *Zero Emission Zone* (ZEZ) auf das gesamte Zentrum der Universitätsstadt ausgeweitet und soll bis 2035 das ganze Stadtgebiet umfassen. In der ZEZ dürfen zwischen 7 und 19 Uhr nur emissionsfreie Verkehrsmittel genutzt werden; für Verbrenner fallen ihrem Emissionsgrad entsprechende Gebühren an. Die Stadt will auf diese Weise eine Änderung des individuellen wie auch betrieblichen Mobilitätsverhaltens als auch der Luftqualität herbeiführen[79], um die städtische Gesundheit zu fördern. Das Projekt entstand seit 2017 unter der Einbeziehung von (betroffenen) Bürgerinnen und ansässigen Unternehmen und umfasst ein von der Stadtverwaltung bereitgestelltes FAQ, das alle wichtigen Fragen zur ZEZ beantwortet. Gleichzeitig investiert die Stadt in Ladeinfrastruktur für Elektrofahrzeuge und schafft auch hier Anreize; beispielsweise durch niedrigere Parkgebühren. Ziel- und Ausgangspunkt ist die städtische Gesundheit; denn diese war und wird durch überschrittene Grenzwerte von Schmutzpartikeln in der Luft gefährdet[80].

Die Einführung von emissionsarmen bzw. verkehrsberuhigten Zonen ist auch in **Brüssel** Realität: Die Stadt leitete zum 1. Mai 2020 die *Vélorution*[81] ein und gab dem Rad- und Fußverkehr in der Innenstadt Vorrang. Seitdem dürfen Autos, Busse und Bahnen dort lediglich bis zu 20 km/h fahren, im restlichen Stadtgebiet gilt seit 2021 Tempo 30[82].

Das Zentrum der spanischen Stadt **Pontevedra** ist seit 20 Jahren autofrei; lediglich Anwohnerinnen, Lieferfahrzeuge und der öffentliche Nahverkehr dürfen durchfahren, allerdings nur mit maximal 30 km/h. Die *Peatonalización* des Zentrums, eine Wortschöpfung des seit ebenso langer Zeit amtierenden grün-linken Bürgermeisters Miguel Anxo Fernández Lores, die man mit *Verfußgängerung* übersetzen kann, sieht folgendermaßen aus: Es gibt keine Fahrbahnmarkierungen, keine Verkehrszeichen und keine Ampeln und somit auch keine Unterschiede zwischen Bürgersteig, Fahrradwegen und der Fahrbahn für Autos[83]. Sollten Sie in Deutschland leben, muss dieses Bild eine ernsthafte Zumutung für Sie sein, Ihnen also spanisch vorkommen. Doch es funktioniert. Denn die Regeln sind simpel: Fußgänger haben immer Vorrang, dann die Radfahrerinnen, zum Schluss die motorisierten Fahrzeuge. Das zeugt von einer Rücksichtnahme, die wir in vielen unserer Städte zwar vermissen, die wir aber kollektiv erlernen können. Denn auch Pontevedra war einst Schauplatz ewiger Parkplatzsuche, hupender Aggressivität und schlechter Luft.

Durch die *Peatonalización* wurden 70 Prozent des ursprünglich emittierten CO_2 eingespart. Seit vielen Jahren gab es keine Verkehrstoten mehr und der Umsatz des Einzelhandels ist aufgrund der hohen Aufenthaltsqualität und der weggefallenen Parkplatzsuche gestiegen. Allgemeine Akzeptanz fand die Umgestaltung des Zentrums auch deswegen, weil an dessen Rand viele neue Parkplätze geschaffen wurden, von denen man per Shuttle-Bus oder Leihrad ins Zentrum fahren kann. Da aber der gesunde Fußverkehr im Fokus der Kommunalpolitik steht, gibt es an den Parkplätzen Hinweistafeln, die über die Länge und Dauer der Fußwege informieren. Eine Ausnahme gibt es: Bei größeren Einkäufen in der Innenstadt darf im Schritttempo eingefahren und an einem der tausend verbliebenen Parkplätze geparkt werden, allerdings nur für 15 Minuten.

Einen Ausflug wert ist auch **Hannover** mit seinen sogenannten *Experimentierräumen I und II,* die der Oberbürgermeister Belit Onay (Die Grünen) mit der Stadtverwaltung im Jahr 2021 realisiert hat. Es sind ehemals vom Autoverkehr dominierte Straßen und Plätze in der Innenstadt Hannovers, die temporär in Grünflächen, Spielplätze und kulturelle Spielstätten und Ausstellungsflächen (*Festival Theaterformen* bzw. *Kulturdreieck* aus Oper, Schauspiel und Künstlerhaus) umgewandelt wurden[84]. Diese Reallabore, welche die Innenstadt als Räume des Sozialen aufwerten, sollen Erkenntnisse darüber bringen, wie Wege hin zu einer autofreien Innenstadt aussehen können; denn dieses Ziel soll bis 2030 erreicht werden. Und das bei einer Autobesitzquote von über einem Fahrzeug pro Einwohnerin.

Das Innovative an den Experimentierräumen ist dabei ihr Motto *Hannover.Mit(te)Machen*, mit dem die Stadt ihre Bürgerinnen aktiv in die Gestaltung ihrer Innenstadt einbindet: Bürgerinnen sind eingeladen, sich mit eigenen Formaten – ob Bildung, Kunst, Sport oder Dialogen – zu bewerben und so den Raum selbst zu entwickeln, in dem sie leben und arbeiten.

Genügend zivilgesellschaftliches Engagement gibt es bereits auch an anderer Stelle in Hannover: Während der grüne Bürgermeister die Luft- und Lebensqualität mit seinen Experimentierräumen verbessern und den Fuß- und Radverkehr fördern will, plant der Bund den Ausbau eines vierspurigen Autobahnzubringers durch ein Landschaftsschutzgebiet; was zu massiven Protesten aus der Zivilgesellschaft führte. Denn für dieses aus der Zeit gefallene Projekt, wie es Bürgermeister Onay formulierte, müssen Unmengen an Hektar Wald abgeholzt und Grünflächen versiegelt werden.

Zwischenfazit: Städte geben Gas, nehmen den Fuß vom Pedal und setzen ihn auf die Straßen

Solche völlig gegenläufigen Mobilitätsentwicklungsprojekte von Bundes- und Kommunalpolitik verdeutlichen die unterschiedlichen Bedarfe und Ausgangsbedingungen von Städten und deren angrenzenden Regionen sehr plastisch. Während die Region gut angebunden sein will, da, wie wir bereits wissen, die physische wie mentale Gesundheit leidet, je länger der Pendelweg ist, muss die Stadt wiederum die Schadstoff- und Lärmbelastung in Grenzen halten bzw. Grünflächen wie Landschaftsschutzgebiete bewahren, um gesund zu sein.

Angesichts der erkennbaren lokalen Spezifika ist sowohl die Selbst-Bestimmung von Geschwindigkeitsgrenzen als auch Straßenfunktionen durch die Städte eine Notwendigkeit für die Transformation hin zu einem gesünderen Stadtraum. Auch unsere nächste Reisestation kennt solche Konflikte, die es in Zukunft zu lösen gibt.

5.2.5 Paris: bold moves statt Großstadtromantik

Als Stadt der Liebe wurde Paris seit Jahrhunderten besungen. Heute würde den Sängerinnen die Luft schnell ausgehen; denn Paris erstickt im Smog. Als „Schaltzentrale Frankreichs" hat Paris gleich mehrere Probleme zu lösen – ähnlich denen Barcelonas, doch mit anderen Ausgangs- und Gestaltungsbedingungen.

Die Region Paris ist nach dem Ausscheiden Londons aus der EU der größte urbane Raum Europas. Zudem hat die Stadt an der Seine eine der höchsten Einwohnerdichten pro Quadratkilometer. Insbesondere die Innenstadt innerhalb des Autobahnrings ist extrem dicht bebaut, hat kaum Grünflächen und hohe Immobilien- und Mietpreise[85]. Trotz dessen ist Paris als Wirtschaftsstandort nach wie vor attraktiv, was jedoch zu einer französischtypischen Zentralisierung auch von Unternehmen und somit Arbeitsplätzen führt. Das erzeugt ein hohes Pendel- und Logistikverkehrsaufkommen; was Stau auf den Straßen, überfüllte öffentliche Verkehrsmittel und eine erhitzte Stimmung zur Folge hat.

Die letzten Sommer brachten Paris immer wieder zum Kochen – Hitzewellen von über 40 Grad machten der Pariser Bevölkerung das Leben schwer. Das machte so manche erfinderisch, wie zum Beispiel den Ingenieur Arnaud Sanson, den Stadtplanungsarchitekten Frédéric Blaise und die Designerin Emma Lelong, die eine kühlende Parkbank entwickelten und den Prototypen im Sommer 2021 im öffentlichen Raum testen konnten. Die Po-kühlende Ventilator-Bank, die kalte Luft aus etwa zehn Metern Tiefe hinaufholt und ab 25 Grad Celsius Außentemperatur eine konstante Temperatur von 20 Grad hält, wurde über die Faire-Plattform finanziert, welche innovative Architektur- und Stadtprojekte fokussiert[86]. An der *Klimabank* hätten bereits andere Städte Interesse angemeldet, so das Entwickler-Team. Nur wird eine solche Symptombehandlung in Zukunft nicht ausreichen, um die Gesundheit des Stadt-Körpers wiederherzustellen und resilienter zu machen.

Die seit Jahrzehnten bestehende Trennung von prosperierender und romantisierter Innenstadt und elendig brachliegenden Arbeiterbezirken (Banlieus) durch eine Stadt-Autobahn schreit förmlich nach einer sozial gerechten Lösung – durch integrierende Mobilitäts- und Stadtplanung. Wie bewahrt diese Stadt in Zeiten von Gelbwesten also einen kühlen Kopf, um die nötigen Präventiv- und Gestaltungsmaßnahmen einzuleiten?

Die 15-Minuten-Stadt auf Französisch

Ein seit 2020 in die ganze Welt expandierendes Narrativ ist das der *15-Minuten-Stadt*, dessen Reichweite nicht zuletzt darin begründet liegt, dass das Städte-Netzwerk der C40 (siehe Kapitel 2) es angesichts der Konsequenzen der Covid-Pandemie in ihre Agenda aufgenommen hat und darin fordert, Bürgerinnen mehr öffentlichen (Straßen-)Raum zur Verfügung zu stellen, den Fuß- und Radverkehr sowie grüne Infrastruktur flächendeckend zu fördern[87]. Es geht einerseits um die Erweiterung des Wohnzimmers auf die Straße, wo die Ansteckungsgefahr mit einem mutierenden Virus wesentlich kleiner ist und wo nachbarschaftliche Gemeinschaften entstehen können, andererseits ist die Luftqualität im Stadtraum ein Kriterium, das maßgeblich den Krankheitsverlauf bei einer Virusinfektion beeinflusst[88].

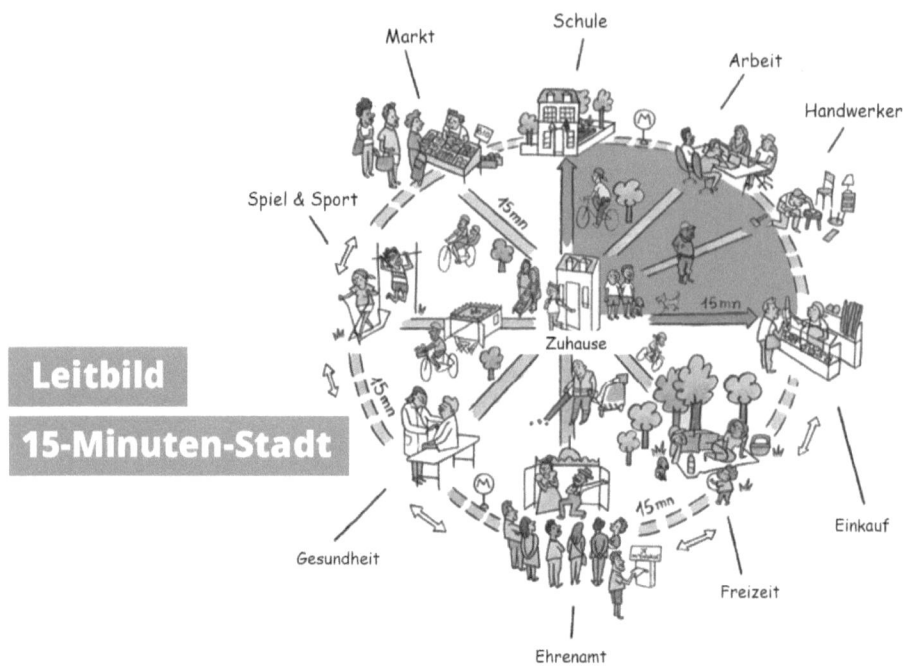

Bild 5.13 Konzeptskizze der 15-Minuten-Stadt (Quelle: Ville de Paris)[89]

Den Begriff der *15-Minuten-Stadt* prägte der französisch-kolumbianische Wissenschaftler Carlos Moreno von der Pariser Sorbonne-Universität. In seiner *ville du quarte d'heure* können die Bürger alle Orte des täglichen Bedarfs innerhalb von 15 Gehminuten erreichen: Arbeitsplatz, Schulen und Kitas, Ärzte und Apotheken, Behörden, Lebensmittel- und Drogerieeinzelhandel, Sport- und Spielstätten, Restaurants, Orte der Freizeit und der Naherholung. Die Idee leuchtet ein: Wenn die Wege kurz und die Angebote an emissionsarmer Mikromobilität groß sind, ist ein privater Pkw überflüssig. Das Pendeln zur Arbeit sowie die verschiedenen Konsum- wie Freizeitverkehre größerer Distanzen entfallen. Mit der Verkürzung der Wege geht also eine Mobilitätsvermeidung einher.

Radikale Beatmungs- und Wiederbelebungsmaßnahmen

Es erstaunt nicht, dass Moreno im Wahlkampfteam der Sozialdemokratin Anne Hidalgo eine Rolle spielte. Denn die Bürgermeisterin hat sich die radikale Umgestaltung ihrer Stadt zum Ziel gemacht; wenn Paris schon als Stadt für den Namen eines internationalen Klimaabkommens steht, sei es nur konsequent, wenn es als positives Beispiel diene[90]. Hidalgo ist auf der Überholspur – eines Radschnellwegs natürlich – und das sehr erfolgreich, wie ihre Wiederwahl mit großem Vorsprung zeigte. Wofür andere Städte wie Kopenhagen oder Amsterdam Jahrzehnte brauchten, setzt sie in wenigen Monaten um.

Während ihrer ersten Amtszeit wurden bereits 300 Kilometer neue Fahrradwege durch Paris gebaut[91]. Bis 2026 sollen 180 Kilometer zusätzliche Radwege entstehen und die Zahl der Stellplätze auf 180 000 verdreifacht werden[92]. Bis 2024 soll jede Straße eine Fahrradspur bekommen[93]. Während der Pandemie wurden kurzfristig über den am meisten befahrenen Metro-Strecken 60 Kilometer neue Fahrradwege geschaffen. Die Folge: Im Sommer 2020 fuhren auf vielen großen Boulevards mehr Fahrräder als Autos. Überall werden die Leih-Fahrräder der Stadt genutzt. Eine Jahreskarte kostet nur 29 Euro[94]. Und die Liste der *bold moves,* der „kühn-großen Bewegungen", geht weiter:

Seit Juli 2021 herrscht in ganz Paris ein Tempolimit von 30 km/h. Ein Großteil der Innenstadt wurde verkehrsberuhigt. Hidalgos nächstes Ziel ist es, jede Straße in Paris fahrradtauglich zu machen[95]. „Ich bin nicht gegen Autos. Ich bin gegen Verschmutzung und Lärm.", so Hidalgo in einem Interview Anfang 2021[96]. Sechzig Hektar Autostellplätze sollen in Grünflächen, Spiel- und Sportplätze umgewandelt werden. An zentralen Orten – etwa um den Eiffelturm und vor dem Rathaus – werden Wälder angelegt[97]. Die flächendeckende Begrünung der Stadt soll Paris abkühlen, das zuletzt unter Hitzerekorden litt.

Gerade in der Pandemie zeige sich, so die sozialistische Sozialdemokratin, dass die Pariserinnen mehr denn je Grünanlagen, Parks und Natur brauchten. Und damit hat sie recht behalten: Heute verbringen die Pariserinnen ihre Freizeit dort, wo vorher Autos durchs Zentrum donnerten; an Stadt-Stränden, auf Sportplätzen, machen Musik im öffentlichen Raum, bemalen sie mit eigener Kunst oder gönnen sich den romantischen Ausblick in einem neuen Restaurant an der Seine.

Was es bedeutet, wenn man sich die *15-Minuten-Stadt* zum strategischen Ziel macht, zeigt Hidalgo nicht nur in der Verwandlung von berühmten Boulevards wie des *Champs-Élysées* oder der *Rue de Rivoli*, die zu Parks oder Fahrradstraßen umgewidmet werden. Sie will die Innenstadt wiederbeleben, die aufgrund astronomisch hoher Quadratmeterpreise wie viele andere Zentren langsam leer wurde. Da die Stadt davon ausgeht, dass die Nachfrage nach Büros durch die Pandemie um 15 bis 25 Prozent abnehmen wird, fördert sie den Umbau von ehemaligen Auto- oder Kaufhäusern in Sozialwohnungen, die sogar einen Blick auf die Seine und den Eiffelturm haben werden[98]. Bauvorhaben für Luxuswohnungen dagegen werden zugunsten leistbaren Wohnraums konsequent abgelehnt.

Ebenso soll die Pariser Wirtschaft für die Verkürzung von Anfahrtswegen sorgen und damit der nicht mehr zeitgemäßen Zentralisierung privater und öffentlicher Dienstleistungen entgegenwirken; etwa mit dezentralen Co-Working-Spaces wie der *Station F*[99], einer umgebauten Güterzughalle am Gare d'Austerlitz, der über tausend Start-ups und Selbstständige beherbergt[100].

Die erste Großstadt mit einem ständigen Bürgerrat

Nach den Gelbwesten-Protesten 2018 und 2019 und einem dramatisch hohen Anteil an Nichtwählern verbunden mit einem großen Misstrauen gegenüber staatlichen Institutionen wurde die Schaffung eines Gremiums gefordert, das den Bürgerinnen die Möglichkeit geben sollte, an der Gestaltung der Politik mitzuwirken[101].

Anne Hidalgo rief daraufhin im Jahr 2020 einen Bürgerrat ins Leben, der seit Oktober 2021 zu einem ständigen Rat erklärt wurde. Paris ist damit die erste Großstadt weltweit, die einen solchen ständigen Bürgerrat hat. Dieser kann lokale Gesetzesentwürfe verfassen, die dann zur Debatte und Abstimmung in den Stadtrat gehen, die Erstellung von Prüfberichten zu einem Thema fordern, die Themen des Pariser Bürgerhaushalts festlegen und pro Jahr mindestens ein Thema auf seine Tagesordnung setzen[102].

Insgesamt 100 Frauen und Männer in gleicher Anzahl wurden für diese Funktion zufällig ausgelost und repräsentieren nach Geschlecht, Alter, Wohnort und Bildung die Pariser Bevölkerung. Seit November 2021 hat das neue Gremium seine Arbeit aufgenommen: die Erarbeitung eines klimafreundlichen Stadtentwicklungsplans bis 2024[103] – mit konkreten Handlungsempfehlungen für fünf Themenschwerpunkte: eine gesundheitsfördernde und weniger verschmutzte Umwelt in einer widerstandsfähigeren, an den Klimawandel angepassten Stadt, eine Stadt der Solidarität, neue Fragen des Kulturerbes, ein Kreislaufsystem für die Bauwirtschaft und eine nachhaltige wirtschaftliche Entwicklung (Handel, Tourismus, Logistik).

Der Pariser Bürgerrat ist vor dem Hintergrund der politischen Spannungen der vergangenen Jahre essenziell, weil er die verschiedenen Lebensrealitäten aller Stadtbewohnerinnen und -bewohner einbezieht und dadurch legitimierend und vertrauensbildend wirkt.

Grand Paris Express: Bund versus Stadt

Die als das ambitionierteste und wichtigste Verkehrs- und Stadtentwicklungsprojekt Westeuropas geltende *„Métropole du Grand Paris"* soll Paris mit seinem Umland vernetzen: 68 neue Bahnhöfe und 200 Kilometer fahrerlose U-Bahnstrecken[104] sollen in den kommenden Jahren entstehen, damit die Region mit der Stadt zusammenwächst und dadurch eine Aufwertung erfährt. Die bisher massiv vernachlässigten Banlieus sollen sowohl direkter miteinander als auch mit der prosperierenden Metropole vernetzt werden, von der sie bislang durch unglückliche Verkehrsprojekte wie die Stadtautobahn *Peripherique* getrennt sind[105]. Denn was bei schillernden Vorbildern wie der Fahrradstadt Kopenhagen oft nicht erwähnt wird: Die Verkehrsinfrastruktur in den Vororten und Randbezirken ist oft miserabel und immer noch autogerecht. Da helfen selbst die 100 000 Bäume, die allein um die Périphérique gepflanzt werden sollen, erst einmal wenig[106].

Grand Paris Express steht für ein dichtes und großflächiges Verkehrsnetz, das durch seine vielen Umsteigemöglichkeiten, neuen Linien bzw. die Verlängerung bestehender Linien das Pendeln erleichtern, schneller und umweltfreundlicher machen soll. Gleichsam soll dadurch langfristig auch der Wohnungs- und Immobilienmarkt im Zentrum entlastet werden[107], weil es in Zukunft mehrere kleine Zentren – sogenannte *Pôles* oder Cluster – geben soll, die neue Arbeitsplätze schaffen und zur Spezialisierung der einzelnen Regionen beitragen sollen: So ist zum Beispiel in Saint-Denis im Norden ein Zentrum für die Kreativwirtschaft und in Saclay im Südwesten ein Innovations- und Forschungszentrum geplant[108]. Um die neuen Bahnhöfe sollen ganze Viertel mit eigener Infrastruktur (Handel, Schulen, Kindertagesstätten, Gastronomie, ärztliche Versorgung etc.), mit Parkanlagen, kulturellen Angeboten und umweltschonender Mobilität *(mobilité douce)* durch mehr Leihräder, E-Bike-Ladestationen und Fahrradwerkstätten entstehen.

Das große Problem dieses Projektes der Superlative, zu dessen Initiatoren auch der viel gescholtene Ex-Präsident Nicolas Sarkozy gehörte, ist seine Zielsetzung: Es soll die Metropolregion Paris, die 30 Prozent zum französischen Bruttoinlandsprodukt beiträgt[109], wettbewerbsfähig machen. Nicht lebenswerter, sozial gerechter, durchmischter, grüner oder versorgender, sondern im kapitalistischen Sinne vorteilhafter für die ansässige Wirtschaft. Im sogenannten *Club des Entreprises du Grand Paris*, zu dem auch Konzerne wie Thales oder Siemens gehören, können Unternehmen potenzielle Partner für künftige Projekte von Grand Paris werden.

Das bedeutet konkret, dass, obwohl jedes Jahr bereits tausende Familien mit geringem Einkommen aus Paris in die angrenzende Umgebung ziehen müssen, um bezahlbaren Wohnraum zu finden, sie nun auch dort verdrängt werden, weil um die neuen Bahnhöfe herum massenhaft enteignet und für die obere Mittelschicht gebaut wird[110]. So profitieren bislang vor allem Bauunternehmen und Finanzinvestoren, die eine Denkfabrik nach der anderen gründen, um die (eigene) unternehmerische und kreative Elite zu fördern. Bei einem solchen von oben durchgesetzten Bauvorhaben, das nie öffentlich diskutiert wurde, geschweige denn, dass Bürgerinnen irgendeinen Einfluss darauf hätten nehmen können[111], könnten die sozialen Konsequenzen zu einer weiteren Dramatisierung der bereits bestehenden Ungleichheiten führen.

Einsichten des Gelingens: Paris, die Stadt der großen Gesten

Savoir Vivre, die Kunst, das Leben zu genießen, könnte wieder zur Kernkompetenz der Pariser werden, wenn das Klima stimmt und die Gesten groß ausfallen.

Bemerkenswert ist jedoch auch hier, wie unterschiedlich und teilweise widersprüchlich die Prioritäten von Bundes- und Kommunalpolitik sind und wie wichtig eine progressive und nachhaltige Sozialpolitik wie die der Pariser Bürgermeisterin ist. Während Letztere die Arbeitswege radikal verkürzen will, könnte Grand Paris für Gering- und Durchschnittsverdiener zu noch größeren Distanzen zwischen Wohnung und Arbeitsplatz führen und damit auch zwischen sozialen Milieus. Die Post-Moderne, eine maßgeblich französische Philosophie, kann mit diesen Widersprüchen und dem „Ende der Großen Erzählungen", die die französischen Vorreiter Jean François Lyotard und Michel Foucault ausgerufen hatten, zum Glück umgehen.

5.2.6 Von Asien bis Amerika – von Alibaba bis Alphabet: Legitimationsprobleme smarter Städte

Im öffentlichen Diskurs um die Zukunft unseres urbanen Lebens ist kaum ein Narrativ mit so vielen Projektionen und Hoffnungen besetzt wie das der *Smart City*. Letztere dominiert seit Jahren die Produktentwicklungen in der Mobilitätsbranche (z.B. *BMW Connected Car*), das Stadt-Marketing (z.B. *Smart City Aalen, Smart City Berlin*) ebenso wie Unternehmensstrategien (z.B. *„Smart City | Deutsche Bahn"*), die Business-Pläne neuer Start-ups und zahlreiche – oftmals digitale – Konferenzen in den unterschiedlichsten Sektoren.

Die *Smart City* steht für die Zukunft der Mobilität, wie sie sich manche Städte und viele Industrien derzeit vorstellen, nämlich technologiegetrieben. Sie steht für die Hoffnung, mithilfe neuer Antriebe oder Apps die Herausforderungen der politisch so genannten Mobilitätswende zu lösen. Das liegt auch darin begründet, dass Digitalisierung in Deutschland immer noch wie ein exotisches Reiseziel in weiter Ferne liegt, weil für die wirklich großen Projekte an unzähligen Stellen Daten fehlen und das nicht erst durch die Pandemie aufgefallen ist, sondern das Ungesunde spätestens bei der Forderung der Abwrackprämie für Faxgeräte spürbar wurde.

Auf der anderen Seite sehen wir an Beispielen wie aus Berlin, dass diverse Akteure die *Modellprojekte Smart Cities*[112] des Bundes antreiben – mit einer mehr reflektierten Entwicklungslogik, als wir das bei Alibaba in China oder Alphabet in Kalifornien beobachten können. Doch was sind die Konsequenzen einer vorrangig technologieoptimistischen Stadtentwicklung? Wir machen nun kurze virtuelle Stippvisiten an eben diesen exotischen Orten.

Die Stadt als ultra-kontrolliertes Testlabor: Asiatische Smart Cities

Man „darf […] gespannt sein, wie es sich inmitten einer Welt lebt,
in der alle Dinge vom Auto bis zum Klo miteinander kommunizieren".

Soziologe Harald Welzer zu Toyotas Laborstadt[113]

Die südkoreanische Planstadt **Songdo** südwestlich von Seoul ist eine Smart City, wie sie im (koreanischen) Buche steht, denn der umfassende Einsatz von Informationstechnologie erlaubt die Datenerfassung der ganzen Stadt; ihres Nahverkehrs, Einzelhandels ebenso wie des Gesundheitssystems oder sämtlicher Häuser. 980 Kameras und unzählige Sensoren messen den Verkehrsfluss, den Grad der Luftverschmutzung, die Wärmeentwicklung von Fassaden oder lesen die Nummernschilder der Autos aus, die in die Stadt kommen[114]. Bis in die Wohnungen hinein werden Bewegungsdaten erfasst, was neue Steuerungsmöglichkeiten mit sich bringt und damit einen hohen Grad an Sicherheit, Sauberkeit und Nachhaltigkeit[115]. Müll wird über saugende Rohrsysteme entsorgt, Wasser wird aufbereitet und Energie aus einer Vielzahl an Solarpaneelen gewonnen. Allerdings ist alles, was digital steuerbar ist, auch anfällig – nicht nur, wenn der Strom mal nicht da ist, sondern auch, wenn der Verpackungsmüll vom Lieferdienst nicht in die Rohre passt. Zudem ist die eigentlich auf Nachhaltigkeit ausgelegte Stadt extrem autozentriert: acht- bis zehnspurige Straßen schlagen harte Schneisen in die Stadt.

Songdo hat Südkorea zwar viel Aufmerksamkeit verschafft, ist aber wie viele andere künstlich aus dem Boden – konkret: aus dem Wattenmeer – gestampfte Städte leider zugleich so teuer und so öde geraten, dass bei weitem nicht so viele Menschen in ihr leben wollen wie geplant und auch keine andere Stadt bisher Interesse an dem Songdo-Modell gezeigt hat. Mit luxuriösen Apartments, renommierten Schulen und Universitäten lockt Songdo vor allem koreanische Topverdiener an; und die stehen auf Sicherheit. Da ist es auch nicht relevant, ob das Kontrollcenter der Stadt mit Sicherheit etwas lautere Gespräche im Park mithören kann.

Bild 5.14
Das Kontrollcenter von Songdo überwacht rund um die Uhr den gesamten öffentlichen Raum[116]

Die **Digital City** des Elektronik-Herstellers *Samsung* südlich von Seoul ist eigentlich eine Konzernzentrale: Die Mitarbeiterinnen genießen verschiedene Services wie Shuttle-Busse, unzählige Sportmöglichkeiten, eine riesige Menüauswahl in mehreren Restaurants, Hobbyräume, Kitas und auch Gesundheitsleistungen durch Arztpraxen – und zwar gratis[117]. Umsonst sind diese Dienstleistungen jedoch nicht; denn mit jedem Schritt und jeder Handlung werden Daten gesammelt. Ob Sie den Salat oder die Pasta wählen, regelmäßig Sport machen oder sich nach der Arbeit lieber mit Freunden treffen, ist dann nicht mehr nur Ihre private Angelegenheit; Ihr Arbeitgeber weiß in jedem Moment, was Sie tun oder eben nicht tun. Es ist also eine Frage der Zeit, wann Sie Ihr Verhalten an die als wünschenswert geltenden Parameter anpassen.

Die **Woven City** des Autoherstellers *Toyota* am Fuß des Fuji-Berges in Japan soll ein durch Ingenieure und Wissenschaftler komplett kontrolliertes, lebendes Labor werden, welches das Testen neuer Technologien unter der Prämisse der Nachhaltigkeit in einer realen Umgebung ermöglicht; etwa das autonome Fahren, smart vernetzte Häuser oder neue Formen der Energiegewinnung und der künstlichen Intelligenz[118].

Eine weitere sogenannte *Stadt der Zukunft* entsteht neben Peking, wo seit Jahren akuter Platzmangel herrscht: **Xiong'an** soll vor allem junge Menschen und High-Tech-Firmen anziehen und zu einem bedeutenden Wirtschafts- und Technologiestandort werden[119], der zugleich die Natur um Xiong'an schützt. Auch hier soll das autonome Fahren etabliert werden, sollen Logistikunternehmen wie Alibaba neue Wege der Distribution testen können. Nichts soll dem Zufall überlassen werden; nicht einmal die Produktauswahl in den smarten Supermärkten, die auf 4000 Quadratmetern dank des *Internet of Things* die Kunden durch ihre endlosen Regale navigieren.

Das Vorbild Xiong'ans wird auch *Chinas Silicon Valley* genannt: **Shenzhen**, die erste Millionenstadt mit einer komplett elektrischen Busflotte, welche an 29 Depots dezentral geladen wird. Um dem Tempo der Nachverdichtung der am schnellsten wachsenden Stadt Chinas gerecht zu werden, wertet das *Shenzhen Urban Transport Planning Center* (SUTPC) täglich 750 Millionen einzelner Datensets aus[120]. Diese *Big-Data*-Analysen sind nur möglich, weil sämtliche Bewegungsdaten herangezogen werden: die GPS-Daten der Bürgerinnen von deren Smartphones in Kooperation mit *China Telecom*, die Daten der 17 000 elektrisch betriebenen Linienbusse und der 15 000 Elektrotaxis, die Passagierdaten der U-Bahnen und die Bewegungen aller Leihfahrräder, die Daten der Mautstellen und der Bezahlparkplätze.

Unser kleiner Trip nach Fernost lässt uns erahnen, warum wir – in Europa – ein anderes, eigenes Verständnis der smarten Stadt brauchen und wie bedingungsreich die digitale Stadtentwicklung ist.

Einsichten des Misslingens:
Urbane Realität ist nicht binär, sondern wild, frei und unkontrolliert

Erinnern wir uns zur weiteren Verdeutlichung der Dilemmata an das Projekt von *Sidewalk Labs*, das wir bereits in Abschnitt 2.2.4 vorstellten: die Erschaffung eines smarten Stadtteils in Toronto. Wie *Sidewalk Toronto* am ungeklärten Umgang mit den zu generierenden Daten gescheitert ist, haben wir bereits erläutert.

Es wird hier aber noch ein Zweites deutlich: Die Stadt als Algorithmus schließt das Soziale aus. Die Technologiehoffnung hat einen Begriff: Der vom belarussischen Publizisten Evgeny Morozow geprägte Begriff *Solutionismus* beschreibt die Ideologie, dass alle Probleme im Grunde durch digitale Anwendungen lösbar sind – mit der Voraussetzung, dass sie binär codiert sind[121]. Alles andere kommt im Solutionismus nicht vor; doch dieser Rest macht wesentlich die Realität unseres urbanen Lebensraumes aus: die individuelle Freiheit, den Grad des Privatlebens ebenso persönlich auszutarieren wie den des öffentlichen Lebens, analoge Räume der (überraschenden) Begegnungen des Handels, der Kunst, Kultur und Kreativität und auch der lebendigen Demokratie, die Koexistenz verschiedener Milieus und nicht zuletzt alltägliche Konflikte von der Mülltrennung bis zum Verkehrsstau, die eine Smart City nicht lösen wird, weil man an einem meinungslosen autonomen Vehikel wunderbar seine vermeintliche Macht ausüben kann.

Wenn wir also über smarte Städte sprechen, dann sollten wir um deren Spielarten, Begriffsdimensionen und legitimatorischen Grenzen wissen und im nächsten Schritt unsere Fragen an sie stellen: Was wäre eine tief verankerte, aufgeklärte, solidarische Version einer *europäischen Smart City,* wenn wir in Zukunft nicht als Versuchskaninchen in riesigen Reallaboren die neuesten Technologien testen wollen? Wie gestalten wir unsere historischen Stadtkerne neu, die in keiner der zuvor erwähnten Modellstädte vorkommen, und wie bewegen wir uns darin? Wie bauen wir unseren Bestand an öffentlichem Raum für klimafreundliche Mobilität um, weil der Neubau ganzer Städte oder Quartiere ungemein viel an planetaren Ressourcen verschlingt? Wollen wir unsere Mobilität – unsere Bewegungsdaten – mächtigen Weltkonzernen überlassen?

Was den Eigensinn von Städten seit jeher ausmacht, bringt auch der Soziologe Harald Welzer auf den Punkt: „Ihre Widersprüchlichkeit ist eine kulturelle Ressource. Sie garantiert Eigensinn, Identität, Liberalität. Alles dies sind Merkmale des Heterotopischen."[122] Die Schlussfolgerung lautet: Die Gestaltung unserer urbanen Mobilität ist etwas inhärent Soziales und identitätsstiftend Lokales und kann deshalb keine Entsprechung in einem binär codierten Algorithmus finden.

5.2.7 Thüringen: Gesunde Mobilität. Mobile Gesundheit. Was sich die Stadt vom Dorf abschauen kann

Ohne Zweifel ist bei einer alternden Gesellschaft wie der unseren die Förderung und Bewahrung der individuellen wie kollektiven Gesundheit essenziell (siehe die Gesundheitswende im Abschnitt 1.2.2 und das Narrativ der gesunden Stadt im Abschnitt 2.2.5). Wenn also unsere Gesundheit ganz unmittelbar mit unserer Mobilität zusammenhängt, warum nicht weitere Synergien schaffen und beides an einem Ort bündeln?

Wie ein dezentrales Gesundheits-, Pflege- und Versorgungsnetzwerk aufgebaut und geformt werden kann, wird seit 2019 im ländlichen Raum Thüringens getestet. In Kooperation mit dem gemeindeübergreifenden Projekt *Landengel,* das sich der Entwicklung einer nachhaltigen und regionalen Daseinsvorsorge widmet, und im Auftrag der *IBA Thüringen* wurden für fünf Dörfer sogenannte *Gesundheitskioske* entwickelt[123]: multifunktionale Orte, die – immer an einer Bushaltestelle und einem Fahrradweg gelegen – als zentrale Anlaufstelle der Information, Beratung und Lenkung dienen.

An diesem im Dorf zentral gelegenen Ort arbeitet eine sogenannte *Daseinsvorsorgebeauftragte*, die als Ansprechpartnerin mit und für die Menschen aus der Region tätig ist[124]. Sie führt regelmäßige Sprechstunden durch, hilft bei bürokratischen Prozessen und erarbeitet Lösungen für Probleme in den Bereichen Mobilität, Wohnen und Pflege, sodass letztendlich bürgernahe und bedarfsgerechte Gesundheitsangebote entstehen.

Die Verortung und architektonische Gestaltung der aus Holz gebauten Gesundheitskioske ist dabei gleichermaßen wichtig, da sie zum sozialen Austausch und zum Verweilen anregen sollen. So ist der öffentliche Außenraum hochwertig gestaltet; etwa mit Sitzbänken unter der Dorflinde, Gemeinschaftsbeeten für das Co-Gardening und einem Pop-up-Store für selbsterzeugte Produkte der Dorfgemeinschaft oder ein Café[125]. Darüber hinaus gibt es Ladestationen für E-Bikes, gratis WLAN sowie die Ankündigung aktueller Ereignisse im Dorf.

Die Mobilität spielt hier eine konstituierende Rolle: Die relativ hohe Frequentierung des öffentlichen Nahverkehrs im Dorfzentrum dient als soziale Schnittstelle und bringt Menschen verschiedener Generationen zusammen.

Wie wir erahnen können, ist auch hier die Beteiligung und Mitsprache der Bürgerinnen am Entstehungs- und Entwicklungsprozess entscheidend und fruchtbar: Durch öffentliche Diskussionsrunden sowie Einzelgespräche partizipieren die lokalen Akteure mit ihren spezifischen Bedarfen und Erwartungen an der architektonischen Gestaltung und der sozialen Bedeutung der Gesundheitskioske. Die so gemeinschaftlich kreierte soziale Mitte wirkt identitätsstiftend und gibt auch im Weiteren Raum für persönliches Engagement; vom Co-Building bis zum Ehrenamt ist ein Gesundheitskiosk ein Ort der Kooperation, Interaktion und Integration.

Bild 5.15
Ein Gesundheitskiosk kann in seinen Funktionen variieren (Quelle: Pasel Architects, 2019, S. 10)

Die konzeptionelle Herausforderung besteht darin, die einzelnen Gesundheitskioske trotz ihrer räumlichen Trennung in einen starken inhaltlichen Zusammenhang zu bringen, der sie als Gesamtheit – auch für die regionale Kommunikations- und Markenstrategie – im Sinne eines identitätsstiftenden Narrativs lesbar und erfahrbar macht. Es geht darum, ihre spezifischen Charakteristiken und „Fähigkeiten" zu einem größeren Ganzen zu vernetzen und dadurch eine gemeindeübergreifende Kollaboration beispielsweise zu den Themen Daseinsvorsorge, Wohnen im Alter und Tourismus zu ermöglichen.

Das Ziel dieses Netzes ist es, die Attraktivität des Lebens auf dem Land greifbar zu erhöhen. So entstehen durch die neuen Gesundheitsleistungen auch positive Nebeneffekte, wie die Schaffung neuer Berufsprofile, die Verhinderung von Wegzug jüngerer Generationen und die Stärkung einer (dorfübergreifenden) Gemeinschaft.

Die Stadt kann und sollte hier vom Land lernen: Die Bündelung von Gesundheits-, Wohn- und Mobilitäts-Dienstleistungen mit verschiedenen räumlichen Angeboten des Sozialen schafft Orte der Selbst-Bewegung. Nachbarschaft erhält so eine neue Qualität der Verantwortung und Fürsorge – füreinander und für einen gemeinsam gepflegten Ort. Auch das im Auftrag der Berliner *Senatsverwaltung für Umwelt, Verkehr und Klimaschutz* vom *IGES Institut* im März 2021 veröffentlichte *Grundlagenpapier für Mobilitätsstationen in städtischen Randlagen MobistaR*[126] regt an, bei der Konzeption von Mobilitätsstationen auch andere Versorgungsbereiche wie etwa die Gesundheitsversorgung einzubeziehen. Jüngste gesetzgeberische Vorhaben für Krankenhaus-, Ladeinfrastruktur- und Parkraumbetreiber eröffneten hierfür vielversprechende Möglichkeiten.

Entscheidend für uns ist zweierlei: Um Mobilität zu vermeiden und gleichermaßen zu ermöglichen, sollten verschiedene Dienstleistungen an einem Ort angeboten werden und dies eingebettet in einem verlässlichen Versorgungsnetz. Wo in der Stadt diese lokalzentralen Orte sein können, können Bewegungsdaten und bereits bestehende Infrastrukturen (wie z. B. Bahnhöfe, Spiel- oder Marktplätze) zeigen. Und: Das Lokale erst macht Gesundheitskioske, Bahnhöfe oder Mobilitätsstationen zu identitäts- und sinnstiftenden Orten der Nachbarschaft, die auch in urbanen Kontexten ihr Potenzial entfalten können.

5.2.8 Wien: von der Neubau-Oase bis zur Seestadt

Die Stadt der Kaffeehäuser und Flaneurettes belegte im Jahr 2019 zum 10. Mal den ersten Platz des *Mercer Quality of City Ranking*[127], das die Lebensqualität verschiedener Städte für Menschen, die aufgrund ihres Berufes in eine fremde Stadt ziehen müssen, vergleicht. Wien führte darüber hinaus zum zweiten Mal den *Global Liveability Index* (Economist Intelligence Unit)[128] an. Dass Wien auch eine der unfreundlichsten Städte weltweit ist, lassen wir an dieser Stelle einfach als Wiener Schmäh stehen.

> *A geh!*
>
> *Österreichisch für: Du hast ein ganz wunderbares Talent, Geschichten zu erfinden.*

Die hohe Lebensqualität, zu der auch ein hoher Anteil an bezahlbaren Sozialwohnungen gehört, zieht immer mehr Menschen an. Wien als zweitgrößte Stadt im deutschsprachigen Raum gehört innerhalb der Europäischen Union zu den am schnellsten wachsenden Städten hinter Brüssel, Stockholm und Madrid; bis 2029 soll die Einwohnerzahl auf über zwei Millionen steigen[129]. Mehr Einwohnerinnen bedeuten mehr Mobilitätsbedarfe, und das in einer Stadt, in der zwei Drittel der Flächen des öffentlichen Raumes noch von Autos okkupiert werden[130]. Das rasche Wachstum erfordert eine dynamische Stadtplanung und eine weitsichtige Entwicklung neuer Wohn- und Arbeitsviertel, auf die wir im Folgenden eingehen werden.

„Miteinander mobil": Fokus auf den Umweltverbund

> *„Mobilität braucht menschen- und umweltgerechten Verkehr.*
>
> *Die Stadt Wien bekennt sich zu einer prioritären Stellung des öffentlichen Verkehrs, der Fußgängerinnen und Fußgänger sowie des Radverkehrs als Umweltverbund.*
>
> *Wien steht für eine zukunftsorientierte städtische Mobilitätspolitik, die nicht nur ökologisch, sondern auch ökonomisch und sozial verträglich und somit nachhaltig ist. Ökonomisch, weil sie auf langfristiges Investment baut, das sich für Stadt und Standort bezahlt macht. Sozial, weil es ihr erklärtes Ziel ist, allen Bürgerinnen und Bürgern, unabhängig von Einkommen, sozialer Stellung und Lebenssituation, zu ermöglichen, mobil zu sein.*
>
> *Ökologisch, weil sie dabei hilft, natürliche Ressourcen zu schonen und zur Verwirklichung der Smart City Wien beiträgt."*
>
> Mission Statement des Wiener Stadtentwicklungsplans STEP 2025 [131]

In beiden oben erwähnten Rankings spielte auch die Mobilitätspolitik eine entscheidende Rolle. Diese wurde unter anderem im Stadtentwicklungsplan *STEP 2025* definiert. Das ambitionierte Ziel der vom Gemeinderat verabschiedeten Teilstrategie *Fachkonzept Mobilität* lautet: Ab 2025 sollen 80 Prozent der Wege in Wien im Umweltverbund stattfinden[132]. Der Autoverkehr soll auf 20 Prozent reduziert werden. Seit der Verabschiedung dieser Vision im Jahr 2014 ist schon viel passiert:

Die Stadt entschied sich, das Parken teurer zu machen und die zusätzlichen Einnahmen in den Ausbau des ÖPNV zu investieren[133]. Kombiniert mit einem preiswerten Jahresticket für 365 Euro führte das zu einer Verdoppelung der Dauerkarten zwischen 2012 und 2019. Wien hat seitdem mehr Dauerkarten als Autos, auch, weil die Ticketpreise seit 2012 nicht angehoben wurden. Die Autobesitzquote Wiens liegt mittlerweile bei unter 40 Prozent; in den Bezirken bei unter 30 Prozent. Allerdings ist ein günstiger oder gar kostenloser ÖPNV wie in Luxemburg allein kein Game-Changer. Erst eine enge Taktung und Pünktlichkeit des ÖPNV bei gleichzeitig hohen Kosten für das Autofahren und Parken motiviert Menschen dazu, vom Auto auf den ÖPNV umzusteigen[134]. Der Bau ergänzender U-Bahn- wie Bim-Linien (Wiener Straßenbahnen) bis hin zu einem flächendeckenden Netz ist essenziell.

Was es den Wienerinnen noch schmackhafter macht, Alternativen zum Auto zu nutzen, ist die intermodale App *WienMobil*[135], mit der sie ähnlich der Berliner *Jelbi*-App den ÖPNV, das Bikesharing der Stadt *City Bike Wien* und weitere Sharing-Dienste vom E-Scooter über E-Moped bis zum Elektro-Auto buchen und nutzen können.

Zur Mobilitätsstrategie gehört aber nicht nur ein attraktives Mobilitätsangebot, sondern auch Infrastruktur für Radfahrende und Fußgängerinnen. Der öffentliche Raum, der durch die höheren Parkgebühren entstand, wurde zu sogenannten *Begegnungszonen* umgewidmet; eine der prominentesten ist die Neubaugasse, die seit 2021 mit vielen Sitzmöglichkeiten und etlichen grünen Oasen das ganze Viertel aufwertet und dem dortigen Einzelhandel zugutekommt[136].

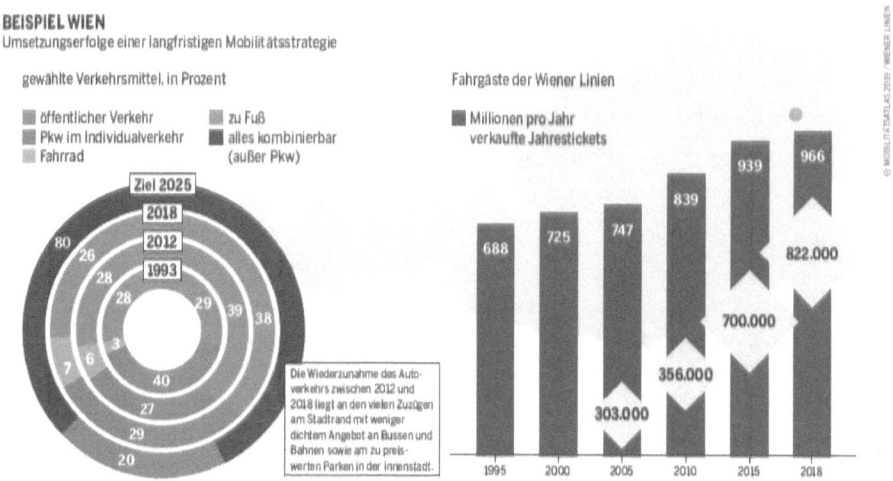

Bild 5.16 Wiens Umsetzungserfolge der STEP-2025-Strategie[137]

Um den Autoverkehr auf 20 Prozent zu reduzieren, prüft die Stadt zudem, ob das Superblock-Modell aus Barcelona auch in Wien Anwendung finden könnte. Im Rahmen des Sondierungsprojekts *Superbe* untersuchte die *Technische Universität Wien* gemeinsam mit dem *AIT Austrian Institute of Technology* und dem *Urban Consultant* Florian Lorenz[138], welche Effekte die Umgestaltung zu einem Superblock haben kann[139]. Ein effektives Mittel, so die Forschungsergebnisse, sind Diagonalsperren, wie sie auch in Barcelona und Berlin eingesetzt werden, da so die Autofahrt um einige Minuten verlängert wird, was bereits Auswirkungen auf die Verkehrsmittelwahl hat – vor allem bei kurzen Wegen, die auch zu Fuß oder mit dem Rad bewältigt werden können. So kann der Anteil des Autoverkehrs um drei bis neun Prozent abnehmen. Dies machen die Forscherinnen an dem bereits erwähnten Neubau-Bezirk anschaulich: Die Anteile am *Modal Split* lagen im Jahr 2020 bei 31 Prozent Fußverkehr, fünf Prozent Fahrrad, fünf Prozent Auto und 59 Prozent ÖPNV. Durch Superblock-Maßnahmen wie Diagonalsperren an Kreuzungen steigen drei Prozent der Autofahrerinnen auf den öffentlichen Verkehr um. Allerdings ist es mit dem Erschweren des Autofahrens nicht getan; eine an einem Verkehrsknotenpunkt liegende Mobilitätsstation ergänzt deshalb das Mobilitätsangebot um Fahrräder, E-Bikes, E-Scooter und E-Autos. Am Rand des Superblock-Modells sorgen Logistik-Hubs dafür, dass die angelieferten Pakete per Lastenrad ausgeliefert werden können. Entscheidend für den Erfolg eines Superblock-Modells ist die frühzeitige Einbindung der betroffenen Bürgerinnen. In Wien geschieht das mithilfe von *Virtual Reality*, mit der die veränderte Nutzung des öffentlichen Raumes erlebt werden kann.

Stadtentwicklung aus einer Hand: die Seestadt Aspern

Kommen wir zu einem Quartier, das sich der Frage des nachhaltigen und sozial gerechten Stadtwachstums widmet und das am nordöstlichen Rand von Wien gelegen ist. Auf dem Stadterweiterungsgebiet der *Seestadt Aspern*[140] sollen bis zum Ende der 2020er-Jahre 25 000 Menschen leben und 20 000 arbeiten bzw. ihre Ausbildung absolvieren. Etwa die Hälfte lebt nun bereits dort. Das Wiener Wohnmodell, zu dem 75 Prozent der

Wienerinnen bereits Zugang haben, wird auch hier umgesetzt: Ein Drittel der Wohnungen ist frei finanziert, ein Drittel gehört zum *Leistbaren Wohnen* (oder *Genossenschaftswohnen*) und ein Drittel bilden die *Sozialwohnungen* im engeren Sinne (kommunaler Wohnungsbau). Das macht die Seestadt divers und jung: Seit die ersten Mieterinnen im Jahr 2015 eingezogen sind, leben hier vor allem junge Familien, die auf bezahlbaren Wohnraum mit einer guten öffentlichen Anbindung sowie auf genügend Spielplätze und Grünflächen angewiesen sind. Die Grünräume zwischen den Baufeldern sind elementarer Bestandteil der Seestadt; ebenso wie die Gestaltung des Ufers des namensgebenden Sees, der von den Anwohnerinnen zum Schwimmen genutzt wird.

Zu den zukunftsgewandten Gestaltungsaspekten der Seestadt gehört auch eine Gendersensible Planung des öffentlichen Raums, der vom renommierten Büro *Gehl Architects* entworfen wurde; beispielsweise sind die Straßen nach Frauen benannt. Die Straßen wiederum wurden aus der Rollbahn des dort gelegenen ehemaligen Flughafens recycled. Für eine komfortable und sinnvolle Nahversorgung werden die EG-Zonen des Quartiers aktiv gemanaged *(aspern shopping)* und das Angebot der Nachfrage angepasst: Ein Branchenmix aus Buchhandlung, Supermarkt, Blumenladen oder Drogerie sorgt für alles, was man an täglichem Bedarf hat. Auch größere Gebäude werden effizient gestaltet: Die multifunktionale Hochgarage *SEEHUB*[141] umfasst ein Parkhaus, Büroflächen und Freizeitangebote wie Fußballfelder auf dem Dach.

Zum Ausbau des Wiener ÖPNV in den letzten zehn Jahren gehörte auch die Verlängerung der U2 (jeweils zur Hälfte von der Stadt und vom Bund finanziert) in die Seestadt, deren Fertigstellung im Jahr 2013 und damit noch vor dem Einzug der Seestädterinnen den *Modal Split* des Quartiers im Sinne des *STEP 2021* entscheidend beeinflusste. Denn es fällt leichter, auf den privaten Pkw zu verzichten, wenn es bereits eine sehr gute öffentliche Anbindung in Verbindung mit multimodalen Mobilitätsangeboten gibt. Die U-Bahn-Fahrt in die Wiener Innenstadt beträgt je nach Reiseziel 20 bis 25 Minuten. In naher Zukunft wird es zwei neue Straßenbahnlinien geben. Ebenso gibt es dank des *Fachkonzepts Mobilität* und der darin von den drei Bundesländern Burgenland, Wien und Niederösterreich erarbeiteten und getragenen regionalen Mobilitätsstrategie bereits eine gute Anbindung an die Region.

Diese zielgerichtete Planung und Umsetzung ist möglich durch die von Beginn an bestehende *Entwicklungsgesellschaft Wien 3420 Aspern Development AG*, die von der Stadt und einigen Wohnbauträgern gegründet wurde und aus einer Hand heraus die Entwicklungsarbeit steuert und damit direkt auch eine Qualitätssicherung betreibt. Wie wir mittlerweile ahnen können, bildet auch hier die Beteiligung der Bürgerinnen ein relevantes Element der Strategie. Peter Kraus, Stadtrat in Wien, ist überzeugt, dass das urbane Lebensgefühl und die entsprechende Dichte in einem neuen Quartier erst durch diesen integrierenden Ansatz entstehen. Diesen schauen wir uns nun genauer an.

Zwischen digitaler Visualisierung und analoger Kunst: Wie urbane Innovationen entstehen

Für uns ist das Format *aspern.mobil LAB* von besonderem Interesse, das im Rahmen des Programms *Mobilität der Zukunft* eines von fünf *Urbanen Mobilitätslaboren* Österreichs ist, die durch das *Bundesministerium für Verkehr, Innovation und Technologie* gefördert werden[142]. Zum interdisziplinären Team des LABs gehören Wissenschaftlerinnen der *TU*

Wien mit Raum- und Verkehrsplanung, Informatik, Soziologie, Architektur, Design und Wirkungsforschung, die mit der *Entwicklungsgesellschaft Wien 3420 AG* und dem *Stadtteilmanagement Seestadt aspern* und *Upstream,* einem Unternehmen der Wiener Stadtwerke, kollaborieren.

Der Definition eines *Living Lab*[143] folgend, beschreibt sich das nämliche als *Neighbourhood Mobility Lab,* das in einem Zusammenspiel aus Wissenschaft, Verwaltung, Wirtschaft und Bürgerinnen die Mobilitätsbedarfe der Seestadt erforscht und benutzerzentrierte Lösungen unter Berücksichtigung der verschiedenen Lebensrealitäten co-entwickelt, testet und umsetzt. Der *Open-Innovation*-Ansatz bedeutet hier, dass die verschiedenen Anspruchsgruppen des Quartiers mit in den Entwicklungs- und Forschungsprozess des Reallabors urbaner Mobilität einbezogen werden, sodass eine Community um das LAB entsteht. Das LAB ermöglicht es dieser Community, „co-kreative Innovationsleistungen in jeder Phase des Gestaltungsprozesses umzusetzen: von der Ideengenerierung bis zum Launch, von Tests unter realen Bedingungen im öffentlichen Raum bis zur Ermittlung der Effekte von Prototypen."

Dabei dienen Daten-Erhebungen, Umfragen und Analysen des Mobilitätsverhaltens der Seestädter als Basis für die Entwicklung neuer Lösungsansätze. So können zufällig ausgewählte und sich zur Teilnahme bereit erklärende Bürgerinnen per App ihre Mobilitätsdaten teilen, wenn sie sich in und aus der Seestadt heraus bewegen[144]. Dies ermöglicht die Erstellung einer *Heat Map,* einer detaillierten Visualisierung der Mobilität je nach Verkehrsmittel.

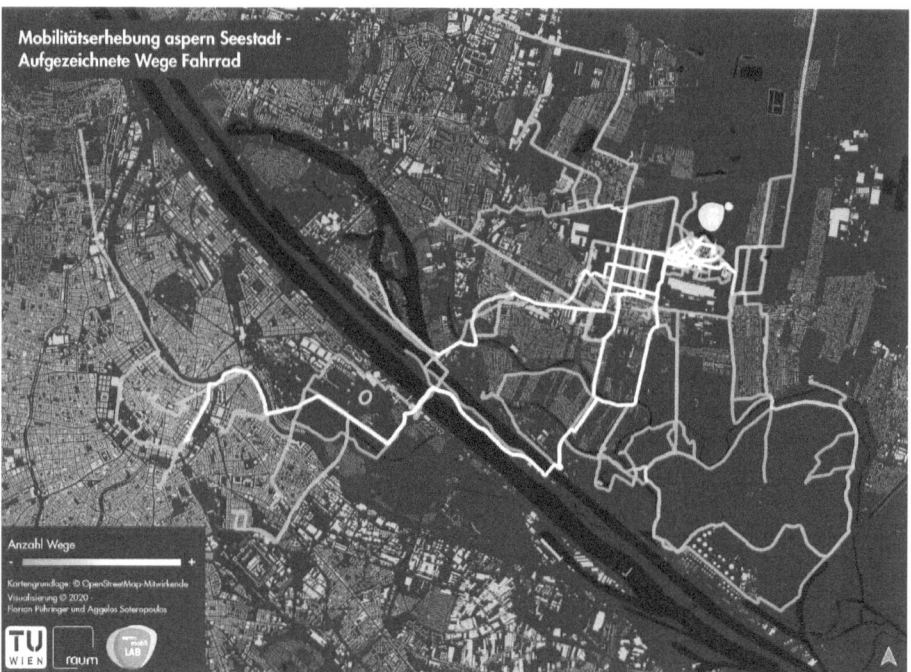

Bild 5.17 Die mit dem Fahrrad aufgezeichneten Wege zeigen unterschiedliche, häufig (hellblau) und weniger häufig (dunkelblau) genutzte Routen in die Innenstadt sowie Freizeitwege in die Lobau im Süden der Seestadt

Eine vom *aspern.mobil LAB* durchgeführte Mobilitätsdatenerhebung in Form einer Umfrage, deren Ergebnisse im November 2020 veröffentlicht wurden, fragte die Seestädterinnen speziell nach der Nutzung und Zufriedenheit mit dem öffentlichen Nahverkehr. Diese ergab, dass knapp 95 Prozent der weiblichen Teilnehmerinnen und knapp 82 Prozent der männlichen Teilnehmer über eine 365-Euro-Jahreskarte verfügten[145] und knapp 90 Prozent der Befragten die Zeit im öffentlichen Nahverkehr für andere Tätigkeiten nutzten. Was bemerkenswert ist und die Bedeutung des öffentlichen Nahverkehrs für die Lebensqualität im Kontext von Wohnen und Arbeiten verdeutlicht: Für 50 Prozent war die Anbindung der U2 der Hauptgrund, in die Seestadt zu ziehen. 45 Prozent nutzen die U2 an jedem Werktag, was die Bedeutung dieser Anbindung für Pendlerinnen zeigt.

Sicherlich erinnern Sie sich noch, wie unterschiedlich der empfundene Drang der Menschen in Berlin und München ist, die nächste Bahn noch zu erwischen (Abschnitt 2.4.3, Das Tempo der Stadt). Es gibt aber auch völlig nachvollziehbare Gründe, warum wir unsere alltägliche Wege-Zeit optimieren wollen; beispielsweise im kalten Winter. Aus eben dieser zugigen Situation heraus entstand ein Gedankenspiel, das zu einer Innovation führte, die analoger nicht sein könnte:

Aus der Idee, eine Anzeigetafel zu gestalten, an der sich die verbleibenden Minuten bis zur Abfahrt der nächsten U2 auch aus weiterer Entfernung ablesen lassen, ist die Installation der *ZeitKugeln* im sogenannten *Flederhaus* entstanden, das in unmittelbarer Nähe zur U-Bahn-Station liegt. Gestartet als prämiertes Kunstprojekt in dem vom Stadtteilmanagement ausgeschriebenen *IdeenWettbewerb Seestadt nachhaltig mobil*, wurde die Installation aus den Mitteln des *Mobilitätsfonds* der Seestadt finanziert und mithilfe des *SeeLabs*[146] als Forschungs- und Entwicklungslabor für Medienkunst realisiert.

Bild 5.18 Die Zeitkugeln geben die Minuten bis zur Abfahrt der nächsten U2 an[147]

„Die dreizehn aus der Ferne gut sichtbaren Kugeln geben Aufschluss darüber, wann die nächste U-Bahn die Station verlässt, indem sie sich halb schwarz, halb weiß wie Mondphasen von links nach rechts drehen. Gleich dem Prinzip eines Countdowns entsprechen die verbleibenden weißen Kugeln den Minuten bis zur Abfahrt aus der Seestadt.", informiert die Zusammenfassung der Diplomarbeit *ZeitKugeln in der Seestadt*[148] (2017) von Julia Kunert, welche den gesamten Realisierungsprozess von Zeit- und Budgetplänen, über Programmierung, Konstruktion und Design dokumentiert.

Das vom Wiener Architekturduo *heri&salli* geplante *Flederhaus*, ein 16 Meter hoher Holzturm mit vier Stockwerken, stand ursprünglich im Museumsquartier in der Wiener Innenstadt und gewann als *Denk-Mal* für mehr Nachhaltigkeit unter anderem den österreichischen *Klimaschutzpreis 2011*. Sein Name leitet sich von den vormontierten Hängematten ab, die wie herabhängende Fledermäuse wirken. Wie wirksam Kunst im öffentlichen Raum sein kann, zeigt diese zauberhafte Zeitskulptur.

Eines der aktuell laufenden Projekte des *aspern.mobil LAB* ist die *Mobilitätsberatung Am Seebogen*[149], welche den Seestädtern hilft, die für sie sinnvollste Mobilitätslösung zu finden. In kostenlosen Mobilitätssprechstunden oder individuell vereinbarten Terminen geht es darum herauszufinden, welche der vielen Möglichkeiten, mobil zu sein, die jeweils schnellste, gesündeste, komfortabelste oder umweltfreundlichste ist. Wo kann ich ein Lastenrad ausleihen? Wo ein E-Auto? Wo gibt es den besten Radweg zu meinem Arbeitsplatz? Ist ein intermodaler Weg kombiniert aus ÖPNV und Bike-Sharing effizient? Ein weiteres Feature: Der auf der Website der Mobilitätsberatung verfügbare *Mobilitätsrechner* kalkuliert diese Alternativen in Bezug auf Kosten, Reisedauer, CO_2-Emissionen und Kalorienverbrauch. Das macht die eigene Mobilität überaus anschaulich und transparent.

Finanziert wird die Beratung ebenfalls vom *aspern Mobilitätsfonds*, der sich aus Parkgebühren speist und innovative Projektideen fördert. Das quartierseigene Fahrrad-Verleihsystem *SeestadtFLOTTE* ist so entstanden; denn auch die Seestadt hat sich das Narrativ *Stadt der kurzen Wege* als Zieldimension gesetzt. Wie simpel das Mobilitätsverhalten beeinflusst werden kann, zeigt sich am Begrüßungsgeschenk, das jede Seestädterin zum Einzug erhält: ein Gutschein für einen kostenlosen *EinkaufsTrolley*, der beim Seestadtteilmanagement abgeholt werden kann und der das Einkaufen zu Fuß oder als Anhänger mit dem Rad vereinfacht.

Im Rahmen des kooperativen Forschungsprojekts *Mo.Hub* wurden drei Experimentierräume für Mobilitätsstationen geschaffen, die es den Anwohnerinnen ermöglichen, unterschiedliche Mobilitätsangebote (kombiniert) zu testen. Den Hintergrund bildet die Frage, wie frei gewordene Flächen im öffentlichen Raum für eine emissionsarme, multimodale und nahtlose Mobilität genutzt und mit dem Aspekt einer hohen Aufenthaltsqualität gestaltet werden können. Die in einem partizipativen Ansatz entwickelten und deshalb lokal bedarfsgerechten Mobilitätsstationen sollen 2022 umgesetzt und genutzt werden.

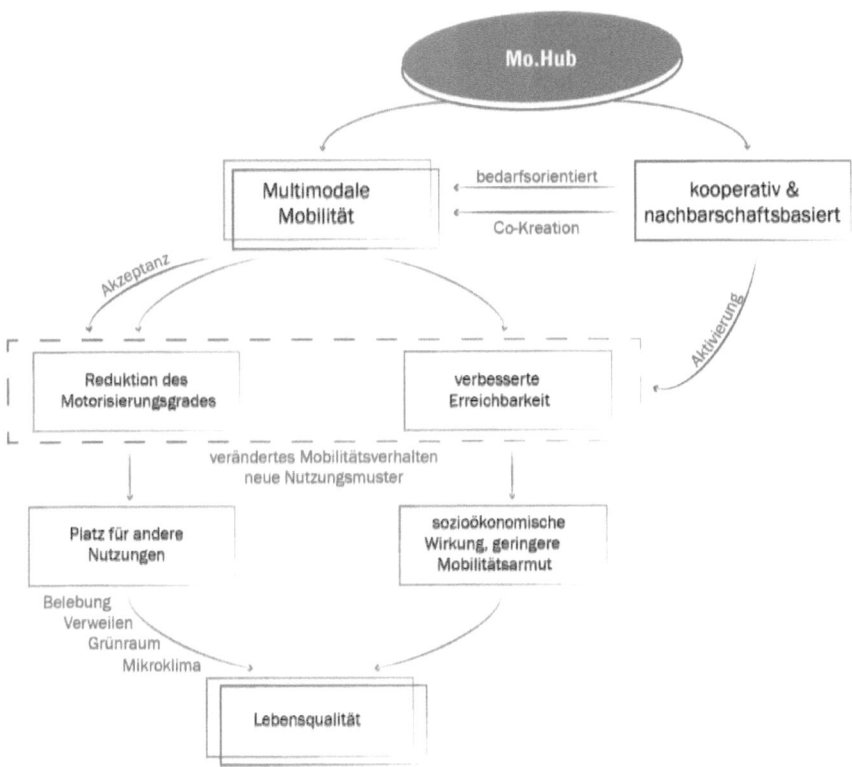

Bild 5.19 Mobilitätsstationen entstehen aus Partizipation

Flexible Familienmobilität: das Kinderrad-Abo

Allein im Mobilitätsbereich – die Themen Energieeffizienz, nachhaltige Architektur und Bauweise oder Begrünung seien an dieser Stelle nur beispielhaft erwähnt – gibt es viele weitere solcher zukunftsweisenden Projekte des Experimentierens und Entwickelns in der Seestadt. Da wir hier nicht alle vorstellen können, sei nur eine letzte Innovation noch genannt, die eine Zielgruppe betrifft, die im Diskurs um die Zukunft der Mobilität oft nicht vorkommt: Kinder und junge Menschen, die sich noch im Wachstum befinden.

Der in der Seestadt ansässige Fahrradhändler *United in Cycling*[150] bietet ein Kinderrad-Abo an, bei dem das Rad je nach Körpergröße monatlich gemietet werden kann. Von Laufrädern für 1-Jährige (12 Zoll) für 9 Euro im Monat bis zu Jugendrädern für ca. 12-Jährige (26 Zoll) für 18 Euro im Monat reicht das Angebot aus hochwertigen und regelmäßig gewarteten Fahrrädern. Kinder benötigen etwa alle 18 Monate eine neue Fahrradgröße und müssen sich wegen der hohen Investitionskosten oft mit zu großen oder zu kleinen Rädern fortbewegen. Das Kinderrad-Abo ist auch im Sinne der Teilhabe an Mobilität relevant und überaus sinnvoll.

Einsichten ins Gelingen: co-kreatives sozial-innovatorisches Stadtteilmanagement im Wachstum

Am Beispiel der *Seestadt Aspern* können wir beobachten, wie elementar die Kollaboration verschiedener Akteure ist und wie daraus nicht nur technologische, sondern *soziale Innovationen* hervorgehen können, die für mehr Teilhabe und eine hohe Lebensqualität sorgen. Das Digitale wird im Dienste des Gemeinwohls entwickelt und gedacht und nicht als Selbstzweck. Ein Mobilitätsangebot, das mit der Seestadt und deren Bewohnerinnen mitwachsen soll, braucht die Beteiligung aller Anspruchsgruppen, insbesondere die der Bürger.

Co-Kreation kann gelingen, wenn gleichermaßen digitale und analoge Orte zur Verfügung stehen, an denen sich Menschen an der Entwicklung ihrer Nachbarschaft oder Stadt beteiligen können. Allein die verschiedenen Webauftritte der Seestadt und ihrer verschiedenen Labore und Institutionen sind ansprechend und zeitgemäß gestaltet und informieren unterhaltsam über die aktuellen Entwicklungen und neuesten (Forschungs-) Ergebnisse.

All dies ist möglich dank eines dynamischen Stadtteilmanagements, das sich nicht nur um die Nahversorgung kümmert, sondern auch gezielt jene nachhaltigen Projekte fördert.

Aber vielleicht ist die basalste Erkenntnis die, dass bevor wir über Mobilitätsstationen, Trolleys oder Kinderrad-Abos nachdenken, wir erst den öffentlichen Nahverkehr ausbauen sollten, um den Umweltverbund und seine Multimodalität von Anfang an zu priorisieren. Also: erst die Mobilität, dann die Mieterinnen.

5.3 Gestaltungsinstrumente einer kollaborativen Stadtentwicklung der Selbstbewegung

Na, wie war die Welt-Reise so für Sie? Was ist bei Ihnen hängen geblieben? Die Popokühlende Parkbank oder doch die Seilbahn? Und was würden Sie gerne in Ihrer Stadt nutzen – oder gar selbst mitentwickeln? Wir wollen es für Sie gerne nochmals ausdifferenzieren, um die verschiedenen Ansätze und Konzepte zu evaluieren mit dem Ziel einer Adaptionsfähigkeit, also im Sinne einer Anpassung an lokale Spezifika.

Es geht also im Folgenden um die verschiedenen Gestaltungsinstrumente, derer Städte sich bedienen können, und letztendlich auch um eine Bewertung ihrer Wirksamkeit. Dazu zeigen wir, wo und wie die Gestaltungsinstrumente ihre Anwendung finden können, wo also bereits Varianten in der Praxis existieren. Wie die Standorte, die wir bereits besuchten, stellen die folgenden Gestaltungsinstrumente mit ihren verschiedenen Variationen lediglich eine Auswahl dessen dar, was wir als Mobilitätsberater und wissenschaftliche und politische Unternehmer als am wirkungsvollsten im Sinne der Nachhaltigkeit und Klimaneutralität von Städten ansehen.

Vor dem Hintergrund der bereits geschilderten Herausforderungen müssen Konzepte und Lösungen erdacht werden, die gleichermaßen Flexibilität, Sicherheit und Teilhabe gewährleisten. Letztere ist neben dem Klimaschutz eine der relevantesten Anforderungen zukünftiger Stadtentwicklung. Unser Interesse gilt folglich bedarfs-, klima- und sozial gerechten Mobilitätsangeboten und -infrastrukturen und den Akteuren, die sie co-kreieren.

5.3.1 Im Netz der Mobilität: digitale und analoge Infrastrukturen

„Die Mobilität der Zukunft wird geprägt sein von
Vielfalt, Vernetzung, Digitalisierung und Nachhaltigkeit."

Dr. Jan Schilling, Geschäftsführer des Bereichs ÖPNV beim Verband Deutscher Verkehrsunternehmen[151]

Wenn es in der urbanen Mobilität einen Generalbass gäbe wie in der Musik, so wäre das der öffentliche Nahverkehr mit seinem Strecken- und Wegenetz. Der *Basso continuo*, was im Italienischen „fortlaufender, ununterbrochener Bass" bedeutet, bildet das Fundament für die sich darüber erhebende Melodie[152]. Als ein solches Fundament, als den Anfang einer jeglichen Stadtentwicklung oder -erweiterung müssen wir den ÖPNV betrachten. Denn er bildet das Netz, das sämtliche Mobilitätsarten miteinander verbindet – und dies sowohl digital als auch physisch.

Was uns an Utopien oder Dystopien zur *Smart City* begegnete, schärft den Blick für das wesentliche Moment der Gestaltung des Digitalen, für seine vielversprechenden Potenziale und seine legitimationsrechtlichen Limitationen. Das Vernetzte ist zugleich auch das Verborgene, das nicht sichtbar ist oder nicht sein soll. Darin liegt eine unermessliche Macht, die je nach Standort und Rechtsrahmen derzeit noch Konzernen wie *Alibaba*, *Alphabet* oder *Amazon* und kapitalgetriebenen Einhörnern[153] vorbehalten ist. Auch Automobilhersteller halten die beim Fahren entstehenden *Floating-Car-Data* ihrer Kunden aus Datenschutzgründen noch unter Verschluss, dabei könnten im Rahmen von Projekten wie eines europäischen *Mobility Data Space*[154] die Kundinnen in Zukunft selbst darüber entscheiden, welche Daten sie teilen möchten[155].

Wir müssen also genau das Gegenteil des Status quo im Digitalen leisten, mit Politik und Stadtverwaltungen: die Transparenz in der Vernetzung. Dies durch neue Konzessionsverträge mit privaten Mobilitätsanbietern, die eine Datenbasis füttern, welche wiederum sowohl eine transparente Prozessbeteiligung von Bürgerinnen als auch eine daraus resultierende datenbasierte Verkehrsplanung und Verkehrsflusssteuerung durch die Kommunen ermöglicht.

Ob Wiener *Stadtteilmanagement*, Berliner *City LAB* oder Amsterdamer *Smart Mobility Ressort*: Das öffentliche virtuelle wie analoge Verkehrsnetz der Zukunft erfordert die Kollaboration verschiedener Akteure: von Verkehrsbetrieben ebenso wie kommunalen Wohnungsbaugesellschaften, privaten Mobilitätsanbietern ebenso wie Software-Unternehmen, Stadtplanungsbüros, Landschaftsarchitekten und Bürgerinnen.

Regional oder überregional? Über die Usability des öffentlichen Nahverkehrs

Das multimodale Mobilitätsangebot *Jelbi* ist das Ergebnis solcher Kollaboration und markiert die Zukunft des öffentlichen Nahverkehrs, der vor allem flexibel, individuell gestaltbar bzw. anpassbar und zuverlässig sein muss. Klimafreundlich ist er bereits. Auch die *Münchner Verkehrsbetriebe* (MVG) entwickelten gemeinsam mit *Trafi* ihre im Jahr 2021 veröffentlichte App *MVGO* und der Züricher Mobility-as-a-Service *yumuv* entstand ebenso in einer solchen Kooperation. Weitere Beispiele intermodaler Apps sind *WienMobil*, *tim* in Graz oder *Whim* in Helsinki. Hier hat die finnische Regierung alle Verkehrsunternehmen verpflichtet, ihre Verkehrsdaten zur Verfügung zu stellen[156].

Doch je mehr Apps wie diese auf den internationalen Markt kommen, desto dringender stellt sich die Frage, ob eine zumindest nationale Lösung sinnvoll wäre, die alle Angebote vereint. Denn einerseits ist Mobilität lokal gewachsen, deshalb oft hoch spezifisch, und sollte auch in Zukunft bedarfsgerecht gestaltet werden. Andererseits ist die Vorstellung, eine *Navigator*-App wie die der *Deutschen Bahn* könne auch andere Modi einbeziehen, sehr verlockend.

Mobility Inside[157] heißt eine brancheneigene Vernetzungsinitiative von Verkehrsunternehmen und -verbünden, die eine deutschlandweite Plattform für alle Fahrten im ÖPNV, im Fernverkehr, mit Bike- und Carsharing entwickelt. 2022 startete die Testphase mit sechs verschiedenen Tarifsystemen[158]; fünf weitere sollen im selben Jahr dazukommen. Die App ermöglicht durchgehende Fahrplanauskünfte des Nah- und Fernverkehrs, multimodales Routing, Einzel- und Tagestickets der teilnehmenden Tarife und die Nutzung von Bike-, Scooter- und Carsharing. Zukünftig soll die Plattform über die Heimat-App des jeweiligen Verkehrsanbieters nutzbar sein, um die Planung und Buchung von Reisen über Verbund- und Ländergrenzen hinweg zu ermöglichen. Auch eine andere Kooperation steht in den Startlöchern.

Im Spätsommer 2021 wurde erstmals in Deutschland ein Vertrag zwischen einem Nicht-Verkehrsunternehmen und einem ÖPNV-Unternehmen geschlossen[159], um eine Mobilitätsplattform zu entwickeln, die neben dem öffentlichen Nahverkehr auch Leihräder und E-Scooter sowie Anbieter von Carsharing, Ride Hailing und Pooling bündelt. Die deutsche Version von *Trafi* wird von der *Telekom MobilitySolutions* (TMS) und der Siemens-Tochter *Hacon* entwickelt und soll im Jahr 2022 in eine erste Pilotphase starten, in der Telekom-Beschäftigte und ihre Familien sowie Freunde in und um Bonn den Zugang zu einem vielfältigen Mobilitätsangebot jenseits des eigenen Autos erhalten. Ziel ist es, zunächst in der Metropolregion Köln/Bonn und später auch bundesweit vernetzte Mobilitätsangebote über die neue App anzubieten.

Fest steht: Ein öffentlicher Nah- und Fernverkehr ohne attraktive Benutzeroberfläche ist wie ein Fahrrad ohne Pedale – man kommt nur schwer voran. Deshalb ist die Frage, ob es bei regionalen Apps bleiben wird oder nicht, eine der Qualität und des Designs, oder anders gesagt, der User Interface und User Experience. Vom *Karlsruher Verkehrsverbund* (KVV), der mit dem Beratungshaus *civity* neue Tarif- und Buchungsoptionen wie die *KVV.luftlinie* für Gelegenheitsfahrgäste und die *KVV.homezone* als flexible Fahrten-Flatrate anbietet, bis zum Herrenberger *stadtnavi*[160], das auch Fahrrad-Service-Stationen, öffentliche Toiletten oder den Belegungsgrad von Bussen anzeigt, tüfteln viele Verkehrsverbünde an digitalen Komplettlösungen. Die Vielfalt an Entwicklungen ist deshalb zu begrüßen, weil sie eine bedarfsorientierte Dynamik in das Angebot des pandemiebedingt angeschlagenen ÖPNV bringt.

Getrennt und doch vernetzt: multimodale Verkehrswegeführung

Wie wir an den bewegenden Standorten ebenfalls erkennen können, verfehlt die digitale Infrastruktur ihr Ziel, wenn sie keine kluge Entsprechung im physischen Stadtraum findet. Zum Netz des multimodalen öffentlichen Nahverkehrs gehören in Zukunft auch kluge Wegeleitsysteme für Mikromobilität und insbesondere die aktiven Modi, das Radfahren und das Zufußgehen.[161] Der Begriff des öffentlichen Nahverkehrs bzw. seines Netzes braucht hier eine Erweiterung, weil es mit einem multimodalen Angebot nicht nur um das Streckensystem von Bussen und Bahnen gehen kann. Auch im analogen Netz bestimmt die Attraktivität die Nutzungsintensität; und damit ist nicht nur die flächendeckende Dichte und Bodenqualität des Wege-Netzes gemeint.

Beim Radverkehr ist es vor allem die objektive und – dies ist mittlerweile internationale Planungsgrundlage – die subjektiv empfundene Sicherheit. Denn zwischen den Polen der Befürworterinnen und Gegner des Radfahrens ist die größte und relevanteste Gruppe die der auf Sicherheit bedachten Unentschiedenen[162]. Und diese braucht für einen Umstieg vom Auto auf das Fahrrad eine vom Auto-, Straßenbahn- und Fußverkehr getrennte Wegeführung.

Ein kluges Beispiel führt uns ins nordamerikanische **Oregon**: Hier gibt es eine 11,7 Kilometer lange Stadtbahntrasse mit einem 12,5 Kilometer langen, grün ausgezeichneten Radweg und einem 16,5 Kilometer langen Bürgersteig, auf der sich die verschiedenen separaten Wegeführungen so aufeinander beziehen, dass eine multimodale Infrastruktur entsteht, innerhalb derer man sicher und bequem zwischen Bus, Bahn, Rad, Auto und Fußverkehr wechseln kann. Dazu kommen 500 Fahrradabstellplätze mit zwei Bike-&-Ride-Anlagen. Die Stadtbahn von Portland nach Milwaukee ist das Ergebnis jahrelanger und verschiedene Verwaltungseinheiten einbeziehender Planung und bildet ein Netz aus belebten und gesunden Orten, das zu einer hohen Lebensqualität in den verschiedenen Vierteln beiträgt.

Bild 5.20 Die Stadtbahn von Portland nach Milwaukee in Oregon (Quelle: Deutsches Architekturmuseum)

Solche multimodalen Infrastrukturen sind komplex und gestalterisch herausfordernd. Ihre Organisation und Umsetzung erfordert die Kollaboration verschiedener Disziplinen wie der des Städtebaus, der Landschaftsarchitektur und der Verkehrsplanung. Der Mehrwert solcher Co-Kreation ist beachtlich: Es gibt weniger Unfälle und Beinahe-Unfälle und es braucht weniger Kontrolle bei Ordnungswidrigkeiten, weil die Verkehrsinfrastruktur die Potenzialität von Regelverletzungen der Straßenverkehrsordnung minimiert. In dieser Straße der Zukunft gibt es keine Konkurrenz oder Aggression mehr, denn jede Mobilitätsart erhält die Wegeführung, die für sie und für die Stadt, das Viertel oder den Block angemessen ist.

Die berühmte Fahrradstadt **Kopenhagen** mit ihrem sagenhaften Radverkehrsanteil von über 40 Prozent setzt wiederum auf breite Highboard-Wege wie die sogenannte *Bicycle Snake*, die nur für Fahrradfahrende ist und erhaben durch den Hafen führt.

In **Rotterdam** decken separate Radwege beinahe das gesamte Straßennetz ab, was eine Gleichberechtigung des Rades mit dem Auto bedeutet. Eine der massivsten Veränderungen hat die Hauptverkehrsachse *Coolsingel* in der Innenstadt Rotterdams erfahren: Wo bis 2018 täglich rund 22 000 Autos unterwegs waren, gibt es nun auf der Westseite der Tram statt einer zweispurigen Fahrbahn einen 4,5 Meter breiten Zweiwege-Radweg[163]. Der Rest der Fahrbahn wurde zur Fußgängerzone, die durch neu gepflanzte Bäume und viele Sitzgelegenheiten eine deutlich höhere Aufenthaltsqualität aufweist als vor dem Umbau. Autos dürfen nur auf zwei Fahrspuren östlich der Tram fahren – und zwar mit Tempo 30.

Bild 5.21 Die Bicycle Snake im Kopenhagener Hafen. Foto: Metin Denmark

Innerhalb von drei Jahren war die neue *Coolsingel* fertig gebaut, was auch an dem im Vergleich zu den deutschen *Empfehlungen für den Radverkehr* (ERA) wesentlich effizienter gestalteten Regelwerk *CROW* für Verkehrsplanerinnen liegt.

Bild 5.22 Die neue Coolsingel in der Innenstadt Rotterdams[164]

Auch in Rotterdam sind verschiedene Fachdisziplinen und Anspruchsgruppen an der multimodalen Stadtentwicklung beteiligt: 25 Partner von Architektur, Kunst, über den Jugendrat und Vertreterinnen sozialer Organisationen und der Gemeinde arbeiten gemeinsam an ihrer Stadt. Anwohnerinnen werden immer vor der Planung eines Projektes, dann etwa in der Mitte des Entwicklungsprozesses und nach Fertigstellung befragt, wo sie sich gerne oder ungerne aufhalten, wo Probleme sind oder was sie sich wünschen. Das jeweilige Feedback stellt sicher, dass die geplante Mobilitätsinfrastruktur bedarfsgerecht ist.

Öffentlicher Nahverkehr als Basis und Bass eines Ökosystems multimodaler Mobilität

Multimodalität erfordert die Kollaboration verschiedener Akteure insbesondere auf der Planungs- und Entwicklungsebene, nicht nur im Digitalen (ob regional oder überregional), sondern auch im Analogen (z. B. in Form einer multimodalen Stadtbahn). Das digitale Mobilitätsangebot muss wesentlich und notwendigerweise als mit dem dazugehörigen physischen Wege- und Infrastrukturnetz – auch des Rad- und Fußverkehrs – verwoben gedacht und entwickelt werden.

Zusammen bilden sie ein Ökosystem der Multimodalität, innerhalb dessen Nutzerinnen zwischen verschiedenen Mobilitätsarten und -angeboten wechseln können, ohne das Buchungssystem zu wechseln und dadurch Zeit zu verlieren. Den öffentlichen Nahverkehr als Ökosystem verschiedener Modi zu verstehen und zu gestalten, ist insbesondere in volatilen Perioden vorteilhaft, weil bei steigenden bzw. sinkenden Infektionszahlen im Laufe einer Pandemie die verschiedenen Mobilitätsangebote (z. B. Bahn oder E-Bike, Bus oder Carsharing) je nach Situation mehr oder weniger intensiv genutzt werden können[165], aber nach wie vor Teil eines Gesamtangebots an klimafreundlicher Mobilität sind.

Es geht bei jeder Art von Verkehr, aber insbesondere beim öffentlichen darum, dass er fließt. Eine gezielte Steuerung des Verkehrsflusses sowie das Einsetzen der richtigen Verkehrsmittel an den entsprechenden Stellen erfordert eine alle Modi umfassende und transparente Datenbasis. Und dies ist, wie uns Finnland und die Niederlande zeigen, oft nur eine Verhandlungssache.

Es ist übrigens kein Zufall, dass in unserer Metapher des ÖPNV als *Basso continuo* der *Takt* eine wesentliche Rolle spielt: Denn er sorgt dafür, dass die verschiedenen Stimmen in einem Musikstück harmonieren, dass der Verkehr verlässlich fließt; auch wenn die ein oder andere Stimme zwischendurch improvisiert – wie wir, wenn wir uns auf unserer Route entscheiden, doch noch einen Zwischenstopp einzulegen. Ein enger Takt und die Zuverlässigkeit des ÖPNV bewegen Menschen zum berühmten Umstieg. Es geht also in Zukunft um eine Art der Mobilitätsgarantie, die die unerfüllten Freiheitsversprechen des Automobils übertrifft. Und das schafft nur ein öffentlicher Nah- und Fernverkehr, der alle Mobilitätsarten integriert und orchestriert. Oder mit den Worten der deutschen Hiphop-Band *Das Bo*: „Wir brauchen Bass!"

Wie wir noch im Folgenden sehen werden, geht es in der strategischen Gestaltung des urbanen Raumes nicht nur um die Vernetzung der verschiedenen Mobilitätsarten und -angebote, sondern auch um deren Bündelung an multifunktionalen Orten, um Verkehr zu vermeiden. Was sind also die Instrumente, die den Bass mit einer Melodie verbinden und unsere Städte harmonisch klingen und aussehen lassen?

5.3.2 Mobilitätsstationen: Multifunktionalität und -modalität auf kleinem Raum

Wie wir auf unserer Reise gesehen haben, ist das Management des öffentlichen Raums eine der zentralen Zukunftsaufgaben der kommunalen Verwaltung. Wenn unsere Städte in Zukunft immer dichter besiedelt werden, kann es keine willkürliche Besetzung des öffentlichen Raums durch (private) Mobilitätsanbieter oder nicht bzw. selten genutzte Verkehrsmittel geben; er muss den Menschen, der Natur und all ihren Lebewesen zur Verfügung stehen.

Der daraus folgende Gedanke ist naheliegend wie herausfordernd: Wie können Flächen- und Energieressourcen so effizient wie möglich genutzt werden? Wie kann eine urbane Mobilitätsinfrastruktur aussehen, die flächendeckend zur Verfügung steht und gleichzeitig weniger öffentlichen Raum einnimmt? An welchen Orten der Stadt sollte sie verfügbar sein – den Bewegungsdaten entsprechend, aber auch grundsätzlich? Wie können Städte ihre Mobilität flexibilisieren und zugleich umweltfreundlicher gestalten? Was wäre eine bedarfsgerechte Lösung? Für wen? Und: Lässt sie sich in bestehende und neue Kontexte so einbinden, dass sie gemeinsam mit anderen Angeboten der Nahversorgung verbunden ist?

Um den Umweltverbund zu stärken und Multimodalität zu fördern, hat die Stadt Wien 2018 einen *Leitfaden für Mobilitätsstationen* in Stadtentwicklungsgebieten veröffentlicht, der (Wohn-)Bauträgern, Liegenschaftseigentümern und Projektentwicklern als Nachschlagewerk für die Planung und Umsetzung von Mobilitätsstationen dienen soll[166]. Die dortige Definition lautet:

> „Eine Mobilitätsstation ist ein Ort oder eine Räumlichkeit, an dem unterschiedliche Mobilitätsangebote und Services miteinander verknüpft werden und ein einfacher Zugang zu diesen gewährt wird. Durch die Bündelung und Vernetzung mehrerer Mobilitätsangebote wird Multimodalität und Intermodalität gefördert und eine Mobilitätsgarantie (auch ohne privaten Pkw) geschaffen."

Wir wollen uns im Folgenden den verschiedenen Varianten von *Mobilitätsstationen, Mobility Hubs* oder *Mobility Points,* ihren Potenzialen und Limitationen zuwenden. Wo sind wir diesen Stationen bisher begegnet? An verschiedenen Bahnhöfen Amsterdams, in Zukunft auch an denen der *IJbaan* und als *Residential Mobility Hubs* in Nachbarschaftskontexten. Ebenso im Berliner Stadtgebiet in Form der *Jelbi*-Stationen und -Punkte als auch im Großraum Paris und seinen Bahnhofszentren *(Pôles).* In Thüringen heißen sie *Gesundheitskiosk.* Über unsere Beispiele hinaus existieren bereits viele weitere Ansätze, die Mobilitätsstationen in Wohn- und Arbeitskontexten prototypisieren oder entwickeln.

Mono-, multi- oder intermodal?

Nun geht es um den Ort, von dem aus 75 Prozent unserer täglichen Wege starten: das Zuhause[167]. Hier entscheidet sich, welches Verkehrsmittel wir für unsere tägliche Mobilität wählen. Wir wissen: Je komfortabler und attraktiver der Zugang zu einem Verkehrsmittel ist, desto wahrscheinlicher nutzen wir es, obgleich der Umweltschutz eine zunehmende, aber noch kleine Rolle in der Verkehrsmittelwahl spielt.

Die meisten Menschen in Deutschland gehören dem *monomodalen Mobilitätstypen* an: 58 Prozent von uns nutzen immer nur ein Verkehrsmittel in ihrem Alltag; 37 Prozent von uns sind *multimodale Mobilitätstypen* und nutzen regelmäßig unterschiedliche Verkehrsmittel[168]. Der am wenigsten etablierte ist der *intermodale Mobilitätstyp* oder auch *kombinierter Verkehr* genannt: Meistens wechseln wir auf unseren Routen nicht zwischen mehreren Mobilitätsarten, sondern bleiben bei einem Verkehrsmittel, das vorwiegend immer noch das Auto ist. Der motorisierte Individualverkehr dominiert mit einem Anteil von fast 74 Prozent und liegt damit eindeutig vor dem Umweltverbund (Fußgänger-, Rad-, Schienen- und öffentlicher Straßenpersonenverkehr) mit zusammen etwa 20,5 Prozent[169].

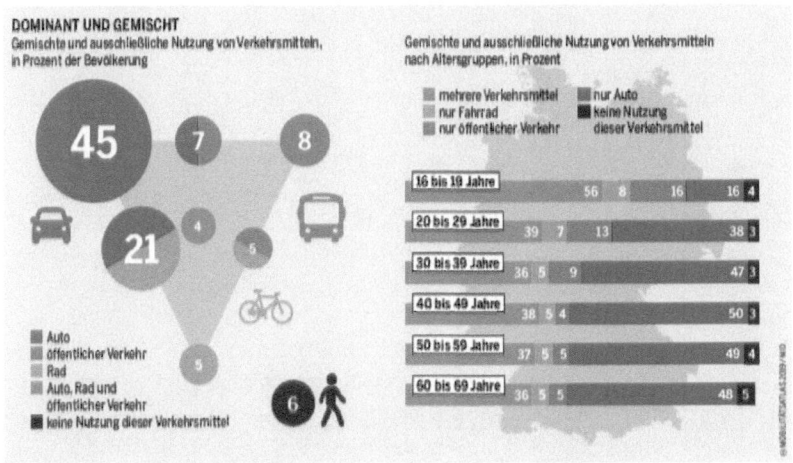

Bild 5.23 Mobilitätsatlas 2019 (Quelle: Heinrich-Böll-Stiftung, S. 14)

Worum es nun geht, ist die Flexibilisierung und die Kombination in der Verkehrsmittelwahl, die unsere Mobilität wesentlich effizienter und umweltfreundlicher machen kann. Dafür braucht es sinnvolle und vor allem schnell und einfach verfügbare Alternativen zum privaten Pkw. Die Lösung liegt wieder im Lokalen:

Eine klimaneutrale (Mikro-)*Mobilitätsstation*, eingebettet in Wohn-Quartiere oder Mietshäuser, kann die verschiedenen individuellen Mobilitätsbedarfe erfüllen. So können die Anwohnerinnen neben klassischen Fahrrädern auch (E-)Lastenräder für den Transport von Kindern und Einkäufen wählen, E-Bikes für Senioren oder Berufstätige, Kinderräder, E-Scooter oder E-Cars nutzen. Dazu gehört auch eine entsprechend sichere Lade- und Parkinfrastruktur für private Fahrzeuge sowie eine kleine Werkstatt, sodass sich die Bewohner bei kleinen Reparaturen selbst oder gegenseitig helfen können. Ergänzt werden kann der Hub durch Paketstationen und Quartiersboxen, in denen Bestellungen wie Lebensmittel aus dem lokalen Handel zwischengelagert werden können.

The Connected City: Mobilitätsstationen als Quartierszentren

Die Idee einer Mobilitätsstation als zentraler Anlauf- und Knotenpunkt in einem Wohnquartier greift auch der sich gerade in Entstehung befindende Stadtteil **Oberbillwerder im Süden Hamburgs** auf, das größte Stadtentwicklungsprojekt nach der *Hafencity*. Bis zu 15 000 Menschen sollen in *Oberbillwerder* leben, ca. 5000 weitere arbeiten. Das Zentrum des gesamten Quartiers bildet der S-Bahnhof mit einem Platz, einer Markthalle und einer Fahrradstation. 12 Kilometer sind es in die Innenstadt Hamburgs, 3 Kilometer in das nächstgelegene Bergedorf. Letzteres sowie der angrenzende Stadtteil Neuallermöhe werden über neue fußgänger- und fahrradfreundliche Wegeführungen sowie den Ausbau des Radschnellwegs Geesthacht-Hamburg an den neuen Stadtteil angebunden[170].

14 Kitas, vier Schulen, Universitätsgebäude, 14 soziale Einrichtungen und eine Vielzahl an Sportplätzen und Freizeitangeboten wird das Quartier beherbergen; alles soll zu Fuß oder mit dem Rad erreichbar sein. Die Erschließung des Quartiers läuft über ein grün gestaltetes Netz aus Fuß- und Radwegen. Autos sind auch in *Oberbillwerder* lediglich zu Gast, sie sollen einen Anteil von maximal 20 Prozent am *Modal Split* haben, es gilt flächendeckend Tempo 30.

Die selbsternannte *Connected City*, die Urbanität mit der bestehenden Landschaft verbinden soll, „ist zugleich auch Modellstadtteil einer *Active City*, der Strategie der Freien und Hansestadt Hamburg, den Bewohnerinnen und Bewohnern einen aktiven und gesundheitsbewussten Lebensstil zu ermöglichen. Daher sind Sport, Bewegung und soziales Miteinander zentrale Merkmale, die das Lebensgefühl des neuen Stadtteils *Oberbillwerder* kennzeichnen", so der Wortlaut des Masterplans.

Kern des Mobilitätskonzepts sind elf *Mobility Hubs*, die später das Zentrum der Nachbarschaften bilden sollen – und die einzigen Orte sind, an denen private Pkw geparkt werden dürfen. Diese Quartierszentren verfügen nicht nur über Stellplätze für Fahrräder, Pkw und verschiedene Sharing-Angebote vom Lastenrad bis zum E-Auto, sondern sind ebenso auch Orte der Nahversorgung und Energieproduktion, beinhalten Einzelhändler, Werkstätten ebenso wie Paketstationen sowie Veranstaltungsräume mit kulturellen und sozialen Angeboten für die Nachbarschaft. Jedes dieser elf Zentren verfügt über einen öffentlichen Platz und wird somit zu einem Ort der Begegnung und Nachbarschaft.

Das Charmante daran: Durch die Konzentration von Mobilität an zentralen Punkten im Quartier bleiben Wohn- und Spielstraßen weitestgehend verkehrsfrei, also auch frei von ruhendem Verkehr. Trotz dessen ist der Zugang zur Mobilität für die Anwohnerinnen äußert komfortabel, da die Hubs höchstens 250 Meter von den Wohnungen entfernt liegen. Die vielen Mobilitätsangebote, auf die man an den Hubs umsteigen kann, sollen dafür sorgen, dass in *Oberbillwerder* niemand auf ein eigenes Auto angewiesen ist[171]. Denn auch die Bushaltestellen befinden sich in unmittelbarer Nähe der *Mobility Hubs*.

Wie bei der *Seestadt Aspern* wird auch hier eine ganzheitliche Stadtentwicklung aus einer Hand betrieben. Durch die Multicodierung von Orten und Gebäuden gehen die Quartiersplaner sehr sparsam mit Flächen und Ressourcen um, wie man an den folgenden Entwürfen sehen kann.

Ebenso lässt sich in Zukunft bei entsprechendem Bedarf mehr öffentlicher Raum generieren.

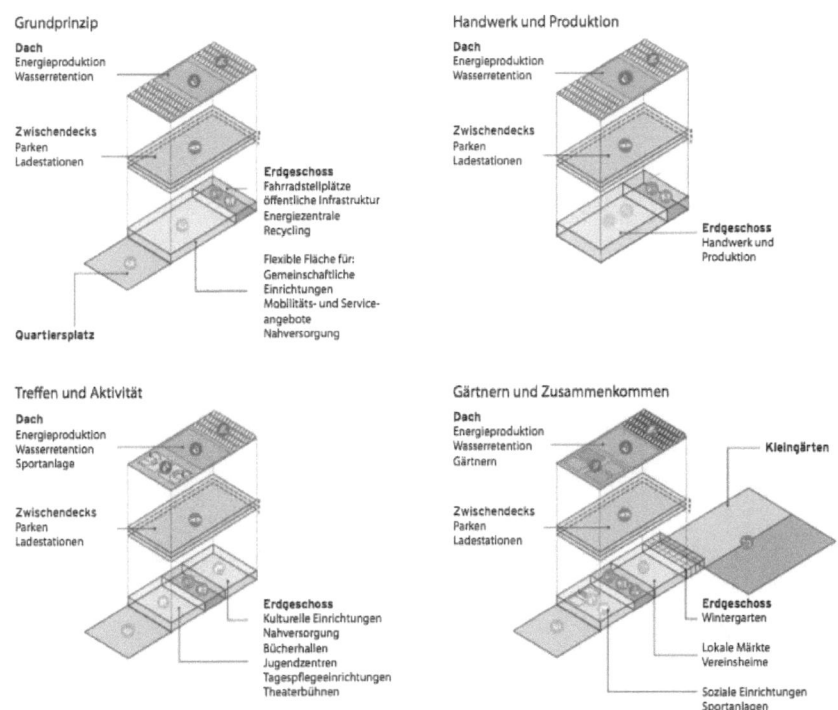

Bild 5.24 Multicodierte Mobility Hubs aus dem Masterplan Oberbillwerder (S. 52)

Das Mobilitätskonzept ist eines der Ergebnisse eines transparenten „wettbewerblichen Dialogverfahrens" mit intensiver Bürgerbeteiligung, das von der Stadt Hamburg und ihrer *Projektentwicklungsgesellschaft IBA Hamburg* ins Leben gerufen wurde. Die von zwölf internationalen Planungsteams erarbeiteten Ideen wurden als Zwischenergebnisse auf öffentlichen Veranstaltungen zur Diskussion gestellt und unter Berücksichtigung des Feedbacks der Vielzahl an Bürgerinnen weiterentwickelt. So wurde *Oberbillwerder* letztendlich nicht als Vorortsiedlung konzipiert, sondern als Innenstadt am Stadtrand; mit dichter Bebauung und starker Nutzungsmischung.

Dezentrale Mobility Hubs für mehr Bewegungs- und Kommunikationsraum

Auch das **Schumacher Quartier in Berlin**, das auf einem Teil des ehemaligen Flughafengeländes Tegel entsteht, setzt auf die Bündelung von Mobilitäts- und Nahversorgungsressourcen, damit der Großteil des öffentlichen Raums zu Aufenthaltsräumen für Menschen oder zu Grünflächen für das Versickern und Speichern von Regenwasser wird. Der Fokus des „Quartiers mit Mobilitätsgarantie" liegt auf dem umweltfreundlichen und aktivierenden Fuß- und Radverkehr und damit auf einem engmaschigen Wegenetz; gleich zwei Radschnellwege werden das Quartier durchkreuzen und es an die angrenzenden Stadtteile anschließen. 80 Prozent des Quartier-Verkehrs sollen im Umweltverbund stattfinden. Außer für Menschen mit Behinderung und Kurzzeitstellplätzen für Pflegedienste, Handwerksbetriebe oder Lieferdienste wird es in den Straßen keine Parkplätze geben. Die Quartiersstraßen sind explizit als Bewegungs- und Kommunikationsräume konzipiert.

Von jeder Wohnung aus sind es maximal 300 Meter bis zum nächsten Mobilitätsangebot, sodass keine privaten Verkehrsmittel nötig sind.

Bild 5.25 Visualisierung Quartiersplatz mit Mobility Hub (© rendertaxi)[172]

In den Mobility Hubs mit ihrer flexiblen Gebäudestruktur finden sich darüber hinaus Co-Working-Spaces, Supermärkte, Paketstationen, Einzelhändler und Dienstleister sowie eine Mobilitätsberatung, die individuelle Lösungen für die Anwohner entwickelt.

Um die Akzeptanz für den ÖPNV zu steigern, wird es „digitale Bretter" in den Treppenhäusern der Wohnimmobilien geben, die in Echtzeit Informationen über Abfahrtszeiten und Störungen liefern.

Die an den Rändern des Wohn- und Arbeits-Quartiers gelegenen *Mobility Hubs* fungieren einerseits als Quartiersgaragen mit Reparaturwerkstätten als auch als Haltestellen für den ÖPNV. Darüber hinaus umfassen die Hubs Lade- und Parkinfrastruktur für E-Mobilität, ein breites Sharing-Angebot (Fahrrad, E-Bike, Bollerwagen, Lastenrad, Pkw, Quartierslogistik) und längerfristig auch autonome Systeme.

Im Innovationspark *Berlin TxI – The Urban Tech Republic*, der ebenso Teil des Flughafengeländes ist, entwickeln und testen Forscherinnen und Unternehmen gemeinsam neue Mobilitätskonzepte – von Sharing-Diensten über multimodalen Personen- und Lieferverkehr bis zu autonomem Fahren. So soll auch eine Mobilitätszentrale entstehen, die zur Förderung und Verknüpfung von CO_2-freier Mobilität, Sharing-Angeboten (der Wohnungsbaugesellschaften oder Wohnungsbaugenossenschaften) und dem klassischen ÖPNV beiträgt.

„regiomove kann alles. Alles außer beamen."

Die in der Fahrradstadt des Jahres 2019 und 2021, Karlsruhe, entwickelten *regiomove Ports* sind Stationen, an denen die Mobilitätsangebote, die bereits jetzt schon über die *regiomove-App* digital verknüpft sind, auch physisch gebündelt werden, sodass man unkompliziert zwischen den verschiedenen Angeboten und deren Anbietern wechseln kann[173]. Die Nutzerinnen profitieren dabei von einem Mobilitätsmix „aus einer Hand", so die Website, die bis aufs Beamen alles verspricht.

Das Projekt läuft seit Dezember 2017 und wird mit rund 4,9 Millionen Euro vom Land Baden-Württemberg und dem Europäischen Fonds für regionale Entwicklung (EFRE) über drei Jahre gefördert. Ziel ist es, das bestehende Verkehrsangebot des öffentlichen Nahverkehrs mit neuen Angeboten und den Gemeinden in der Region zu vernetzen. „Egal ob Bahn, Bus, Leihfahrrad oder Carsharing. Egal ob ländlich oder urban. Sie alle werden in ein Netz integriert, das den Karlsruher Verkehrsverbund (KVV) zum Mobilitätsverbund transformiert."[174]

Im Frühjahr 2022 sind die ersten sieben Piloten in verschiedenen Gemeinden fertig gestellt worden. Die Ports unterscheiden sich ähnlich den Thüringer Gesundheitskiosks von Ort zu Ort in ihrem Mobilitätsangebot. Auch andere Dienstleistungen können an den Ports angeboten werden: beispielsweise Info-Terminals, Lade-, Fahrradservice- oder Packstationen. Dennoch sind die Ports an ihrer modularen Bauweise und dem gemeinsamen Design erkennbar. Bereits jetzt ist das Projekt auch unter Architekten und Designern ein Prototyp zukunftsweisenden Mobilitätsdesigns.[175]

Social Mobility Hub – eine ökosystemische Innovation

Eine die konkrete Nachbarschaft bzw. Community und ihre Bedarfe fokussierende Konzeptidee ist die der Mobilitätsberatung MOND[176]: der *Social Mobility Hub* (SMH).

Ein solcher Hub umfasst einerseits eine Mobilitätsstation mit verschiedenen emissionsarmen Verkehrsmitteln, die der Nachbarschaft (u. a. Anwohnerinnen, Angestellte ansässiger Firmen und Besucherinnen) dazu dient, unnötigen Autoverkehr zu vermeiden und Personen- und Lastentransporte flexibel und umweltfreundlich zu gestalten. Die Station dient so der Verkehrsberuhigung, ermöglicht Inter- und Multimodalität und umfasst neben emissionsarmen Fahrrädern, E-Bikes, Lastenrädern sowie E-Rollern und der dazugehörigen Park-, Lade- und Digitalinfrastruktur auch eine Self-Service-Station.

Ergänzt werden kann der Hub um verschiedene Arten der Nahversorgung, z. B. einen Kiosk oder lokalen Handel, eine Paket-/Logistikstation, eine Werkstatt, ein Café oder ein mobiles gastronomisches Angebot.

Darüber hinaus können multifunktionale Stadtmöbel, Spiel- oder Sportplätze aktivierend wirken sowie verschiedene Sitz- und Liegemöglichkeiten (z. B. auf Grünflächen) zum Verweilen und Erholen oder auch Co-Working unter freiem Himmel einladen.

Ein Mini-Amphitheater aus natürlichen Materialien wie Stein und Holz kann zudem ein Ort kultureller Veranstaltungen (z. B. Theater, Musik, Lesungen, Poetry Slams) werden und ansonsten als Treffpunkt dienen. Sanitäre Anlagen und ein Trinkwasserbrunnen machen den Aufenthalt für junge und alte Menschen einfacher.

Die Entsiegelung und Begrünung von Verkehrs- und Aufenthalts-Flächen dient nicht nur der Ästhetik und einem damit einhergehenden sorgfältigeren Umgang mit dem urbanen Lebensraum, sondern auch der klimatischen Selbst-Regulation im Sommer.

Die Potenziale und Möglichkeiten eines solchen Ortes sind unbegrenzt. Ein *Social Mobility Hub* kann je nach Standort und Bedarfen unterschiedlich gestaltet werden und somit verschiedenen Anspruchsgruppen dienen, etwa Familien, Kindern, Senioren, Berufstätigen und Jugendlichen. Das Ziel des Hubs ist es jedoch immer, die Aufenthalts-, Luft- und Lebensqualität im Kiez oder Bezirk zu erhöhen und zur Gesundheit seiner Bewohnerinnen beizutragen.

Die Ermöglicher eines solchen Ortes können sein: die Stadt oder Kommune, ansässige Unternehmen, Immobilienentwicklerinnen, die Gastronomie, der Einzelhandel, Theater, Kinos, Kindertagesstätten, Schulen usw. Jeder ist gefragt, denn jeder kann es sein.

Mobilitätsstationen als Knotenpunkte eines versorgenden Netzwerks

Wenn wir unsere Mobilität flexibilisieren wollen, dann gelingt uns das nur in der Co-Kreation; also der eigenen Beweglichkeit im Entwicklungs- und Schaffungsprozess. Das betont auch René Waßmer, Mobilitätsexperte vom *ökologischen Verkehrsclub VCD*: Er sieht die Netzwerkarbeit und den Wissenstransfer zwischen Kommunen, Wohnungsunternehmen und Mobilitätsanbietern als entscheidende Allianz zur Förderung und Bereitstellung von nachhaltiger und intelligenter Mobilität – ob bei Neubauprojekten oder Bestandsquartieren[177]. Der Bedarf von Stadt- und Quartiersentwicklern an Beratungen durch den VCD oder Unternehmen wie MOND ist groß: Verwaltungen, Wohnungsunternehmen sowie Verkehrsplaner und Mobilitätsdienstleister müssen in eine kollaborative Bewegung kommen. Und auch in Wien sieht man das offenbar genauso:

> *„Mobilitätsstationen sind die Kirsche auf der Torte – eine gute Verkehrsinfrastruktur und das Mobilitätsmanagement in den Stadterweiterungsgebieten sind die Basis.*
>
> *Ohne diese Voraussetzung können Mobilitätsstationen ihren vollen Nutzen nicht entfalten."*
>
> *Lukas Lang, Wien 3420 Aspern Development AG*

5.3.3 Das Pendeln der Lüfte: Seilbahnen als klimafreundliche Lückenschließer

„Bei der Seilbahn geht es darum, Lücken zu schließen, zu entlasten, zu verlängern, zu überbrücken."

Sebastian Beck, Infrastruktur-Experte bei Drees & Sommer[178]

Seien Sie ehrlich: Entweder Sie steigen aufgrund Ihrer Höhenangst lieber direkt in die U-Bahn oder Sie können es wie wir kaum erwarten, Ihre Stadt aus der Vogelperspektive erleben zu können – und zwar täglich.

Allerdings geht es hier nicht um autonome Flugtaxis, deren sogenannter Hype sich mittlerweile aufgrund von Akzeptanzfragen und ungeklärten Voraussetzungen wieder gelegt hat[179] (siehe dazu Abschnitt 4.7.3). Es geht um ein Verkehrsmittel, das in Deutschland bisher vor allem als Touristen-Gondel bekannt ist; ob in Skigebieten oder zum Anlass einer Bundesgartenschau wie in **Köln** (1957) und **Koblenz** (2011) oder zur Gartenausstellung in **Berlin** (2017). Dabei halten Seilbahnen für den urbanen Raum enorme Lösungspotenziale bereit und lohnen eine genauere Inspektion.

Ein internationales Erfolgsmodell

Im Rahmen unserer Mobilitätsberatung MOND waren wir von der Oxford Properties Group als Eigentümer des Sony Centers am Potsdamer Platz in Berlin eingeladen, um mit den Mietern wie Sanofi, Facebook, WeWork und Deutsche Bahn ein neues Mobilitätskonzept für den Gebäudekomplex zu entwickeln: Was sich die Deutsche Bahn in diesem Workshop wünschte? Den Anschluss des Headquarters zum Hauptbahnhof mit einer Seilbahn. Alles lachte, aber jeder wollte mitfahren.

In zahlreichen Städten, darunter **New York, Portland, Lissabon, La Paz (Bolivien), Mexico City, Ankara** in der Türkei und in einigen Städten Kolumbiens wie **Medellín** überbrücken Seilbahnen teilweise schon seit vielen Jahren große Höhenunterschiede im Stadtgebiet oder verstopfte Straßen der Innenstädte. Nicht selten verbinden in Lateinamerika Seilbahnen die ärmeren Stadtviertel (Favelas) mit den reicheren Zentren der Nahversorgung und der Kultur und sorgen so auch für eine soziale Durchmischung in der Stadt. In **Ankara** wurden so zwei Quartiere effizient und umweltfreundlich mit dem Metronetz[180] verbunden. **La Paz** hat mit 27 Kilometern das dichteste Seilbahn-Netz der Welt[181]. Durch den Einsatz von Seilbahnen haben sich die Arbeitswege für viele Menschen verkürzt; auch die Kriminalität sank, da an vielen Stationen Sozialprojekte, Sport- und Bildungseinrichtungen entstanden sind.

Wie das Beispiel der *IJbaan* in **Amsterdam** zeigt, braucht es jedoch keine Höhenunterschiede; auch die Wohn- und Arbeitsviertel in sonst nur über wenige Brücken zu querenden Wasserstraßen in flachen Topografien wollen vernetzt und klimafreundlich aneinander angeschlossen werden.

Seilbahnen sind leise, umweltfreundlich, benötigen wenig Fläche und entlasten den lokalen Verkehr auf der Straße. Ihr Energieverbrauch kann an die Anzahl der Passagiere angepasst werden. Werden sie mit regenerativ erzeugtem Strom betrieben, sind sie emissionsfrei[182]. Ebenso versiegeln sie keine so dringend benötigten Sicker-Flächen und können dennoch viele Menschen in kurzer Zeit transportieren.

Seilbahnen weisen zudem gegenüber anderen Verkehrssystemen relativ geringe Investitions- und Betriebskosten auf; die Kosten einer Seilbahn belaufen sich auf etwa die Hälfte im Vergleich zu einer Straßenbahn und auf ungefähr ein Zehntel im Vergleich zu einer U-Bahn[183]. Zudem sind sie viel schneller erbaut; während Koblenz nur 13 Monate auf seine Seilbahn warten musste, dauern Straßenbahnprojekte meist 10 Jahre. Gleichzeitig ist sie verlässlich und in Relation zur Beförderungsgesamtzahl das sicherste Verkehrsmittel überhaupt. Und: Seilbahnen und ihre Stationen sind prädestiniert für intermodale Mobilität.

Sechs deutsche Überflieger-Städte

Auch in Deutschland wird bereits in vielen Städten über den Einsatz von Seilbahnen debattiert. In der vom Autoverkehr schwer belasteten und genau für Seilbahnen höchst geeigneten Kesselstadt **Stuttgart** werden derzeit vier Seilbahnlinien auf ihre Machbarkeit untersucht[184]. Die vielversprechendste Seilbahnlösung wird im Gemeinderat von Stuttgart-Vaihingen diskutiert. Sie soll 2000 bis 4000 Menschen pro Stunde transportieren – und damit wesentlich mehr als Bus, Straßen- und U-Bahn transportieren können – und mit Anbindung an den Vaihinger Bahnhof eine sehr gute Integration ins gesamte Nahverkehrsnetz bieten. Jene Anschlussfähigkeit an den ÖPNV ist eine entscheidende Voraussetzung für den urbanen Seilbahnbau (nicht nur) in Deutschland. Seilbahnen schließen Lücken des öffentlichen Nahverkehrs, denn auch Brücken und Tunnel sind wesentlich teurer und deutlich klimaschädlicher.

Nachdem Anfang 2020 eine Gesetzesänderung in Kraft trat, die Seilbahnen zum förderungsfähigen Teil des ÖPNV erklärt, wird derzeit in Kooperation des Stuttgarter Planungs- und Beratungsunternehmens *Drees & Sommer* mit dem *Verkehrswissenschaftlichen Institut Stuttgart GmbH* (VWI) ein nationaler Leitfaden zur *„Realisierung von Seilbahnen als Bestandteil des öffentlichen Personen Nahverkehrs (ÖPNV)"* für das *Bundesministerium für Digitales und Verkehr (BMDV)* erarbeitet[185]. Die oben erwähnten internationalen Städte dienen hierbei als *Best Practices* für die Entwicklung eines nationalen Standards, der es erlaubt zu prüfen, wo eine Seilbahn sinnvoll wäre und wo nicht. Denn eines sei bereits klar, so Sebastian Beck, Infrastruktur-Experte bei *Drees & Sommer*: „In jeder Stadt ist die Infrastruktur, das Verkehrsaufkommen oder die Topografie unterschiedlich."[186] Entsprechend ist die Ausgangssituation und somit auch die Seilbahnlösung immer hoch spezifisch und individuell.

Das BMDV prüft dazu gemeinsam mit sechs sogenannten Überflieger-Städten (**Bonn**[187], **Köln**, **Düsseldorf**, **Stuttgart**, **München**[188], **Berlin**) die Machbarkeit: In Workshops mit den entsprechenden kommunalen Vertretern sowie Bürgerinnen sollen insbesondere die Aspekte Verkehr, Städtebau, Umwelt und Bürgerbeteiligung in die Diskussion um Erfahrungen mit sowie Schwierigkeiten und Potenziale von Seilbahnsystemen eingebracht werden[189]. Nach Abschluss der Studie soll ein Leitfaden vorgestellt werden.

Der Bau einer Seilbahn sei dabei jedoch oft viel einfacher als im Vorfeld angenommen. So könnte eine Station problemlos auf dem Dach neuer Gewerbeimmobilien oder Lagerhallen geplant werden. „Dazu müssen wir uns aber von dem gewohnten Gedanken lösen, ein Gebäude grundsätzlich über das Erd- oder Untergeschoss zu betreten. Das Gleiche geht nämlich auch von ganz oben.", so Beck.

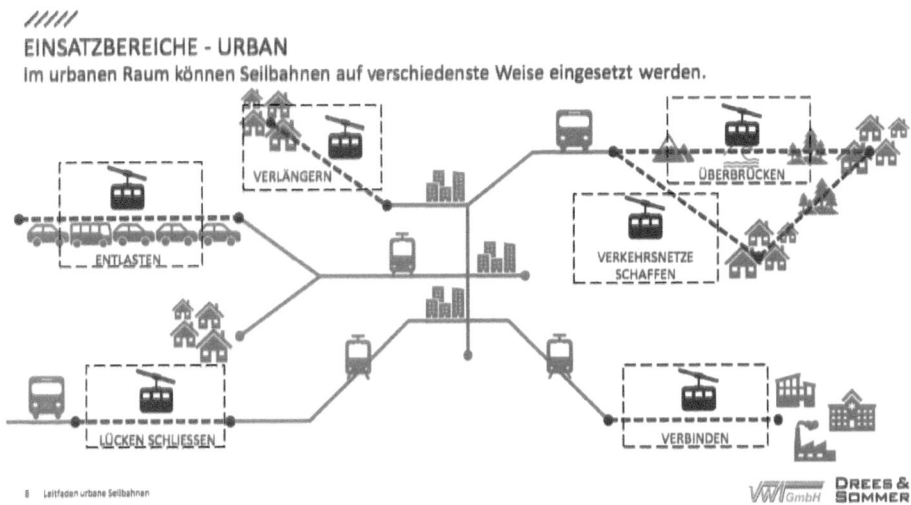

Bild 5.26 Einsatzbereiche von Seilbahnen im urbanen Kontext

Wer gondeln will, muss alle mitnehmen

Ein gleichermaßen entscheidendes Kriterium für den erfolgreichen Seilbahnbau ist, Bürgerinnen von Beginn an in den Entwicklungsprozess mit einzubeziehen, um Sorgen und Kritik im Vorfeld berücksichtigen und gegebenenfalls ausräumen zu können. Denn da, wo es vor dem Bau einer Seilbahn heftigen Widerstand gab (meist von Hausbesitzern unterhalb der Gondelroute), wollen die Menschen heute ihre Seilbahn nicht mehr missen. Auch in Koblenz war das so: Als die Seilbahn, ohne die der Verkehr während der Bundesgartenschau zusammengebrochen wäre, wieder abgebaut werden sollte, sammelten die Koblenzerinnen über 100 000 Unterschriften für den Erhalt der Seilbahn. Sie fährt immer noch.

Stuttgart ist im Sinne der Transparenz auf einem guten Weg. Darüber, ob die Seilbahn letztlich realisiert wird, sollen die Bürgerinnen abstimmen[190]. Allerdings müssen Stadtplanerinnen und Verkehrsbetriebe noch Aufklärungsarbeit über die Vorzüge von Seilbahnen leisten.

Sie sehen: Es braucht keine schneebedeckten Gipfel, Skipisten oder eine Bundesgartenschau, um eine Seilbahn zu nutzen. Es reicht auch der Weg zur Arbeit, der dadurch intermodaler und nahtloser wird. Was die lässigen Bahnen der Lüfte in jedem Fall bewirken, ist eine Verhaltensänderung, wenn wir unsere Städte aus einer anderen Perspektive erschließen, erleben und wortwörtlich größere Zusammenhänge erkennen können.

5.3.4 Die Stadt der kurzen Wege: mehr Mobilität bei weniger Verkehr

Die Idee ist nicht neu, denn bereits 1980 kam mit steigendem Verkehrsaufkommen und insbesondere mit der *Rushhour* der Diskurs um die *Stadt der kurzen Wege* auf[191]. Ob *15-Minuten-Stadt*, *multizentrierte*, *dezentrale* Stadt oder *Superblocks;* Kern ist die radikale

Neuerfindung und lokal spezifische Gestaltung der Wege – sowohl was die Straßen- und Radwegeinfrastruktur bzw. Fußgängerzonen betrifft als auch das Angebot an Multimodalität in Form von Stationen mit Fahrrädern, E-Bikes, Lastenrädern oder E-Scootern sowie deren Park-, Lade- und Digitalinfrastruktur. Mobilität ist hier etwas, das man zugleich zu vermeiden (längere Pendelverkehre und den Einsatz von Verbrennern) als auch zu fördern (körperliche Bewegung durch Gehen oder Radfahren) sucht. Beides mit dem Ziel, einen gesünderen Lebensraum und -stil zu schaffen.

Welche positiven Effekte Superblocks haben können, zeigt ein Fünfjahres-Projekt in **Gent**: Die Zahl der Radfahrerinnen stieg um 25 Prozent, die Zahl der Nutzer des öffentlichen Verkehrs um neun Prozent. Im Gegenzug ging der Autoverkehr um zwölf Prozent zurück. Dadurch kam es zu weniger Stau und Verkehrsunfällen und die öffentlichen Verkehrsmittel konnten ihren Fahrplan mühelos einhalten.[192]

Auch andernorts dient die *15-Minuten-Stadt* als Gestaltungsnarrativ: So hat die Stadt **Bocholt** in Nordrhein-Westfalen ihren Verkehr so optimiert, dass das Radfahren auf einer Distanz bis zu drei Kilometern am schnellsten und effizientesten ist und einen Anteil von sagenhaften 39 Prozent am *Modal Split* hat[193].

Auch das *Vauban Quartier* bei **Freiburg** ist ein Stadtteil der kurzen Wege, dessen Verkehrskonzept vorsieht, dass die Autostellplätze nicht auf dem eigenen Grundstück, sondern in zwei am Rande des Stadtteils gelegenen Parkgaragen zu finden sind[194]. Die gute ÖPNV-Anbindung in Kombination mit einem Carsharing-Angebot reduziert die Zahl der Pkw pro 1000 Einwohner auf etwa 180. (Zum Vergleich: Der Bundesdurchschnitt liegt bei mehr als 500 Pkw pro 1000 Einwohner.) Diese Besonderheit macht den Stadtteil besonders sicher und kinderfreundlich. Zahlreiche Grünanlagen („Grünspangen") mit unterschiedlichen Angeboten (z. B. öffentlicher Backofen, Tischtennisplatten, Kletterfelsen, Bouleplatz) durchziehen den Stadtteil.

Auch die Satellitenstadt *Great City* bei **Chengdu** ist so gestaltet, dass man zu Fuß alle Orte des täglichen Bedarfs erreichen kann. Sie ist als ökologischer Prototyp für andere chinesische Städte gedacht, die eine ähnlich hohe Einwohnerdichte aufweisen, und soll 48 Prozent weniger Energie sowie 58 Prozent weniger Wasser benötigen und 60 Prozent weniger CO_2 sowie 89 Prozent weniger nicht recyclebaren Müll im Vergleich zu einer Stadt ähnlicher Größe und Bevölkerungszahl erzeugen[195].

Eine etwas andere Form hat *The Line*, eine 170 Kilometer lange sich im Bau befindende Idealstadt in **Saudi-Arabien**[196]. An einer Hochgeschwindigkeitsbahnstrecke vom Roten Meer ins Landesinnere gelegen ist *The Line* keine hochkomprimierte Metropole, sondern eine Aneinanderreihung von vielen Kleinstädten, in denen bis 2030 zusammen mehr als 380.000 Arbeitsplätze entstehen. In dieser Stadt gibt es keine Autos und auch keine Straßen, denn alles, von Schulen über Kliniken bis Freizeiteinrichtungen, soll innerhalb von fünf Minuten erreichbar sein: „walkable". Bei weiteren Distanzen sollen die Hochgeschwindigkeitszüge oder autonome Verkehrsmittel genutzt werden, da keine Fahrt mehr als 20 Minuten dauern soll.

Fraglich bleibt natürlich, wie nachhaltig und klimafreundlich eine neue Stadt in der Wüste sein kann, deren Enden 170 Kilometer auseinander liegen. Aber darum geht es den Investoren nicht, denn *The Line* soll vor allem die Wirtschaft ankurbeln und Menschen mit Forschergeist, Diversität und Risikobereitschaft anziehen. 20 000 andere, die schon da sind, müssen umgesiedelt werden. Ob all das wiederum zeitgemäß ist, ist eine Sache der geografischen und politischen Perspektive.

Kritische Blicke auf die 15-Minuten-Stadt: multizentriert oder fragmentiert?

Vieles von dem, was sich Städte wie Amsterdam, Barcelona und Paris von einem multizentrierten Konzept versprechen, ist offensichtlich und haben wir bereits thematisiert. Durch die fortschreitende Flexibilisierung der Arbeitszeiten und -orte und die neue Bedeutung des *Homeoffice* zur Vermeidung von Kontakten ist es tatsächlich denkbar, dass viele alltägliche Aktivitäten nur noch in einem kleinen Radius stattfinden könnten. Durch die Zunahme des Online-Handels muss man oft sogar nicht einmal vor die Tür. Oder man nutzt die quartierseigenen Paket-Depots, die innerhalb weniger Geh- oder Radminuten erreichbar sind, an Orten, die ohnehin stark frequentiert sind, weil sie verschiedene Nahversorgungspunkte bündeln.

Die antiurbanen Nebeneffekte müssen folglich ebenso reflektiert werden: Denn während die Blocks bzw. Viertel in sich homogener werden, weil die Menschen sich vorwiegend nur in ihrem eigenen Viertel aufhalten, droht eine Fragmentierung der Stadt als Ganzes[197]. Die potenziellen Folgen dieser räumlichen Fokussierung sind – wie wir an Barcelona und Berlin bereits thematisiert haben und sofern die Stadt nicht entgegenwirkt – Gentrifizierung, steigende Miet- und Immobilienpreise sowie eine höhere Bebauungsdichte, da ja alles innerhalb weniger Minuten erreichbar sein soll; in letzter Konsequenz auch der Arbeitsplatz. Die Anwendung des Modells der *15-Minuten-Stadt* ist also vor allem in bereits bestehenden Strukturen sinnvoll.

Niklas Maak bemerkt darüber hinaus zu *The Line*, dass die Ankündigung, niemand müsse sich mehr als 20 Minuten von seinem Zuhause entfernen, als Versprechen oder aber als Drohung verstanden werden kann[198]. Denn insbesondere in den datengetriebenen Smart Cities ist es kinderleicht, Menschen zu verfolgen, die nur zu Fuß oder mit den öffentlichen respektive autonomen Fahrzeugen unterwegs sind. „Die Stadt als ein Ort, an dem man anonym sein, untertauchen, verschwinden kann ist hier Geschichte.", so Maak. So weit muss es in Europa allerdings nicht kommen.

Die kritische Forderung, dass nicht die Bewohner sich der Infrastruktur anpassen müssten, sondern die Infrastruktur den Bedürfnissen der Bewohnerinnen[199], ist berechtigt. Doch das Bild homogener, weil physisch markierter und von Durchgangsstraßen voneinander getrennter Quartiere ist nur eines von vielen möglichen. Die *Stadt der kurzen Wege* steht vor allem für eine hoch verdichtete Stadtlandschaft, in der die Nahversorgung flächendeckend gewährleistet ist. So könnten auch die Zentren des sterbenden Einzelhandels wiederbelebt werden.

Die *Stadt der kurzen Wege* sollte weniger als starres Modell verstanden werden, sondern mehr als ein dynamisches Konzept, das in seinen Zieldimensionen an die jeweiligen lokalen Gegebenheiten angepasst werden muss. Wie in Barcelona kann es Bezirke und Quartiere geben, die dafür prädestiniert sind. Kurze Wege sollten dort, wo sie sinnvoll sind, so attraktiv (grün, leise und sicher) und emissionsarm gestaltet sein wie möglich und zudem auf demografische und soziale Spezifika, vor allem Kinder und Senioren, reagieren.

Size matters: Welche Stadt-Größe macht uns glücklich?

Welche Regionen in Deutschland sich für das 15-Minuten-Modell eignen, kann man mit einem der Öffentlichkeit zur Verfügung gestellten, gemeinnützigen Tool herausfinden, das von einem Programmierer und einem Nachhaltigkeitsberater entwickelt wurde[200]. Es kann von Stadtplanerinnen ebenso herangezogen werden bei der Standortwahl von Unternehmen.

Schaut man sich die Fläche innerhalb des Berliner S-Bahn-Rings an, so könnte diese in Zukunft aufgrund der schon bereits vorhandenen Infrastruktur autofrei gestaltet werden. Einen ersten Schritt in diese Richtung hat Berlin mit der dauerhaften Umwidmung der Friedrichstraße getan (siehe Abschnitt 5.3.4).

Ob sich die Stadt der kurzen Wege überall und für alle Bürgerinnen durchsetzen kann, ist sicherlich fraglich, allerdings akzentuiert sie eine wertvolle und – mit Friedrich und von Borries gesprochen – „folgenlose" Absicht[201], Arbeiten und Wohnen in einem Kontext der Nahversorgung wieder näher aneinander zu bringen und die Lebensqualität dadurch zu erhöhen. Auf diesem Weg wird der Pendelverkehr, der für einen großen Anteil der schädlichen Feinstaub- und Lärmemissionen verantwortlich ist, massiv reduziert.

Relevant ist aber nicht nur, was uns gesünder, sondern auch, was uns glücklich macht; und das sind Möglichkeiten spontaner Begegnung. Menschen sind am glücklichsten in mittelgroßen Städten (mehr als 100 000 Einwohner), weil sie sich in einem überschaubaren urbanen Kontext über den Weg laufen können[202]. Unsere Großstädte könnten das bei ihrem bevorstehenden Wachstum berücksichtigen und genau diese Orte schaffen, die entstehen, wenn die Wege kurz sind. Und vielleicht gehört dann die *Rushhour* eines Tages wirklich der Vergangenheit an.

5.3.5 Arbeitgeber: Wie sie unsere Städte gestalten (können)

Wenn wir über flexible Arbeitszeiten und -orte ebenso reden wie über das Teilen von räumlichen, personellen und materiellen Ressourcen zum Wohle unserer Umwelt, liegt dann nicht das *Co-Living* konsequenterweise in unmittelbarer (konzeptioneller wie räumlicher) Nähe zum *Co-Working?* Ist in einer individualisierten Gesellschaft, in der urbaner Wohnraum knapp und teuer ist, in der gleichzeitig der anteilige Wohnraum pro Mensch in Deutschland noch nie größer war[203], in der Fachkräfte händeringend gesucht werden und in der wir so viel pendeln wie noch nie[204] und damit unsere physische wie mentale Gesundheit gefährden, die Trennung von Arbeit und Wohnen bzw. Leben überhaupt noch zeitgemäß?

Die Renaissance der Werkswohnung

Eine alte Idee, die in den kommenden Dekaden eine Renaissance erleben wird, ist die der Werkswohnung als ein vom Arbeitgeber zur Verfügung gestellter Wohnraum in unmittelbarer Nähe zum Arbeitsplatz. Die im 19. Jahrhundert in der Folge der Industrialisierung entstandenen Arbeiter-Siedlungen meist großer produzierender Unternehmen wie *Krupp, BASF, Siemens* oder *Zeppelin* lösten damals dieselben Herausforderungen, denen wir heute gegenüberstehen: die Nachfrage von Arbeitgebern nach Fachkräften und deren

Bindung sowie der Bedarf von bezahlbarem und sicherem Wohnraum für Arbeitnehmerinnen.

150 Jahre später sieht es kaum anders aus: In den immer teurer werdenden Großstadtlagen können sich Normalverdienerinnen die Mieten kaum noch leisten. In den kommenden Jahren droht zudem ein wesentlicher Personalmangel allein aufgrund dessen, dass viele Arbeitnehmerinnen in Rente gehen werden. Die Dramatisierung eines globalen Wettbewerbs motiviert private Weltkonzerne ebenso wie lokale, kommunale Arbeitgeber, zu Immobilien- und Stadtentwicklern zu werden. Allerdings können die Absichten und Angebote sehr unterschiedlich ausfallen, wir wie im Folgenden sehen werden.

Laut einer Studie des privaten Berliner Instituts *Regiokontext* gibt es derzeit etwa 250 Initiativen in Deutschland, die Werkswohnungen entwickeln, planen oder bereits umsetzen[205]; ein Trend, der bleiben wird, nicht zuletzt, weil er seit 2020 vom Bund gefördert wird: Bisher mussten Arbeitnehmerinnen die Differenz der günstigen Miete des Arbeitgebers zur ortsüblichen Vergleichsmiete als geldwerten Vorteil versteuern; jetzt gilt das nicht mehr, solange die Mitarbeiterwohnung nicht mehr als ein Drittel unter der ortsüblichen Vergleichsmiete liegt[206].

Zudem bevorzugen immer mehr Städte wie München bei der Vergabe kommunaler Grundstücke Firmen, die Werkswohnungen anbieten. Mittlerweile wird in vielen städtebaulichen Wettbewerben auf die Verknüpfung von Wohnen und Arbeiten gesetzt[207], denn jenseits asiatischer Überwachungsphantasien birgt das arbeitgebernahe Wohnen der Zukunft enorm viele Synergien, die das urbane Leben lebenswerter und erholsamer machen können.

Inseln des Privilegs: Tech-Konzerne als neue Stadtentwickler

So baut Facebook angrenzend an sein Firmengelände in Menlo Park in Kalifornien ein eigenes Dorf mit dem Namen *Willow Village,* das ca. 1700 Wohnungen sowie Supermärkte, eine Apotheke, Büros, ein Hotel, Einzelhandel, Parks und einen öffentlichen Platz umfassen soll[208]. Für die Verkehrsanbindung des an einer ehemaligen Eisenbahnstrecke gelegenen Dorfes soll ebenso gesorgt werden. Da die lokale Politik Facebook zufolge in der Vergangenheit einige regionale Probleme vernachlässigt habe, nehme sich nun der Tech-Konzern eben dieser an; vom Bau von erschwinglichem Wohnraum bis zum Ausbau von Autobahnen und anderen wichtigen Verkehrsverbindungen[209]. Der Hintergrund: Selbst die Mitarbeiterinnen von Facebook können sich die Mieten in Menlo Park nicht mehr leisten, die sich seit Facebooks Ankunft im Jahr 2011 verdreifacht haben. Deshalb wohnen die meisten Menschen – Facebook-Mitarbeiterinnen als auch Alteingesessene – außerhalb des Valleys, was zu chronischen Staus führt. 2015 bot der Konzern Mitarbeitern, die in den Radius von 15 Kilometern zur Zentrale ziehen, sogar einen Bonus von 10 000 Dollar.

Mit seinem Dorf und dem Ausbau von Verkehrsinfrastruktur löst Facebook also in erster Linie die selbst verursachten Probleme. Immerhin zeigt der Konzern die Absicht, in Zusammenarbeit mit der lokalen Politik und der Gemeinde die Präsenz von Facebook zu einem Mehrwert für die Region zu machen. Den kommunikativen Kern der Planungen bilden eine integrierende Community mit der bereits bestehenden Nachbarschaft und deren Bedürfnisse, z. B. nach sozialem Wohnungsbau und Wohnraum für Seniorinnen. Im Dorf selbst sollen es Fußgängerinnen und Fahrradfahrende am schönsten haben.

Doch leider ist aus den Ankündigungen bereits absehbar, dass auch der neu entstehende Wohnraum für Normalverdiener nicht bezahlbar sein wird, dass die Mieten um den neuen Campus weiterhin steigen werden und lediglich die hoch bezahlten Mitarbeiterinnen des Tech-Konzerns profitieren werden. „Inseln des Privilegs, umgeben von Landstrichen der Benachteiligung", so beschreibt Richard Florida, Professor für Stadtentwicklung, die entstehenden Dörfer und Campi der Tech-Konzerne. Denn auch Google mit seinem *Googolplex* in Mountain View oder Apples *Apple Park* in Cupertino sind Treiber der teuren Stadtteile.

Soziale Diversität: Mieten unterm Mietspiegel

Die *Kölner Verkehrsbetriebe* (KVB) stellen bereits seit Jahren Mitarbeiterwohnungen, die wesentlich günstigere Mieten aufweisen als der freie Markt und damit einen konkreten monetären Vorteil bedeuten[210]. Auch das Thema Gesundheit spielt dabei eine wesentliche Rolle: Denn während Werkswohnungsmieterinnen einen durchschnittlichen Arbeitsweg von wenigen Kilometern aufweisen, beträgt der Pendlerweg bei den restlichen Arbeitnehmern 25 Kilometer. Das hat nicht nur Auswirkungen auf die Umwelt, sondern auch auf die mentale Gesundheit.

Zudem bleibt das Mietverhältnis unabhängig vom Arbeitsverhältnis bestehen, was vor allem für ältere Menschen Sicherheit schafft. Ausschlaggebend ist aber auch das Gemeinschaftsgefühl, wenn man in einer Werkswohnung des Arbeitgebers lebt und auf Carsharing, Kinderbetreuung und Betriebssportangebote zurückgreifen kann[211].

Derzeit entsteht an der Endhaltestelle der Stadtbahn-Linie 9 durch die *Wohnungsgesellschaft der Stadtwerke Köln mbH* (WSK) ein Neubau, der nicht nur Mitarbeiterwohnungen umfasst, sondern auch eine Bäckerei mit Café, Gewerbeflächen, eine Kindertagesstätte mit begrüntem Dach sowie viele Stellplätze für (E-)Fahrräder, Lastenräder und E-Autos[212]. Der Strom kommt aus Photovoltaikanlagen.

In Wolfsburg agiert die hundertprozentige Volkswagen-Tochter *VW-Immobilien* als Partner der Stadt und baute neben den 9156 Bestandswohnungen in den vergangenen Jahren 160 neue Wohnungen für Fachkräfte des Konzerns; 350 weitere sollen auf konzerneigenen Flächen realisiert werden[213]. Dabei reicht das Spektrum von günstigem Wohnraum im Bestand über möbliertes Wohnen mit Service-Leistungen für Auslandsrückkehrer oder Pendler bis zu 5-Zimmer-Wohnungen für Familien.

Ebenso steigt die *Deutsche Bahn* wieder auf den Zug der Werkswohnung auf und hat dafür sogar ein eigenes Personalressort *Wohnraum für Mitarbeitende*[214]. Für junge Menschen, etwa Auszubildende oder Berufseinsteigerinnen, ist das möblierte Wohnen attraktiv, da es keine Investitionen mit sich bringt. Neben der Deutschen Bahn bietet auch die *Flughafen München GmbH* ein eigenes Personalhotel mit Apartments in gestaffelten Komfortstufen an.

Die Neuentdeckung der Werkswohnung kennt viele weitere Beispiele wie Bosch, Audi und die Stadtwerke München. Und kaum ein neu entstehendes Quartier wird jenseits der Einheit von Arbeiten und Wohnen entwickelt; von *Oberbillwerder* über das *Schumacherquartier* bis zur *Seestadt Aspern*.

Warum New Work und New Mobility zusammengehören

Was durch das Konzept der Werkswohnung akzentuiert wird, ist die gesellschaftliche Verantwortung, die Arbeitgeber in der Transformation unserer Städte in einen leiseren, gesünderen und nahversorgenden Lebensraum tragen. Um bedarfsgerechten und bezahlbaren Wohnraum künftig zu gewährleisten, werden private Unternehmen neben Wohnungsbaugesellschaften, Genossenschaften oder kommunalen Unternehmen eine signifikante Rolle als Immobilienentwickler spielen, im Rahmen nachhaltiger Vergabekriterien. Und dies ist das Verbindende zwischen privatem und öffentlichem Sektor: Mobilitätsvermeidung als gemeinsames Ziel von Unternehmen und Städten.

Jenseits amerikanischen Größenwahns steht die Mitarbeiterinnen-Wohnung aufgrund der erschwinglichen Quadratmeterpreise für mehr soziale Gerechtigkeit, für eine diverse Nachbarschaft ebenso wie für die Fürsorge durch den Arbeitgeber und symbolisiert einen Wertewandel, der sich in der Arbeitswelt bereits seit Jahren vollzieht. Das Individuelle wird auch weiterhin ein maßgebliches Emanzipationsmoment in unserer Gesellschaft bleiben – etwas, das im Bildungssektor immer noch auf seine Anerkennung wartet –, doch die Identifikation mit etwas Gemeinsamem und die Bereitschaft, mit Letzterem bedachter und achtsamer umzugehen, birgt neue Freiheiten, die zu neuen Werten werden. Der Werteabgleich mit dem Arbeitgeber ist vor allem bei jüngeren Menschen zu beobachten und wird den Arbeitsmarkt der Zukunft maßgeblich bestimmen (siehe Abschnitt 1.2.4).

Die Werkswohnung 2.0 der Wissensgesellschaft wird also eine neue Form finden, weil sich soziale Bindungen, Zugehörigkeiten und Präsenzanforderungen verändert haben: Was im 19. und 20. Jahrhundert für die Kleinfamilie mit einer meist nicht berufstätigen Frau konzipiert war, muss nun auf die Bedarfe von Patchwork-Familien und neuen Beziehungsformen eingehen. Das Mehrgenerationenhaus als Lebensform der Zukunft kann sehr ressourcenschonend sein, wenn nicht nur das Lastenrad und der Grill geteilt werden, sondern auch die Kinderbetreuung leichter fällt und die Seniorinnen nicht mehr vereinsamen, weil eine Gemeinschaft entsteht, in der sie auch im Alter wirksam sein können.

Es ist erstaunlich, wie viele Herausforderungen allein durch räumliche Nähe gelöst werden können. Nicht nur wird der durch den Arbeitgeber verursachte Pendelverkehr vermieden, sondern auch die restlichen Alltagsverkehre, wenn Kindertagesstätte, ärztliche Versorgung, Altenpflege, Sportstudio, Freizeitprogramm sich in unmittelbarer Nachbarschaft befinden. Die Mobilität transformiert sich in eine gesündere, körperliche Selbst-Bewegung, weil es den motorisierten Pkw schlicht nicht mehr braucht.

Jetzt werden Sie berechtigterweise einwenden, dass nun aber nicht jede Arbeitgeberin die Ressourcen hat, Werkswohnungen zu errichten oder zur Verfügung zu stellen. Damit haben Sie recht; diesen Gestaltungsspielraum haben nur bestimmte Unternehmen. Und nicht alle Familien können daran teilnehmen; aufgrund von biografischer und partnerschaftlicher Gravität. Aber das marginalisiert nicht die grundsätzliche Logik: Die Werkswohnung ist eine Option von vielen, als Arbeitgeber attraktive Alternativen zum privaten Pkw zu schaffen.

Klimaneutrale Mobilität als gemeinsames und gefördertes Ziel von Unternehmen und Städten

Das Programm der Verkehrsvermeidungsstrategien von Unternehmen heißt *Flexibilisierung*, und zu dieser gehören nicht nur flexible Arbeitskonzepte[215], sondern auch folgende Gestaltungsinstrumente, die die betrieblichen wie Pendelverkehre flexibilisieren, umweltfreundlicher und gesünder machen:

- **ÖPNV-Abos bzw. Mietertickets** mit entsprechend attraktiven Konditionen, sodass der Nahverkehr – bestenfalls kombiniert – die Basis der betrieblichen Mobilität wird.
- **Dienstrad-Programme**, die eine emissionsarme und gesunde Alternative zum Dienstwagen darstellen und im Vergleich zum Letzteren allen Gehaltsklassen zur Verfügung stehen.
- **klimaneutrale Mikromobilitätsstationen** bestehend aus Fahrrädern, E-Bikes, Lastenrädern, E-Scootern oder E-Cars inklusive Sharing-App mit individuellem Buchungs- und Schließsystem.
- **grüne Mobilitätsbudgets**, die eine individuelle und flexible Auswahl und Nutzung der betrieblichen Mobilitätsangebote ermöglichen.
- **Ride Pooling bzw. Fahrgemeinschaften** ermöglichen die Bündelung von Verkehren, sparen Ressourcen und können auch zur Stärkung der Gemeinschaft beitragen.
- **Park-, Lade- und Digital-Infrastruktur für emissionsarme Verkehrsmittel** kombiniert mit Duschen, Spinden und Repair-Stationen.
- **Mobiles Arbeiten und Homeoffice** können gezielt zur Mobilitätsvermeidung eingesetzt werden.

Als Mobilitätsberaterinnen ahnen wir, dass auch diese Optionen Ihnen zunächst wie der Bau einer neuen Wohnsiedlung vorkommen können, denn sie erscheinen sehr voraussetzungsabhängig und vor allem verwaltungsintensiv – Mobilität braucht, wie wir in Abschnitt 5.3.1 gesehen haben, digitale und physische Infrastruktur. Jedoch muss nicht jede dieser Maßnahmen (sofort) umgesetzt werden. Darüber hinaus können Sie sich als Arbeitgeberin Unterstützung holen – z. B. vom Staat:

Ein schönes Beispiel hierfür ist das *JOBWÄRTS*-Programm, ein vom *Bundesministerium für Umwelt, Naturschutz und nukleare Sicherheit* im Rahmen der Kampagne *Modellstädte Saubere Luft* zu 95 Prozent gefördertes gemeinsames Projekt der Stadt Bonn, des Rhein-Sieg-Kreises und des *Zukunftsnetzes Mobilität NRW* beim *Verkehrsverbund Rhein-Sieg* (VRS). Unter dem Leitspruch *einfach.besser.pendeln.* werden Mitarbeiterinnen gezielt zur Nutzung von Zweirädern, ÖPNV und Homeoffice für ihren Weg zur Arbeit motiviert. Dadurch soll die Verkehrsbelastung insbesondere zur Rushhour verringert, die Luftqualität verbessert und der *Modal Split* zugunsten des Umweltverbundes verändert werden.

Das Programm richtet sich in erster Linie jedoch nicht an Mitarbeiterinnen, sondern an in **Bonn** sitzende Arbeitgeber, die als Multiplikatoren einer emissionsarmen Mobilität fungieren. In verschiedenen Workshop-Formaten profitieren sie von der Zusammenarbeit mit Mobilitätsexpertinnen; angefangen bei Mobilitätsanalysen für den jeweiligen Unternehmensstandort und der anfallenden Arbeitswege, über einen individuellen Maßnahmenplan auf Basis einer Potenzialanalyse bis zu Kooperationsmöglichkeiten mit anderen Unternehmen des *JOBWÄRTS*-Netzwerks[216]. Am Ende stehen maßgeschneiderte und bedarfsgerechte Mobilitätsangebote, deren Ziel es ist, das Mobilitätsverhalten der Belegschaft nachhaltig zu ändern und wortwörtlich festgefahrene Routinen aufzubrechen. Darüber hinaus gibt es eine jährliche Wirkungserhebung mittels einer Befragung der Mitarbeitenden, um die Wirksamkeit des *JOBWÄRTS*-Programms zu überprüfen. Für all das zahlt die Arbeitgeberin jährlich 10 Euro pro Mitarbeiter je Standort als Zuschuss. Ein prominentes Beispiel bezeugt den Erfolg der Initiative: Die *Deutsche Telekom* war 2019 eines der Vorreiterunternehmen im JOBWÄRTS-Programm und entwickelt derzeit die oben erwähnte Mobilitätsplattform, wovon auch das JOBWÄRTS-Netzwerk profitiert.

Dortmund motiviert hingegen zum *UmsteiGERN*[217]: Im Rahmen des Projekts *Emissionsfreie Innenstadt* sollen 16 konkrete Maßnahmen[218] in den Bereichen Radverkehr, Fußwege, E-Mobilität, ÖPNV, Lieferverkehr, Mobilitätsmanagement und Parkraum die Treibhausgasemission in Dortmund senken. Im Jahre 2022 sollen 75 Prozent der Wege klimaneutral sein. Das Maßnahmenpaket umfasste beispielsweise eine kostenlose Mobilitätsberatung für zehn Dortmunder Unternehmen in Innenstadtlage: Eine Studie analysierte das Mobilitätsangebot und -verhalten in den Unternehmen und die Berater erarbeiten gemeinsam mit diesen Handlungsempfehlungen für maßgeschneiderte Maßnahmen, um klimafreundliche Mobilität in den jeweiligen Betrieben zu fördern[219]. Im Fokus standen vor allem die Pendelverkehre der Belegschaft zwischen Wohnort und Arbeit, aber auch die Dienst- und Geschäftsreisen. Bewerben konnten sich mittlere und große Unternehmen aller Branchen sowie Behörden und Institutionen aus Dortmund.

Für Arbeitgeber, die mit den alltäglichen Herausforderungen der Mobilität in Innenstadtlagen vertraut sind, waren die Aussichten auf Linderung groß. Dazu gehört die Einsparung von Parkraum- und Fahrtkosten, die Reduzierung von Krankheitstagen durch gesündere Beschäftigte, die Mitarbeiterbindung durch attraktive Mobilitätsangebote und ein umweltfreundliches Image sowie ein verbessertes Verhältnis zur Nachbarschaft durch weniger Verkehr und Parkdruck.

Durch die kostenlose Beratung wollte die Stadt erreichen, dass die Unternehmen sich verpflichten, Maßnahmen für eine nachhaltigere Mobilität ihrer Beschäftigten umzusetzen und sich miteinander zu vernetzen, um Erfahrungen und Expertisen auszutauschen. Damit war sie erfolgreich: Seit 2021 setzen die Unternehmen die erarbeiteten Ergebnisse in Eigenregie und auf eigene Kosten um. Betriebe, die nicht zu den Begünstigten gehörten, konnten dennoch Teil des Netzwerks werden, wenn sie auf eigene Rechnung eine Beratung in Anspruch nahmen. Darüber hinaus berät die Stadt Betriebe zu möglichen Alternativen[220].

Neben der Möglichkeit, externe Mobilitätsberaterinnen heranzuziehen, können auch unternehmensinterne Expertisen geschaffen werden. Die *Mittelstandsinitiative Energiewende und Klimaschutz* bietet in Zusammenarbeit mit einzelnen *Industrie- und Handelskammern* (IHK) in Deutschland seit kurzem Weiterbildungen zur *Betrieblichen Mobilitätsmanagerin* an[221]. Der dazugehörige *Praxisleitfaden Betriebliches Mobilitätsmanagement* konkretisiert verschiedene Maßnahmen und Mobilitätskonzepte anhand von Praxisbeispielen aus mittelständischen Unternehmen[222] und enthält zudem Empfehlungen der wichtigsten Anlaufstellen für Fördermittel (S. 26).

Was an den genannten Programm-Beispielen deutlich werden soll, ist, dass es sich bei der Gestaltung von klimaneutraler betrieblicher Mobilität um einen mittelfristigen Transformationsprozess handelt, in dem die Mobilität als Bestandteil der Unternehmensstrategie zu verstehen ist. Die Er- und Bearbeitung dieser Transformation kann vom Staat gefördert werden. Private Anbieter von Mobilitätsberatung, Konzeptentwicklung, Verwaltungssoftware-Lösungen für das Mobilitätsbudget, Park- und Ladeinfrastruktur oder Dienstrad-Programme können und sollten hinzugezogen werden – wir gehen in Kapitel 6 genauer darauf ein.

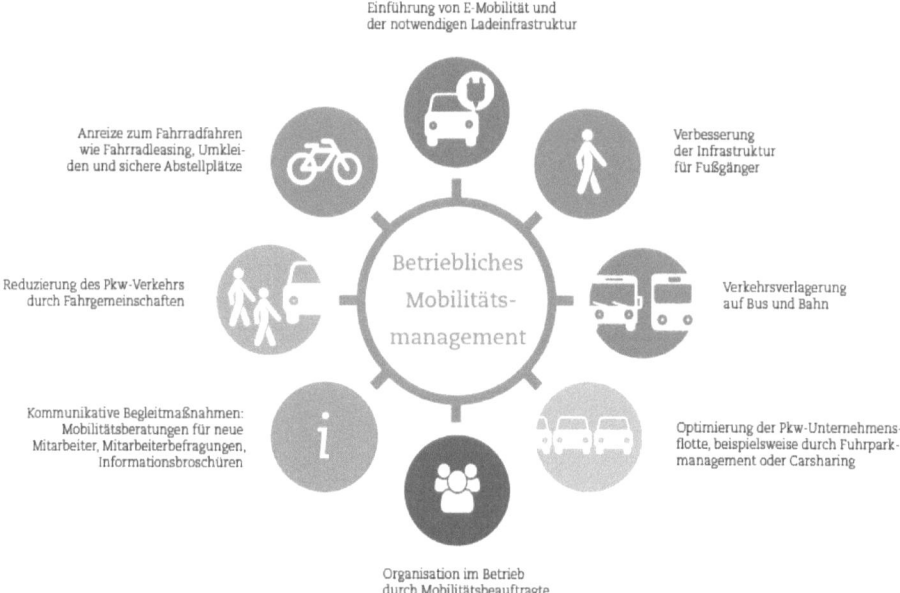

Bild 5.27 Betriebliches Mobilitätsmanagement vereint ökonomisches und ökologisches Handeln[223]

Schließlich ist die Kollaboration zwischen Kommunen und den jeweiligen lokalen Unternehmen essenziell, da sie enorme Multiplikationseffekte birgt und Win-Win-Situationen schafft, in denen alle Akteure profitieren. In der großen Verantwortung, die Unternehmen in (Innen-)Stadtlagen tragen, liegen ebenso große Chancen.

5.3.6 Alle Konzepte auf einen Blick: ein komplexitätsorientierter Sortierungsvorschlag

Aus der Gegebenheit der Vielfalt an internationalen Beispielen ist eine Sortierung sinnvoll, die uns ermöglicht, die Qualität und Wirksamkeit der verschiedenen Lösungen und Ansätze einzuschätzen, um letztendlich Entscheidungshilfen und Handlungsempfehlungen abzuleiten.

- Auf der *Y-Achse* von Bild 5.28 findet sich der „*Entwicklungsgrad der Stadt und ihrer Gesundheit*" zwischen den beiden Dimensionen singulärer Maßnahmen (z. B. emissionsfreie Zonen) und komplexer Stadtentwicklung, die z. B. eine stadtplanerische Umgestaltung des öffentlichen Raums oder das Einbeziehen lokaler Akteure umfasst.

  Hiermit soll verdeutlicht werden, wie sich die vorhandenen urbanen Lösungsansätze qualitativ unterscheiden – in ihren Voraussetzungen und Bedingungen ebenso wie in ihrer Zeitlichkeit, Nachhaltigkeit und Wirksamkeit – und wie diese Qualität mit der Transformation unserer Mobilität zusammenhängt. Nicht nur spielt der Zeitfaktor vor dem Hintergrund der Umsetzbarkeit von Mobilitätslösungen eine relevante Rolle; er sagt auch etwas aus über das Bewusstsein von Zusammenhängen in der Zukunft.

- Die *X-Achse* bezeichnet den „*Transformationsgrad urbaner Mobilität*" im Sinne der externen Effekte von Mobilität zwischen einer bloßen Emissionssenkung (z. B. von CO_2 oder Lärm) und ihrer eigenen Vermeidung, was das ultimative, paradoxe Ziel einer Stadtentwicklung sein kann. Wie Mobilität dahingehend gestaltet werden kann, dass sie selbst überflüssig wird, wird insbesondere im Verständnis einer generationengerechten Mobilität relevant.

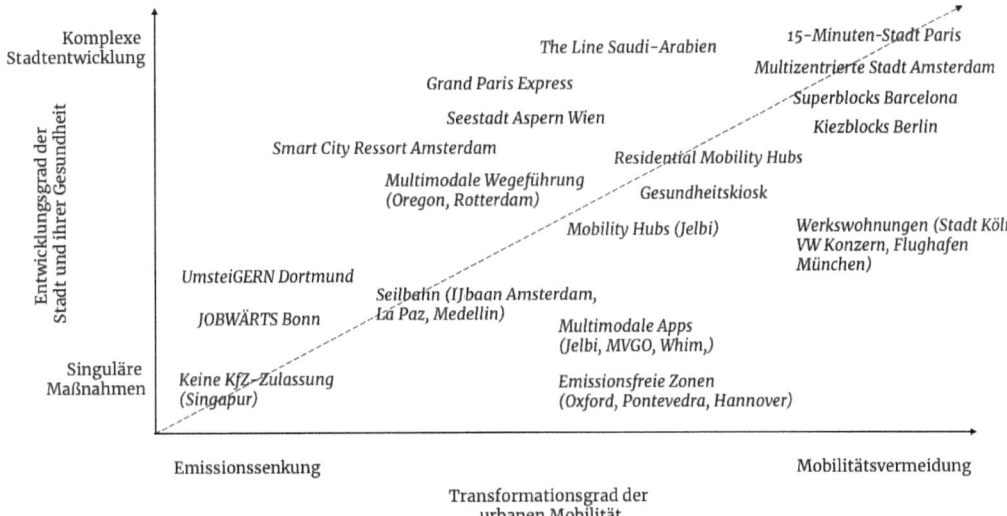

Bild 5.28 Gestaltungsinstrumente einer kollaborativen Stadtentwicklung der Selbstbewegung mit Beispielen (eigene Darstellung)

■ 5.4 Zusammenfassender Ausblick: soziale Innovationen der Kollaboration

Wenn Sie fliegende Drohnen-Taxis und autonome Pkw erwartet haben, sind Sie womöglich etwas enttäuscht. Wir können Sie aber beruhigen, denn auch diese werden bestimmt in Zukunft eine Rolle spielen – jedoch nur punktuell und wahrscheinlich eher im ländlichen als im urbanen Bereich.

Denn was Ihnen ebenso aufgefallen sein sollte, ist, dass es in Zukunft weniger um neue Verkehrsmittel und deren technologisch fortschrittliche Antriebe geht als vielmehr um die Kontexte und Ökosysteme, in denen sie sich bewegen und bedarfsgerecht dort eingesetzt werden, wo sie tatsächlich gebraucht werden. Dazu sind Digitalisierung und Daten notwendig, aber eine europäische *Smart City* ist kein Vollautomat, der verlässlich vor sich hinrechnet und produziert und in dessen Raum wir lediglich als Quellen von Bewegungsdaten vorkommen. Wirklich smarte Städte nutzen Datensets von verschiedenen Mobilitäts- und Sharing-Anbietern für die Entwicklung von multimodalen Applikationen und multifunktionalen Mobilitätsstationen, um Mobilität nicht nur klimafreundlich und effizient zu machen, sondern um sie teilweise zu vermeiden. Dazu gehört auch – Achtung, jetzt könnte es wehtun – die Diskriminierung des Autos durch weniger und dafür teureren Parkraum und verkehrsberuhigte Innenstädte. Darin besteht größtenteils Einigkeit unter den verschiedenen Anspruchsgruppen urbaner Mobilität.

Es geht schließlich nicht um eine Antriebs- oder Verkehrswende, sondern in der Essenz um eine *Verhaltenswende*. Wenn Städte das Mobilitätsverhalten ihrer Bürgerinnen verändern wollen, so gibt es mehr oder weniger wirksame Wege. Einige davon haben wir in diesem Kapitel erläutert. Über ihre Adaptionsfähigkeit müssen Sie selbst entscheiden, weil es ganz darauf ankommt, welche Stadt Sie gestalten wollen, denn diese hat neben den globalen (z. B. Klimaschutz, Hitzewellen, Luftverschmutzung) ganz spezifische Herausforderungen – etwa die Topografie, Bebauungsdichte, Straßennetzstruktur, Pendlerströme, Wohn- und Platzkultur oder das Wasservorkommen. So kann für die eine Stadt ein Modell der kurzen Wege passend sein, für die andere wäre der Bau eines Seilbahnsystems Entlastung genug. Für eine weitere wiederum ist die Nutzung ihrer Wasserwege und Kanäle sinnvoll. Und eine vierte fördert und initiiert eine Mobilitätsberatung für die ansässige Industrie oder den lokalen Mittelstand, um die Rushhour abzuschaffen.

Die Voraussetzungen und Bedingungen sind immer individuell, weshalb die Konzepte und Lösungen, die am Ende entwickelt wurden, ebenfalls nur individuell sein können.

Worauf es also bei unseren Gestaltungsinstrumenten ankommt, ist ihr Entwicklungsprozess; und dieser ist wesentlich kollaborativ und co-kreativ. Jedes Beispiel, das wir Ihnen hier präsentierten, ist das Ergebnis einer Kooperation und Vernetzung; zwischen Stadt und lokalen Arbeitgebern, Universitäten, Forschungsnetzwerken, Vereinen, Künstlern sowie Bürgerinnen, um einige zu nennen. Sie bilden ein interdisziplinäres und intersektorales Ökosystem der Co-Kreation und Innovation, das die notwendige Antwort auf die Komplexitäten der Stadtentwicklung ist – heute und in Zukunft.

Da wir es in diesem Kapitel an vielen Stellen mit temporären Experimenten zu tun hatten, ist jenes Ökosystem darüber hinaus und ganz entscheidend auch Quelle einer allgemeinen Akzeptanz, ohne die Experimente im Vorhinein schon als gescheitert gelten würden, weil sie die Lebensrealitäten der jeweiligen Anspruchsgruppen nicht einbeziehen würden.

Die Formen und Formate der Akteursbeteiligung sind so vielfältig wie die hier genannten Beispiele: vom Stadtteilmanagement ausgeschriebene Wettbewerbe über Bürgerräte bis zu von Universitäten geleiteten Reallaboren. Wir wollen auf diese Formate, die unterschiedlichen Akteure und ihre jeweiligen Gestaltungspotenziale im nun anschließenden Kapitel eingehen, ebenso wie auf den ökosystemischen Innovationsbegriff, den wir aus dem bereits Erfahrenen ableiten und ausarbeiten werden.

Mit neuen Narrativen begann unsere Reise und mit ihnen endet sie auch. Denn anstatt sich fremder, äußerst pauschaler Narrative zu bedienen, sollten Städte ihre eigenen Narrative formulieren. Wie jede Stadt eine ganz eigene Geschichte und (urbane) Kultur hat, so hat sie auch Visionen von ihrer Zukunft, aus denen sich ein Narrativ entwickeln kann. Auch das bedeutet Selbstbewegung.

6 GEISTIGE BEWEGLICHKEIT
Über die Ökosysteme sozialer Innovation

Ausgehend von den Beispielen neuer urbaner Narrative, ihrer spezifisch-individuellen Umsetzung und die verschiedenen Treiber und gesellschaftlichen Trends urbaner Mobilität mitdenkend, wollen wir nun von den konkreten Stadtbeispielen abstrahierend das herausarbeiten, was wir als „Ökosysteme sozialer Innovation" bezeichnen. Es geht uns um die Frage, in welchen Zusammenhängen wir gemeinsam Mobilität neu denken und entwickeln müssen, damit sie im Kontext globaler wie lokaler Herausforderungen und im Sinne der Nachhaltigkeit und der Vermeidung ihrer negativen externen Effekte langfristig freud- und respektvoll für alle funktioniert.

In diesen Herausforderungen liegt das Verbindend-Gemeinsame; weil sie, wie wir gesehen haben, sämtliche Akteure betreffen und in eine gesamtgesellschaftliche Verantwortung bringen. Wenn es im Kern darum geht, unser individuelles Mobilitätsverhalten zu ändern, liegt der Fokus weniger auf der theoretischen Definition einer „neuen urbanen Mobilität", als vielmehr auf einer originären Gestaltung von Mobilität dort, wo sie entsteht und gebraucht wird und wo sie in der Vergangenheit und Gegenwart zu hohe gesamtgesellschaftliche Kosten verursacht.

Was ist also nötig für eine Verhaltenswende – und welche Akteure spielen dabei welche Rolle? Wer oder was treibt uns wie an und macht es uns gleichermaßen so einfach, dass wir Freude an der Selbst-Bewegung entwickeln? Wo braucht es einen regulatorischen Rahmen und wo ein subtiles Nudging? Wo welche Infrastruktur und das Experiment zur Akzeptanzsteigerung? Wo sind wir gefragt im Sinne der geistigen Selbstbewegung?

Wir wollen zeigen, wie nachhaltige Designs urbaner Mobilität aus der Komplexität des Ökosystemischen und dem Zusammenspiel verschiedener Akteure entstehen und warum es im Entwicklungsprozess eine oszillierende Bewegung zwischen Makro- und Mikrokosmos braucht, welche Innovationstypen sich darin abzeichnen und welche Potenziale sie für eine Adaption an verschiedene Lokalitäten und Anwendungsfälle der Mobilität bergen.

Welches Verständnis von Innovation ist wirklich zeitgemäß und zeitlos zugleich? Was bleibt, wenn der Zeitgeist aus der Flasche ist? Darum soll es nun gehen.

6.1 Unser Modell: das „Glücks-Rad der urbanen Mobilität"

Aus den hier und in den vorherigen Kapiteln formulierten Problem- und Fragestellungen an die Gestaltung einer zukunftsfähigen, nachhaltigen und klimaneutralen urbanen Mobilität wollen wir nun die Zusammenhänge und Kontexte visualisieren, in und zwischen denen sie sich befindet. Und welche Form könnte diese Verwobenheit besser beschreiben als das Rad eines Fahrrades, das die individuelle Selbstbewegung ebenso symbolisiert wie die sozialen Kollektiv-Bewegungen, von denen wir am Anfang des ersten Kapitels sprachen? Es ist die Essenz unseres vernetzt-interdisziplinären Schaffens und Denkens mit MOND und bildet die Form der Transformation, die wir begleiten dürfen.

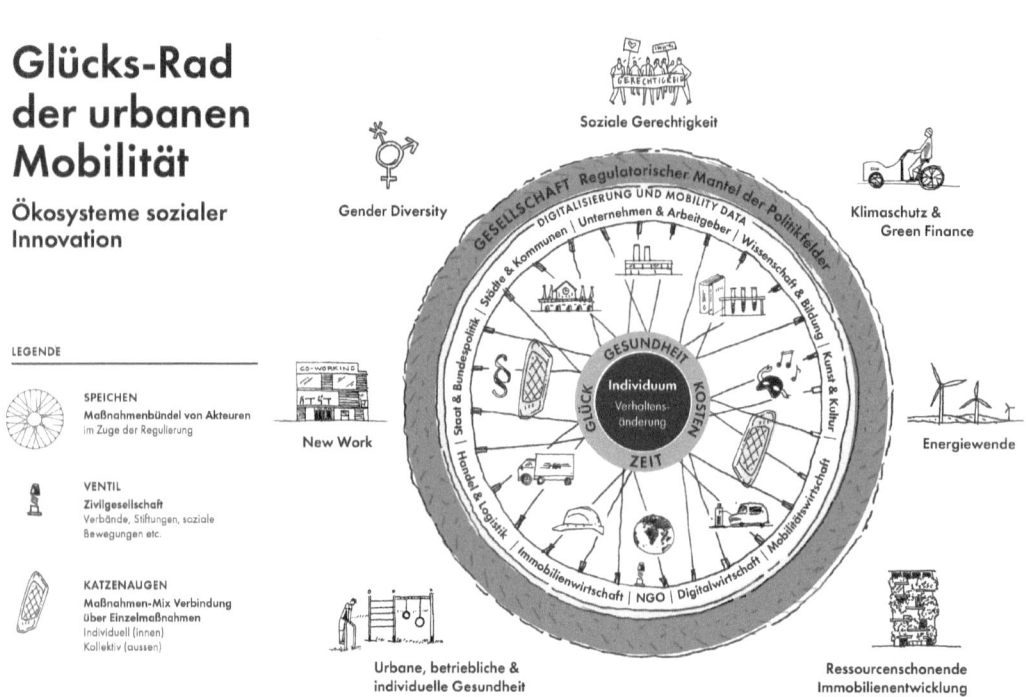

Bild 6.1 Glücks-Rad der urbanen Mobilität

Bei unserem Glücksrad haben Sie nichts zu verlieren, aber eine Menge zu gewinnen. Vorausgesetzt, Sie trauen sich. Denn wie Sie im Laufe dieses Kapitels sehen werden, geht es um das Eingehen neuer Partnerschaften und Allianzen ebenso wie um ein gemeinsames, ergebnisoffenes Experimentieren und Prototypisieren. Und warum Glück? Weil es um die verschiedenen sozialen Dimensionen der individuellen Lebensqualität geht, die auf das Kollektiv zurückwirken. Und weil wir wissen, dass gelungene Selbstbewegung glücklich macht.

Das Glücksrad setzt die verschiedenen in diesem Buch beschriebenen Aspekte der Mobilitätswende als *Verhaltenswende* in Beziehung zueinander. Es ist das Ergebnis eines Netzwerk-Gedankens der Kollaboration und der Formalisierung von Wechselbeziehungen zwischen verschiedenen Akteuren. Folgen Sie uns in einer Bewegung von der Straße, auf der das Rad rollt, über seine konstituierend-ineinandergreifenden Elemente bis zur Nabe des Rades, um die sich alles dreht.

6.1.1 Die Straße: gesellschaftspolitische Trends

Das Glücksrad – und somit die urbane Mobilität – ist eingebettet in einen globalen Kontext gesellschaftspolitischer An-Treiber, die wir im ersten Kapitel in Form der verschiedenen Klima-, Energie-, Wasser-, Immobilien-Wenden skizziert haben und die eine Moralisierung dessen bewirken, wie und womit wir uns bewegen.

Unsere Auswahl fokussiert die beobachtbar primär auf unser Mobilitätsverhalten wirkenden Trends, die ihre Relevanz für und Wirkung auf urbane Räume auch in Zukunft besonders anzeigen:

- **Klimaschutz:** Bewaldung und Begrünung urbaner Räume, Artenschutz, Katastrophen-Resilienz (z. B. Wasser, Feuer und Hitze)
- **Soziale Gerechtigkeit:** Teilhabe an Mobilität (Ausbau des ÖPNV), Emissionsbelastung der Wohnsituation
- **Gesundheit:** Luftreinhaltung, Lärmemissionssenkung, aktive Modi (Fuß und Rad), Pandemie-Resilienz
- **Ressourcenschonende Immobilienentwicklung:** multifunktionale Nutzungsmischflächen
- **New Work:** flexible bzw. familiengerechte Arbeitszeiten, mobiles Arbeiten, Homeoffice
- **Energiewende:** alternative Antriebstechnologien, Gewinnung erneuerbarer Energie im urbanen Raum
- **Gender Diversity:** individuelle Sicherheitsbedürfnisse und Anforderungen an die Verkehrs-, Stadt- sowie Gebäudeplanung

Diese kleine Auswahl schafft eine Ahnung dessen, was an Komplexität und zuweilen auch Ideologie auf uns zukommen kann, wenn wir uns mit der Mobilität in Städten befassen. Es wäre jedoch fatal, würde man diese Treiber nicht in die Lösungsentwicklung miteinbeziehen – einige (kurzlebige) Beispiele von Geschäftsmodellen und Technologien haben wir in Kapitel 3 über die Antriebsschwäche erwähnt. Denn die gesellschaftspolitischen Trends weisen uns insbesondere auf die Moralisierungspotenziale des Wandels unseres Wertesystems hin, auf dessen Basis wir Innovationen (in Zukunft) bewerten.

6.1.2 Der regulatorische Mantel: global bis lokal

Nur, damit Sie im Bilde sind: Der Mantel wird in Fahrradwerkstätten synonym für Reifen verwendet. In unserem Fall beschreibt er den konkreten Handlungsspielraum, der in den entsprechenden Politikfeldern begrenzt bzw. eröffnet wird. Damit sind alle internationalen, nationalen wie kommunalen Regulatorien adressiert wie auch Reporting-Pflichten und deren Wirkung auf Taxonomien und Finanzierungen (z. B. im Kontext von ESG-Kriterien).

Ohne diese im Detail auszuführen bzw. zu wiederholen reicht dieser Mantel der Regulatorik und der Förderpolitiken vom *Pariser Klimaabkommen* und *den Vereinten Nationen* auf globaler Ebene über die Europäische Kommission mit ihren *Klimazielen bis 2030* und dem Programm *Fit for 55* sowie den Europäischen Gerichtshof, der über die Grenzwerte der Luftreinhaltung in den Städten urteilt, bis zur Politik des Bundes (u. a. *Investitionsprogramm Klimaneutrale Städte*), von der die Städte für das Straßenverkehrsrecht fordern, über Geschwindigkeitsbeschränkungen selbst zu bestimmen.

Hier ist in Zukunft eine ganzheitlichere Neuausrichtung jener Politikfelder erforderlich, die, von den Treibern einer neuen urbanen Mobilität „aufgepumpt", unter Druck stehen und aus diesem Grund die Umsetzung von Handlungslinien, Ziele und Beschränkungen verhandeln müssen – auf globaler, nationaler und kommunaler Ebene.

Wo also braucht es mehr Regulation, wo mehr Spielraum insbesondere in der Planung und Entwicklung von Städten der Selbstbewegung? Dies wird in den Abschnitten 6.3 bis 6.6. ausführlicher diskutiert.

6.1.3 Das Felgenband der Digitalisierung: Mobility Data

Eventuell haben Sie sich gefragt, warum wir unter den Treibern den Begriff der Digitalisierung nicht aufgeführt haben. Was in den vorherigen Kapiteln zur *Smart City* deutlich werden sollte, ist, dass Digitalisierung keinen Selbstzweck darstellen sollte. Denn dies führt im Zweifel zu Insellösungen, die noch mehr Verkehre und Staus erzeugen, oder zu Überwachungsphantasien.

Digitalisierung kann, wenn sie als ein verbindendes Band verstanden wird, wesentlich mehr als das leisten: Sie schafft dort, wo entsprechende Daten verfügbar sind, die notwendige Basis für eine bedarfsgerechte, ressourcenschonende und -effiziente Stadt- und Verkehrsplanung sowie Verkehrsflusssteuerung. Wir sahen dies beispielsweise am *Smart Mobility Ressort* der Stadt Amsterdam.

Als Instrument der Vernetzung ist das Digitale zudem Voraussetzung für die Kollaboration und Co-Kreation verschiedener Akteure. Als Felgenband steht es in unserem Glücksrad für die Verwobenheit der Politikfelder mit den jeweiligen Akteuren, oder mit anderen Worten: für das digitale Netzwerk, das die Beteiligung verschiedener Akteursgruppen am politischen, gesellschaftlichen und interdisziplinären Gestaltungsprozess ermöglicht. Ein Beispiel ist der *Öffentliche Wissensspeicher* der Berliner *Smart City Strategie*, ein zweites ist der öffentlich geförderte und von der *Deutschen Akademie der Technikwissenschaften* koordinierte *Mobility Data Space*. Er bildet eine „Data Sharing Community" für alle Akteure, die die Mobilität von morgen mitgestalten wollen, [und] soll den Wettbewerb um innovative, umweltfreundliche und nutzerfreundliche Mobilitätskonzepte anreizen, indem er allen Nutzern gleichberechtigt und transparent Zugang zu Daten verschafft."[1] Die digitale Infrastruktur bildet das (kommunikative) Netzwerk für sämtliche partizipativen und ökosystemischen Innovationsprozesse.

6.1.4 Felge und Ventil: die Akteure der Verhaltenswende

Unser besonderes Interesse gilt dem Zusammen-Spiel verschiedener Akteure, die urbane Verkehre induzieren, steuern oder das individuelle wie kollektive Mobilitätsverhalten maßgeblich beeinflussen. Sie alle tragen Verantwortung dafür, wie, womit und wie oft wir uns in Zukunft bewegen werden, und sind Teil der politischen Willensbildung. Ihre Instrumente und spezifischen Gestaltungsspielräume haben wir bereits thematisiert, denn sie spiegeln sich in den gesellschaftspolitischen Trends.

Als Felge sind sie fester und tragender Bestandteil der Mobilitätswende:

- Staat und Bundespolitik
- Städte und Kommunen
- Unternehmen und Arbeitgeber
- Wissenschaft und Bildung
- Kunst und Kultur
- Non Governmental Organisations (NGO)
- Handel und Logistik
- Immobilienwirtschaft
- Digitalwirtschaft
- Mobilitätswirtschaft

Der Zivilgesellschaft mit ihren Verbänden, sozialen Bewegungen und Demonstrationen kommt hier die essenzielle Rolle des Ventils dafür zu, wofür die anderen Akteure keine oder eine in den Augen der Gesellschaft nicht ausreichende Verantwortung übernehmen. Wir haben die Zivilgesellschaft als Druck-Macher (Abschnitt 1.2.6) und die Wissenschaft und NGOs (Abschnitte 3.1.5 und 3.1.6) bereits in ihrer Entwicklung, Vielfalt und Wirkungsmacht angeführt. Die Erfolge sind beeindruckend – in der Politik, vor Gericht und auf den Straßen. Wo sich im Kontext der An-Treiber zu viel Druck anstaut, muss ab und zu mal die Luft raus – ob an Freitagen oder Park(ing) Days.

6.1.5 Die Nabe: das Individuum und sein Eigenantrieb

Im Zentrum unseres Glücksrades steht das Individuum, das zwischen den vier Wertdimensionen

- persönlich empfundenen **Glücks**,
- physischer wie mentaler **Gesundheit**,

- **Zeit** im Sinne des Aufwandes, der Qualität sowie der Sicherheit über die Ankunftszeit
- und monetärer **Kosten**

sein Mobilitätsverhalten abwägt und anpasst. Es ist explizit nicht nur die zivile Bürgerin gemeint, sondern jegliches Individuum unserer Gesellschaft; ob mit einer legitimierten Macht ausgestattet oder nicht.

Die Nabe fragt nach den Bedingungen, Voraussetzungen und Motivationen des *Eigenantriebs* und der *Selbstbewegung* – eingebettet in einem gesamtgesellschaftlichen Kontext und beeinflusst von den Maßnahmen der unterschiedlichen Akteure. Und jede Werkstattmeisterin weiß: Wenn die Nabe vernachlässigt und nicht gereinigt und geölt ist, gibt es einen zu großen Reibungswiderstand. Wenn sie aber die richtige Aufmerksamkeit erfährt, dann ist das Rad ein physikalisches Wunder der Gravitätsüberwindung.

6.1.6 Die Speichen: politik- und akteursübergreifende Maßnahmen – mit Katzenaugen

Der entscheidende Gestaltungsraum ist der zwischen Felge und Nabe, der die akteursübergreifenden Maßnahmen im Rahmen der Regulierung als Speichen beschreibt. Speichen sind am besten semitangential, wie Ingenieurinnen das nennen: ein überkreuzendes Speichenmuster, das für eine höhere Belastbarkeit sorgt. Mit diesem Verständnis sind nachhaltig-belastbare Lösungen oft Kreuzungen von mehreren Maßnahmen wie z. B.:

- Einführung einer *Zero Emission Zone*
- Integration von Mikro-Mobilitätsstationen in das Verkehrsnetz
- Ausbau der Fuß- und Radwegeinfrastruktur
- Digitalisierung und Elektrifizierung des öffentlichen Nahverkehrs
- Flexibilisierung von Arbeitszeiten und Orten
- Bau von mobilitätsvermeidenden Werkswohnungen

Diese Maßnahmen beeinflussen die vier persönlichen Wertdimensionen und damit das individuelle Mobilitätsverhalten. Gleichsam wirkt das individuelle Verhalten zurück auf das kollektive; in Unternehmen, Universitäten oder Nachbarschaften.

Das, worum es nun aber geht, ist für viele Ästheten durchaus ein Wagnis, für Menschen mit Sicherheitsbedürfnis hingegen unverzichtbar: das Katzenauge, ein meist orangefarbener Licht-Reflektor, der an den Speichen angebracht ist.

In unserem Fall symbolisiert das Katzenauge die Co-Kreation von aufeinander Bezug nehmenden und die eigene Wirksamkeit potenzierenden „Maßnahmenbündeln", die in der Kollaboration der Akteure entstehen. Ein kleines Beispiel: Wenn Städte Berufsverkehre vermeiden wollen, ist eine Pendlerpauschale vom Bund kontraproduktiv und kann bei weiterer Belastung auch zum Speichenbruch oder anderen Komplikationen führen. Das sollte man reflektieren – zusammen.

Das Reflektieren verstanden als Biegsamkeit (abgeleitet aus lat. *flectere*) im Sinne einer inhaltlichen und strukturellen Flexibilität der verschiedenen Akteure beschreibt gleichermaßen das Spiegeln und Einbeziehen der gesellschaftspolitischen Treiber ebenso wie der vier Wertdimensionen des Individuums und meint diese von uns gewünschte geistige Beweglichkeit, die es für die Verhaltenswende braucht.

Unser Glücksrad – von der Straße bis zur Nabe – bildet also das Ökosystem dessen, was wir als urbane Mobilität und ihren Transformationsprozess bezeichnen. Es expliziert den Gestaltungs-Spielraum (auch den verbindenden *zwischen* den Speichen, zwischen der Felge und dem Schlauch, zwischen Mantel und Straße), in dem verschiedene Sektoren, Disziplinen und Mobilitätsarten vernetzt werden können. In dem als solchen verstandenen *Zwischenraum* entstehen die (neuen) Bewegungen, aus denen die sozialen Innovationen entstehen, die eine Verhaltenswende bewirken.

Das Glücksrad kann je nach „Wende" (z. B. Klima, Energie, Immobilien, Arbeit) inhaltlich anders gestaltet sein, weitere Treiber sowie andere Akteure beinhalten. Es ist also ein dynamisch-analytisches Modell, das für verschiedene gesamtgesellschaftliche Transformationsthemen und -prozesse herangezogen und angepasst werden kann.

■ 6.2 Begriff und Bedeutung sozialer Innovation

*„Besorgt mir Ingenieure,
die noch nicht gelernt haben,
was nicht geht!"*

Henry Ford

„Die Herausforderungen, vor denen wir als Gesellschaft stehen, können wir nur mit vielen guten Ideen meistern – sei es in Bezug auf Nachhaltigkeit und Klimawandel, Digitalisierung oder Bildung.

Soziale Innovationen treiben solche Veränderungsprozesse voran, sie fördern den Fortschritt und die Innovationsfähigkeit von Wirtschaft und Gesellschaft.

Bundeswirtschaftsminister a. D. Peter Altmaier, 2021[2]

So kann sich Innovation verändern. Wir müssen Innovation innovieren – und verlernen, wie wir das seit der industriellen Revolution gelernt haben, und sogar exnovieren, also Innovationen, deren Zeit vorbei ist, wieder loswerden.

Der Innovationsbegriff wird – bewusst oder unbewusst – allzu oft mit neuen Technologien in Form von Applikationen, Produktentwicklungen sowie Produktionsverfahren in Verbindung gebracht, die in erster Linie *Prozessinnovationen* darstellen. Unzählige Publikationen insbesondere zur Zukunft der Stadt wie der Mobilität handeln von den Transformationspotenzialen technologischer Innovationen, aber auch der *Deutsche Mobilitätspreis*[3], der jährlich vom *Bundesministerium für Verkehr und digitale Infrastruktur* verliehen wird, gewährt nur digitalen Ideen und Innovationen die Teilnahme am Wettbewerb; was die Autorin dieses Büchleins schon mehrfach dazu bewegte, die Verantwortlichen dieses Preises auf diesen allein schon disziplinär viel zu engen, der Mobilitätswende nicht gerecht werdenden Fokus hinzuweisen.

Wir thematisierten die nicht binäre urbane Realität mit Harald Welzer im fünften Kapitel und wiesen damit darauf hin, wie unzureichend und zugleich übergriffig (im Sinne einer demokratischen, persönliche Daten schützenden Rechtsprechung) die Innovationslogik eines *Solutionism* und seiner rein digitalen Vernetzung von (Bewegungs-)Daten für die Gestaltung unserer urbanen Mobilität ist.

6.2.1 Soziale Innovationen: Ideengeschichte einer neuen Geschichte der Ideen

Die Konsequenz und Hoffnung kann zwangsläufig nicht (allein) in technologischer Innovation liegen, weil wir einen (öko-)systemischen Innovationsansatz brauchen, den wir im Begriff der *sozialen Innovation* finden.

Letzterer wurde erstmals in den 1920er-Jahren vom US-amerikanischen Soziologen William Ogburn geprägt: Mit ihm kann man die Funktion sozialer Innovation als die Verkürzung der Zeit zwischen der Entdeckung bzw. Erfindung bis zur faktischen Einsetzung einer neuen Technologie verstehen. Dies gelte ebenfalls für die Zeit zwischen der Krisen- oder Problemerkenntnis bis zu ihrer politisch-regulatorischen bzw. unternehmerischen Lösung[4]. Soziale Innovationen sind z. B. Lösungen von Bildungsherausforderungen durch Berufsschulen oder die Finanzierung von Gesundheitskosten durch Sozialversicherungssysteme. Auch Geld ist eine soziale Innovation.

Ogburn sprach von *„cultural lags"*, also den kulturell-rituell bedingten Verzögerungen bzw. Umsetzungslücken, die in der Umsetzung bzw. Transformationsanbahnung entstehen, weil die bestehenden gesellschaftspolitischen und kulturellen Praxen die Entwicklung verlangsamen. Soziale Innovationen sind so verstanden also kulturelle Katalysatoren und Entwicklungsbeschleuniger.

Aus dem soziologisch-gesamtgesellschaftlichen Verständnis heraus begreifen wir die Mobilitätswende als eine Verhaltenswende, weil sie auf das hinweist, was derzeit an verzögernden habituellen Praxen und kulturellen sowie infrastrukturell verharrenden Systemlogiken in Städten vorhanden ist. Dadurch wird wiederum deutlich, warum diese Komplexität eine andere Qualität der Vernetzung notwendig macht; nämlich die der intersektoralen Zusammenarbeit.

Wie wir in den vorherigen Kapiteln zeigten, zeichnen sich Städte gleichermaßen durch eine besondere Form der Wissensverarbeitung und -integration vor allem von differenten, inkohärenten Bestandteilen aus wie durch eine von Martina Löw als solche bezeichnete *„Relevanz des Lokalen"*[5] mit der ihr eigenen Unmittelbarkeit von Konsequenzen: Bei der „Organisation des Nebeneinanders sind Räume der Inbegriff für Gleichzeitigkeiten" und damit Herausforderung und Chance zugleich. Diese Gleichzeitigkeit von sieben ineinandergreifenden Trends der Mobilitätsbranche haben wir im vierten Kapitel im SU-IT-CASE-Modell erläutert; hier geht es um das gleichzeitige Nebeneinander im physischen urbanen Raum.

In diesem Sinne schrieb Michel Foucault in seinem Essay über „Andere Räume", dass erst das *„Ensemble von Relationen"* den Raum als Raum wahrnehmbar mache. Das bedeutet für Foucault, dass erst die bewusste Wahrnehmung der Beziehungen zwischen verschiedenen Bewegungen und Vor-Gängen den Raum zum Raum werden lässt[6].

In unserem Glücks-Rad ist dies der Gestaltungs-Spielraum zwischen den Speichen, die als akteursübergreifende Maßnahmen auf die vorhandenen und potenziellen Beziehungen verweisen. Diese wahrnehmbaren Relationen (in) der Stadt können einerseits auf die technisch-datenbasierten Relationen und andererseits auf die sozialen Relationen sowie eine Ebene darüber auf die Relationen zwischen den technisch-datenbasierten und sozial-kooperationsbasierten Relationen verweisen. Dies erfordert eine neue Beziehungsfähigkeit von und in Städten und deren Anspruchsgruppen – die Akteure in unserem Glücks-Rad – im Sinne der Verkürzung der *Zwischen-Zeit* respektive der *cultural lags* durch das relationale Bespielen der Zwischen-Räume.

6.2.2 Methoden der sozialen Innovation im Vergleich der Innovationstypologie

Im Vergleich zu der seit den 2000er-Jahren üblich gewordenen Innovationssuche in komplexen Geschäftsmodell-Innovationen wurden die sozialen Innovationen eher im Bereich der Wohlfahrtsorganisationen verortet und damit substanziell unterschätzt. Die Innovationsförderung der Bundesregierungen hatte sich diesem komplexeren Innovationsansatz erst in der Mitte der 2010er-Jahre geöffnet. Der Autor hatte hier weitreichende Versuche sowohl im Innovationsdialog der Bundeskanzlerin wie auch in der Forschungsunion der Bundesregierung mit der Wirtschaft unternommen.[7]

Was sind nun aber die Methoden der sozialen Innovation? Dies soll Bild 6.2 verdeutlichen, das die Evolutionsstufen der Innovation nach Komplexitätsgrad der Lösungen und der Interaktionen aufzeigt.

Folgende strukturelle und akteursbezogene Methoden und Vorgehensweisen begünstigen und fördern die Entstehung und Entwicklung sozialer Innovationen:

1. **Inklusionsansatz:** Betroffene werden in die Lösungsfindung und -umsetzung eingebunden.
2. **Hybridisierungsansatz:** Akteure kommen in intersektoralen Arrangements zwischen Staat, Markt und Zivilgesellschaft zusammen (Formen tri-sektoraler Organisationen sind möglich).
3. **Systemisierungsansatz:** Gemeint sind sozio-technologische Lösungen (z. B. intermodale Mobilitätssysteme, smogfreie Städte, salutogenetische[8] Gesundheitssysteme) im Gegensatz zur Optimierung materieller Produkte (z. B. Verkehrsträger, Immobilien oder Medizintechnik).

Soziale Innovationen sind inhärent demokratisch, weil sie den Innovationsprozess öffnen für sämtliche sozio-kulturellen Kontexte und deren Akteure. Soziale Innovationen sind gleichermaßen so zu beschreibende *Zwischen-Innovationen*, weil sie zeitliche wie inhaltliche und strukturelle Lücken schließen bzw. überbrücken. Die Lücke ist das Problem und zugleich der Lösungsraum; in ihr finden Aushandlungsprozesse verschiedener Anspruchsgruppen an einem spezifischen Ort statt – und zwar gleichzeitig.

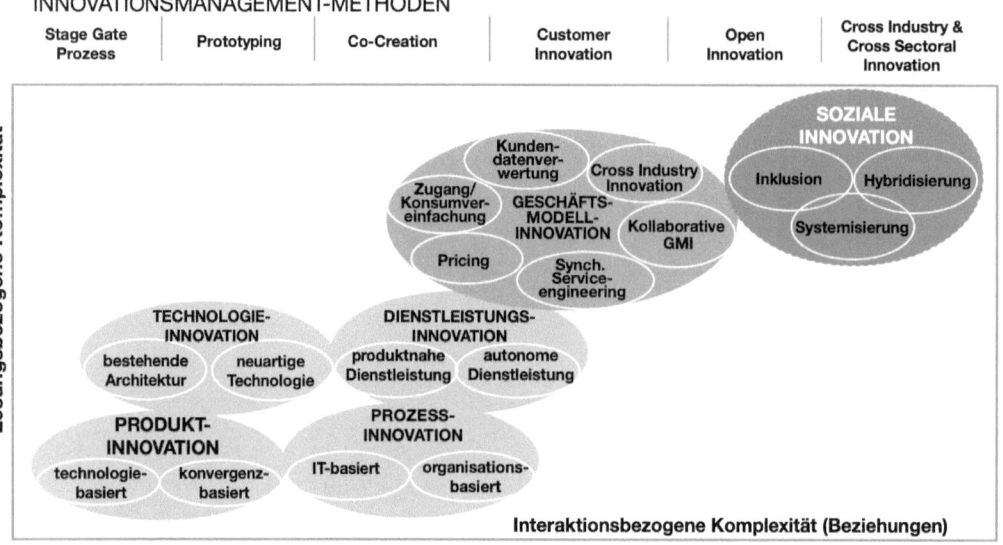

Bild 6.2 Innovationstypologie nach Komplexitätsgrad der Interaktion und der Lösungsintegration nach Jansen/Mast 2013[9]

6.2.3 Das Dreieck der Zwischen-Innovationen

Wir wollen nun auf die Qualitäten dieser Zwischen-Innovationen eingehen und erläutern, was wir unter *intersektoralen*, *interdisziplinären* und *intermodalen* Innovationen verstehen, wie sie sich inhaltlich abgrenzen lassen und wie sie sich miteinander verwoben zueinander verhalten, um im Weiteren exemplarisch zu demonstrieren, in welchen vielfältigen Gestalten sie sich uns zeigen.

- Wie wir bereits erwähnten, sind *Inklusion* sowie *Hybridisierung* in erster Linie akteursbezogene Methoden und dienen dem Zweck der **intersektoralen** Kollaboration; zwischen Staat, Markt und Zivilgesellschaft; zwischen Stadt, lokaler Wohnungs-, Gesundheits-, Bildungs-, Verkehrs- oder Kulturwirtschaft und Zivilgesellschaft; zwischen Bürgermeisterinnen, Unternehmern, Immobilienentwicklern und Bürgerinnen. Die Bildung entsprechender digitaler wie analoger Beteiligungsformate wie z.B. die Zufallsauswahl von Mitgliedern eines Bürgerrates stellt hier die Herausforderung dar. Dazu gehört auch die Einbindung von Mediatorinnen und Moderatoren, die die sektorspezifischen Erwartungen, Probleme und Forderungen „lesbar" und für die anderen Akteure verständlich machen. Dazu kommen interindustrielle Kollaborationen z.B. bei Geschäftsmodellen zwischen der Wohnungsbau-, Digital-, Mobilitätswirtschaft.

- Der Bereich der **interdisziplinären** Innovation umfasst neben den bereits erwähnten Beteiligten die Akteursgruppe der Wissenschaft als begriffliche Stellvertreterin für ihre vielen verschiedenen Disziplinen, die in Gesellschaft, Wirtschaft und Politik wirken und maßgeblich das prägen, wie – beispielsweise über öffentlich zugängliche Wissensportale – und worüber – z. B. empirische Bewegungsdaten – wir uns verständigen.

Die komplexen Anforderungen einer *Systemisierung* im Sinne sozio-technischer Lösungen erfordern sowohl eine Mehrzahl fachlicher Expertise als auch entsprechende Formate der Co-Entwicklung. Dies ist beispielsweise relevant für die Verkehrslenkung und Organisation multimodaler Mobilitätsangebote, bei denen gleichermaßen System- und Fachinformatiker, Netzarchitektinnen und Data Scientists, Elektroniker, Mobilitätsberaterinnen und Datenschutzexperten gebraucht werden. Dies hat aber nicht nur Auswirkungen auf das Design interdisziplinärer Forschungs- und Innovationsprozesse, sondern auch auf die Entwicklung der verschiedenen Berufe und Tätigkeitsbereiche. Institutionen der Bildung und Forschung sind Orte, an oder mit denen die nächsten Generationen inhaltlich und physisch heranwachsen – und mit ihnen ein ökosystemisches Innovationsverständnis.

- Während sich die Innovationslogik des Intersektoralen und Interdisziplinären auf sämtliche gesellschaftspolitischen Transformationsthemen beziehen kann, fokussiert die **intermodale** Innovation auf die Entwicklung von sozio-technischen Mobilitätslösungen im Sinne der *Systemisierung*. Mit anderen Worten: Mobilität wird als System gedacht, in welchem immer die Verkehrsmittel (Modi) genutzt werden können, die für den jeweiligen Weg am sinnvollsten sind. Sinnvoll meint hier eine Bewertung der Faktoren Zeit, Kosten, Gesundheit und Glück; im Koordinatensystem des individuellen wie auf das Kollektiv wirkenden Eigenantriebs.

Was wir zur Charakteristik sozialer Innovationen feststellen, ist Folgendes: Selbstverständlich entstehen intersektorale Innovationen oftmals auch interdisziplinär, ebenso wie intermodale Innovationen meist eine Heterogenität von Fach-Expertisen verlangen. Unser Verständnis von sozialer Innovation setzt jedoch deshalb drei Akzente – des Intersektoralen, Interdisziplinären und Intermodalen –, um die jeweils spezifischen methodischen wie inhaltlichen Qualitäten zu kennzeichnen, zwischen denen sich ein Innovationsprozess bewegen kann.

Soziale Innovationen der Mobilität bewegen sich also zwischen diesen drei Dimensionen als gewisse miteinander verwobene Unterkategorien eines (öko-)systemischen Innovationstypus.

Die drei Dimensionen sozialer Innovation
im Bereich urbaner Mobilität

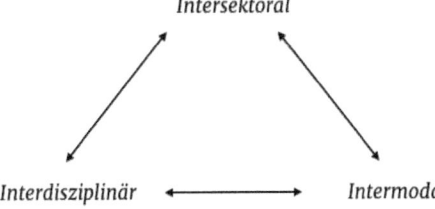

Bild 6.3
Das Dreieck der Zwischen-Innovationen
(eigene Darstellung)

Wir wollen zur Veranschaulichung des bereits Gesagten nun verschiedene Gestalten sozialer Innovation diskutieren, die wir trotz der sich überschneidenden Charakteristik den drei Unterkategorien zuordnen.

Es geht, um die Funktion sozialer Innovation in Erinnerung zu rufen, um die Verkürzung der Zeit zwischen der Bewusstwerdung einer in der Regel komplexen Krisensituation bis zur Lösung der nämlichen – in unserem Fall durch eine Verhaltenswende. Aus den Deklinationen der verschiedenen Innovationsqualitäten entwickeln wir Thesen, die schließlich in den Handlungsempfehlungen eines Manifests für sämtliche Akteure urbaner Mobilität ihre Form finden.

6.3 Intersektorale Innovationen: zwischen Staat, Markt und Zivilgesellschaft

6.3.1 Bundes-, Landes- und Stadtpolitik: städtische Selbstbestimmtheiten und deren Agoren

Wir haben insbesondere in Hannover und Paris eine konfliktäre Situation vorgefunden, in der Pläne des Bundes den Bemühungen der Stadt im Wege standen – sowohl konzeptionell als auch strukturell. Und das muss auf Kooperation umgestellt werden – in Förderprogrammen und Regulatorik.

Unser Beispiel der Bundeszuständigkeit für die Regelgeschwindigkeiten in Kommunen ist nur eines von vielen. Bei der Gestaltung der urbanen Mobilität vor Ort muss die Stadt bzw. Kommune auch in der sie umgebenden Region den Vorrang vor dem Bund haben. Die rechtliche Ermächtigung von Kommunen, die Geschwindigkeiten (Tempo 30) selbst zu bestimmen, ist in Zukunft eine Notwendigkeit.

Ein weiteres Beispiel der regulatorischen Innovation im intersektoralen Sinne – Politik, ÖPNV, Bildungseinrichtungen – wäre die Einführung eines gestaffelten Unterrichtsbeginns an den Schulen, die vom *Verband Deutscher Verkehrsunternehmen* schon seit Jahren gefordert wird[10]. Die zeitliche Entzerrung des Lehrplans ist das wirkungsmächtigste Mittel gegen Rushhour auf den Straßen, Spitzen im ÖPNV und Super-Spreader-Events im Verkehr.

Die bestehenden Städtenetzwerke zeigen diese Entwicklungen an; in Deutschland gibt es sogar ein eigenes *Netzwerk Junge Bürgermeister*innen*[11], das im Rahmen des *Innovators Club*[12], der kommunalen Ideenschmiede des *Deutschen Städte- und Gemeindebundes*, den Erfahrungs- und Expertisen-Austausch der nächsten Generation von Stadtgestalterinnen ermöglicht.

Das Beispiel der intersektoralen Logiken

Der stiftungsfinanzierte Think Tank *Agora Verkehrswende* will zusammen mit zentralen Akteuren aus Politik, Wirtschaft, Wissenschaft und Zivilgesellschaft die Grundlagen dafür legen, dass der Verkehrssektor bis 2045 vollständig dekarbonisiert ist. Die klimafreundliche Entwicklung des Stadtverkehrs wird als ein zentraler Baustein einer Transformation als komplexe gesamtgesellschaftliche Aufgabe gesehen. Die Agora Verkehrswende will dafür die Plattform bieten, Prozesse entwickeln und auf wissenschaftlicher Basis über Szenarien und Methoden informieren. Der Fokus von *Agora Verkehrswende* liegt dabei auf dem landgebundenen Personen- und Güterverkehr in Deutschland im europäischen Kontext. Ein hochrangig besetzter Rat mit ausgewählten Vertretern aus Gesellschaft, Politik, Wirtschaft und Wissenschaft kommt viermal jährlich zusammen, tagt nichtöffentlich und in vertraulichem Rahmen. Für den Diskurs und die Strategieentwicklung werden durch das interdisziplinäre Team der Agora Verkehrswende und dessen wissenschaftliches Netzwerk Analysen und Studien erarbeitet. Dafür steht Agora Verkehrswende nach eigenen Angaben ein signifikantes Forschungsbudget zur Verfügung.

Die *Agora Verkehrswende* hat sich so in kurzer Zeit mit einer langen Liste von Publikationen zu einer der führenden wissenschaftsbasierten und -fördernden Plattform für Medien und Politik entwickeln können, die in den kommenden Jahren viele Anstöße geben könnte. Die Themen umfassen den ÖPNV, die Fit-for-55-Strategie der EU-Kommission oder den *„Dienstwagen auf Abwegen"*, richten sich gegen die sozial ungerechte Steuer- und Klimapolitik oder sprechen sich für eine deutlich nüchterne und optimistische Transformation der *„Autojobs unter Strom"* aus. Diese intersektorale Agora-Logik ist ganz im Sinne eines Innovationsansatzes zwischen Wissenschaft, Bürgerschaft und Wirtschaft mit der Kommunalpolitik, wie wir ihn meinen.

6.3.2 Bundespolitik und Arbeitgeber: Mobilitätsbudgets statt Pendlerpauschalen und Dienstwagen

Ein Problem der deutschen Verkehrspolitik ist, dass sie sich oftmals mit einer Industriepolitik verwechselt und damit naturgemäß etwas zu wenig komplex und beweglich ist. Arbeitgeber wiederum gestalten ihre Anreizpolitiken noch oft mit Benefits aus dem letzten Jahrhundert wie dem Dienstwagen-Privileg. Und das bei Arbeitnehmerinnen-Generationen, die wirklich anderes vorhaben, als Zeit im Stau und in Waschstraßen zu verbringen. Kurzum: Bundespolitik, Steuerpolitik und Arbeitgeber-Attraktivität brauchen ein Update! Zusammen.

Nur einige Beispiele für die Innovationsbedarfe und Hoffnungen:

- Noch immer werden Verkehrsmittel (Auto wie Fahrrad) steuerlich gefördert, die über ein *Bruttogehaltsumwandlungsmodell* laufend vor allem für diejenigen attraktiv sind, die bereits ein hohes Gehalt haben und dort noch Verhandlungsspielräume haben. Denn: Der Einspareffekt steigt mit der Gehaltsklasse und dem Preis des Verkehrsmittels. Hinzu kommt, dass das dahinterliegende Leasing den Wechsel von einem Dienstwagen auf den nächsten nach nur einigen Monaten begünstigt, was ein überaus ressourcenintensives Absatzmodell für die Industrie darstellt.

    Wir erinnern uns: 70 Prozent der Neuzulassungen sind betriebliche Dienst- und Flottenfahrzeuge. Zudem wird in Deutschland das Pendeln mit staatlichen Subventionen bis heute gefördert, mit entsprechenden Folgen für die Wohnortwahl vieler Bürger.

- Die Pendlerpauschale bleibt ein Modell der Industriepolitik und nicht der Gesundheits- und Klimapolitik.
- Dänemark, das hyggelig-glückliche Land, in dem keine Automobilhersteller sitzen, kann es sich hingegen erlauben, den Erwerb eines Pkw mit mindestens hundert Prozent zu besteuern; entsprechend geringer als hierzulande ist die Autodichte[13]. Ebenso wirksam ist Singapurs Zulassungspolitik für private Pkw, welche die Anzahl der Autos auf den Straßen des Stadtstaats deckelt. Seit 2018 ist der Kauf eines Neuwagens nur mit einem entsprechenden Zertifikat möglich, das die Verschrottung eines alten Autos bezeugt.[14] Hinzu kommt, dass bereits die Zulassung umgerechnet 30 000 bis 60 000 Euro kostet und zudem noch hohe Steuern auf den Kauf anfallen.
- Was in der Gestaltung unseres Mobilitäts- und insbesondere Pendelverhaltens maßgeblich ist, ist die *regulative Privilegierung von emissionsarmem Verkehr*, zu welchem auch der Fußverkehr gehört. Es kann in Zukunft nicht mehr um den Absatz von einzelnen Verkehrsmitteln gehen, weil dieser einerseits sowohl die planetaren als auch die Grenzen des öffentlichen Raums in den Städten ignoriert als auch die Flexibilisierung in der Nachfrage von Arbeitnehmerinnen.
- Was dagegen subventioniert und gefördert werden sollte, sind *Jobtickets* für den öffentlichen Nah- und Regionalverkehr sowie emissionsarme Mikromobilität (E-Lastenräder, E-Roller, E-Bikes etc.) und deren Lade-, Park- und Digitalinfrastruktur – auch an Firmenstandorten. Programme wie *JOBWÄRTS* oder *UmsteiGERN* geben hier eine vielversprechende Richtung vor.
- Um den Ansprüchen und Bedarfen von Arbeitnehmerinnen gerecht zu werden, ist das Mobilitätsbudget ein sinnvolles Instrument. Allerdings muss hier in Zukunft erstens eine Vereinfachung der steuerlichen Behandlung und Verwaltung erfolgen und zweitens der Ausschluss von emissionsintensiven Mobilitätsarten im Sinne eines *grünen Mobilitätsbudgets*.
- *Geschäftsreisebestimmungen*, auch die des Bundes, sollten zeitgemäßer werden, also anders mit Zeit und Emissionen umgehen. Zu lange mussten kurze, teure und emissionsintensive Flüge dem Zug vorgezogen werden, weil Reisezeit als Arbeitszeit gilt. Diese klimabezogene Verantwortung liegt bei Arbeitgeberinnen – in der Neudefinition von Arbeits- und Reisezeit bzw. mobilem Arbeiten – ebenso wie beim öffentlichen Dienst und der Deutschen Bahn. Denn Letztere muss die letzte Meile durch intermodale Angebote lösen; sehr gern mit leistungsfähigerem WLAN.
- Ebenso wirksam wären *günstigere Tarife der gesetzlichen Krankenkassen* für diejenigen Arbeitnehmer, die nachweislich aktive Modi auf dem Weg zur Arbeit oder zu Geschäftsterminen wählen: die *Krankenversicherung für Selbstbewegerinnen*. In Belgien beispielsweise melden Arbeitgeber der Regierungsbehörde für Verkehr, wie viele Kilometer ihre Mitarbeiterinnen mit welchen Verkehrsmitteln zurücklegen. Dort, wie auch in den Niederlanden, Großbritannien, Österreich, Frankreich und Ungarn, können große Unternehmen ihre Rad-Pendler mit 20 bis 23 Cent pro Kilometer belohnen und diesen Bonus steuerfrei auszahlen, was viele Arbeitnehmerinnen zum Umstieg bewegt[15].
- Unglücklich ist besonders, dass zum Beginn des Schulunterrichts auch meistens die Arbeitszeit (der Eltern) beginnt wie auch die Öffnung nahversorgenden Einzelhan-

dels. So setzt sich die *Rushhour aus der gleichzeitigen Mobilität junger, mittelalter und alter Menschen* zusammen – mit Ausnahme von Studierenden und Vollzeit-Eltern. Wir sollten im Sinne sozialer Innovationen darüber nachdenken, wie sich diese Zeiten entzerren lassen und sich dadurch eine neue, natürlichere Rhythmik in den Städten ergeben kann.

- Noch ein letztes Wort zum *Dienstrad*: Da das dahinterliegende Steuermodell die Stadtverwaltungen, Wohlfahrtsverbände oder andere tarifgebundene Unternehmen ohne Vorsteuer- bzw. Betriebsabgabenabzug von diesem „Privileg" ausschließt, werden auch hier neue Lösungen gebraucht; wie zum Beispiel Steuerrückzahlungen (Luxemburg) oder wirksame Kaufprämien (z. B. Lastenradförderung für Private und Betriebe in Berlin und Baden-Württemberg oder E-Bike-Prämie in Paris). Die bisher lobbyierenden Verbände des Dienstrad-Privilegs sind provisionsbasierte Vermittlungsplattformen. Ehrliche Geschäftsmodelle von Leasing- und Versicherungsgesellschaften, Händlern und Werkstätten könnten sich also auch hier noch etwas mehr Wertschöpfendes überlegen, als lediglich das überkommene Dienstwagen-Privileg auf das Rad anzuwenden.

6.3.3 Unternehmen und Stadt: Verantwortung für Raum-Fahrt

Die Verwobenheit von lokalen Unternehmen und Industrien mit ihrer Stadt ist so feinmaschig, dass es vor allem in diesem Akteurskontext ein enormes Potenzial sozialer Innovationen gibt.

- **Mobilitätsbudget:** Die kommunale Version des *Mobilitätsbudgets* findet ihre Form in vergünstigten Abonnements für das lokale intermodale Mobilitätsangebot. Eine erste Pilotphase für ein *Jelbi4Business* der Berliner BVG ist bereits gestartet[16]: Der kooperierende Arbeitgeber, die Bundesdruckerei, gibt monatlich Jelbi-Gutscheine an 75 Beschäftigte aus, sodass dieses Mobilitätsbudget für alle in der Jelbi-App angebotenen Mobilitätsdienste verwendet werden kann. Ebenso gibt es seit 2021 einen Jelbi-Punkt an der Konzernzentrale – mit Bike-, Scooter- und Moped-Sharing, das von den Pilotteilnehmerinnen, aber auch allen weiteren Beschäftigten der Bundesdruckerei sowie allen Jelbi-Nutzern an dem neuen Standort genutzt werden kann. Dies ist ein überaus überzeugendes und zukunftsfähiges Beispiel geteilter, platzsparender, inklusiver und umweltfreundlicher Mobilität.
- **Mobilitätsstationen:** Neben der Flexibilisierung der betrieblichen Mobilität durch individuell gestaltbare Mobilitätsbudgets ist die kluge Platzierung von *Mobilitätsstationen* beim Arbeitgeber ebenso wie an Bahnhöfen entscheidend, um das Pendelverhalten hin zu emissionsarmen und gesunden Mobilitätsarten zu beeinflussen. Die Verantwortung liegt jedoch nicht nur bei der Kommune; insbesondere Arbeitgeber müssen jetzt in einen nachhaltigeren Fuhrpark und im Sinne der betrieblichen Gesundheit in die aktiven Modi investieren und können so nicht nur für die eigene Belegschaft attraktiver werden, sondern auch einen Mehrwert für ihre Stadt schaffen.
- **Soziale Mobilitätsstationen:** Da es, wie im vorherigen Kapitel beschrieben, in den Städten eng wird, ist eine intersektorale Zusammenarbeit zwischen Kommune und lokaler Wirtschaft unverzichtbar. Die privat-öffentliche Co-Finanzierung von Mobili-

tätsstationen an oder in Firmengebäuden, die die Nachbarschaft bzw. das Quartier in der Nutzung mit einbeziehen, hat positive Entlastungseffekte auf den lokalen wie den betrieblichen Verkehr. Bestenfalls werden die Stationen multifunktional gestaltet (z. B. Paketstation, Lebensmittel-Box, Kiosk, Repair-Stationen, Gesundheitsangebote, mobile Händler) oder liegen an Bahnhöfen, sodass Verkehre zusätzlich vermieden werden.

- **Logistik über Mikro-Depots:** *Mikro-Depots*, wie sie in Dortmund eingeführt wurden, helfen, die Verkehrsbelastung in der Innenstadt zu verringern[17]. Pakete von DPD, GLS, UPS und Amazon Logistics werden auf der letzten Meile per Lastenrad statt Lieferwagen klimaneutral zugestellt, was nicht nur die Luft verbessert, sondern auch zu weniger Stau und mehr Sicherheit auf den Straßen führt. Attraktive Mietkonditionen der Städte für überregionale wie regionale Logistik-Unternehmen sind ein wesentlicher Bestandteil der urbanen Mobilitätswende. Wenn es auf den Straßen luftiger werden soll, ist der Begriff Multifunktionalität nicht weit: So könnten (temporär) ungenutzte Parkflächen und -garagen als flexible Logistik-Hubs genutzt werden, z. B. nachts[18].

- **Daten-Räume für Bewegungsdaten:** Öffentlich-private Partnerschaften (engl. *Public-Private Partnerships*), zu denen auch die erwähnten Daten-Deals im Sinne von Konzessionsverträgen für die Nutzung des öffentlichen Raums gehören, sind für die Emanzipation der Städte im Sinne einer aktiven Gestaltung urbaner Mobilität entscheidend. Bei übermotorisierten Städten braucht es eine kluge Kombination aus Regulierung und Förderung. Die positiven Effekte intersektoraler Kollaboration wirken in beide Richtungen: Die Städte können den Verkehrsfluss dank Bewegungsdaten effizienter steuern, wovon der Wirtschaftsverkehr profitiert. Eine lebenswerte Stadt kommt auch der Wirtschaft und ihren Arbeitnehmerinnen zugute.

- **Werkswohnungen:** Am sichtbarsten wird das Potenzial sozialer Innovation im Konzept der *Werkswohnung*, die das gemeinsame Ziel von Unternehmen und Städten symbolisiert, Mobilität und ihre internen wie externen Kosten zu vermeiden. Ebenso können flexibel entzerrte Arbeitszeiten und -orte dazu führen, dass der berüchtigte Berufsverkehr ausstirbt. Dies ist der ökosystemische Denkansatz intersektoraler Innovation: Welche Herausforderungen sind den Sektoren gemein und welche Gestaltungskraft liegt in diesem Gemeinsamen?

6.3.4 Immobilienentwicklung und Stadt: Mobilität und Immobilität von Beginn an zusammendenken

Keine andere Achse ist für die Stadtentwicklung so bedeutsam wie die der Stadt zum privaten Bausektor und der Immobilienentwicklung. Und das nicht nur, weil der Bausektor weltweit für 38 Prozent der Emissionen verantwortlich ist. Es geht gleichermaßen um eine gemeinwohlorientierte und sozial gerechte Stadtentwicklung, wie sie in Paris gerade umgesetzt wird.

Für den Soziologen Richard Sennett ist es ganz einfach: „Die Antwort auf die heutige Gentrifizierung der Städte ist unkompliziert. Sie lautet: Begrenze den freien Markt. Das ist mehr als Regulation. Wir brauchen Verbote."[19] Wir wiederum glauben: Es braucht ein gemeinsames Interesse im Sinne der materiellen Wertigkeit als auch der Lebensqualität von privaten Entwicklern und der Stadt, das den Anreiz setzt für eine emissionsarme, verantwortungsvolle und generationengerechte Immobilien- und Stadtentwicklung:

- **Ökosystemische Immobilienentwicklung:** Gemeint ist die Abkehr vom profit- und kapitalgetriebenen *core investment* – verstanden als die Planung einer Immobilie unabhängig von der Umgebung – hin zum *opportunity investment*, welches sich an der Einbettung in einem ökonomischen, ökologischen und sozialen Gefüge orientiert und die (Mobilitäts-)Potenziale eines spezifischen Ortes erkennt und mitentwickelt. Denn je nach Topografie kann der Radverkehr eine passende Lösung sein oder doch eine Seilbahn. Es geht also um mehr als nur einen Kollateralnutzen für die Umgebung der neuen Immobilie, sondern es geht um die Inklusion der Umwelt in den Entwicklungsprozess als maßgeblicher Einflussfaktor und Zielgröße.

- **Gesamtsystem Stadt und Region:** Dies bedeutet, dass man zuerst begreifen muss, wie in einer Stadt oder Region das Zusammenleben funktioniert[20], so Ute Schneider, Professorin für Städtebau an der TU Wien, weil ansonsten ein *Inselurbanismus* entstehe, wie er in manchen neu entstandenen Stadtteilen Wiens zu beobachten sei. Denn während der Individualverkehr in Wien gut 25 Prozent ausmacht, sind es beim einpendelnden Verkehr 75 bis 80 Prozent – ähnlich unterschiedlich ist es in und um Barcelona. Die Beziehung und Kollaboration zwischen Stadt und der angrenzenden Region ist maßgeblich; insbesondere, was die Immobilienentwicklung und die dazugehörige Mobilitätsinfrastruktur angeht: Stadt und Region müssen als Gesamtsystem angeschaut werden.

- **Radikale Nutzungsmischung:** Ein entscheidender Ansatz in der urbanen Immobilienentwicklung ist das Denken in radikalen Nutzungsmischungen: „Wohnen, Arbeiten, Konsumation und Entsorgung müssen in Zukunft näher zusammen gedacht werden, in einem radikal gemischt genutzten polyzentrischen System", so Ute Schneider[21]. Das Stadtteilmanagement der *Seestadt Aspern* ist auch deshalb so erfolgreich, weil es genau diese Multifunktionsflächen entwickelt und steuert – damit sind nicht nur Nah- und Gesundheitsversorgung gemeint, sondern insbesondere auch Mobilitätsstationen bzw. die allgemeine Verfügbarkeit von nachhaltiger Mikromobilität im Quartier. Gleichermaßen braucht Neubau den Anschluss an das öffentliche Nahverkehrsnetz; und zwar *vor* dem Bezug neuer Wohn- und Büroimmobilien, um im *Modal Split* einen starken Umweltverbund zu erreichen. Hier sind also nicht Verbote, sondern Gebote für die Genehmigung relevant.

- **Relevanz des atmenden Zwischenraums:** Was Immobilienentwicklung für eine gesunde und klimaneutrale urbane Mobilität leisten muss, ist einerseits die Investition in Park-, Lade- und Digitalinfrastruktur für entsprechende Verkehrsmittel als auch die Planung einer atmenden Struktur, innerhalb der eine Stadt wachsen kann. Das heißt: In der Planung geht es nicht in erster Linie um das konkrete Gebäude, sondern um das Dazwischen, den Stadtraum, den die zukünftigen Bauten definieren werden. Im Berliner Schumacher-Quartier heißen solche Zwischenräume Aneignungsflächen, die den Bewohnerinnen zur freien Gestaltung und Nutzung zur Verfügung stehen. Für die Ästheten unter Ihnen, die Neubaugebiete gerne als Ghetto bezeichnen: „Guter Städtebau muss schlechte Architektur vertragen können. Was nicht heißt, dass man schlechte Architektur verteidigen muss." Denn es geht immer um das, was dazwischen passiert, weil Stadt wesentlich heterogen ist und immer wieder verhandelt wird.

„Kontinuität und Ko-Kreation sind notwendig wie Kontrolle und Laissez-faire. Wir müssen flexible Rahmenwerke definieren, die anpassungsfähig bleiben für sich verändernde Randbedingungen. Das zeigen uns Pandemie und Klimakrise sehr eindeutig auf. Bei Bedarf müssen auch frühere Entscheidungen revidiert werden, wenn sie aktuellen Bedürfnissen im Wege stehen."

Ute Schneider, Professorin für Städtebau an der TU Wien

Diese neue Beweglichkeit gilt für Immobilien wie für Mobilien.

6.3.5 Zivilgesellschaft und Stadt: Urbanismus von unten

Urbane Kompetenz findet man nicht nur bei politischen Repräsentanten, der Stadtverwaltung oder Verkehrswissenschaftlern, sondern vor allem bei den Stadt-Bewohnerinnen selbst. Vereint man die verschiedenen Kompetenzen, entsteht kollektive Intelligenz; oftmals ausgelöst von sozialen Bewegungen. Hier kommen also einige Geschichten der facettenreichen Beziehungsarbeit zwischen der Stadt und ihrer Gesellschaft:

- **Berliner Mobilitätsgesetz:** Es ist das wohl beeindruckendste Ergebnis einer zivilgesellschaftlichen Bewegung, die sich für eine Transformation ihres Verkehrs- und Lebensraums einsetzt und den Schutz derer zum Ziel hat, die ihn am meisten brauchen: Fußgänger und Radfahrerinnen, junge und alte Menschen. *Radentscheide*, wie sie nach dem erfolgreichen Berliner *Volksentscheid* genannt werden, haben seitdem in vielen weiteren Städten stattgefunden oder sind mitten im Prozess[22].

- **Bürgerentscheide:** Das *Bürgerinnenbegehren* als Instrument direkter Demokratie auf kommunaler und Kreis-Ebene beschreibt die Möglichkeit, per Volks- bzw. *Bürgerentscheid* zu einem sachpolitischen Thema konkret in die Politik einzugreifen [23]. Dazu wird im ersten Schritt, dem Bürgerbegehren, ein Antrag mithilfe der Sammlung von Unterschriften zu einem bestimmten Sachverhalt gestellt. Werden ausreichend Unterschriften gesammelt, kommt es zum Bürgerentscheid; der eigentlichen Abstimmung über den Sachverhalt, der wie eine Wahl durchgeführt wird. Es ist nicht verwunderlich, dass zivilgesellschaftliche Bewegungen in ganz Deutschland – insbesondere bei Themen der sozialen Gerechtigkeit – diesen Weg der *Volksgesetzgebung* gehen, denn es handelt sich um ein sehr machtvolles Instrument. Allerdings braucht es eine organisationale Form sowie eine finanzielle Basis, auf der die verschiedenen Akteure über das fachpolitische Thema diskutieren, beraten und informieren können, weswegen solche Bürgerbegehren oft von Parteien oder Vereinen getragen werden. Hier sollte darauf geachtet werden, dass lokale Industrien aufgrund ihrer finanziellen Ressourcen die Interessen nicht verzerren. Da aber solche Begehren ohnehin viel Zeit in Anspruch nehmen, können sich Bürgerinnen eine fundierte Meinung zum Thema verschaffen.

  Der *tagesschau Zukunfts-Podcast* geht beim Thema Volksentscheid deshalb noch einen Schritt weiter und fragt sogar: „Mal angenommen, es gibt bundesweite Volksentscheide; wären die Menschen mit der Politik zufriedener?"

Was jedoch entscheidend ist: dass schon heute Bürgerinnen in ganz Deutschland mit dieser Form der Selbstbewegung Gesetze auf den Weg bringen können, die ihre Stadt, ihren Kiez oder ihre Straße spürbar lebenswerter machen.

- **Graswurzelbewegungen:** Die *Stiftung IJbaan*, die ein grandioses Projekt wie eine urbane Seilbahn konzipiert, plant und zur Entscheidung im Stadtrat bringt, ist eine Form einer Bürgerinnenbeteiligung, wie sie die Mobilitätswende braucht: die Umstellung von „Protest" auf „Pro Testen!". Es sind diese intersektoralen Kollaborationen zwischen Gemeinde, privaten Geldgebern und der Stadt, in denen solche innovativen Mobilitätskonzepte entstehen, denn sie sind am tatsächlichen Bedarf orientiert und fokussieren die lokalen Gegebenheiten und Probleme. Das *Crowdfunding* wird oft als Startrampe für neue Ideen genommen. Es braucht jedoch ebenso einen langfristigen finanziellen Unterbau, der die Idee auch nach Abschluss der Kampagne trägt: die Ergänzung durch private Geldgeber, die an der Stadt der Zukunft beteiligt sein möchten.

- **Diversität im Bundestag:** Das Problem des Bundestags als Repräsentantenhaus ist, dass er keine Repräsentanz aller Menschen in Deutschland aufweist. So kann Verkehrs- oder Wohnungsbaupolitik nicht nachhaltig und sozial gerecht gelingen. Ein schönes Beispiel für eine erfolgreiche Graswurzelbewegung in Deutschland ist *Brand New Bundestag*[24], die progressive Politikerinnen fördert, weiterbildet und unterstützt, welche mehr Diversität (Geschlecht, Herkunft, Bildungshintergrund und Identität) und die akuten gesellschaftspolitischen Themen wie Klimaschutz, soziale Gerechtigkeit, Antidiskriminierung und eben eine nachhaltige Mobilitätswende repräsentieren und gestalten. Gestartet im Jahr 2019 hat die Bewegung bereits im Wahljahr 2021 drei Menschen in den Bundestag begleitet, die mit großem Engagement die großen Herausforderungen unserer Zeit angehen.

- **Bürgerräte – zufallsausgewählte Gremien:** Die Bewegung darf und kann also nicht nur „von unten" kommen: Eine zukunftsweisende Verkehrspolitik kommt nicht ohne die Einbindung der lokalen Bürgerschaft aus. Das sahen wir einerseits im durch Zufallsauswahl zusammengesetzten *Stadtgremium Digitales Berlin*, das die Bevölkerung Berlins repräsentiert, und andererseits auch in der Beteiligung über ein digitales Portal mit einem *Öffentlichen Wissensspeicher*. Ein wirksames und vor allem strategisch relevantes Instrument der Partizipation sind *Bürgerräte*, wie sie bereits in vielen Städten und Gemeinden der Welt existieren. Die Mitglieder dieser für eine bestimmte Phase gebildeten oder ständigen Gremien werden zufällig aus dem entsprechenden Einwohnermelderegister ausgelost, woraufhin sie sich für den Bürgerrat bewerben können. Anhand weiterer Angaben zu Bildungsabschluss oder Migrationshintergrund wird eine Gruppe gebildet, die einen hohen Repräsentationsgrad der Bevölkerung vorweist – und einen Frauenanteil von mindestens fünfzig Prozent. So arbeiten Akademikerinnen, Pflegekräfte, Jugendliche, Seniorinnen, Handwerker und Einzelhändlerinnen gemeinsam mit Expertinnen und professionellen Moderatoren zum jeweiligen Themengebiet an gemeinsamen Lösungsvorschlägen, die dann dem Gemeinde- oder Stadtrat zur Entscheidung vorgelegt werden.

Die Vielfalt und Heterogenität an fachlichen, ökonomischen wie sozialen Hintergründen führt zu nachhaltigeren und innovativeren Lösungen, die der Komplexität der Aufgabenstellung oder der zu lösenden Herausforderung gerecht werden. Bemerkenswert ist, dass sämtliche Kosten der Teilnehmenden übernommen werden; auch der Verdienstausfall oder das Kümmern um die Betreuung von Kindern und Pflegebedürftigen wird angeboten. Diese Familienfreundlichkeit ist eine wesentliche Voraussetzung für politisches und soziales Engagement und sollte auch in arbeitgebenden Unternehmen gefördert werden, da so nicht nur das Innovationspotenzial größer ist, sondern auch das Verständnis für die Bedingungen und Konsequenzen von politischen Maßnahmen einerseits und für die jeweils andere Akteursgruppe (die Politik oder eben die Bevölkerung) andererseits.

Auch wenn die Empfehlungen von Bürgerräten nicht verbindlich sind, werden sie wie in Paris in die Strategieentwicklung der Stadt aufgenommen und bilden eine langfristige Quelle intersektoraler Innovation. Zudem können sie mit verbindlichen Verfahren direkter Demokratie verknüpft werden, z. B. einem Volks- oder Bürgerentscheid, wie wir ihn oben erwähnten. In diesem Fall stimmen die Bürgerinnen über die Empfehlungen des Bürgerrats ab.

- **Partizipationsarenen für Teilhabe:** Stadt-Politik, so unsere bis hierhin immer wieder akzentuierte These, muss die Transparenz dort erhöhen, wo der eigene Horizont endet und wo verschiedene Akteure (im Sinne eines *Open-Innovation-Ansatzes*) gebraucht werden bzw. betroffen sind, denn dies schafft Akzeptanz und ungeahnten Mehr-Wert zugleich. Nicht umsonst können in Berlin, Amsterdam und Barcelona die verschiedenen Stadtentwicklungsprojekte online verfolgt und inhaltlich mitgestaltet werden.

  Der digitale Raum muss zugleich eine Entsprechung im analogen Stadt-Raum finden; beispielsweise in Form von *Places of Participation* oder Picknick-Tischen in *Superblocks*. Stadt muss heute wie in Zukunft co-kreativ und transdisziplinär entwickelt werden, weil sie sich an den Bedarfen der Menschen orientieren sollte, die in ihr leben und die in solch einem Ansatz Verantwortung für ihren Lebensraum übernehmen. Dieses Emanzipationsmoment birgt unendliche Gestaltungsenergie – und zwar vom Jugendlichen bis zur Seniorin. Dort, wo die Stadt die Umwidmung von Stellplätzen oder Autostraßen beschließt, müssen die Anwohnerinnen in die Bespielung des neu entstandenen öffentlichen Raums einbezogen werden. Wie wichtig dies für die Akzeptanz einer nachhaltigen Stadtentwicklung ist, zeigte vor allem Barcelona. Wenn Bürgerinnen in ihrer Nachbarschaft grüne Oasen, Spielplätze und Cafés mitgestalten, erfährt das Neue auch eine größere Wertschätzung. Und: Das Naherholungsgebiet erhält so eine wesentlich pragmatischere Bedeutung.

Politikverdrossenheit? War gestern. Jetzt werden Städte bewaldet, Spielplätze eingerichtet, öffentliche Flächen revitalisiert und dafür Budgetentscheidungen getroffen – zusammen.

Fazit: Intersektorale Innovation braucht analoge Räume und runde Tische

Der intersektorale Innovationsprozess zeichnet sich durch die *Inklusion* verschiedener Anspruchs- und Bevölkerungsgruppen und durch *hybride Formate* von Akteuren und ihren Konstellationen aus.

Es geht – und das ist entscheidend – um *physische Orte, analoge Räume*, um die runden Tische eines Bürgerrats wie die Straße einer Nachbarschaft. Der öffentliche Raum ist inhärent politisch; er ist der Raum der Demokratie und ihrer Demonstrationen und Proteste. In ihm finden Verhandlungen statt, entstehen Probleme und ihre Lösungen.

Der digitale Raum erfüllt hier den Zweck der Datensammlung, -verwertung und -auswertung sowie der Transparenz des Innovationsprozesses und der Vermittlung von Faktenwissen. Doch die Innovation selbst findet nicht im Digitalen statt, sondern – Sie ahnen es – am Picknick-Tisch.

Und immer geht es um *Vertrauen* und *Wertschätzung*; für das gemeinsame Vorhaben und füreinander. Denn insbesondere in Präsenz und unter einer professionellen und inhaltsorientierten Moderation haben Ideologien oder Anfeindungen wenig Raum. So sehr Anonymität eine Stadt auszeichnet, braucht sie Verbindlichkeit in ihrer Entwicklung auf bestimmte Ziele hin. In einer sendungsaffinen Social-Media-Gesellschaft ist das *Zu- und Aufeinander-Hören* eine wieder zu entdeckende Fähigkeit, die Co-Kreation erst ermöglicht und unser Wertesystem im Sinne der gesellschaftspolitischen An-Treiber maßgeblich beeinflusst. Ihr Nebeneffekt: Es wird anregend ruhig statt aufregend laut.

■ 6.4 Interdisziplinäre Innovationen: zwischen Wissenschaften und Praxis

Mobilitäts- und Stadtforschung weisen seit Jahren sowohl theoretisch wie evidenzbasiert in die dominant-klare Richtung hin zu gesunden und klimaneutralen Städten und deren Mobilität und weg von der Auto-Biografie der Städte. Kommen wir also zu einer Gruppe von Akteuren, die bisher für jegliche Stadtentwicklung essenziell und in diesem Büchlein nicht umsonst so viel Erwähnung findet, weil sie eine Vielzahl unterschiedlicher Fachgebiete wie Organisationsformen umfasst: Universitäten sowie wissenschaftliche Institutionen, Akademien, Reallabore und Netzwerke.

Soziale Innovationen, wie wir sie in Kapitel 5 exemplarisch zeigten und nun methodisch wie inhaltlich ausdeklinieren, entstehen *zwischen* Stadt- und Landschaftsplanung, Architektur, Informationstechnologie, Fuhrparkmanagement, Ökonomie, Ökologie, Soziologie, Medizin, Biologie, Design, Bildhauerei, um nur die Prägnantesten zu nennen.

Systemtheoretisch gesprochen müssen sich die verschiedenen Disziplinen vor dem Horizont der gesellschaftlichen Trends und der Notwendigkeit ganzheitlicher Lösungsansätze um ihre Adressability kümmern wie um ihre Anschlussfähigkeit in den Sektoren bzw. ihren Beteiligungsformaten. Um diese Formate, Orte und Methoden soll es nun exemplarisch gehen.

Schließlich ist es wichtig zu betonen, dass wir die Künste – darstellende wie bildende – als unsere (urbane) Kultur und gesellschaftliche Praxis ebenso prägende Disziplinen ansehen und sie zu den wichtigsten Charakteristika urbaner Lebensqualität zählen. Was mit einer Stadt-Gesellschaft passiert, die Kulturorte nicht mehr besuchen kann, sahen wir an den Lockdowns der Covid-Pandemie – und an der Kunst, die ihr folgte.

6.4.1 Prototypisierung: Pro-Test statt Protest

„Planung im Städtebau ist etwas anderes, als wenn sich eine Firma eine Zentrale baut. Ich lasse mich auf einen dialogischen Prozess mit ungewissem Ausgang ein. Wer diese Widersprüchlichkeit nicht erträgt, ist eventuell fehl am Platz auf diesem Spielfeld."

Thomas Madreiter, Planungsdirektor der Stadt Wien[25]

Jede technische Innovation kennt Prototypen. Warum sollte es mit sozialen anders sein?

Ob *Sommerstraßen,* temporäre *Bike Lanes, Jelbi*-Stationen oder verkehrsberuhigte Innenstadtzonen – Experimente sind der Akzeptanz-Schlüssel zur Mobilitäts- wie Verhaltenswende. Erstens erlauben solche Experimente Schlüsse auf die Sinnhaftigkeit einer dauerhaften Veränderung der Verkehrssteuerung oder -leitung aufgrund der neu erhobenen Bewegungsabläufe und -frequenzen.

Zweitens hat das Erleben intermodaler Mobilität mehr Wirkung als jede Aufklärungs- oder gar Überzeugungsarbeit; und das, obwohl das Aufklären über die verschiedenen (Bewegungs-)Daten und Phänomene der urbanen Mobilität, wie wir sie in den ersten Kapiteln dieses Buches diskutiert haben, unverzichtbarer Bestandteil der wissenschaftlichen Tätigkeit ist. Doch das Ausprobieren, Testen und wortwörtliche Erfahren neuer Mobilität ist, wie die Autoren aus ihrer Arbeit an klimaneutralen Mobilitätskonzepten wissen, folgenreich und sollte durch Prototypen physischer Infrastruktur gefördert werden.

Es ist jedoch wichtig, dass Städte selbstbestimmte Laboratorien des Fortschritts sind und das Experimentieren im öffentlichen Raum nicht (nur) privaten Mobilitätsanbietern überlassen; wir sahen dies in Amsterdam. Städte sollten darüber entscheiden, welcher Anbieter wie viel Fläche zur Verfügung gestellt bekommt und ob der Zweck des Angebots dem Gemeinwohl und der nachhaltigen Stadtentwicklung zugutekommt.

Ein beeindruckendes Beispiel für gemeinwohlorientierte Prototypen bilden die elektrisch angetriebenen Zustellfahrzeuge der Post, die *Streetscooter,* die unabhängig von der deutschen Automobilindustrie von Achim Kampker und Günther Schuh an der RWTH Aachen entwickelt wurden und kurz mal die Welt retten sollten[26]. Zwar wurde das Projekt nicht weitergeführt; dennoch brauchen wir mehr Streetscooter, so Sven Astheimer in der Frankfurter Allgemeinen Zeitung: „Zu einer Kultur des Scheiterns gehört eben auch, dass hoffnungsvoll gestartete Projekte gestoppt werden können, bevor die Kosten aus dem Ruder laufen – ohne dass dadurch gleich sämtlicher Innovationsgeist im Unternehmen erstickt wird. Denn wenn wir es nicht tun, tun es andere irgendwo auf der Welt."[27]

Es könnte sein, dass die sich gerade in der Testphase befindenden *Roboats* auf den Wasserstraßen Amsterdams sich nicht durchsetzen werden. Doch was noch undenkbarer wäre: es nicht zu versuchen, weil Akzeptanzfragen im Raum stehen.

Jedoch von diesen produktgetriebenen Innovationen abgesehen: Temporäre *Experimentierzonen* wie die in Hannover beleben die Stadt, weil sie dem Leben Raum geben; und dies ist eine bewegende Erfahrung. Wir gehen auf die (Wieder-)Belebung der Städte am Schluss dieses Kapitels bedeutsamer ein.

Aber auch ganze Stadtteile können als Prototypen für eine Stadt der Zukunft verstanden werden. So ist die Stadtplanung und der Wohnfonds Wien gerade dabei, die Erkenntnisse aus der *Seestadt Aspern* auf die gesamte Stadt zu übertragen. Thomas Madreiter, Planungsdirektor der Stadt Wien, drückt es so aus: „Wir haben gelernt, dass man nicht in einer Phase null alles fixieren kann, und dann wird alles gut. Man braucht eine begleitende Qualitätssicherung über einen langen Zeitraum."[28] Städte brauchen also eine Begleitforschung, die die Wirksamkeit der verschiedenen verkehrs- und baupolitischen Maßnahmen und Prototypen – etwa im Hinblick auf Treiber wie Klimaschutz, soziale Gerechtigkeit oder Energieeffizienz – und ihre Resonanz im Stadt-Gesellschaftsraum misst, auswertet und eine Weiterentwicklung mit *Korrekturfähigkeit* ermöglicht. Die Gestaltung der urbanen Mobilität braucht diese Dynamik bei sich verändernden Rahmenbedingungen.

Experimente sind etwas, was die Politik der Stadt-Gesellschaft zumuten kann, weil sie im Zweifel nicht von Dauer, also nicht verbindlich sind, dafür aber einen Diskurs in der Stadt erzeugen, der notwendig ist – egal, welche Erkenntnisse das Experiment am Ende bringt. Überzeugungsarbeit ist in Zeiten globaler Vernetzung mühsam und unangemessen, da sie im schlechtesten Fall ideologische Diskussionen schürt. Die Schaffung neuer, explizit nicht vollendeter Tatsachen, auf deren Basis Partizipation wachsen kann, funktioniert nicht nur in Barcelona.

6.4.2 Transdisziplinäre Labore der Stadtentwicklung

„Ganz allgemein [...] wird unter Transdisziplinarität verstanden, dass Wissenschaft beziehungsweise Forschung sich aus ihren fachlichen, disziplinären Grenzen löst und ihre Probleme mit Blick auf außerwissenschaftliche, gesellschaftliche Entwicklungen definiert, um diese Probleme disziplin- und fachunabhängig zu lösen."

Jürgen Mittelstraß, Philosoph[29]

Der Architekt und Stadtplaner Jan Gehl betont, dass die Zusammenarbeit zwischen Universität und Stadt entscheidend für die Stadtentwicklung Kopenhagens gewesen sei[30]. Er und seine Kolleginnen an den Universitäten hätten einen großen Einfluss darauf gehabt, wie sich die Strategien in Kopenhagen entwickelten. Aus diesem Einfluss entstand wiederum das Strategie-Set, das als *Copenhagenizing* in alle Welt exportiert wird.

Wie wir im Laufe dieses Buches gesehen haben, ist Labor nicht gleich Labor. Wir meinen hier nicht von Konzernen konzipierte und finanzierte Zentralen oder Stadtteile wie von Samsung, Toyota, Google oder Facebook, die lediglich als Anwendungsareale für neue Smart-City-Technologien dienen. Es geht uns explizit um transdisziplinäre und gemeinwohlorientierte Formate ergebnisoffener Forschung, die meist von wissenschaftlichen und kommunalen Institutionen getragen werden und sich der ganzheitlichen Lösung gesamtgesellschaftlicher Herausforderungen im Sinne unserer An-Treiber widmen.

Transdisziplinarität meint das kritische Hinterfragen und Reflektieren der wissenschaftlichen Arbeit selbst und der für jede Disziplin spezifischen Erkenntnisinteressen und Forschungspraxen und organisiert Forschung als gemeinsamen Lernprozess zwischen Gesellschaft und Wissenschaft[31] bezüglich eines gemeinsamen Forschungsgegenstandes. Transdisziplinäre Forschung ist problem-, anwendungs- wie akteursorientiert; das heißt, sie widmet sich komplexen Problem- und Fragestellungen der Gesellschaft, erarbeitet gesellschaftlich-praktische wie innerwissenschaftliche Lösungen (in Form von theoretischen Ansätzen und Methoden) und bezieht unterschiedliche Akteure aktiv ein[32].

Universitär verortete transdisziplinäre Forschungsformate wie die Reallabore der *StadtManufaktur Berlin* oder das *AMS Institut* in Amsterdam ermöglichen eine disziplinen- und sektorenübergreifende Kollaboration und bringen Forschungs- und Bildungsinstitutionen mit der Stadt und ihren verschiedenen Akteuren zusammen. Auch stiftungsfinanzierte und von der Stadt geförderte Organisationsformen wie das *City LAB* in Berlin, das *aspern.mobil LAB* oder die *Stichting IJbaan* in Amsterdam tragen maßgeblich zu einem Austausch zwischen verschiedenen (Fach-)Expertinnen, Politikern, Vertreterinnen der Wirtschaft und der Zivilgesellschaft bei. Transdisziplinäre Labore dienen also in erster Linie der *(selbst-)reflexiven Vernetzung* und schaffen damit Gelegenheiten des schöpferischen und ergebnisoffenen Dialogs, der sich wesentlich aus der Heterogenität der Vernetzten ernährt.

Die staatliche wie private Förderung inter- wie transdisziplinärer Forschung und interindustrieller Entwicklung ist aufgrund der Komplexität der Aufgabenstellungen im Bereich urbaner Mobilität zukunftsentscheidend, wie z. B. der bereits erwähnte *Mobility Data Space*.

In den vergangenen Legislaturen der Bundesregierung und der korrespondierenden Initiativen gab es weitere Gremien und Initiativen, welche die Kooperation zwischen Wissenschaft und Wirtschaft bzw. Industrie fördern:

- **Innovationsdialog der Bundesregierung**[33]: Dieser fokussiert die Weiterentwicklung der Innovationspolitik und ihres Instrumentenkastens sowie die Stärkung von Innovationsökosystemen und wird inhaltlich von einer Geschäftsstelle vorbereitet, die *bei acatech – Deutsche Akademie der Technikwissenschaften* angesiedelt ist.
- **Strategiekreis Wissenschaft in der Stadt**[34]: Dieser Verbund aus Städten und Hochschulen vertritt die These, dass die Verortung von Wissenschaft in der Stadt ebenso selbstverständlich zum Bildungsauftrag einer Wissensgesellschaft gehören sollte wie Theater und Museen. Der SK WISTA setzt sich dafür ein, dass wissenschaftliche Erkenntnisse und der gesellschaftliche Diskurs über dieselben die Basis für politische Entscheidungen in urbanen Kontexten bilden.
- **Nationaler Radverkehrsplan 3.0**[35]: Der vom *Bundesministerium für Verkehr und digitale Infrastruktur (BMDV)* getragene NRVP ist die Strategie der Bundesregierung zur Förderung des Radverkehrs in Deutschland und umfasst die datenbasierte Verkehrssteuerung und Umsetzung von Radwege-Infrastruktur ebenso wie die Vernetzung zwischen verschiedenen Mobilitätsangeboten, die Ermöglichung emissionsfreier Lasten- und Wirtschaftsverkehre und die Gestaltung des öffentlichen Raums.
- **Nationale Plattform Zukunft der Mobilität**[36]: Vor dem Hintergrund technischer, rechtlicher und gesellschaftlicher Veränderungen im Mobilitätsbereich betreibt die NPM „Faktenklärung" und bindet dafür relevante Anspruchsgruppen, Fachexpertisen und die Politik ein. Aufbauend auf den Diskussionsergebnissen von sechs Arbeitsgruppen werden Handlungsempfehlungen an Politik, Wirtschaft und Gesellschaft ausgesprochen. Die Geschäftsstelle wird getragen vom *BMDV*. Die Umsetzung erfolgt durch die *ifok*[37] und *acatech*. Vorgänger war die leider nicht erfolgreiche Nationalplattform Elektromobilität, die eben nur auf Letztere fokussierte.

- **Forschungscampus**[38]**:** Das *Bundesministerium für Bildung und Forschung (BMBF)* fördert deutschlandweit neun Forschungscampi, welche „trans- und interdisziplinäre Forschung in der gesamten Spanne von der Grundlagenforschung bis an die Schwelle der wettbewerblichen Entwicklung" betreiben. Ziel der Forschungscampi ist es, „umfassende und nachhaltige Lösungen für komplexe Forschungsfragen zu entwickeln und dabei auch Themen wie gesellschaftliche Akzeptanz oder die Ausbildung des wissenschaftlichen Nachwuchses einzubeziehen". Bemerkenswert ist die Bündelung von Kompetenzen und Forschungsaktivitäten wirtschaftlicher und öffentlicher Forschung an einem Ort, z. B. auf dem Campus einer Hochschule oder Forschungseinrichtung. Die 200 Akteure der Forschungscampi kommen zu einem Viertel aus der Wissenschaft und zu drei Vierteln aus der Wirtschaft (die Hälfte davon bilden kleine und mittlere Unternehmen).

Ein konstituierender Charakterzug der verschiedenen Stadt-Labore des transdisziplinären Forschens und Gestaltens ist, dass sie zwischen den verschiedenen Akteuren insbesondere physisch-räumliche Nähe schaffen, die sich als entscheidender Faktor für eine interdisziplinäre Stadtentwicklung erweist:

> *Die räumliche Nähe in einem Forschungscampus hilft, einen gemeinsamen Forschungs- und Transferansatz zu entwickeln und die unterschiedlichen Interessen der einzelnen Partner auszubalancieren.*
>
> Prof. Dr. Henning Kagermann und Prof. Dr. Ernst Theodor Rietschel, Juryvorsitzende der Forschungscampi (BMBF)

Die Vernetzung im Analogen birgt auch im Reallaborkontext das soziale Innovationspotenzial, denn hier entsteht jene Anschlussfähigkeit, die ökosystemische Lösungen erst ermöglicht.

6.4.3 Gesunde Städte und soziale Innovationen: interdisziplinäre Forschungszentren mit Praxis

> *„Wir können davon ausgehen, dass sich die Urbanisierung für unsere Gesundheit als mindestens so relevant erweisen wird wie der Klimawandel."*
>
> Mazda Adli, Psychiater und Stressforscher[39]

Großeltern, verwandt oder wahlverwandt, wünschen den gesunden Enkeln nicht ohne Grund zum Geburtstag wie auch jeder anderen Gelegenheit vor allem eines: Gesundheit. Aus denselben Gründen enthält auch der Untertitel dieses Buches das Narrativ der gesunden Stadt: Physische wie mentale Gesundheit ist für jedes Lebewesen ebenso *grundlegend* wie für die zukünftige Stadtentwicklung. Und ganzheitliche Gesundheit – zu der maßgeblich auch die Vorsorge gehört –, das ahnen Sie, lässt sich nicht durch gesundheitsdatensammelnde Armbanduhren oder zum Wassertrinken animierende Apps erreichen.

- **Forum Neurourbanistik**[40]**:** Jene Ganzheitlichkeit verlangt ohne Zweifel die Beteiligung verschiedener Disziplinen, wie sie beispielsweise in dem Netzwerk aus Wissenschaftlerinnen und Praktikern um den bereits erwähnten Mazda Adli praktiziert wird. Dieses **Forum Neurourbanistik** macht sich für eine interdisziplinäre Forschung stark, die auf der Grundlage von Erkenntnissen von Neurowissenschaften, Medizin, Stadtplanung, Soziologie, Philosophie und Architektur versucht, das Thema Gesundheit in der Stadt aus einer übergreifenden Forschungsperspektive in den Blick zu nehmen[41]. Denn gesunde Städte, so Adli, sind aus neurourbanistischer Perspektive eine sozial- und gesundheitspolitische Notwendigkeit. Das Netzwerk will den Einfluss des städtischen Lebensraumes auf Emotionen, Verhalten und psychische Gesundheit besser verstehen und leistet Grundlagen- und Experimentalforschung, initiiert öffentliche und Fachveranstaltungen und betreibt Politikberatung.

Was die Mobilität betrifft, so ist aus der Sicht der Neurourbanistik ein wichtiger zukünftiger *Großstadtskill* die Fähigkeit, die Vielfalt der Verkehrsmittel gut zu nutzen, jedes zum richtigen Zeitpunkt[42]. Viele Stadtmenschen würden diese Fülle der Möglichkeiten allerdings noch nicht ausschöpfen und weiter Auto fahren, was in der Stadt den hauptsächlichen Stressfaktor darstellt[43]. Mit den Besonderheiten der Großstadt gut zurechtzukommen stellt eine Überlebensstrategie dar, die in Zukunft noch wichtiger wird, wenn wir gesund sein wollen. Dieses Netzwerk sollten Sie im „Kopf behalten" und bei den nächsten Veranstaltungen darüber mitdiskutieren, was Sie Ihre Stadt eigentlich fühlen lässt und wie Sie das wahrnehmen.

- Das **Digital Urban Center for Aging and Health (DUCAH)**[44] mit Sitz in Berlin arbeitet an den Schnittstellen von Digitalisierung, Urbanisierung und Gesundheit als interuniversitäre Kooperationsplattform, die von der *Stiftung für Internet und Gesellschaft* gegründet wurde und durch das *Alexander von Humboldt Institut für Internet und Gesellschaft (HIIG)* in Kooperation mit dem *Einstein Center Digital Future (ECDF)* und den Berliner Universitäten wissenschaftlich umgesetzt wird. Über 22 Gründungsförderer aus Wohlfahrtsorganisationen, Gesundheits-, Immobilien-, Digital-, Finanz- und Versicherungswirtschaft sowie Verbänden wie der Bundesärztekammer sind hier die Impulsgeber und Co-Entwickler von konkreten Lösungen.

Die *DUCAH-Lernquartiere* erforschen und entwickeln Gesundheitssysteme, welche sich an den Menschen und sein Leben anpassen, Forschungs- und Innovationsprozesse in reale Lebens- und Arbeitsumgebungen integrieren und die Menschen, die dort leben und arbeiten, durch partizipatives Design und Forschung mit einbeziehen. Zentrum des Labs ist deshalb das *Lernquartier* als Real-Life-Umgebung, in der Prototypen entwickelt und vergleichende Analysen in der Begleitforschung vorgenommen werden können: „Ziel ist die Entwicklung und Erprobung digitaler Gesundheits- und Pflegelösungen zusammen mit den Menschen vor Ort." Der Fokus liegt auf Lösungen für altersgerechte Kommunikations-, Pflege-, Wohn-, Bildungs- und Mobilitätssysteme.

Aktuell arbeiten sieben intersektorale und interindustrielle Impulsteams an Stadtentwicklung, Concierge-, Plattform-Ansätzen etc. Quartalsweise findet das *Intersektorale Gründungsforum für Innovationen im Gesundheitssystem (DUCAH Forum)* statt, das einen Austausch zwischen Wissenschaft, Politik, verschiedenen Branchen (z. B. Immobilienentwicklung) und der Zivilgesellschaft ermöglicht und so die multidisziplinäre Wirksamkeit in der Forschung und der Umsetzung erhöht.

Bild 6.4 DUCAH-Lernquartiere

- **Urban Health – Stadt und Gesundheit**[45]: Das aus Universitäten, öffentlichen Institutionen, Forschungsinstituten und Stiftungen bestehende Netzwerk beschäftigt sich aus Bielefeld heraus und über Disziplinengrenzen hinweg mit der urbanen Gesundheit; im Spektrum von vier Sektoren:
    - Ökologie – Umweltsektor
    - Medizin- und Gesundheitswissenschaft – Gesundheitssektor
    - Planungswissenschaft – Stadtplanung und Bausektor
    - Wirtschaftswissenschaften – Wirtschaftssektor

  Diesem Netzwerk geht es darum, Brücken zwischen den Sektoren zu schaffen – in Theorie und Praxis –, unter anderem mit einer jährlichen Konferenz. Das dazugehörige Forschungsprogramm *City of the Future – Healthy, Sustainable Metropolises* wurde von der *Fritz und Hildegard Berg-Stiftung* gegründet und widmet sich der Co-Kreation von Strategien und Konzepten für eine nachhaltige Entwicklung von urbanem Raum an der Schnittstelle von Wissenschaft und Gesellschaft.

- **Centric Lab:** Das Londoner *Centric Lab* bringt es folgendermaßen auf den Punkt: „We use science to create equitable healing futures."[46] Es wird von einem Wissenschaftlerinnen-Team aus unterrepräsentierten Gemeinschaften geleitet und will auf die Faktoren sozialer Ungerechtigkeit hinweisen, die wiederum negative Auswirkungen auf die Gesundheit von Menschen bzw. ihre (sozialen) Gemeinschaften haben.

  Das Forschungslabor nutzt Neurowissenschaften und Geodaten, um zu verstehen, wie die Orte, an denen Menschen leben, ihre Gesundheit beeinflussen. Durch die Identifizierung dieser Hotspots können Aussagen über die Verteilung von Umweltverschmutzern in einer Stadt gemacht werden, klimatische Schwachstellen erkannt und Gesundheitsrisiken vorhergesagt werden. All dies dient der Entwicklung von Maßnahmen, die stärker auf biologische Faktoren reagieren und die öffentliche Gesundheit fördern.

Dafür arbeitet das Labor mit Gemeinden und ihren Vertreterinnen, Praktikern, politischen Entscheidungsträgerinnen und anderen Wissenschaftlern zusammen und hat frei zugängliche Instrumente und Plattformen geschaffen, die die Zusammenarbeit mit den Gemeinschaften bzw. Communities unterstützen. Es arbeitet auch explizit mit Bürgerinnen zusammen, die mit einer bestimmten gesundheitlichen Ungerechtigkeit konfrontiert sind. Hier geht es um *community health*, ein bisher auch in der deutschen Stadtpolitik unterrepräsentiertes, aber überaus relevantes Zukunftsthema.

Zu den sogenannten sozialen Gesundheitsdeterminanten *(social determinants of health)* gehören der Bildungsstand, die hygienischen Zustände in der Umgebung und die ökonomischen Bedingungen, unter denen man lebt. Diese Determinanten, so auch Adli, sind in den Städten sehr ungleich verteilt[47]. Städte müssen dieser Ungleichheit entgegenwirken, worauf wir – zumindest schlaglichtartig – noch eingehen werden.

Die kleine Auswahl der hier genannten Akteurs-Kollektive verdeutlicht uns die (disziplinäre) Vielfalt der benötigten Forschungsansätze, um der Komplexität der Frage- und Problemstellungen einer gesunden Stadtentwicklung und ihrer Mobilität gerecht zu werden:

- Wo sind die gesundheitsbelastenden Orte und welche Faktoren wirken dort?
- Wenn der (auch durch Städte induzierte) Stress eines der größten Gesundheitsrisiken des 21. Jahrhunderts ist[48] und oftmals zu Depressionen führt, wie können wir dem systemisch-ganzheitlich entgegenwirken?
- Wodurch werden Gemeinschaften von Menschen strukturell benachteiligt, was ihre Gesundheit angeht?
- Wie sieht demografie- und generationengerechte Mobilität aus?
- Wie muss das Älterwerden in einer Stadt gestaltet sein, damit es würdevoll ist?
- Wie und wo versorgt die gesunde Stadt ihre Bewohnerinnen mit medizinischen Dienstleistungen und Orten der Naherholung?
- Stellt ein Gesundheitskiosk mit seinen aktivierenden Mobilitätsoptionen und einer hohen Aufenthaltsqualität hier eine Lösung dar? Wie sollte er gestaltet sein?
- Wo und wie können wir selbst neue Fähigkeiten und Mobilitätskompetenzen entwickeln, um uns stressfreier und fließender durch unsere Stadt zu bewegen?

Stadtpolitik muss in Zukunft stärker in die Kollaboration mit Forschungsnetzwerken investieren, die ihr im Sinne des Gemeinwohls beratend und umsetzungsbegleitend zur Seite stehen. Denn das Szenario, dass Städte – und auch ihre lokal angesiedelten Arbeitgeber, Bildungs- und Pflegeinstitutionen – sich in Zukunft über *Urban-Health-Indizes oder -Rankings* profilieren werden, ist vor dem Hintergrund der globalgesellschaftlichen Trends nicht unwahrscheinlich. Zuzugsentscheidungen würden dann nicht mehr an Mieten festgemacht, sondern daran, ob man in der Stadt gesund leben und alt werden kann.

Eine gesunde Stadt ist eine lebenswerte Stadt, die Phantasien eines modernen Garten Eden weckt, in dem ein digital-analoges Netzwerk aus versorgenden Gesundheitsstationen ältere Menschen unterstützt und Eltern nicht mehr in die Vororte ziehen müssten, weil ihre Kinder auch in der Stadt im Grünen – z. B. in *Pocket Parks*[49] – aufwachsen und in einer präventiv gesundheitsfördernden Umgebung spielen können.

6.4.4 Urbane Hoffnungsträger: Kunst und Kultur

Dieses Buch begann mit einer Barockkirche unter der Autobahn, die den Anschein erweckte, zuerst dagewesen zu sein. Doch sie war in einem anderen Sinne Erste, nämlich als Kunstprojekt eines Kollektivs, und damit Ausdruck eines Vor-Denkens, eines Gefühls dafür, was Stadtgesellschaft braucht – und wo.

Die Kirche als historisch-symbolisch aufgeladener Ort des (regelmäßigen) Zusammenkommens, meistens an einem Marktplatz, bringt eine dörfliche Anmutung mit sich, von der wir glauben, dass sie für die Lebensqualität unserer Städte nach wie vor maßgeblich sein wird. In multizentrierten Metropolen der kurzen Wege brauchen wir neue „Kirchen", neue „Marktplätze", die das Leben dorthin (zurück-)bringen, wo es durch die Architektur des Autos verdrängt wurde.

Die Bespielung des öffentlichen Raums mit Theater, Film und Kunst ist keine neue Idee, doch die Verwandlung eines unwirtlichen Ortes in einen des Sozialen markiert gleichermaßen das Potenzial verloren geglaubter Flächen und eine politische Botschaft. Denn urbane Schönheit hat eine eigene Qualität – zwischen Stadt-Autobahnen, Hoch- und Straßenbahnen –, die gleichermaßen herausfordernd wie anregend ist.

Im Kanon der von uns betonten Gestaltungsinstrumente kommt der Kulturpraxis die wahrscheinlich stärkste Identität stiftende und in einem lebenden, anonym vernetzten Gesamtgefüge verbindend wirkende Kraft zu. Der Weltschmerz, den wir angesichts der in der Stadt-Luft liegenden gesellschaftspolitischen Treiber verspüren, braucht den Ausdruck in der Kultur, wodurch er sich im selben Moment Linderung verschafft. Dies hier Gesagte lässt sich in die Formel fassen:

> „Kunst ist die höchste Form der Hoffnung."
>
> Gerhard Richter, Maler, Bildhauer und Fotograf, anlässlich der Documenta in Kassel (1972)

Diese Hoffnung spürt man in Wien, wo man sie am *Flederhaus* ablesen kann, wie in Hannovers *Experimentierzonen*, die eigentlich kulturelle Spielstätten von Oper und Schauspiel und Ausstellungsflächen für Künstlerinnen sind. Auch der *Place of Participation* in Berlin schafft einen Kulturort, an dem Stadtentwicklung künstlerisch interpretiert und kreativ erfahrbar wird.

Das *Berliner Ensemble* richtete gemeinsam mit der *Universität der Künste*, der *Gesellschaft für Urbane Mobilität BICICLI* und der *Koepjohann'schen Stiftung* eine Platzkonferenz aus, wodurch der zentral an der Spree gelegene und dennoch karge und kaum genutzte Bertolt-Brecht-Platz zum Ort einer künstlerisch-stadtgesellschaftlichen Intervention wurde[50]. Im Bewusstsein darüber, dass öffentliche Räume als Orte der Gemeinschaft und des Austausches unabdingbar für eine solidarisch funktionierende Gesellschaft sind, wurde hoffnungsvoll darüber gesprochen, wie sich Gemeinschaft in einer Stadt herstellen lässt und welche Rolle öffentliche Räume für unser Zusammenleben spielen.

Und nirgends kann man die Hoffnung auf eine bessere urbane Zukunft mehr spüren als an *Parking Days*, an denen die Stadtbewohnerinnen ihrer Kreativität freien Lauf lassen. Selbstgesprühte Zebrastreifen auf gefährlichen Straßen *(Crosswalks)* und das Aufstellen von selbst gemachten Verkehrsschildern *(Wayfinding)* sind ebenso schöpferischer Ausdruck der Beobachtungen von Kollektiven, die Teil einer sozialen Bewegung sein können.

Kunst und Kultur im öffentlichen Raum erzeugt Diskurse und hat damit ein vernetzendes Moment der Anschlussfähigkeit in verschiedenen sozialen wie disziplinären Settings. Sie baut Brücken, wo tiefe Verständnisgräben sind, weil sie auf physische Erfahrbarkeit setzt, was wiederum für die zweifellos große Relevanz des analogen Raums spricht.

Der britisch-indische Bildhauer Anish Kapoor, dessen berühmte Skulptur *Cloud Gate* nicht nur die Stadt Chicago bewegt, macht aufmerksam darauf, „[that] public space deals with earth and sky"[51]. In dieser vermeintlich offensichtlichen Beobachtung wird schnell die Komplexität dessen deutlich, worum es in der Planung und Entwicklung des Urbanen geht: um die lokalen und globalen Belange der Erde – beispielhaft, im Sinne der Aufgabe, um Flächenentsiegelung und -neuaufteilung sowie Renaturierung – der des Luftraums oder Äthers hinsichtlich seiner Verschmutzung durch Schadstoffe und Lärm – und allem, was dazwischen liegt. In unserem Falle ist das die Mobilität, die sich in eben diesem Ökosystem wiederfindet.

Bild 6.5 Anish Kapoors *Cloud Gate* im Millenium Park in Chicago (© HADYPHOTO)

Künstlerische Interventionen können politisch-ethisch gedeutet werden und darauf aufmerksam machen, wie wir mit unserem öffentlichen Lebens-Raum umgehen oder umgehen sollten. Die Kunst erlaubt uns einen anderen Blick auf unsere Stadt, es kann der der Künstlerin sein, oder im Falle von Kapoor ist es unser eigener „durch" das Werk: „Everyone makes the work in some way." Wir verstehen ihn als Akt der Selbstbewegung hinsichtlich eines fundamentalen Inhalts, der sich auf unseren Lebensraum bezieht. Denn die Frage, wie wir uns in Zukunft bewegen wollen, ist nichts anderes als grundlegend. Die wortwörtliche Reflexion des öffentlichen Raums in einem Kunstwerk umfasst also nicht nur eine politisch-ethische Bedeutung, sondern auch eine spirituell-soziale, was wiederum die Kirchenglocken läuten lässt.

Die Stadt der Zukunft nutzt ihre Ressourcen in einem Vernetzungsansatz, in dem sie zur co-kreativen Arbeit an und in ihren Narrativen einlädt – beispielsweise in Form von Ideen-Wettbewerben. Sie setzt auf künstlerische Intelligenz der Selbstbewegung anstatt auf künstliches Bewegt-Werden, das uns lediglich zu passiven und stillen Bedienern unserer Maschinen macht. Kunst geschieht ohne das Zutun der Stadt. Es liegt nur an Letzterer, ihre Potenziale für soziale Innovationen zu erkennen und in Kollaboration zu treten.

Im Sinne des Eigenantriebs hat also die Stadt der Zukunft Folgendes zu leisten:

- Fördert Kunst und ihre Kollektive als Vordenkerinnen der Stadt der Zukunft!
- Schreibt Ideen-Wettbewerbe aus! Und zwar interdisziplinäre!
- Integriert Künstlerinnen und Kulturschaffende in die Stadtentwicklung!
- Macht die Stadt zum Ausstellungs- und Spiel-Raum der in ihr lebenden schöpferischen Menschen!
- Feiert künstlerische Interventionen und Architekturen!

Und in Deutschland vielleicht das Wichtigste:

Don't think. Do!

Anish Kapoor

6.4.5 Die Architektur des Sozialen: Stadt zwischen Management und Laissez-faire

„Wenn mehr Leute im Zentrum leben, wächst dort auch der Bedarf an Gemeinschaftsorten wie Bars, Restaurants, Bibliotheken, Parks, Schwimmbädern – und an Läden, wo man lokal herstellbare Dinge wie Brot, Essen, Kleidung kauft. Deswegen muss [...] die Stadt [...] als hoch verdichteter Wohnraum, den sich alle leisten können und in dem man idealerweise binnen einer Viertelstunde zu Fuß zur Arbeit kommt [neu definiert werden]."

Niklas Maak, August 2020

Wir widmen uns nun einer Frage, deren Dringlichkeit wir an vielen Stellen bereits thematisiert haben; an der Empirie der Sinus-Milieus, an der unterschiedlichen Betroffenheit durch Lärm- und Schadstoffbelastung, an den Anforderungen an eine Verkehrsinfrastruktur, die Frauen das notwendige Gefühl der Sicherheit gibt, oder am Dienstwagenprivileg: *Was bedeutet sozial gerechte Mobilität?*

Dass wir alle Wege innerhalb von 15 Minuten erledigen können, also nicht mehr auf das teure Auto angewiesen sind? Dass wir unabhängig von unserem ökonomischen und sozialen Status Zugang zu klimaneutralen Verkehrsmitteln haben? Dass Seniorinnen sich auf der Straße wieder sicher fühlen und Kinder wieder allein zur Schule mit dem Rad fahren können?

Wir sind geneigt, diese Fragen zu bejahen. Damit zusammenhängend müssen wir aber auch fragen: Wie und wo werden wir leben und arbeiten – in den Innenstädten oder den Vororten? Was passiert mit unseren Zentren nach dem großen Artensterben des Einzelhandels? Was mit unseren Bürogebäuden? Befürworten oder befürchten wir die *Verdorfung der Stadt oder die Verstädterung der Dörfer?* Und wer sind eigentlich wir?

Zumindest das steht fest: viele. Und macht deutlich: Urbane Erfahrung ist höchst unterschiedlich. Der Wesenszug der Stadt als Lösungslabor ihrer selbst erzeugten Probleme wird insbesondere im Sozialen deutlich:

Der theatralische FAZ-Artikel des bereits zitierten Niklas Maak vom 29.08.2020 trägt den Titel „Die Läden dicht und alle Fragen offen"[52] und ist eine wohlüberlegte Antwort auf die Situation unserer Innenstädte – nicht nur als Konsequenz der Pandemie. Maak kritisiert das politische Gerede der Stadt als „Erlebnisraum" für Touristen oder als Amüsierpark für Besucher, die sich ein Leben dort längst nicht mehr leisten könnten; genauso wie die kleinen Läden, Bäckereien, Werkstätten und andere lebendige Stadtorte, die von den explodierenden Ladenmieten verdrängt wurden – und das schon vor der digitalen Revolution.

Wenn nun aber die großen Einzelhandelsketten aufgrund der Pandemie verschwinden, biete das eine neue Chance für das, was verloren schien; für das, was in Paris und anderen Großstädten passiert: die Wiederbelebung der Zentren durch den Umbau von Kauf- und Bürohäusern in Wohnungen und für eine Nahversorgung im engsten Sinne, nämlich mit lokal beziehungsweise im Sinne der multizentrierten Stadt dezentral produzierten Gütern. In Detroit gibt es beispielsweise „Urban Farms" auf ehemaligen Parkflächen, die das gesamte Viertel mit Gemüse versorgen. Die lokal produzierten Produkte können potenziell landes- oder sogar weltweit verkauft werden, was die ungewünschte optische und ökonomische Verdorfung der Stadt vermeiden würde.

Solch eine Stadt erhält ihre Qualität als *Begegnungsort* nicht durch eine Politik des Besuchermagnetismus, sondern durch Nahversorgungs- und Naherholungsbereiche in einem verdichteten Wohnraum. Dafür, so Maak, brauche es ein strengeres Planungsrecht. Damit ist das gemeint, was wir in der *Seestadt Aspern* als *Stadtteilmanagement* kennengelernt haben: Die Kommunen weisen zentrale Versorgungsbereiche aus, statt endlose Vorstadt-Malls aus Bau- und Supermärkten, deren Besucherinnen mit dem Auto anreisen müssen, weil der ÖPNV-Takt inakzeptabel ist. Barcelona, Paris und Berlin – Maak führt hier die Umwandlung des *Hauses der Statistik* an, in dem es Wohnungen, Werkstätten und verschiedene Bildungseinrichtungen geben wird – haben schon angefangen.

Und auch Harald Welzer fordert die Zurückeroberung des städtischen Bodens, der als Allmende umgenutzt werden könnte; und zwar zur Bebauung mit Sozialwohnungen, Gebäuden mit Zweckbindung und nach ökologischen Standards[53].

Um unsere Städte in Maaks Worten nicht zu „ökologisch und ‚smart' aufgerüschte[n] Anlageobjektversammlungen" verkommen zu lassen, die selbstverständlich mit drei Autostellplätzen daherkommen, brauchen wir in der infrastrukturellen Entwicklung unserer Städte ein strengeres Flächenmanagement und zugleich den Mut zur Lücke – nämlich der Gestaltung durch die Bürgerinnen.

Die eingangs zitierte Ute Schneider bemerkt, dass es in vielen Städten sinnvoll ist, Gestaltungsregeln vorzugeben, damit eine gewisse Kohärenz entsteht[54]. Auch der Wiener Planungsdirektor Thomas Madreiter drückt es folgendermaßen aus:

> „Städtebau ist ein bisschen wie Kindererziehung. Ich brauche klare Regeln und Rahmenbedingungen, aber muss auch loslassen und vertrauen können."

Das Gleichgewicht von Kontrolle und Laissez-faire muss jede Stadt für sich selbst erarbeiten und ihre eigenen Antworten finden auf die soziale Frage unserer Zeit. Apropos Kinder ...

Die Bürgerbeteiligung insbesondere junger Menschen mit einem weniger gefilterten bzw. gefestigten Blick auf die Welt kann wertvolle Einblicke in die verschiedenen sozialen Lebens- und Erlebniswelten einer Stadt geben. Henriette Vamberg, Architektin der Stadtforschungs- und Designberatungsfirma *Gehl People*[55], erzählt von Spaziergängen mit Kindern, die eine Helmkamera tragen, um zu sehen, was auf deren Augenhöhe so passiert[56]. Die Aufgabe der Architektin ist es, eine Sprache für die Anforderungen zu finden, die verschiedene Gruppen an eine lebenswerte Stadt haben. Beispielsweise können Kinder ihre Ideen in der Form von Lego-Konstruktionen ausdrücken. Eine Methode der sozial gerechten Stadtentwicklung ist also ganz wesentlich die Beobachtung der Beobachtung.

Ebenso klug ist es, an einem sozialen Brennpunkt mit Jugendlichen zu sprechen, um herauszufinden, warum sie lieber in Fast-Food-Läden abhängen als im öffentlichen Raum. Das scheint Ihnen jetzt zu einfach? Dann sprechen Sie die Jugendlichen doch das nächste Mal an.

Falls Sie noch Zweifel haben, lassen Sie es uns auf den Punkt bringen: Ja, die Stadt der kurzen Wege ist sozial gerechter, weil sie den Besitz privater Pkw überflüssig macht und damit nicht nur die SUVs der Helikopter-Eltern, sondern auch viele illegale Autorennen verschwinden lässt. Sie muss im selben Zuge einen gut ausgebauten ÖPNV, flexibel nutzbare Mikromobilität und sichere Infrastruktur für die aktiven Modi bereitstellen; und das flächendeckend und zugleich -sparend. Ein Teil sozialer Gerechtigkeit ist die faktische wie gefühlte Sicherheit; und die ist für Frauen, Kinder und Senioren jeweils spezifisch. Ein anderer Teil betrifft die Flächengerechtigkeit:

> *„Alle demokratischen Verfassungen erklären ganz am Anfang, alle Menschen seien gleich. Wenn dem so ist, dann sollten auch alle das gleiche Recht auf den Straßenraum haben, egal ob sie auf dem Fahrrad fahren, zu Fuß unterwegs sind, im Bus oder in einem schicken Auto sitzen."*
>
> *Enrique Penalosa, ehem. Bürgermeister von Bogotá*[57]

Die Anforderungen an eine sozial gerechte Stadt und eine entsprechende Mobilität sind deshalb hoch, weil es für ihre Realisierung nicht nur Stadtplaner und (Landschafts-)Architektinnen braucht, sondern auch Sozialarbeiter, Pflegekräfte und Erzieherinnen. Die Übersetzung zwischen den Milieus, Disziplinen und Sektoren entscheidet darüber, wie schnell und nachhaltig diese Transformation gelingt.

Fazit: Ermöglichungskultur der Ergebnisoffenheit

Was sich im Rahmen des interdisziplinären Innovationsgedankens herausschält, ist die dichte inhaltliche Verwobenheit der verschiedenen Disziplinen in den globalgesellschaftlichen Trendkomplexen (u. a. Klimaschutz, soziale Gerechtigkeit oder Gesundheit). Der Kern unseres Interesses galt der kommunikativen Anschlussfähigkeit wissenschaftlicher Methodik oder künstlerischer Praxis an Stadtpolitik wie Stadtgesellschaft – und ihren Formen.

Bemerkenswert ist, dass es sowohl Gestaltungsvorgaben (eines Stadtteilmanagements) braucht, die mit den gemeinwohlorientierten Zielen einer Stadt einhergehen, als auch Gestaltungsspielräume der Ergebnisoffenheit, in denen soziale Innovationen entstehen können. Interdisziplinäre Innovation braucht analoge Räume bzw. räumliche Nähe: Dies gilt sowohl für transdisziplinäre Real-Labore der Selbstreflexion wie für Kunst und Kultur. Charakteristisch ist ein dialogischer Prozess mit ungewissem Ausgang und eine Kultur des Experimentierens und Prototypisierens. Akteure der Stadt müssen diese Ermöglichungskultur etablieren und pflegen.

■ 6.5 Intermodale Innovationen: zwischen Verkehrsmitteln

„Die Mobilität der Zukunft wird geprägt sein von
Vielfalt, Vernetzung, Digitalisierung und Nachhaltigkeit.
Bestehende Berufe werden sich wandeln, neue Berufe entstehen."

Dr. Jan Schilling, Geschäftsführer des Bereichs ÖPNV beim VDV[58]

Wie wir bereits gesehen haben, bedeutet Intermodalität in erster Linie die flexible Optimierung einer Route im Sinne einer emissionsarmen und zur Selbstbewegung motivierenden Verkehrsmittelkette, auf der man nahtlos zwischen den verschiedenen Modi wechselt. Es geht also auch an dieser Stelle um das Schließen von zeitlichen wie (digitalen und analogen) infrastrukturellen Lücken (auf der Route) im Sinne der Vermeidung von Verzögerungen, was eben Aufgabe einer systemischen Innovationslogik ist, die wiederum sämtliche gesellschaftspolitischen An-Treiber miteinbeziehet.

In der alltäglichen Mobilität geht es meistens um ein Zwischen: zwischen Zuhause und Arbeitsplatz, zwischen Kindergarten und Freizeitprogramm, zwischen Sportstudio und Supermarkt. Aus dieser Vielfalt an Ansprüchen sollte im Sinne der Multi- und Intermodalität eine Vielfalt an Mobilitätsarten bzw. -modi resultieren, die den Bedarfen der Individuen ebenso gerecht wird wie dem Wertesystem des Kollektiven.

Wir wollen mit den Eindrücken unserer Welt-Reise an dieser Stelle nicht nochmals die verschiedenen Beispiele intermodaler Lösungsansätze wiederholen, sondern die Relevanz ihrer Vernetzung akzentuieren. Denn das eigentliche Potenzial von Mobilitätsstationen und Logistik-Hubs, Mobilitätsbudgets und digitalen Services des öffentlichen Nahverkehrs liegt in ihrer Kombination und den Verbindungen, die sie dadurch zwischen den Kontexten Wohnen, Arbeiten und Leben schaffen.

Angebote intermodaler Innovationen sind:

- **multimodal:** Verschiedene emissionsarme Verkehrsmittel stellen attraktive und leicht zugängliche Alternativen zum privaten Auto dar. So kann je nach Entfernung und Transportbedarf das richtige Verkehrsmittel flexibel ausgewählt werden.
- **intermodal:** Sind Mobilitätsstationen an Bahnhöfen oder Haltestellen des öffentlichen Verkehrs oder in Parkhäusern am Rande von Quartieren gelegen, ermöglichen sie einen nahtlosen Umstieg auf andere Verkehrsmittel.

- **multifunktional:** Die Kombination von Mobilität und Nahversorgung vermeidet doppelte Wege, da sie verschiedene Dienstleistungen (z. B. medizinische Gesundheitsleistungen) und Orte des täglichen Bedarfs an einem Ort vereint.
- **digital:** Applikationen wie *Jelbi, whim* oder *MVGO* mit ihren auf Echtzeitdaten beruhenden Buchungs- und Bezahlsystemen ermöglichen eine schnelle und unkomplizierte Nutzung der verschiedenen Verkehrsmittel von Mobilitätsstationen oder Mobilitätsbudgets.
- **individualisierbar:** Je nach Standort, Flächenkapazität, Topografie, Nahversorgungsangebot oder Nachbarschaft kann eine Mobilitätsstation oder ein Mobilitätsbudget individuell und bedarfsgerecht gestaltet werden. Die Co-Entwicklung mit Bürgerinnen oder Arbeitnehmern entscheidet hier maßgeblich über die spätere Akzeptanz und Nutzung. Eine Mobilitätsberatungsstelle wie in der Seestadt Aspern sorgt dafür, dass Menschen neue Mobilitätsarten ausprobieren, die ihren Bedarfen und Wünschen entsprechen.
- **flächen- und ressourcenschonend:** Die Konzentration von Mobilitätsmitteln und ruhendem Verkehr an einem Ort hält den öffentlichen Raum für Menschen und Natur frei. Zudem sind Mobilitätsstationen mit rein elektrischen Verkehrsmitteln besonders klimafreundlich.
- **lokal:** Die Verortung von Mobilitätsstationen dort, wo Verkehre entstehen oder bestehen, ist für die Verkehrsvermeidung und -entlastung entscheidend, wie beispielsweise an Bahnhöfen, in Wohnquartieren oder bei Arbeitgebern. Je nach Größe, Topografie oder funktionalem Aufbau eines Quartiers lassen sich Mobilitätsstationen entweder zentral oder dezentral platzieren.
- **sozial:** Eine ästhetisch ansprechend gestaltete Mobilitätsstation mit einer hohen Aufenthaltsqualität auch im Außenbereich bringt Menschen verschiedener Generationen zusammen und regt zum Austausch und zur gemeinsamen Gestaltung des Ortes an. Die Einbindung einer Beratungsstelle zu verschiedenen Themen der Daseinsvorsorge oder eines Concièrge-Services trägt zur Attraktivität einer Mobilitätsstation bei.
- **dynamisch:** Durch eine Gestaltung mit architektonischen „Lücken" wie beispielsweise Pop-up-Flächen kann und sollte sich ein solcher Ort auch an zukünftige Bedarfe (der Nachbarschaft) und Bedingungen (z. B. der klimatischen) dynamisch anpassen.
- **vernetzt:** Erst die Einbettung der einzelnen Mobilitätsstationen in einem flächendeckenden Versorgungsnetz an verschiedenen Orten in der Stadt oder im Quartier macht Mobilität wie Nahversorgung verlässlich, schnell verfügbar und komfortabel. Dazu sind gleichsam gut ausgebaute Fuß- und Radwege sowie Anschlüsse an das öffentliche Nahverkehrsnetz nötig.
- **co-kreativ:** Die Entwicklung und Umsetzung eines solchen Netzes setzt die Kollaboration von Stadtverwaltung, Unternehmen, Stadt- wie Immobilienentwicklern, Wohnungsbaugesellschaften, Architekten und Bürgerinnen voraus.

Für Gewohnheitstiere wie uns Menschen ist Intermodalität durchaus herausfordernd, denn sie bedeutet eine neue *Polyamorie im Verkehr* und erfordert eine neue Beziehungsfähigkeit in unserer Verkehrsmittel- und Routenwahl. Konkret:

- Wir müssen die (automobile) Vereinzelung auf der Straße überwinden.
- Wir brauchen betriebliche wie städtische Anreize für intermodale Verkehre in Form von Mobilitätsbudgets und attraktiven digitalen wie physischen Infrastrukturen.
- Wir brauchen Mobilitätsstationen mit Zusatzfunktionen – und das in Kooperation mit dem ÖPNV, lokalen Arbeitgebern und Nachbarschaften.
- Wir brauchen einen ÖPNV, der eine orchestrierende und wartende Funktion von Mobilitätsstationen übernimmt.

In diesem Sinne können wir sagen, dass wir eine Vernetzung der Vernetzung brauchen: die Kombination von intermodalen Mobilitätsangeboten. Zwischen den Verkehrsträgern, -induzierern und -mitteln: All-inclusive und Full-Service-Mobility. So werberisch das klingt, so komplex ist auch die Aufgabe.

6.6 Mobilität zwischen Wohnen, Arbeiten und Leben

*„Die Stadt der Zukunft kann nicht smart sein.
Die Stadt der Zukunft ist die analoge Stadt."*

Harald Welzer, Soziologe

Was wir an der Deklination sozialer Innovation gesehen haben, ist, in welchen vielschichtigen und -fältigen Konstellationen und Formen sich *Inklusion, Hybridisierung* und *Systemisierung* zeigen.

Mit dieser Vielfalt am Gestalten sozialer Innovation mit dem Ziel der Verkürzung der *cultural lags* gehen wir nun auf die notwendigen Voraussetzungen und förderlichen Umweltfaktoren jener geistigen Beweglichkeit ein, die wesentlicher Teil unserer Mobilitätsverhaltenswende ist. Schließlich wollen wir aus dieser Gesamtschau die Eigenschaften gesunder und klimaneutraler Städte der Selbstbewegung herausstellen.

6.6.1 Öffentlicher Gesellschafts-Raum: Agora statt Parkplätze

„Wäre die Demokratie erfunden worden, wenn die Griechen autogerechte Städte gehabt hätten? Hätte es die Französische Revolution gegeben, wenn die Straßen und Plätze voller Autos gewesen wären?"[59] Wer das fragt, ist der Sozialpsychologe Harald Welzer, der in seinem unterhaltsamen und klugen Kurzessay „Don't believe the hype! Plädoyer für die analoge Stadt" auf das hinweist, das sich in der Formvielfalt der Zwischen-Innovationen stetig wiederholte: die absolute Notwendigkeit analoger Räume.

Das reale, physische Zusammenkommen, so Welzer, wäre nicht nur ein wirksames Gegenmittel für die kommunikative Vereinzelung durch das Digitale, sondern lebendige Demokratie: „Denn reale Erlebnisse zivilisierten und selbst im Dissens freundlichen Umgangs miteinander bestätigen das wichtige Gefühl, an etwas Gemeinsamem teilzuhaben und etwas zu ihm beizutragen."⁶⁰ Wir sahen dies an den runden Tischen der Bürgerräte, auf den Forschungs-Campi transdisziplinärer Reallabore, an multifunktionalen Mobilitätsknotenpunkten und im öffentlichen Raum, in dem Kunst, Kultur und soziale Bewegungen stattfinden und wirksam sein können.

Es brauche, so Welzer weiter, mehr denn je Orte der organisierten und der zwanglosen Begegnung, eingebettet in eine gelassene Atmosphäre. Allerdings würden der Auto-Verkehr und seine Infrastrukturen eine solche zwanglose Begegnung wesentlich behindern. Wir kommen nicht umhin, hier die Neurourbanistik wertschätzend zu erwähnen, die uns darauf hinweist, dass wir für mehr Gelassenheit die aktiven Modi wählen sollten, weil uns das nicht nur gesünder, sondern auch glücklicher und damit einhergehend freundlicher macht.

Was wäre also, wenn Georg Simmels eingangs zitierte Beobachtung sich vollständig drehen würde, also Städte nicht mehr „Gebilde höchster Unpersönlichkeit" wären, sondern immer stärker *selbst* zu Persönlichkeiten werden, in denen man sich persönlich involvieren kann? Wenn Städte – hier wieder genau im Simmelschen Sinne – nicht mehr substanzielle Gebilde wären, sondern Beziehungsangebote, die Sozialräume für soziale Innovationen – unterstützt von kluger und verantwortlicher Technologie – eröffnen?

Dies zielte dann nicht auf hilflos anmutende Stadtmarketing-Kampagnen für Touristen oder eine Smart City ab, die auf die Lernfähigkeit künstlicher Intelligenz vertraut, sondern auf die Stadt als soziale Intelligenz⁶¹ mit so etwas wie einem „öffentlich persönlichen Nahverkehr", entstanden aus dem Kollektiv ihrer Akteure, aus der Stadtgesellschaft.

Wenn der Soziologe Dirk Baecker Recht hat, dass „die Stadt auf kaum noch nachvollziehbare Weise tief in unseren Gemütshaushalt verankert"⁶² ist, dann liegt das sicherlich an der historischen Idee der Ummauerung zur Bewachung. Aber dann liegt darin auch die Chance einer geschützten Nahwelt einer Schicksalsgemeinschaft zur Innovation, von der andere Städte lernen können. Die Stadt der Zukunft baut keine Mauern, deren Schicksal immer das Fallen ist, sondern Brücken; zwischen marktlichen, staatlichen, wissenschaftlichen und zivilgesellschaftlichen Akteuren.

Richard Sennett empfiehlt wiederum, Schulen und Märkte, Orte also, an denen sich Menschen begegnen, nicht ins Zentrum eines Quartiers zu bauen, sondern immer an den Grenzen zu anderen Nachbarschaften⁶³. Denn so begegneten sich Menschen verschiedenster Hintergründe.

Der Punkt, den Welzer macht, ist für die Entstehung sozialer Innovationen maßgeblich: Ohne Versammlungs- und Debattierräume zur Verhandlung öffentlicher Angelegenheiten wie der Mobilität sind intersektorale, interdisziplinäre und intermodale Lösungsansätze nicht denkbar. Und mit dem Blick auf die Städte, die dies schon verstanden haben, gefragt: „Warum sollte man die Agora, jenen öffentlichen Raum der demokratischen Auseinandersetzung, den die antiken Griechen erfunden haben, nicht in die Moderne übersetzen?"

Denn wenn wir unser Glücks-Rad in seiner Ganzheit begreifen, dann erkennen wir: Nur die Gesellschaft, verstanden als komplexes Gefüge miteinander verwobener und wirksamer Gestaltungskräfte, kann ihr Mobilitätsverhalten ändern.

6.6.2 Das Ökosystem Stadt: von Biotopen und Stadtfarmen

Schauen wir uns den Stadt-Raum aus einer anderen Perspektive an: Was verstehen Sie unter einer gesunden Stadt? Eine, die einen schadstofffreien Lebensraum darstellt, in dem Sie, wären Sie eine Pflanze, genug sauberes Wasser, nährstoffreichen Boden, Sonnenlicht und kühlenden Wind hätten und so gedeihen könnten? In dem Sie durch die Vernetzung mit anderen Lebewesen ihrer oder anderer Art resilient wären gegen eventuell auftretende negative Umwelteinflüsse? Wenn Sie das Gefühl haben, wieder im Biologie-Unterricht zu sitzen, dann ist das nicht ganz falsch.

Wenn, wie Sie ja aus dem vorherigen Kapitel wissen, der urbane Raum immer knapper wird, geht es auch um das Hinterfragen des mittlerweile selbstverständlichen Anspruchs, den öffentlichen Straßenraum für das Abstellen von privaten Pkw zu nutzen. Es braucht ein neues Verständnis für die Straße; nicht als *Verkehrsmaschine* – der Begriff wurde von Le Corbusier in den 1920er-Jahren geprägt – oder, wie es heute genannt wird, als *Parkraum-Management* mit lediglich verkehrstechnischen Funktionen der Markierungen oder Beschilderungen[64], sondern als Lebensraum gleichsam einem *Biotop*. (Für alle, die es wieder vergessen haben: Der Begriff ist zusammengesetzt aus den griechischen Wörtern *bios* = Leben und *topos* = Ort.)

Während die *Biozönose* in der Biologie eine *Lebensgemeinschaft* von Organismen verschiedener Tier-, Pflanzen- und Pilzarten (also alle belebten Faktoren) bezeichnet, beschreibt das *Biotop* die unbelebten (abiotischen) Faktoren des *Lebensraumes* wie Temperatur, Klima, Wasservorkommen und Licht. Beide Sphären bilden ein Ökosystem. Wenn wir also anfangen, unsere Städte als Ökosysteme anzusehen – denn nichts anderes sind sie –, begreifen wir nicht nur, wie alles zusammenhängt und warum unsere urbanen Ökosysteme so aus ihrem sensiblen Gleichgewicht geraten konnten. Wir fangen an, uns selbst in diesem System zu verorten; als Teil einer Lebensgemeinschaft mit anderen Menschen, mit Tieren ebenso wie mit Bäumen und den sagenhaft talentierten und vernetzenden Pilzen.

Die gesunde Stadt umfasst aus diesem Verständnis heraus also wesentlich mehr als die menschenzentrierte oder -gerechte Stadt, die aus vielerlei Gründen schon lange nicht mehr zeitgemäß ist. Wir sollten vielmehr anfangen, der Epoche des Anthropozäns Ehre zu erweisen und die daraus erwachsende Verantwortung zu übernehmen. Unsere Verwobenheit in der Stadt wie auf dem Planeten Erde sollte uns darauf hinweisen, wie abhängig wir sind vom Leben, mit dem wir uns unseren Raum teilen, und wie viel Leben abhängig ist von uns.

Und falls Sie jetzt glauben, Sie schaffen die gedankliche Brücke zu unserem Thema nicht: Urban Farming-Projekte wie die *Stadtfarm*[65] und der Food Campus Berlin (auf dem ehemaligen Flughafengelände Tempelhof)[66] arbeiten an einer nachhaltigen, dauerhaften Versorgungsstruktur und einem gemeinwohlorientierten Wirtschaften im Herzen der Stadt. Das lokal Versorgende schafft Autonomie, die wiederum eine Form von Mobilitätsvermeidung bedeutet. Kennen Sie eine Technologie, die Ihnen das kombiniert hätte?

6.6.3 Systemische (Ergebnis-)Offenheit: Überlegenheit der Selbststeuerung statt Technokratie

Das Begreifen der Stadt als Lebensraum hat eine weitere Konsequenz, die uns in der Vielfalt der Innovationsansätze sozialer Innovation begegnete: die Erkenntnis, dass es zwar (lokalpolitische) Gestaltungsvorgaben braucht, um die gesellschaftspolitischen Trends in Form von verbindenden wie verbindlichen Narrativen in die Stadtentwicklung zu übersetzen, dass jedoch die wesentliche Innovationskraft aus einer wissenschaftlich-forschenden wie künstlerisch-kreativen Ergebnisoffenheit erwächst. Städte, von deren Historie und Charakteristik wir im zweiten Kapitel einen Abriss gaben, sind deshalb eine so erfolgreiche und beständige Sozialform, weil ihnen kein Masterplan zugrunde liegt[67].

Das dynamisch-organisch sich Entwickelnde muss in der Stadt der Zukunft Wertschätzung erfahren; durch Räume, die sozial, kulturell und politisch verfüg- und nutzbar sind[68]. Nicht ohne Grund fordert Richard Sennett, dass Städte offene Systeme sein müssen, um flexibel auf Veränderungen reagieren zu können. Neubauten sollten am besten unvollendet bleiben, damit man sie später flexibel nutzen kann.

Ihre kontinuierliche Wandlungsfähigkeit beschreibt das Wesen der Städte. Was es also nicht braucht, sind technokratisch-kontrollierende Smart-City-Pläne. Was es braucht, ist soziale und künstlerische Intelligenz! Was es braucht, ist die Lücke! Eine Kultur des Experiments, und damit der Selbst-Reflexion und -Korrektur. Die Stadt als System bedeutet wesentlich „Selbststeuerung und Autonomie. Nicht Planbarkeit, sondern Autopoiesis."[69]

6.6.4 Verhaltenswende durch Selbstbewegung

Gehen wir genauer auf diese Selbststeuerung ein. Was wir als die Nabe des Eigenantriebs bezeichneten, ist für unser Verständnis einer Mobilität der Selbstbewegung maßgeblich. Die gesellschaftspolitischen Trends, die den Straßen-Raum unseres Glücksrades füllen, sind Ausdrücke von Wertesystemen. Das Individuum ist Träger dieser Wertesysteme. Das Individuelle wiederum ist selbst ein Wert unserer Gesellschaft. Diese konstituierende Verwobenheit prägt unser Mobilitätsverhalten.

Richard Sennet bemerkt, dass Menschen allein in ihrem Auto sitzen wollten und nicht in Fahrgemeinschaften, weil „eine kulturelle Gleichung von Freiheit und Individualismus aufgestellt wird: Du bist frei, wenn du genau dorthin gehen kannst, wo du als Individuum hinwillst."[70] Dazu sei nur angemerkt: Aus unserer Arbeit als Raum-Fahrerinnen können wir dies bestätigen.

Diese Freiheit korreliert direkt mit dem durch Mobilität empfundenen Glück. Die Aufgabe der Stadt ist also, den Individualismus einerseits zu respektieren und in die Stadtentwicklung konstruktiv zu inkludieren, als auch zu hinterfragen – beispielsweise in Form von temporären Experimentierzonen. Das könnte zu Fragen führen wie: Ist es uns wirklich so wichtig, den eigenen Pkw vor unserem Haus abstellen zu können, oder legen wir mehr Wert auf einen ruhigen, gesunden und grünen Lebensraum, der uns womöglich noch glücklicher macht als der Parkplatz vor der Tür?

Entscheidend ist, dass wir verstehen, dass wir nicht im Stau stehen, sondern der Stau sind. Und dass die Freiheit vom und nicht durch das Auto womöglich eine wesentlich größere ist. So lässt sich feststellen, dass die Transformation unseres individuellen Mobilitätsverhaltens mit der Wandlung unseres Wertesystems einhergeht. Und diese geistige Beweglichkeit entsteht nur durch Selbst-Erfahrung dessen, was in unserem Glücksrad die reflektierenden Katzenaugen sind: die akteursübergreifenden Maßnahmenbündel.

Diese wesentliche körperlich-emotionale Erfahrung (wir könnten auch neuronale sagen), die wir in verkehrsberuhigten grünen Oasen, beim schnellen Wechsel von der Bahn auf das E-Bike oder durch Kunst in öffentlichem Raum haben können, stiftet plötzlich Sinn in dem Koordinatensystem unserer vier Wertdimensionen. So richten wir es neu aus. So ändern wir unser Verhalten. Das ist Selbstbewegung.

6.6.5 Mobilitätswende ist jetzt. Konkreter geht es nicht

Die mediale Dauerpräsenz einer technologiegetriebenen Mobilitätswende ist auf dreierlei Weise problematisch: Sie schafft eine Abstraktheit, die Mobilität zu einem nicht greifbaren, fachterminologisch aufgeladenen Thema wie dem Klimawandel macht. Zweitens wird der Anschein erweckt, die Stadt der Zukunft müsse in erster Linie digital sein, um adäquat auf die neuen Technologien zu reagieren. Diese zwei Phänomene haben, drittens, den Effekt, dass (politische) Maßnahmen für Verhaltensänderungen auf übermorgen verschoben werden, weil wir ja noch auf die neuen Antriebe und Flugtaxis warten müssen. Dazu lässt sich nach den Darstellungen dieses Kapitels das Folgende hinzufügen:

Tatsächlich ist Mobilität alles andere als abstrakt, sondern sehr konkret: ob es ein platter Fahrradreifen ist, die blöde Tür beim Arbeitgeber oder der plötzlich endende Radweg an einer Hauptverkehrsstraße. Wobei: Für die meisten Pendlerinnen in Deutschland ist es noch das morgendliche Stau-Ritual oder die nervenaufreibende Parkplatzsuche zum Feierabend. Die letzte Meile vom Bahnhof zum Reiseziel haben wir auch noch nicht gelöst. Wie lassen sich Familien-Logistiken ohne SUV organisieren und wie transportieren wir unseren Einkauf in Würde, wenn wir kein eigenes Auto haben?

Mobilität findet zwischen Wohnen, Arbeiten und Leben statt. Genau aus diesem Grund braucht es die Beteiligung aller diese drei Kontexte prägenden und gestaltenden Akteure, die wir in unserem Glücksrad adressierten. Denn sie beeinflussen unser Mobilitätsverhalten maßgeblich, ihre Kooperation birgt die Innovationsqualität, die wir für eine Mobilitätswende brauchen; nämlich eine ökosystemische.

Die Einbettung des Individuums in die verschiedenen (Akteurs-)Kollektive der Gesellschaft macht darauf aufmerksam, dass Mobilität in Zukunft vor allem vielfältig flexibel sein muss, damit sie die verschiedenen Bedarfe erfüllen kann. Mobilität ist, weil sie von lokalen und sozialen Parametern geprägt wird, hoch spezifisch und individuell. So wie jede Stadt ihre eigene Topografie, gewachsene Architektur, Wirtschaft und – um es ausdrücklich zu betonen – Kultur hat, ist auch die Ausgangssituation von Stadtbewohnerinnen, die sich in den vier Wertdimensionen Glück, Gesundheit, Kosten und Zeit spiegelt, im wörtlichen Sinne eigenartig. Urbane Lebensqualität ist folglich etwas, das wir im Individuellen ebenso wie im Gesellschaftlichen aktiv verhandeln müssen.

6.6.6 Urbanismus von allen Seiten: Warum uns die Stadt bewegt und wir sie

Aus der spürbaren Not, die bei der Bewusstwerdung der komplexen globalen Herausforderungen entsteht, werden wir als Mobilitätsberaterinnen oft gefragt: „Wer sind die Berater der Städte?" Und nach einem Augenzwinkern: „Etwa Sie?"

Nach der Lektüre dieses Buches können Sie die Frage nun auch beantworten: Es sind alle (Akteursgruppen), die urbane Mobilität betrifft. Betroffenheit im zweifachen Sinne eines Tangiert- oder Ausgesetzt-Seins wie auch des Verantwortlich-Seins.

Wir als interdisziplinäres Raum-Fahrer-Team von MOND können nur beziehungsschaffend vermitteln, moderieren und inspirieren und als zwischengeschalteter Reflektor die verschiedenen Elemente des Ökosystems der spezifischen Mobilität eines Stadtteils, Unternehmens- oder Bildungskontextes miteinbeziehen. In Sinne unseres AKKU-Prinzips der Analyse, Konzipierung, Kommunikation und Umsetzung bewirken wir durch unser Dazwischentreten im besten Fall das Zustandekommen einer Vereinigung von Gegensätzlichem[71]; einer neuen Einheit der Differenz.

Die Stadt der Zukunft nutzt also ihre Ressourcen in einem Netzwerkansatz der Co-Kreation zwischen Kunst und Kultur, Wissenschaft, Wirtschaft und Zivilgesellschaft. Sie muss das (Beziehungs-)Angebot sozialer Bewegungen wahrnehmen wie auch die Einladung aussprechen, sich persönlich zu involvieren. Die Bewegung des Urbanismus kommt von allen Seiten und muss es auch.

Und vielleicht ist die kollektive Selbst-Erfahrung das Verbindende, das wir als Gesellschaft wieder ernst nehmen sollten; nämlich, wie wir uns in unseren Städten fühlen. Denn das Wohlfühlen ist letztendlich unser Kompass für gesunde Städte. So individuell und unterschiedlich unsere Welten sind, so ähnlich sind wir uns als Lebewesen. Worin wir alle gleich sind, ist, dass wir uns wohlfühlen wollen. Das hat auch der ehemalige Bürgermeister von Bogotá, Enrique Penalosa, verstanden:

> „... ich habe versucht, die Stadt so zu verändern, dass in ihr der Respekt vor der menschlichen Würde mehr Geltung bekommt. Dass die Menschen in der Stadt vielleicht ein bisschen glücklicher werden. [...] Eine Stadt kann sehr viel dazu beitragen, Gleichheit und Glück zu ermöglichen."[72]

Was also angesagt ist, ist keine abwartende Konsenspolitik, sondern „bold moves". Städte und ihre Akteure sollten das Gemeinsame in der Verantwortung, die sie in einem nicht verhandelbaren Komplex aus gesellschaftspolitischen Drücken tragen, als Chance begreifen, soziale Innovationen zu entwickeln, die unsere Werte neu definieren.

Eine gesunde und klimaneutrale Stadt der Selbstbewegung ist daher für uns vielfältig:

- **Die regulierende Stadt:** Der Instrumentenkasten der kommunalen Verkehrswende wird in den kommenden Jahren nur in einer Einbahnstraße eingesetzt: der Verkehrsreduktion, der Verteuerung von Straßen- und Parkraumnutzung, der Neuzonierung zugunsten emissionsloser Verkehre und der Elektrifizierung des auszubauenden ÖPNV. Durch ein strengeres Planungsrecht schafft sie leistbaren Wohnraum in den Zentren und sorgt so für soziale Gerechtigkeit.
- **Die partnerschaftliche Stadt:** Die Stadt wird – je nach Größe – sich mit verkehrsinduzierenden Akteuren zusammensetzen. Viele sind in der Daseinsvorsorge z. B. im

Bereich Bildungs- und Gesundheitsverkehre im direkten Zugriff. Bei verkehrsinduzierenden Unternehmen wird es Mobilitätspatenschaften z. B. mit der IHK oder Handwerkskammer geben. Für Pendlerverkehre können durch neu ausgewiesene Flächen Werkswohnungen entstehen, die auch für kommunale Beschäftigte mehr und mehr kommen werden. Es können Kiez-Garagen entstehen, um nachverdichtete Quartiere zu entlasten. Mit Logistikunternehmen können Mikrodepots als Public Private Partnership entstehen – wie einiges andere an Infrastruktur.

- **Die beschaffende Stadt:** Die Stadt selbst beschafft Mobilitätsmittel und -dienstleistungen für ihre Infrastruktur, ihre Mitarbeitenden und ihren Nahverkehr. Das wird strategischer als der günstigste Preis bei Vergabeverfahren. Hier wird es zu spannenden Einkaufspolitiken kommen – die Nachhaltigkeit, Wartungsarmut und auch wieder kooperative Geschäftsmodelle in Verbindung mit Stadtwerken, ÖPNV und eigener Flotte ermöglichen.

- **Die versorgende Stadt:** Die Stadt vermeidet im Sinne der Folgenlosigkeit aktiv Mobilität, in dem sie in Nahversorgungs- und Naherholungsinfrastrukturen investiert, die ihre Autonomie und die ihrer verschiedenen Quartiere fördern (z. B. Urban-Farming- oder Gardening-Projekte, Gesundheitsdienstleistungen, Sport- und Spielplätze).

- **Die vernetzte Stadt:** Die Stadtbewohnerinnen sind nicht mehr auf private Fahrzeuge angewiesen, da das Verkehrsnetz dank der transparenten Verwendung von Bewegungsdaten dicht, verlässlich und eng getaktet ist. In einer solchen Stadt fließt der Verkehr.

- **Die analoge Stadt:** Die Straßen und Plätze der Stadt stehen ihren Bewohnerinnen zur Verfügung, sind Ort politischer Teilhabe, gesellschaftlicher Debatten sowie lebendiger Kultur und bergen Lücken, in denen Neues entstehen kann.

- **Die aktive Stadt:** Die Stadt privilegiert die aktiven Modi, indem sie eine hochwertige Wege- und Park-Infrastruktur bereitstellt und mithilfe eines digitalen Nahverkehrs mit multimodalen Mobilitätsstationen den intermodalen Verkehr fördert.

Die gesunde und klimaneutrale Stadt ist ständig in einer oszillierenden Bewegung zwischen Makro- und Mikrokosmos. Diese geistige Beweglichkeit ist die schöpferische Quelle der Stadt und ihrer Ökosysteme der sozialen Innovation.

7 Manifest der urbanen Mobilität für gesunde und klimaneutrale Städte

Die politischen, wissenschaftlichen, geschäftsmodellbezogenen und kulturell begründeten Forderungen unseres Manifests richten sich an sämtliche Akteure der urbanen Mobilitätsverhaltenswende und erfordern ihre Kollaboration mit dem Ziel der ökosystemischen Entwicklung sozialer Innovationen.

Als Manifest der Selbstbewegung beabsichtigt es die Übersetzung der geistigen Beweglichkeit in politisches, unternehmerisches, wissenschaftliches und zivilgesellschaftliches Handeln.

Fühlen Sie sich also durchaus angesprochen, wenn Sie die folgenden Apelle lesen.

I. **Macht Städte, lokale Unternehmen und Bildungsinstitutionen zu Mobilitätspartnern!**

    Schafft die Rush Hour ab; durch flexible Arbeitszeiten, Homeoffice und mobiles Arbeiten. Fördert mithilfe von Mobilitätsbudgets, (digitalen) Jobtickets und (co-finanzierten) Mobilitätsstationen multimodale Mobilität. Bietet Duschen und Spinde am Arbeitsplatz an und fördert so die aktiven Modi. Lasst den Schulunterricht zu unterschiedlichen Zeiten beginnen und ermöglicht Kinderrad-Abos.

II. **Schafft inklusive Formate der Beteiligung von Bürgerinnen!**

    Nutzt die Wünsche der Bürger und fokussiert nicht auf die Angst vor Widerständen. Ermöglicht (ständige) Bürgerräte, Stadtgremien, Expertenräte als *Places of Participation*. Initiiert Volksentscheide, gründet Stiftungen und Graswurzelbewegungen. Setzt Euch an Picknicktische und schafft ein gemeinsames Verständnis von individueller Freiheit als Emanzipation und Unabhängigkeit von endlichen Ressourcen, als soziale Selbstbewegung.

III. **Setzt auf kurze Wege in einer polyzentrischen Stadtentwicklung!**

    Denkt Wohnen, Arbeiten, Konsum, Nahversorgung und Naherholung wieder näher zusammen und priorisiert so den gesunden Fuß- und Radverkehr. Baut oder ermöglicht Werkswohnungen, Superblocks, Mikro-Depots oder Stadtfarmen und vermeidet so Mobilität. Traut Euch, klare Gestaltungsvorgaben zu formulieren und ein strengeres Flächenmanagement zu nutzen, um Eure Stadt grüner, gesünder und ruhiger zu machen.

IV. **Bildet „Mobility Data Sharing Communities"!**

Gewährt allen Akteuren gleichberechtigt und transparent Zugang zu sämtlichen erhobenen (Bewegungs-)Daten und schafft so Anreize für einen Wettbewerb um innovative, umweltfreundliche und nutzerfreundliche Mobilitätskonzepte. Setzt auf transparente Transformation und lasst alle an der Stadtentwicklung teilhaben.

V. **Ändert das Steuer- und das Straßenverkehrsrecht!**

Schafft das 20. Jahrhundert mit seinen Pendlerpauschalen und Privilegien für Diesel und Dienstwagen ab. Stellt die Steuerprivilegien um vom klimaschädlichen und unternutzten Verkehrsmittel auf klimaneutrale Mobilitätsarten der Selbstbewegung. Lasst die Städte selbst über ihr Tempo und ihren Rhythmus entscheiden.

VI. **Investiert in einen starken Umweltverbund!**

Priorisiert aktive und emissionsarme Mobilität in Form von städtischen Mobilitätsgesetzen und grünen Mobilitätsbudgets. Macht den ÖPNV zum Generalbass mit ansprechendem und hygienischem Waggon-Design, klugem Pricing und einem Hang zu selbstironischen Hymnen. Investiert in sichere und ästhetische Rad- und Fußwege und integriert Seilbahnen als luftig-leichte Lückenschließer. Baut ein dichtes digitales und physisches Netzwerk öffentlicher intermodaler Mobilität. Schafft das Mobilitätsangebot vor der Fertigstellung der Immobilien.

VII. **Baut multimodale und -funktionale Mobilitätsstationen!**

Denkt in radikaler Nutzungsmischung an Bahnhöfen, bei Arbeitgebern, in Wohnquartieren und auf öffentlichen Plätzen. Integriert Co-Working, Gesundheitsleistungen, Einzelhandel, Kultur, Gastronomie und Urban Gardening, Werkstätten und was und wie es Euch gefällt. Kreiert das Sharing 2.0 für die Lösung der ersten und letzten Meile und für Alltagsverkehre. Bietet eine Mobilitätsberatung für Quartiere und Nachbarschaften an, die den Menschen dabei hilft, die individuell sinnvollste Mobilitätslösung zu finden.

VIII. **Fördert Kunst und ihre Kollektive als Vordenkerinnen der Stadt der Zukunft!**

Integriert Künstlerinnen und Kulturschaffende in die Stadtentwicklung. Macht die Stadt zum Ausstellungs- und Spiel-Raum der in ihr lebenden schöpferischen Menschen. Schreibt Ideen-Wettbewerbe aus und fördert künstlerische Reflexions- und Lösungsansätze.

IX. **Schafft transdisziplinäre, analoge Orte der Kollaboration!**

Ruft Reallabore und Forschungscampusse, unabhängige Institute und Think Tanks ins Leben oder nutzt die Expertise der bestehenden. (Ver-)Traut Euch in Experimenten und Prototypen!

Testet Zero Emission Zones, Sommerstraßen, Pop-up-Bike-Lanes und temporäre Kulturräume und lernt aus diesen Erfahrungen.

X. **Fördert Interdisziplinarität in Forschung, Bildung und Qualifizierung!**

Kreiert neue (Schnitt-)Stellen für interdisziplinäre Berufe der Mobilität in Verwaltungen und Unternehmen und bildet Mobilitätsmanagerinnen aus. Vernetzt Architektur, Verkehrs- und Gesundheitswissenschaft sowie Informatik mit Soziologie, Design und Kulturwissenschaft. Und fangt damit bereits in der Grundschule an.

XI. **Co-kreiert einen aktivierenden, grünen und ästhetischen öffentlichen Raum!**

Schafft Spiel-, Sport- und Bewegungs-Räume und Orte der Inspiration, Erholung, Ruhe, Sicherheit, des sozialen Austausches und sichert so die physische und mentale Gesundheitsvorsorge. Pflegt das Gemeinsame und Nachbarschaftliche und zelebriert das Heterotope. Achtet auf Kinder und Senioren, die durch ihren besonderen Bedarf uns darauf hinweisen, ob wir uns wohlfühlen – und der Kompass für eine lebenswerte Stadt sind.

XII. **Feiert das Lokale und Regionale!**

Respektiert die lokalen und kulturellen Besonderheiten und integriert sie und die Region in die Entwicklung von ganzheitlichen Mobilitätskonzepten. Belebt die (historischen) Zentren durch die Umwidmung von Autostellplätzen in verkehrsberuhigte Zonen, ein strengeres Stadtteilmanagement und ermöglicht Gestaltungslücken, Kontinuität und Co-Kreation. Entwickelt daraus Eure eigenen, gemeinsamen Narrative.

Bewegt Euch. Selber!

Danksagung

- Unser großer Dank gilt unseren Flugbegleiterinnen, Ermöglichern und unserem inspirierenden Ökosystem von Mobilitäts-, Immobilien-, Gesundheits- und Stadtentwicklung, die uns beim Buch direkt und indirekt unterstützt haben:

    Hier vor allem unserem ersten Kunden und inspirierenden Motivator *Michael Schmutzer*, Unternehmer, New Work-Experte und Gründer von Design Offices, unserem ersten kooperierenden Rad-Ikonen-Hersteller; *Jörg Schindelhauer und Martin Schellhase*, unserem rechtlichen und marktlichen Begleiter *Ulf Blume*, all unseren Raum-Fahrern von MOND, allen voran unseren Freunden *Peter-John Mahrenholz, Friedrich von Borries, Simon Kassner, Wilko Hoffmann*.

- Vielen wissenschaftlichen Kolleg*innen, die uns in den letzten Jahren in unserem „Salon für Urbane Mobilität" begleitet haben, wie die Universität der Künste Berlin, Technische Universität Berlin, Zeppelin Universität, Karlshochschule, Alexander von Humboldt Institut für Internet & Gesellschaft, HfBK Hamburg, Wirtschaftsuniversität Wien u. v. m.

- Dazu kommen unzählige Vereine, Verbände, Netzwerke und Medien, die in weiterem Sinne Einfluss in dieses Buch gefunden haben: IHK Netzwerk Unternehmensverantwortung Berlin, StadtManufaktur Berlin, Bundesverband Nachhaltige Wirtschaft, NAICE, KU Kreatives Unternehmertum, Ziegler Metall, Pironex, El Leasing, VSF e. V., Deutscher Franchise-Verband, VDA/IAA Mobility sowie die Magazine „brand eins", „enorm" und „Autoflotte", in denen wir in den vergangenen Jahren regelmäßig Kolumnen schreiben durften, die auch hier eingeflossen sind.

- Vielen nationalen wie internationalen Konferenzen der letzten knapp 10 Jahre, zu denen wir eingeladen wurden, um über die beweglichere Mobilitätswende und die Neue Fahrlässigkeit mit Impulsen in die Diskussion zu gehen.

    Und wir danken allen Teilnehmerinnen und Teilnehmern unseres „Salons für Urbane Mobilität" in Berlin-Mitte – vom ADAC, ADFC bis TÜV und Verkehrssicherheitsrat bis hin zu ÖPNV-Vertreter*innen, Deutsche Bahn (u. a. Smart City) oder anregenden Wissenschaftler*innen wie Prof. Dr. Stephan Rammler.

- Wir danken zudem allen unseren Kunden – im *BICICLI Concept Store*, bei der *BICICLI Cycling Solutions* für unser Dienstrad- und Radflotten-Angebot sowie unserer *Mobilitätsberatung MOND* –, die mit uns schon früh auf eine klimaneutrale Mobilität und Stadtentwicklung gesetzt haben. Eine Auswahl dieser pionierhaften Kunden und Projekte findet sich unter: *www.mond.org*.

- Unserem unerschrockenen, klugen, loyalen, agilen wie beständigen Team von Werkstatt bis Wissenschaft aus hoch professionellen, hart arbeitenden, voraussichtigen und so verschiedenen Herzensmenschen, ohne deren Vertrauen und Gestaltungskraft unser Unternehmen nicht aufgeblüht wäre und ohne die wir nicht so viel und laut gelacht hätten – und ohne deren Entlastung uns das Buch nie gelungen wäre.
- Wir danken natürlich dem Hanser Verlag, der Vertrauen in dieses Thema gesetzt hat, bevor es ohnehin klar war, dass es durch Pandemie, Krieg und Bundesverfassungsgerichtsurteile zum Klimaschutz gesellschaftlich relevant ist.

  Hier war Elisabeth Heueisen vom Hanser Verlag nach Lektüre eines Beitrags in „brand eins" die Impulsgeberin, das Buch mit ihrem Verlag zu machen, und mit unserem wichtigsten Umsetzer, Volker Herzberg, der uns mit seinem tollen Team hochmotivierend, tiefenentspannt und sehr mitschwingend zu jeder Zeit unterstützt hat.
- Ansonsten wäre es nur noch uns gegenseitig zu danken, denn Ko-Autor*innenschaft ist ja wie Tandem-Radeln: Es braucht denselben Rhythmus, Abstimmung über das Reiseziel, und mal sitzt der eine oder mal die andere vorn und lenkt.

Dank persönlich (Stephan A. Jansen)

Ich danke meiner Tochter Pauline für die Cover-Beratung und die vielen Gespräche, wie Schulbesuchende in Brandenburg Mobilität erleben – und wie Schulen damit umgehen.

Weiterhin danke ich meinem privaten Umfeld und den Katern, die sich verlässlich schläfrig über die Texte und Tastatur gelegt haben. Und das zu meinen Kernarbeitszeiten, wo es auf den Straßen ruhig ist, und ich dann ruhig ausschlafen darf, wo es draußen bewegter ist.

Dank persönlich (Martha Marisa Wanat)

Mein tiefer Dank für die Entstehung dieses Buches gilt:

Alex, für die provozierend-liebevolle Vogelperspektive und die gemeinsame Verwurzelung, ohne die ich meine Schritte in die Luft nicht tun würde.

Vanessa, für die mich wesentlich tragende Güte, die weise Reflektion und die ehrliche Wertschätzung meines Schreibstils.

Roman, für die wunderbar stützende und schützende Ergänzung in unserer Arbeit, durch die ich in jeder Transformation etwas Fundamentales finde: Sicherheit und unbedingtes Vertrauen.

Alexander, für das Musische in Klang, Bild und Wort, aus dem ich so viel schöpfe und das in diesem Buch zwischen den Zeilen steht.

Meiner Familie mit ihrem Respekt und ihrer Begeisterung für mein eigensinniges Schaffen, den Glauben an die Frucht ehrlichen Handwerks und die Gesten der Verbundenheit in der finalen Kreationsphase meines ersten Buches.

Endnoten

Endnoten Kapitel 1

1. Borja, S.; Courty, G.; Ramadier, T.: Die Mobilitätsfalle. In: Edition Le Monde diplomatique N° 28, Die Mobilität und ihre Zukunft, S. 7, 2021
2. So die Zahlen vor dem Urteil laut Umweltbundesamt 2015. Aktuell: https://www.umweltbundesamt.de/themen/klima-energie/treibhausgas-emissionen/emissionsquellen#energie-verkehr [12.12.2021]
3. Vgl. Studie Umweltbundesamt 2021, Studienübersicht vom 27.10.2021: https://www.umweltbundesamt.de/themen/verkehr-laerm/nachhaltige-mobilitaet/e-scooter#sind-e-scooter-umweltfreundlich [8.11.2021] oder https://www.nationalgeographic.de/umwelt/2022/01/warum-e-scooter-dem-klima-mehr-schaden-als-nuetzen?utm_source=pocket-newtab-global-de-DE [12.01.2022]
4. Jansen, S.A.: Nachhaltigkeit nachhaltiger Mobilität. Kolumne, in: Autoflotte 6/2021, S. 20–21
5. Bretzel, J. im Interview mit Kleeberg, Ch., in: Süddeutsche Zeitung, 14. Juli 2021, Serie „Ein Anruf bei …"
6. Schulte, U.: Teslas sind öde Autos. Poschardt zur Mobilitätswende, in: TAZ, 02.07.2021, https://taz.de/Ulf-Poschardt-zur-Mobilitaetswende/!5779417/ [08.11.2021]
7. https://assemblestudio.co.uk
8. ADFC steht für Allgemeiner Deutscher Fahrrad Club
9. Bundesverfassungsgericht 2021: Pressemitteilung Nr. 31/2021 vom 29. April 2021 und zur Begründung genauer unter der URL: https://www.bundesverfassungsgericht.de/SharedDocs/Entscheidungen/DE/2021/03/rs20210324_1bvr265618.html;jsessionid=3CBB8E170D53255686695183C9624B21.2_cid377 [10.11.2021]
10. Zusammenstellung von Mobiko, Stand: Juni 2021
11. Darstellung nach Umweltbundesamt 2021
12. Darstellung von Umweltbundesamt 2021
13. Heinrich-Böll-Stiftung: Mobilitätsatlas 2019. S. 31, 2019, Erhebung durch Infras
14. Adli, M.: Stress and the City. München 2017, S. 97
15. Koch, Ch.: Wie bewegen wir uns in Zukunft? In: GEO 11/2020
16. Reimer, N.; Staud, T.: Deutschland 2050. Köln 2021, S. 145
17. Vgl. hier https://www.thelancet.com/journals/lancet/article/PIIS0140-6736(20)32290-X/fulltext [12.12.2021]
18. Bild aus dem „Lancet Countdown on Health and Climate Change 2020" von 120 internationalen Forscherinnen und Forschern der Weltgesundheitsorganisation und Weltbank: https://www.thelancet.com/journals/lancet/article/PIIS0140-6736(20)32290-X/fulltext [12.12.2021]
19. Vgl. Studien und Erhebungen unter https://www.thelancet.com/gbd [21.08.2020]
20. Xiao, W.; Rachel, C.N. et al.: Exposure to air pollution and COVID-19 mortality in the United States. 2020, https://projects.iq.harvard.edu/files/covid-pm/files/pm_and_covid_mortality.pdf [21.08.2020]
21. https://www.who.int/teams/health-promotion/enhanced-wellbeing/healthy-settings [10.11.21]
22. Beyer, S.; Knöfel, U.: Die Zukunft muss städtisch sein. Interview mit Friedrich von Borries, in: DER SPIEGEL, 27.10.2020, S. 125
23. Zu einem Podcast von Muck Petzet mit dem Autoren Stephan A. Jansen geht es hier: https://www.diearchitekten.org/top-menue/fuerberufseinsteiger/aip-seminare/detail/noch-gut-graue-energie/ [12.01.2022]
24. Lenzen, M.: Nur nicht vom Land träumen. In: FAZ, 14.07.2017
25. Daten nach Eurostat 2019
26. Maak, N.: Das Ende der Stadt, wie wir sie kannten. In: FAZ, 25.01.2021, S. 13
27. Der Begriff Hortitecture meint eine Architektur, die Bäume und Pflanzen als integralen Bestandteil von Gebäuden versteht. Ein prominentes Beispiel ist der „Bosco Verticale" (vertikaler Wald) in Mailand.
28. Willenbrock, H.: Die gestresste Stadt. In: brand eins, 12/2020

[29] Siehe *https://www.sueddeutsche.de/wirtschaft/usa-arbeitsmarkt-corona-kuendigungen-1.5439690* [12.11.2021]
[30] Jansen, S.A.: Purpose oder Pose? Kolumne, in: brand eins, 12/2021, S. 76–77
[31] Siehe *https://de.statista.com/statistik/daten/studie/165937/umfrage/meinung-zum-pendeln-zum-arbeitsplatz-im-jahr-2010/#professional* [12.12.2021]
[32] Darstellung vom Institut der deutschen Wirtschaft, Köln 2017: EWCS 2015, 28.230 abhängig Beschäftigte aus EU-Staaten
[33] Müller, M.U.: Eine App gegen 560 Millionen Stunden Parkplatzsuche. Netzwelt-Newsletter, in: DER SPIEGEL, 19.10.2020, *https://www.spiegel.de/netzwelt/apps/park-now-eine-app-gegen-560-millionen-stunden-parkplatzsuchen-a-56f455ce-5106-4ab1-ad0b-1ff3cff806cd* [11.11.2021]
[34] Han, B.-Ch.: Digitale Rationalität und das Ende des kommunikativen Handelns. Berlin 2013; und Rauterberg, H.: Wir sind die Stadt! Urbanes Leben in der Digitalmoderne. Berlin 2013, S. 12–13
[35] Bild: San Francisco, Stockton Street, August 2007: *https://la.streetsblog.org/2009/12/22/a-brief-history-of-san-francisco-critical-mass/* [18.11.2021]
[36] London: *https://www.pinterest.de/pin/31243791140306678/* und Ohio: *https://www.greaterohio.org/blog/2019/9/18/parking-day-looks-to-celebrate-highlight-creative-new-ideas-for-public-spaces* [12.12.2021]
[37] *https://www.capitolhillseattle.com/2015/06/mayor-murray-set-to-unveil-rainbow-crosswalks-on-capitol-hill/7040 29_548749025135129_1536156558_o/* [18.11.2021]
[38] Heinrich-Böll-Stiftung: Mobilitätsatlas 2019. November 2019, S. 49
[39] Siehe Infas, Motiontag, WZB: Verkehr gewendet? Ergebnisse aus Beobachtungen per repräsentativer Befragung und ergänzendem Mobilitätstracking bis Ende Juni, Ausgabe 31.07.2020, S. 9–10 [21.08.2020]
[40] Statista: 30 Millionen Teilnehmer (über Mobilfunkgeräte) mit Distanzen über 50 Kilometer als symmetrischer gleitender 7-Tage-Durchschnitt. 2019 bis 2021
[41] Jansen, S.A.: Körper-Sinne. Kolumne, in brand eins, 08/2021, S. 76–77
[42] Schuler, J.: Die Auswirkungen von COVID 19 auf die Mobilität nach Corona. Studie. 2021
[43] Mobility Institute Berlin: Wie weiter nach dem Lockdown? Ein Handlungsleitfaden. Berlin 2020
[44] Siehe Infas, Motiontag, WZB: a.a.O. 2020
[45] Hier Baustein 7 des Umweltbundesamtes: *https://www.umweltbundesamt.de/sites/default/files/medien/366/dokumente/uebersicht_bausteine_klimavertraeglicher_verkehr_kliv.pdf* [19.11.2021]
[46] Vgl. Jansen, S.A.: Post-Pandemisches Pendeln. Kolumne, in Autoflotte, 03/2021, S. 22–23; sowie Bönig, B.: Shared Mobility. Köln März 2021
[47] Zu den Zahlen und den Empfehlungen des Umweltbundesamtes vom Oktober 2021: *https://www.umweltbundesamt.de/sites/default/files/medien/366/dokumente/uba-kurzpapier_dienstwagenbesteuerung_kliv.pdf* [01.11.2021]
[48] Zahlen aus der Analyse der WirtschaftsWoche: *https://gruender.wiwo.de/dance-vorschusslorbeeren-fuer-das-e-bike-abo/* [10.10.2021]
[49] Henry, A.: Baut mehr Radwege! Elinor Ostrom im Gespräch, in: WirtschaftsWoche, 24. Oktober 2009
[50] Studie vom Berliner Mercator Research Institute on Global Commons and Climate Change (MCC): *https://www.sueddeutsche.de/gesundheit/pop-up-radweg-fahrrad-studie-zahlen-berlin-mcc-daten-1.5252371* [10.06.2021]
[51] Siehe zu den Zahlen z.B.: *https://www.autozeitung.de/stau-ranking-deutschland-195922.html* [20.09.2021]
[52] Schneidemesser, D.; Betzien, J.: Local Business Perception vs. Mobility Behavior of Shoppers: A Survey from Berlin. Transport Findings, 2021 online: *https://doi.org/10.32866/001c.24497* [12.12.2021]

Endnoten Kapitel 2

[1] Zitat aus Interview der NZZ vom 04.06.2012 mit Katja Kullmann, *https://www.nzz.ch/feuilleton/kunst_architektur/vom-wachsen-und-sterben-der-staedte-1.17164355* [21.11.2016]
[2] Simmel, G.: Die Grossstadt. Vorträge und Aufsätze zur Städteausstellung, in: Petermann, Th. (Hrsg.): Jahrbuch der Gehe-Stiftung Dresden Band 9. Dresden 1902, S. 185 ff.
[3] Benjamin, W.: Städtebilder. Frankfurt/Main 1963
[4] Friedmann, J.: The Prospect of Cities. Minneapolis, London 2002
[5] Hier sei nur einer der vielen Kulturklassiker zur Geschichte der Stadt von Leonardo Benevolo empfohlen, der Leben und Geist in den Städten vergnüglich seit der ersten Auflage 1975 beschreibt – auf überschaubaren 1067 Seiten mit 1649 Abbildungen.
[6] Vgl. als Überblick: Löw, M.: Soziologie der Städte. Berlin 2012, S. 24 ff. und 49 ff.
[7] Friedman, Th. L.: The World is Flat: A Brief History of the Twenty-first Century. New York 2005. Florida, R.: The Rise of the Creative Class. And How It's Transforming Work, Leisure and Everyday Life. New York 2002. Florida, R.: The Flight of the Creative Class: The New Global Competition for Talent. New York 2005

[8] Für viele: Fuchs, G.; Moltmann, B.; Prigge, W. (Hrsg.): Mythos Metropole. Frankfurt a. M. 1995. Häußermann, H.: Es muss nicht immer Metropole sein. In: Matejovski, D. (Hrsg.): Metropolen. Laboratorien der Moderne. Frankfurt, New York 2000, S. 67 – 79. Sassen, S.: Global City. Einführung in ein Konzept und seine Geschichte. In: Peripherie 81/82. 2001, S. 10 – 31. Dies.: Metropole: Grenzen eines Begriffs. In: Siebel, W. (Hrsg.): Die europäische Stadt. Frankfurt a. M. 2004

[9] Schäfer, Ch.: Die Stadt ist die Fabrik. Leipzig 2010, S. 295

[10] Nassehi, A.: Dichte Räume. Städte als Synchronisations- und Inklusionsmaschinen. In: Löw, M. (Hrsg.): Differenzierung im Städtischen. Opladen 2002, S. 212

[11] Vgl. Reif, H.: Metropolen – Geschichte, Begriffe, Methoden. In: CMS Working Paper Series, No. 001-2006, Berlin, mit Bezug auf die Statistiken von Chandler; Fox: 1974, S. 11 – 20

[12] Vgl. hierzu die Diskussion und die Quellen in Jansen, St. A.: Magnetismus der Metropole als Stätte der Kreativen. Ein Überblick bildungs-, migrations-, politikökonomischer Analysen zur Dynamisierung von Metropolen. In: Jansen, St. A.; Schröter, E.; Stehr, N.(Hrsg.): Rationalität der Kreativität. Unter Mitarbeit von Huchler, A., Wiesbaden 2009, S. 67-92. Sowie in dem hier maßgeblich zugrundeliegenden Beitrag von Jansen, St. A.: Magnetismus der Metropole: Über die Anziehungskraft von beweglichen Städten und die Innovationskraft aus intersektoraler Beziehungsfähigkeit. In: Kursbuch 190. 2017

[13] Vgl. Reif a. a. O., S. 6

[14] Ebd. mit Bezug auf Zahlen von Chandler; Fox: 1974, S. 322-328, 337-339, S. 8

[15] Siehe zu den geschichten- und bildererzeugenden Band: Space 10: The Ideal City. Berlin 2021

[16] https://www.bmi.bund.de/SharedDocs/downloads/DE/veroeffentlichungen/2020/eu-rp/gemeinsame-erklaerungen/neue-leipzig-charta-2020.pdf?__blob=publicationFile&v=6 [10.11.2021]

[17] Bartetzky, A.: Sanfte Worthülsen. In: FAZ, 06.01.2021, S. 9

[18] Neue Leipzig Charta 2020, a. a. O., S. 6

[19] Vgl. Friedman 2005 a. a. O.

[20] Florida, R.: Who's Your City? How the Creative Economy Is Making Where to Live the Most Important Decision of Your Life. New York 2008, S. 4

[21] Florida, R.: Cities and the Creative Class. New York 2005

[22] Vgl. zur Übersicht Jansen 2009 a. a. O.

[23] Benton-Short, L. et al.: Globalization from Below: The Ranking of Global Immigrant Cities. In: International Journal of Urban and Regional Research, 29/4, 2005, S. 953

[24] Saunders, D.: Arrival City: über alle Grenzen hinweg ziehen Millionen Menschen vom Land in die Städte – von ihnen hängt unsere Zukunft ab. München 2012

[25] Davis, M.: Planet der Slums. Berlin 2007

[26] Ebd. Maak 2020 a. a. O.

[27] Siehe zum Fall von Toronto u. a. Lindner, R.: Alphabet begräbt Pläne für Smart-City. In: FAZ, 09.05.2020, S. 23; Maak, N.: Google-Stadt ist abgebrannt. In: FAZ, Nr. 109, 11.05.2020, S. 9

[28] https://smart-city-berlin.de/strategie, 06/2021 [21.11.2021]

[29] Beitrag unter: https://www.youtube.com/watch?v=xOOWk5yCMMs [04.03.2017]

[30] Byung-Chul Han: Digitale Rationalität und das Ende des kommunikativen Handelns. Berlin 2013

[31] Banksy: One Nation Under CCTV by Banksy off Oxford Street. Central London, Westminster Council, copyright artofthestate.co.uk 2008

[32] Alle Studien aus: Akademie der Künste: Urbainable, a. a. O. 2020

[33] Bjolgerud, T. et al.: Does active commuting attenuate the association between adipositas and mortality? 26th European Congress on Obesity, Abstract IS 2.04, 2019, online unter: https://drive.google.com/file/d/1y8VCJLu0ef8tGq7T5Sl7aEjNIQeiK4kC/view [23.11.2021]

[34] Patterson, R. et al.: Associations between commute mode and cardiovascular disease, cancer, and all-cause mortality, and cancer incidence, using linked Census data over 25 years in England and Wales: a cohort study. Lancet Planet Health, 4, 2020, S. 189. https://www.thelancet.com/pdfs/journals/lanplh/PIIS2542-5196(20)30079-6.pdf [23.11.2021]

[35] Wild, K.; Woodward, A.: Why are cyclists the happiest commuters? Health, pleasure, and the e-bike. In: Journal of Transport & Health, 4, 2019. https://www.sciencedirect.com/science/article/abs/pii/S2214140518305255?via%3Dihub [23.11.2021]

[36] Gerpott, F. H.; Rivkin, W.; Unger, D.: Stop and Go, Where is My Flow? How and When Daily Aversive Morning Commutes are Negatively Related to Employees' Motivational States and Behavior at Work. Journal of Applied Psychology. http://dx.doi.org/10.1037/apl0000899

[37] Hinweis in eigener Sache: Der Ko-Autor Stephan A. Jansen ist Mitinitiator und Gründungskoordinator des DUCAH.

[38] https://ec.europa.eu/info/sites/default/files/research_and_innovation/funding/documents/ec_rtd_mission-cities-citizens-summary_de.pdf [23.11.2021]

[39] https://blog.wwf.de/deutsche-staedte-klimaschutz/ [23.11.2021]

[40] Im Interview mit Willenbrock, H. im Magazin brand eins, 2014, *https://www.brandeins.de/magazine/brand-eins-wirtschaftsmagazin/2014/genuss/die-menschen-in-bewegung-setzen* [21.11.2021], und zu einem Einblick: Gehl, J.: Städte für Menschen. Berlin 2015
[41] Zur Organisation von gut 50 Städten (Stand: 2020) *https://globalparliamentofmayors.org*
[42] Hier als Download: *https://uploads.habitat3.org/hb3/NUA-English.pdf* [23.11.2021]
[43] Siehe hier die Internetpräsentanz: *https://www.c40.org/about-c40/* [23.11.2021]
[44] Der Schwerpunkt hier: *https://www.c40.org/what-we-do/scaling-up-climate-action/transportation/*
[45] Die Deklaration hier: *https://www.c40.org/declarations/green-healthy-streets-declaration/* [23.11.2021]
[46] Gehl, J.: a. a. O. 2014
[47] Kaltenbrunnen, R.; Jakubowski, P.: Die Stadt der Zukunft. Berlin 2018, S. 100
[48] Zitiert in: The European, 21.3.2014
[49] Deutsches Mobilitätspanel (MOP): Wissenschaftliche Begleitung und Auswertungen, Bericht 2019/2020: Alltagsmobilität. S. 35, *https://mobilitaetspanel.ifv.kit.edu/downloads/Bericht_MOP_19_20.pdf*; eigene Darstellung
[50] Urbainable, a. a. O.
[51] Modal Split als Visualisierung. In: von Borries, F.; Kasten, B.: Globalopolis. Frankfurt am Main 2019, S. 81
[52] Nobis, C.; Kuhnimhof, T.: Mobilität in Deutschland – MiD Ergebnisbericht, Studie von Infas, DLR, IVT und Infas 360 im Auftrag des Bundesministeriums für Verkehr und digitale Infrastruktur. Februar 2019, *http://www.mobilitaet-in-deutschland.de*
[53] Heinrich-Böll-Stiftung: Infrastruktur-Atlas. 2020, S. 19;
[54] Krüger, K.: Die Stadt als Archipel. Interview mit Boeri, St., in: FAZ, 04.01.2021, S. 11
[55] Nobis, C.; Kuhnimhof, T.: Mobilität in Deutschland – MiD Ergebnisbericht, Studie von Infas, DLR, IVT und Infas 360 im Auftrag des Bundesministeriums für Verkehr und digitale Infrastruktur. Februar 2019, *http://www.mobilitaet-in-deutschland.de, https://uploads.habitat3.org/hb3/NUA-English.pdf*
[56] Koch, Ch.: Geo Spezial Mobilität
[57] Rohwetter, M.: Platz da! In: DIE ZEIT, Nr. 20, 09.05.2019, S. 25–26
[58] Vgl. Urbainable, S. 24
[59] Heinrich-Böll-Stiftung: Infrastruktur-Atlas. 2020, S. 18
[60] Siehe zu einer Studie der *Agora Verkehrswende, https://www.agora-verkehrswende.de/fileadmin/Projekte/2017/Parkraummanagement/Parkraummanagemet-lohnt-sich_Agora-Verkehrswende_web.pdf*
[61] Nobis, C.; Kuhnimhof, T.: a. a. O. 2019
[62] Zitiert aus Adli, M.: a. a. O., S. 98
[63] Urbainable, S. 27
[64] Adli, M.: a. a. O., Kapitel 7
[65] Beispiele aus Maak, N.: Abschied vom Lenkrad. In: FAZ, 24.04.2021, S. 9
[66] Bracher, T. et al.: Grundlegender Änderungsbedarf im Straßen- und Straßenverkehrsrecht. Berlin 2019
[67] Grafiken: mcs, Süddeutsche Zeitung, Studie und Kommentar: Andor, M. A.; Gerster, A.; Gillingham, K. T.; Horvath, M.: Running a car costs much more than people think – stalling the uptake of green travel. 20.04.2020, *https://www.nature.com/articles/d41586-020-01118-w* [04.11.2021]
[68] Zur Studie und den Berechnungsgrundlagen hier: *https://nationaler-radverkehrsplan.de/de/aktuell/nachrichten/fahrrad-hat-gesamtgesellschaftlichen-nutzen-von-30* [17.10.2021]
[69] Eine frühe Übersicht in: Becker, U.; Becker, Th.; Gerlach, J.: Externe Autokosten in der EU-27. Überblick über existierende Studien. Dresden 2012
[70] Siehe Kommentar von Ebbinghaus, U.: Was ist, wenn der Preis lügt? In: FAZ, 30.11.2018, S. 9
[71] Adli, M.: a. a. O, S. 80
[72] Lessing, H. E.: Das Fahrrad. Eine Kulturgeschichte. 5. Auflage, Stuttgart 2020
[73] Siehe hierzu den Beitrag zu den „Frauen, die die Mobilität verändern", „Zum Internationalen Frauentag: Sieben Visionärinnen im Kurzportrait" von Reidl, A., 2020, auf Riffreporter, *https://www.riffreporter.de/de/gesellschaft/frauen* [23.06.2020]
[74] Ramboll: Gender and (Smart) Mobility. Green Paper. März 2021
[75] Klaas, K.: Mobilität von Frauen für Frauen: Warum eine ökologische Verkehrswende auch feministisch sein muss. VCD, 05.02.2021, *https://www.vcd.org/service/presse/pressemitteilungen/feministische-verkehrspolitik/* [06.02.2021]
[76] *https://www.sinus-institut.de/media-center/presse/sinus-milieus-2021* [01.12.2021]
[77] Carsten, St.: Mobility Report 2021. Zukunftsinstitut, Frankfurt 2020
[78] Ebd.
[79] Ein Überblick über die Daten findet sich hier: *https://www.sueddeutsche.de/auto/fahrtests-senioren-auto-fuehrerschein-1.4318879* [21.11.2021]
[80] Abbildung aus Nobis, C.; Kuhnimhof, T.: a. a. O.

[81] infas, DLR, IVT und infas 360: Mobilität in Deutschland (im Auftrag des BMVI). 2018, S. 35; online: *www.mobilitaet-in-deutschland.de/pdf/MiD2017_Ergebnisbericht.pdf*; eigene Darstellung
[82] MOBICOR: Mobilitätsreport 12/2020, siehe v. a. S. 19
[83] BNP Paribas: Last Mile Logistik. 2020, *https://www.realestate.bnpparibas.de/blog/logistik/last-mile-logistik-die-nicht-vorhandene-assetklasse* [08.12.2020]
[84] Basierend auf der Einschätzung von Bogdanski, R.: Nachhaltige Stadtlogistik: Warum das Lastenfahrrad die letzte Meile gewinnt. München 2019. Laut einer früheren Studie von Cycle Logistics sind sogar über 50 Prozent denkbar.
[85] Siehe *www.cyclelogistics.eu* [21.12.2020]
[86] Siehe dazu die Pressemitteilung: *https://www.berlin.de/sen/uvk/presse/pressemitteilungen/2018/pressemitteilung.706285.php* [12.11.2021]
[87] Ilgeman, G.; Polatschek, K.: Illusionen behindern die Verkehrswende. In: FAZ, 16.10.2020, S. 16
[88] Gehl, J. in: Willenbrock: a. a. O. 2014
[89] BMVI: Investitionsrahmenplan 2019–2023 für die Verkehrsinfrastruktur des Bundes. 2020, S. 12
[90] Allianz pro Schiene: Studie BMVI; BMK (Österreich); Verband öffentlicher Verkehr (Schweiz); Eidgenössische Finanzverwaltung, August 2021
[91] Siehe zu den Ausführungen Kurlemann, R.: Was darf ein Parkplatz kosten? 18.11.2021, Riffreporter, *https://www.riffreporter.de/de/gesellschaft/bewohnerparkausweis-gebuehren-staedte* [18.11.2021]
[92] Siehe zur Statistik Urbainable, S. 27
[93] Reidl, A.: Fußwege aufräumen – Wild-West-Parken abschaffen. Riffreporter, Busy Streets, 13.11.2021, *https://www.riffreporter.de/de/gesellschaft/fussverkehr-verbessern-menschengerechte-stadtplanung-verkehrswende* [21.11.2021]
[94] Heinrich-Böll-Stiftung: Infrastruktur-Atlas 2020. S. 18
[95] Basierend auf *https://www.riffreporter.de/busystreets-koralle/fixmyberlin/* [12.12.2021]
[96] Aldred, R.; Crosweller, S.: Investigating the rates and impacts of near misses and related incidents among UK cyclists. In: Journal of Transport & Health, Volume 2, Issue 3, September 2015, S. 379–393
[97] Andor, M. A. et al.: Präferenzen und Einstellungen zu vieldiskutierten verkehrspolitischen Maßnahmen: Ergebnisse einer Erhebung aus dem Jahr 2018. Heft 131, Essen 2019, Abbildung S. 8, *http://www.rwi-essen.de/media/content/pages/publikationen/rwi-materialien/rwi-materialien_131.pdf* [12.12.2021]
[98] Siehe dazu: *https://www.umweltbundesamt.de/sites/default/files/medien/366/dokumente/uebersicht_bausteine_klimavertraeglicher_verkehr_kliv.pdf*
[99] Simon Borja, Guillaume Courty und Thierry Ramadier (2021): Die Mobilitätsfalle. In: Edition Le Monde diplomatique N° 28, Die Mobilität und ihre Zukunft, S. 7.

Endnoten Kapitel 3

[1] Das Spaltmaß ist der Abstand zwischen zwei benachbarten Bauteilen. Er ist etwa im Maschinen- oder Karosseriebau von Bedeutung. Im Karosseriebau gelten geringe Spaltmaße an Türen oder Haubendeckeln als Qualitätsmerkmal sowie als Faktor für einen geringen Luftwiderstand.
[2] Petersen, T.: Ein Land der Autofahrer. 17.08.2017, *https://www.faz.net/aktuell/stil/drinnen-draussen/allensbach-untersuchung-ein-land-der-autofahrer-15152162.html* [12.12.2021]
[3] Siehe zu den Studien hier die Zusammenfassung der Heinrich-Böll-Stiftung 2021: *https://www.boell.de/sites/default/files/2021-12/18_Gruene-Ordnungspolitik_Transformation-der-Automobilindustrie.pdf?dimension1=division_wf* [12.12.2021]
[4] Die Geschichte nochmals gut recherchiert von Dohmen, F.; Hage, S.: Gelber Weckruf. DER SPIEGEL, 13. August 2016, S. 58 ff.
[5] Heinrich-Böll-Stiftung: Ebd. 2021
[6] Studie zitiert in: Noch ist das Rennen um das Auto der Zukunft offen. FAZ, 17.2.2021, S. 21
[7] Siehe Interview in DIE WELT, *https://www.welt.de/print/die_welt/wirtschaft/article165774108/Die-Idee-der-Bad-Bank-soll-das-E-Auto-Dilemma-loesen.html* [12.12.2021]
[8] Aral: Studie Tankstelle der Zukunft, Mobilitätstrends 2040. Bochum 2018
[9] Vergleiche Bericht dazu von Schmidt, B.: Laden in der Lounge. In: FAZ, 04.01.2022, *https://www.faz.net/aktuell/technik-motor/technik/audi-eroeffnet-ladestation-fuer-elektroautos-in-nuernberg-17706634.html?GEPC=s9*
[10] Lessing, H.-E.: Das Fahrrad. Eine Kulturgeschichte. Stuttgart 2017
[11] Sinus-Institut: Der Fahrrad-Monitor 2021, Heidelberg 2021, *https://www.bmvi.de/SharedDocs/DE/Anlage/StV/fahrrad-monitor-2021.pdf?__blob=publicationFile* [12.12.2021]
[12] Wir verwenden Pedelec synonym für E-Bike bzw. ein Fahrrad mit elektrischer Unterstützung.
[13] Sinus-Institut: Der Fahrrad-Monitor 2021. a. a. O.

14 Rudolph, F.; Giustolisi, A.; Butzin, A.; Amon, E.: Branchenstudie Fahrradwirtschaft. Wuppertal, Gelsenkirchen 2020
15 Vergleich des Verkaufs neuer E-Bikes mit Neuzulassungen verschiedener Pkw-Konzepte in Deutschland 2008-2019. Quelle: KBA 2020 (Pkw); ZIV 2020 (E-Bikes). Grafik von Rudolph et al.: a. a. O. 2020, S. 20
16 Vgl. *https://nationaler-radverkehrsplan.de/de/forschung/schwerpunktthemen/lastenraeder-der-city-logistik* [12.12.2021]
17 *https://www.volkswagen-nutzfahrzeuge.de/de/elektromobilitaet/modelle/e-bike-cargo.html* [12.12.2021]
18 Mehr Fortschritt wagen – Bündnis für Freiheit, Gerechtigkeit und Nachhaltigkeit. Koalitionsvertrag 2021-2025 zwischen der Sozialdemokratischen Partei Deutschlands (SPD), BÜNDNIS 90/DIE GRÜNEN und den Freien Demokraten (FDP), S. 53
19 Der Nationale Radverkehrsplan 3.0 findet sich hier: *https://www.bmvi.de/SharedDocs/DE/Anlage/StV/nationaler-radverkehrsplan-3-0.pdf?__blob=publicationFile* [12.12.2021]
20 Studie zitiert hier: *https://www.spiegel.de/auto/corona-krise-beim-oepnv-obere-zehntausend-meiden-busse-und-bahnen-a-2a3cb014-54c0-4da3-92ed-f3d891a17388* [12.12.2021]
21 MOBICOR: Mobilitätsreport 12/2020, siehe v. a. S. 19
22 Koch: a. a. O. 2020, S. 54
23 Die Stellungnahme des VDV zitiert hier: *https://www.lvz.de/Leipzig/Lokales/365-Euro-Ticket-Experte-spricht-von-Debatte-im-Elfenbeinturm* [12.12.2021]
24 Die Dokumentation ist online und dort auch multimedial verfügbar: *https://www1.deutschebahn.com/resource/blob/3386518/499eff60e79898daeee546f8d75322d9/Ideenzug-Projektentwicklung-deutsch--data.pdf* [12.12.20021]
25 Koalitionsvertrag der deutschen Bundesregierung, a. a. O. 2021, S. 50-51
26 Darstellung vom Verband der Verkehrsunternehmen (VDV), 2016, *https://www.mobi-wissen.de/Finanzierung/Finanzierung* [12.12.2021]
27 kcw: Finanzierung des ÖPNV - Status quo und Finanzierungsoptionen für die Mehrbedarfe durch Angebotsausweitungen. Gutachten für Umweltbundesamt, Berlin 2019
28 Siehe zur Modellierung auch die Analyse vom DIFU, *https://difu.de/publikationen/2020/oepnv-infrastruktur-modell-der-nutzniesserfinanzierung* [12.12.2021]
29 Alle Informationen und Download der Studie: *https://www.vdv.de/verkehrswende-gestalten-gutachten-zur-finanzierung-der-leistungskosten-der-oeffentlichen-mobilitaet.aspx* [12.12.2021]
30 *https://www.dstgb.de/aktuelles/2021/novelle-personenbefoerderungsgesetz/* [12.12.2021]
31 Hier die Ausführungen auf SpringerProfessional von Köllner, Ch.: Dies sind die fünf Shared-Mobility-Trends 2021. 2020, *https://www.springerprofessional.de/mobilitaetskonzepte/corona-krise/dies-sind-die-fuenf-shared-mobility-trends-2021/18757082* [12.12.2021]
32 *https://www.zeit.de/mobilitaet/2019-08/leihautos-carsharing-verlustgeschaeft-staedte-studie?utm_referrer=https%3A%2F%2Fgoogle.com%2F* [12.12.2021]
33 Hülsmann, F. et al.: share - Wissenschaftliche Begleitforschung zu car2go mit batterieelektrischen und konventionellen Fahrzeugen zum free-floating Carsharing. 2018, *https://www.oeko.de/fileadmin/oekodoc/share-Wissenschaftliche-Begleitforschung-zu-car2go-mit-batterieelektrischen-und-konventionellen-Fahrzeugen.pdf* [12.12.2021]
34 Die Studie aus dem Jahr 2021 online: *https://www.spiegel.de/auto/carsharing-share-now-weshare-miles-und-co-wo-die-welt-der-neuen-mobilitaet-endet-a-5c431f05-95b5-46d9-a24d-27e3dfda0d3c*
35 *https://www.nature.com/articles/s41893-020-00678-z*
36 Jansen, S. A.: Lässiger als Leasing? Kolumne, in: AutoFlotte, 12/2020, S. 34 - 35

Endnoten Kapitel 4

1 *https://www.daimler-mobility.com/de/innovationen/mobility-services/interview-marianne-reeb/* und *https://www.daimler-mobility.com/de/innovationen/mobility-services/geschichte-der-dms/* mit der weitsichtigen wie reflexiven Überschrift „Wie Daimler in die Zukunft sah"
2 Heinrich-Böll-Stiftung: Mobilitätsatlas 2019. Klimabilanz des Verkehrssektors in Europa (Grafik), S. 26-27
3 PTV: Fraunhofer ISI, M-FIVE. Karlsruhe 2019, *https://www.isi.fraunhofer.de/content/dam/isi/dokumente/ccn/2020/Verlagerungswirkungen%20und%20Umwelteffekte%20Mobilitaetskonzepte.pdf* [12.12.2021]
4 MHP und Motor Presse Stuttgart: Mythos Mobilitätswende. Stuttgart 2020
5 Koalitionsvertrag der Ampel 2021. a. a. O., S. 52-53
6 Bitkom Research: „Ich wünsche mir für eine Reise mit unterschiedlichen Verkehrsmitteln nur ein Ticket buchen zu müssen." | Basis: Alle Befragten (n=1.006), Top2-Boxes „stimme voll und ganz zu" und „stimme eher zu" in Prozent

[7] *https://www.itf-oecd.org/sites/default/files/docs/15cpb_self-drivingcars.pdf* [12.12.2021]
[8] Siehe hierzu das White Paper von BITKOM: MaaS – Mobility-as-a-Service: Chancen für Mobility-as-a-Service-Geschäftsmodelle. Berlin 2018
[9] Arval Mobility Observatory: Fleet Barometer. 2020, *https://cms-static.arval.com/sites/default/files/32/2020/06/Arval%20Mobility%20Observatory%20Barometer%202020%20-%20Global.pdf*, Juni 2020, S. 72
[10] Siehe zu den Angeboten und Paketen *https://www.sw-augsburg.de/mobil-flat/* [12.01.2022]
[11] *https://www.deutschebahnconnect.com/produkte/curbside-management* [12.01.2022]
[12] Beispiele aus Zukunftsinstitut: Mobility Report. a. a. O., S. 84 ff. mit Verweis auf Stummer 2019
[13] Zukunftsinstitut: a. a. O., 2020, S. 84
[14] *https://www.bmvi.de/SharedDocs/DE/Artikel/DG/gesetz-zum-autonomen-fahren.html* [12.12.2021]
[15] Zukunftsinstitut: a. a. O., 2020, S. 44 ff.
[16] Siehe *unity-drive.com*
[17] Schmidt, B.: Autonomes Leerversprechen. In: FAZ, 21.01.2020, S. T2
[18] So der Dialog: „Willst Du nicht ein Auto kaufen?", fragt mich meine Mutter. Genauso gut hätte meine Mutter fragen können, ob ich ein Pony auf meinen Balkon stellen will." Aus: Olbrisch, M.: Sommerkleid, selbst genäht. Statussymbole der Generation der 30-Jährigen. In: Der Spiegel, 3/2016, S. 51
[19] Vgl. Übersicht über die Studien auf *https://www.forschungsinformationssystem.de/servlet/is/87609/* [12.12.2021]
[20] *https://taz.de/Aus-taz-FUTURZWEI/!5558896/* [12.12.2021]
[21] Geiger, T.: Wer wird denn gleich in die Luft gehen? In: FAZ, 21.01.2020, S. T2
[22] Rainer, A.; Rochenbach, M.: Unter den Wolken. In: DER SPIEGEL, 31.07.2021, S. 72–74
[23] Hier das White Paper: *https://www.tesla.com/sites/default/files/blog_images/hyperloop-alpha.pdf* [12.12.2021]
[24] Hansen, I. A.: Hyperloop transport technology assessment and system analysis. Transportation Planning and Technology, 43, 8, 2020, S. 803–820
[25] Mobilitätsatlas: a. a. O., 2019, S. 46
[26] Siehe zum Interview: *https://www.derstandard.de/story/2000128292642/hype-oder-hoffnung-der-lange-und-steinige-weg-zum-hyperloop* [12.12.2021]
[27] Die Zusammenstellung der Studien findet sich hier: Zittlau, J.: Die Liebe zum Auto wirkt wie Sex und Kokain. In: Die Welt, 19.11.2014, online: *https://www.welt.de/gesundheit/psychologie/article134493767/Die-Liebe-zum-Auto-wirkt-wie-Sex-und-Kokain.html* [12.12.2021]
[28] Bönt, R.: Warum nicht einfach antriebslos? In: FAZ, 12.12.2018, S. 11
[29] *https://www.ifw-kiel.de/de/publikationen/medieninformationen/2020/zusaetzlicher-strombedarf-hebelt-klimavorteile-von-e-autos-aus/*
[30] Schmidt, U.: Elektromobilität und Klimaschutz: Die große Fehlkalkulation. Kiel 2020, *https://www.ifw-kiel.de/de/publikationen/kiel-policy-briefs/2020/elektromobilitaet-und-klimaschutz-die-grosse-fehlkalkulation-0/* [12.12.2021]. Das Umweltministerium war 2019 noch optimistischer: *https://www.bmu.de/fileadmin/Daten_BMU/Download_PDF/Verkehr/emob_umweltbilanz_2019_bf.pdf* [12.12.2021]
[31] Siehe Jansen, St. A.: Nachhaltigkeit nachhaltiger Mobilität. In: AutoFlotte, 6/2021, S. 20–21
[32] Siehe Jansen, St. A.: a. a. O., 2021
[33] Vgl. Studie hier: *https://www.ifeu.de/fileadmin/uploads/150916_Abschlussbericht_Pedelection_final.pdf*
[34] VDA, ifo Institut, Statistisches Bundesamt: 2021, *https://de.statista.com/statistik/daten/studie/1234820/umfrage/gefaehrdete-arbeitsplaetze-in-der-automobilindustrie-in-deutschland/*
[35] Zu den Positionen hier: *https://www.zeit.de/mobilitaet/2021-12/autoindustrie-ladegipfel-elektromobilitaet-vda-hildegard-mueller* [12.12.2021]
[36] Vgl. *https://www.tagesschau.de/wirtschaft/elektrobusse-103.html*

Endnoten Kapitel 5

[1] Verkehrsunternehmen für gestaffelten Unterrichtsbeginn. Faz.net, 03.11.2020, *https://www.faz.net/aktuell/politik/inland/corona-massnahme-verkehrsunternehmen-fuer-gestaffelten-unterrichtsbeginn-17033328.html* [15.10.2021]
[2] Koch, Ch.: Wie bewegen wir uns in Zukunft? In: GEO, 11.2020, S. 36
[3] Espinosa, C.; Pregernig, M.; Fischer, C.: Narrative und Diskurse in der Umweltpolitik: Möglichkeiten und Grenzen ihrer strategischen Nutzung. Umweltforschungsplan, Texte 86/2017, S. 25
[4] Siehe hierzu *https://www.amsterdam.nl/en/policy/urban-development/* [12.12.2021]
[5] *https://www.smartcitiesdive.com/ex/sustainablecitiescollective/amsterdam-beijing-global-evolution-bike-share/1100421/*

[6] Koch, Ch.: a. a. O., 2020, S. 48
[7] Vgl. *https://amsterdamsmartcity.com/channel/mobility*
[8] Koch, Ch.: a. a. O., 2020, S. 48
[9] Delegierte Verordnung (EU) 2017/1926 DER KOMMISSION vom 31. Mai 2017 zur Ergänzung der Richtlinie 2010/40/EU des Europäischen Parlaments und des Rates hinsichtlich der Bereitstellung EU-weiter multimodaler Reiseinformationsdienste. *https://eur-lex.europa.eu/legal-content/DE/TXT/PDF/?uri=CELEX:32017R1926&from=EN*
[10] Ebd., S. 40–41
[11] *https://www.ijbaan.nl*
[12] *https://www.ams-institute.org*
[13] *https://www.ams-institute.org/urban-challenges/smart-urban-mobility/*
[14] Koch, Ch.: Wie bewegen wir uns in Zukunft? GEO, 11.2020, S. 48
[15] *https://roboat.org*
[16] *https://www.ams-institute.org/urban-challenges/smart-urban-mobility/roboat/*
[17] Koch, Ch.: Wie bewegen wir uns in Zukunft? GEO, 11.2020, S. 54
[18] Technische Universität Braunschweig: Die Zukunft der Mobilitätskette: Das Fahrrad als Scharnier. 2016, online verfügbar unter: *www.tu-braunschweig.de/soziologie/schwerpunkte/sozialstruktur/forschung/drittm/fahrrad*
[19] Roberts, D.: Die Superblocks von Barcelona. Enorm-magazin.de, 04.09.2019, *https://enorm-magazin.de/gesellschaft/urbanisierung/superblocks-von-barcelona* [12.12.2021]
[20] Ebd.
[21] Ebd.
[22] Ebd.
[23] Dambeck, H.; Zuber, H.: Wie eine Stadt mit Superinseln die Verkehrswende schaffen will. In: Spiegel.de, 27.10.2020, *https://www.spiegel.de/wirtschaft/verkehrswende-in-barcelona-auf-superinseln-haben-fahrraeder-und-fussgaenger-vorrang-a-2c5f7774-7fb5-4965-9ed2-afe85010f7c5*
[24] Ebd.
[25] Maak, N.: Die Läden dicht und alle Fragen offen. In: FAZ, Nr. 201, 29.08.2020, S. 11
[26] *https://www.barcelona.cat/pla-superilla-barcelona/en* [12.12.2021]
[27] Dambeck, H.; Zuber, H.: Wie eine Stadt mit Superinseln die Verkehrswende schaffen will. Spiegel.de, 27.10.2020, *https://www.spiegel.de/wirtschaft/verkehrswende-in-barcelona-auf-superinseln-haben-fahrraeder-und-fussgaenger-vorrang-a-2c5f7774-7fb5-4965-9ed2-afe85010f7c5*
[28] *https://www.forum-csr.net/News/15153/VCOe-Mobilitaetspreis-2020-fuer-das-Projekt-SUPERBE.html*
[29] Dambeck, H.; Zuber, H.: 2020
[30] Dazu: Jones, L. F.: Die Wurzeln des Glücks. Wie die Natur unsere Psyche schützt. Karl Blessing Verlag, München 2021
[31] *https://www.barcelona.cat/pla-superilla-barcelona/en* [12.12.2021]
[32] Siehe hier auch Koch: a. a. O., 2020
[33] *https://www.archdaily.com/938244/superblock-of-sant-antoni-leku-studio*
[34] Ebd.
[35] Roberts, D.: Die Superblocks von Barcelona. Enorm-magazin.de, 04.09.2019, *https://enorm-magazin.de/gesellschaft/urbanisierung/superblocks-von-barcelona* [12.12.2021]
[36] Roberts, D.: 2021
[37] *https://www.barcelona.cat/pla-superilla-barcelona/en*
[38] *https://www.barcelona.cat/pla-superilla-barcelona/mapa/en/#a_0__&*
[39] Mueller, N. et al.: Changing the urban design of cities for health: The superblock model. Environment International 134, Isevier Ltd, 2020 *https://www.sciencedirect.com/science/article/pii/S0160412019315223*
[40] Roberts, D.: 2021
[41] Ebd.
[42] Ebd.
[43] Siehe Abschnitte 2.4.10 und 3.1.6
[44] *https://www.kiezblocks.de/konzept/faktencheck/*
[45] *https://changing-cities.org*
[46] *https://www.zeit.de/mobilitaet/2021-04/superblocks-berlin-barcelona-wohnviertel-verkehrswende-kiezblocks*
[47] *https://www.kiezblocks.de/kiezblocks/*
[48] Scheid, L.: Wenn Kieze die Autos verdrängen. In: Zeit.de, 01.04.2021, *https://www.zeit.de/mobilitaet/2021-04/superblocks-berlin-barcelona-wohnviertel-verkehrswende-kiezblocks*
[49] *https://de.statista.com/statistik/daten/studie/535119/umfrage/mietpreise-auf-dem-wohnungsmarkt-in-berlin/* [12.12.2021]
[50] Schwenn, K.: Für eine Verkehrswende ohne soziale Schieflage. In: FAZ, Nr. 212, 11.09.2020, S. 19

51 https://interaktiv.morgenpost.de/laermkarte-berlin/
52 Thompson, M.: Beyond Unwanted Sound. Noise, Affect and Aesthetic Moralism. Bloomsbury Publishing, London 2017
53 Müller-Görnert, M.: Atemlos in der Stadt. Mobilitätsatlas 2019. Heinrich-Böll-Stiftung, erschienen: November 2019, S. 28–29
54 Umweltbundesamt: Straßenverkehrslärm. 23.10.2020, https://www.umweltbundesamt.de/themen/verkehr-laerm/verkehrslaerm/strassenverkehrslaerm#was-ist-strassenverkehrslarm
55 http://umap.openstreetmap.fr/da/map/kiezblocks-berlin_496800#13/52.5109/13.4085
56 https://hanfticket.bvg.de
57 Schultz, S.: Trafi revolutioniert den Stadtverkehr. 18.03.2018, https://www.spiegel.de/wirtschaft/service/mobilitaet-in-vilnius-app-trafi-revolutioniert-den-stadtverkehr-a-1196674.html
58 https://www.jelbi.de/jelbi-stationen/
59 https://smart-city-berlin.de/strategie
60 https://mein.berlin.de/projekte/smart-city-strategie-berlin/
61 https://smart-city-berlin.de/news/newsdetail?tx_news_pi1%5Bnews%5D=2060&cHash=948cf392113a4e0767f18a3d386da8d9 [12.12.2021]
62 https://strategie.smart-city-berlin.de [12.12.2021]
63 https://smart-city-berlin.de/modellprojekt [12.12.2021]
64 https://citylab-berlin.org/de/start/ [12.12.2021]
65 https://citylab-berlin.org/de/projects/prozessanalyse-radinfrastruktur-pari/ [12.12.2021]
66 https://citylab-berlin.org/de/projects/digitale-tools-fuer-radwegeplanung/ [12.12.2021]
67 https://stadtmanufaktur.info/ueber-uns/ [12.12.2021]
68 https://stadtmanufaktur.info/reallabore/my-co-place/ [12.12.2021]
69 http://radbahn.berlin/de [12.12.2021]
70 https://stadtmanufaktur.info/reallabore/social-mobility-hub/ [12.12.2021]
71 https://stadtmanufaktur.info/wp-content/uploads/2021/11/POP_KUDAMM_Intro-1.pdf [12.12.2021]
72 Siehe S. 2, https://www.staedtetag.de/files/dst/docs/Dezernat-5/2021/Positionspapier-Staedteinitiative-Tempo-30-Unterstuetzer-Stand-2021-12-08.pdf [12.12.2021]
73 Hähnig, A.: Macht mal langsam. In: DIE ZEIT, Nr. 29, 15.07.2021, S 23
74 Müller-Görnert, M.: Atemlos in der Stadt. Mobilitätsatlas 2019. Heinrich-Böll-Stiftung, erschienen: November 2019, S. 28–29
75 https://www.businesstraveller.de/mobil/auto/in-diesen-europaeischen-grossstaedten-gilt-tempo-30/ [12.12.2021]
76 Plickert, P.: London sperrt legendäre Kreuzung im Finanzviertel. In: FAZ, Nr. 76, 31.03.2021, S. 25
77 Alexander, M.: Versuch und Irrtum bevorzugt. FAZ, Nr. 194, 21.08.2020, S. 9
78 Reidl, A.: Richtungswechsel in Rotterdam: von der Autostadt zur City-Lounge. Riffreporter.de, 23.12.2021, https://www.riffreporter.de/de/gesellschaft/umbau-der-stadt-radverkehr-fussverkehr-rotterdam-klimaresilient-verkehrswende [12.12.2021]
79 Oxford Zero Emission Zone (ZEZ) frequently asked questions. Oxford City Council, 2021, https://www.oxford.gov.uk/info/20299/air_quality_projects/1306/oxford_zero_emission_zone_zez_frequently_asked_questions#Why_are_you [12.12.2021]
80 Wanner, C.: Auch Oxford verbannt Verbrennungsmotoren aus der Stadt. In: Welt.de, 2017, https://www.welt.de/wirtschaft/article169600500/Auch-Oxford-verbannt-Verbrennungsmotoren-aus-der-Stadt.html [12.12.2021]
81 Siehe Schlüter, N.: Brüssels kleine Verkehrsrevolution. In: Zeit.de, 21.05.2020, https://www.zeit.de/mobilitaet/2020-05/verkehrswende-bruessel-radfahrer-fussgaenger-tempolimit-autofahrer [12.12.2021]
82 Siehe https://www.adac.de/news/bruessel-autofrei/ [12.12.2021]
83 Urban, T.: So funktioniert eine Stadt ohne Autos. Süddeutsche.de., 21.12.2018, https://www.sueddeutsche.de/wirtschaft/pontevedra-fussgaenger-autos-1.4259542
84 Siehe Hannover.Mit(te)Machen, https://www.hannover.de/Leben-in-der-Region-Hannover/Politik/Bürgerbeteiligung-Engagement/Innenstadtdialog-Hannover/Aktuelle-Meldungen/Hannover.Mit-te-Machen
85 Schubert, Ch.: Kampf um Paris. In: FAZ, Nr. 57, 07.03.2020, S. 21
86 Hallier, B.: Canicule: un „banc-ventilateur rafraîchissant" pour rester au frais expérimenté à Paris. Franceinfo.fr, 15.08.2021, https://www.francetvinfo.fr/meteo/canicule/canicule-un-banc-ventilateur-rafraichissant-pour-rester-au-frais-experimente-a-paris_4738213.html
87 https://www.c40.org/other/agenda-for-a-green-and-just-recovery
88 Armbrecht, A.: Warum Bewegung sinnvoll ist zur Vorbeugung gegen Covid-19.In: DER SPIEGEL, 18/2021, 28.04.2021, https://www.spiegel.de/sport/studie-zu-covid-19-bewegung-beugt-schwerem-verlauf-vor-mediziner-im-interview-a-b9576558-de10-46df-b7bf-da89b9b9eb46.
89 https://www.lokalkompass.de/bochum/c-politik/sollte-bochum-zur-15-minuten-stadt-werden_a1500240

90 Wadewitz, F.: Anne Hidalgo zeigt, wie die Verkehrswende gelingt. In: Spiegel.de., 31.10.2021, https://www.spiegel.de/auto/uno-klimakonferenz-anne-hidalgo-zeigt-in-paris-wie-eine-verkehrswende-gelingt-a-dfeafc34-d879-4858-9a58-118c42f8da14
91 Blume, G.: Sie will, dass Frankreich wieder atmen kann. In: DIE ZEIT, Nr. 9., 25.02.2021, S. 75
92 Siehe Wadewitz: 2021
93 Löhr, J.: Die 15-Minuten-Stadt. In: FAZ, Nr. 106, 08.05.2021, S. 19
94 Llanque, M.: Wie sich Paris neu erfindet. Enorm-magazin.de, 06.09.2021, https://enorm-magazin.de/gesellschaft/urbanisierung/wie-sich-paris-neu-erfindet [12.12.2021]
95 Blume, G.: Sie will, dass Frankreich wieder atmen kann. In: DIE ZEIT, Nr. 9, 25.02.2021, S. 75
96 Ebd.
97 Ebd.
98 Kuchenbecker, T.: Pariser Stadtumbau — Mehr Sozialwohnungen in der City. In: DER TAGESSPIEGEL, 19.02.2021, https://www.tagesspiegel.de/gesellschaft/panorama/neues-leben-im-alten-kaufhaus-pariser-stadtumbau-mehr-sozialwohnungen-in-der-city/26934248.html [12.12.2021]
99 https://stationf.co
100 Schubert, Ch.: Kampf um Paris. In: FAZ, Nr. 57, 07.03.2020, S. 21
101 https://www.buergerrat.de/aktuelles/staendiger-buergerrat-fuer-paris/
102 Ebd.
103 https://www.buergerrat.de/aktuelles/buergerrat-fuer-klimafreundliche-stadtentwicklung/
104 Siehe Schubert: 2021
105 Achitekturmeldungen.de: Grand Paris (Express): Infrastruktur- und Architekturprojekt der Superlative. 27. August 2018
106 Lanque: 2021
107 Klimm, L.: Groß, größer, Grand Paris. In: Süddeutsche Zeitung.de, 27. September 2018.
108 Belmessous, H.: Mit der Metro ins schöne neue Grand Paris. In: Raserei und Stillstand. taz Verlag, Berlin 2021, S. 62
109 Ebd. S. 61
110 Ebd. S. 64
111 Ebd. S. 61
112 https://www.smart-city-dialog.de/wp-content/uploads/2020/10/BMI-Bericht-Modellprojekte-2020.pdf [12.12.2021]
113 Welzer, H.: Don't believe the hype! Plädoyer für die analoge Stadt. In: Rieniets, T.; Sauerbruch, M.; Walter, J.: Urbainable – stadthaltig. Positionen zur europäischen Stadt für das 21. Jahrhundert. Akademie der Künste, ArchiTangle GmbH, Berlin 2020, S. 71
114 Peters, K.G.: Es grünt so grün, wo Südkoreas Kameras stehen. In: Spiegel.de, 21.09.2019, https://www.spiegel.de/politik/ausland/suedkorea-smart-city-songdo-gruen-und-allwissend-a-1287678.html [12.12.2021]
115 Alexander, M.: Nicht ohne meine unordentlichen Nachbarn. In: FAZ, Nr. 43, 20.02.2021, S. 13
116 Peters, K.G.: Es grünt so grün, wo Südkoreas Kameras stehen. In: Spiegel.de, 21.09.2019, https://www.spiegel.de/politik/ausland/suedkorea-smart-city-songdo-gruen-und-allwissend-a-1287678.html [12.12.2021]
117 Heeg, T.: Samsung und seine Stadt. In: FAZ, Nr. 161, 15.07.2019, S. 22
118 Erdmann, K.: Eine Labor-Stadt am Fuße des Fuji. In: Tagesschau.de, 23.02.2021, https://www.tagesschau.de/wirtschaft/technologie/toyota-woven-city-101.html
119 Lau, Ch.: Eine Stadt gründen. Forbes.at, 09.07.2019, https://www.forbes.at/artikel/eine-stadt-gruenden.html
120 Preuß, O.: „In Shenzen kann man richtig planen". In: Welt.de, 27.08.2019, https://www.welt.de/regionales/hamburg/article199255976/Verkehrskonzepte-In-Shenzhen-kann-man-richtig-planen.html
121 Welzer, H.: Don't believe the hype! Plädoyer für die analoge Stadt. In: Rieniets, T.; Sauerbruch, M.; Walter, J.: Urbainable – stadthaltig. Positionen zur europäischen Stadt für das 21. Jahrhundert. Akademie der Künste, ArchiTangle GmbH, Berlin 2020, S. 71
122 Ebd. S. 69
123 Pasel-K Architects: Design-Manual Gesundheitskioske. In Auftrag und Kooperation der IBA Thüringen und der Stiftung Landleben/Landengel. Berlin 2019
124 Ebd. S. 9
125 Ebd. S. 10
126 https://www.iges.com/sites/igesgroup/iges.de/myzms/content/e6/e34/e10216/e27290/e27291/e27293/attr_objs27295/IGES_MobistaR_Abschlussbericht_15032021_ger.pdf
127 https://www.eiu.com/n/the-global-liveability-index-2019/
128 https://www.eiu.com/n/campaigns/global-liveability-index-2021/
129 https://www.wien.gv.at/statistik/wien-wachstum.html
130 https://www.fahrradwien.at/news/eine-faire-verteilung-des-oeffentlichen-raums/

[131] *https://www.wien.gv.at/stadtentwicklung/studien/pdf/b008390b.pdf* [12.12.2021]
[132] *https://www.wien.gv.at/stadtentwicklung/strategien/step/step2025/kurzfassung/bewegt-sich.html* [12.12.2021]
[133] Drewes, S.: Mobilitätsatlas 2019. Heinrich-Böll-Stiftung, 2019, S. 12–13
[134] Koch, Ch.: a. a. O., 2020, S. 54
[135] *https://www.wienerlinien.at/wienmobil-app* [12.12.2021]
[136] Neubaugasse neu gebaut. In: WienSchauen.at, 09.10.2021, *https://www.wienschauen.at/neubaugasse-neu-gebaut/* [12.12.2021]
[137] Drewes, S.: Mobilitätsatlas 2019. Heinrich-Böll-Stiftung, 2019, S. 12 f.
[138] *http://www.florianlorenz.com* [12.12.2021]
[139] Suntinger, H.: Superblocks sollen Städte wieder lebenswert machen. In: Innovationorigins.com, 09.11.2020, *https://innovationorigins.com/de/superblocks-sollen-stadte-wieder-lebenswert-machen/* [12.12.2021]
[140] *https://www.aspern-seestadt.at* [12.12.2021]
[141] *http://www.seehub.at* [12.12.2021]
[142] *https://www.mobillab.wien/info/* [12.12.2021]
[143] Bergvall-Kåreborn et al.: A Milieu for Innovation-Defining Living Labs. 2009, *https://www.researchgate.net/publication/228676111_A_Milieu_for_Innovation-Defining_Living_Labs*
[144] Soteropoulos, A.; Pühringer, F.: Seestadt Aspern: Wie bewegen sich die Bewohner? In: Der Standard.de, 26.11.2020, *https://www.derstandard.de/story/2000121970761/seestadt-aspern-wie-bewegen-sich-die-bewohner*
[145] *https://www.mobillab.wien/storymaps/teil1.html*
[146] *https://www.seelab.wien/zeitkugeln/* [12.12.2021]
[147] *https://catalogplus.tuwien.at/primo-explore/fulldisplay?docid=UTW_alma2150960230003336&vid=UTW&search_scope=UTW&tab=default_tab&lang=de_DE&context=L* [12.12.2021]
[148] *https://www.mobillab.wien/storymaps/teil1.html*
[149] *https://mobilitaetsberatung-seestadt.wien/* [12.12.2021]
[150] *https://unitedincycling.com/Kinderrad_Abo* [12.12.2021]
[151] Reinhold, H.: Nachhaltige Berufe mit Perspektive. In: FAZ Anzeigen-Sonderveröffentlichung Deutschland Mobil 2030. 13.02.2020, S. V2
[152] *https://www.br-klassik.de/themen/klassik-entdecken/alte-musik/stichwort-basso-continuo-100.html* [12.12.2021]
[153] Siehe Kapitel 4 v. a. Abschnitt 4.4 und 4.5
[154] Der *Mobility Data Space* setzt auf einen neuen Standard für den freiwilligen, selbstbestimmten Austausch von Daten mit dem Ziel eines europäischen Mobilitätsdaten-Ökosystems. Mehr Informationen: *https://mobility-dataspace.eu* [12.12.2021]
[155] Hoffmann, D.: Chance und Herausforderung: Mobilitätsdaten in der Smart City. Stadt der Zukunft. Reflex Verlag, Dezember 2020, S. 7
[156] Kosok, Ph.: Auf die sanfte Tour. Mobilitätsatlas 2019. Heinrich-Böll-Stiftung, erschienen: November 2019, S. 14
[157] *https://www.mobility-inside.de* [12.12.2021]
[158] *https://archive.newsletter2go.com/?n2g=wk504mgz-tlwsqduo-ar3* [12.12.2021]
[159] Kespohl, P.: Deutsche Telekom entwickelt Mobilitätsplattform. In: Telekom.com, 09.09.2021, *https://www.telekom.com/de/medien/medieninformationen/detail/telekom-entwickelt-mobilitaets-app-635724* [12.12.2021]
[160] *https://stadtnavi.de* [12.12.2021]
[161] Siehe dazu eigene gestaltungsorientierte Publikationen wie jüngst Eckart, P.; Vöckler, K.: Mobility Design – Die Zukunft der Mobilität gestalten. Berlin 2022
[162] Geyer, Ch.: Bahn frei fürs Fahrrad! In: FAZ, Nr. 107, 09.05.2021, S. 11
[163] Reidl, A.: Richtungswechsel in Rotterdam: von der Autostadt zur City-Lounge. Riffreporter.de, 23.12.2021, *https://www.riffreporter.de/de/gesellschaft/umbau-der-stadt-radverkehr-fussverkehr-rotterdam-klimaresilient-verkehrswende* [12.12.2021]
[164] *https://bicycledutch.wordpress.com/2021/05/19/rotterdam-takes-an-important-step-towards-becoming-a-cycle-friendly-city/*
[165] Richert, J.; Cobián Martín, I.; Schrader, S.: Wie weiter nach dem Lockdown? Die SARS-CoV-2 Pandemie und Strategien für den ÖPNV. Mobility Institute Berlin, 2020, S. 18
[166] Möller, A.: Leitfaden Mobilitätsstationen. Die Umsetzung von Mobilitätsstationen in Stadtentwicklungsgebieten am Beispiel Zielgebiet Donaufeld, Wien. Stadt Wien, Werkstattberichte – Wien, Magistratsabteilung 18, Stadtentwicklung und Stadtplanung, Wien (Österreich) 2018, Selbstverlag
[167] Waßmer, R.: Intelligente Mobilität fürs Wohnquartier. In: Tagesspiegel Background, 08.07.2021, Berlin, *https://background.tagesspiegel.de/mobilitaet/intelligente-mobilitaet-fuers-wohnquartier?utm_source=bgmt+vorschau&utm_medium=email* [12.12.2021]

[168] Kosok, Ph.: Auf die sanfte Tour. Mobilitätsatlas 2019. Heinrich-Böll-Stiftung, erschienen: November 2019, S. 14
[169] Umweltbundesamt: Fahrleistungen, Verkehrsleistungen und „Modal Split". 22.02.2021, https://www.umweltbundesamt.de/daten/verkehr/fahrleistungen-verkehrsaufwand-modal-split#fahrleistung-im-personen-und-guterverkehr [12.12.2021]
[170] The connected City – Masterplan Oberbillwerder. Januar 2019, https://www.oberbillwerder-hamburg.de/wp-content/files/Masterplan_Oberbillwerder_web.pdf [12.12.2021]
[171] Müller, R.: Neues Quartier auf der grünen Wiese. In: FAZ, Nr. 166, 20. Juli 2018, S. 11
[172] Schumacher Quartier – Die Charta. Tegel Projekt GmbH, Oktober 2019, S. 15, https://www.stadtentwicklung.berlin.de/staedtebau/projekte/tegel/schumacher-quartier/download/schumacher_quartier_charta.pdf [12.12.2021]
[173] Darstellung und Visualisierung unter: https://www.regiomove.de [12.12.2022]
[174] https://www.kvv.de/fahrkarten/verkauf/regiomove/buchung.html
[175] Vgl. Eckart, P.; Vöckler, K. (Hg.): Mobility Designs – Die Zukunft der Mobilität gestalten. Berlin 2022, S. 104–105
[176] https://mond.org/ [12.12.2021]
[177] Waßmer, R.: Intelligente Mobilität fürs Wohnquartier. In: Tagesspiegel Background, 08.07.2021, Berlin, https://background.tagesspiegel.de/mobilitaet/intelligente-mobilitaet-fuers-wohnquartier?utm_source=bgmt+vorschau&utm_medium=email [12.12.2021]
[178] Deutsche Städte denken über Seilbahnen im ÖPNV nach. In: Zeit.de, 14.12.2021, https://www.zeit.de/news/2021-12/14/deutsche-staedte-denken-ueber-seilbahnen-im-oepnv-nach [12.12.2021]
[179] Wann werden Flugtaxis Realität? https://www.elektroniknet.de/automation/industrie-4-0-iot/wann-werden-flugtaxis-realitaet.189861.html [12.12.2021]
[180] Brüggemann, M.: Schweben statt Stau. Green City Life, Nr. 2-2016, SZ Scala, München, S. 43–45
[181] Deutsche Städte denken über Seilbahnen im ÖPNV nach. In: Zeit.de, 14.12.2021, https://www.zeit.de/news/2021-12/14/deutsche-staedte-denken-ueber-seilbahnen-im-oepnv-nach [12.12.2021]
[182] Letay, C.: In der Schwebe: Die Seilbahn als neue Dimension für urbane Mobilität. In: Polis-magazin.de, 09.06.2021, https://polis-magazin.com/2021/06/in-der-schwebe-die-seilbahn-als-neue-dimension-fuer-urbane-mobilitaetsloesungen/ [12.12.2021]
[183] Leitner: Seilbahnen im Stadtverkehr. 2021, https://www.leitner.com/einsatzbereiche/urban/ [12.12.2021]
[184] Kratz, A.: Pendler sollen sich zur Seilbahn äußern. In: Stuttgarter-Nachrichten.de, 13.10.2021, https://www.stuttgarter-nachrichten.de/inhalt.verkehr-vaihingen-moehringen-pendler-sollen-sich-zur-seilbahn-aeussern.b13d77a8-ff28-4efe-8fda-72d799cb9000.html [12.12.2021]
[185] Mehr Informationen auf der Seite des BMVI: https://www.bmvi.de/DE/Themen/Mobilitaet/OEPNV/Urbane-Seilbahnen/urbane-seilbahnen.html [12.12.2021]
[186] Siehe Letay, C.: a. a. O., 2021
[187] https://www.bonn.de/themen-entdecken/verkehr-mobilitaet/seilbahn.php [12.12.2021]
[188] https://www.mvg.de/ueber/mvg-projekte/bauprojekte/seilbahn-fuer-muenchen.html [12.12.2021]
[189] Der aktuelle Stand des Leitfadens: https://www.bmvi.de/SharedDocs/DE/Anlage/G/implementierung-seilbahnen-oepnv.pdf?__blob=publicationFile [12.12.2021]
[190] Schmidt, C.: Umfrage: Braucht Stuttgart-Vaihingen eine Seilbahn? In: Stuggi.tv, 01.11.2021, https://www.stuggi.tv/2021/11/umfrage-braucht-stuttgart-vaihingen-eine-seilbahn/ [12.12.2021]
[191] Bayerle, Th.: Die 15-Minuten-Stadt. In: FAZ, Nr. 192, 20.08.2021
[192] Suntinger, H.: Superblocks sollen Städte wieder lebenswert machen. Innovationorigins.com, 09.11.2020, https://innovationorigins.com/de/superblocks-sollen-stadte-wieder-lebenswert-machen/ [12.12.2021]
[193] Meier, J.: Wie die 15-Minuten-Stadt zum Trend wird. In: Handelsblatt, 26.10.2020, https://veranstaltungen.handelsblatt.com/autogipfel/wie-die-15-minuten-stadt-zum-trend-wird/
[194] https://stadtteil-vauban.de [12.12.2021]
[195] Randeloff, M.: Entsteht in China eine autofreie Stadt, in der alles maximal 15 Minuten Fußweg entfernt ist? In: Zukunft Mobilität.net, 20.01.2017, https://www.zukunft-mobilitaet.net/11695/konzepte/autofreie-stadt-china-chengdu-great-city/ [12.12.2021]
[196] Maak, N.: Das Ende der Stadt, wie wir sie kennen. In: FAZ, Nr. 20, 25.01.2021, S. 13
[197] Seidl, C.: Rettet die Stadt vor ihren Rettern! In: FAZ, Nr. 275, 25.11.2020, S. 13
[198] Maak, N.: Das Ende der Stadt, wie wir sie kennen. In: FAZ, Nr. 20, 25.01.2021, S. 13
[199] Löhr, J.: Die 15-Minuten-Stadt. In: FAZ, Nr. 106, 08.05.2021, S. 19
[200] https://15-minuten-stadt.de [12.12.2021]
[201] Von Borries, F.: Fest der Folgenlosigkeit. Suhrkamp, Berlin 2021
[202] Osterhage, F.: „Nicht zu leer und nicht zu voll". In: DIE ZEIT, Nr. 20, 09.05.2019, S. 27
[203] https://de.statista.com/statistik/daten/studie/36495/umfrage/wohnflaeche-je-einwohner-in-deutschland-von-1989-bis-2004/

[204] https://www.deutschlandatlas.bund.de/DE/Karten/Wie-wir-uns-bewegen/100-Pendlerdistanzen-Pendler verflechtungen.html#_p0z1xkxj6

[205] Siehe Uhlmann: 2020

[206] Siehe Hoffmann: 2020

[207] Siehe Meier, J.: 2020

[208] Chamings, A.: Here's what we know about Willow Village, the community Facebook is building in the Bay Area. In: SFGATE.com, 26.07.2021, https://www.sfgate.com/realestate/article/menlo-park-facebook-campus-willow-village-housing-16333839.php [12.12.2021]

[209] Rehfeld, N.: Facebook baut sich eine eigene Stadt. In: FAZ, Nr. 158, 11.07.2017, S. 13

[210] Uhlmann, S.: Wohnen beim Chef. Süddeutsche Zeitung.de, 26. Juni 2020, https://www.sueddeutsche.de/geld/werkswohnungen-wohnen-beim-chef-1.4938849 [12.12.2021]

[211] Regiokontext: Mitarbeiterwohnen. 2020, https://www.regiokontext.de/upload/Mitarbeiterwohnen.pdf [12.12.2021]

[212] Mitarbeiterwohnen am Hermeskeiler Platz. Stadtwerkekoeln.de, 2021, https://www.stadtwerkekoeln.de/ueber-die-konzerngesellschaften/wohnungsgesellschaft-der-stadtwerke-koeln-mbh/hermeskeiler-platz/ [12.12.2021]

[213] Uhlmann, S.: Wohnen beim Chef. In: Süddeutsche Zeitung.de., 26.06.2020

[214] Hoffmann, M.: Drei Zimmer, Küche, Job. In: Spiegel.de, 12.02.2020 https://www.spiegel.de/karriere/mitarbeiterwohnung-drei-zimmer-kueche-job-a-fd406621-59a1-4d10-be79-2f59441d50e7

[215] Mannitz, S.: Die städtische Mobilität erfindet sich neu. FAZ Anzeigen-Sonderveröffentlichung Deutschland Mobil 2030, 13.02.2020, S. V1

[216] https://www.bonn.de/microsite/jobwaerts/fuer-arbeitgebende/inhaltsseiten/jobwaerts-programm.php [12.12.2021]

[217] Mannitz, S.: Dortmund man Lust auf „UmsteiGERN". In: FAZ Anzeigen-Sonderveröffentlichung Deutschland Mobil 2030, 13.02.2020, S. V3

[218] https://www.umsteigern.de/unsere-massnahmen.html [12.12.2021]

[219] https://www.umsteigern.de/mobilitaetsberatung-fuer-unternehmen-und-angestellte.html [12.12.2021]

[220] https://www.dortmund.de/media/p/verkehr_1/emmisionsfreie_innenstadt/downloads_em/UmsteiGERN_-_neuer_Arbeitsweg.pdf [12.12.2021]

[221] https://www.mittelstand-energiewende.de/unsere-angebote/betrieblicher-mobilitaetsmanager-qualifizierung-fuer-mitarbeiter.html [12.12.2021]

[222] Praxisleitfaden Betriebliches Mobilitätsmanagement. https://www.mittelstand-energiewende.de/fileadmin/user_upload_mittelstand/MIE_vor_Ort/MIE-Praxisleitfaden_Betriebliches_Mobilitätsmanagement.pdf [12.12.2021]

[223] Ebd. S. 5

Endnoten Kapitel 6

[1] https://mobility-dataspace.eu/de

[2] https://www.bmwi.de/Redaktion/DE/Pressemitteilungen/2021/08/20210820-zitat-altmaier-zu-sozialen-innovationen.html [12.12.2021]

[3] https://land-der-ideen.de/wettbewerbe/deutscher-mobilitaetspreis

[4] Siehe hierzu Jansen, S. A.: Wer macht was? Gesellschaftsspiele des Guten. Vermessungsversuche der Spiele und Spieler einer Zivilgesellschaft des 21. Jahrhunderts. In: Jansen, S. A.; Schröter, E.; Stehr, N. (Hrsg.): Bürger.Macht. Staat? Neue Formen gesellschaftlicher Teilhabe, Teilnahme und Arbeitsteilung. SpringerVS, Wiesbaden 2012, S. 15 – 35

[5] Löw, M.: Soziologie der Städte. Berlin 2012

[6] Foucault, M.: Andere Räume. In: Barck, K. u. a. (Hg.): Aisthesis. Wahrnehmung heute oder Perspektiven einer anderen Ästhetik. Leipzig 1992, S. 34 – 46

[7] Z. B. Großmann, J.; Jansen, S. A.: Dossier für den 5. Innovationsdialog der Bundeskanzlerin am 20. März 2013, Acatech, 2013

[8] „Der Begriff der Salutogenese wurde vom Soziologen Aaron Antonovsky begründet. Er bezeichnet den individuellen Entwicklungs- und Erhaltungsprozess von Gesundheit. Nach diesem Konzept ist Gesundheit nicht als Zustand, sondern als Prozess zu verstehen." Siehe: https://www.gesundheit.gv.at/lexikon/s/lexikon-salutogenese

[9] Jansen, S. A.; Mast, C.: Konvergente Geschäftsmodell-Innovationen in Deutschland – Studienergebnisse zu Treibern, Hemmnissen und Erfolgsfaktoren. Eine Studie für den Innovationsdialog der Bundeskanzlerin. In: Zeitschrift für Organisation (zfo), 201/2014, 82. Jg., S. 25 – 31

[10] Friedmann, J.; Weinzierl, A.: Enge und Gedränge. In: DER SPIEGEL, Nr. 7, 13.02.2021, S. 37
[11] *https://www.junge-buergermeisterinnen.de/*
[12] *https://www.innovatorsclub.de/*
[13] Alexander, M.: Versuch und Irrtum bevorzugt. In: FAZ, Nr. 194, 21.08.2020, S. 9
[14] Perras, A.: Singapur führt die Auto-Obergrenze ein. In: Süddeutsche Zeitung, 01.02.2018, *https://www.sueddeutsche.de/auto/verkehr-keine-lust-auf-stau-1.3848270*
[15] Siehe dazu: *https://mobilit.belgium.be/sites/default/files/resources/files/final_report_wwv_2017-2018fr.pdf*
[16] *https://unternehmen.bvg.de/pressemitteilung/bundesdruckerei-und-bvg-bringen-es-beim-mobilitaetsbudget-auf-den-punkt/*
[17] *https://www.umsteigern.de/mikrodepot-am-ostwall.html*
[18] Braun, S.: Entwicklungsperspektiven für die Mobilität von morgen. In: Rieniets, Tim. Sauerbruch, Matthias. Walter, Jörn: Urbainable – stadthaltig. Positionen zur europäischen Stadt für das 21. Jahrhundert. Akademie der Künste, Berlin / ArchiTangle GmbH, Berlin 2020. S. 65.
[19] Köver, Ch.: Der Stadtneurotiker. In: Wired.de, 04.2016, S. 40
[20] Novotny, M.: TU-Professorin Schneider: „Guter Städtebau muss schlechte Architektur aushalten". In: Der Standard.at, 09.01.2022, *https://www.derstandard.at/story/2000132362639/tu-professorin-schneider-guter-staedtebau-muss-schlechte-architektur-aushalten*
[21] Ebd.
[22] *https://changing-cities.org/radentscheide/*
[23] *https://www.buergergesellschaft.de/mitentscheiden/buergerbeteiligung-in-stadt-land/buergerbeteiligung-in-der-kommune/buergerbegehren-und-buergerentscheid*
[24] *https://brandnewbundestag.de/*; Hinweis: Die Autorin ist hier selbst ehrenamtlich engagiert.
[25] Ebd.
[26] Der dahinterstehende Verein heißt „Ingenieure retten die Erde". *https://www.achimkampker.de/2021/11/03/ingenieure-retten-die-erde/* [12.12.2021]
[27] Astheimer, S.: Warum wir mehr Streetscooter brauchen. In: FAZ, Nr. 62, 13.03.2020, S. 15
[28] Novotny, M.: TU-Professorin Schneider: „Guter Städtebau muss schlechte Architektur aushalten". Der Standard. at, 09.01.2022, *https://www.derstandard.at/story/2000132362639/tu-professorin-schneider-guter-staedtebau-muss-schlechte-architektur-aushalten* [12.12.2021]
[29] Mittelstraß, J.: Interdisziplinarität oder Transdisziplinarität? In: Ders. (Hg.): Die Häuser des Wissens. Suhrkamp, Frankfurt 1998, S. 29–48
[30] Geyer, Ch.: Bahn frei fürs Fahrrad! In: FAZ, Nr. 107, 09.05.2021, S. 11
[31] *https://www.zhdk.ch/forschung/ehemalige-forschungsinstitute-7626/iae/glossar-972/transdisziplinaritaet-3841*
[32] Siehe Mittelstraß, J.: a.a.O., 1998
[33] *https://www.bundesregierung.de/breg-de/suche/sechster-innovationsdialog-in-der-19-legislaturperiode-von-der-foerderung-technologischer-fruehbeete-zu-selbsttragenden-oekosystemen-1957208*; Hinweis: Der Autor war selbst in der dritten Merkel-Legislatur Mitglied.
[34] *https://wissenschaft-in-der-stadt.de*
[35] *https://www.bmvi.de/SharedDocs/DE/Artikel/StV/Radverkehr/nationaler-radverkehrsplan-3-0.html*
[36] *https://www.plattform-zukunft-mobilitaet.de*
[37] *https://www.ifok.de*
[38] *https://www.forschungscampus.bmbf.de/forschungscampi*
[39] Adli, M.: Stress and the City. Bertelsmann Verlag, München 2017, S. 20
[40] *https://neurourbanistik.de*
[41] Adli, M.: Stress and the City. Bertelsmann Verlag, München 2017, S. 22 f.
[42] Ebd. S. 103
[43] Ebd. S. 317
[44] *https://www.stiftung-internet-und-gesellschaft.de/ducah/* Hinweis: Der Autor ist Gründungskoordinator des DUCAH.
[45] *http://urban-health.de* [12.12.2021]
[46] *https://www.thecentriclab.com/urban-health-index* [12.12.2021]
[47] Adli, M.: Stress and the City. Bertelsmann Verlag, München 2017, S. 212
[48] Adli, M.: Stress and the City. Bertelsmann Verlag, München 2017, S. 16
[49] Ebd. S. 213
[50] *https://www.berliner-ensemble.de/Platzkonferenz*; Hinweis: Die Autoren waren Mitausrichter dieser Konferenz.
[51] Zu hören im How to Academy Podcast: Anish Kapoor – a Life in Art. 16.08.2021
[52] Maak, N.: Die Läden dicht und alle Fragen offen. In: FAZ, Nr. 201, 29.08.2020, S. 11
[53] Urbainable, S. 73

54 Novotny, M.: TU-Professorin Schneider: „Guter Städtebau muss schlechte Architektur aushalten". In: Der Standard.at, 09.01.2022, *https://www.derstandard.at/story/2000132362639/tu-professorin-schneider-guter-staedtebau-muss-schlechte-architektur-aushalten*
55 *https://gehlpeople.com*
56 Günther, G.: Städte gehören den Menschen. Das Magazin der Grünen, 02/2021, S. 20
57 Zitiert in Adli, M.: a. a. O., 2017, S. 108
58 Reinhold, H.: Nachhaltige Berufe mit Perspektive. In: FAZ Anzeigen-Sonderveröffentlichung Deutschland Mobil 2030, 13.02.2020., S. V2
59 Urbainable, S. 73 – 74
60 Ebd.
61 Ebd.
62 Baecker, D.: Platon, oder die soziale Form der Stadt. In: polis: Zeitschrift für Architektur und Stadtentwicklung, 14, 2002, S. 13
63 Köver, Ch.: Der Stadtneurotiker. Wired.de, 04.2016, S. 35 – 40
64 Stimmann, H.: Verkehrsmaschine Berlin. Frankfurter Allgemeine Zeitung, Nr. 173, 29.07.2019, S. 13
65 *https://www.stadtfarm.de/*
66 *https://www.foodcampus.berlin/*
67 Urbainable, S. 72
68 Ebd. S. 73
69 Ebd. S. 72
70 Köver, Ch.: Der Stadtneurotiker. Wired.de, 04.2016, S. 35–40
71 Siehe zur Wesenskraft des Mondes: Ring, Th.: Astrologische Menschenkunde. I. Hermann Bauer Verlag KG, Freiburg im Breisgau 1981. S. 79
72 Adli, M.: Stress and the City. Bertelsmann Verlag, München 2017, S. 107 – 108

Index

Symbole

3T-Modell 55
15-Minuten-Stadt 217, 240

A

Agora Verkehrswende 81
aktiver Modus 221
Alexander von Humboldt Institutes für Internet & Gesellschaft (HIIG) 65
Anrufsammeltaxis 180
Arrival Cities 56
Arval-Beyond-Strategie 25 179
as a Service 26
autogerechte Stadt 53

B

Bad Bank der Mobilität 127
BahnCard 152
Bahnhofsviertel 217, 219
Berliner Mobilitätsgesetz 228
BerlKönig 176
Best Owner Group 129
Bewegungsfreiheit 63
Bike-Banker 149
Boring Company 198
Bosco Verticale 17
Braes-Paradox 108
Busy Street 109

C

CarPool-Lanes 194
Changing Cities 30, 228
Charité 65
Charta von Athen 53
Chengdu 272
CleverShuttle 181
Club des Entreprises du Grand Paris 242
Copenhagenize 68
Crashtest-Dummies 95
Creative Class 55
Critical Mass 28
Crosswalks 29

D

DB Rad+ 176
Delivery Bots 189
Deutsches Mobilitätspanel (MOP) 73
Dienstrad 143
Dienstwagenprivileg 39
Dieselskandal 3
Digital City 245
digitale Bohème 56
Digital Urban Center for Aging & Health (DUCAH) 65

E

elektronische Deichsel 190
erzwungene Migration 56
E-Scooter 3
Experimentierraum 238

F

Fahrradportal 145
Fahrverbote für Dieselfahrzeuge 3
Faire-Plattform 239
Fit for 55 286
FixmyBerlin 112
Floating Cities 66
funktionelle Stadt 53

G

Gelbwesten-Bewegung 102
Gemeindeverkehrsfinanzierungs-
 gesetz 37
Gesundheitskiosk 246
Global Parliament of Mayor 69
Glücks-Rad der urbanen Mobilität 284
Grand Paris Express 242

H

HABITAT 70
Healthy Cities Movement 15
High Occupancy Vehicles (HOV) 194
Home Zone Karlsruhe 156
HORIZON EUROPE 66
Hub and Spoke-Prinzip 160

I

IAA Mobility 123
Initiative Mobilitätskultur 132
intermodale Lieferverkehre 184
Internet of Things 245
Investitionsprogramm Klimaneutrale
 Städte (IKNS) 67

J

Jane Jacobs 93
Janette Sadik-Khan 93
Jelbi 230

K

Kiez-blocks 228
Klimabank 239
Klimaticket 152
Kreuznetzwerkeffekte 174
Kuckuckseffekt 81

L

Laboratorium des Fortschritts 50
Lärmsanierung 229
Leihräder-Systeme 3
Leipzig-Charta (neu) 54
Leipzig-Charta zur nachhaltigen
 europäischen Stadt 54
LQC-Urbanismus 27

M

Métropole du Grand Paris 242
Migrationsströme 56
Mikromobilitätsmüll 4
Mobilitätsgesetz 233
Mobilitätsstation 230, 248, 264
Mobilitäts- und Kraftstoffstrategie
 (MKS) 173
Mobilitätsverhalten 237
Mobility as a Service (MaaS)
 126, 179
Mobility-Platforms 126
Mobility Seeker 99
Mobiliy Hub 222
Modal Split 251, 272
MOIA 180
Moovel 179
Moralisierung der Mobilität 3

N

nahtlose Mobilität 178
Narrativ 215, 248
Nationale Plattform Zukunft der Mobilität
 (NPM) 121
Nationaler Radverkehrsplan 149

Nationalplattform Elektromobilität (NPE) 120
Netflix des Transportwesens 179
Neue Urbane Agenda 70
Neurourbanistik 66, 307
New Work 19

O

Öffentlicher Nahverkehr 37

P

Park(ing) Day 28
Pedal Assisted Transporter (PAT) 146
Personenbeförderungsgesetz 160
Platooning 190
Plattform-Ansatz der Mobilität 174
polyzentrische Stadtentwicklung 217
Pooling Service 180
PrioBike-HH 175
Promenadologie 32

Q

Quixxit 179

R

rasenden Ruinen 51
Reallabor 234, 238
Reduce/Reuse/Recycle-Ressource-Architektur 16
Reisezeitnachteil 84
Residential Mobility Hubs 222
Richard Florida 55
Ride-Hailing 180
Ride-Sharing 180
Roboat 222
RoboCaps 188
Ruralisierung der Städte 47

S

Seilbahn 219
Shrinking Cities 51
Sidewalk Labs 57
Smart City 243
Solutionismus 246
Songdo 244
Stadt der kurzen Wege 217, 254
stadtmobil 196
Sternverkehre 95
Street Fight 93
Superblock 224
Swiss Metro 198

T

Tempo-Zehn-Zonen 229
The Line 272
Thoreau 27
Trafficpilot 24
Trip Chains 95

U

Umweltverbund 249
Unfallatlas 77
United Cities and Local Governments 69
United Nations Human Settlements Programme 70
Urban Health 66
urban heat island effect (UHI) 13
Urbanismus von unten 27, 30

V

vélocipède 136
Verband Deutscher Verkehrsunternehmen (VDV) 153
Verdörflichung 47
Verfußgängerung 237
Verkehrsflusssteuerung 24
Vermeiden vor Vermindern vor Ausgleichen 91
ville du quarte d'heure 240

Volk ohne Wagen 128
Volksentscheid Fahrrad 30

W

WalkYC 175
Wärme-Insel-Effekt der Stadt 223
Wayfinding 29
Waymo 125
Weltparlament der Bürger-
   meister 69
Weltsiedlungsgipfel 70
Whim 179
Woven City 245

Z

zentrale Omnibus-Bahnhöfe 185
Zentrum der Vereinten Nationen für
   menschliche Siedlungen 70
Zero Emission Zone 237
Ziviler Ungehorsam 27